基础化学(含实验)

(第二版)

主　编　李炳诗　李　煜
副主编　张学红　李双奇　李金玲
　　　　曹延华　李　莉　徐增花
编　者　(以姓氏笔画为序)
　　　　刁润丽(河南质量工程职业学院)
　　　　朱海燕(安庆医药高等专科学校)
　　　　刘　金(吕梁学院)
　　　　刘明娣(三门峡职业技术学院)
　　　　江贵波(揭阳职业技术学院)
　　　　孙　倩(辽宁医药职业学院)
　　　　李　莉(信阳职业技术学院)
　　　　李　煜(黑龙江生物科技职业学院)
　　　　李双奇(辽宁科技学院)
　　　　李金玲(吉林电子信息职业技术学院)
　　　　李炳诗(信阳职业技术学院)
　　　　杨　巍(苏州农业职业技术学院)
　　　　沈　娟(吉林省经济管理干部学院)
　　　　张宏辉(信阳职业技术学院)
　　　　张学红(山西药科职业学院)
　　　　陈建华(包头轻工职业技术学院)
　　　　徐增花(山东化工职业学院)
　　　　曹延华(牡丹江大学)
　　　　薛淑萍(吕梁学院)

华中科技大学出版社
中国·武汉

内 容 提 要

本书为全国高职高专化学课程"十三五"规划教材,全书分为化学基础、化学分析、有机化合物、化学基本实验与实训四大模块,共分 19 章,13 个实验实训。内容包括分散系,物质结构基础,化学反应速率与化学平衡,溶液中的酸碱平衡与沉淀溶解平衡,氧化还原反应与电极电势,配位化合物,元素化学选述;分析化学概述,定性分析简介,滴定分析法;有机化学基础知识,醇、酚、醚、醛、酮,羧酸及其衍生物,旋光异构,脂类和甾体化合物,糖类,含氮化合物;以及化学实验的量具的使用与溶液配制,滴定操作,酸碱滴定,咖啡因的提取,阿司匹林的制备等理论知识和实践。

本书以基本概念、基本原理和基本方法为重点,以实际应用为知识点的连接手段,力求重点明确、语言精练,强化化学的基础性与应用性。从知识应用的角度出发,增加了一些知识拓展内容。每章(除绪论外)列有学习目标、本章小结、目标检测等,有助于培养学生自主学习的能力。

本书适用于高职高专化工、药学、环境、食品、生物等专业,也可供轻纺、材料、冶金、环保等专业选用。

图书在版编目(CIP)数据

基础化学:含实验/李炳诗,李煜主编. —2 版. —武汉:华中科技大学出版社,2018.7(2024.7 重印)
全国高职高专化学课程"十三五"规划教材
ISBN 978-7-5680-4063-1

Ⅰ.①基… Ⅱ.①李… ②李… Ⅲ.①化学-高等职业教育-教材 Ⅳ.①O6

中国版本图书馆 CIP 数据核字(2018)第 159156 号

基础化学(含实验)(第二版) Jichu Huaxue(Han Shiyan)	李炳诗 李 煜 主编

策划编辑:王新华
责任编辑:李 佩　王新华
封面设计:刘 卉
责任校对:刘 竣
责任监印:周治超
出版发行:华中科技大学出版社(中国·武汉)　　电话:(027)81321913
　　　　　武汉市东湖新技术开发区华工科技园　　邮编:430223
录　　排:华中科技大学惠友文印中心
印　　刷:武汉科源印刷设计有限公司
开　　本:787mm×1092mm　1/16
印　　张:28.75
字　　数:679 千字
版　　次:2024 年 7 月第 2 版第 5 次印刷
定　　价:59.80 元

本书若有印装质量问题,请向出版社营销中心调换
全国免费服务热线:400-6679-118　　竭诚为您服务
版权所有　侵权必究

第二版前言

化学作为一门具有创造性、实用性、综合性的中心学科,是能够确定物质的存在,改变物质的状态、结构与性质,创造新物质的科学。它不仅与国民经济关系密切,更是化工、药学、食品、环境、生物等专业学习的基础。编写好化学教材也是提高相关专业人才培养质量的重要保证。

本书自第一版出版已过八载,高职高专教育教学的改革在不断深化。我们按照十三五规划教材的要求,在吸收广大读者的意见和建议、深入研究国内外近年来同类教材并在多年教学实践的基础上,对《基础化学》第一版进行了修订。

这次教材修订的指导思想是:①保持第一版教材的特色及基本构架,理论以"必需"和"够用"为度,加强实用性,体现化学在相关专业中的基础性、重要性以及联系的密切性,紧密围绕培养目标,满足专业需要。②继续贯彻"少而精"的原则,简化烦琐的计算推导,删除过深的化学理论阐述,使内容更符合实际需求。③教材以基础概念、基本原理和基本方法为重点,以实际应用为知识点的连接手段,力求重点明确、概念准确、语言简练。④优化整合,合理增删,增大"分析"及"有机"内容比例,新增实验实训的内容。

第二版的主要变动是:变"情境"为"章";无机部分内容适量减少,并将"无机化学基础知识和基本理论"拆分为"物质结构基础"和"元素化学选述"两部分;化学分析部分增加了分析化学和定性分析;有机化学部分将有机酸拆分为羧酸及其衍生物和旋光异构两部分,增加了氨基酸和蛋白质等内容;新增基本化学实验实训13个,以提高学生的动手能力。

本书主要包括无机、有机及分析化学的基本理论、基础知识和基本操作技能等内容。无机部分主要以物质结构、元素周期律,水溶液中的四大平衡等理论为主要框架;分析部分以滴定分析为重点;有机物以官能团为主要线索,阐述有机物的结构、性质和应用;实验实训以溶液配制、滴定操作、物质的提取与制备的原理和操作为载体。书中还注重化学与实际的结合,在相关内容后,安排了一些相应的知识拓展材料,以开阔学生的视野,激发学习热情,扩大知识面。本书除绪论外,每章都列有学习目标、本章小结、目标检测等,有助于培养学生自主学习的能力。

本书由李炳诗、李煜担任主编,张学红、李双奇、李金玲、曹延华、李莉、徐增花担任副主编。化学基础模块编写分工如下:李炳诗(第一章),张学红(第二章),徐增花、陈建华(第三章),江贵波(第四章),刘明娣、李金玲(第五、六章),徐增花、刘明娣(第七章),曹延华(第八章);化学分析模块编写分工如下:沈娟(第一章),曹延华(第二章),李双奇(第三章);有机化学模块编写分工如下:孙倩、朱海燕(第一、二章),薛淑萍(第三章),李煜(第四、五章),刁润丽、刘金(第六章),李莉(第七章),李莉、杨巍(第八章);实验实训模块由李炳诗、张宏辉、刁润丽完成。全书由李炳诗统稿。

本书在编写过程中得到了编者所在院校领导以及华中科技大学出版社领导和编辑的大力支持与帮助,在此表示衷心的感谢。教材内容汲取了其他优秀教材的精华,对本书所引用文献资料的原作者深表谢意。

鉴于编者的学识及能力有限,书中难免存在疏漏和不足之处,诚恳希望各位专家、同行和读者批评指正。

编 者
2017 年 12 月

目 录

模块一 化学基础

第一章 绪论 ………………………………………… 2

第一节 基础化学的内容与作用 …………………………… 2
　一、基础化学课程的内容和任务 ………………………… 3
　二、基础化学的学习方法 ………………………………… 3
第二节 法定计量单位 ……………………………………… 4
　一、国际单位制简介 ……………………………………… 4
　二、我国的法定计量单位 ………………………………… 5
第三节 化学与人类 ………………………………………… 7
　一、生理现象与化学反应 ………………………………… 7
　二、生命体必需的化学元素 ……………………………… 7
　三、化学与食品 …………………………………………… 9
　四、化学与药物 …………………………………………… 10
　五、化学与环境 …………………………………………… 11
目标检测 ……………………………………………………… 13

第二章 分散系 …………………………………… 15

第一节 分散系及其分类 …………………………………… 15
　一、分散系概述 …………………………………………… 15
　二、分散系的分类与特性 ………………………………… 16
第二节 溶液 ………………………………………………… 16
　一、溶液浓度及其表示方法 ……………………………… 16
　二、溶液的配制与稀释 …………………………………… 18
第三节 稀溶液的依数性 …………………………………… 20
　一、蒸气压下降 …………………………………………… 20
　二、凝固点降低 …………………………………………… 21
　三、沸点升高 ……………………………………………… 21
　四、渗透压 ………………………………………………… 22

第四节 胶体	25
一、溶胶的基本性质	25
二、胶体的稳定与聚沉	27

第五节　高分子溶液 …… 30
　　一、高分子化合物 …… 30
　　二、高分子溶液的特征 …… 30

第六节　粗分散系 …… 31
　　一、悬浊液 …… 31
　　二、乳状液 …… 32

第七节　表面活性物质 …… 33
　　一、表面活性剂的分类 …… 33
　　二、表面活性剂的特征 …… 34
　　三、表面活性剂的应用 …… 35

本章小结 …… 38
目标检测 …… 39

第三章　物质结构基础 …… 41

第一节　原子核外电子的运动与元素周期律 …… 41
　　一、原子核外电子的运动状态 …… 41
　　二、原子核外电子的排布(组态) …… 44
　　三、元素周期表及其应用 …… 47
　　四、元素性质的周期性变化 …… 50

第二节　化学键和分子间作用力 …… 53
　　一、化学键 …… 53
　　二、分子间的作用力 …… 59

第三节　晶体类型 …… 61
　　一、离子晶体 …… 61
　　二、分子晶体 …… 62
　　三、原子晶体 …… 63

本章小结 …… 65
目标检测 …… 66

第四章　化学反应速率与化学平衡 …… 68

第一节　化学反应速率 …… 68
　　一、化学反应速率的概念与表示方法 …… 68
　　二、化学反应的活化能与反应速率理论 …… 70

第二节　影响化学反应速率的因素 …… 72
　　一、浓度对化学反应速率的影响 …… 72

二、温度对化学反应速率的影响……………………………………… 73
　　三、催化剂对化学反应速率的影响……………………………………… 75
　第三节　化学平衡及其规律……………………………………………… 77
　　一、可逆反应与化学平衡………………………………………………… 77
　　二、平衡常数与转化率…………………………………………………… 78
　　三、化学平衡的移动……………………………………………………… 80
　本章小结…………………………………………………………………… 84
　目标检测…………………………………………………………………… 85

第五章　溶液中的酸碱平衡与沉淀溶解平衡……………………… 88

　第一节　溶液中的酸碱平衡……………………………………………… 88
　　一、电解质………………………………………………………………… 88
　　二、弱电解质的电离平衡………………………………………………… 90
　　三、水的电离和溶液的 pH 值…………………………………………… 94
　　四、缓冲溶液……………………………………………………………… 97
　　五、盐类的水解…………………………………………………………… 102
　第二节　溶液中的沉淀溶解平衡………………………………………… 104
　　一、难溶电解质的溶度积………………………………………………… 104
　　二、沉淀的生成与溶解…………………………………………………… 106
　本章小结…………………………………………………………………… 109
　目标检测…………………………………………………………………… 110

第六章　氧化还原反应与电极电势…………………………………… 112

　第一节　氧化还原反应与电对…………………………………………… 112
　　一、氧化数………………………………………………………………… 112
　　二、氧化还原反应………………………………………………………… 113
　　三、氧化还原半反应和氧化还原电对…………………………………… 114
　第二节　原电池与电池反应……………………………………………… 115
　　一、原电池的组成………………………………………………………… 115
　　二、原电池的组成式……………………………………………………… 116
　第三节　电极电势………………………………………………………… 116
　　一、电极电势的产生……………………………………………………… 116
　　二、标准电极电势………………………………………………………… 117
　　三、影响电极电势的因素………………………………………………… 119
　第四节　电极电势的应用………………………………………………… 121
　　一、比较氧化剂和还原剂的相对强弱…………………………………… 121
　　二、判断氧化还原反应进行的方向……………………………………… 122
　　三、判断氧化还原反应进行的程度……………………………………… 122

四、电势法测定溶液的 pH 值 ………………………………………… 123
本章小结 ……………………………………………………………… 126
目标检测 ……………………………………………………………… 127

第七章 配位化合物 ………………………………………………… 129

第一节 配合物的基本概念 …………………………………………… 129
 一、配合物的定义 …………………………………………………… 129
 二、配合物的组成 …………………………………………………… 130
 三、配合物的化学式及命名 ………………………………………… 132
 四、螯合物 …………………………………………………………… 133
第二节 配合物在水溶液中的状况 …………………………………… 134
 一、配位平衡 ………………………………………………………… 134
 二、配位平衡的移动 ………………………………………………… 136
第三节 配合物的应用 ………………………………………………… 138
本章小结 ……………………………………………………………… 141
目标检测 ……………………………………………………………… 142

第八章 元素化学选述 ………………………………………………… 144

第一节 单质的性质 …………………………………………………… 144
 一、非金属单质的性质 ……………………………………………… 144
 二、金属单质的性质 ………………………………………………… 150
第二节 重要无机化合物的性质 ……………………………………… 153
 一、钠、钾和镁、钙、钡的重要化合物 ……………………………… 153
 二、氧、硫的化合物 ………………………………………………… 155
 三、砷、铋的几种重要化合物 ……………………………………… 158
 四、过渡元素的化合物 ……………………………………………… 159
本章小结 ……………………………………………………………… 164
目标检测 ……………………………………………………………… 165

模块二 化学分析

第一章 分析化学概述 ………………………………………………… 168

第一节 分析化学的任务和作用 ……………………………………… 168
第二节 分析方法的分类 ……………………………………………… 169
第三节 试样分析的一般程序 ………………………………………… 170
第四节 分析化学发展趋势 …………………………………………… 172
本章小结 ……………………………………………………………… 173
目标检测 ……………………………………………………………… 174

第二章 定性分析简介 ……………………………………………… 175

第一节 概述 …………………………………………………… 175
一、定性分析的方法 …………………………………………… 175
二、定性分析的基本要求 ……………………………………… 176
三、定性分析的反应 …………………………………………… 177

第二节 鉴定方法的灵敏性和选择性 ………………………… 178
一、鉴定方法的灵敏性 ………………………………………… 178
二、反应的选择性 ……………………………………………… 179
三、空白试验和对照试验 ……………………………………… 180
四、分别分析和系统分析 ……………………………………… 180

第三节 定性分析的一般步骤 ………………………………… 181
一、试样的外表观察和准备 …………………………………… 181
二、初步试验 …………………………………………………… 182
三、阳离子分析液的制备与分析 ……………………………… 183
四、阴离子分析试液的制备和分析 …………………………… 184
五、分析结果的解释与判断 …………………………………… 185

第四节 常见无机离子的鉴别 ………………………………… 186

本章小结 ………………………………………………………… 189
目标检测 ………………………………………………………… 190

第三章 滴定分析法 ……………………………………………… 192

第一节 滴定分析概述 ………………………………………… 192
一、滴定分析的特点 …………………………………………… 192
二、滴定的方法与分类 ………………………………………… 193
三、滴定分析法的基本条件 …………………………………… 194
四、基准物质和标准溶液 ……………………………………… 194

第二节 酸碱滴定法 …………………………………………… 196
一、滴定曲线与指示剂选择 …………………………………… 196
二、酸碱滴定法的应用 ………………………………………… 201

第三节 沉淀滴定法 …………………………………………… 205
一、莫尔法 ……………………………………………………… 205
二、佛尔哈德法 ………………………………………………… 206

第四节 氧化还原与配位滴定简介 …………………………… 207
一、氧化还原滴定法 …………………………………………… 207
二、配位滴定法 ………………………………………………… 212

本章小结 ………………………………………………………… 218
目标检测 ………………………………………………………… 219

模块三　有机化合物

第一章　有机化学基础知识 …… 224

第一节　有机化合物和有机化学 …… 224
一、基本概念 …… 224
二、有机化合物的特性 …… 225

第二节　有机化合物的结构 …… 226
一、碳原子的结构 …… 226
二、有机化合物结构表示方法 …… 228

第三节　有机化合物的分类与命名规则 …… 229
一、有机化合物的分类 …… 229
二、有机化合物的命名规则 …… 231

第四节　有机反应的类型 …… 237

本章小结 …… 239
目标检测 …… 240

第二章　醇、酚、醚 …… 242

第一节　醇 …… 242
一、醇的分类和命名 …… 242
二、醇的性质 …… 245
三、重要的醇及应用 …… 249

第二节　酚 …… 250
一、酚的结构、分类和命名 …… 251
二、酚的性质 …… 252
三、重要的酚及应用 …… 255

第三节　醚 …… 256
一、醚的分类和命名 …… 257
二、醚的性质 …… 258
三、重要的醚及应用 …… 259

本章小结 …… 260
目标检测 …… 261

第三章　醛、酮 …… 263

第一节　醛和酮的分类和命名 …… 264
一、醛、酮的分类 …… 264
二、醛、酮的命名 …… 264

第二节　醛、酮的性质 …… 266

一、物理性质 …………………………………………………………………… 266
　　二、化学性质 …………………………………………………………………… 266
　　三、重要的醛、酮及应用 ……………………………………………………… 274
　本章小结 ……………………………………………………………………………… 276
　目标检测 ……………………………………………………………………………… 277

第四章　羧酸及其衍生物 …………………………………………………………… 279

　第一节　羧酸 ………………………………………………………………………… 279
　　一、羧酸的分类和命名 ………………………………………………………… 279
　　二、羧酸的性质 ………………………………………………………………… 281
　　三、重要的羧酸及应用 ………………………………………………………… 286
　第二节　取代酸 ……………………………………………………………………… 286
　　一、羟基酸 ……………………………………………………………………… 287
　　二、羰基酸 ……………………………………………………………………… 289
　　三、酮式和烯醇式互变异构 …………………………………………………… 291
　　四、重要的酮酸和羟基酸 ……………………………………………………… 292
　第三节　羧酸衍生物 ………………………………………………………………… 294
　　一、羧酸衍生物的分类和命名 ………………………………………………… 294
　　二、羧酸衍生物的性质 ………………………………………………………… 295
　　三、重要的羧酸衍生物 ………………………………………………………… 297
　本章小结 ……………………………………………………………………………… 298
　目标检测 ……………………………………………………………………………… 299

第五章　旋光异构 …………………………………………………………………… 301

　第一节　偏振光和旋光性 …………………………………………………………… 302
　　一、偏振光 ……………………………………………………………………… 302
　　二、旋光度和比旋光度 ………………………………………………………… 302
　第二节　旋光性与物质结构的关系 ………………………………………………… 304
　　一、手性碳原子 ………………………………………………………………… 304
　　二、旋光异构体 ………………………………………………………………… 304
　　三、分子的对称性 ……………………………………………………………… 305
　第三节　旋光异构体构型的表示方法和命名 ……………………………………… 306
　　一、旋光异构体构型的表示方法 ……………………………………………… 306
　　二、旋光异构体的命名 ………………………………………………………… 308
　第四节　旋光异构体在医药上的应用 ……………………………………………… 310
　　一、生物体中的旋光异构现象 ………………………………………………… 310
　　二、旋光异构体在医药上的应用 ……………………………………………… 310
　本章小结 ……………………………………………………………………………… 312

目标检测 ………………………………………… 313

第六章　脂类和甾体化合物 ………………… 315

第一节　油脂 ………………………………… 315
一、油脂的组成、结构和命名 ……………… 316
二、油脂的性质 ……………………………… 317

第二节　类脂 ………………………………… 320
一、磷脂 ……………………………………… 320
二、蜡 ………………………………………… 322

第三节　甾体化合物 ………………………… 322
一、甾体化合物的基本结构 ………………… 322
二、甾体化合物的分类与命名 ……………… 323
三、重要的甾体化合物 ……………………… 324

　　本章小结 ………………………………………… 329
　　目标检测 ………………………………………… 330

第七章　糖类 …………………………………… 331

第一节　单糖 ………………………………… 331
一、单糖的结构 ……………………………… 332
二、单糖的性质 ……………………………… 335

第二节　二糖 ………………………………… 339
一、还原性二糖 ……………………………… 339
二、非还原性二糖 …………………………… 340

第三节　多糖 ………………………………… 340
一、淀粉 ……………………………………… 341
二、糖原 ……………………………………… 342
三、纤维素 …………………………………… 343
四、右旋糖苷 ………………………………… 344

　　本章小结 ………………………………………… 345
　　目标检测 ………………………………………… 346

第八章　含氮化合物 …………………………… 348

第一节　胺 …………………………………… 348
一、胺的结构分类与命名 …………………… 348
二、胺的性质 ………………………………… 351
三、重要的胺及应用 ………………………… 354

第二节　氨基酸和蛋白质 …………………… 355
一、氨基酸 …………………………………… 355

二、多肽和蛋白质 …………………………………………………… 360
第三节　含氮杂环化合物 …………………………………………… 366
　　一、杂环化合物的分类和命名 ……………………………………… 366
　　二、化学性质 ………………………………………………………… 367
　　三、重要的含氮杂环化合物及其衍生物 …………………………… 370
第四节　生物碱 ……………………………………………………… 372
　　一、概述 ……………………………………………………………… 372
　　二、生物碱的一般性质 ……………………………………………… 373
　　三、医学中重要的生物碱 …………………………………………… 374
本章小结 ……………………………………………………………… 377
目标检测 ……………………………………………………………… 378

模块四　化学基本实验与实训

预备知识　基础化学实验实训基本常识 ……………………… 382

实验实训一　玻璃器皿的认领、洗涤和干燥 ………………… 386

实验实训二　量器的使用与溶液的配制 ……………………… 390

实验实训三　缓冲溶液的配制与 pH 值的测定 ……………… 395

实验实训四　分析天平的称量练习 …………………………… 399

实验实训五　滴定分析仪器的基本操作 ……………………… 404

实验实训六　HCl 标准溶液的配制与标定 …………………… 410

实验实训七　NaOH 标准溶液的配制与标定 ………………… 413

实验实训八　EDTA 标准溶液的配制、标定与水硬度
　　　　　　　的测定 …………………………………………… 416

实验实训九　果蔬中维生素 C 的测定 ………………………… 420

实验实训十　醇和酚的性质及鉴别 …………………………… 423

实验实训十一　醛和酮的性质及鉴别 ………………………… 426

实验实训十二 茶叶中咖啡因的提取与纯化 …………… 430

实验实训十三 阿司匹林的制备 …………………… 433

附录 /436

    附录 A 酸、碱的离解常数 …………………………… 436
    附录 B 常见难溶电解质的溶度积常数 ……………… 437
    附录 C 标准电极电势 ………………………………… 438
    附录 D 元素周期表 …………………………………… 442

参考文献 /444

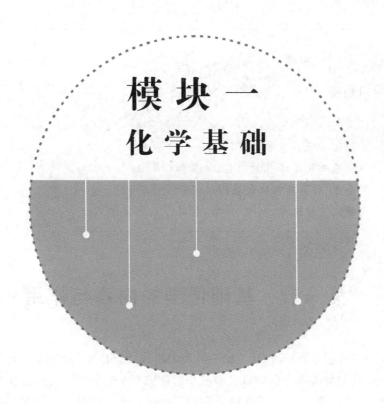

模块一
化学基础

第一章 绪 论

 学习目标

1. 了解化学及其发展过程；
2. 了解基础化学课程的内容、地位和作用；
3. 熟悉SI制基本构成和我国法定计量单位；
4. 明确化学对生命、环境、药物、食品等的重要意义。

第一节 基础化学的内容与作用

化学是一门在原子、分子层次上研究物质的组成、结构、性质、变化规律及其应用的自然科学。化学的发展历史大致可以分为三个时期：17世纪中叶以前的古代和中古时期，人类在炼金术、炼丹术、医药学的实践中获得了初步的化学知识。17世纪后半叶到19世纪末的近代化学时期，科学元素说和原子-分子论相继被提出，化学家发现元素周期律，建立碳的四面体结构和苯的六元环结构，确立原子量的概念和物质成分的分析方法，相继建立了无机化学、有机化学、物理化学和分析化学四大基础学科，化学实现了从经验到理论的重大飞跃，真正被确立为一门独立的科学。从20世纪开始，是现代化学时期。这一时期，无论在化学的理论、研究方法、实验技术以及应用方面都发生了深刻的变化。化学的发展不仅突破原有的四大基础学科，衍生出如高分子化学、核化学、放射化学与生物化学等新的分支，而且在发展过程中还与其他学科交叉渗透形成多种边缘学科，如环境化学、农业化学、药物化学、材料化学、地球化学等等。化学在其他学科中的应用，促进了电子学、生物学、药学、环境科学、计算机科学、工程学、地质学、食品科学、冶金学，以及其他许多领域的发展。化学已被公认为"21世纪的一门中心科学"。

一、基础化学课程的内容和任务

基础化学以培养高素质、高技能应用型人才为目标,体现思想性、科学性、先进性、启发性和适用性的原则,对化工、医药学、环境、食品、园艺等相关专业学习中,必须掌握的无机化学、物理化学、分析化学、有机化学的基础理论、基本知识、基本技能进行的精选和整合,突出了化学与医学、生物学、药学、环境学、营养学等的有机联系,强化化学在专业中的实际应用。基础化学的主要内容包括水溶液(稀溶液、电解质溶液、缓冲溶液、胶体溶液等)的性质(浓度、依数性、酸碱性和氧化还原性等)、化学反应的基本原理(反应速率、化学平衡、电化学)、物质(原子、分子)的结构,元素及化合物的性质与应用,化学分析,以及基本实验等。基础化学课程的任务是给大学一年级学生提供与专业相关的现代化学基本概念、基本原理及其应用的基础知识,同时通过实验课的训练,掌握基本实验技能,提高动手能力。基础化学课程的目标,一方面是提高学习者的科学素养、有利于学习后续课程;另一方面是提高分析和解决问题的能力,提供给学生将来从事专业工作更多的思路和方法。

二、基础化学的学习方法

基础化学提炼和融会了化学原理、物质结构基础知识、化学分析和元素、化合物的结构与性质等化学知识,覆盖面宽,内容浓缩紧凑。在高职高专教育理念指导下的教育教学改革,基础化学的教学课时数大为减少,因此大学一年级学生要学好基础化学,必须尽快适应大学的课程内容和教学要求,在掌握基础知识和基本技能的同时,能有高效的学习方法,进一步提高发现问题、分析问题和解决问题的能力。

(1) 以我为主,掌握主动。做到课前预习,要在每一章节课堂教学之前,通篇浏览,以求对内容及重点、难点有一定了解,安排好学习计划,提高学习效率。

(2) 专心听讲,积极思考。教师授课前对教学内容经过了精心组织,以突出重点、化解难点。教学方法和手段也常常是精心设计的,对理解很有帮助。听课时要紧跟教师的思路,注意教师提出问题、分析问题和解决问题的思路和方法,从中受到启发。听课时还应适当做些笔记,认真地记下讲课内容的重点,以备复习和深入思考。

(3) 对比归纳,学会总结。弄清基本概念,弄懂基本原理,处理好理解和记忆的关系,要在理解的基础上,记忆一些基本概念、基本原理和重要公式。学以致用,要在思考的基础上应用一些原理去说明或解决一些问题,在应用中加深对基本理论的理解和掌握。

(4) 课后复习,多做习题。课后复习是消化和掌握所学知识的重要过程。基础化学课程的特点是理论性强,知识点多,有的概念比较抽象,不要企图一听就懂、一看就会。做练习有利于深入理解、掌握和运用课程内容,要重视教材中例题和解题过程中的分析方法和技巧,以培养独立思考和分析问题、解决问题的能力。

(5) 自主学习,培养能力。除预习、听讲、复习、做练习外,阅读参考书刊、查阅专业网站,是学习的重要途径,也是培养综合能力和创造精神的极好方法。只读教材课本,思路难免受到限制,如能查阅参考文献书刊和网上信息,不但可以加深理解课程内容,还可以扩大知识面,活跃思维,提高学习兴趣。大学阶段一定要为终身学习打好基础。

实验课是基础化学课程的重要组成部分,是理解和掌握课程内容,学习科学实验方法,培养动手能力的重要环节,必须引起足够的重视。

第二节 法定计量单位

计量制度的产生和发展是社会文明程度和科学发展水平的体现。在选定基本单位以后,再以一定的关系构成导出一系列完整的单位体系,称为单位制,它是科学研究、学习、应用及交流中必不可少的工具。

一、国际单位制简介

国际单位制是全世界几千年生产和科学技术发展的综合结果,是全世界的"法定计量单位制"。它于1960年由第11届国际计量大会(CGPM)正式通过,并经1971年第14届国际计量大会补充修改而形成的一种通用单位制,用拉丁字母"SI"表示,是以米、千克、秒、安培、开尔文等七个单位为基本单位,以平面角的弧度、立体角的球面度为辅助单位,按一贯原则导出的单位制。国际单位制具有统一性、简明性、实用性、科学性、精确性及继承性等优点。

国际单位制(SI)由如下部分构成,在实际应用中,基本单位、导出单位以及它们的倍数是单独、交叉、混合或组合使用,构成了可以覆盖整个科学技术领域的计量单位体系。

国际单位制(SI) { SI单位 { SI基本单位(见表1-1-1), SI辅助单位, SI导出单位(见表1-1-2); SI词头(十进倍数和分数)(见表1-1-3) }

导出单位是用基本单位或辅助单位以代数式的乘、除数学运算所表示的单位,例如压强单位 $1\text{ Pa}=1\text{ N}\cdot\text{m}^{-2}$。词头表示单位的倍数或分数,任何一个物理量只有一个SI单位,其他单位都是SI单位的十进倍数和十进分数单位。例如,质量的SI单位是千克(kg),克(g)、毫克(mg)是它的分数单位;体积的SI单位是立方米(m^3),立方厘米(cm^3)和立方毫米(mm^3)为其分数单位。

表1-1-1 SI基本单位

物理量		单位	
名称	符号	名称	符号
长度	L, l	米	m
质量	m	千克	kg

续表

物理量		单位	
名称	符号	名称	符号
时间	t	秒	s
热力学温度	T	开[尔文]	K
物质的量	n	摩尔	mol
电流	I	安[培]	A
发光强度	Iv, I	坎[德拉]	Cd

注：无方括号的量的名称和单位名称为全称。方括号中的字，在不引起混淆、误解的情况下，可以省略。去掉括号中的字即为其名称的简称。下同。

表 1-1-2　部分 SI 导出单位

量的名称	SI 导出单位		
	名称	符号	SI 基本单位和 SI 导出单位表示
力,重力	牛[顿]	N	$1\ N=1\ kg \cdot m \cdot s^{-2}$
压强	帕[斯卡]	Pa	$1\ Pa=1\ N \cdot m^{-2}$
能[量],功,热量	焦[耳]	J	$1\ J=1\ N \cdot m$
电荷[量]	库仑	C	$1\ C=1\ A \cdot s$
电压,电动势,电位	伏[特]	V	$1\ V=1\ W \cdot A^{-1}$
电阻	欧[姆]	Ω	$1\ \Omega=1\ V \cdot A^{-1}$
电导	西[门子]	S	$1\ S=1\ \Omega^{-1}$
摄氏温度	摄氏度	℃	$1℃=1\ K$

表 1-1-3　部分 SI 词头

倍　数	词头名称	词头符号	分　数	词头名称	词头符号
10^1	十	da	10^{-1}	分	d
10^2	百	h	10^{-2}	厘	c
10^3	千	k	10^{-3}	毫	m
10^6	兆	M	10^{-6}	微	μ
10^9	吉[咖]	G	10^{-9}	纳[诺]	n
10^{12}	太[拉]	T	10^{-12}	沙[可]	p
10^{15}	拍[它]	P	10^{-15}	飞[姆托]	f
10^{18}	艾[克萨]	E	10^{-18}	阿[托]	a

二、我国的法定计量单位

国际单位制是全世界通用的"法定计量单位制"。我国从 1984 年起全面推行以国际单位制为基础的法定计量单位。规定一切属于国际单位制的单位,都是我国的法定计量单位,并根据我国的实际情况,还明确规定可采用若干与国际单位制并用的非国际单位制单位。表 1-1-4 收录了可与国际单位制并用的我国法定计量单位。法定计量单位是适用于当今我国文化教育、经济建设以及科学技术各个领域的简单、科学、实用、先进的计量单位体系。本书所有用量和单位均遵照这套标准。

表 1-1-4　可与国际单位制单位并用的我国法定计量单位

量的名称	单位名称	单位符号	与 SI 单位的关系
时间	分	min	1 min＝60 s
	[小]时	h	1 h＝60 min＝3600 s
	日(天)	d	1 d＝24 h＝86400 s
[平面]角	度	°	$1°=(\pi/180)$ rad
	[角]分	′	$1'=(1/60)°=(\pi/10800)$ rad
	[角]秒	″	$1''=(1/60)'=(\pi/648000)$ rad
体积	升	L	1 L＝1 dm^3
质量	吨	t	1 t＝10^3 kg
	原子质量单位	u	1 u≈1.660540×10^{-27} kg
旋转速度	转每分	r/min	1 r/min＝(1/60) r/s
长度	海里	n mile	1 n mile＝1852 m（只用于航行）
速度	节	kn	1 kn＝1 n mile/h＝(1852/3600) m/s（只用于航行）
能	电子伏	eV	1 eV≈1.602177×10^{-19} J
级差	分贝	dB	
线密度	特[克斯]	tex	1 tex＝10^6 kg/m
面积	公顷	hm^2	1 hm^2＝10^4 m^2

国际标准和国家标准规定：①法定单位与词头的符号,不论拉丁字母或希腊字母,一律用正体,不附省略点,且无复数形式。②单位符号的字母一般用小写字体,如,m(米),s(秒);若单位名称来源于人名,则其符号的第一个字母用大写字体,如,W(瓦),A(安)。③若单位名称来源于人名,则其符号的第一个字母用大写字体,其余用小写字体,如,Pa(帕)。④大于或等于 10^6 的词头,采用大写字体,其余词头为小写字体。如,MPa,km。⑤升的单位符号有"L""l",当打字和印刷时,表示容积量值应避免英文字母"l"与阿拉伯数字"1"相混淆。

第三节　化学与人类

化学与社会的关系日益密切，从化学的角度能更加真实深刻地反映出物质世界的多样性、复杂性和统一性。实践表明，人们运用化学的观点和知识来分析和解决诸如能源危机、粮食问题、环境污染、防病治病等社会问题，可以得到更多的启示。

一、生理现象与化学反应

化学家认为，人体是一个化学系统，是一个每时每刻都在发生化学反应的反应器。人体的各种组织由蛋白质、核酸、脂肪、糖类、维生素、无机盐和水等物质组成，这些物质由80多种化学元素组成，多达上万种。整个生命过程包含着极其复杂的物质变化，从出生、成长、繁衍到衰老，包括疾病和死亡等所有生命活动，都是化学变化的表现。生命活动如呼吸、消化、循环、排泄以及各种器官的生理活动，都是以体内的化学反应为基础的。人体的基本营养物质如糖、蛋白质、脂肪、维生素、无机盐等在体内的代谢也同样遵循着化学变化的基本原理和规律。生物化学就是在化学和生理学的基础上发展起来的，它运用化学的原理和方法，研究人体的物质组成、物质结构与功能以及物质代谢和能量变化等生命活动。化学反应或生化反应协同作用，是构成生物的生长、繁殖、新陈代谢等生命活动的物质基础。

二、生命体必需的化学元素

迄今已经登录和命名的118种元素中，目前在生命体内已检测出81种，这81种元素被称为生命元素。按元素对人体正常生命的作用及含量，可将生命元素分为必需元素和非必需元素，常量元素和微量元素。

1. 常量元素和微量元素

（1）常量元素　常量元素是指在体内质量分数大于0.01%的元素，共11种。它们约占人体总重量的99.9%，其中氢、氧、碳、氮约占95%，其余7种约占4%。常量元素在人体内含量多少的排列顺序为：氧(O)、碳(C)、氢(H)、氮(N)、钙(Ca)、磷(P)、钾(K)、硫(S)、钠(Na)、氯(Cl)、镁(Mg)。常量元素是构成人体组织最主要的成分，人体若缺乏某种常量元素，会引起人体机能失调，但这种情况很少发生，因为在一般的饮食中均含有较多的常量元素。

（2）微量元素　微量元素是指在体内质量分数小于0.01%的元素。各种微量元素在人体内的含量不同，对人体正常生命活动的作用也不同，有些是人体非必需的元素，例如铝、银、铅等；有些则是人体必需的元素，例如铁、锌、碘等。必需的微量元素是保证人体健康必不可少的。

2. 必需元素及其生物学功能简介

1) 必需元素的基本功能

世界卫生组织确认的人体必需的元素包括 11 种常量元素和 18 种微量元素。人体必需的微量元素是：锌(Zn)、铜(Cu)、铁(Fe)、碘(I)、硒(Se)、铬(Cr)、钴(Co)、锰(Mn)、钼(Mo)、钒(V)、氟(F)、镍(Ni)、锶(Sr)、锡(Sn)、溴(Br)、砷(As)、硅(Si)、硼(B)。应当注意，"常量"和"微量""必需"和"非必需"的界限是相对的。首先，随着检测手段和诊断方法的进步和完善，非必需的元素可能会被发现是必需的。如砷，过去一直认为是有害元素，1975 年才认识到它的必需性。其次有一个量的问题，即使是必需元素，在体内也有一个最佳营养浓度，过量或不足都不利于健康。

研究表明，必需元素涉及生命活动的各个方面：氧、碳、氢、氮、磷、硫是生物高分子蛋白质、核酸、糖、脂肪的主要组成元素，是生命的基础；镁、钙、磷是骨骼、牙齿的重要成分；参与组成某些具有特殊功能的物质（如铁是血红蛋白的组分）；维持体液的渗透压；保持机体的酸碱平衡和电解质平衡；维持神经系统的兴奋性，使机体具有接受环境刺激和做出反应的能力；通过生物酶的强化或抑制，影响代谢过程等。

2) 必需微量元素的特殊生理作用

人体内的必需微量元素含量虽然很少，但对于维持人体的生长发育、保护人体健康和防病治病意义重大。在此，简要介绍碘、铁、锌、硒、氟等。

(1) 碘　碘(I)是甲状腺激素合成的必需元素，它通过甲状腺激素促进蛋白质的合成，活化 100 多种酶，调节能量代谢。甲状腺激素能加速各种物质的氧化过程，增加人体耗氧量和产生热量。甲状腺激素可从多方面影响糖的代谢，与大脑的发育和功能活动也有密切关系，如在胚胎早期缺乏甲状腺激素，则脑部发育成熟受影响，造成不可逆转的功能损害。人体缺碘会引起甲状腺肿大和地方性克汀病两大疾病。

(2) 铁　铁(Fe)是地壳含量居第四位的元素，是人体内含量最多的一种微量元素，约占体重的 0.0057%，为 3~4 g。铁作为含铁酶的组成成分，促进体内化学反应的进行。铁不仅是血红蛋白的组成成分，而且是细胞色素酶的组成成分，所以缺铁不仅会引起贫血，而且会引起细胞色素酶系活性减弱，导致氧化还原反应减慢、电子传递及能量代谢紊乱，影响人体免疫力。铁还是血红蛋白的重要组成成分，担负着从肺泡毛细血管里将氧气运送到全身各组织细胞的重要任务。血液里如果缺乏铁，便无法将氧气运输到人体的各组织中，人便存在生命危险。

(3) 锌　锌(Zn)被国际医学家誉为"生命之花"，是维系人体健康的重要微量元素之一，也是细胞所需要的重要矿物质元素。锌分布于人体所有组织、器官、体液及分泌物中。它参与体内 200 多种金属酶和蛋白质、核酸的合成。锌能提高酶的活性，维持血浆中维生素 A 的平衡，影响维生素 C 的排泄量，并与脂肪酸和维生素 E 有协同作用。锌还参与多种代谢过程，包括糖类、脂类、蛋白质与核酸的合成和降解。人体缺锌会导致一系列代谢紊乱及病理变化，引起营养性侏儒症和肠原性肢体皮炎等多种疾病。

(4) 硒　硒(Se)是人类生长、发育过程中重要的必需微量元素之一。它广泛存在于人体组织和器官之中，人的各重要器官包括大脑、心脏、肾脏、肝脏、胰脏等，都需要一定量的硒以维持正常功能。硒具有抗氧化、抗衰老，保护修复细胞，提高红细胞的携氧能力和人体免疫力,解毒排毒等生理功能。硒还被称为"抗癌之王"。缺硒会导致头晕目眩、胸闷气短、心慌、患克山病、大骨节病、心血管病、糖尿病、肝病、前列腺病、心脏病、癌症等多种疾病。但锌摄入量过高,会使人头痛、精神错乱、肌肉萎缩,甚至中毒致命。

(5) 氟　氟(F)是生物钙化作用所必需的物质。人体对饮食中氟的含量最为敏感。适量氟有利于钙和磷在骨骼中沉积,增强骨骼的硬度,并降低硫化物的溶解度,对骨骼被吸收起抑制作用;但过量的氟与钙结合形成氟化钙,沉积于骨组织中会使之硬化,引起血钙降低,从而使甲状腺激素分泌增加而动员骨钙入血,最终使骨基质溶解,引起骨质疏松和软化。氟也是牙齿的组成部分,氟能被牙釉质中的羟磷灰石吸附,形成坚硬的氟磷灰石保护层,它能抵抗酸性腐蚀,并能抑制嗜酸细菌的活性,对抗某些酶对牙齿的损害,防治龋齿的发生。但过量的氟又能使牙釉受到损害,出现牙根发黑、牙面发黄、粗糙失去光泽,牙齿发脆而容易折断等症状。长期摄入高剂量的氟化物,可能导致癌症、神经疾病以及内分泌系统功能失常。

三、化学与食品

食品是指可食的、含有易消化营养素的特殊的化学物质。供人类食用的食物,不仅要有足够的营养,还要注意营养均衡,为此应当了解食品的主要化学成分,建立化学与食品的联系。

1. 食品的主要化学成分

食品的主要化学成分又称维持生命活动的六大营养物质,主要包括水分、无机盐、维生素、脂类、蛋白质和糖类。

(1) 水分　水是维持动植物和人类生存必不可少的物质之一,作为食品,许多动植物一般含有 60%～90% 水分,有的甚至更高。在动植物体内,水不仅以自由水状态存在,溶解可溶性物质(例如糖类和许多盐类)而构成溶液,使淀粉、蛋白质等亲水性高分子分散在其中,形成凝胶来保持一定形态的膨胀体;而且水还能与食品成分中的蛋白质活性基($-OH$,$=NH$,$-COOH$,$-CONH_2$)、碳水化合物的活性基($-OH$)以氢键结合成为不能自由移动的结合水,表现出与一般液态水不同的性质。

(2) 无机盐或矿物质　在生命元素中,除 C、H、O、N 等构成各种有机物和水外,其余元素均以无机盐或矿物质存在,并具有一定的化学形态和生理功能。这些形态包括游离的水合离子,与生物大分子(如蛋白质和酶)或小分子配体形成的配合物,以及构成某一器官或组织的难溶化合物等。矿物质虽仅占人体重量的 4% 左右,需要量也不像蛋白质、脂类、碳水化合物那样多,但它们是构成人体组织和维持正常生理活动所不可缺少的物质。人体内的矿物质主要来自作为食物的动植物组织,其次来自饮水、食盐和食品添加剂等。

(3) 维生素　维生素是一类结构和性质上并无共同特征的相对分子质量较低的有机化合物,在天然食物中含量极少,在人体内含量甚微,但却是人体生长和健康所必需的。它们与蛋白质、脂肪、碳水化合物不同,维生素在人体内不能产生热量,也不参与人体细胞、组织的构成,但却参与调节人体的新陈代谢,促进生长发育,祛除某些疾病,并能提高人体抵抗力。维生素按其溶解性可分为脂溶性(维生素 A、维生素 D、维生素 E、维生素

K)和水溶性(B族维生素和维生素C)两大类。维生素在人体内不能合成,必须从食物中摄取。食物中维生素最主要的来源有蔬菜、水果、动物肝脏、鸡蛋、豆类和奶类等。

（4）脂类　脂类是脂肪和类脂的总称,是一类重要的营养物质。几乎一切天然食物中都含有脂类,在植物组织中,脂类主要存在于种子或果仁中,在根、茎、叶中含量较少;动物体内脂类主要存在于皮下组织、腹腔、肝及肌肉间的结缔组织中;许多微生物细胞中也能积累脂肪。

（5）蛋白质　蛋白质是一种化学结构非常复杂的含氮的有机高分子化合物。组成蛋白质的元素主要有碳、氢、氧和氮四种,有的蛋白质中还含有硫、磷、铁、镁、碘等其他元素。蛋白质是食物的主要营养成分之一。我国的膳食蛋白质主要从畜禽肉类、蛋类、鱼类、奶类、豆类、薯类、蔬菜类等食物中取得。谷类食品的蛋白质含量虽然不高,但作为主食每日摄入,成年人每日摄入量一般达500 g左右,所以,谷类蛋白质是膳食蛋白质的重要来源,占我国人民膳食蛋白质的60%~70%。

（6）糖类　糖类由C、H、O三种元素构成,是食品的重要成分,也是自然界中最丰富的有机化合物。糖类主要存在于植物体内,是绿色植物经过光合作用的产物,占植物体干重的50%~80%。动物体内不能合成糖类化合物,因此,糖类化合物主要是由植物性食品供给。淀粉是碳水化合物在自然界中最主要的存在形态。

2. 食品化学成分的主要反应

食品经过原料生产、储藏、运输、加工等过程,主要成分可能发生以下化学变化:食品的褐变;脂类的水解、氧化和降解;蛋白质变性、水解与降解;糖类的合成与水解;维生素的降解和损失及酶的催化降解等。这些变化一方面对食品加工过程具有重要意义,还可为生命活动提供营养、能量等;另一方面也可能使食品的品质下降或失去食用价值。因此,化学在食品的加工和储藏中发挥着重要作用,如可以通过检测确定食品的安全性;为加工工艺的最优设计提供保障;避免营养元素在加工过程中过多损失;为有效地控制伪劣产品提供手段等。

四、化学与药物

最初的化学就同医药学间建立了特殊的联系,这种联系伴随着科技的进步和学科的发展越来越紧密。几乎所有具有治疗、缓解、预防和诊断疾病以及调节机体功能的药品都是化学物质,一切药品制备、生产过程都是化学反应过程或与化学过程密切相关。

药物的主要作用是调整因疾病而引起的机体的种种异常变化,抑制或杀死病原微生物,帮助机体战胜感染。药物的药理作用和疗效是与其化学结构及性质相关的。例如,碳酸氢钠、乳酸钠等药物,因为在水溶液中呈碱性,所以是临床上常用的抗酸药,主要用于治疗糖尿病及肾炎等引起的代谢性酸中毒。氯化钾可用于治疗低钾血症。钙是人体的必需元素,钙缺乏能造成骨骼畸形、手足抽搐、骨质疏松等许多疾病,老人与儿童常需要服用葡萄糖酸钙、乳酸钙等药物以防止钙的缺乏。顺式二氯二氨合铂(Ⅱ)是第一代抗癌药物,能破坏癌细胞DNA的复制能力,抑制癌细胞的生长,从而达到治疗的目的。由于药物在防病和治病方面的重要作用,越来越多的科学家、医学家为开发利用新的药物而进行不懈的探索和试验。据统计第一次世界大战前，医生能够使用的重要药物只有乙醚、鸦片以及它们的衍生物10来种，而第二次世界大战之后，出现了一系列新的药物如磺胺药、阿司匹林、抗生素、麻醉药、维生素等，如今新的药物更是层出不穷。而药物的研制、生产、鉴定、保存及新药的合成等，都需要丰富的化学知识。

另外，在临床上，经常运用化学原理和化学方法对人体组织和体液进行分析检验，为诊断疾病提供科学的依据。例如，要确诊糖尿病，需要用化学方法检测尿液中葡萄糖、丙酮等的含量；要判断肝和心肌的功能，也需要测定血液中转氨酶活性的变化等等。

五、化学与环境

人类赖以生存的环境由自然环境和社会环境组成。自然环境是人类生活和生产所必需的自然条件和自然资源的总称，是由化学物质构成的。社会环境是人类在自然环境的基础上，为不断提高物质和精神生活水平，通过长期有计划、有目的地发展，逐步创造和建立起来的一种人工环境。社会环境是人类物质文明和精神文明发展的标志，它随经济和科学技术的发展而不断地变化。显然，化学在利用自然资源创建优良社会环境过程中发挥了重要作用。

目前，由于急剧的人口增长、急速发展的工业化进程、不合理地利用自然资源造成的生态环境破坏等诸多因素，使环境问题越来越突出。人类为了继续生存和发展，就必须保护和改善环境，了解环境污染的情况和原因，并制定相应的对策。我们必须能够回答下列问题：在空气、水、土壤和食品中，存在着哪些潜在的有害物质？这些物质来自何方？有何方案——代用品或改变生产工艺能缓解和消除已存在的问题？某物质的危险程度与接触程度的依赖关系如何？在众多的可用的改进提案中，应如何做出正确选择？因此化学仍然承担着重要的责任。

1. 水中的化学污染物

水是一种宝贵的自然资源，是人类生活和动植物生长所必需的物质，也是生产、建设不可缺少的物质。由于物质的可溶性，使水成为多种物质的优良溶剂或清洗剂。也正因为水的这种性质，其极易被污染。

引起水体污染的原因有自然污染和人为污染两个方面，人为污染是主要的因素。自然污染是自然原因所造成的，如特殊地质条件使某些地区有某种化学元素大量富集、天然植物在腐烂过程中产生某种毒物、以及降雨淋洗大气和地面后夹带各种物质流入水体。人为污染是人类在生活和生产活动中给水源带进了污染物，包括生活污水、工业废水、农田排水和矿山排水等。此外，废渣和垃圾经降雨淋洗流入水体也会造成污染。就污染物的化学成分而言，有酸、碱等无机物、重金属（毒性较大的有汞、镉、铬、铅以及砷）、氰化物（如 HCN、$NaCN$）；有毒有机化合物（有机氯农药、有机磷农药、合成洗涤剂、多氯联苯）；无毒营养物（碳氢化合物、脂肪、无毒营养物、石油）以及放射性污染等多种。消除水污染的有效措施是减少污染物的排放、寻找化学替代品或将污染物转化为无害化学品。

2. 大气中的化学污染物

20世纪30年代以来，随着工业和交通运输的迅速发展，向大气中排放大量烟尘、有害气体和金属氧化物等,使某些物质的浓度超过了正常水准(大气本底值),以至破坏生态系统和人类正常的生存和发展条件,对人和动植物等产生有害的影响,这就是大气污染。在目前的大气污染问题中,较突出的是酸雨、温室效应、臭氧层空洞和光化学烟雾等。

人为排放的大气污染物有数十种之多,其中排放量最多、危害较大的有以下五种:

(1) 颗粒物质　大气是由各种固体或液体微粒均匀地分散在空气中形成的一个庞大的分散系(气溶胶),气溶胶中分散的各种粒子(除水外)称为大气颗粒物质,包括尘、烟、雾等。颗粒污染物主要来自燃料燃烧过程中形成的煤烟、飞灰,各种工业过程排放的原料或产品微粒,汽车排放的含铅化合物,以及化石燃料燃烧排放的 SO_2 在一定条件下转化的硫酸盐等。近年来我国部分城市不断出现的雾霾,均与大气中的颗粒物质(PM2.5 和 PM10)严重超标有很大的关系。

(2) 硫氧化合物 SO_x　大气中含硫氧化物主要是 SO_2,还有小部分 SO_3。这些硫氧化合物主要来自发电厂和供热厂中含硫化石燃料(其中 80% 又是烧煤)的燃烧,其次是冶炼厂、硫酸厂的排放气、有机物的分解和燃烧、海洋及火山活动等。由 SO_2、SO_3 等形成的酸雨同温室效应(全球气候变暖)、臭氧层破坏(臭氧空洞)已成为举世瞩目的三大全球性公害,严重威胁着全球动植物的生存。

(3) 氮氧化物 NO_x　氮氧化物的种类很多,造成大气污染的主要是 NO 和 NO_2 等。它们主要来自矿物燃料的高温燃烧(如汽车、飞机、内燃机及工业窑炉的燃烧);另外生产、使用硝酸(HNO_3)工厂的排放气,氮肥厂、有机中间体厂、有色及黑色金属冶炼厂的某些生产过程也产生氮氧化物。NO_x 对环境的损害作用极大,它既是形成酸雨的主要物质之一,也是形成大气中光化学烟雾的重要物质。

(4) CO 和 CO_2　一氧化碳是人类向大气排放量最大的污染物,主要来自燃料的不完全燃烧。其中由汽车等移动源燃烧产生的一氧化碳量逐年增加,占人为污染源排放的一氧化碳总量的 70% 左右。现代发达国家城市空气中的一氧化碳有 80% 是汽车排放的。

CO_2 与 CO 不同,它本身没有毒性,因此过去都不把 CO_2 列为污染物,但从长远来看,CO_2 也是相当重要的污染物。CO_2 是一种温室气体,其含量的不断增加会引起全球气候变暖。全球气候变暖会给人类带来极大的危害,例如病虫害增加,海平面上升,气候反常,海洋风暴增多,土地干旱,沙漠化面积增大等。因此,温室效应已作为重大大气环境问题引起人们的极大关注。

(5) 烃类 C_xH_y(或简写为 HC)　烃类污染物是通过炼油厂排放气、汽车油箱的蒸发、工业生产及固定燃烧污染源等而进入大气的。其中一个很重要的来源是汽车尾气,尾气中常含有相当量的未燃尽的烃类,这些烃类大多是饱和烃。更为严重的是,一小部分由饱和烃裂解而产生的活性较高的烯烃,在大气环境中受强烈的太阳紫外线照射,极易与 O_2、NO 及 O_3 等发生反应,生成光化学烟雾中的极有害成分。光化学烟雾污染已成为一个世界性的问题而逐渐引起了人们的关注。

其他大气有机污染物中,应首推氟利昂(二氯二氟甲烷)。由于它们在大气中的平均寿命达数百年,所以 20 世纪中期以后大量排放到空气中的氟利昂,现在大部分仍留在大气层中。进入平流层的氟利昂,在一定的气象条件下,会在强烈紫外线的作用下被分解,分解释放出的氯原子同臭氧会发生连锁反应,不断破坏臭氧层,导致太阳光中的紫外线得不到过滤与减弱,对人体及环境产生巨大的伤害。

目标检测

一、判断题(对的打√,错的打×)

1. 摩尔(mol)是国际单位制的七个基本单位之一。(　　)
2. 基础化学是化学的四大基础学科之一。(　　)
3. O 和 Fe 都是人体内的常量元素。(　　)
4. 水的循环使用和对很多物质的可溶性质是其被污染的主要原因。(　　)
5. 化学是 21 世纪的一门中心科学。(　　)

二、填空题

1. 国际单位制由_____和_____单位组成。其中 SI 单位分为 SI 基本单位和_____两大部分。SI 单位的倍数单位由 SI 词头加 SI 单位构成。
2. 我国的法定计量单位包括_____和_____两部分,其中体积升(L)属于_____计量单位。
3. 人为排放的大气污染物有很多,其中排放量最多、危害较大的主要有_____、SO_x、_____、CO 与 CO_2 和_____等五种。
4. 食品的原料生产、储藏、运输、加工过程将发生一系列化学变化,这些变化主要包括食品的褐变;_____;蛋白质变性、水解与降解;_____;维生素的降解和损失及酶的催化降解等。
5. 按元素对人体正常生命活动的作用及含量将生命元素分为_____和_____,常量元素和_____。

三、选择题(将每题一个正确答案的标号选出)

1. 引起全球气候变暖,被称为温室气体的是(　　)。
   A. CO　　　　B. O_3　　　　C. CO_2　　　　D. SO_2
2. 引起水体污染的无毒营养物质是(　　)。
   A. NaOH　　　B. Pb^{2+}　　　C. DDT　　　　D. 蛋白质
3. 被国际医学家誉为"生命之花"的人体必需微量元素是(　　)。
   A. Zn　　　　B. I_2　　　　C. Se　　　　　D. Fe
4. 根据世界卫生组织确认的人体必需的元素包括 11 种常量元素和 18 种微量元素,其中人体必需的微量元素包括(　　)。
   A. O　　　　B. H　　　　　C. Pb　　　　　D. Zn
5. 人体内含量最多的一种微量元素,又是造血的必要元素是(　　)。
   A. Ca　　　　B. Cu　　　　 C. F　　　　　　D. Fe
6. 不属于维持生命活动的六大营养物质的是(　　)。
   A. 糖类　　　B. 水　　　　　C. 调味剂　　　　D. 维生素

四、问答题

1. 为什么说化学是一门中心科学？试举几例说明。
2. 基础化学课程的主要内容及特点是什么？
3. 简述化学与药学的关系。
4. 如何从化学的角度认识环境问题？
5. SI 单位制由哪几部分组成？我国的法定计量单位呢？

第二章 分 散 系

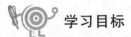
学习目标

1. 了解分散系的分类、特征;
2. 掌握溶液浓度的几种常用表示方法及基本计算;
3. 知道胶体分散系、粗分散系及表面活性物质的基础知识与应用,具备用化学观点认识日常生活以及医药学的相关问题的能力。

第一节 分散系及其分类

一、分散系概述

将一部分物质从其他物质中划分出来,作为研究的对象,这一部分物质称为系统或体系。体系中物理性质和化学性质完全均匀的部分称为相。根据体系中相的数目不同将体系可分为均相体系(单相体系)与非均相体系(多相体系)。如乙醇与水彼此能完全互溶,乙醇的水溶液为均相体系。苯难溶于水,苯与水组成的体系为非均相体系。

通常把一种或几种物质分散到另一种物质中所形成的体系称为分散系。其中被分散的物质称为分散质(或分散相),另一种物质称为分散剂(或分散介质)。例如,碘分散在酒精中形成碘酒,脂肪等以细小微粒分散在水中形成牛奶,泥土分散在水中形成泥浆等都是分散系。其中碘、脂肪、泥土为分散质,酒精、水为分散剂。

二、分散系的分类与特性

物质被分散的程度不同,其微粒大小也不同,分散系的某些性质也会发生变化。根据分散质粒子的大小,可将分散系分为溶液、胶体、粗分散系三种类型。

1. 溶液

分散质为单个分子或离子,粒子直径小于 1 nm(10^{-9} m)的分散系称为真溶液,简称溶液。分散质与分散剂间无界面。若将其置于密闭容器中,无论放置多久分散质与分散剂都不会发生分离,表现出均相、稳定、透明等性质。由于其分散质粒子较小,因而能透过滤纸与半透膜,扩散速度较快。

2. 胶体

分散质粒子直径为 1~100 nm 的分散系,称为胶体分散系,简称胶体。根据分散相粒子的聚集状态及性质不同,又可分为溶胶和高分子溶液。其中溶胶的分散质是由许多分子、原子或离子构成的不溶于分散剂的聚集体,分散质与分散剂之间存在着明显的界面,久置易发生分散质与分散剂的分离——聚沉,表现为高度分散性、非均相性和聚结不稳定等性质,如 $Fe(OH)_3$、As_2S_3 等溶胶。高分子溶液的分散质是单个高分子化合物,分散质与分散剂间无界面,久置也不发生分离,表现为均相、稳定透明、不能透过半透膜、扩散慢等性质,如蛋白质的水溶液等。

3. 粗分散系

分散质粒子直径大于 100 nm 的分散系,称为粗分散系。由于分散质粒子较大,系统呈混浊状态,分散质与分散剂之间有着明显的界面,久置易分层或聚沉,表现为非均相、不稳定、不能透过半透膜等性质。若分散质粒子为固体微粒,称为悬浊液,如泥浆、药用炉甘石洗剂等;分散相粒子为液体的粗分散系,称为乳状液,如牛奶、豆浆等。

第二节 溶 液

一、溶液浓度及其表示方法

溶液是由溶质和溶剂两部分组成的高度分散系。在工农业生产、日常生活和医疗卫生中会经常接触到溶液,如人体内的血液、细胞液及各种腺体的分泌液都是溶液。在实验室及日常生活及工作中经常会遇到与溶液浓度相关的问题,医药上为了保证用药的安全与效果,需要知道用药的剂量,而用药的多少则与药物的浓度有关。

溶液的浓度是指一定量溶液或溶剂中所含溶质的量的多少。表示溶液浓度有多种方法,常用的有以下几种。

1. 物质的量浓度

物质的量浓度指溶液中溶质 B 的物质的量 n_B(mol)与溶液体积 V(m³)之比,用符号 c_B 表示。

$$c_B = \frac{n_B}{V} \tag{1-2-1}$$

式中:c_B 为溶液的物质的量浓度,单位是 $mol \cdot m^{-3}$,以及 $mol \cdot L^{-1}$、$mmol \cdot L^{-1}$ 等;n_B 为溶质的物质的量,单位是 mol;V 为溶液的体积,单位是 m³,化学上常用升(L)或毫升(mL)。

在计算溶质的物质的量(n)时,一般需要知道该物质的质量(m)和摩尔质量(M),三者之间有以下关系:

$$n(mol) = \frac{m(g)}{M(g \cdot mol^{-1})}$$

例 1-2-1 生理盐水注射液中每 100 mL 中含 0.90 g NaCl,试计算该溶液的物质的量浓度。($M_{NaCl} = 58.5 \ g \cdot mol^{-1}$)

解 根据公式 $c_B = \dfrac{n_B}{V}$ $n_B = \dfrac{m_B}{M_B}$

得

$$n_{NaCl} = \frac{0.90 \ g}{58.5 \ g \cdot mol^{-1}} = 0.0154 \ mol$$

$$c_{NaCl} = \frac{0.015 \ mol}{0.1 \ L} = 0.154 \ mol \cdot L^{-1}$$

即生理盐水的物质的量浓度为 $0.154 \ mol \cdot L^{-1}$。

2. 质量分数

质量分数是指溶液中溶质 B 的质量与溶液总质量之比,或溶液中某种溶质质量占溶液总质量的百分比,用符号 w_B 表示。

$$w_B = \frac{m_B}{m} \tag{1-2-2}$$

式中:m_B 为溶质 B 的质量;m 为溶液总质量;w_B 为溶质 B 的质量分数,无单位,可以用小数或百分数表示,如市售浓盐酸中 HCl 的质量分数为 0.37 或 37%。

例 1-2-2 如何将 15 g 氯化钠配制成 w_{NaCl} 为 0.25 的氯化钠溶液?

解 将有关数据代入下式:

$$w_{NaCl} = \frac{m_{NaCl}}{m_{NaCl} + m_{H_2O}}$$

得

$$0.25 = \frac{15}{15 + m_{H_2O}}$$

可以计算出 $m_{H_2O} = 45 \ g$

即将 15 g 固体 NaCl 溶于 45 g 纯水中,可配制成质量分数为 0.25 的氯化钠溶液。

3. 质量浓度

质量浓度是指溶液中溶质 B 的质量 m_B(kg)与溶液体积 V(m³)之比,用符号 ρ_B 表示。

$$\rho_B = \frac{m_B}{V} \tag{1-2-3}$$

式中:V 为溶液的体积,单位是 m³,化学上常用升(L)或毫升(mL);m_B 为溶质 B 的质量,单位是 kg,化学上常用 g 或 mg;ρ_B 为溶液的质量浓度,单位常用 $kg \cdot L^{-1}$、$g \cdot L^{-1}$ 或 $mg \cdot L^{-1}$。

注意:溶液的密度为溶液的质量与溶液的体积之比,符号为 ρ,单位是 $kg \cdot L^{-1}$ 或 $g \cdot mL^{-1}$。溶液的质量浓度与溶液的密度符号相似,但意义不同。

例 1-2-3 临床上常用 0.9% 的氯化钠注射液和 5% 的葡萄糖注射液,求此两种注射液的质量浓度。

解 因为两种注射液均为稀溶液,其相对密度近视为 1,即 100 g 溶液体积为 100 mL。根据公式

$$\rho_B = \frac{m_B}{V}$$

得

$$\rho_{NaCl} = \frac{0.9 \text{ g}}{0.1 \text{ L}} = 9 \text{ g} \cdot L^{-1}$$

$$\rho_{C_6H_{12}O_6} = \frac{5 \text{ g}}{0.1 \text{ L}} = 50 \text{ g} \cdot L^{-1}$$

即氯化钠注射液与葡萄糖注射液的质量浓度分别为 $9 \text{ g} \cdot L^{-1}$ 和 $50 \text{ g} \cdot L^{-1}$。

4. 体积分数

体积分数指在相同的温度与压强下,溶质 B 的体积 V_B 与溶液总体积 V 之比,用符号 φ_B 表示。

$$\varphi_B = \frac{V_B}{V} \tag{1-2-4}$$

体积分数无单位,可用小数或百分数表示。如酒精消毒液的体积分数为 0.75 或 75%。

5. 质量摩尔浓度

质量摩尔浓度是指溶液的单位质量溶剂中,所含溶质 B 的物质的量,用符号 b_B 表示。

$$b_B = \frac{n_B}{m_A} \tag{1-2-5}$$

式中:n_B 为溶质的物质的量,单位是 mol;m_A 为溶剂的质量,单位是 kg;b_B 为质量摩尔浓度,单位是 $mol \cdot kg^{-1}$。

质量摩尔浓度的优点是其值不受温度的影响。对于极稀的水溶液,由于其相对密度近似为 1,所以 c_B 与 b_B 的数值几乎相等。

二、溶液的配制与稀释

溶液的配制、稀释属于化学实验技能中的基本操作。配制一定组成的溶液时,既可以用纯物质直接配制,也可以通过已有溶液的稀释或混合来完成。

1. 溶液的配制

(1) 一定浓度及质量溶液的配制 方法是根据需要或计算,称取一定质量的溶质与一定质量的溶剂,然后将两者混合均匀即可。

例 1-2-4 如何配制 0.9% 的生理盐水 500 g?

解 根据公式(1-2-2)可知,500 g 生理盐水中含有溶质 NaCl 的质量为

$$m_{NaCl} = \omega_{NaCl} m = 0.9\% \times 500 \text{ g} = 4.5 \text{ g}$$

配制该溶液所用溶剂水的质量为

$$m_{H_2O} = m - m_{NaCl} = 500 \text{ g} - 4.5 \text{ g} = 495.5 \text{ g}$$

配制方法:称量 4.5 g 纯净的固体 NaCl 溶解在 495.5 g 纯净水中,混合均匀即可得到 500 g 生理盐水。

(2)一定浓度及体积溶液的配制　方法是根据需要或计算,将一定质量的溶质与适量的溶剂混合,待完全溶解后,再加溶剂至所需体积,搅拌均匀即可。

例 1-2-5　如何配制 $0.10 \text{ mol} \cdot \text{L}^{-1}$ 的氢氧化钠溶液 250 mL?(已知 $M_{NaOH} = 40 \text{ g} \cdot \text{mol}^{-1}$)

解　根据题意,由公式(1-2-1)及 $n_B = \dfrac{m_B}{M_B}$ 得

所需 NaOH 的质量

$$m_{NaCl} = c_{NaCl} V M_{NaCl} = 0.10 \text{ mol} \cdot \text{L}^{-1} \times 0.25 \text{ L} \times 40 \text{ g} \cdot \text{mol}^{-1} = 1.0 \text{ g}$$

配制方法:精确称量 1.0 g 固体氢氧化钠,放入小烧杯内,加少量蒸馏水溶解后,转移至 250 mL 的容量瓶内。再用少量蒸馏水冲洗烧杯 2~3 次,冲洗后的液体一并转移至容量瓶内。加水至容量瓶刻度线的 2/3 处时,摇匀。再加水至刻度线附近,改用胶头滴管滴加至刻度线,摇匀后倒入试剂瓶中,并贴好标签。

一般溶液配制的基本步骤是:①根据条件计算;②称量(或移取);③溶解(或稀释);④定量转移;⑤定容;⑥倒入试剂瓶中,并贴好标签。

注意:一般情况下,在配制溶液时,用台秤称量物质的质量,用量筒量取溶液的体积;如果需要精确配制溶液的浓度时,则需用分析天平和容量瓶来进行溶液的配制。

2. 溶液的稀释

在浓溶液中加入一定量溶剂,得到所需浓度溶液的操作过程,称为溶液的稀释。在稀释过程中,由于只加溶剂而不加入溶质,所以溶液稀释前后,溶质的量(质量或物质的量)保持不变。即

　　　　　稀释前溶质的物质的量=稀释后溶质的物质的量

或　　　　　稀释前溶质的质量=稀释后溶质的质量

这就是溶液的稀释定律。

设浓溶液的物质的量浓度为 c_1,体积为 V_1;稀溶液的物质的量浓度为 c_2,体积为 V_2。则溶液的稀释公式为

$$c_1 V_1 = c_2 V_2 \tag{1-2-6a}$$

在应用溶液的稀释公式时应注意,等式两边的单位要保持一致。

若是质量分数(或是体积分数),则有

$$w_1 m_1 = w_2 m_2 \tag{1-2-6b}$$

$$\varphi_1 V_1 = \varphi_2 V_2 \tag{1-2-6c}$$

例 1-2-6　用 95% 的酒精 500 mL,能配制 75% 的消毒酒精多少毫升?如何配制?

解　设能配制 75% 的消毒酒精的体积为 V_2,根据稀释公式(1-2-6c)及题意得

$$0.95 \times 500 \text{ mL} = 0.75 V_2$$

解得 $V_2=633$ mL

配制方法：量取 95% 的酒精 500 mL，置于 1000 mL 的量筒中，加水至 633 mL，摇匀即可。

第三节 稀溶液的依数性

当溶质与溶剂组成溶液时，溶液的某些物理性质会发生变化，性质各异，但有些溶液，特别是稀溶液却具有一些共同的性质，如蒸气压下降、凝固点降低、沸点升高、渗透压等。这些性质只与溶液中溶质的粒子数有关，而与溶质的本性无关，通常把这种性质称为稀溶液的依数性。稀溶液（一般指浓度小于或等于 0.2 mol·kg^{-1} 的溶液）的依数性有明显的规律性，在日常生活及生命科学中极为重要。

一、蒸气压下降

1. 溶剂的蒸气压

在一定温度下，将某种纯溶剂放在密闭容器中，由于分子的无规则热运动，液面上一些能量高的分子就会逸出液面，扩散到容器上部空间形成气态分子，即进入气相，此过程称为蒸发。同时，气相的蒸气分子接触到液面又变成液态分子进入液相，此过程称为凝结。当蒸发速度与凝结速度相等时，气相与液相建立平衡，此时液面上蒸气的压强是恒定的，称为液体在该温度下的饱和蒸气压，简称蒸气压，一般用 $p^{\ominus}$ 表示。

蒸气压的大小与物质的本性和温度有关，而与容器的大小、物质的质量等无关。不同物质在相同温度下具有不同的蒸气压，如水在 293 K 时的饱和蒸气压为 2.34 kPa，而苯在此温度下的饱和蒸气压则为 9.96 kPa。同一物质的蒸气压随着温度的升高而增大，如水在 303 K 时的饱和蒸气压为 4.24 kPa，在 373 K 时的饱和蒸气压为 101.3 kPa。

固体也有蒸气压，一般情况下，大多数固体蒸气压都很小，如冰在 273 K 时的蒸气压为 0.61 kPa。

通常把常温下蒸气压较低的物质（固体或液体）称为难挥发物质，如硫酸、NaCl 等；把蒸气压较高的物质称为易挥发物质，如乙醇、苯、萘等。对于稀溶液，一般只考虑溶剂的蒸气压，而忽略难挥发溶质的蒸气压。

2. 溶液的蒸气压下降

在一定温度下，纯溶剂的蒸气压（$p^{\ominus}$）是个定值。如果在溶剂中加入难挥发的溶质，进入溶剂中的溶质分子要占据溶液的部分液面，单位时间内逸出液面的溶剂分子数就会减少，溶液中的溶剂将在较低的蒸气压下与它的蒸气达到平衡，这时蒸气的压强，称为溶液的蒸气压，一般用 p 表示，显然 $p < p^{\ominus}$。一般把溶液的蒸气压小于纯溶剂的蒸气压的现象，称为溶液的蒸气压下降。一般溶液的浓度越大，其蒸气压下降就越多。如图 1-2-1、图 1-2-2 所示。

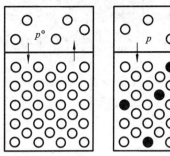

图 1-2-1 纯溶剂、溶液的蒸发示意图

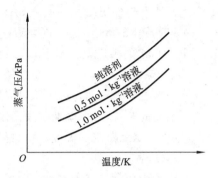

图 1-2-2 纯溶剂与溶液蒸气压曲线

二、凝固点降低

1. 溶剂的凝固点

在一定外压下,物质液相蒸气压与其固相蒸气压相等,固相与液相平衡共存的温度,称为液体的凝固点。例如,在 101.3 kPa 时,水的冰点是 273.15 K,此时冰与水的蒸气压均为 0.6105 kPa,二者可平衡共存;温度低于 273.15 K 时,水的蒸气压大于冰的蒸气压,水就会自动不断的结冰;温度高于 273.15 K 时,冰的蒸气压大于水的蒸气压,冰则会不断融化为水。

2. 溶液的凝固点降低

稀溶液凝固时得到的固相并非是固态溶液,而是纯溶剂。因此,溶液的凝固点是溶液中溶剂的蒸气压与固相纯溶剂的蒸气压相等时的温度。由于溶液的蒸气压总是低于同温度下纯溶剂的蒸气压,只有在较低温度(低于纯溶剂的凝固点),才能使固-液建立新的平衡。因此,溶液的凝固点总

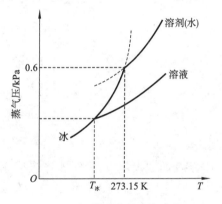

图 1-2-3 稀溶液凝固点降低

是低于纯溶剂的凝固点,而且溶液浓度越大,凝固点降低就越多,这一现象被称为溶液的凝固点降低。如图 1-2-3 所示,溶液的凝固点($T_冰$)低于纯溶剂(水)的凝固点 273.15 K。

三、沸点升高

1. 纯溶剂的沸点

加热一种液体时,随着温度的升高液体蒸气压逐渐增大,当液体的蒸气压等于外压时,就会产生沸腾,这时气、液两相平衡共存,该温度称为液体的沸点。因此,沸点是指一种液体的蒸气压等于外压时,气、液两相平衡共存的温度。达到沸点时,若继续加热沸腾,液体的温度不再上升,此时提供的热能仅用于克服分子间作用力而使液体不断蒸发,直至液体全部蒸发为止。因此,纯溶剂的沸点是恒定的。

液体的沸点与外压的大小有密切的关系,外压越大,液体的沸点就越高。当外压为 101.3 kPa 时液体的沸点,称为正常沸点。如水的正常沸点为 373.15 K,当外界压强高于 101.3 kPa 时,水的沸点就会高于 373.15 K,当外界压强低于 101.3 kPa 时,水的沸点就会低于 373.15 K。

液体的沸点与外压的这种关系,已被广泛应用于生产和科学实验中。如利用减压蒸馏或减压浓缩的装置,可以降低蒸发温度,防止某些热敏性物质被破坏。临床上利用高压灭菌,可以提高水及蒸汽的温度,从而提高灭菌效能。

2. 溶液的沸点升高

如果在水中加入一种难挥发的溶质,溶液中水的蒸气压就要下降。因此,当温度达到 373.15 K 时,溶液的蒸气压低于 101.3 kPa,溶液就不会沸腾。为使溶液中溶剂的蒸气压达到 101.3 kPa,就需升高溶液的温度,这样才能使溶液沸腾,如图 1-2-4 所示,$T_1 > T_0$。可见溶液的沸点总是高于纯溶剂的沸点。这种现象称为溶液的沸点升高。

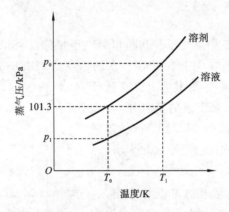

图 1-2-4 稀溶液的沸点升高

溶液的浓度越大,蒸气压就越低,其沸点就越高。例如,常温下饱和食盐水溶液的沸点为 381.95 K,比纯水的沸点高。在实验室为了提高水浴温度,在水中加入食盐就是利用溶液沸点升高这个原理。

四、渗透压

1. 渗透现象和渗透压

在一杯水中滴入一滴蓝墨水,很快就会发现水变为蓝色。在盛有浓蔗糖溶液的水杯中,小心加上一层清水,一段时间后可以成为浓度均匀的蔗糖水溶液。这种物质由高浓度区域向低浓度区域定向迁移的过程,称为扩散。任何纯溶剂与溶液之间,或两种浓度不同的溶液相互接触时,都会存在扩散现象。

如果用一种只允许溶剂水分子通过,而溶质大分子不能通过的半透膜把蔗糖溶液和纯水隔开(见图 1-2-5、图 1-2-6),可以看到水分子通过半透膜,由纯水进入蔗糖溶液中,使溶液体积增大,浓度降低。如果将两种浓度不同的溶液也用半透膜隔开,结果是稀溶液中的溶剂分子通过半透膜进入浓溶液中。这种溶剂分子通过半透膜,由纯溶剂进入稀溶液

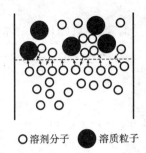

○溶剂分子　●溶质粒子

图 1-2-5　半透膜工作示意图

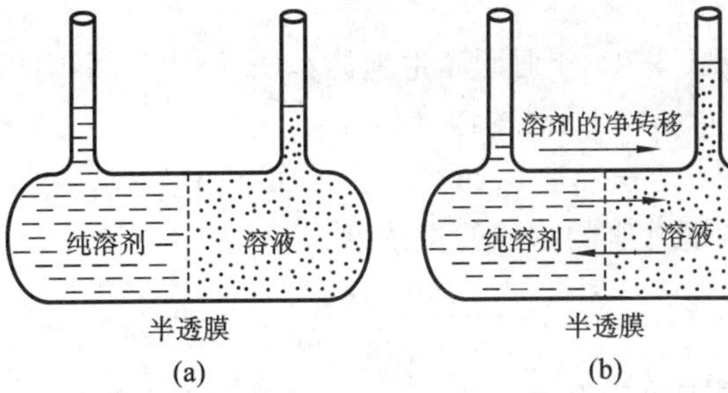

图 1-2-6　渗透与渗透平衡

或由稀溶液进入浓溶液的现象,称为渗透现象,简称渗透。

为了阻止渗透现象发生,可在溶液液面上额外施加一定的压强。通常把这种为了阻止溶剂从纯溶剂向溶液中渗透,而需要施加的压强,称为溶液的渗透压。

溶液的渗透压只有在半透膜两侧分别为纯溶剂和溶液时,才能表现出来。如果用半透膜将两种浓度不同的溶液隔开,为了阻止渗透现象发生,也必须在浓溶液液面上施加一定的压强,但此时的压强既不是浓溶液的渗透压,也不是稀溶液的渗透压,而是两种溶液的渗透压之差。

渗透是经常发生的,产生渗透现象必须具备两个条件:一是有半透膜存在;二是半透膜两侧的液体中,所含溶质的数量或浓度不同。而且渗透总是溶剂分子从纯溶剂向溶液或从稀溶液向浓溶液方向进行。

常用的半透膜有膀胱膜、硫酸纸、玻璃纸以及人工制造的羊皮纸、火棉胶膜等。机体内的细胞膜、毛细血管壁等都是生物半透膜,其半透性不完全,往往可以使少量低分子溶质或离子透过。

2. 渗透压与浓度、温度的关系

1886 年荷兰物理学家范特霍夫(Van't Hoff)根据实验结果提出:非电解质稀溶液渗透压与溶液浓度、温度之间的关系,类似理想气体的状态方程,即

$$\Pi V = nRT \text{ 或 } \Pi = cRT \quad (1-2-7)$$

式中:Π 为溶液的渗透压,单位为 kPa;V 为溶液的体积,单位为 m³;n 为物质的量,单位为 mol;c 为物质的量浓度,单位为 mol·m^{-3};R 为摩尔气体常数,其值为 8.314 J·K^{-1}·mol^{-1};T 为热力学温度,单位为 K。

此式表明,在温度一定的条件下,稀溶液的渗透压与溶液的物质的量浓度成正比而与溶质的本性无关,这个定律称为范特霍夫定律。不同的非电解质溶液,只要浓度相同,其渗透压就相同,如 0.3 mol·L^{-1} 的葡萄糖溶液与 0.3 mol·L^{-1} 的蔗糖溶液在 37 ℃时它们的渗透压相等,均为 772.8 kPa。

对于强电解质溶液情况则有所不同,由于强电解质全部电离,单位体积溶液中所含溶质质点数要比相同浓度的非电解质溶液多,因此渗透压也较大。在利用上述公式计算渗透压时必须引入一个校正因子 i。即

$$\Pi = icRT \quad (1-2-8)$$

i 是溶质的一个分子在溶液中电离后的质点数。如对于 KCl,$i=2$,对于 AlCl$_3$,$i=$

4等。

例1-2-7 分别计算生理盐水（9 g·L^{-1} NaCl）和50 g·L^{-1}的葡萄糖（$C_6H_{12}O_6$）溶液在37 ℃（310 K）时的渗透压。

解 已知$M_{NaCl}=58.5$ g·mol^{-1}，$M_{C_6H_{12}O_6}=180$ g·mol^{-1}。

生理盐水的物质的量浓度为

$$c_{NaCl}=\frac{9 \text{ g·L}^{-1}}{58.5 \text{ g·mol}^{-1}}=0.154 \text{ mol·L}^{-1}=154 \text{ mol·m}^{-3}$$

根据公式$\Pi=icRT$得NaCl的渗透压为

$$\Pi=2\times154 \text{ mol·m}^{-3}\times8.314 \text{ J·K}^{-1}\cdot\text{mol}^{-1}\times(273+37) \text{ K}$$
$$=2\times154\times8.314\times310 \text{ Pa}=793.82 \text{ kPa}$$

葡萄糖的物质的量浓度

$$c_{C_6H_{12}O_6}=\frac{50 \text{ g·L}^{-1}}{180 \text{ g·mol}^{-1}}=0.278 \text{ mol·L}^{-1}=278 \text{ mol·m}^{-3}$$

$C_6H_{12}O_6$的渗透压

$$\Pi=cRT=278 \text{ mol·m}^{-3}\times8.314 \text{ J·K}^{-1}\cdot\text{mol}^{-1}\times310 \text{ K}$$
$$=278\times8.314\times310 \text{ Pa}=716.5 \text{ kPa}$$

3. 渗透压的应用

（1）**医学中的渗透浓度** 溶液都有渗透压，人体的体液中含有电解质与非电解质等组分，体液的渗透压取决于单位体积体液中各种分子及离子的总数，即取决于能产生渗透效应的各种分子及离子的总数，医学上称之为渗透浓度，其单位为mol·L^{-1}。由范特霍夫定律可知，渗透压与渗透浓度成正比，故医学上常用渗透浓度直接表示渗透压的大小。如生理盐水（9 g·L^{-1} NaCl）的渗透浓度为0.308 mol·L^{-1}，葡萄糖（50 g·L^{-1}）溶液的渗透浓度为0.278 mol·L^{-1}。

（2）**等渗、低渗与高渗溶液** 在相同温度下，当两种溶液的渗透压相等时，这两种溶液互为等渗溶液。对于渗透压不相等的两种溶液，渗透压高的称为高渗溶液，渗透压低的则为低渗溶液。

医学上的等渗、低渗、高渗溶液是以血浆渗透压（或渗透浓度）为标准来衡量的，正常人血浆的渗透浓度约为0.3 mol·L^{-1}。临床上规定凡渗透浓度在0.28～0.32 mol·L^{-1}范围内的溶液，称为等渗溶液。如临床上使用的生理盐水（9 g·L^{-1} NaCl）、50 g·L^{-1}葡萄糖溶液、19 g·L^{-1}的乳酸钠、12.5 g·L^{-1}的NaHCO$_3$等都是等渗溶液。渗透浓度低于0.28 mol·L^{-1}的溶液，称为低渗溶液；渗透浓度高于0.32 mol·L^{-1}的溶液，称为高渗溶液。

等渗溶液在临床应用上有很重要的意义，输液是临床治疗中常用的处置方法之一，输液的一个根本原则是不因输液而影响血浆渗透压。这是因为红细胞具有半透膜的性质，正常情况时的红细胞，其膜内的细胞液与膜外的血浆是等渗的。静脉滴注等渗溶液，不会破坏红细胞的正常生理功能。若大量滴注低渗溶液，血浆被稀释，血浆中的水分通过细胞膜向细胞内渗透，结果会使红细胞不断增大，直至破裂而出现溶血现象。若大量滴注高渗溶液，血浆浓度增大，使红细胞内的细胞液向血浆渗透，结果会使红细胞萎缩，易黏合在一起形成"团块",这些"团块"聚集在小血管中可能形成"血栓"(见图 1-2-7)。如果基于某种治疗需要,输入少量高渗溶液也是允许的,但输入量与速度都必须严格控制。

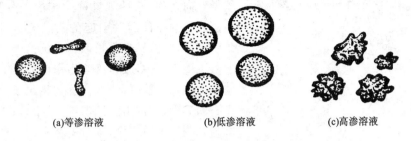

(a)等渗溶液　　　　(b)低渗溶液　　　　(c)高渗溶液

图 1-2-7　红细胞在不同浓度溶液中的形态

第四节　胶　　体

胶体是分散相微粒的大小在 1～100 nm 范围内的一种分散系,许多蛋白质溶液、淋巴液、血液等都属于胶体分散系。胶体又可分为溶胶和高分子化合物溶液,习惯上把难溶性固体分散在水中形成的胶体溶液称为溶胶,溶胶的分散相与分散介质间存在着巨大的相界面,是一种不稳定的体系。

一、溶胶的基本性质

溶胶的胶粒是由大量的原子(分子或离子)构成的聚集体。粒径为 1～100 nm 的胶粒分散在分散介质中,具有多相性、高度分散性和聚结不稳定性等基本特性,其动力学性质、光学性质和电学性质都是由这些基本特性引起的。

1. 溶胶的动力学性质

(1) 布朗运动　1827 年,英国植物学家布朗(Brown)在显微镜下观察悬浮在水面上的花粉和孢子时,发现它们处于不停的无规则运动之中,而且温度越高,粒子的质量越轻,介质的黏度越小,这种无规则运动就表现得越明显,后来人们称这种运动为布朗运动。布朗运动的本质在很长一段时间内没有得到阐明,直到 19 世纪初,人们才用分子运动论阐明了布朗运动产生的原因。布朗运动是由于介质分子热运动撞击悬浮粒子的结果,如果粒子很大,介质分子在各个方向上对粒子的撞击力相互抵消,粒子可能静止不动,因此大粒子观察不到布朗运动;若粒子比较小,某一瞬间粒子在各个方向受到的撞击力不能相互抵消,合力使粒子向某一方向运动。显然合力的方向随时会发生变化,所以粒子的运动方向也在不断地变化,这就是粒子的布朗运动。如图 1-2-8 所示。

布朗运动是胶体分散系特有的性质,胶粒质量越小,温度越高,运动速度越快,布朗运动越剧烈。运动着的胶粒可使其本身下不下沉,因而布朗运动是溶胶稳定的一个因素,即溶胶具有动力学稳定性。

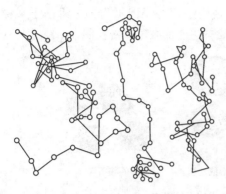

图 1-2-8　布朗运动

(2) 扩散和沉降平衡　当溶胶中的胶粒存在浓度差时,胶粒将从浓度高的区域向浓度低的区域做定向迁移,这种现象称为扩散。溶胶的扩散是由胶粒的布朗运动引起的。温度越高,溶胶的黏度越小,胶粒越容易扩散。

在重力场中,胶粒因重力作用而下沉,这一现象称为沉降。粗分散系中,分散相粒子大而且重,无布朗运动,扩散力接近于零,在重力作用下很快沉降。胶体分散系中,胶粒的粒子较小,扩散和沉降两种作用同时存在。当沉降速度等于扩散速度时,胶粒的浓度从上到下逐渐增大,形成一个稳定的浓度梯度,这种状态称为沉降平衡。

2. 溶胶的光学性质

光线照射分散系时,可观察到不同的现象,根据粒子的大小,光可以被吸收、散射或者反射。当粒子的直径超过入射光波长时,光在粒子表面会发生反射,例如粗分散系对可见光(波长为 $4\times10^{-7}\sim7\times10^{-7}$ m)具有反射作用,所以悬浊液、乳状液等粗分散系是混浊不透明的。当粒子的直径略小于入射光波长时,光波就环绕粒子向各个方向散射,每个粒子本身就好像一个光源,可向各个不同方向发出乳光,即发生散射现象。如果入射光波长远大于分散相粒子直径,则光线会透过分散系,可观察到透明的液体。

丁达尔发现,在暗室内用一束光线照射溶胶或溶液时,在与光束垂直的方向观察,只有溶胶可以看到一个明显发亮的光锥,如图 1-2-9 所示。一般把溶胶的这一性质,称为丁达尔现象(又称丁铎尔现象)。丁达尔现象是胶体粒子对光散射的结果,是鉴别溶胶与溶液及高分子溶液常用的方法。

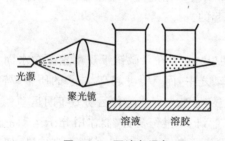

图 1-2-9　丁达尔现象

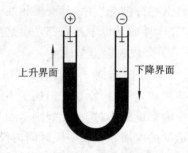

图 1-2-10　电泳示意图

3. 溶胶的电学性质

溶胶的电学性质又称电动现象,是指溶胶粒子的运动与电性能之间的关系。

电泳是胶体最典型的电学性质。若在一支 U 形管内注入有色溶胶,小心地在溶胶表面上注入无色的电解质溶液,使溶胶与电解质溶液之间保持清晰的界面,并使液面在同一水平高度。在电解质溶液中插入电极,接通直流电后,可见 U 形管内有色溶胶的界面发生变化,一侧界面上升,另一侧界面下降,如图 1-2-10 所示。这种在电场作用下,溶胶粒子在分散介质中的定向移动的现象,称为电泳。

从电泳方向可以判断胶粒的带电性质。金属氢氧化物溶胶(如 $Fe(OH)_3$),胶粒带正电,在电场中向负极移动,称为正溶胶;金属硫化物、硅酸、金、银等溶胶,其胶粒带负电,在电场中向正极移动,称为负溶胶。

目前电泳技术在氨基酸、多肽、蛋白质及核酸等物质的分离和鉴定方面均有广泛的应用。

二、胶体的稳定与聚沉

溶胶是高度分散的、多相的、不稳定体系,而事实上很多溶胶又能长时间稳定存在。这是什么原因?在什么条件下溶胶将发生聚沉?它们对于解决许多实际问题具有重要意义。

1. 胶团的结构

溶胶粒子的结构相当复杂,一般由胶核、吸附层和扩散层构成。其中胶核由许多原子或分子聚集而成,位于胶体粒子的中心;胶核周围是由吸附在核表面上的定位离子、部分反离子和溶剂分子组成的吸附层,胶核和吸附层合称为胶粒,胶粒是带电的;吸附层以外由反离子组成扩散层,胶核、吸附层和扩散层构成胶团,整个胶团是电中性的。

例如,用 KI 和 $AgNO_3$ 制备 AgI 溶胶时,$(AgI)_m$ 为胶核。如果 KI 过量,胶核吸附 n 个 I^- 为定位离子,使胶核表面带负电。由于静电作用,胶核吸引部分反离子即 $(n-x)$ 个 K^+ 进入吸附层,另外 x 个反离子 K^+ 构成扩散层,图 1-2-11 是碘化银的胶团结构示意图。

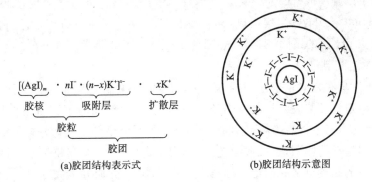

图 1-2-11 AgI 的胶团结构示意图

图中 m 表示胶核中 AgI 的分子数,一般较大。n 为胶核吸附定位离子 I^- 的数目,n 较 m 小得多,$(n-x)$ 是吸附层中 K^+ 的数目。由结构图可以看出,胶粒是带负电荷的,在电场中将向正极或阳极移动。如果制备 AgI 溶胶时 $AgNO_3$ 过量,则胶核表面带正电,定位离子是 Ag^+,反离子是 NO_3^-。

由胶团结构可知,通常所说溶胶带正电或带负电是指胶粒而言,其电性取决于胶核吸附的定位离子,而带电的多少则由定位离子与吸附层中的反离子所带电荷之差决定。

化学上还有几种常见的胶团,其结构如下所示:

$$\{(AgI)_m \cdot nI^- \cdot (n-x)K^+\}^{x-} \cdot xK^+ \quad (\text{负溶胶})$$

$$\{[Fe(OH)_3]_m \cdot nFeO^+ \cdot (n-x)Cl^-\}^{x+} \cdot xCl^- \quad \text{(正溶胶)}$$

$$\{(As_2S_3)_m \cdot nHS^- \cdot (n-x)H^+\}^{2x-} \cdot 2xH^+ \quad \text{(负溶胶)}$$

2. 胶粒带电的原因

溶胶粒子表面都带有电荷,有的带正电荷,有的带负电荷。溶胶粒子表面带电主要有以下两种原因。

(1) **吸附作用** 固体表面因对电解质正、负离子的不等量吸附而获得电荷——带电。例如,将 $FeCl_3$ 溶液缓缓滴加到沸水中,制备氢氧化铁溶胶。

水解反应为 $\quad FeCl_3 + 3H_2O \longrightarrow Fe(OH)_3\text{(溶胶)} + 3HCl$

溶液中部分 $Fe(OH)_3$ 与 HCl 作用,又发生如下反应:

$$Fe(OH)_3 + HCl \longrightarrow FeOCl + 2H_2O$$

$$FeOCl \longrightarrow FeO^+ + Cl^-$$

许多的 $Fe(OH)_3$ 形成胶核,并优先吸附溶液中的 FeO^+ 而带正电,溶胶中电性相反的 Cl^-(反离子)则多数留在介质中。

溶胶粒子优先吸附与自身相同成分的离子的规律,称为法金斯规则。利用这一规则可以判断胶粒的带电符号,例如用 $AgNO_3$ 和 KI 制备 AgI 溶胶时,AgI 粒子优先吸附 Ag^+ 或 I^-,而对 NO_3^- 或 K^+ 的吸附很弱。因而在制备 AgI 溶胶时,若 KI 过量,则形成的 AgI 粒子将吸附过量的 I^- 而带负电;若 $AgNO_3$ 过量时,则吸附过量的 Ag^+ 而带正电。因此,过量的 Ag^+ 或 I^- 是 AgI 粒子表面电荷的来源。

(2) **电离作用** 有些溶胶粒子本身含有可解离基团,例如,蛋白质分子中含有羧基和氨基,在水中可以解离成 $-COO^-$ 或是 $-NH_3^+$,因而使整个大分子带电。又如硅胶的胶核是由多个 $xSiO_2 \cdot yH_2O$ 聚集而成,其表面的 H_2SiO_3 分子可以解离,由于它是一个弱电解质,根据介质 pH 值的不同,解离后硅胶粒子可以带正电荷或带负电荷。

3. 溶胶的稳定性

溶胶之所以具有相对稳定性,其原因是其具有动力稳定性和聚结稳定性。

(1) **动力稳定性** 溶胶粒子具有强烈的布朗运动,以致胶粒不因重力作用而下沉,这种稳定性称为动力稳定性。影响动力稳定性的主要原因是分散度,胶体体系的分散度越大,胶粒的布朗运动越剧烈,扩散能力越强,动力稳定性就越大,胶粒越不容易聚沉。

另外,介质的黏度对溶胶的稳定性也有一定的影响,介质黏度大,胶粒就难聚沉,溶胶的动力稳定性就越大。

(2) **胶粒带电的稳定作用** 由胶团结构可知,在胶粒周围存在着反离子的扩散层,使每个胶粒周围形成离子氛,当胶粒相互靠近,扩散层相互重叠时,就会产生静电排斥力,结果使两个粒子相互碰撞后又重新分开,保持了溶胶的稳定性。

(3) **溶剂化的稳定作用** 溶质和溶剂间所起的化合作用,称为溶剂化作用,如果溶剂为水,则称为水化。胶团中的离子都是溶剂化的,憎液溶胶的胶核是憎水的,但它吸附的离子和反离子都是水化的,所以胶核的周围有一水化层,当胶粒相互靠近时,水化层被挤压变形,而水化层具有弹性,造成胶粒接近时的机械阻力,从而防止了溶胶的聚沉。

在上述各种因素中,胶粒带电是溶胶稳定存在的主要原因。

4. 溶胶的聚沉

溶胶中分散相颗粒相互聚结,颗粒变大,分散度降低,最后从介质中沉淀析出的现象,称为聚沉。

引起溶胶聚沉的因素很多,如温度的升高,pH 值的改变,加入电解质或带有相反电荷的另一溶胶,机械作用等都可使溶胶发生聚沉。其中对溶胶聚沉影响最大,作用最敏感的是电解质。

(1) 电解质的聚沉作用　电解质对溶胶具有"双重"作用,适量浓度的电解质有利于双电层及扩散层的形成,提高溶胶的稳定性,但过量的电解质又会破坏胶粒的双电层,使其聚沉。

电解质中起聚沉作用的主要是与胶粒电荷相反的离子,即反离子。反离子的价数越高,聚沉能力就越强。其原因是电解质中的反离子可以压缩胶粒周围的扩散层,使之变薄,胶粒所带电性减弱或呈中性,稳定性降低。例如 $NaCl$、$CaCl_2$、$AlCl_3$ 三种电解质溶液,对 AgI 负溶胶起聚沉作用的是其反离子 Na^+、Ca^{2+}、Al^{3+},它们的聚沉能力 $AlCl_3$ 最强,$CaCl_2$ 次之,$NaCl$ 最弱。

(2) 溶胶的相互作用　若将两种带相反电荷的溶胶相互混合,发生聚沉的作用称为相互聚沉。相互聚沉的程度与两者的相对量有关,当两种溶胶粒子所带电荷全部中和时,聚沉最完全。

溶胶的相互聚沉现象在水的净化方面得到了广泛的应用。通常水中的悬浮物及泥沙是带负电溶胶,净水剂——明矾的水解产物 $Al(OH)_3$ 溶胶则带正电,将明矾撒入含有悬浮物及泥沙的水中,两种电性相反的溶胶相互吸附而聚沉,使水得以净化。

(3) 高分子化合物对溶胶的作用　高分子化合物对溶胶的作用具有双重性质,如图 1-2-12 所示。

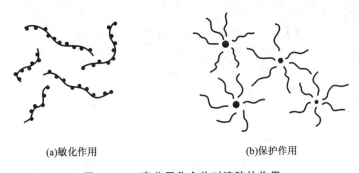

(a)敏化作用　　　　　　(b)保护作用

图 1-2-12　高分子化合物对溶胶的作用

① 敏化作用　在溶胶中加入少量的高分子化合物,有时会降低溶胶的稳定性,甚至发生聚沉,这种现象称为敏化作用。敏化作用是由于大分子链起了"桥联"作用,把邻近胶粒吸附在链节上,促使溶胶聚沉。

② 保护作用　在溶胶中加入足够量的高分子化合物,高分子化合物被吸附在胶粒表面,包围住胶粒,使胶粒与分散介质的亲和力增强,从而增强了溶胶的稳定性。这种现象称为高分子化合物对溶胶的保护作用。

第五节 高分子溶液

高分子化合物与人们日常生活中的衣食住行密切相关,在医药上的应用也非常广泛。如人体的血液、肌肉、内脏等都是天然高分子化合物的多元体系;药物制剂中,高分子化合物的应用也极其普遍,如血浆代用液、疫苗、胶浆等制剂都是以高分子溶液直接作为药物;同时高分子化合物还可作为制剂过程中的增溶剂、乳化剂、胶束剂等。

一、高分子化合物

高分子化合物是指相对分子质量在 $10^4 \sim 10^6$ 范围内,由一种或几种简单化合物通过共价键重复连接的巨型分子,又称为大分子化合物。高分子化合物包括天然高分子和合成高分子两大类。如淀粉、蛋白质、纤维素、天然橡胶和各种生物大分子等属于天然高分子化合物,聚乙烯、合成纤维、合成橡胶等属于人工合成的高分子化合物。高分子化合物的许多性质,如难溶解、有溶胀现象、溶液黏度大等,都与相对分子质量大这一特点有关。

二、高分子溶液的特征

高分子溶液具有明显的特征,有许多性质与溶胶相似,但其分散相是单个的分子或离子,其结构与胶粒不同,因而又有一些与溶胶不同的性质。高分子溶液与溶胶、小分子溶液性质的比较见表 1-2-1。

表 1-2-1 高分子溶液与溶胶、小分子溶液性质的比较

	高分子溶液	溶胶	小分子溶液
粒径	1~100 nm	1~100 nm	<1 nm
在分散介质中存在的单元	大单分子	许多小分子组成的胶粒	小单分子
与分散介质的亲和力	大	小	大
分散系	均相	多相	均相
扩散速度	慢	慢	快
溶解性	可溶	不溶	可溶
稳定性	稳定系统,不需加稳定剂	不稳定系统,需加稳定剂	稳定
对电解质的敏感程度	不敏感,大量电解质会盐析	敏感	不敏感
能否透过半透膜	不能	不能	能
黏度和渗透压	黏度和渗透压大	黏度和渗透压小	黏度和渗透压小
丁达尔现象	不明显	明显	不明显

高分子溶液的特征：

(1) 黏度大　溶胶的黏度一般与纯溶剂几乎没有区别，如溴化银溶胶的黏度和水几乎相同。而高分子化合物溶液即使浓度很低的时候，与溶剂相比，黏度会增加很多，主要是由于高分子化合物是链状分子，长链之间互相靠近而结合，把一部分液体包围在结构中使它失去流动性，大分子本身在流动时受到的阻力也很大，因此，高分子化合物溶液的黏度比溶胶和真溶液大得多。

(2) 溶解的可逆性　高分子化合物在适当的介质中可以自动溶解而形成溶液，若设法使它聚沉并从介质中分离出来后，只要重新加入原来的分散剂，高分子化合物又可以自动再分散，形成原来状态的溶液，因此，高分子的溶解过程是可逆的。溶胶一旦聚沉，再加入原来的分散剂则不能再形成胶体溶液。

(3) 稳定性　高分子化合物溶剂化能力很强，在分子外面形成了很厚的水化膜，因而很稳定。要使高分子化合物溶液发生聚沉，关键是破坏高分子的水化膜。破坏水化膜的方法主要有两种：一种是加入亲水性强的有机溶剂如乙醇、丙酮等。如在药厂制备高分子代血浆右旋糖酐时，就是利用加入大量乙醇的方法，使它失去水化膜而沉淀。另一种方法是加入大量电解质。向高分子化合物溶液中加入大量电解质，而使高分子化合物从溶液中析出的过程叫盐析。盐析在制备生化制品时应用广泛。

第六节　粗　分　散　系

粗分散系是指分散相粒子直径大于 100 nm 的分散系，主要有悬浊液和乳状液两大类。

一、悬浊液

不溶性固体粒子分散在液体中所形成的分散系称为悬浊液，亦称悬浮液，如外用药炉甘石洗液等。悬浊液由于分散相粒子的颗粒较大，不存在布朗运动、扩散和渗透现象，在重力作用下易发生沉降。悬浊液对光的散射十分微弱，多具有反射作用，因而从外观上看，悬浊液不均匀、不稳定、不透明。悬浊液中分散相粒子也能选择吸附溶液中的某种离子而带电；某些高分子化合物对悬浊液具有的保护作用等，这些都是悬浊液暂时稳定存在的原因。

悬浊液用途较广泛。在医疗方面，常把一些不溶于水的药物配制成悬浊液来使用。例如，治疗扁桃体炎用的青霉素钾（钠），在使用前要加适量注射用水，摇匀后成为悬浊液，供肌内注射；用 X 射线检查肠胃病时，让病人服用的钡餐是硫酸钡的悬浊液等等。又如，粉刷墙壁时，常把熟石灰粉（或墙体涂料）配制成悬浊液（内含少量胶质），能均匀地喷涂在墙壁上。

在农业生产中，为了合理使用农药，常把不溶于水的固体或液体农药，配制成悬浊液或乳浊液，用来喷洒受病虫损害的农作物，以提高药效。因经乳化处理后的农药药液喷洒均匀，易附着在叶面上。

二、乳状液

1. 乳状液的概念

一种液体以极小的液滴分散到另一种互不相溶的液体中形成具有一定稳定性的液-液分散系称为乳状液。通常将被分散成液滴的相称为内相（亦称分散相或分散质），而作为分散介质的连续相称为外相。这种粗分散系具有很大的界面，很不稳定，常须加入（或自然形成）第三种物质，称为乳化剂。乳化剂所起的作用称为乳化作用。如食物中的油脂进入人体后要经过乳化，使之成为极小的乳滴，才有利于肠壁的吸收，此时胆汁酸盐就是乳化剂。

日常生活中的药用鱼肝油乳剂、硅乳，临床上用的脂肪乳剂输液及各种乳膏等都是乳状液。为了加大用药剂量，通常用注射型乳状剂，在乳状液降解时药物就会缓慢地被机体吸收，可以提高药效。有报道说用乳化的流行性感冒疫苗治疗的病人，体内所显示的抗体水平约为平常疗法的十倍，且能保持在两年以上。

2. 乳状液的结构

乳状液有两相，一相是极性的水，另一相为非极性（或极性小）的油。水与油可以形成两种不同类型的乳状液，一种是以油（有机物）分散到极性大的水中形成的分散系，称为水包油型，用 O/W 表示；另一种是以极性大的水分散到极性小的油中形成的分散系，称为油包水型，用 W/O 表示，如图 1-2-13 所示。如牛奶是 O/W 型乳状液，原油是 W/O 型乳状液。另外，还有一种多重乳剂，又称复乳，它是 W/O 型（或 O/W 型）乳状液分散到水（或油）中形成的分散系，用 W/O/W（或 O/W/O）表示。

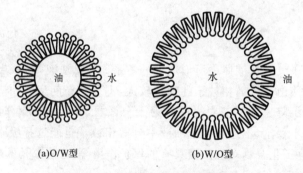

图 1-2-13 两种不同类型的乳状液

乳状液的类型从外观上是很难区分的，常用染色法或稀释法来鉴别。染色法是将少量的油溶性染料加入乳状液中，轻轻振摇后，置于显微镜下观察，如整个乳状液呈染料颜色，则为 W/O 型乳状液，如果只见分散相液滴呈染料颜色，则为 O/W 型乳状液。稀释法是将少量乳状液置于洁净的玻璃片上，然后滴加水，能与水混溶的为 O/W 型乳状液；反之，则为 W/O 型乳状液。

第七节　表面活性物质

表面活性物质又称为表面活性剂，是一类组成、结构、性质特殊，应用广泛的化学物质。

一、表面活性剂的分类

由于其品种十分繁多，分类方法也很多。若从用途出发，可分为乳化剂、洗涤剂、增溶剂、发泡剂、铺展剂、渗透剂等；若从化学结构来分，则有离子型、非离子型表面活性剂；另外还有一些特殊的表面活性剂如高分子型表面活性剂、氟表面活性剂、硅表面活性剂等。

1. 离子型

溶于水后能够发生电离的表面活性剂称为离子型表面活性剂。离子型表面活性剂按其活性成分所带电荷的性质，分成阴离子型、阳离子型、两性离子型三种类型。

（1）阴离子型　阴离子型表面活性剂在水中解离后，起表面活性作用的是与亲油性基团相连的亲水性阴离子。硬脂酸、软脂酸、月桂酸、硫酸化蓖麻油等，是目前最常用、也是产量最大的一类表面活性剂。这类表面活性剂可作为外用药剂的附加剂、乳化剂、去污剂和固体药剂的润湿剂等。

（2）阳离子型　阳离子型表面活性剂与阴离子型相反，起表面活性作用的是与亲油性基团相连的亲水性阳离子。常用的有季铵盐、烷基吡啶盐等，在医药上比较重要的是季铵盐型阳离子表面活性剂。常用的有苯扎溴铵（新洁尔灭）、苯扎氯铵（洁尔灭）等。这类表面活性剂的杀菌能力强而表面活性作用较弱，是一类良好的外用杀菌剂。

（3）两性离子型　两性离子型表面活性剂是指在分子中同时具有阴、阳两种离子性质的表面活性剂。这类表面活性剂有两个亲水性基团，一个带正电，一个带负电。当 pH<pI(等电点)时，呈阳离子型表面活性剂的性质；当 pH>pI 时，呈阴离子型表面活性剂的性质。如氨基酸型与甜菜碱型，如蛋黄中的卵磷脂就是天然的两性表面活性剂，它对油脂的乳化作用很强，可作为注射用乳浊液。

2. 非离子型

这类活性剂在水溶液中不解离，在分子结构上，亲水性基团主要有甘油、聚乙二醇及山梨醇等多元醇，亲油性基团是长链的脂肪酸或长链的脂肪醇以及芳烷基等，它们以醚键或酯键结合。这类表面活性剂具有毒性且溶血作用较小，不解离，不易受电解质溶液 pH 值的影响，能与大多数药物配合使用等优点，可广泛用作药物制剂过程中的乳化剂、增溶剂、助悬剂、分散剂等。

二、表面活性剂的特征

1. 表面活性剂的两亲结构

表面活性剂具有独特的"双亲"结构。任何一种表面活性剂均由亲水性基团和亲油性基团构成,因而它具有亲水、亲油双重性质。其中亲油性基团一般是 8 个碳原子以上非极性烃链,亲水基是指电负性较大的一些原子或原子团,与水有较强的亲和力或容易与水键合,如—OH、—NH_2、—SH、—COOH、—COONa、—SO_3Na 等。例如,脂肪酸钠(RCOONa),其中 R 是碳氢链亲油基团,—COONa(或—COO$^-$)为亲水基团。表面活性剂的结构如图 1-2-14 所示。

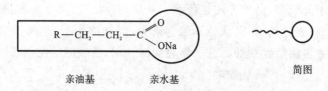

图 1-2-14 表面活性物质(脂肪酸钠)结构

为了方便表述,通常用"—○"表示表面活性剂,其中"——"表示表面活性剂的亲油基团,"○"表示亲水基团。由于表面活性剂具有两亲性,因而倾向于集中在溶液表面或是互不相溶的两种液体的界面上。

2. 表面活性剂的亲水亲油平衡值

表面活性剂亲水、亲油性的大小取决于分子中亲水基和亲油基的相对强弱。亲水基表示表面活性剂溶于水的能力,亲油基则表示其溶于油的能力。表面活性剂中这两种性能完全不同的基团相互作用、相互联系又相互制约,它们之间的平衡关系对其降低表面活性的能力非常重要。1949 年,格里芬(Griffin)提出了亲水亲油平衡值的计算公式:

$$\text{HLB} = \frac{\text{亲水基质量}}{\text{亲水基质量} + \text{亲油基质量}} \times \frac{100}{5} = \frac{\text{亲水基部分的摩尔质量}}{\text{表面活性剂的摩尔质量}} \times \frac{100}{5}$$

式中:HLB 为表面活性剂的亲水亲油平衡值。

对于非离子型表面活性剂,把完全亲水的聚乙二醇定为 HLB=20,完全没有亲水基的碳氢化合物石蜡定为 HLB=0,按亲水性的强弱确定其表面活性剂的 HLB 值。其他非离子型表面活性剂的 HLB 值介于 0~20 之间。表面活性剂的 HLB 值越大,表明其亲水性越强;反之,亲水性越弱。HLB 在 10 附近,亲水、亲油能力基本一致。表面活性剂的 HLB 值不同,其性能与用途也不同。HLB 在 8~12 之间的表面活性剂,通常可以形成 O/W 型乳状液;在 3~6 之间的表面活性剂可以形成 W/O 型乳状液。表 1-2-2 给出表面活性剂的用途,对实践工作有一定的参考意义。实际上,任何一种表面活性剂都不同程度上兼有乳化、润湿、增溶等作用。很多情况下,需要使用两种或两种以上的混合表面活性剂。

表 1-2-2　HLB 值及主要用途

	HLB 值的范围	用途
亲油性 ↓ 亲水性	3～6	W/O 型乳化剂
	6～8	润湿剂
	8～12	O/W 型乳化剂
	13～15	洗涤剂
	15～18	增溶剂

3. 表面活性剂在水溶液中的状态

若在纯水中加入表面活性剂,由于表面活性剂的特殊结构,它在水中将以不同的状态存在。当溶液较稀时,加入的表面活性剂稀疏地分布于水相表面上;当增加表面活性剂的量,在浓度不大时,它们基本上还是分布在表面上,只是排列愈加规整;当达到饱和浓度时,表面活性剂在表面上定向排列,形成可溶性的表面膜;若继续增加表面活性剂的浓度,表面活性剂分子则会聚于溶液内部,并互相把非极性基团(疏水基)靠在一起,形成极性基团朝向水相,非极性基团在内,直径在胶体分散相大小范围内的缔合体。这种存在于溶液内部的表面活性分子聚合体称为胶束。图 1-2-15 为表面活性剂在不同浓度溶液中的分布及变化状况。

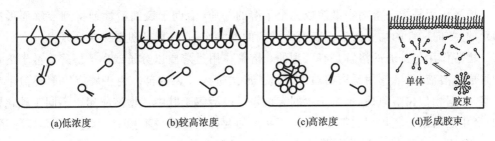

(a)低浓度　　(b)较高浓度　　(c)高浓度　　(d)形成胶束

图 1-2-15　表面活性剂的不同分布状态

开始形成胶束时表面活性剂的最低浓度称为临界胶束浓度(critical micelle concentration),通常用 CMC 表示,临界胶束浓度约为饱和吸附浓度的 $\frac{4}{3}$。

胶束虽小(直径为 1～100 nm),但结构复杂。一般分为球形、棒状、椭球状、层状胶束等。图 1-2-16 是胶束的结构示意图。

三、表面活性剂的应用

表面活性剂的结构特点及性质,使它们较广泛地应用于制药工业中,成为药物制剂中极为重要的一种附加剂,主要作用如下。

1. 乳化作用

用作乳化剂的表面活性剂有阴离子型和非离子型两种。乳化剂对制备稳定的乳状液有很重要的作用,其中表面活性剂的种类、用量、HLB 值等均对乳状液产生影响。一般而

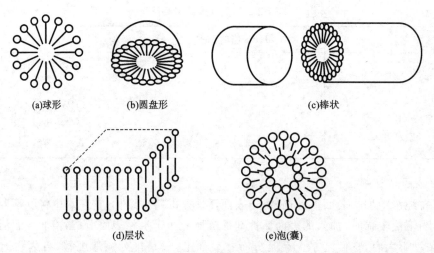

图 1-2-16　胶束结构示意图

言,表面活性剂的 HLB 值是决定乳状液类型的主要因素之一,HLB 值在 3~6 范围内,能较多地降低油的表面张力,形成 W/O 型乳状液;HLB 值在 8~18 范围内,能较多地降低水的表面张力,形成 O/W 水包油型乳状液。

2. 增溶作用

增溶作用是指在溶剂中微溶或完全不溶的物质,借助于表面活性剂得到溶解而形成稳定的、各向同性的均一溶液。表面活性剂的增溶作用,一般通过胶束来实现。

增溶作用与普通的溶解是有区别的。溶解作用是溶质以分子或离子形式分散于溶剂中形成的溶液;增溶作用是增溶质以"团块"形式进入胶束内部。由于胶束内部类似于液态烃,根据相似相溶原理,难溶于水的有机物可以溶解于其中。增溶作用也不同于乳化作用,乳化是借助于乳化剂的帮助,使互不相溶的两种液体形成不稳定、不透明的多相体系。低于 CMC 的表面活性剂是没有增溶作用的。增溶质在胶束中被增溶的形式主要有内部溶解型、外壳溶解型、插入型、吸附型。图 1-2-17 为胶束增溶示意图。

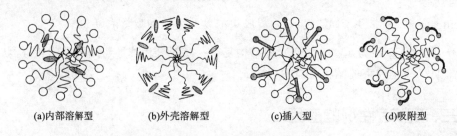

图 1-2-17　胶束增溶示意图

(1) 内部溶解型　饱和脂肪烃、环烷烃等不易极化的难溶性有机物,一般被增溶在胶束的内芯部分,相当于溶解在液态烃中。

(2) 外壳溶解型　容易极化的化合物如短链芳烃在量少时被吸附在胶束表面,量多时插入形成胶束的表面活性剂分子"空隙"中,直至进入内核。

(3) 插入型　分子链较长的极性分子,如长链的醇、胺等,增溶时分子的非极性碳氢链插入胶束内部,极性部分则留在表面活性剂的极性基团中。

(4) 吸附型　一些较小的极性分子,既不溶于水也不溶于非极性的液态烃中,如苯二甲酸二甲酯,增溶时被吸附在胶束的表面。

3. 润湿作用

用于促进液体在固体表面铺展或渗透的表面活性剂称为润湿剂。这类表面活性剂可以降低固-液间的界面张力,减小接触角,使固体被液体润湿。作为润湿剂的表面活性剂的亲水基和亲油基具有适宜的平衡,最适合的 HLB 值在 7~9 之间,直链脂肪族表面活性剂以碳原子在 8~12 之间为宜,并有适当的溶解度。如在片剂、软膏剂、混悬剂中为了增加药物的分散度,促使药物与皮肤的良好接触,就需加入表面活性剂。

4. 去垢作用

去垢剂又称洗涤剂,是用于除去污垢的一类表面活性剂。去垢是一个较为复杂的过程,往往是润湿、渗透、分散、乳化、增溶等作用的综合结果。去垢剂的 HLB 值一般在 13~16 之间,常用的有钾皂、钠皂、十二烷基磺酸钠等。

5. 起泡与消泡

泡沫是气体分散在液体中形成的分散系,由一层很薄的液膜包裹着气体。泡沫很不稳定,为了使泡沫相对稳定,需加入一定量的表面活性剂,这种表面活性剂称为起泡剂。有时则恰恰相反,需要消除生产过程中产生的泡沫,这种用来消泡的表面活性剂称为消泡剂。

6. 消毒和杀菌

大多数阳离子表面活性剂和两性表面活性剂都可用作消毒剂和杀菌剂。表面活性剂的消毒和杀菌作用主要是它们可与细菌生物膜蛋白质强烈作用使之变性或被破坏。通常这些表面活性剂在水中有较大的溶解度。如新洁尔灭,浓度不同,其用途不同,浓度为 0.02% 时用于伤口或黏膜消毒,0.05% 时用于手术前皮肤消毒,0.5% 则用于器械和环境的消毒。

知识拓展

纳米技术在医药中的应用

纳米粒子是指粒径在 1~100 nm 之间的粒子,纳米级结构材料简称纳米材料,纳米粒子的这一尺度既不属于传统的宏观系统,也不属于典型的微观系统,而属于介观系统。纳米粒子由于其粒径小的特点,具有小尺寸效应、量子尺寸效应、表面效应和宏观量子隧道效应。目前,纳米科技广泛应用于医药科技领域,将纳米粒子用作靶向给药系统的药物载体,可将药物送到特定的部位,达到治疗的目的。

脂质体也称为微脂粒,属于纳米级材料,是一种类似生物膜双分子层封闭结构的微型泡囊，属于靶向给药系统的一种新剂型，主要由磷脂及一些附加剂(胆固醇、十八胺、磷脂酸等)构成。由于生物体质膜的基本结构也是磷脂双分子层膜，因此脂质体具有与生物体细胞相类似的结构，因此有很好的生物相容性。

脂质体药物具有靶向性和淋巴定向性、缓释作用、降低药物毒性、提高稳定性等特点，因此越来越受到人们的重视。

本章小结

1. 知识系统网络

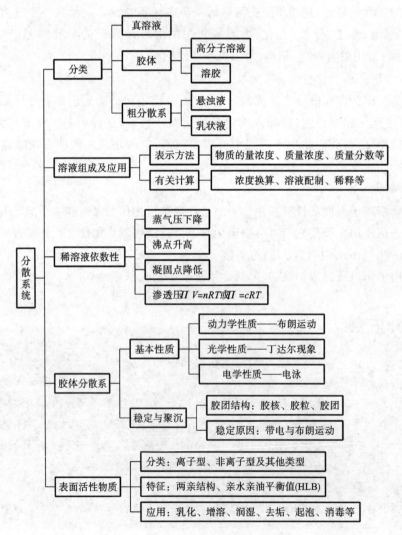

2. 学习方法概要

分散系在化学及专业课程的学习和实践中都具有重要意义。学习时首先应明确分散系的概念、分类方法及不同分散系在性质上的差异；溶液的学习过程中，浓度的表示方法及计算是重点，溶液的配制、稀释是基本技能；稀溶液的依数性运用广泛，应熟悉；胶体及粗分散系要理解其特性及应用；表面活性物质的学习过程中，重要的是通过对其两亲结构的认识，了解其实际应用。

目标检测

一、选择题（将每题一个正确答案的标号选出）

1. 分散相粒子大小为 1～100 nm 的分散系为（　　）。
   A. 氯化钠水溶液　　　　　　　　B. 豆浆
   C. 阿莫西林混悬液　　　　　　　D. 碘化银溶胶

2. 配制 500 mL，0.10 mol·L^{-1} NaOH 溶液需要称取固体 NaOH 的质量是（　　）。
   A. 2 g　　　　B. 20 mg　　　　C. 4 g　　　　D. 40 mg

3. 不挥发的溶质溶于溶剂中形成溶液之后将会引起（　　）。
   A. 熔点升高　　B. 沸点降低　　C. 蒸气压降低　　D. 体系放出热量

4. 溶胶有三个基本特性，下列不属于其中的是（　　）。
   A. 多相性　　B. 分散性　　C. 聚结不稳定性　　D. 动力稳定性

5. 在 AgI 正溶胶中加入下列电解质溶液，则使溶胶聚沉最快的是（　　）。
   A. KCl　　B. K$_2$SO$_4$　　C. K$_3$[Fe(CN)$_6$]　　D. AlCl$_3$

6. 室温下 0.1 mol·L^{-1} 的葡萄糖溶液的渗透压接近于（　　）。
   A. 25 kPa　　B. 101.3 kPa　　C. 8314 Pa　　D. 250 kPa

7. 相同物质的量浓度的下列几种溶液，其中渗透压最大的溶液是（　　）。
   A. AlCl$_3$　　　　　　　　　　B. NaCl
   C. C$_6$H$_{12}$O$_6$　　　　　　　D. NaC$_3$H$_5$O$_3$（乳酸钠）

8. 常利用稀溶液的依数性来测定溶质的相对分子质量，其中最常用来测定高分子溶质摩尔质量的是（　　）。
   A. 蒸气压下降　　B. 渗透压　　C. 凝固点降低　　D. 沸点升高

9. 表面活性剂和亲水亲油平衡值用下列哪种符号表示？（　　）
   A. HLB　　B. CMC　　C. GMP　　D. GDP

二、判断题（对的打√，错的打×）

1. 配制溶液时，必须用分析天平和容量瓶。（　　）
2. 高分子溶液分散相粒子的半径应大于 10^{-7} m。（　　）
3. 稀溶液的凝固点一定下降，沸点一定上升。（　　）
4. 丁达尔现象是光照射到溶胶粒子上产生散射现象引起的。（　　）
5. 乳状液必须有乳化剂才能稳定存在。（　　）

6. 溶胶是亲液胶体,高分子溶液是憎液胶体。（　　）
7. 一种或几种液体以液珠形式分散在另一种液体中即可形成乳状液。（　　）
8. 渗透现象产生的条件是有半透膜且膜两侧溶液存在浓度差。（　　）
9. 胶束的增溶作用与电解质的溶解作用本质是相同的。（　　）

三、填空题

1. 根据分散相粒子的大小,将分散系可分为＿＿＿＿分散系、＿＿＿＿和＿＿＿＿分散系。
2. 溶液稀释的规则是＿＿＿＿。
3. 稀溶液的依数性包括＿＿＿＿、＿＿＿＿、＿＿＿＿与＿＿＿＿,其中＿＿＿＿是引起溶液凝固点降低与沸点升高的根本原因。
4. 促使溶胶稳定存在的三种原因是＿＿＿＿、＿＿＿＿和＿＿＿＿。
5. 乳状液是指＿＿＿＿,其基本类型可分为＿＿＿＿型和＿＿＿＿型,其符号分别为＿＿＿＿与＿＿＿＿。
6. 胶束的增溶作用是指＿＿＿＿,其中被＿＿＿＿称为增溶质,＿＿＿＿称为增溶剂。增溶质被增溶的四种形式分别为＿＿＿＿型、＿＿＿＿型、＿＿＿＿型与＿＿＿＿型。
7. 表面活性剂是指＿＿＿＿,当表面活性剂的浓度超过临界胶束浓度时,表面活性剂分子可形成三种类型的胶束。它们是＿＿＿＿、＿＿＿＿、＿＿＿＿。
8. 溶胶的动力学性质包括＿＿＿＿、＿＿＿＿、＿＿＿＿。

四、问答题

1. 实验室要配制 $0.1\ mol\cdot L^{-1}$ 盐酸溶液 5000 mL,需要用浓度为37％、密度为 $1.19\ g\cdot mL^{-1}$ 的浓盐酸多少毫升?
2. 试计算 $5\ g\cdot L^{-1}$ 葡萄糖溶液和 $10\ g\cdot L^{-1}$ 氯化钠溶液在 37 ℃ 时的渗透压,并进行简要分析。
3. 在以 KI 和 $AgNO_3$ 为原料制备 AgI 溶胶时,如果使 $AgNO_3$ 过量,或者使 KI 过量,两种情况下制得的 AgI 的胶团结构有什么不同?试分别写出其胶团结构式,并指出电泳方向。

如果用(1)KCl;(2)K_2SO_4;(3)$MgSO_4$使正溶胶发生聚沉,其聚沉能力由强到弱顺序如何?

五、思考题

1. 什么是表面活性剂,其具有怎样的结构特征?共分为几类?
2. 胶束是怎样形成的?何为临界胶束浓度?
3. 溶胶属于热力学不稳定体系,为什么能长期稳定存在?
4. 用渗透现象解释,在给病人输液时通常输入生理等渗溶液,不能输入低渗溶液,却能输入少量高渗溶液。

第三章

物质结构基础

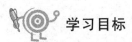 学习目标

1. 了解原子结构特点及核外电子排布规律;
2. 熟悉元素周期表中周期、族、区的划分和元素性质的周期性变化,掌握结构与性质的基本关系;
3. 理解离子键、共价键形成的条件、过程及特性,熟悉分子间作用力的类型及其对物质物理性质的影响,具备根据物质结构分析其基本性质的能力。

物质结构的知识是学习和研究化学问题的基础,更是基础化学的重要组成部分。本章主要介绍原子核外电子运动的规律和元素周期律,分子结构,晶体结构等基本知识。

第一节 原子核外电子的运动与元素周期律

一、原子核外电子的运动状态

除核反应外,一般化学反应不会使原子核发生变化,只是改变核外电子的数目和运动状态。因此,了解原子核外电子的运动状态,是学习物质性质及其变化规律的前提。

1. 原子轨道和电子云

宏观物体的运动,如飞行的天体、发射出的导弹和奔驰的火车等,都具有确定的运动路线(或运动轨迹)。由于具有波粒二象性,电子有着和宏观物体不同的运动特点。例如,氢原子核外只有一个电子,该电子在原子核周围狭小的空间区域里高速运动着,没有确定的运动轨迹,不能用经典力学的方法来描述电子的运动规律。

近代化学常用量子力学的方法,通过研究电子在核外空间运动的概率分布来描述电子运动的规律性,并借用经典力学中"轨道"一词,把原子中电子在核外空间可能的运动状态(或区域)称为**原子轨道**。必须注意的是,原子轨道并不是电子运动的轨迹,仅仅代表电子的一种运动状态或运动范围。原子轨道的空间图像可以被形象地理解为电子运动的空间范围,简称原子轨道。原子轨道有大小、形状、空间伸展方向不同之分。常见原子轨道(s、p、d轨道)的形状如图1-3-1所示。其中,"+""-"号不代表电荷的正、负,它指的是原子轨道的对称性。原子轨道的形状与正、负号在化学键的形成中有着特殊的意义。

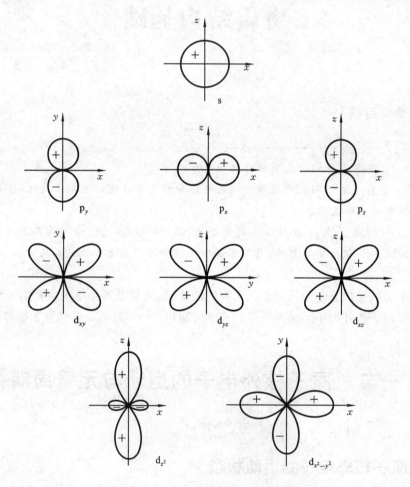

图 1-3-1　s、p、d 原子轨道角度分布图

电子在原子核外的运动状态还可以用电子云来描述。我们知道,质量很小、带负电荷的电子在原子核外很小的空间范围(约 10^{-10} m)内高速(约为 10^6 m·s^{-1})运动,电子在每一瞬间出现的位置是偶然的,而所有出现的位置重叠在一起,就好像在原子核的周围笼罩着一团带负电荷的云雾,人们形象地称之为**电子云**。例如,通常状况下氢原子的电子云如图 1-3-2 所示。电子云是用统计方法对核外电子运动规律所做的一种描述。电子云密度大的地方,表明电子在核外空间单位体积内出现的机会多;密度小的地方,表明电子在核外空间单位体积内出现的机会少。化学上为了方便,通常用电子云的界面图表示原子中

电子的运动分布情况。所谓界面图,是指电子在这个界面内出现的概率大于95%,而在界面外出现的概率小于5%。电子处于常见运动状态(习惯上称为处于常见原子轨道,即s、p、d轨道)时,其电子云形状、空间伸展方向等与图1-3-1所示的相对应的原子轨道基本相似。只是略显"瘦"点,并无正、负号标示之分。

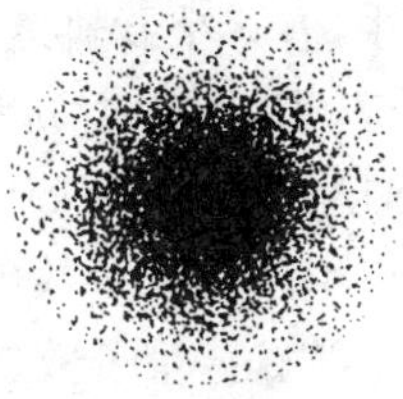

2. 四个量子数

图1-3-2 基态氢原子电子云示意图

电子在原子核外运动的特殊性,决定了要描述电子离核的远近、能量高低、电子云或原子轨道的形状及空间分布等运动状态,必须引进三个参数 n、l、m。它们分别表示核外电子离原子核的远近、运动状态(或轨道)的形状和方位等。实验和理论的进一步研究,还发现电子除了绕核运动之外,其自身还有自旋运动,需要引入另一个参数 m_s 来描述。这四个参数(n、l、m、m_s)在取值时只能是1、2、3等某些特定的数,被称为**量子数**。量子数是描述核外电子运动状态的数字(参数)。

(1)**主量子数(n)** 主量子数决定电子运动离核的远近,也就是电子出现概率最大的地方离核的平均距离,是决定电子运动时能量高低的主要因素。一般来说,n 越小,电子离核的平均距离越近,能量越低;反之,离核越远,能量越高。

主量子数 n 的取值为除零以外的正整数,即 $n=1,2,3,\cdots$ 其中每一个 n 值代表一个电子层,n 与电子层之间的对应关系如下:

主量子数 n	1	2	3	4	…
电子层	第一层	第二层	第三层	第四层	…
电子层符号	K	L	M	N	…

←── 离核越近,能量越低

(2)**角量子数(l)** 角量子数决定原子轨道和电子云的形状。角量子数不同的电子,原子轨道的形状和电子云的形状均不相同。例如,$l=0$ 的原子轨道(s轨道)呈球形对称;$l=1$ 的原子轨道(p轨道)呈哑铃形(见图1-3-1)。

角量子数的取值受到主量子数 n 的限制。n 值确定后,l 可取 0 到 $n-1$ 的正整数,即 $l=0,1,2,\cdots,n-1$。其中每一个 l 值代表一个电子亚层,它们之间的对应关系如下:

角量子数 l	0	1	2	3	4	…
电子亚层符号	s	p	d	f	g	…

习惯上把 s 亚层的原子轨道称为 s 轨道,p 亚层的原子轨道称为 p 轨道,其余类推。

角量子数还是决定电子能量的次要因素,故又称副量子数。同一电子层中 l 值越小,该电子亚层的能量越低,即 n 相同的电子亚层的能量顺序为

$$E_{ns}<E_{np}<E_{nd}<E_{nf}$$

(3)**磁量子数(m)** 磁量子数决定原子轨道和电子云在空间的取向,即某种形状的原子轨道在空间的伸展方向。磁量子数 m 的取值受到角量子数 l 的限制。l 确定后,m 可取 $2l+1$ 个从 $-l$ 到 $+l$(包括零)的整数,即 $m=0,\pm1,\pm2,\cdots,\pm l$。

每一个 m 值代表一个具有某种空间取向的原子轨道。例如,$l=0$ 时,$m=0$,只有1个取值,表示 s 轨道只有一种空间伸展方向;$l=1$ 时,$m=0,\pm1$,有3个取值,即每一个电

子层中,有3个p轨道,分别用p_x、p_y、p_z表示,它们的能量完全相同,故称为等价轨道或简并轨道;当$l=2$时,$m=0,\pm1,\pm2$,d轨道有5种空间伸展方向,d亚层有5个等价轨道;同理,f亚层有7个等价轨道。

一组三个量子数(n,l,m)可以描述原子核外的一个原子轨道。例如,量子数$(1,0,0)$表示1s轨道,量子数$(2,1,0)$表示2p轨道中的p_x轨道。

(4) 自旋量子数(m_s)　自旋量子数决定电子在空间的自旋运动状态。自旋量子数只能取$+\frac{1}{2}$或$-\frac{1}{2}$两个数值,即电子只有两种自旋状态。每一个数值表示电子的一种自旋状态,常用向上的箭头"↑"或向下的箭头"↓"形象地表示,习惯上说成顺时针或逆时针方向自旋。

一组四个量子数(n,l,m,m_s)可描述原子核外电子的一种运动状态。例如,量子数$(3,2,0,-\frac{1}{2})$表示一个3d轨道上逆时针方向自旋的电子;原子核外第四电子层上s亚层的4s轨道内,以顺时针方向自旋为特征的电子的运动状态可用量子数$(4,0,0,+\frac{1}{2})$来描述。

例1-3-1　某一多电子原子,试问在其第三电子层中:
(1) 亚层数是多少?用符号表示各亚层。
(2) 各亚层上的轨道数是多少?该电子层上的轨道数是多少?
(3) 哪些是等价轨道?

解　原子的第三电子层的主量子数$n=3$。

(1) 亚层数是由角量子数l的取值确定的。$n=3$时,l的取值可为0、1、2。所以第三电子层中有3个亚层,它们分别是3s、3p、3d。

(2) 各亚层上的轨道数是由磁量子数m的取值确定的。

当$n=3$,$l=0$时,$m=0$,即只有1个3s轨道。

当$n=3$,$l=1$时,$m=0,\pm1$,即可有3个3p轨道:$3p_x$、$3p_y$、$3p_z$。

当$n=3$,$l=2$时,$m=0,\pm1,\pm2$,即可有5个3d轨道:$3d_{z^2}$、$3d_{xz}$、$3d_{yz}$、$3d_{x^2-y^2}$、$3d_{xy}$。

由上可知,第三电子层中共有9个轨道。

(3) 等价轨道(或简并轨道)是能量相同的轨道,轨道能量主要取决于n,其次是l,所以n、l相同的轨道具有相同的能量。故等价轨道分别为3个3p和5个3d轨道。

二、原子核外电子的排布(组态)

原子核外存在多种可能的原子轨道,而核外电子总是在一定的原子轨道上"绕核"运动。在多电子原子中,电子如何分布在可能存在的原子轨道中,是值得探讨的问题之一。

1. 核外电子排布的一般规律

根据光谱实验结果和对元素周期律的分析,总结出核外电子排布所遵循的三个基本原理。

(1) 泡利不相容原理　美籍奥地利科学家泡利(E. Pauli)在1925年指出,同一个原子的同一轨道上最多只能容纳2个自旋方向相反的电子。

根据泡利不相容原理可知，在 s、p、d、f 亚层最多容纳的电子数分别为 2、6、10、14。每个电子层的轨道的总数为 n^2，最多容纳的电子数为 $2n^2$，如 K 电子层最多容纳 2 个电子，L 电子层最多容纳 8 个电子。

（2）能量最低原理　在不违背泡利不相容原理的前提下，核外电子总是尽可能分布到能量最低的轨道上，以保证整个原子体系处于能量最低、最稳定的状态，这一现象称为能量最低原理。按照这一原理，电子在占据原子轨道时，应该从能量低的轨道向能量高的轨道依次填充。

1939 年美国科学家鲍林（L. Pauling）根据光谱实验结果，总结出多电子原子中原子轨道能量相对高低的一般情况，并绘制成图，称为鲍林近似能级图，如图 1-3-3 所示。图中，每一个小圆圈表示一个原子轨道，其位置的高低按能量由低向高的顺序排列；实线方框内各原子轨道能量较接近，划为一个**能级组**，共有 7 个能级组。这种能级组的划分与元素周期表中，将元素划分为 7 个周期相一致。

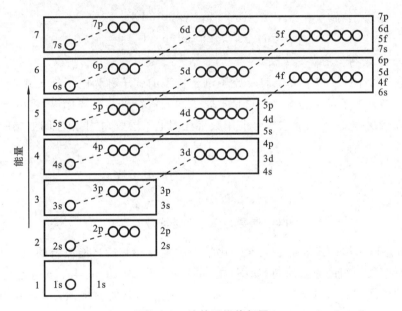

图 1-3-3　鲍林近似能级图

由图 1-3-3 可知，电子层能级的相对高低顺序为 K＜L＜M＜N＜…；同一电子层中，电子亚层能级的相对高低顺序为 E_{ns}＜E_{np}＜E_{nd}＜E_{nf}；同一亚层内，等价轨道能级相同。但同一原子内，不同类型亚层之间出现了外层轨道能量反而比内层轨道能量低的现象，如 E_{4s}＜E_{3d}＜E_{4p}，E_{6s}＜E_{4f}＜E_{5d}＜E_{6p}，这种现象称为**能级交错**。

按照能量最低原理，鲍林近似能级图中原子轨道的能量顺序就是原子核外电子填充的先后顺序。

（3）洪特规则　德国物理学家洪特（F. Hund）于 1925 年总结出一个普遍规则：在同一个亚层的等价轨道上排布的电子将尽可能分占不同的轨道，并且自旋方向相同（即自旋状态相同，称为自旋平行）。例如，氮原子的 3 个 2p 轨道上共有 3 个电子，这 3 个电子的排列方式为 ↑ ↑ ↑，而不是 ↑↓ ↑ ＿ 或 ↑ ↓ ↑。只有当等价轨道电子数多于轨道数时，电子才会成对,如氧原子的 2p 亚层上有 4 个电子,这 4 个电子的排列方式为 ↑↓ ↑ ↑。作为洪德规则的特例,当等价轨道上的电子处于全充满(p^6、d^{10}、f^{14})、半充满(p^3、d^5、f^7)或全空(p^0、d^0、f^0)状态时,原子结构比较稳定。例如,Cr 原子的第四能级组的 4s、3d 轨道上共有 6 个电子,它们的排列方式为 $3d^5 4s^1$,而不是 $3d^4 4s^2$。

根据以上三个基本原理,应用鲍林近似能级图,可以排列出各种元素原子的核外电子层结构,简称电子构型。例如:

$$_{16}S \quad 1s^2 2s^2 2p^6 3s^2 3p^4$$

在多电子原子中,由于能级交错,4s 轨道能级低于 3d 轨道,电子先填充 4s 轨道再填充 3d 轨道。但是,实验证明:原子失去电子时,首先失去处于最外层的 4s 电子,然后再失去 3d 电子。所以,进行电子排布时,一般先将电子按能级从低到高排入,然后将同电子层(主量子数相同)的电子写在一起。例如:

$$_{35}Br \quad 1s^2 2s^2 2p^6 3s^2 3p^6 3d^{10} 4s^2 4p^5$$
$$_{24}Cr \quad 1s^2 2s^2 2p^6 3s^2 3p^6 3d^5 4s^1$$
$$_{29}Cu \quad 1s^2 2s^2 2p^6 3s^2 3p^6 3d^{10} 4s^1$$

2. 原子电子构型的表示方法

(1) 电子排布式 以上几个表示原子电子构型的式子称为电子排布式,这是最常用的一种表示核外电子排布的方法。它是把原子的元素符号及序数标出,将电子亚层按能量由低到高依次排列,并在亚层符号前用数字注明电子层数,右上角注明亚层所排列的电子数。例如:

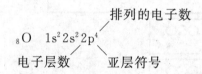

(2) 价层电子结构式 由于元素的化学性质主要与其最高能级组的电子密切相关,化学上将最高能级组的原子轨道,如 Fe 的 3d、4s 轨道,Br 的 3d、4s、4p 轨道合称为价电子层或外围电子层。价电子层中的电子称为价层电子,它们的排列方式称为价层(或外围)电子构型。例如,元素的价层电子构型:S 为 $3s^2 3p^4$,Fe 为 $3d^6 4s^2$,Br 为 $4s^2 4p^5$。这些表示价层电子结构的式子称为价层电子结构式。价层电子构型反映出元素原子电子层结构的特征,周期表中只列出了各元素的价层电子构型。

(3) 轨道表示式 在分析原子之间相互结合形成化学键的过程中,为了直观、形象地表示原子的电子构型,常常使用另一种表示方式——轨道表示式:用短线(或方框、圆圈)代表原子轨道,短线的下方注明轨道的符号,短线的上方用向上和向下箭头代表电子的自旋状态。例如,N 和 O 的轨道表示式分别为:

N   ↑↓ ↑↓ ↑ ↑ ↑
    1s 2s   2p

O   ↑↓ ↑↓ ↑↓ ↑ ↑
    1s 2s   2p

在正常状态下，原子核外电子遵循核外电子排布的三大原理，分布在离核较近、能量较低的轨道上，体系处于相对稳定的状态，原子的这种状态称为**基态**。当外界因素的影响使基态原子中的电子获得能量，跃迁到能量较高的空轨道时，原子将处于**激发态**。一些原子在与其他原子结合成键的过程中，受其他原子的影响而处于激发态。

三、元素周期表及其应用

俄罗斯化学家门捷列夫（Mendeleev）在总结前人经验的基础上，经过长期的探索研究，于1869年发现了一个非常重要的自然规律：元素的性质随着元素相对原子质量的增加而呈现周期性的变化，这一规律称为**元素周期律**。随着对原子结构研究的深入，人们认识到决定元素性质的主要因素不是相对原子质量，而是原子序数（等于原子核所带的电荷数——核电荷数）。元素周期律应该是随着原子序数的递增，元素的性质呈现周期性变化的规律。

根据元素周期律，门捷列夫等人先后设计出了各种类型的元素周期表，多达170余种。随着新元素的不断发现和人类对物质认识的深入，元素周期表不断得到补充、修正和发展。本书采用我国化学教学长期使用的、以瑞士化学家维尔纳（A. Werner）为代表提出的长周期表。

1. 元素周期表的结构

根据元素原子电子层结构的不同，把元素周期表中的元素所在位置分成5个区、7个周期、16个族（见表1-3-1）。

表1-3-1 周期表中元素位置与分布

族 周期	ⅠA															0
1		ⅡA									ⅢA	ⅣA	ⅤA	ⅥA	ⅦA	
2			ⅢB	ⅣB	ⅤB	ⅥB	ⅦB	Ⅷ	ⅠB	ⅡB						
3					d 区				ds 区							
4	s 区												p 区			
5																
6																
7																
镧系 锕系							f 区									

（1）区 根据原子中最后填入电子的亚层的不同，元素被分在 s、p、d、ds、f 五个区，见表1-3-1。

s 区元素容易失去 1 个或 2 个价电子形成 +1 或 +2 价离子,表现出典型的金属性,它们(氢除外)都是比较活泼的金属元素。p 区元素大多容易得到电子,表现出非金属性,大都是非金属元素。d 区和 ds 区元素合称为过渡元素,它们的电子层结构的差别主要在次外层的 d 轨道上,性质比较相似,都是金属元素,故又称为过渡金属元素。f 区元素包括镧系元素和锕系元素,统称为内过渡元素。

(2) 周期　周期表中的每一横排称为 1 个周期,共有 7 个周期。同一周期的元素具有相同的电子层数,从左到右,最外层电子的填充从 ns^1 开始到 np^6 结束。元素所在的周期序数等于元素原子的电子层数。

每一周期的元素种数不尽相同,1~6 周期包含的元素种数依次为 2、8、8、18、18、32;第 7 周期的元素尚未被完全发现,可以预测,该周期包含 32 种元素,最末一种为 118 号元素,是一种稀有气体元素。

(3) 族　周期表中,18 个纵行的元素构成 16 个族,包括 7 个主族(ⅠA~ⅦA)和 7 个副族(ⅠB~ⅦB),一个第Ⅷ族(含三列)和一个零族(0 族)。同一族的元素具有相同或相似的价层电子构型,化学性质相似。

元素原子的内层轨道全充满,电子最后填充在 s 轨道或 p 轨道上的元素称为主族(A 族)元素,副族(B 族)元素则是指元素原子的电子最后填充在 d 轨道或 f 轨道上的元素。例如,$_{20}$Ca 的价层电子构型 $4s^2$,$_{35}$Br 的价层电子构型 $4s^2 4p^5$,均为主族元素;$_{23}$V 的价层电子构型 $3d^3 4s^2$,是副族元素。

综上所述,元素在周期表中的位置与其基态原子的电子层结构有着密切的关系,元素周期表实质上是各元素原子电子层结构周期性变化的反映。

2. 元素周期表的应用

元素周期表是元素周期律的具体体现,反映了元素在结构与性质上的相互联系,具有极其丰富的内涵,是学习和研究化学及其相关学科的重要工具。

(1) 获取元素的相关信息　元素周期表提供了每一种元素的原子序数、元素符号、元素名称、价层电子构型、相对原子质量等多种参数,如图 1-3-4 所示。

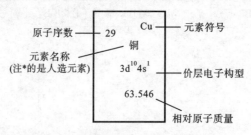

图 1-3-4　周期表中元素各参数的位置

(2) 确定元素的位置及其性质　元素的性质呈现出周期性的变化规律,在周期表中有充分体现。如同一周期的元素,从左到右电负性逐渐增大;同一族元素,从上而下电负性逐渐减小。但是,由于副族元素原子电子结构比较复杂,电负性的递变过程出现许多例外。同一周期元素,从左到右,金属性逐渐减弱,非金属性逐渐增强;同一主族元素,从上到下,金属性逐渐增强,非金属性逐渐减弱。因此,根据原子的电子构型,可以确定元素在周期表中的位置及其主要性质；反之，根据元素在周期表中的位置，可以推测原子的电子构型及主要性质。

例 1-3-2 已知某元素的原子序数为 24。试写出该元素原子的电子排布式、价层电子构型，并指出它在周期表中的位置，是什么元素。

解 该元素的原子序数为 24，其原子核外有 24 个电子，电子排布式为
$$1s^2 2s^2 2p^6 3s^2 3p^6 3d^5 4s^1$$
价层电子构型为 $3d^5 4s^1$。

由电子构型可以推知：该元素为位于周期表中第 4 周期 ⅥB 族的铬(Cr)元素，它是一种金属元素。

例 1-3-3 某元素位于周期表第 4 周期 ⅦA 族，请写出该元素的电子排布式和原子序数，并指出这是什么元素。

解 根据元素在周期表中的位置推知：该元素为 p 区元素，原子核外有 4 个电子层，最外层有 7 个电子，价层电子构型为 $4s^2 4p^5$。电子排布式为
$$1s^2 2s^2 2p^6 3s^2 3p^6 3d^{10} 4s^2 4p^5$$

由电子构型可知：该元素的原子核外有 35 个电子，原子序数为 35，是溴(Br)元素。它是一种非金属元素，其电负性比氯(Cl)元素小，比硒(Se)元素大，非金属性比氯(Cl)元素弱，比硒(Se)元素强。

(3) 在实际中的应用 根据结构决定性质、性质影响用途的规律，周期表中位置靠近的元素性质相似并具有类似的用途。周期表中位于右上方的非金属元素，如：氟(F)、氯(Cl)、硫(S)、磷(P)等，是制备农药的常用元素；半导体材料元素为周期表中位于金属和非金属接界处的元素，如硅(Si)、镓(Ga)、锗(Ge)、锡(Sn)等。这可以启发人们通过对周期表中一定区域元素的研究，寻找新材料和新物质。例如，ⅢB～ⅥB 族的过渡元素，如钛(Ti)、钽(Ta)、铬(Cr)、钼(Mo)、钨(W)等，具有耐高温、耐腐蚀等特点，是制作特种合金的优良材料；过渡元素对许多化学反应有良好的催化性能，可用于制备优良的催化剂。

知识拓展

人体必需元素在周期表中的位置

人体必需元素包括 11 种常量元素(O、C、H、N、Ca、P、S、K、Na、Cl、Mg)和 18 种微量元素(Fe、F、Zn、Cu、V、Sn、Se、Mn、I、Ni、Mo、Cr、Co、Br、As、Si、B、Sr)，它们在周期表中的位置比较集中，好像形成几个"岛"。其中常量元素集中在周期表中前 20 号元素之内，有钠、钾、钙、镁四种金属元素。18 种微量元素中有 11 种金属元素(大部分为过渡金属元素)，7 种非金属元素。

元素的生物效应与其在周期表中的位置也有密切关系。ⅠA、ⅡA 及 ⅢA～ⅦA 元素对生命体的作用，从上到下，从左到右，都是营养作用减弱，毒性加强。

四、元素性质的周期性变化

原子序数为 3～20 的元素的核外电子排布及元素的性质(原子半径、电负性、电离能、金属性和非金属性等)列于表 1-3-2 中。由表可知：随着原子序数的递增，元素原子的结构和性质都依次递变，并在间隔一定数目的元素之后，又出现与前面元素性质相类似的元素，即呈现出周期性变化。

表 1-3-2 元素性质的周期性变化

原子序数	元素名称	元素符号	外层电子排布	原子半径/pm	电负性	第一电离能/(kJ·mol^{-1})	金属性和非金属性
3	锂	Li	$2s^1$	152	1.0	520	活泼金属元素
4	铍	Be	$2s^2$	111	1.5	899	金属性由强变弱 非金属性由弱变强
5	硼	B	$2s^2 2p^1$	88	2.0	801	
6	碳	C	$2s^2 2p^2$	77	2.5	1086	
7	氮	N	$2s^2 2p^3$	70	3.0	1402	
8	氧	O	$2s^2 2p^4$	66	3.5	1314	
9	氟	F	$2s^2 2p^5$	64	4.0	1631	活泼非金属元素
10	氖	Ne	$2s^2 2p^6$	160		2081	稀有气体元素
11	钠	Na	$3s^1$	186	0.9	496	活泼金属元素
12	镁	Mg	$3s^2$	160	1.2	738	金属性由强变弱 非金属性由弱变强
13	铝	Al	$3s^2 3p^1$	143	1.5	578	
14	硅	Si	$3s^2 3p^2$	117	1.8	786	
15	磷	P	$3s^2 3p^3$	110	2.1	1012	
16	硫	S	$3s^2 3p^4$	104	2.5	1000	
17	氯	Cl	$3s^2 3p^5$	99	3.0	1251	活泼非金属元素
18	氩	Ar	$3s^2 3p^6$	191		1521	稀有气体元素
19	钾	K	$4s^1$	227	0.8	419	活泼金属元素
20	钙	Ca	$4s^2$	197	1.0	590	

1. 核外电子排布的周期性变化

从 3 号元素锂(Li)到 10 号元素氖(Ne),有 2 个电子层,最外层电子排布由 $2s^1$ 到 $2s^22p^6$,即最外层电子数由 1 个递增到 8 个,逐步达到稳定结构。从 11 号元素钠(Na)到 18 号元素氩(Ar),增加 1 个电子层,最外层电子排布由 $3s^1$ 到 $3s^23p^6$,最外层电子数又从 1 个到 8 个,再次达到稳定结构。如果对 18 号以后的元素继续分析,将会得到同样的变化规律。所以,随着原子序数的递增,元素原子的核外电子排布呈现周期性的变化,并成为元素其他性质的周期性变化的基础。

2. 原子半径的周期性变化

理论上原子半径是指原子核到最外电子层之间的距离。由于原子本身并没有明确的界面,使原子的准确半径无法确定。化学上规定以单质中相邻两个原子核之间距离的一半作为**原子半径**,单位为 $nm(10^{-9} m)$ 或 $pm(10^{-12} m)$。由于原子之间成键类型不同,原子半径也有所不同。通常将同种元素原子形成共价键时,相邻原子的核间距的一半称为**共价半径**(如图 1-3-5(a)所示),例如氢分子(H_2)中两个氢原子核间距为 74 pm,则氢原子的半径为 37 pm;金属晶体中,两个相邻金属原子核间距的一半称为**金属半径**(如图 1-3-5(b)所示),例如把金属铜(Cu)中两个相邻铜原子核间距的一半(128 pm)定为铜的原子半径;由于稀有气体元素不易形成分子,分子间只能通过范德华力结合,其晶体中相邻分子核间距的一半称为**范德华半径**(如图 1-3-5(c)所示),例如氖(Ne)的范德华半径为 160 pm。范德华半径比其他原子半径大得多。

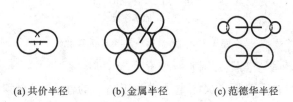

(a) 共价半径　　(b) 金属半径　　(c) 范德华半径

图 1-3-5　原子半径示意图

表 1-3-2 显示:除稀有气体元素以外,从 3 号元素锂(Li)到 9 号元素氟(F)、11 号元素钠(Na)到 17 号元素氯(Cl),原子半径分别由 152 pm 递减到 64 pm、186 pm 递减到 99 pm。这是由于随着原子序数的递增,核电荷数增加,原子核对外层电子的吸引力增大的缘故。由氟(F)到钠(Na),由于增加了一个电子层,原子半径增大。19 号以后元素的原子半径将呈现同样的变化规律,即随着原子序数的递增,原子半径呈现周期性的变化。

3. 元素电负性和电离能的周期性变化

为了全面衡量不同元素原子在分子中对成键电子的吸引能力,1932 年鲍林首先提出了**元素电负性**的概念——分子中元素原子吸引电子的能力,并规定最活泼的非金属元素氟(F)的电负性为 4.0,计算出其他元素原子的相对电负性值。电负性可以综合衡量各种元素的金属性和非金属性。金属元素的电负性一般在 2.0 以下,非金属元素的电负性一般在 2.0 以上。电负性越大,元素原子越容易结合电子,元素的非金属性越强;电负性越小,元素原子越容易失去电子,元素的金属性越强。

基态的气态原子失去电子形成气态阳(正)离子所需要的能量,称为**电离能**。原子失去第一个电子所需的能量为第一电离能(I_1),失去第二个电子所需能量为第二电离能

(I_2),以此类推。从正离子中电离出电子远比中性分子困难,同一元素原子的各级电离能的大小顺序为:$I_1 < I_2 < I_3 < I_4$。电离能的大小反映了原子失去电子的难易程度。电离能越大,原子失去电子时需要吸收的能量越大,失去电子也就越困难;反之,电离能越小,原子就越容易失去电子。

由表1-3-2可知:从3号元素到10号元素,随着原子序数的递增,原子半径逐渐减小,原子核对外层电子的吸引能力逐渐增强,元素电负性由1.0(Li)递增到4.0(F),第一电离能由520 kJ·mol^{-1}(Li)逐渐增大到2081 kJ·mol^{-1}(Ne)。同样,从11号元素到18号元素,元素的电负性从0.9(Na)递增到3.0(Cl),第一电离能从496 kJ·mol^{-1}(Na)逐渐增大到1521 kJ·mol^{-1}(Ar)。价电子层处于半充满、全充满状态时原子比较稳定,电离能有所增大。例如,s轨道全充满的Be、Mg的电离能比B、Al高,p轨道半充满的N、P的电离能高于O、S。所以,电离能的周期性递增过程稍有起伏,如图1-3-6所示。

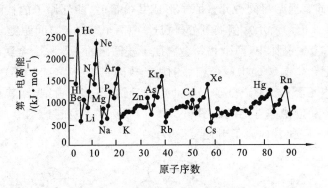

图1-3-6 元素第一电离能的变化

4. 元素金属性和非金属性的周期性变化

元素的**金属性**是指元素原子失去电子成为正离子的性质;而元素的**非金属性**则是指元素原子得到电子成为负离子的性质。从表1-3-2还可以看出:从元素锂到元素氖、元素钠到元素氩,重复着由一种活泼的金属元素过渡到一种活泼的非金属元素,元素的金属性逐渐减弱,非金属性逐渐增强,最后是结构稳定的稀有气体元素,表现出元素金属性和非金属性的周期性递变规律。即周期表中同一周期元素从左到右,金属性逐渐减弱,非金属性逐渐增强;同一主族元素从上到下,金属性逐渐增强,非金属性逐渐减弱,如表1-3-3所示。

表1-3-3 周期表中元素金属性和非金属性的递变规律

	ⅠA							0
1		ⅡA	ⅢA	ⅣA	ⅤA	ⅥA	ⅦA	
2	金属性逐渐增强	非金属性逐渐增强 →						非金属性逐渐增强
3								
4								
5								
6		金属性逐渐增强 →						
7								

第二节　化学键和分子间作用力

自然界的物质,除稀有气体外,都是以原子(或离子)结合成分子(或晶体)的形式存在的。原子既然能够结合成分子,原子之间必然存在着相互作用,这种相互作用不仅存在于直接相邻的原子之间,而且存在于非直接相邻的原子之间。化学上把分子或晶体中直接相邻原子之间主要的、强烈的相互作用力,称为**化学键**。

一、化学键

分子是决定物质化学性质,参与化学反应的基本单位,而分子内原子之间的结合方式及其空间构型(分子形状)是决定分子性质的内在因素。按元素原子间的相互作用的方式和强度不同,化学键又分为离子键、共价键、金属键三大类。

1. 离子键

(1) 离子键的形成　根据稀有气体原子结构稳定的事实,德国化学家柯塞尔(W. Kossel)于1916年提出了离子键理论。当电负性小的活泼金属原子与电负性大的活泼非金属原子(如钠原子与氯原子)相遇时,为了达到稳定的电子构型(外层8个电子,若为K层,外层2个电子),金属原子将失去电子成为正离子,非金属原子得到金属原子的电子而成为负离子,正、负离子之间靠静电作用结合在一起就形成了**离子键**。通过离子键结合形成的化合物称为**离子化合物**。典型离子化合物氯化钠的形成过程如图1-3-7所示。

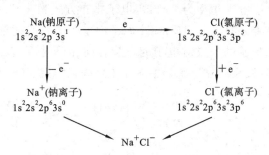

图 1-3-7　氯化钠的形成示意图

(2) 离子键的特点　离子键的本质是静电作用,离子的正电荷或负电荷的分布呈球形对称,可以在空间任何方向吸引异性离子,只要空间允许并保持总的电荷平衡,每一个离子都可以吸引尽可能多的异性离子,所以离子键既无方向性又无饱和性,在固体离子化合物中每个离子周围总是尽可能多地排列着异性离子。因此,除气态外,氯化钠中没有单个NaCl分子存在,化学式NaCl只反映晶体中Na^+和Cl^-的数量比。通常使用的氯化钠相对分子质量,也仅对于化学式而言。

2. 共价键

1916 年美国化学家路易斯(G. N. Lewis)首先提出了共价键的共用电子对理论,初步揭示了离子键和共价键的区别,但它解释不了共价键的许多特点。1927 年德国物理学家海特勒(W. Heitler)和伦敦(F. London)运用量子力学近似处理氢分子,使共价键的本质获得初步的解答。后来,鲍林等人使这一成果得到进一步发展,建立了现代价键理论,简称 VB 法,又称电子配对法。

(1) 共价键的形成　以氯化氢(HCl)为例,分析 HCl 的成键过程。

H 的价层电子构型为 $1s^1$,Cl 为 $3s^2 3p^5$,两种原子都容易得到 1 个电子而形成稳定的电子层结构。当 H 原子与 Cl 原子相互靠近成键时,各提供外层的一个电子,在两个原子之间形成一对共用电子对,即

$$H_\times + \cdot \ddot{\underset{\cdot\cdot}{Cl}}: \longrightarrow H \overset{\cdot\cdot}{\underset{\cdot\cdot}{\times}} Cl$$

$$\underset{1s}{\uparrow} \quad \underset{3p}{\downarrow} \quad \underset{}{\uparrow\downarrow}$$

共用电子对在两个原子核周围运动,使两个原子都具有类似稀有气体原子(He 和 Ar)的稳定电子构型。这种原子间以共用电子对的方式结合而形成的化学键,称为**共价键**。

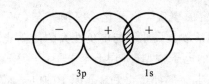

图 1-3-8　1s 轨道与 3p 轨道重叠示意图

现代价键理论认为,在 HCl 分子中,成键电子的 1s 轨道和 3p 轨道发生原子轨道的重叠,如图 1-3-8 所示。重叠区域出现的电子相当于同时处于两个原子轨道上,按照泡利不相容原理,它们的自旋方向应该相反。因此共价键是由两个原子各提供一个自旋方向相反的未成对电子配对而成。

再如,O 原子的价层电子构型为 $2s^2 2p^4$,电子排布方式为 $\uparrow\downarrow\ \uparrow\downarrow\ \uparrow\ \uparrow$,有两个未成对的 2p 电子。当两个自旋方向与之相反的 H 原子的电子分别与之配对时,就形成了两个 O—H 共价键。两个氧原子的未成对电子的自旋方向相反时,可以两两配对形成两个共价键,即形成共价双键,故氧气分子(O_2)中氧原子之间以双键(O═O)结合。即

$$H_\times + \cdot \ddot{O} \cdot + _\times H \longrightarrow H \overset{\cdot\cdot}{\underset{\times}{}} O \overset{\cdot\cdot}{\underset{\times}{}} H$$

$$\underset{1s}{\downarrow} \quad \underset{2p}{\uparrow} \quad \underset{2p}{\uparrow} \quad \underset{1s}{\downarrow} \quad \uparrow\downarrow\ \uparrow\downarrow$$

$$O_\times^\times + :O \longrightarrow O_\times^\times :O$$

$$\underset{2p}{\uparrow\ \uparrow} \quad \underset{2p}{\downarrow\ \downarrow} \quad \uparrow\downarrow\ \uparrow\downarrow$$

氮原子(N)的价电子层有三个未成对电子,一个氮原子可与三个氢原子形成含有三个 N—H 共价键的氨分子(NH_3)或两个氮原子通过共价三键(N≡N)结合形成氮气(N_2)分子。

如果两个原子在形成共价键时,共用电子对仅由成键原子的一方单独提供,这样形成的共价键称为配位共价键,简称**配位键**。例如,在氨分子(NH_3)中,N 原子的价电子层还

存在一对未参与成键的电子,称为孤对电子,NH_3 与 H^+ 结合形成 NH_4^+,就是 NH_3 中 N 提供孤对电子与 H^+ 形成配位键的结果,即

$$H_3N\underset{\text{孤对电子}}{:} + H^+ \longrightarrow [H_3N:H]^+ \text{ 或 } [H_3N \rightarrow H]^+$$

为了表明形成配位键时电子对的提供方向,常使用箭头(→)表示配位键,箭头指向接受电子对的原子。显然,配位键的形成必须满足两个条件:①提供共用电子对的原子的价电子层有孤对电子;②接受共用电子对的原子的价电子层有空轨道。由配位键形成的一类化合物——配位化合物,有很多特殊的性质和重要用途,这部分内容将在模块一第七章中详细讨论。

(2) 共价键的特性　根据现代价键理论,共价键具有与离子键不同的两个特性。

① 饱和性　原子的一个未成对电子与另一个原子的未成对电子配对成键后,就不能再与第三个原子的电子配对。例如,氢原子的电子与另一个氢原子的电子配对形成氢分子(H_2)后,不能再与第三个氢原子形成"H_3"分子。所以,原子能够形成的共价键的数目受原子中未成对电子数目的限制,这就决定了共价键具有饱和性。稀有气体原子没有未成对电子,原子间不能成键,常以单原子分子的形式存在。

② 方向性　在形成共价键时,成键电子的原子轨道重叠越多,成键电子在成键原子之间出现的概率越大,即成键原子之间电子云密度越大,对原子核吸引力越强,形成的共价键越牢固。所以,原子形成共价键时,在可能的范围内总是沿着使原子轨道最大重叠的方向成键,这就是原子轨道的**最大重叠原理**。同时,原子轨道有正、负值之分,只有同号(正号与正号、负号与负号)重叠原子轨道才能形成有效重叠。例如,氯化氢分子的形成过程中,氢原子的 1s 轨道与氯原子的 3p 轨道有多种重叠方式,在图 1-3-9 所示的四种重叠方式中,沿 x 轴重叠的(a)和(b)可以使轨道达到最大重叠,但只有(a)是有效重叠方式,才能形成稳定的氯化氢分子。图 1-3-9(b)、(c)、(d)所示的轨道重叠均为无效重叠方式。

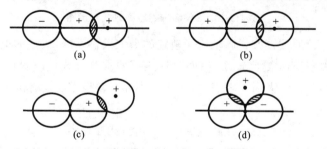

图 1-3-9　氯化氢分子的成键示意图

由于 p、d、f 轨道都有一定的方向性,必须沿着一定的方向重叠才能有效地形成共价键。所以,原子轨道的方向性和最大重叠原理决定了共价键具有方向性。

(3) 共价键的类型　按照是否有极性,可将共价键分为极性(共价)键和非极性(共价)键两类。根据成键时原子轨道重叠方式,共价键可分为 σ 键和 π 键。根据成键原子间共用电子对数目的不同,共价键可分为单键、双键和三键。

① 极性键和非极性键。通常从成键原子的电负性差值估计键的极性大小。不同元

素的原子之间形成的共价键,如 H—Cl,由于 Cl 的电负性(3.0)大于 H 的电负性(2.1),Cl 吸引电子的能力大于 H,共用电子对偏向于 Cl 原子一方,即电子云密度大的区域偏向于 Cl 原子,使 Cl 原子带有部分负电荷(用 δ^- 表示),而 H 原子带有部分正电荷(用 δ^+ 表示):δ^+H—Cl$^{\delta^-}$,键两端出现了"正极"和"负极",这样的共价键称为极性共价键,简称**极性键**。而由同种元素的原子之间形成的共价键,如 Cl—Cl,由于两者的电负性相同,双方吸引电子的能力一致,共用电子对均匀地出现在两个原子之间,即电子云密度大的区域恰好在两个原子核中央,这样的共价键称为非极性共价键,简称**非极性键**。

② σ键和π键。按照原子轨道的最大重叠原理,H_2 中两个 H 原子的 1s 轨道、HCl 中 H 原子的 1s 轨道与 Cl 原子的 3p 轨道、Cl_2 中两个 Cl 原子的 3p 轨道的重叠方式分别如图 1-3-10(a)所示。其中,成键的原子轨道均沿着键轴(即两个原子核之间的连线)方向以"头碰头"方式正面重叠,这样形成的共价键称为 **σ 键**。当成键的原子轨道沿着键轴方向以"肩并肩"方式侧面重叠时,形成的共价键称为 **π 键**,如图 1-3-10(b)所示,这是共价键的另一种成键方式。

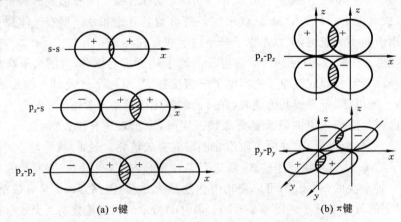

(a) σ键　　　　　　　　　　　　(b) π键

图 1-3-10　σ键和π键重叠方式示意图

显然,"头碰头"的重叠方式满足原子轨道的最大重叠原理,成键的电子云密集在键轴处,对核的吸引力较强,σ键比较稳定;而"肩并肩"的重叠方式使π键的电子云集中在键轴平面的上下方,对核的吸引力较弱,所以π键不如σ键稳定。σ键和π键的主要差别见表 1-3-4。

表 1-3-4　σ键与π键主要性质的比较

性　　质	σ 键	π 键
轨道组成	s-s、s-p、p-p	p-p、p-d
重叠方式	"头碰头"正面重叠	"肩并肩"侧面重叠
重叠部分	电子云密集于键轴上	电子云集中在键轴平面的上下方
存在方式	单独存在于所有的共价键中	与σ键共同存在于双键或三键中
键的性质	重叠程度大,键的稳定性高;成键原子可以沿键轴自由旋转	重叠程度小,键的稳定性低;不能自由旋转

③ 单键、双键和三键　如果成键原子间共用一对电子,形成的就是单键。例如,H_2、HCl、Cl_2中形成的都是单键,化学上常用一根短线"—"表示一对共用电子对,这些分子可分别表示为 H—H、H—Cl、Cl—Cl。当成键原子间共用两对或三对电子时,便形成了双键或三键。如 O_2 分子中形成的是双键(O=O),N_2 分子间形成的是三键(N≡N)。

单键均为 σ 键,双键由一个 σ 键和一个 π 键组成,而三键则由一个 σ 键和两个 π 键组成。

(4) 共价键的键参数　化学上经常使用一些表征键的性质的物理量,如键能、键长、键角等定量地描述共价键的性质,这些物理量统称为**键参数**。利用共价键的键参数,可以判断共价分子的热稳定性和空间构型等性质。

① 键能　在 298.15 K 和 101.3 kPa 下,气体分子断裂 1 mol A—B 键所需要的能量称为 A—B 键的**键能**,单位为 $kJ·mol^{-1}$。例如,在 298.15 K 和 101.3 kPa 时,1 mol $H_2(g)$ 分解为 H(g) 时吸收 436 kJ 的能量,则 H—H 键的键能为 436 $kJ·mol^{-1}$。常见共价键的键能见表 1-3-5。

表 1-3-5　常见共价键的键能和键长

共价键	键能/($kJ·mol^{-1}$)	键长/pm	共价键	键能/($kJ·mol^{-1}$)	键长/pm
H—H	436	74	B—H	293	123
C—C	356	154	C—H	416	109
C=C	598	134	C—F	485	127
C≡C	813	120	Si—H	323	152
N—N	160	146	N—H	391	101
N=N	418	125	P—H	322	143
N≡N	946	110	O—H	467	96
O—O	146	148	S—H	347	136
F—F	158	128	F—H	566	92
Cl—Cl	242	199	Cl—H	431	127
Br—Br	193	228	Br—H	366	141
I—I	151	267	I—H	299	161

一般来说,键能越大,化学键越牢固,由该化学键构成的分子就越稳定。例如,卤化氢分子中 H—X 键的键能大小顺序为 H—F>H—Cl>H—Br>H—I,HI 最容易分解为 H_2 和 I_2,而 HF 最难分解,卤化氢的热稳定性顺序为 HF>HCl>HBr>HI。

② 键长　共价分子中 A、B 两原子核间的平衡距离称为 A—B 键的**键长**。例如,H_2 分子中两个 H 原子核间的平衡距离为 74 pm,H—H 键的键长为 74 pm。键长数据可以通过电子衍射、X 射线衍射等技术测得。常见共价键的键长见表 1-3-5。

从表 1-3-5 中数据可知,共价键的键长越短,键能越大,键就越牢固。这是因为键长越短,核对成键电子吸引力越强。相同原子之间形成的键的键长,单键>双键>三键,如 C—C (154 pm)> C=C (134 pm)> C≡C (120 pm),键能为 C—C < C=C < C≡C,但这并不表明键的稳定性 C—C < C=C < C≡C,实际上 C=C 键的稳定性比 C—C 键差,这是因为 C=C 键中含有一个不稳定的 π 键。

③ 键角　多原子分子中,同一个原子所形成的共价键之间的夹角称为**键角**。例如,水分子中,O原子的两个 O—H 键之间的夹角即键角为 $104°45'$;甲烷(CH_4)分子中,C原子的 C—H 键的键角为 $109°28'$。键角的数据可以通过分子光谱或X射线衍射技术获得。

键长和键角是表征分子空间构型的主要参数。根据分子中键的键角和键长,可以推测分子的空间构型,进而推断它们的其他物理性质。例如,H_2O、NH_3、CH_4、CO_2 的键角和键长如图 1-3-11 所示,可以推断出:H_2O 是 V 形分子,NH_3 为三角锥形分子,CH_4 的空间构型为四面体形,CO_2 的空间构型为直线形。

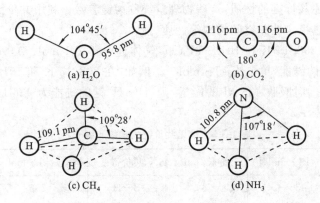

图 1-3-11　几种分子的空间构型

共价分子空间构型的解释,需要运用鲍林在价键理论基础上于 1931 年提出的杂化轨道理论(见模块三:有机化合物)。

3. 金属键和键型过渡

金属能导电,说明金属中有可以自由移动的电子,而金属的价层电子数少于 4,一般为 1~2 个,在金属晶体中,原子的配位数却达 8 或 12,显然,不可能形成 8 或 12 个普通的共价化学键。

金属的自由电子模型(也称改性共价键理论)认为,金属的电负性小,容易失去价层电子而形成正离子。在金属晶格节点上排列的金属原子和正离子是难以移动的,只能在其平衡位置振动,从金属原子上脱下的电子在整个晶体中运动,将整个晶体结合在一起。金属键可看成是许多原子共用许多电子而形成的特殊共价键,只不过该共价键没有方向性,也没有饱和性。由于金属只有少数价电子能用于成键,金属在形成晶体时,倾向于构成极为紧密的结构,使每个原子都有尽可能多的相邻原子(金属晶体一般都具有高配位数和紧密堆积结构),这样,电子能级可以得到尽可能多的重叠,从而形成金属键。

原子之间尽可能多地成键,成键种类无非是离子键、共价键和金属键。但一般的化学键很少单纯是三种键的一种,而是混合型。因为只有 100% 的共价键而无 100% 的离子键,故共价键成分总是存在的。由于元素的电负性差值在变,故其离子成分也在变,键型由 100% 的共价型转向离子型(离子成分大于 50%)。金属原子间形成的共价化学键称为金属键。在一个化合物中,不同原子间的化学键可能有很多种,如 $[Cu(NH_3)_4]SO_4$ 中就有离子键和共价键(配位键)。

二、分子间的作用力

水有固态、液态、气态三种聚集状态,冰融化成水、水汽化成水蒸气需要从外界吸收能量,这表明分子间存在作用力。早在 1873 年荷兰物理学家范德华(van der Waals)就指出了这种力的存在,所以通常把分子间的作用力称为**范德华力**。范德华力是影响物质的熔点、沸点、溶解度等物理性质的主要因素,其大小与分子的极性及变形性密切相关。

1. 分子的极性

根据共价分子中正、负电荷中心是否重合,可将分子分为极性分子和非极性分子。正、负电荷中心不重合的分子是**极性分子**,如图 1-3-12(a)所示;正、负电荷中心重合的分子是**非极性分子**,如图 1-3-12(b)所示。

双原子分子中,两个相同原子构成的分子是非极性分子,两个不同原子构成的分子是极性分子,这与共价键的极性相一致。两个不同原子组成的分子中,电负性大的原子有更强的吸引电子能力,负电荷中心向电负性大的原子偏移,而正电荷中心向电负性小的原子偏移,正、负电荷中心不重合使分子表现出极性。

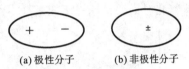

图 1-3-12 分子极性示意图

多原子分子的极性不仅取决于键的极性,还与分子的空间构型有关。例如,CO_2 分子中,氧的电负性大于碳,C═O 键为极性键,但由于 CO_2 的空间构型为直线形,如图 1-3-13(a)所示,两个 C═O 键的极性抵消,分子的正、负电荷中心重合,为非极性分子;同样,正四面体形的 CH_4、CCl_4 等分子均为非极性分子。而在 H_2O 分子中,O—H 键为极性键,由于 H_2O 的空间构型为 V 形,如图 1-3-13(b)所示,负电荷中心偏向 O 的一端,正电荷中心靠近 H 的一端,正、负电荷中心不重合,为极性分子;同样,三角锥形的 NH_3、V 形的 H_2S 等分子为极性分子。

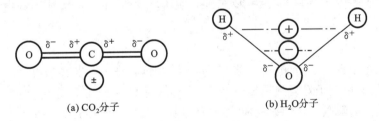

(a) CO_2 分子   (b) H_2O 分子

图 1-3-13 多原子分子的电荷分布示意图

2. 分子间的作用力(范德华力)

分子间的作用力一般有三种。

(1) 取向力 当两个极性分子相互接近时,因为同极相斥、异极相吸,分子将会发生相对转动,使异极尽可能处于相邻位置,导致分子按一定的方向排列,并相互吸引,这种靠极性分子永久偶极的取向而产生的分子间的相互作用力称为**取向力**。取向力是只存在于极性分子之间的一种作用力。

(2) 诱导力 由于存在正极和负极,极性分子可以作为一个微电场,其他分子在该电场中因为极化而产生诱导偶极,使分子之间产生一种相互作用力,这种作用力称为**诱导力**。诱导力存在于极性分子与非极性分子、极性分子与极性分子之间。

(3) 色散力 任何一个分子中,由于电子的不断运动和原子核的不停振动,正、负电荷中心会在某一瞬间发生相对位移,出现瞬间偶极,这种由于瞬间偶极而产生的分子之间的作用力称为**色散力**。色散力存在于所有分子之间,且是一种最主要的力。

分子间的作用力是永远存在于分子间的一种静电作用力,但这种作用力较小,一般是几到几十千焦每摩尔,比化学键能小1~2个数量级,并且都是短程力,作用范围只有300~500 pm。

分子间作用力越强,拉大分子间距离所需能量就越高,分子型物质的熔点、沸点就随之升高。例如,卤素单质F_2、Cl_2、Br_2、I_2,常态下由气体(F_2、Cl_2)到液体(Br_2),再到固体(I_2),熔、沸点逐渐升高,这是因为它们的分子依次增大,色散力依次增强,固体熔化或液体汽化时需要消耗更多能量。由经验得出溶解度的规律——"**相似相溶**"规则:溶质易溶于极性与之相似的溶剂中。这也和分子间作用力有关。如卤化氢、氨等都易溶于水中,这是因为极性分子间有着强的取向力,可以相互溶解。I_2和CCl_4都是非极性分子,分子之间的色散力较大,I_2易溶于CCl_4中;而CCl_4与CCl_4分子之间、H_2O与H_2O分子之间的作用力大于CCl_4和H_2O分子间的作用力,所以,CCl_4很难溶解在H_2O中。但在同族元素的氢化物(如HF、HCl、HBr、HI)中,随着分子的依次增大,HF却出现反常,熔、沸点是同族氢化物中最高的(见图1-3-14)。与HF相似,H_2O、NH_3的熔、沸点也是同族氢化物中最高的。这是因为HF、H_2O、NH_3分子间存在另一种更强的作用力——**氢键**。

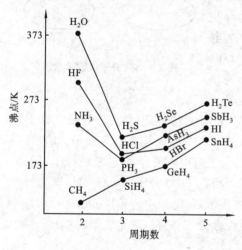

图1-3-14 同族元素氢化物的沸点变化

3. 氢键

氢原子核外只有一个电子。当氢原子与电负性很大、半径较小的F原子形成H—F键时,共用电子对强烈地偏向F原子一方,使H原子几乎成为"裸露"的质子。这个半径很小、无内层电子、带有部分正电荷的氢原子很容易与附近另一个HF分子中含有孤对电子并带有部分负电荷的F原子充分靠近而产生吸引作用,这种静电吸引作用称为**氢键**,如图1-3-15中的虚线所示。

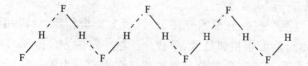

图1-3-15 固体HF中氢键的结构

H原子与电负性大、原子半径小的原子(通常为F、O、N)结合时,就会产生氢键,可以用 X—H⋯Y 表示(X、Y＝F、O、N)。氢键分为分子间氢键和分子内氢键两类。

氢键的键能一般为 20～40 kJ·mol^{-1},介于化学键与范德华力之间,与范德华力的数量级相同,仅被认为是一种比较强的分子间作用力。但氢键具有饱和性和方向性:分子之间氢键 X—H⋯Y 在一条直线上,以保持 X、Y 的最大分离,排斥力最小;每一个 X—H 中的 H 只能与一个 Y 原子形成氢键,否则因为斥力太大变得不稳定。

氢键广泛地存在于无机含氧酸及有机羧酸等有机物中,特别是存在于蛋白质的多肽链中。分子间氢键的存在,使物质在固体熔化或液体汽化时,除了需要克服分子间作用力外,还必须破坏氢键,所以需要多消耗能量,熔、沸点就会升高。HF、H$_2$O、NH$_3$ 的熔、沸点反常升高,就是分子间存在氢键的缘故。当溶质与溶剂分子之间存在氢键时,溶质分子与溶剂分子间存在比较强的作用力,溶质在溶剂中的溶解度就会增大,所以氨极易溶解在水中,乙醇、甘油等可以与水混溶。通过氢键,简单分子可以缔合成复杂分子,例如水分子为(H$_2$O)$_n$(n＝2,3,⋯),随着温度降低,缔合程度增大,分子间空隙增多,密度随之减小。例如,在低于 0 ℃时,全部水分子组成巨大的缔合分子——冰,冰的密度比水小。氢键在蛋白质的结构中具有非常重要的意义。

第三节 晶体类型

物质通常呈气、液、固三种聚集状态,固体物质分为晶体和非晶体两大类。自然界中,大多数固体物质是晶体。晶体是由原子、离子或分子在空间按一定规律周期性地重复排列构成的固体。晶体的这种周期性排列的基本结构特征使它具有以下共同的性质:①具有规则的几何外形;②呈现各向异性,即许多物理性质如光学性质、导电性、热膨胀系数、机械强度等在晶体的不同方向上测定时,是各不相同的;③具有固定的熔点。

根据组成晶体的粒子的种类及粒子之间作用力的不同,将晶体分成离子晶体、分子晶体、原子晶体和金属晶体四种基本类型。

一、离子晶体

1. 组成结构

由正、负离子按一定比例组成的晶体称为离子晶体。离子晶体中正、负离子在空间排列上具有交替相间的结构特征,具有一定的几何外形,离子间的相互作用以库仑静电作用(离子键)为主。离子晶体整体上的电中性,决定了晶体中各类正离子带电量总和与负离子带电量总和的绝对值相等,并导致晶体中正、负离子的组成比和电价比等结构因素间有重要的制约关系。例如 NaCl 是立方体晶体(见图 1-3-16),Na$^+$ 与 Cl$^-$ 相间排列,每个 Na$^+$ 同时吸引 6 个 Cl$^-$,每个 Cl$^-$ 同时吸引 6 个 Na$^+$。不同的离子晶体,离子的排列方式可能不同,形成的晶体类型也不一定相同。离子晶体中不存在分子,通常根据正、负离子的数目比,用化学式表示该物质的组成,如 NaCl 表示氯化钠晶体中 Na$^+$ 与 Cl$^-$ 个数比为

1∶1,$CaCl_2$表示氯化钙晶体中Ca^{2+}与Cl^-个数比为1∶2。

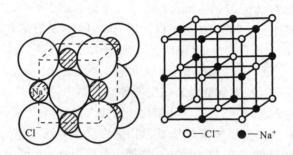

图 1-3-16　氯化钠晶体中 Na^+ 和 Cl^- 的排列示意图

常见的离子晶体有强碱(NaOH、KOH)、活泼金属氧化物(Na_2O、MgO、Na_2O_2)、大多数盐类($BeCl_2$、$AlCl_3$ 等除外)。

2. 基本特性

离子晶体是由正、负离子(或阴、阳离子)组成的,离子间的相互作用是较强烈的离子键。其结构特点是:晶格上质点是正离子和负离子;晶格上质点间作用力是离子键,它比较牢固;晶体里只有正、负离子,没有分子。离子晶体的性质特点,一般主要有以下几个方面:①有较高的熔点和沸点,因为要使晶体熔化就要破坏离子键,离子键作用力较强,所以要加热到较高温度;②硬而脆;③多数离子晶体易溶于水;④离子晶体在固态时有离子,但不能自由移动,不能导电,溶于水或熔化时离子可自由移动而能导电。

二、分子晶体

1. 组成结构

分子间以分子间作用力结合的晶体称为分子晶体。组成分子晶体的粒子是分子。在分子晶体的晶格节点上排列的都是中性分子。虽然分子内部各原子是以强的共价键相结合,但分子之间是以较弱的范德华力相结合的。以二氧化碳晶体(图 1-3-17)为例,它呈面心结构,CO_2 分子分别占据立方体的 8 个顶点和 6 个面的中心位置,分子内部是以 C=O 共价键结合,而在晶体中 CO_2 分子间只存在色散力。另一些由极性键构成的极性分子(如固体氯化氢、氨、三氯化磷、冰等),晶体中分子间存在色散力、取向力、诱导力,有的还有氢键,所以它们的节点上的粒子间作用力大于相对分子质量相近的非极性分子之间的引力。分子晶体与离子晶体、原子晶体有所不同,它是以独立的分子出现,因此,化学式也就是它的分子式。绝大多数共价化合物都形成分子晶体,只有很少的一部分共价化合物形成原子晶体。

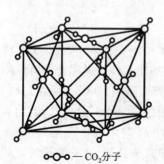

图 1-3-17　二氧化碳分子晶体

属于分子晶体的有非金属单质(如卤素、H_2、N_2、O_2)、非金属化合物(如 CO_2、H_2S、HCl、NH_3 等),以及绝大部分的有机化合物。在稀有气体的晶体中,虽然在晶格节点上是原子,但这些原子间并不存在化学键,所以称为单原子分子晶体。

2. 基本特性

由于分子之间引力很弱,只要供给较少的能量,分子晶体就会被破坏,所以分子晶体的硬度较小,熔点也较低,挥发性大,在常温下以气体或液体存在。即使在常温下呈固态的物质,其挥发性大,蒸气压高,常具有升华性,如碘(I_2)、萘($C_{10}H_8$)等。分子晶体的节点上是电中性分子,故固态和熔融态时都不导电,它们都是性能较好的绝缘材料,尤其键能大的非极性分子,如SF_6等,是工业上极好的气体绝缘材料。

三、原子晶体

相邻原子间以共价键结合而形成的空间网状结构的晶体称作原子晶体。常见的原子晶体有金刚石(C)、金刚砂(SiC)、石英(SiO_2)、Si、B等。例如金刚石晶体,是一个以碳原子为中心,通过共价键连接四个碳原子,形成正四面体的空间结构,C—C键键长、键能都相等,键角为109°28′的基本单元构成的"大分子"。原子晶体中,组成晶体的粒子是原子,原子间的相互作用是共价键,而共价键结合牢固,故原子晶体的熔、沸点高,硬度大,不溶于一般的溶剂。多数原子晶体为绝缘体,有些(如硅、锗等)是优良的半导体材料。原子晶体中不存在分子,故用化学式表示物质的组成。单质的化学式直接用元素符号表示;两种以上元素组成的原子晶体,按各原子数目的最简比写化学式。对不同的原子晶体,组成晶体的原子半径越小,共价键的键长越短,即共价键越牢固,晶体的熔、沸点越高,例如金刚石、碳化硅、硅晶体的熔、沸点依次降低。原子晶体的熔、沸点一般要比分子晶体和离子晶体的高。金刚石、SiO_2的结构如图1-3-18所示。

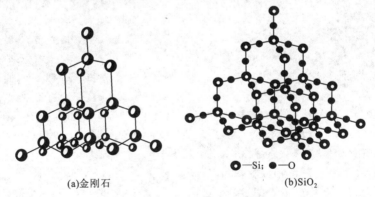

(a)金刚石　　　　　(b)SiO_2

图1-3-18　金刚石、SiO_2的结构

以上简要介绍了离子晶体、分子晶体、原子晶体的组成结构及基本特性,另外还有金属晶体、过渡型晶体等。构成晶体的质点及结合力不同,性质会有较大差异,见表1-3-6。

表1-3-6　各类晶体基本性质的比较

晶体类型	离子晶体	原子晶体	分子晶体	金属晶体
晶格结点上的微粒	正、负离子	原子	非极性分子或极性分子	原子、正离子

续表

晶体类型	离子晶体	原子晶体	分子晶体	金属晶体
晶格结点的作用力	离子键	共价键	分子间作用力（有的还有氢键）	金属键
机械性能	强度较大、脆性、机械加工性能差	硬度大、脆性、机械加工性能差	质软、机械加工性能差	多数较硬、延展性好、机械加工性能好
热学性能	熔点较高、沸点高、导热性差	熔点、沸点高、无挥发性、导热性差	熔点、沸点低、挥发性高、导热性差	热的良导体，多数高熔、高沸，少数为低熔点
电学性能	不导电、熔化后或溶于水后导电	多数是绝缘体、少数是半导体	绝缘体（极性物质溶于水后导电）	电的良导体
光学性能	透明、对光吸收少	多数不透明、对光产生折射	依组成分子的性质而异	多数不透明，有金属光泽，对光有高反射率
实例	Na_2O、$MgCl_2$、$CaSO_4$	金刚石、SiCBN	干冰（固体 CO_2）、冰、碘、蔗糖	Na、Al、黄铜

知识拓展

核技术在医学上的应用

提到原子，感觉似乎距离我们十分遥远和抽象，其实不然，整个世界，都是由不同元素的原子所构成的，原子与人体健康也密切相关。"核医学"这门新兴学科，是将原子科学应用于医学，将尖端的核技术和生命科学相结合的产物。核医学的诞生为临床医学、基础医学、预防医学等多个领域提供了崭新的研究手段，应用十分广泛。目前，其用途主要有以下几个方面：

(1) 诊断疾病　核医学最突出的贡献是诊断疾病，其中同位素脏器显影和放射免疫分析是两种常用的临床诊断方法。同位素脏器显影，是将放射性同位素制成的药物通过口服或注射使其进入体内，不同的药物将分布在不同的脏器中，然后利用γ相机、单光子发射计算机断层仪（SPECT）、正电子发射计算机断层仪（PECT）等体外显像设备探测出放射性同位素药物发出的射线，根据其分布使脏器显影，从而检查和诊断疾病。目前，同位素脏器显影法能检测脑、肝、胆、肺、肾、骨、甲状腺等人体组织器官。放射免疫分析，是利用高灵敏度的射线测量技术测定体液中各种微量物质的含量，从而检查各种疾病。放射免疫分析法灵敏度极高，含量为 $10^{-12} \sim 10^{-15}$ g·mL^{-1}，甚至含量更低的样品都可用该方法检测。例如：原发性肝癌的患者，血液中甲胎蛋白的含量会明显增加，因此，测定血液中甲胎蛋白的含量是诊断肝癌的重要指标。但是，即使原发性肝癌患者，其血液中甲胎蛋白的含量会比正常人增加 15 倍以上，也只能达到约 10^{-7} g·mL^{-1}，若使用常规检测方法将消耗大量血液。而利用放射免疫分析只需少量的血液，即可测定出其中甲胎蛋白的含量，从而诊断肝癌。放射免疫分析还可用于心肌梗死的早期诊断、怀孕的早期诊断、诊断畸胎等。

(2) 治疗疾病　在治疗癌症的许多方法中，放射性疗法是十分重要的方法之一，65%以上的患者通过该方法治疗。放射性疗法是利用放射性核素发射出的α、β、γ射线具有杀死生物细胞的作用,而癌细胞对射线又尤其敏感,选择不同种类及剂量的放射性核素,用特殊的方法照射不同部位的肿瘤,杀灭或抑制癌细胞,并尽可能减少对正常细胞的损害。目前,放射性同位素疗法已是临床上十分重要的治疗手段。例如:利用碘-131放出的β射线治疗甲亢、甲状腺癌;利用锶-90治疗牛皮癣、毛细血管瘤等皮肤病。

（3）医药学研究　例如利用中子活化分析法研究孕妇对铁的代谢情况、贫血患者的红细胞寿命等。药物研制中,则常借助于同位素示踪技术研究药物的作用原理、疗效、副作用以及在人体内的吸收、分布排泄规律。现在,这一方法已成为药物研究筛选中不可或缺的手段。

除了上述三方面的主要应用,还可利用核电池为心脏起搏器长时间供电,利用同位素示踪技术进行中医医理和药理的研究等。总之,核技术在医学上具有广泛而重要的应用,在基础医学、临床医学、预防医学的研究中都有很大贡献。

本章小结

1. 知识系统网络

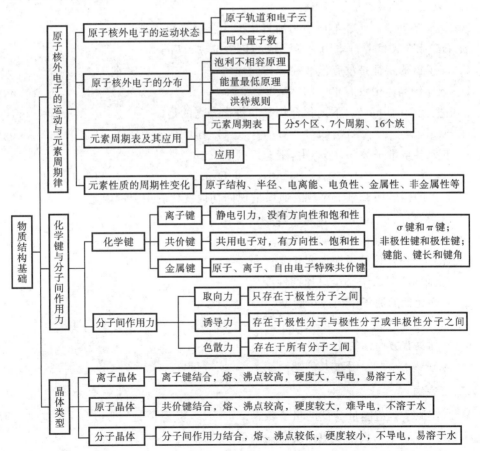

2. 学习方法概要

本章内容是化学的基础,其中物质结构的基本理论比较抽象,对刚刚接触大学化学课程的学习者有一定的难度。因此学习时要注意以下几方面。第一,要明确电子等微观粒子运动的特点,正确理解原子轨道、电子云的含义;建立起四个量子数与电子运动的能量、轨道形状、轨道伸展方向及电子自旋之间的联系。第二,要明白多电子原子核外电子不是简单的"堆积",而是遵守"二原理、一规则"在核外分层排布的,即在不同的轨道上运动,这种分布或运动有一套表示方法。第三,元素周期表是化学知识、经验的总结,是一个工具,可以更方便地反映元素周期律;周期表将现知的118种元素划分为5个区、7个周期、16个族,从而可以更直观地表示元素之间性质的相似性和差异性;元素在周期表中的位置是由其原子的结构决定的,元素周期表为化学研究带来了极大方便。第四,化学物质中原子、离子、分子之间均存在着作用力,根据性质不同可分为离子键、共价键、金属键及范德华力等,结合力不同必然带来物理和化学性质的不同。

目 标 检 测

一、选择题(将每题一个正确答案的标号选出)

1. 下列说法错误的是( )。
A. 钠原子和氯原子靠静电引力所形成的化学键是离子键
B. Na^+ 和 Cl^- 间靠静电引力所形成的化学键称为离子键
C. 离子键的特征是没有饱和性和方向性
D. 氯化钠晶体中没有单个的 NaCl 分子

2. 根据元素的电负性,下列化合物是共价化合物的是( )。
A. MgF_2 B. CaO   C. $BaCl_2$ D. CH_4

3. 下列各组量子数 (n, l, m) 中,不合理的是( )。
A. 2,1,0   B. 2,2,+1   C. 3,0,0   D. 2,0,−1

4. 元素的性质随着原子序数的递增呈现周期性变化的主要原因是( )。
A. 元素原子的核外电子排布呈周期性变化
B. 元素原子的半径呈周期性变化
C. 元素的化合价呈周期性变化
D. 元素的相对原子质量呈周期性变化

5. 下列元素的原子半径最小的是( )。
A. N   B. F   C. Mg   D. Cl

6. 下列具有方向性的化学键是( )。
A. 离子键   B. 共价键   C. 氢键   D. 金属键

二、填空题

1. 决定原子轨道能量高低的量子数是_____,其取值是_____;决定轨道形状的量子数是_____;决定轨道伸展方向的量子数是_____。

2. 完成下表。

原子序数	元素符号	电子排布式	价层电子构型	周期	族	区	金属或非金属
				3	ⅠA		
			$3s^2 3p^4$				
24							
		$1s^2 2s^2 2p^6 3s^2 3p^6 3d^{10} 4s^2 4p^5$					
54							

三、判断题（对的打√,错的打×）

1. "头碰头"的重叠方式满足原子轨道的最大重叠，成键的电子云密集在键轴处,对核的吸引力较强,σ键比较稳定。(   )
2. 因为在分子中原子之间存在着一定的结合力，所以在化学上把分子中所有原子间的结合力称为化学键。(   )
3. K、Ca等元素原子3d轨道的能量低于4s轨道的能量。(   )
4. 原子晶体和分子晶体中都有共价键。(   )
5. 离子键没有饱和性,所以每个离子周围会有无数个带相反电荷的离子。(   )
6. 元素的原子在形成共价键时成键轨道可以在任意方向重叠。(   )

四、问答题

1. 物质 H_2、N_2、HCl、H_2O、CO_2、NH_3、CCl_4、NaF 中，
(1) 哪些含有离子键？哪些含有极性键？哪些含有非极性键？
(2) 哪些分子中含有π键？
(3) 指出其中共价分子的空间构型。
(4) 哪些分子是极性分子？哪些分子是非极性分子？
(5) 哪些分子之间存在氢键？

2. 解释下列事实。
(1) 常温下 F_2、Cl_2 是气体,Br_2 是液体,I_2 则为固体。
(2) 在卤化氢中,HCl、HBr、HI 的熔点、沸点随着相对分子质量的增大而升高,HF的熔点、沸点却是最高的。
(3) H_2O 是极性分子,CO_2 为非极性分子。
(4) 为什么 NH_3 易溶于水,而 CH_4 则难溶于水。（提示：从"相似相溶规则"及氢键考虑）
(5) 甲烷、氨和水的相对分子质量相近,但甲烷的沸点是111.5 K,氨的沸点是239.6 K,水的沸点是373 K。

第四章

化学反应速率与化学平衡

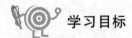 学习目标

> 1. 了解基元反应、复杂反应、反应级数、活化能、活化分子等概念及其意义；
> 2. 熟悉化学反应速率理论,掌握浓度、温度、压强和催化剂等因素对化学反应速率的影响；
> 3. 认识化学平衡的特征,理解化学平衡常数和转化率的含义；掌握浓度、温度、压强和催化剂等因素对化学平衡的影响。培养分析、解决问题的能力。

化学研究的主要对象是化学物质和化学反应。每一个理论上能够发生的化学反应必然涉及两个基本问题：化学反应进行的快慢和化学反应进行的限度。探讨这些问题对于理论研究和生产实践都有指导意义,人们一方面总是希望对人类生产和生活有益的化学反应进行得更快、更完全一些,另一方面又要设法抑制那些对人类不利的化学反应,如橡胶老化、药品试剂失效、金属锈蚀等。这就有必要研究化学反应速率和化学平衡两大问题。

本章主要介绍化学反应速率和化学平衡的基本概念和基本理论,着重讨论浓度、温度、压强和催化剂对化学反应速率和化学平衡的影响,化学平衡常数和转化率的含义,化学平衡常数和转化率的有关计算等。

第一节 化学反应速率

一、化学反应速率的概念与表示方法

不同的反应,化学反应速率是不同的,例如,火药爆炸是瞬间完成的,沉淀及中和反应

有时几秒钟就能完成,有机合成和高分子合成过程则需要按小时计,橡胶老化和铁的锈蚀以年计,而石油和煤的形成则要以万年计。为了定量地比较化学反应的快慢,常引入用来衡量化学反应进行快慢程度的物理量——化学反应速率。

1. 化学反应速率的概念

化学反应速率是衡量化学反应进行快慢程度的物理量,即反应体系中各物质的数量随时间的变化率,常用符号 v 表示。对于恒容反应,化学反应速率常用单位时间内(如每秒、每分钟或每小时等)反应物或生成物浓度变化来表示。浓度的单位一般为 $mol \cdot L^{-1}$,时间的单位视反应的快慢可用秒(s)、分钟(min)、小时(h)等表示,因而,化学反应速率的单位就是 $mol \cdot L^{-1} \cdot s^{-1}$、$mol \cdot L^{-1} \cdot min^{-1}$ 或 $mol \cdot L^{-1} \cdot h^{-1}$ 等。应当注意的是,一般不用固体或纯液体来表示化学反应速率,因其浓度通常是不变的。

2. 化学反应速率的表示方法

(1) 平均速率 平均速率是指反应在某一时间段内的化学反应速率。若反应从 t_1 时刻进行至 t_2 时刻,反应时间间隔为 Δt,某反应物浓度或生成物浓度从 c_1 变为 c_2,浓度的改变量为 Δc,则化学反应速率为

$$\bar{v} = \pm \frac{c_2 - c_1}{t_2 - t_1} = \pm \frac{\Delta c}{\Delta t} \tag{1-4-1}$$

其中:浓度的单位一般为 $mol \cdot L^{-1}$,时间可用秒(s)、分钟(min)、小时(h)等表示,反应速率的单位为浓度/时间,例如,$mol \cdot L^{-1} \cdot s^{-1}$、$mol \cdot L^{-1} \cdot h^{-1}$ 等。

例 1-4-1 在给定条件下,合成氨反应:

$$N_2 + 3H_2 \rightleftharpoons 2NH_3$$

起始浓度/$(mol \cdot L^{-1})$ 2.0   3.0   0
2 min 时浓度/$(mol \cdot L^{-1})$ 1.8   2.4   0.4

则反应在 2 min 内的平均速率,可分别表示为:

$v_{N_2} = -\Delta[N_2]/\Delta t = [-(1.8-2.0)/(2-0)] \, mol \cdot L^{-1} \cdot s^{-1} = 0.1 \, mol \cdot L^{-1} \cdot min^{-1}$

$v_{H_2} = -\Delta[H_2]/\Delta t = [-(2.4-3.0)/(2-0)] \, mol \cdot L^{-1} \cdot s^{-1} = 0.3 \, mol \cdot L^{-1} \cdot min^{-1}$

$v_{NH_3} = \Delta[NH_3]/\Delta t = [(0.4-0)/(2-0)] \, mol \cdot L^{-1} \cdot s^{-1} = 0.2 \, mol \cdot L^{-1} \cdot min^{-1}$

可见,同一化学反应中,用不同的物质表示的化学反应速率有可能不同,在这里用 N_2、H_2、NH_3 三种物质表示的速率之比是 1:3:2,它们之间的速率比值为反应方程式中相应物质分子式前的系数比。

(2) 瞬时速率 由于大多数化学反应并不是匀速进行的,而是随着反应物浓度的减小反应速度变慢。所以,要确切地表示化学反应在某一时刻的化学反应速率,应采用瞬时速率。瞬时速率相当于时间间隔(Δt)趋近于 0 时的反应平均速率,这时 Δc、Δt 都是无限小,可用 dc 和 dt 表示。瞬时速率 v 为:

$$v_B = \lim_{\Delta t \to 0} \pm \frac{\Delta c_B}{\Delta t} = \pm \frac{dc_B}{dt} \tag{1-4-2}$$

一般意义上的化学反应速率都是指瞬时速率。求某时刻的瞬时速率,常用数学作图中的切线方法(见图 1-4-1)或微分方法求得。

对于反应物,c-t 曲线上任一点曲线斜率的负值,就是该点对应时刻的反应的瞬时

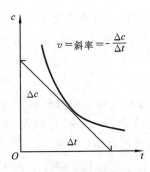

图 1-4-1 浓度随时间变化示意图

速率。

对于一般的化学反应

$$aA + bB \Longrightarrow dD + eE$$

通常可以选择任一物质来表示反应速率,但所表示速率数值有可能不同,它们之间的关系由方程式中的计量系数确定。即

$$\frac{1}{a}v_A = \frac{1}{b}v_B = \frac{1}{d}v_D = \frac{1}{e}v_E$$

因此,表示某一化学反应的速率,需指明是以哪一种物质表示的反应速率。

二、化学反应的活化能与反应速率理论

1. 活化能

活化能和活化分子的概念是由阿仑尼乌斯(S. A. Arrhenius)于 1889 年最早提出来的。活化分子一般是指能够发生反应的高能分子。并把活化分子的平均能量与反应物分子平均能量的差值称为活化能,用 E_a 表示

$$E_a = \overline{E}_{活化} - \overline{E} \tag{1-4-3}$$

活化能的单位是 $kJ \cdot mol^{-1}$。

活化能是决定化学反应速率的一个重要因素。在一定温度下,活化能越小,反应越快;活化能越大,反应越慢。一般的化学反应的活化能在 $40 \sim 400\ kJ \cdot mol^{-1}$ 之间,大多数为 $60 \sim 250\ kJ \cdot mol^{-1}$。常温下,活化能小于 $40\ kJ \cdot mol^{-1}$ 的反应,其反应很快,一般实验方法难以测定;活化能大于 $400\ kJ \cdot mol^{-1}$ 的反应属于慢反应。

2. 化学反应速率理论

(1) 碰撞理论　1918 年,美国化学家路易斯(Lewis)提出反应速率的碰撞理论,他认为参加化学反应的分子、原子或离子要发生反应的必要条件是它们要彼此相互碰撞,即碰撞是反应物分子之间发生化学反应的先决条件,但又不是每次碰撞都能引起反应。例如,在 973 K、101 kPa 的条件下,在反应 $2HI(g) \Longrightarrow H_2(g) + I_2(g)$ 中,浓度为 $10^{-3}\ mol \cdot L^{-1}$ 的碘化氢气体,每秒分子间相互碰撞次数高达 3.5×10^{25} 次,如每次碰撞都能发生反应,化学反应速率 $v = 5.8 \times 10^4\ mol \cdot L^{-1} \cdot s^{-1}$,但实际上实验测得的化学反应速率 v 只有 $1.2 \times 10^{-8}\ mol \cdot L^{-1} \cdot s^{-1}$。因此,大多数分子间的碰撞都是无效的,是不能引起化学反应的。

反应物分子间发生有效碰撞转变为产物,必须同时满足能量和空间两个条件。

① 反应物分子必须有足够的动能　活化分子之间之所以能发生有效碰撞,是由于它们的能量高,在碰撞时才能使旧键断裂,新键形成,从而导致反应发生。

② 反应物分子必须按一定方向互相碰撞　"碰撞得法"才能引起旧键断裂,新键形成。例如,在气相反应 $NO_2(g) + CO(g) \Longrightarrow NO(g) + CO_2(g)$ 中,CO 和 NO_2 两种分子可有几种可能的碰撞取向,如图 1-4-2 所示。

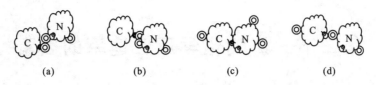

图 1-4-2　CO 和 NO_2 分子间几种可能的碰撞取向

其中(a)、(b)、(c)三种取向的碰撞都是无效的,只有(d)取向的碰撞是有效的,NO_2 分子中的 O 碰到 CO 才有可能引起反应。

碰撞理论直观明了,用于说明一些简单的反应比较成功。但由于它没有考虑到分子内部的结构,把分子看成是简单的钢球,分子间的相互作用看作机械的碰撞,因而在处理复杂分子的碰撞时得不到满意的结果。

(2) 过渡状态理论　过渡状态理论又称为活化配合物理论,是 1935 年,由美国物理化学家艾林(H. Eyrimg)和加拿大物理化学家波拉尼(Polanyi)等人提出的。该理论认为化学反应不是反应物分子间的简单碰撞就能完成的,而是在反应过程中要经过一个高能量的中间过渡状态,形成一种活性基团(活化配合物),然后分解转变成产物。

例如,在化学反应 $NO_2(g)+CO(g)\Longleftrightarrow NO(g)+CO_2(g)$ 中,当 NO_2 和 CO 的活化分子按照一定的方向彼此靠近之后,可以形成一种活化配合物[ONOCO],反应过程为

$$NO_2+CO \Longleftrightarrow [O\text{—}N\cdots O\cdots C\text{—}O] \Longleftrightarrow N\text{—}O + O\text{—}C\text{—}O$$

反应物　　　　　　活化配合物　　　　　　　生成物
（始态）　　　　　（过渡态）　　　　　　　（终态）

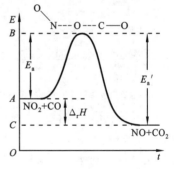

图 1-4-3　反应过程中势能变化

活化配合物中的价键结构处于原有化学键被削弱、新化学键正在形成的一种过渡状态,其势能较高,极不稳定。因此,活化配合物一经形成就极易分解,它既可分解为产物 NO 和 CO_2,也可分解为原反应物。当活化配合物[ONOCO]中靠近 C 原子的那一个 N—O 键完全断开,新形成的 O—C 键进一步强化时,即形成了产物 NO 和 CO_2,此时整个体系的势能降低,反应即告完成。过程中的能量变化如图 1-4-3 所示。图中,B 点对应的能量为活化配合物[ONOCO]的势能,A、C 点对应的能量分别为基态反应物(NO_2+CO)分子对、基态生成物(NO+CO_2)分子对的势能。E_a、E_a' 分别表示活化配合物 [ONOCO]与基态反应物(NO_2+CO)分子对、基态生成物(NO+CO_2)分子对的势能差。在过渡状态理论中,活化能也是指使反应进行所必须克服的势能垒,而把过渡态(活化配合物)较反应物分子所高出的能量称为活化能。如 N_2O_4 分解反应的活化能为 58.1 kJ·mol^{-1}。正、逆反应的活化能之差为反应热($\Delta_r H$)。

$$\Delta_r H = E_a - E_a' \tag{1-4-4}$$

第二节　影响化学反应速率的因素

化学反应具有不同的反应速率,影响化学反应速率的主要因素是内因,即反应物本身的性质和反应的类型。但外界条件如浓度、压强、温度、催化剂等对化学反应速率也有一定的影响。

一、浓度对化学反应速率的影响

1. 基元反应与质量作用定律

(1) 基元反应　基元反应又称原反应或简单反应,是指反应物粒子(原子、离子、分子、自由基等)在碰撞中能直接转变为产物的反应,即一步完成的反应。通常,大多数化学反应的反应方程式只代表了参加反应的各物质之间的计量关系和总的结果,并非反应的实际途径或过程。例如,氯化氢的气相合成反应的计量方程式如下:

$$H_2 + Cl_2 \longrightarrow 2HCl \quad (1)$$

实际上,此反应是经下列步骤进行的:

$$Cl_2 + M \longrightarrow 2Cl + M \quad (2)$$
$$Cl + H_2 \longrightarrow HCl + H \quad (3)$$
$$H + Cl_2 \longrightarrow HCl + Cl \quad (4)$$
$$2Cl + M \longrightarrow Cl_2 + M \quad (5)$$

反应(1)为总反应,反应(2)~(5)为基元反应。反应(2)~(5)表示反应(1)的历程或反应机理。

反应若包含了两个或两个以上的基元反应(步骤),则称为复合反应或非基元反应。

(2) 质量作用定律　质量作用定律是由挪威化学家古尔德贝格(C. M. Guldberg)和瓦格(P. Waage)于 1863—1879 年间提出的。质量定律可表述为:在一定温度下,基元反应的化学反应速率与各反应物的浓度的幂的乘积成正比。

如基元反应

$$NO_2(g) + CO(g) \Longrightarrow NO(g) + CO_2(g)$$

根据质量作用定律,化学反应速率与反应物浓度的关系为:

$$v = kc_{NO_2} c_{CO}$$

质量作用定律表明了化学反应速率与反应物浓度之间的比例关系。通常化学反应速率随反应物浓度的增加而增加。

2. 速率方程和反应级数

(1) 速率方程　表示反应物浓度与化学反应速率之间定量关系的数学式,称为反应**速率方程**。质量作用定律的数学式就是一种速率方程。更一般地,对于符合质量定律的反应

$$aA + bB \longrightarrow 产物$$

反应速率方程为

$$v = kc_A^a c_B^b \tag{1-4-5}$$

（2）反应级数　速率方程中，幂指数 a、b 称为反应级数，$n = a + b$ 称为反应（总）级数。反应级数越大，浓度对化学反应速率的影响越显著。

速率方程中的系数 k 称为**速率常数**，对于指定的化学反应而言，k 值是与反应物本性、温度和催化剂等因素有关，而与反应物浓度无关的常数。在相同的条件下，k 值越大，表示化学反应速率越大。

由反应的有效碰撞理论和速率方程可知，在其他条件不变时，增加反应物的浓度，可以增大反应的速率。这是因为当增加反应物的浓度时，单位体积内的活化分子总数增加，从而增加了单位时间内反应物分子间的有效碰撞次数，导致化学反应速率加快。

对于可逆反应 $aA + bB \rightleftharpoons dD + eE$，一般正反应的速率取决于 A、B 两种物质的浓度，与 D、E 两种物质的浓度关系不大；而逆反应的速率取决于 D、E 两种物质的浓度，与 A、B 两种物质的浓度关系也不大。

固体和纯液体的浓度是一个常数，增加这些物质的量，一般不会影响反应的速率，但固体物质的反应速率与其表面积大小有关，一般固体物质的分散度越大，反应越快。

二、温度对化学反应速率的影响

温度对化学反应速率的影响特别显著，也比较复杂，但对大多数化学反应来说，温度升高，化学反应速率增大。例如：$2H_2(g) + O_2(g) \rightleftharpoons 2H_2O(g)$，在常温下化学反应速率极小，几乎察觉不到有 H_2O 生成，但当温度升高到 873 K 时，速率急剧增大，甚至发生爆炸。

温度对化学反应速率的影响可用碰撞理论解释：①温度升高，反应物分子运动速度加快，单位时间内反应物分子的碰撞总次数增加，有效碰撞次数也增加，因此化学反应速率增大；②温度升高，分子能量增大，导致活化分子百分数增加，从而加快了化学反应速率。在上面两个原因中，第二个是主要的。

1. 范特霍夫规则

温度改变对反应物浓度影响不大，它主要是改变了反应速率常数 k。1884 年，荷兰物理化学家范特霍夫（Van't Hoff）根据大量实验事实归纳出一条经验规则：反应温度每升高 10 K，化学反应速率或反应速率常数一般增大 2～4 倍。即

$$\frac{k_{T+10}}{k_T} \approx (2 \sim 4) \tag{1-4-6}$$

在缺少实验数据时，范特霍夫经验规则可用于估算温度对化学反应速率的影响程度。

2. 阿仑尼乌斯方程

1889 年，瑞典化学家，阿仑尼乌斯（Arrhenius）根据实验结果，提出在一定的温度变化范围内，反应速率常数（k）与温度（T）之间的定量关系——阿仑尼乌斯方程：

$$k = A e^{\frac{-E_a}{RT}} \tag{1-4-7a}$$

两边取对数得

$$\ln k = -\frac{E_a}{RT} + \ln A \qquad (1\text{-}4\text{-}7b)$$

式中：R 为摩尔气体常数，8.314 J·mol^{-1}·K^{-1}；T 为热力学温度，K；E_a 为反应的活化能，kJ·mol^{-1}；A 为频率因子或指前因子，是与单位时间内反应物的碰撞总数（碰撞频率）有关的特性常数，其单位与速率常数一致。

对指定的反应，在温度变化不大的范围内，A 和 E_a 都可视为不随温度变化的常数。

分析阿仑尼乌斯方程，可以得出以下结论：

（1）对某一给定反应，A 和 E_a 可视为常数，由于温度 T 与反应速率常数 k 之间呈对数（或指数）关系，因此温度对反应速率常数和反应速率影响十分显著。

（2）当温度一定时，若几个反应 A 值相近，E_a 越大的反应 k 值越小，即活化能越大的反应进行得越慢。

（3）活化能不同的反应，温度变化对化学反应速率的影响程度不同。活化能越大的反应，化学反应速率受温度变化的影响越大。

阿仑尼乌斯方程不仅可以定性说明温度、活化能对化学反应速率的影响，而且还能通过实验定量计算反应速率常数和活化能，在化学计算中具有重要意义。

例 1-4-2 某药物在水溶液中分解。在 323 K 和 343 K 时测得该反应的反应速率常数分别为 7.08×10^{-4} h^{-1} 和 3.55×10^{-3} h^{-1}，求该反应的活化能和 298 K 时的反应速率常数。

解 将 T_1 时反应速率常数 k_1 及 T_2 时反应速率常数 k_2，分别代入公式(1-4-7b)，得

$$\ln k_2 = -\frac{E_a}{RT_1} + \ln A$$

$$\ln k_1 = -\frac{E_a}{RT_2} + \ln A$$

两式相减得

$$\ln \frac{k_2}{k_1} = \frac{E_a}{R}\left(\frac{T_2 - T_1}{T_1 T_2}\right) \qquad (1\text{-}4\text{-}8)$$

已知：$T_1 = 323$ K，$T_2 = 343$ K；$k_1 = 7.08\times10^{-4}$ h^{-1}，$k_2 = 3.55\times10^{-3}$ h^{-1}；

则

$$E_a = \frac{RT_1 T_2}{T_2 - T_1}\ln\frac{k_2}{k_1}$$

$$= \frac{8.314 \text{ J·mol}^{-1}\text{·K}^{-1}\times 323 \text{ K}\times 343 \text{ K}}{343 \text{ K} - 323 \text{ K}}\ln\frac{3.55\times10^{-3}\text{ h}^{-1}}{7.08\times10^{-4}\text{ h}^{-1}} = 74.25 \text{ kJ/mol}$$

298 K 时反应速率常数 k 可按下式计算：

$$\ln k_{298} = \frac{E_a}{R}\frac{298 - T_1}{298 T_1} + \ln k_1$$

将求得的 E_a 值和 323 K 时的 k_1 值代入上式，得

$$\ln k_{298} = \frac{74.25\times 1000}{8.314}\left(\frac{298 - 323}{323\times 298}\right) + \ln(7.08\times10^{-4}) = (-2.319) + (-7.253) = -9.572$$

求得

$$k_{298} = 6.96\times 10^{-5} \text{ (h}^{-1}\text{)}$$

即该反应的活化能为 74.25 kJ·mol^{-1}；298 K 时的反应速率常数为 6.96×10^{-5} h^{-1}。

三、催化剂对化学反应速率的影响

催化反应是十分重要且普遍存在的,80%~90%的化工及制药过程应用了催化剂,酶催化反应更是动植物所不可缺少的。

1. 催化剂和催化作用

在化学反应中,存在少量就能显著改变一个化学反应速率而本身在反应前后组成、数量和化学性质保持不变的物质称为**催化剂**。催化剂的这种作用称为**催化作用**。凡能加快反应速率的称为正催化剂;能减慢反应速率的称为负催化剂或阻化剂。有时,反应产物也对反应本身起催化作用,这称为自催化作用。

2. 催化作用的共同特征

(1) 催化剂不能改变反应的平衡规律　催化剂不能改变化学反应的平衡位置,或平衡常数 K,催化剂能同等程度地加快正、逆反应。催化剂也不能使化学平衡移动,只可以缩短达到平衡的时间。

(2) 催化剂参与了化学反应过程　催化剂加快化学反应的速率,主要是因为催化剂参加了反应过程,改变了反应的途径,降低了反应的活化能,从而使活化分子百分数增大,有效碰撞次数增加,导致化学反应速率加快。表 1-4-1 列出了某些反应有催化剂与无催化剂时反应的活化能的比较。

表 1-4-1　催化剂对反应活化能的影响

反应式	活化能 $E_a/(kJ \cdot mol^{-1})$		催化剂
	非催化反应	催化反应	
$2HI \rightleftharpoons H_2 + I_2$	184.1	104.6	Au
$2NO \rightleftharpoons N_2 + O_2$	244.8	134.0	Pt
$3H_2 + N_2 \rightleftharpoons 2NH_3$	334.7	167.4	$Fe \cdot Al_2O_3 \cdot K_2O$
$2SO_2 + O_2 \rightleftharpoons 2SO_3$	251.0	62.7	Pt

催化剂能显著加快化学反应速率,是由于它能与反应物之间形成了一种势能低且不很稳定的过渡态活化配合物。如图 1-4-4 所示,反应 A+B ⟶ AB,所需的活化能为 E_a。在催化剂 K 的参与下,反应按以下两步进行。

$$A + K \longrightarrow AK$$
$$AK + B \longrightarrow AB + K$$

催化反应的新途径中两步的活化能 E_1、E_2 均小于无催化剂时的原途径的活化能 E_a。在催化剂的作用下,绝大多数反应物分子会沿新途径转变成产物,还有少量能量高的活化分子仍可按原途径进行

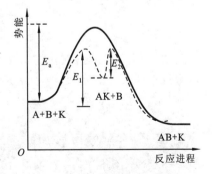

图 1-4-4　反应进程中能量变化
(实线为非催化历程,虚线为催化历程)

反应,反应速率明显加快。

(3) 催化剂具有选择性　催化剂的选择性有两方面的含义。其一,不同类型的反应需用不同的催化剂,一种催化剂只能催化一种或少数几种反应,例如氧化反应和脱氢反应的催化剂是不同类型的催化剂;即使同一类型的反应,通常催化剂也不同,如 SO_2 的氧化用 V_2O_5 作催化剂,而乙烯氧化却用 Ag 作催化剂。其二,对同样的反应物选择不同的催化剂可得到不同的产物。例如,乙醇在不同催化剂作用下可制取 25 种产品:

$$C_2H_5OH \begin{cases} \xrightarrow[200\sim250\ ℃]{Cu} CH_3CHO+H_2 \\ \xrightarrow[350\sim360\ ℃]{Al_2O_3 \text{ 或 } TbO_2} C_2H_4+H_2O \\ \xrightarrow[250\ ℃]{Al_2O_3} (C_2H_5)_2O+H_2O \\ \xrightarrow[400\sim450\ ℃]{ZnO\text{-}Cr_2O_3} CH_2{=}CH{-}CH{=}CH_2+H_2O+H_2 \\ \xrightarrow{Na} C_4H_9OH+H_2O \\ \vdots \end{cases}$$

根据催化剂的这一特性,可由一种原料制取多种产品。

值得一提的是,在生命过程中,生物体内的催化剂——酶,起着重要的作用。据研究,人体内的部分能量是由蔗糖氧化产生的。蔗糖在纯的水溶液中几年也不与氧发生反应,但在特殊酶的催化下,只需几小时就能完成反应。人体内有许多种酶,它们不但选择性高,而且能在常温、常压和近于中性的条件下加速某些反应的进行。而工业生产中不少催化剂往往需要高温、高压等比较苛刻的条件。因此,为了适应发展新技术的需要,模拟酶的催化作用已成为当今重要的研究课题,我国科学工作者在化学模拟生物固氮酶的研究方面已处于世界前列。

催化剂催化的反应中,少量杂质往往会使催化剂的催化活性大为降低,这种现象称为催化剂中毒。因此,使用催化剂的反应中,必须保持原料的纯净。

知识拓展

生物体内的催化剂——酶

酶是活体细胞产生的具有催化功能的蛋白质。体内的一切化学反应几乎都是在酶的催化下完成的,可以说生命离不开酶,没有酶就没有生命,所以酶也被称为生物催化剂。

酶所催化的反应称为酶促反应。体内消化酶的存在使食物中蛋白质、脂肪、糖类等大分子物质在消化道内(37 ℃,一定 pH)很快被消化,分解成小分子物质;如果在体外,这些反应必须在强酸、强碱条件下,高温加热才能进行,即使加入一般的化学催化剂,也难以达到体内物质分解代谢的速率。

酶的种类很多,经鉴定的酶就有 2000 多种。酶与一般化学催化剂不同,具有如下特点:①酶的化学本质是蛋白质,对热非常敏感,37~40 ℃是多数酶的最适温度,超过 80 ℃,酶将变性失去催化活性;②酶的催化有高度的专一性,一种酶通常只能催化一种化学反应,体内消化食物的酶就有胃蛋白酶、淀粉酶、脂肪酶等;③酶的催化效率极高,比一般的催化剂高 $10^6 \sim 10^{10}$ 倍,酶的催化效能主要是通过降低反应所需的活化能实现的。

第三节 化学平衡及其规律

化学反应速率讨论了化学反应进行的快慢问题,化学平衡将要讨论化学反应进行的程度问题。掌握化学平衡理论,就能正确认识反应进行的程度以及化学平衡的移动问题。

一、可逆反应与化学平衡

1. 可逆反应与不可逆反应

在众多的化学反应中,仅有少数反应能进行"到底",即反应物几乎能完全转变为生成物,而在同样条件下,生成物几乎不能转化成反应物。例如:

$$2KClO_3 \xrightarrow[\triangle]{MnO_2} 2KCl + 3O_2 \uparrow$$

$$C_6H_{12}O_6 + 6O_2 \longrightarrow 6CO_2 + 6H_2O$$

$$HCl + NaOH \longrightarrow NaCl + H_2O$$

这种只能向一个方向进行的反应,称为**不可逆反应**。

对于多数化学反应来说,在一定条件下反应既能按反应方程式从左向右进行(正反应),同时也能从右向左进行(逆反应),这种能同时向正、逆两个方向进行的反应,称为**可逆反应**。例如,NO 和 O_2 相互作用生成 NO_2,同样条件下 NO_2 也可分解为 NO 和 O_2,这两个反应用可逆方程式表示为

$$2NO(g) + O_2(g) \rightleftharpoons 2NO_2(g)$$

2. 化学平衡

可逆反应中,始终存在着正反应和逆反应这一对矛盾,在一定条件下两者可以同时进行。例如,在一定温度下把 NO 和 O_2 置于一密闭容器中,反应开始后,每隔一定时间取样分析,会发现反应物 NO 和 O_2 的分压逐渐减小,而生成物 NO_2 的分压逐渐增大。若保持温度不变,待反应进行到一定时间,将发现混合气体中各组分的分压不再随时间而改变,维持恒定,此时即达到化学**平衡状态**。这一过程可用反应速率解释:反应刚开始,反应物浓度或分压最大,具有最大的正反应速率 $v_正$,此时尚无生成物,故逆反应速率 $v_逆=0$。随着反应进行,反应物不断消耗,浓度或分压不断减小,正反应速率随之减小。另一方面,生成物浓度或分压不断增加,逆反应速率逐渐增大,至某一时刻 $v_正 = v_逆$(不等于 0)(见图

1-4-5),即单位时间内因正反应使反应物减小的量等于因逆反应使反应物增加的量。此时,宏观上各种物质的浓度或分压不再随时间而改变,达到平衡状态;但微观上反应并未停止,正、逆反应仍在进行,只是两者速率相等而已,故化学平衡是一种动态平衡。

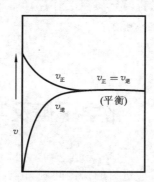

图 1-4-5　可逆反应的正、逆反应速率变化示意图

化学平衡状态有以下几个重要特点。

（1）只有在恒温条件下,封闭体系中进行的可逆反应,才能建立化学平衡,这是建立平衡的前提。

（2）正、逆反应速率相等是平衡建立的条件。

（3）平衡状态是封闭体系中可逆反应进行的最大限度,各物质浓度都不随时间改变,这是建立平衡的标志。

（4）化学平衡是有条件的、相对的和可以改变的。当外界因素改变时,体系内各物质的浓度或分压就会发生变化,原有的平衡将受到破坏,直到建立新的动态平衡。

二、平衡常数与转化率

1. 平衡常数

为了定量地研究化学平衡,必须知道可逆反应达到平衡状态时,反应体系中各有关物质量之间的关系,化学平衡常数就是体现这种关系的一种数量标志。这个常数在基础化学中一般只讨论实验平衡常数,简称平衡常数。可以由实验直接测定,称**实验平衡常数**。

可逆化学反应平衡的研究始于 19 世纪中期,人们对各种可逆反应平衡体系的组分进行取样和浓度（或分压）分析,以期找到反应处于平衡状态时的特征。结果发现在一定温度下,可逆反应达到平衡后,产物浓度系数次方的乘积与反应物浓度系数次方的乘积之比是一个常数,这个关系称为**平衡定律**。并将这个比值称为实验平衡常数（也称经验平衡常数）,用 K 表示。

对任一可逆反应,如

$$a\mathrm{A} + b\mathrm{B} \rightleftharpoons d\mathrm{D} + e\mathrm{E}$$

在一定温度下达到平衡状态时,反应物和生成物的平衡浓度（单位为 $\mathrm{mol \cdot L^{-1}}$）之间都存在着如下关系:

$$K_c = \frac{[D]^d[E]^e}{[A]^a[B]^b} \qquad (1\text{-}4\text{-}9a)$$

对于气相反应,在恒温恒压条件下,气体的分压与浓度成正比,因此,在平衡常数表达式中,也可用平衡时各气体的分压来代替浓度。例如,气体反应

$$aA + bB \rightleftharpoons dD + eE$$

如以 p_A、p_B、p_D、p_E 表示各气体的平衡分压(单位为 kPa),则有

$$K_p = \frac{p_D^d p_E^e}{p_A^a p_B^b} \qquad (1\text{-}4\text{-}9b)$$

例如:

$$N_2(g) + 3H_2(g) \rightleftharpoons 2NH_3(g)$$

$$K = \frac{p_{NH_3}^2}{p_{N_2} p_{H_2}^3}$$

$$Sn^{2+}(aq) + 2Fe^{3+}(aq) \rightleftharpoons Sn^{4+}(aq) + 2Fe^{2+}(aq)$$

$$K = \frac{[Sn^{4+}][Fe^{2+}]^2}{[Sn^{2+}][Fe^{3+}]^2}$$

平衡常数是一个可逆反应的特征常数,是一定条件下反应进行的程度和标度。K 值越大,反应正向进行的程度越大、反应进行得越完全。

2. 平衡转化率

可逆反应进行的程度可以用平衡常数来表示,但在实际工作中,人们常用更直观的平衡转化率来表示。平衡转化率有时也简称为**转化率**,它是指反应达到平衡时,反应物转化为生成物的百分率,以 α 来表示:

$$\alpha = \frac{\text{反应物已转化的量}}{\text{反应物未转化前的总量}} \times 100\%$$

若反应前后体积不变,反应物的量又可用浓度表示:

$$\alpha = \frac{\text{反应物起始浓度} - \text{反应物平衡浓度}}{\text{反应物起始浓度}} \times 100\%$$

转化率越大,表示反应向右进行的程度越大。从实验测得的转化率,可用来计算平衡常数;反之,由平衡常数也可计算各物质的转化率。平衡常数和转化率虽然都能表示反应进行的程度,但两者有差别:平衡常数与体系的起始状态无关,只与反应温度有关;转化率除与温度有关外,还与体系起始状态有关,并须指明是哪种反应物的转化率,同一反应的反应物不同,转化率的数值往往不同(见表 1-4-2)。

表 1-4-2 反应 $C_2H_5OH + CH_3COOH \rightleftharpoons CH_3COOC_2H_5 + H_2O$ 的转化率与平衡常数(100 ℃)

起始浓度 $c/(\text{mol} \cdot \text{L}^{-1})$		$\alpha/(\%)$		K
C_2H_5OH	CH_3COOH	以 C_2H_5OH 计	以 CH_3COOH 计	
3.0	3.0	67	67	4.0
3.0	6.0	83	42	4.0
6.0	3.0	42	83	4.0

例 1-4-3 $AgNO_3$ 和 $Fe(NO_3)_2$ 两种溶液可发生下列反应:

$$Fe^{2+} + Ag^+ \rightleftharpoons Fe^{3+} + Ag$$

在 25 ℃时,将 AgNO$_3$ 和 Fe(NO$_3$)$_2$ 溶液混合,开始时溶液中 Ag$^+$ 和 Fe^{2+} 浓度各为 0.100 mol·L^{-1},达到平衡时 Ag$^+$ 的转化率为 19.4%。求:(1)平衡时 Fe^{2+}、Ag$^+$ 和 Fe^{3+} 的浓度;(2)该温度下的平衡常数。

解 (1)

	Fe^{2+}	+	Ag$^+$	$\rightleftharpoons$	Fe^{3+}	+	Ag
起始浓度/(mol·L^{-1})	0.100		0.100		0		
变化浓度/(mol·L^{-1})	−0.1×19.4%=−0.0194		−0.1×19.4%=−0.0194		0.1×19.4%=0.0194		
平衡浓度/(mol·L^{-1})	0.1−0.0194=0.0806		0.1−0.0194=0.0806		0.0194		

平衡时: $[Fe^{2+}]=[Ag^+]=0.0806$ mol·L^{-1}

$[Fe^{3+}]=0.0194$ mol·L^{-1}

(2) $K=\dfrac{[Fe^{3+}]}{[Fe^{2+}][Ag^+]}=\dfrac{0.0194}{(0.0806)^2}=2.99$

即平衡时 Fe^{2+}、Ag$^+$ 和 Fe^{3+} 的浓度分别为 0.0806 mol·L^{-1}、0.0806 mol·L^{-1} 和 0.0194 mol·L^{-1};该温度下的平衡常数为 2.99。

三、化学平衡的移动

可逆反应在一定条件下达到平衡时,其特征是 $v_正=v_逆$,反应体系中各组分的浓度(或分压)不再随时间而改变。化学平衡状态是在一定条件下的一种暂时稳定状态,一旦外界条件(如温度、压强、浓度等)发生改变,这种平衡状态就会遭到破坏,其结果是在新的条件下建立起新的平衡状态。这种因外界条件改变,使可逆反应从原来的平衡状态转变到新的平衡状态的过程,称为**化学平衡的移动**。下面分别讨论影响平衡移动的几种因素。

1. 浓度对化学平衡的影响

在一定温度下,可逆反应

$$aA + bB \rightleftharpoons dD + eE$$

达到平衡时,若增加 A 的浓度,正反应速率将增加,$v_正 > v_逆$(见图 1-4-6),反应向正方向进行。随着反应的进行,生成物 D 和 E 的浓度不断增加,反应物 A 和 B 的浓度不断减小。因此,正反应速率随之下降,而逆反应速率随之上升,当正、逆反应速率再次相等,即 $v'_正 = v'_逆$ 时,体系又一次达到平衡。显然在新的平衡中,各组分的浓度均已改变,但其比值 $\dfrac{[D]^d[E]^e}{[A]^a[B]^b}$ 仍保持不变。

在上述新的平衡体系中,生成物 D 和 E 的浓度有所增加,反应物 A 的浓度比增加后有所减小,而比未增加前也有一定增加,但反应物 B 的浓度有所减小,反应向增加生成物的方向移动,即平衡向右移动。若增加生成物 D 或 E 的浓度,反应会向增加反应物 A 和 B 的方向移动,即平衡向左移动。

浓度对化学平稳的影响,还可以通过有关的计算加以说明。

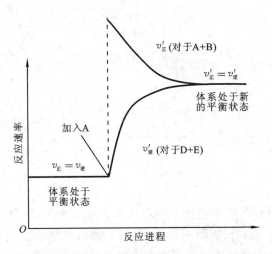

图 1-4-6　增大反应物浓度对平衡体系的影响

例 1-4-4　对于反应：
$$CO(g) + H_2O(g) \rightleftharpoons H_2(g) + CO_2(g)$$
已知 $K = 1.0$（830 K）。

（1）若 CO 和 H_2O 的起始浓度分别为 2 mol·L^{-1}、3 mol·L^{-1}，试求在该条件下，CO 的平衡转化率。

（2）在上面平衡状态的基础上，保持其他条件不变，水蒸气的浓度增大到 6 mol·L^{-1}，求 CO 转化为 CO_2 的转化率。

解　（1）设平衡时，有 x（mol·L^{-1}）的 CO 转化为 CO_2，则

$$CO(g) + H_2O(g) \rightleftharpoons H_2(g) + CO_2(g)$$

起始浓度/(mol·L^{-1})　　　2　　　3　　　0　　　0
平衡浓度/(mol·L^{-1})　　2−x　　3−x　　x　　x

根据
$$\frac{[H_2][CO_2]}{[CO][H_2O]} = K$$

即
$$\frac{x^2}{(2-x)(3-x)} = 1.0$$

解得
$$x = 1.2 \text{ mol·L}^{-1}$$

平衡时 CO 的转化率为
$$\frac{1.2}{2} \times 100\% = 60\%$$

（2）设再次达到平衡时，又有 y（mol·L^{-1}）的 CO 转化 CO_2，则

$$CO(g) + H_2O(g) \rightleftharpoons H_2(g) + CO_2(g)$$

起始浓度/(mol·L^{-1})　　0.8　　　6　　　1.2　　　1.2
平衡浓度/(mol·L^{-1})　0.8−y　6−y　1.2+y　1.2+y

根据

$$\frac{[H_2][CO_2]}{[CO][H_2O]} = K$$

即

$$\frac{(1.2+y)^2}{(0.8-y)(6-y)} = 1.0$$

解得

$$y = 0.37 \text{ mol} \cdot L^{-1}$$

平衡时　　$[CO_2] = (1.2+0.37) \text{ mol} \cdot L^{-1} = 1.57 \text{ mol} \cdot L^{-1}$

CO 的总转化率为

$$\frac{1.57}{2} \times 100\% = 78.5\%$$

上述计算结果表明,在原平衡体系中增大水蒸气的浓度,可使 CO 的转化率由 60% 增大到 78.5%。可见,增大反应物的浓度,可使平衡向着增大生成物浓度的正反应方向移动。在工业生产中,常利用这一原理使廉价原料过量,以达到充分利用贵重原料和提高其转化率的目的。

2. 压强对化学平衡的影响

这里的压强指总压,压强的变化对液态或固态反应的平衡影响甚微,但对有气体参加的反应影响较大。

(1) 对于生成物分子数大于反应物分子数的反应,总压增加时平衡向左移动。例如反应:

$$N_2O_4(g) \rightleftharpoons 2NO_2(g)$$
　　（无色）　　　（红棕色）

增大压强,平衡向左移动,体系的红棕色变浅。

(2) 对于生成物分子数小于反应物分子数的反应,总压增加时平衡向右移动。例如,合成氨反应:

$$N_2 + 3H_2 \rightleftharpoons 2NH_3$$

增大压强有利于 NH_3 的合成。

(3) 对于反应前后分子总数相等的反应,总压改变时平衡不发生移动。例如反应:

$$H_2(g) + I_2(g) \rightleftharpoons 2HI(g)$$

上述讨论可以得出以下结论:①压强变化只对反应前后气体分子数有变化的反应平衡体系有影响;②在恒温下,增大压强时平衡向气体分子数减少的方向移动,减小压强时平衡向气体分子数增加的方向移动。

3. 温度对化学平衡的影响

温度对化学平衡的影响与前两种情况有着本质的区别。在一定温度下,改变浓度或压强只能使平衡发生移动,平衡常数并未改变。而温度的变化常使平衡常数数值发生改变,从而导致平衡的移动。

温度对化学平衡的影响与反应的热效应有关。对于一个可逆反应,若正向反应为放热反应,则逆向反应必为吸热反应,升高温度将使平衡向吸热方向移动,降低温度将使平衡向放热的方向移动。

在工业生产中,要综合考虑影响化学平衡及化学反应速率的各种因素,采用合适的反应条件以提高产率。例如,合成氨的反应:

$$N_2(g) + 3H_2(g) \rightleftharpoons 2NH_3(g) + 92.22 \text{ kJ} \cdot \text{mol}^{-1}$$

这是一个分子数减少的反应,因此增加总压将使平衡向生成 NH_3 的方向移动;这又是一个放热反应,降低温度将使平衡向放热的方向移动,有利于 NH_3 的生成。但降低温度将减小反应速率,导致 NH_3 在单位时间内产率下降。因此,合成氨是在高压(10~30 MPa)、不太低的温度(一般为 500 ℃)下进行的。

4. 催化剂与化学平衡的关系

催化剂降低了反应的活化能,因此可以加快反应速率。对于任一可逆反应来说,催化剂能同等程度地改变 $k_正$、$k_逆$ 值,因此能同等程度地加快正、逆反应速率,而使平衡常数保持不变。所以,催化剂不会使化学平衡发生移动。若在尚未达到平衡状态的反应体系中加入催化剂,可以加快化学反应速率,缩短反应到达平衡状态的时间,亦即缩短了完成反应所需要的时间,这在工业生产上具有重要意义。

5. 平衡移动原理——吕·查德里原理

综上所述,如在平衡体系中增大反应物浓度,平衡就会向着减小反应物浓度的方向移动;在有气体参加反应的平衡体系中,增大体系的压强,平衡就会向着减少气体分子数,即向减小体系压强的方向移动;升高温度,平衡向着吸热反应方向,即向降低体系温度的方向移动。这些结论于 1884 年由法国科学家吕·查德里(Le Chatelier)归纳为一条普遍规律:如以某种形式改变一个平衡体系的条件(如浓度、压强、温度),平衡就会向着减弱这个改变的方向移动。这个规律称作**吕·查德里原理**。

上述原理适用于所有的动态平衡体系。它适用于已达平衡的体系,对于未达平衡的体系则不适用。

总之,一个化学反应的反应速率和进行的程度除由其本性决定外,还受浓度、压强、温度及催化剂等外界条件影响,这种影响并表现出一定的规律,掌握这些原理及规律,对化工生产或与化学反应等有关问题,均有重要意义。

知识拓展

防治龋齿

牙齿表面由一层坚硬的物质保护着,它的主要成分为 $Ca_5(PO_4)_3OH$,在唾液中存在下列平衡:$Ca_5(PO_4)_3OH(固) \rightleftharpoons 5Ca^{2+} + 3PO_4^{3-} + OH^-$。正反应为脱矿作用,逆反应为矿化作用,但进食后,由于细菌和酶作用于食物,产生有机酸,这时牙齿就会受到腐蚀,这是因为有机酸与 OH^- 中和,使平衡向脱矿方向移动。因此,为保护牙齿,我们应该进食后勤漱口,养成良好的卫生习惯。同时,使用含有氟化物添加剂的牙膏能防止龋齿,因为 $F^- + Ca_5(PO_4)_3OH \rightleftharpoons Ca_5(PO_4)_3F + OH^-$,生成的 $Ca_5(PO_4)_3F(固)$ 比上面矿化产物的溶解度更小,质地更坚固。

本章小结

1. 知识系统网络

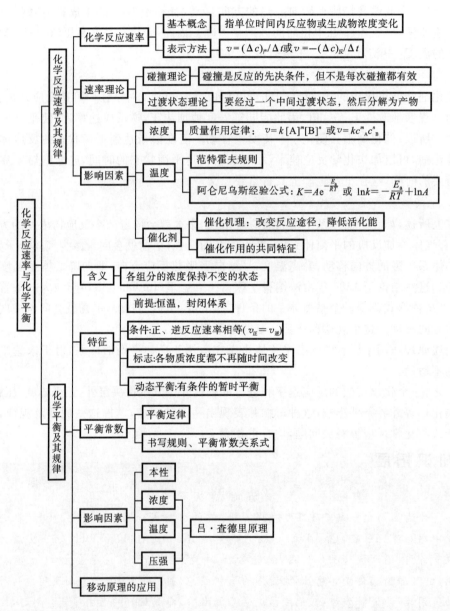

2. 学习方法概要

化学反应速率和化学平衡是研究化学问题的两个重要方面,弄清其原理、掌握其方法对基础化学课程的学习及化学问题的研究都有重要意义。在化学反应速率的学习中,首先要明确其意义及其表示方法,理解活化分子、活化能、催化剂、基元反应、质量作用定律等概念,了解化学反应速率理论的基本思想;其次能用化学反应速率理论、质量作用定律等,从物质浓度变化、分子能量变化、活化能的改变的角度来认识浓度、温度、催化剂等外界因素对化学反应速率的影响。对化学平衡及其规律问题一定要明确化学平衡是有条件的、暂时的、动态的;平衡的标志是各物质的浓度或压强不随时间变化。反应的程度可用平衡常数表示,平衡浓度可以测定和计算。平衡是可以改变的、是可以移动的,其移动的方向可以用吕·查德里原理来正确判断。

目 标 检 测

一、选择题(将每题一个正确答案的标号选出)

1. 下列说法中,正确的是(　　)。
①活化分子间的碰撞一定能发生化学反应;②普通分子间的碰撞有时也能发生化学反应;③活化分子比普通分子具有较高的能量;④化学反应的实质是原子的重新组合;⑤化学反应的实质是旧化学键的断裂和新化学键形成的过程;⑥化学反应实际是活化分子有合适取向时的有效碰撞。

　　A. ①③④⑤　　　B. ②③⑥　　　C. ③④⑤⑥　　　D. ②④⑤

2. 对于平衡体系 $CO(g)+2H_2(g) \rightleftharpoons CH_3OH(g)+Q$,为了增加甲醇的产量,工厂应采取的正确措施是(　　)。

　　A. 高温、高压
　　B. 适宜温度、高压、催化剂
　　C. 低温、低压
　　D. 低温、高压、催化剂

3. 对已达化学平衡的反应 $N_2(g)+3H_2(g) \rightleftharpoons 2NH_3(g)$,减小压强时,对反应产生的影响是(　　)。

　　A. 逆反应速率减小,正反应速率增大,平衡向逆反应方向移动
　　B. 逆反应速率减小,正反应速率增大,平衡向正反应方向移动
　　C. 正、逆反应速率都减小,平衡向逆反应方向移动
　　D. 正、逆反应速率都增大,平衡向正反应方向移动

4. 对于反应 $2SO_2+O_2 \rightleftharpoons 2SO_3$,下列判断正确的是(　　)。

　　A. 2体积 SO_2 和足量 O_2 反应,必定生成 2 体积 SO_3
　　B. 其他条件不变,增大压强,平衡必定向右移动
　　C. 平衡时,SO_2 消耗速率必定等于 O_2 生成速率的 2 倍
　　D. 平衡时,SO_2 浓度必定等于 O_2 浓度的 2 倍

5. 放热反应 $2NO(g)+O_2(g) \rightleftharpoons 2NO_2(g)$ 达平衡后,分别采取下列措施:①增大压强;②减小 NO_2 的浓度;③增大 O_2 的浓度;④升高温度;⑤加入催化剂。能使平衡向产物方向移动的是(　　)。

　　A. ①②③　　　B. ②③④　　　C. ③④⑤　　　D. ①②⑤

6. 下列事实不能用吕·查德里原理来解释的是(　　)。

　　A. 往 H_2S 水溶液中加碱有利于 S^{2-} 增多
　　B. 加入催化剂有利于氨的氧化反应
　　C. 高压有利于合成 NH_3 的反应

D. 500 ℃左右比室温更有利于合成NH_3的反应

二、填空题

1. 可逆反应$2Cl_2(g)+2H_2O(g)\rightleftharpoons 4HCl(g)+O_2(g)$（正反应为吸热反应），在一定条件下达到平衡后，分别采取下列措施，结果将如何？（填"增大""减小"或"不变"）

（1）降低温度，Cl_2的转化率将_____，$v_正$_____；

（2）保持容器体积不变，加入He，则HCl的物质的量将_____。

2. 已知$N_2(g)+3H_2(g)\rightleftharpoons 2NH_3(g)+Q$，$2SO_2(g)+O_2(g)\rightleftharpoons 2SO_3(g)+Q$，回答下列问题。

（1）从影响速率和平衡的因素分析，要有利于NH_3和SO_3的生成，理论上应采取的措施是_____。实际生产中采取的措施分别是_____。

（2）在实际生产的合成氨过程中，要分离出氨气，目的是_____；而合成SO_3过程中，不需要分离出SO_3，原因是_____。

3. 对于下列反应：$2SO_2+O_2\rightleftharpoons 2SO_3$。如果2 min内$SO_2$的浓度由6 mol·$L^{-1}$下降为2 mol·$L^{-1}$，那么，用$SO_2$浓度变化来表示的化学反应速率为_____，用$O_2$浓度变化来表示的化学反应速率为_____。如果开始时SO_2浓度为4 mol·L^{-1}，2 min后反应达平衡，若这段时间内v_{O_2}为0.5 mol·L^{-1}·min^{-1}，那么2 min时SO_2的浓度为_____。

三、判断题（对的打√，错的打×）

1. 根据反应式$2P+5Cl_2\rightleftharpoons 2PCl_5$可知，如果2 mol的P和5 mol的$Cl_2$混合，必然生成2 mol的$PCl_5$。（   ）

2. 任何可逆反应在一定温度下，不论参加反应的物质浓度如何不同，反应达到平衡时，各物质的平衡浓度相同。（   ）

3. 可逆反应达到平衡后，增加反应物浓度会引起K_c改变。（   ）

4. 一个反应体系达到平衡时的条件是正、逆反应速率相等。（   ）

四、问答题

1. 什么叫化学反应速率？
2. 化学平衡状态有哪些特征？
3. 平衡状态的浓度商或压强商，就是反应的平衡常数。这种说法对吗？

五、综合计算题

1. 下列化学反应：$NO_2(g)+O_3(g)\rightleftharpoons NO_3(g)+O_2(g)$，在298 K时，测得的数据如下表所示：

实验序号	$c_{起始}$/(mol·L^{-1})		最初生成O_2的速率 /(mol·L^{-1}·s^{-1})
	NO_2	O_3	
1	5.0×10^{-5}	1.0×10^{-5}	0.022
2	5.0×10^{-5}	2.0×10^{-5}	0.044
3	2.5×10^{-5}	2.0×10^{-5}	0.022

（1）求化学反应速率的表达式；

（2）求反应的级数；

（3）求该反应的反应速率常数。

2. 某温度下在密闭容器中发生如下反应：$2M(g)+N(g) \rightleftharpoons 2E(g)$。若反应开始充入 2 mol E，平衡时混合气体的压强比起始时增大了 20%，则平衡时 E 的转化率是多少？

3. 合成氨工业通过测定反应前后混合气体的密度来确定氨的转化率。某工厂测得合成塔中 N_2、H_2 混合气体的密度为 0.5536 g·L^{-1}，反应后混合气体的密度为 0.693 g·L^{-1}，则该合成氨工厂 N_2 的转化率为多少？

第五章

溶液中的酸碱平衡与沉淀溶解平衡

学习目标

1. 掌握弱电解质的电离及其有关计算；
2. 了解 pH 值的意义及近似测定；
3. 掌握缓冲溶液的作用原理及有关的基本计算；
4. 理解各种盐类水解的实质及影响水解平衡的各种因素；
5. 了解沉淀与溶解平衡原理。

第一节 溶液中的酸碱平衡

一、电解质

1. 电解质的概念

实验发现化合物的水溶液在导电性方面有很大的差别。例如，NaOH、NaCl、HCl、HNO_3 等物质的水溶液的导电能力较强，CH_3COOH、NH_3 水溶液的导电能力较弱，而另一类物质如 CH_3CH_2OH、$C_{12}H_{22}O_{11}$ 等的水溶液则不能导电。根据化合物的水溶液在导电性上的差别，可将它们分为电解质和非电解质两大类。凡是在水溶液或在熔融状态下能导电的化合物称为**电解质**；在水溶液或熔融状态下均不能导电的化合物称为**非电解质**。无机物中的酸、碱、盐都是电解质，而酒精、蔗糖以及大部分有机物均属于非电解质。

2. 电解质的分类

根据电解质溶液导电能力的强弱，电解质一般又可分为强电解质和弱电解质。在水溶液中或熔融状态下能完全电离的电解质称为强电解质，在水溶液中或熔融状态下仅能部分电离的电解质称为弱电解质。强酸如 HNO_3、H_2SO_4、HCl、HBr、HI、$HClO_4$ 等，强碱如 KOH、$NaOH$、$Ba(OH)_2$ 等，盐类（除少数盐如 $Pb(CH_3COO)_2$、$HgCl_2$ 等外）均是强电解质。弱酸如 CH_3COOH（简写为 HAc）、H_2CO_3、HCN、H_2S 等，弱碱如 $NH_3 \cdot H_2O$、CH_3NH_2、$C_6H_5NH_2$ 等都是弱电解质。

必须指出，强电解质与弱电解质之间并没有绝对严格的界限，以上电解质的分类是以水作为溶剂的，如溶剂不同，则分类的情况就可能不同，电解质的强弱常会发生变化。如 HAc 在水溶液中是弱酸，但以液氨作溶剂时，则表现为强酸。因此，不要把电解质的强弱看成是绝对的，一成不变的。

3. 电离过程

电解质的强弱，主要是由于电解质的本质，即化学键的性质及在溶液中的行为不同引起的。例如在 NaCl 晶体里含有 Na^+ 和 Cl^-，它们之间存在着较强的吸引作用，使 Na^+ 和 Cl^- 不能自由移动，因而食盐晶体不能导电。当食盐在水里溶解时，由于水分子的作用，减弱了 Na^+ 和 Cl^- 之间的吸引力，使食盐晶体电离成自由移动的 Na^+ 和 Cl^-，在电场的作用下可分别向阴、阳两极移动，因而食盐溶液能导电。其溶解电离过程如图 1-5-1 所示。

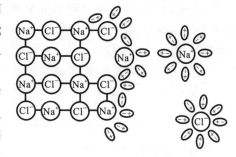

图 1-5-1 NaCl 溶解示意图

食盐晶体受热熔化时，也能产生可以自由移动的 Na^+ 和 Cl^-，因而食盐在熔融状态下也能导电。

电解质在水溶液中形成自由移动离子的过程称为**电离**或**解离**。

氯化氢（HCl）为极性共价化合物，溶于水后，由于与水分子异端相邻而互相吸引使氯化氢分子逐渐变形，最后导致氯化氢分子中的共价键断裂，形成自由移动的氢离子和氯离子进入水中，所以氯化氢的水溶液——盐酸也能导电。氯化氢的溶解电离过程如图 1-5-2 所示。

图 1-5-2 HCl 溶解示意图

弱电解质在水溶液中的电离过程与强电解质相似，只是电离程度较小，存在着可逆平衡。

电离度的大小除与电解质本性有关外，还同溶液的浓度及温度有关。一般浓度减小，离子相互碰撞而结合成分子的机会减小，则电离度增大。温度升高，电离度相应增大。在温度、浓度相同时，电离度同电离平衡常数一样，其大小可以表示弱电解质的相对强弱。电离度大的，电解质较强。例如，在同一温度下，测得 $0.1 \ mol \cdot L^{-1}$ HAc 的电离度为 1.32%，$0.1 \ mol \cdot L^{-1}$ HCOOH 的电离度为 4.24%，说明电解质 HCOOH 的强度或酸性较强。

强电解质在溶液中是全部电离的,不存在未电离的分子,所以强电解质在理论上的电离度是100%。但是,实验测得的强电解质在溶液中的电离度往往小于100%。这主要是因为离子是一种带电荷的粒子,每一个离子的运动都要受到其他离子的影响。在强电解质溶液中,离子浓度较大,带相反电荷的离子的相互牵制作用较强,使离子不能完全地自由移动,因而影响了溶液的导电能力。这样使实验中所测得的电离度数据总是小于100%。实验所测得的电离度称表观电离度。

二、弱电解质的电离平衡

1. 电离平衡和电离常数

弱电解质在水溶中只能部分解离,且其解离是个可逆过程。根据化学平衡原理,当正、逆反应速率相等时,弱电解质的分子与其离子间建立平衡,这种平衡称为**解离平衡**或**电离平衡**。

以 HAc 的电离为例,电离过程可表示为

$$HAc \underset{结合}{\overset{电离}{\rightleftharpoons}} H^+ + Ac^-$$

在一定温度下,达到平衡时,溶液中各种离子浓度和分子浓度是一定的,离子浓度的乘积与未电离的分子浓度之比是个常数,称**电离平衡常数**或**电离常数**,用 K_i 表示。

$$K_i = \frac{[H^+][Ac^-]}{[HAc]} \tag{1-5-1}$$

K_i 值的大小,反映了弱酸电离程度的大小。K_i 值越大,表示弱电解质电离程度越大;K_i 值越小,表示弱电解质电离程度越小。如 25 ℃时,$K_{HCOOH} = 1.77 \times 10^{-4}$,$K_{HAc} = 1.76 \times 10^{-5}$,说明电解质 HAc 更弱。

一般用 K_a 表示弱酸的电离常数,用 K_b 表示弱碱的电离常数。

电离常数 K_i 一般不受浓度的影响,受温度的影响也不显著。电离常数可以通过实验测得,部分常见弱电解质的电离常数见附录。

2. 电离度

弱电解质在水溶液中达到平衡时,分子已解离的程度称为**电离度**,用 α 表示,即

$$\alpha = \frac{\text{已电离的溶质的分子数}}{\text{未电离前溶质的分子总数}} \times 100\%$$

或

$$\alpha = \frac{\text{已电离的溶质的浓度}}{\text{未电离前溶质的浓度}} \times 100\%$$

3. 电离平衡的计算

在弱电解质溶液的平衡体系中,根据平衡原理,可进行弱电解质的电离常数(K_a 或 K_b)、电离度(α)及离子平衡浓度之间的计算。

例 1-5-1 计算 0.10 mol·L^{-1} HAc 溶液中的 H$^+$ 浓度及电离度 α(已知 $K_{HAc} = 1.8 \times 10^{-5}$)。

解 设电离平衡时,已电离的 HAc 浓度为 x(mol·L^{-1}),则 $[H^+] = [Ac^-] = x$

$(mol \cdot L^{-1})$，有

$$HAc \rightleftharpoons H^+ + Ac^-$$

起始浓度$/(mol \cdot L^{-1})$ 0.10   0   0

平衡浓度$/(mol \cdot L^{-1})$ $0.10-x$ x x

$$K_{HAc} = \frac{[H^+][Ac^-]}{[HAc]}$$

$$\frac{x^2}{0.10-x} = 1.8 \times 10^{-5}$$

当 K_i 比较小时，上述计算可作近似处理，即 $0.10-x \approx 0.1$，故

$$x^2 = 1.76 \times 10^{-6}$$

$$x = 1.32 \times 10^{-3}$$

即 $\quad\quad\quad\quad\quad\quad [H^+] = 1.32 \times 10^{-3}\ mol \cdot L^{-1}$

则 $\quad\quad\quad\quad\quad\quad \alpha = \frac{1.32 \times 10^{-3}}{0.10} \times 100\% = 1.32\%$

例 1-5-2 已知 25 ℃时，$0.2\ mol \cdot L^{-1}$ 氨水的电离度为 0.934%，求溶液中 OH^- 的浓度及电离常数 $K_{NH_3 \cdot H_2O}$。

解 设平衡时 $[OH^-] = x\ (mol \cdot L^{-1})$，则有

$$NH_3 \cdot H_2O \rightleftharpoons NH_4^+ + OH^-$$

起始浓度$/(mol \cdot L^{-1})$ 0.20   0   0

平衡浓度$/(mol \cdot L^{-1})$ $0.20-x$ x x

因为 $\quad\quad\quad\quad \alpha = \frac{已电离的溶质的浓度}{未电离前溶质的浓度} \times 100\%$

所以 $\quad\quad\quad\quad 0.934\% = \frac{x}{0.20} \times 100\%$

$$x = 1.87 \times 10^{-3}$$

即 $\quad\quad\quad\quad [OH^-] = 1.87 \times 10^{-3}\ mol \cdot L^{-1}$

$$K_{NH_3 \cdot H_2O} = \frac{[NH_4^+][OH^-]}{[NH_3 \cdot H_2O]} = \frac{(1.87 \times 10^{-3})^2}{0.2 - 1.87 \times 10^{-3}} = 1.75 \times 10^{-5}$$

电离度和电离平衡常数均能表示弱电解质之间的相对强弱，两者既有区别又有联系。电离平衡常数是化学平衡常数的一种，因而它与浓度无关，而与温度有关；电离度是转化率的一种，它随浓度的增加而降低。两者之间又有一定的定量关系。一元弱电解质的电离度 α 与电离平衡常数 K_i 的关系为

$$K_i = c\alpha^2 \quad 或 \quad \alpha = \sqrt{\frac{K_i}{c}} \tag{1-5-2}$$

这个公式反映了电离度、电离常数及溶液浓度之间的关系。即同一电解质的电离度与其浓度的平方根成反比，即当溶液稀释时，其电离度是增大的。这种关系也称为**稀释定律**。表 1-5-1 是几种不同浓度下 HAc 的电离度和电离常数。

表 1-5-1　不同浓度 HAc 溶液的电离度和电离常数

溶液浓度/(mol·L^{-1})	电离度 α/(%)	电离常数 K_i
0.2	0.938	1.76×10^{-5}
0.1	1.33	1.76×10^{-5}
0.02	2.96	1.76×10^{-5}
0.001	13.3	1.76×10^{-5}

从表 1-5-1 看出，在同一温度下，不论 HAc 的浓度如何变化，电离常数不变，而电离度相差很大。因此，用电离常数比较同类型弱电解质的相对强弱，在实际应用中更为重要。

4. 同离子效应

电离平衡与其他化学平衡一样，都是相对的和暂时的。一旦外界条件发生变化，这种平衡就遭到破坏，又在新的条件下重新达到平衡。新的平衡相对于原来的平衡，溶液中的离子浓度已经发生了变化。例如，在 25 ℃时，0.200 mol·L^{-1} HAc 溶液中的[H$^+$]为 1.89×10^{-3} mol·L^{-1}，若向该溶液中加入少量的含有醋酸根离子的盐（如 NaAc 或 NH$_4$Ac）之后，由于平衡的移动，溶液中的[H$^+$]会明显降低。

醋酸钠在溶液中完全电离，醋酸溶液中却存在电离平衡。即

$$HAc \rightleftharpoons H^+ + Ac^-$$

$$\xleftarrow{\text{平衡移动方向}} \quad \quad \quad \text{完全电离}$$

$$Ac^- + Na^+ \longleftarrow NaAc$$

由于 NaAc 的电离，溶液中 Ac$^-$ 浓度急剧增大，使 HAc 的电离平衡向左移动、电离度减小，溶液中的[H$^+$]降低，HAc 的电离度也相应地减小。

像这样在弱电解质溶液中，加入同弱电解质具有相同离子的强电解质，使弱电解质的电离平衡向生成弱电解质分子的方向移动，弱电解质电离度降低，这种现象称为**同离子效应**。

例 1-5-3　在 1.0 L 浓度为 0.10 mol·L^{-1} 的 HAc 溶液中，加入 0.10 mol 的固体 NaAc(固体加入后引起的溶液体积变化可忽略不计)，求溶液中的[H$^+$]和 HAc 的电离度 α。

解　设溶液中 H$^+$ 的平衡浓度为 x (mol·L^{-1})，则有关物质的浓度为

$$\begin{array}{cccc} NaAc & \longrightarrow & Na^+ & + & Ac^- \\ 0.10\ mol\cdot L^{-1} & & & & 0.10\ mol\cdot L^{-1} \\ HAc & \rightleftharpoons & H^+ & + & Ac^- \\ 0.10-x & & x & & x \end{array}$$

即溶液中[Ac$^-$]=(0.10+x) mol·L^{-1}。

查表知　K_a=1.76×10^{-5}，故

$$K_a = \frac{[H^+][Ac^-]}{[HAc]}$$

$$1.76 \times 10^{-5} = \frac{x(0.10+x)}{0.10-x}$$

因为 HAc 的电离度很小,所以

$$0.10 \pm x \approx 0.10$$

则

$$1.76 \times 10^{-5} = \frac{0.10x}{0.10}$$

$$x = 1.76 \times 10^{-5}$$

即

$$[H^+] = 1.76 \times 10^{-5} \text{ mol} \cdot \text{L}^{-1}$$

则

$$\alpha = \frac{1.76 \times 10^{-5}}{0.10} \times 100\% = 0.018\%$$

可以看出,0.10 mol·L^{-1} HAc 溶液中,HAc 的电离度 $\alpha = 1.32\%$(见例 1-5-1),当加入 0.10 mol·L^{-1} 的 NaAc 后,HAc 的电离度减小为 0.018%,即降低到约为原来的 $\frac{1}{73}$。

由上例的计算可知,在一元弱酸及其盐的溶液中,计算[H$^+$]的近似公式为

$$[H^+] = K_a \frac{c_{弱酸}}{c_{弱酸盐}} \tag{1-5-3}$$

式中:$c_{弱酸}$ 为弱酸的起始浓度;$c_{弱酸盐}$ 为弱酸盐的起始浓度。

例 1-5-4 已知氨的电离常数 $K_b = 1.76 \times 10^{-5}$,在 1.0 L 浓度为 0.15 mol·L^{-1} 的氨水溶液中,加入 0.15 mol·L^{-1} NH$_4$Cl 溶液 0.50 L,求溶液中[OH$^-$]和 NH$_3$ 的电离度 α。

解 混合后的有关物质的浓度:

$$[NH_3 \cdot H_2O] = 0.15 \times \frac{1.0}{1.0+0.50} \text{ mol} \cdot \text{L}^{-1} = 0.10 \text{ mol} \cdot \text{L}^{-1}$$

$$[NH_4Cl] = 0.15 \times \frac{0.50}{1.0+0.50} \text{ mol} \cdot \text{L}^{-1} = 0.050 \text{ mol} \cdot \text{L}^{-1}$$

设混合溶液中 OH$^-$ 的平衡浓度为 x (mol·L^{-1}),有关物质浓度为

$$\begin{array}{cccc} NH_4Cl & \longrightarrow & Cl^- & + & NH_4^+ \\ 0.050 \text{ mol} \cdot \text{L}^{-1} & & & & 0.050 \text{ mol} \cdot \text{L}^{-1} \\ NH_3 \cdot H_2O & \rightleftharpoons & OH^- & + & NH_4^+ \\ 0.10-x & & x & & x \end{array}$$

混合后,溶液中[NH$_4^+$] = $(0.050+x)$ mol·L^{-1},则

$$K_b = \frac{[NH_4^+][OH^-]}{[NH_3]}$$

$$1.76 \times 10^{-5} = \frac{(0.050+x)x}{0.10-x}$$

同理可以近似地认为

$$0.050 + x \approx 0.050, \quad 0.10 - x \approx 0.10$$

则

$$1.76 \times 10^{-5} = \frac{0.050x}{0.10}$$

$$x = 3.52 \times 10^{-5}$$

即
$$[OH^-] = 3.52 \times 10^{-5} \text{ mol} \cdot L^{-1}$$
$$\alpha = \frac{3.6 \times 10^{-5}}{0.10} \times 100\% = 0.035\%$$

可计算出 0.10 mol·L^{-1} NH$_3$ 溶液中，NH$_3$ 的电离度 $\alpha = 1.32\%$（请读者自己计算），当加入 0.050 mol·L^{-1} NH$_4$Cl 时，NH$_3$ 的电离度降低到原来的 $\frac{1}{37}$。

由例 1-5-4 计算可知，在弱碱及其盐的溶液中，OH$^-$ 的浓度与弱碱及其盐的浓度均有关，其计算的近似公式为

$$[OH^-] = K_b \frac{c_{\text{弱碱}}}{c_{\text{弱碱盐}}} \tag{1-5-4}$$

式中：$c_{\text{弱碱}}$ 为弱碱的起始浓度；$c_{\text{弱碱盐}}$ 为弱碱盐的起始浓度。

三、水的电离和溶液的 pH 值

1. 水的电离

水是最重要的溶剂，因为许多生命现象都与水溶液内的反应有关。实验表明，水本身也能够发生电离，是一种极弱的电解质，其电离方程式可写为

$$H_2O \rightleftharpoons H^+ + OH^-$$

$$K_i = \frac{[H^+][OH^-]}{[H_2O]}$$

或
$$K_i[H_2O] = [H^+][OH^-]$$

由于 22 ℃时，1 L 水的浓度大约为 55.6 mol·L^{-1}，常将它作为常数，这样水的浓度与 K_i 的乘积仍为常数，用 K_w 表示，即 $K_w = K_i[H_2O]$。因此

$$K_w = [H^+][OH^-] \tag{1-5-5}$$

K_w 称为水的**离子积常数**。

在 22 ℃下测得 $K_w = [H^+][OH^-] = 10^{-14}$，即纯水中 $[H^+] = [OH^-] = 10^{-7}$ mol·L^{-1}。

水的电离是吸热反应，温度越高，K_w 越大，但 K_w 随温度变化不大（见表 1-5-2），通常取值为 1.0×10^{-14}。

表 1-5-2 不同温度下水的离子积常数

温度/℃	0	18	22	25	50	100
K_w	1.3×10^{-15}	7.4×10^{-15}	1.00×10^{-14}	1.27×10^{-14}	5.6×10^{-14}	7.4×10^{-13}

不论是酸性溶液还是碱性溶液中，都同时存在着 H$^+$ 和 OH$^-$，水的离子积又不因溶解其他物质而改变，所以在室温下，用式(1-5-5)可以计算任何水溶液中的 $[H^+]$ 或 $[OH^-]$。若已知溶液中 $[H^+]$，可计算出溶液中 $[OH^-]$，反之亦然。

例 1-5-5 计算 25 ℃时，0.010 mol·L^{-1} NaOH 溶液中的 $[H^+]$。

解 由于 NaOH 是强电解质，它完全电离，溶液中 $[OH^-] = 1.0 \times 10^{-2}$ mol·L^{-1}，而 $[H^+][OH^-] = K_w = 1.00 \times 10^{-14}$，故

$$[H^+]=\frac{K_w}{[OH^-]}=\frac{1.00\times10^{-14}}{1.0\times10^{-2}}\ \text{mol}\cdot L^{-1}=1.0\times10^{-12}\ \text{mol}\cdot L^{-1}$$

即在 0.010 mol·L⁻¹ NaOH 溶液中[H⁺]等于 1.0×10^{-12} mol·L⁻¹。

2. 溶液的酸碱性和 pH 值

溶液的酸碱性是由其[H⁺]和[OH⁻]的相对大小决定的。从水的电离平衡可知,在纯水中[H⁺]＝[OH⁻]＝10^{-7} mol·L⁻¹,这时水显中性。

当在水中加入少量的酸或碱时,由于同离子效应使水的电离平衡被破坏,达到新的平衡时,溶液中[H⁺]≠[OH⁻],结果溶液就显酸性或碱性。如在水中加入少量盐酸,使溶液中[H⁺]＝10^{-3} mol·L⁻¹,由于[OH⁻][H⁺]＝10^{-14},所以[OH⁻]＝10^{-11} mol·L⁻¹,使得溶液中[H⁺]＞[OH⁻],溶液显酸性。

所以,常用溶液中 H⁺ 浓度与 OH⁻ 浓度的相对大小,表示溶液的酸碱性。即

[H⁺]＝[OH⁻]时,溶液显中性;

[H⁺]＞[OH⁻]时,溶液显酸性;

[H⁺]＜[OH⁻]时,溶液显碱性。

在稀溶液中,[H⁺]或[OH⁻]较小,直接用[H⁺]或[OH⁻]表示溶液的酸碱性不很方便,这时溶液的酸碱性常用 pH 值或 pOH 值来表示。pH 值是指氢离子浓度(严格指活度)的负对数,pOH 值是指氢氧根离子浓度的负对数,即

$$\text{pH}=-\lg[H^+],\quad \text{pOH}=-\lg[OH^-]$$

室温下 pH＋pOH＝$-\lg([H^+][OH^-])=-\lg(1.0\times10^{-14})=14.00$

溶液的酸碱性和 pH 值的关系为(在室温下):

中性溶液,pH＝7.00;

酸性溶液,pH＜7.00;

碱性溶液,pH＞7.00。

pH 值的范围一般在 0～14 之间。pH 值越小,溶液的酸性越强,碱性越弱;pH 值越大,溶液的酸性越弱,碱性越强。对于 pH＜0 的强酸性溶液或 pH＞14 的强碱性溶液,用 pH 值表示其酸碱性就不太方便,一般直接用[H⁺]或[OH⁻]来表示溶液的酸碱性。

3. pH 值的近似测定与酸碱指示剂

在生产和科学实验中,经常需要控制和测定溶液的 pH 值,如金属材料的腐蚀、废水处理和电解液的配制等等。测定溶液的 pH 值的方法很多,一般常用的有酸碱指示剂、pH 试纸和 pH 计等。

(1) 酸碱指示剂及其作用原理　借助于颜色的变化来指示溶液 pH 值的物质称为**酸碱指示剂**。例如,人们熟知的石蕊、酚酞和甲基橙等。酸碱指示剂一般是有机弱酸或弱碱,它们的共轭酸式和共轭碱式由于结构的不同而常呈现不同的颜色。当溶液的 pH 值变化时,指示剂失去质子转变为碱式,或得到质子转变为酸式,从而引起溶液颜色的变化。

例如,甲基橙是一种有机弱碱,它是双色指示剂,在水溶液中发生如下电离平衡:

$$(CH_3)_2N-\!\!\!\bigcirc\!\!\!-N=N-\!\!\!\bigcirc\!\!\!-SO_3^- \underset{OH^-}{\overset{H^+}{\rightleftharpoons}}$$

黄色(碱式色)

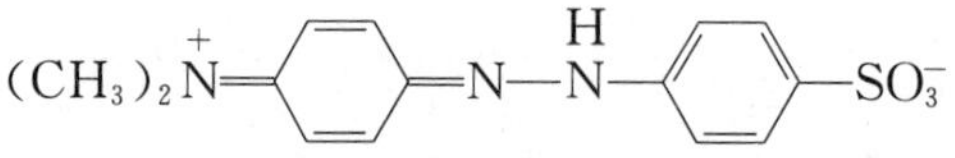

$$(CH_3)_2\overset{+}{N}=\underset{}{\bigcirc}=N-\overset{H}{N}-\bigcirc-SO_3^-$$

红色(酸式色)

由平衡关系可见,当溶液的酸度增大时,甲基橙主要以酸式结构(醌式)存在,溶液显红色;当溶液酸度减小时,甲基橙由酸式结构转变为碱式结构(偶氮式),溶液显黄色。

另一种常用的指示剂酚酞是一种有机弱酸,在水溶液中有如下平衡:

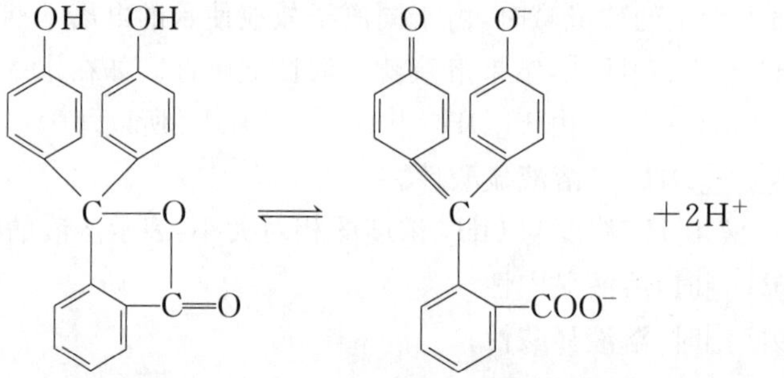

无色(酸式色)   红色(碱式色)

由平衡关系可以看出,在酸性溶液中,酚酞以无色形式存在;在碱性溶液中转化为红色醌式结构。因此,酚酞在碱性溶液中显红色。

由此可见,指示剂的变色原理是基于溶液 pH 值的变化,导致指示剂的结构变化,从而引起溶液颜色的变化的。

(2) 指示剂的变色范围　为了进一步说明指示剂颜色变化与酸度的关系,现以弱酸型指示剂 HIn 为例,说明指示剂变色与溶液 pH 值的关系。设 HIn 为酸式型,In$^-$ 为碱式型。HIn 在溶液中存在如下电离平衡:

$$HIn \rightleftharpoons H^+ + In^-$$

$$K_{HIn} = \frac{[H^+][In^-]}{[HIn]} \tag{1-5-6a}$$

式中:K_{HIn} 表示指示剂的电离常数;[In$^-$]和[HIn]分别表示指示剂的碱式色结构和酸式色结构的浓度。

上式也可写为

$$\frac{K_{HIn}}{[H^+]} = \frac{[In^-]}{[HIn]} \tag{1-5-6b}$$

指示剂颜色是由[In$^-$]/[HIn]的值决定的,该比值又取决于[H$^+$]和 K_{HIn} 的相对大小。而在一定条件下,对于指定的指示剂,K_{HIn} 为常数,因此溶液的颜色变化仅由[H$^+$]决定。即在不同 pH 值的介质中,指示剂呈现不同的颜色。

当[In$^-$]/[HIn]=1 时,即两种结构的浓度各占 50%,pH=pK_{HIn},这时溶液表现为HIn(酸式色)和 In$^-$(碱式色)的混合色,此时 pH 值稍有变化,[In$^-$]/[HIn]比值将发生变化,理论上讲溶液的颜色就会发生变化,所以此时的 pH 值即为理论**变色点**。但由于人眼分辨能力有限,一般来说只有当一种颜色的浓度相对于另一种颜色浓度的 10 倍或 10 倍以上时,才能辨认出浓度较高的存在形式的颜色,而不能辨认出浓度小的存在形式的颜色。

pH=pK_{HIn}±1 的范围内能看到指示剂颜色的过渡色,称为指示剂的**变色范围**。从理论上讲,指示剂的变色范围 pH=pK_{HIn}±1 为 2 个 pH 单位。但实际观察到的大多数指示剂的变色范围与理论变色范围会有不同,这是由于人眼对各种颜色的敏感程度不同造成的。例如,甲基橙的 pK_{HIn}=3.4,理论变色范围应为 2.4~4.4,但实际变色范围为 3.1~4.4。常用的酸碱指示剂基本性质列于表 1-5-3 中。

表 1-5-3 常用的酸碱指示剂及其变色范围

指示剂	变色范围（pH 值）	颜色变化	pK_{HIn}	浓度
百里酚蓝(第一次变色)	1.2~2.8	红~黄	1.6	1 g·L^{-1} 的 20% 乙醇溶液
甲基黄	2.9~4.0	红~黄	3.3	1 g·L^{-1} 的 90% 乙醇溶液
甲基橙	3.1~4.4	红~黄	3.4	0.5 g·L^{-1} 的水溶液
溴酚蓝	3.1~4.6	黄~紫	4.1	1 g·L^{-1} 的 20% 乙醇溶液
溴甲酚绿	3.8~5.4	黄~蓝	4.9	1 g·L^{-1} 水溶液,每 100 mg 指示剂加 0.05 mol·L^{-1} NaOH 2.9 mL
甲基红	4.4~6.2	红~黄	5.2	1 g·L^{-1} 的 60% 乙醇溶液
溴百里酚蓝	6.0~7.6	黄~蓝	7.3	1 g·L^{-1} 的 20% 乙醇溶液
中性红	6.8~8.0	红~橙黄	7.4	1 g·L^{-1} 的 60% 乙醇溶液
酚红	6.7~8.4	黄~红	8.0	1 g·L^{-1} 的 60% 乙醇溶液
百里酚蓝(第二次变色)	8.0~9.6	黄~蓝	8.9	1 g·L^{-1} 的 20% 乙醇溶液
酚酞	8.0~9.6	无~红	9.1	1 g·L^{-1} 的 90% 乙醇溶液
百里酚酞	9.4~10.6	无~蓝	10.0	1 g·L^{-1} 的 90% 乙醇溶液

(3) pH 值的测定 pH 值的近似测定常用酸碱指示剂。若在某溶液中加入两滴甲基红,显红色,则表明该溶液的 pH<4.4,显酸性;若再往溶液中加入两滴百里酚蓝,显黄色,则表明该溶液的 pH>2.5,所以该溶液的 pH 值是在 2.5~4.4 之间。显然,采用单一的指示剂,只能粗略地估计溶液的酸碱性大小,而使用两种合适的指示剂就可得知溶液 pH 值的大致范围。

实际应用中,特别在实验室往往用 pH 试纸测定溶液的 pH 值。pH 试纸是由甲基红、溴百里酚蓝、百里酚蓝、酚酞等按一定比例混合的乙醇溶液浸透而制成的,当它接触不同 pH 值的溶液时,就会呈现不同颜色,此色与标准色板一对比就可知溶液的 pH 值。由于 pH 试纸使用方便,又有一定的准确性,使其在生产和科研方面得到广泛应用。

pH 值的精确测定可使用 pH 计,其方法在模块一第六章或分析化学等课程中专门介绍。

四、缓冲溶液

1. 缓冲溶液及缓冲作用

在室温条件下,往 1 L 纯水,1 L 0.2 mol·L^{-1} NaCl 溶液和 1 L 含 0.1 mol·L^{-1}

HAc 与 0.1 mol·L^{-1} NaAc 的混合溶液中,分别加入 0.001 mol HCl 和 0.001 mol NaOH,测得三种溶液的 pH 值变化如表 1-5-4 所示。

表 1-5-4　加酸或碱时溶液的 pH 值的变化

溶液	pH 值	加酸后的 pH 值	加碱后的 pH 值
纯水	7.0	3	11
NaCl 溶液	7.0	3	11
HAc 和 NaAc 的混合溶液	4.75	4.74	4.76

由表 1-5-4 可知,加入少量强酸或强碱,纯水和 NaCl 溶液的 pH 值都发生了明显变化,而 HAc 与 NaAc 混合溶液的 pH 值却几乎不变。这说明纯水和 NaCl 溶液的 pH 值很容易受外界少量酸碱的影响,而 HAc 与 NaAc 混合溶液有抵抗外来少量强酸或强碱而保持本身的 pH 值几乎不发生变化的能力。若向 HAc 与 NaAc 混合溶液中加入少量水稀释,其 pH 值也不发生变化。像这种能抵抗外来少量强酸、强碱或稀释,而保持溶液 pH 值几乎不变的溶液称为**缓冲溶液**。缓冲溶液的这种作用称为**缓冲作用**。

2. 缓冲溶液的组成及 pH 值的计算

缓冲溶液中通常含有两种成分,一种是能与酸作用的碱性物质,称为抗酸成分;另一种是能与碱作用的酸性物质,称为抗碱成分,通常将这两种成分合称为**缓冲对**或**缓冲系**。一个缓冲对实际上就是一个共轭酸碱对,其中共轭酸为抗碱成分,共轭碱为抗酸成分。

根据组成不同,缓冲对一般有两种类型:

(1) 弱酸及其对应的共轭碱(盐) 例如

抗碱成分(弱酸)		抗酸成分(共轭碱)
HAc	—	NaAc
H_2CO_3	—	$NaHCO_3$
$NaHCO_3$	—	Na_2CO_3
H_3PO_4	—	NaH_2PO_4
NaH_2PO_4	—	Na_2HPO_4

这类缓冲溶液的 pH 值,可由下式计算:

$$\text{pH} = pK_a - \lg \frac{c_{弱酸}}{c_{弱酸盐}} \tag{1-5-7}$$

式(1-5-7)表明:由弱酸及其盐组成的溶液的 pH 值除与弱酸的电离常数 K_a 有关外,还取决于弱酸浓度和弱酸盐(弱碱)浓度的比值。

例 1-5-6　用 0.1 mol·L^{-1} HAc 溶液与 0.1 mol·L^{-1} 的 NaAc 溶液等体积混合配制成缓冲溶液,求此缓冲溶液的 pH 值。(已知 HAc 的 pK_a=4.75)

解　由于 HAc 溶液与 NaAc 溶液是等体积混合,所以在缓冲溶液中 HAc 与 NaAc 的浓度均为原浓度的 1/2,即

$$c(\text{HAc}) = 0.10/2 \text{ mol·L}^{-1} = 0.050 \text{ mol·L}^{-1}$$
$$c(\text{NaAc}) = 0.10/2 \text{ mol·L}^{-1} = 0.050 \text{ mol·L}^{-1}$$

则 $$\text{pH} = \text{p}K_a - \lg\frac{c_{弱酸}}{c_{弱酸盐}} = \text{p}K_a + \lg(0.050/0.050) = 4.75 + \lg 1.0 = 4.75$$

即此缓冲溶液的 pH 值为 4.75。

（2）弱碱及其对应的共轭酸（盐）例如

抗酸成分（弱碱）　　　抗碱成分（共轭酸）
$NH_3 \cdot H_2O$　　—　　NH_4Cl
$C_6H_5NH_2$（苯胺）　—　$C_6H_5NH_2 \cdot HCl$（苯胺盐酸盐）

这类缓冲溶液的 pH 值的计算公式为：

$$\text{pH} = 14 - \text{p}K_b + \lg\frac{c_{弱碱}}{c_{弱碱盐}} \tag{1-5-8}$$

3. 缓冲作用原理

缓冲溶液是一个共轭酸碱体系，溶液中存在多重平衡。现以 HAc 和 NaAc 组成的溶液为例，讨论其缓冲作用原理。HAc 和 NaAc 组成的溶液中存在下列电离过程与平衡：

$$NaAc \longrightarrow Na^+ + Ac^-$$
$$HAc \rightleftharpoons H^+ + Ac^-$$

由于同离子效应，大量 Ac^- 的存在，抑制了 HAc 的电离，溶液中 HAc 和 Ac^- 的浓度很大，而 $[H^+]$ 很小。

当溶液中加入少量的强碱如 NaOH 时，则通过中和反应把等量的 HAc 转变为 Ac^-。即

$$HAc + OH^- \longrightarrow H_2O + Ac^-$$

由于加入的强碱量很小，引起 $c_{弱酸}/c_{弱酸盐}$ 的值的改变是很小的，根据式(1-5-7)可知，溶液的 pH 值将变化很小或基本保持不变。

如果在溶液中加入少量强酸如 HCl，则 H^+ 与溶液中的 Ac^- 结合形成 HAc，即

$$H^+ + Ac^- \rightleftharpoons HAc$$

同样 $c_{弱酸}/c_{弱酸盐}$ 的值的改变也很小，溶液的 pH 值仍然变化不大。

此外，如果对缓冲溶液进行适当的稀释，此时 $c_{弱酸}$ 和 $c_{弱酸盐}$ 都相应地减小，但比值不变，其溶液的 pH 值将保持不变。

总之，由于缓冲溶液中含有足够量的弱酸和共轭碱，并存在质子转移平衡，故能抵抗外加的少量强酸或强碱，使溶液的 pH 值基本保持不变。

4. 缓冲溶液的选择和配制

（1）缓冲容量及范围　缓冲溶液的缓冲作用是有一定的限度的。当加入少量强酸、强碱或适当稀释时，其 pH 值能保持基本不变。若加入过量的强酸、强碱，缓冲溶液因抗酸成分和抗碱成分的过度消耗，其缓冲能力就会逐渐减弱，直至失去缓冲作用。为了定量地表示缓冲能力的大小，常用缓冲容量 β 衡量。

缓冲容量（β）是指单位体积（1 L 或 1 mL）缓冲溶液的 pH 值改变一个单位，所需外加一元强酸或一元强碱的物质的量（mol 或 mmol）。

$$\beta = n/(V |\Delta\text{pH}|) \tag{1-5-9}$$

单位为 $\text{mol} \cdot \text{L}^{-1} \cdot \text{pH}^{-1}$ 或 $\text{mol} \cdot \text{mL}^{-1} \cdot \text{pH}^{-1}$。

使缓冲溶液的 pH 值改变一个单位,所需外加强酸或强碱的量越少,缓冲能力越小,缓冲容量也越小;相反,所需外加强酸或强碱的量越多,缓冲能力越大,缓冲容量也越大。

缓冲溶液的缓冲容量主要取决于缓冲溶液中抗酸成分和抗碱成分的总浓度(c_a+c_b)及缓冲比(c_b/c_a)。

实验证明,当缓冲比在 1/10～10/1 之间,即缓冲溶液的 pH 值在 pK_a+1 到 pK_a-1 之间时,溶液具有较大的缓冲作用能力,当缓冲容量小到一定程度,缓冲溶液就失去了缓冲能力。化学上将缓冲溶液能有效地发挥其缓冲作用的 pH 值范围,即 pH=$pK_a\pm1$ 称为缓冲溶液的**缓冲范围**。如 HAc-Ac$^-$ 缓冲体系 pK_a=4.75,其缓冲范围为 3.7～5.6。

(2) 缓冲溶液的配制　缓冲溶液是根据实际需要而配制的,常用来控制溶液的酸碱度。配制原则和步骤如下。

① 选择适当的缓冲对　使缓冲对中弱酸的 pK_a(或弱碱的 $14-pK_b$)值尽可能接近实际要求的 pH 值,从而可使所配制缓冲溶液的缓冲比接近 1:1,所配制溶液的 pH 值在缓冲对范围内,具有较大的缓冲容量。

例如,要配制 pH=4.50 的缓冲溶液,可以选择 HAc-NaAc 缓冲对;若配制 pH=10.0 的缓冲溶液,可以选择 NaHCO$_3$-Na$_2$CO$_3$ 缓冲对。

另外,选择药用缓冲对时,不能与主药发生配伍禁忌,缓冲对无毒且在储存期内要保持稳定;选择检验缓冲对时,不能对检验分析过程有干扰。

② 要有适当的总浓度　缓冲溶液的总浓度越大,抗酸成分和抗碱成分就越多,其缓冲容量也越大。但总浓度也不宜过大,一般控制在 0.05～0.2 mol·L^{-1} 之间,β 值在 0.01～0.1 mol·L^{-1}·pH^{-1}。

③ 用式(1-5-7)及式(1-5-8)计算酸、碱及盐的用量　计算中需注意 $c_{弱酸}/c_{弱酸盐}$(或 $c_{弱碱}/c_{弱碱盐}$)的值的问题。因同一溶液中,它们的浓度比等于它们的物质的量之比。在缓冲溶液配制或有关计算中,利用这种关系可使计算简便。

④ 配制　根据计算,量取一定浓度的酸或碱及盐溶液,混合即可得到所需的 pH 值的缓冲溶液。必要时还需用 pH 计测定该缓冲溶液的 pH 值,以保证与要求的 pH 值相一致。

例 1-5-7　如何配制 pH 值为 10.0 的缓冲溶液 300 mL?

解　(1) 选择缓冲对　由于 HCO$_3^-$ 的 pK_a=10.3,故选用 NaHCO$_3$-Na$_2$CO$_3$ 缓冲对。

(2) 选择浓度　为使配制的缓冲溶液有一定的缓冲容量,故选择浓度均为 0.10 mol·L^{-1}(或 0.20 mol·L^{-1})的 NaHCO$_3$ 与 Na$_2$CO$_3$ 溶液配制,这里 HCO$_3^-$ 是酸。

(3) 计算　根据式(1-5-7)和题意,有

$$10.0=10.3-\lg[V_a/(300-V_a)]$$

解得　　　　　　　　　　　V_a=200 mL

(4) 配制　分别量取 200 mL 0.10 mol·L^{-1} 的 NaHCO$_3$ 溶液和 100 mL 0.10 mol·L^{-1} 的 Na$_2$CO$_3$ 溶液,混合后便得到所需的缓冲溶液。

缓冲溶液在工农业生产和生物化学、分析化学等基础科学方面都有着较广泛的应用。例如,金属器件电镀的电镀液,就是利用缓冲溶液来使电镀液的 pH 值保持在一定的范围之内。

5. 缓冲溶液在医学上的应用

缓冲溶液在医学上有广泛的用途,如微生物的培养、酶活性的测定、组织切片和细菌染色等都需要在一定 pH 值的缓冲溶液中进行;在药剂生产上,根据人的生理状况及药物稳定性和溶解度等情况,选择适当的缓冲溶液来稳定 pH 值,才能达到预期效果。

在人体内,从消化道吸收的酸性、碱性物质和代谢过程中产生的酸性、碱性物质,首先必须进入血液,但血液的 pH 值并未因此而发生明显的改变。正常人血液的 pH 值能恒定在 7.35~7.45 之间,是由于血液中各种缓冲对作用和肺、肾调节作用的结果。人体血液中的缓冲对主要如下。

血浆中:H_2CO_3-$NaHCO_3$(CO_2-$NaHCO_3$),NaH_2PO_4-Na_2HPO_4,HPr-NaPr(Pr 代表血浆蛋白)。

红细胞中:H_2CO_3-$KHCO_3$,KH_2PO_4-K_2HPO_4,HHb-KHb(Hb 代表氧合血红蛋白)。

其中,碳酸-碳酸盐缓冲对在血液中浓度最高,缓冲容量最大,维持血液正常 pH 值的作用也最重要。在血液中,H_2CO_3 主要以 CO_2 形式存在,与 HCO_3^- 之间存在以下平衡:

$$H_2CO_3 \rightleftharpoons H^+ + HCO_3^-$$

其中 pK_a=6.10,正常人血浆内[HCO_3^-]/[H_2CO_3]=20/1,代入式(1-5-7)得

$$pH = 6.10 - \lg(1/20) = 7.40$$

所以正常人血浆的 pH 值在 7.4 左右。

人体代谢过程中会产生一些酸性物质,使 H_2CO_3 的解离平衡向左移动,形成较多的碳酸,同时消耗部分碳酸氢根。由于碳酸不稳定,分解为二氧化碳和水:

$$H_2CO_3 \rightleftharpoons CO_2\uparrow + H_2O$$

形成的 CO_2 由肺部呼出,而消耗的碳酸氢根则由肾脏调节得到补充,使得[HCO_3^-]/[H_2CO_3]的值恢复正常。这样就能抑制溶液酸碱度的变化,而使血液的 pH 值保持在正常范围。肺气肿引起的肺部换气不足、患糖尿病以及食用低碳水化合物和高脂肪食物等常引起血液中氢离子浓度增加,但通过血浆内的缓冲体系和机体补偿功能的作用,可使血液中的 pH 值保持基本恒定。在严重腹泻时,由于丧失碳酸氢盐过多或因肾衰竭引起 H^+ 排泄减少,缓冲体系和机体的补偿功能往往不能有效地发挥作用而使血液的 pH 值下降,则易引起酸中毒。

发高烧、摄入过多的碱性物质、严重呕吐等,都会引起血液里的碱性物质增加。此时,由 H_2CO_3 起抗碱作用,H_2CO_3 的解离平衡向右移动,碱与 H^+ 结合,消耗的 H^+ 由 H_2CO_3 解离补充,H_2CO_3 则由代谢产生的 CO_2 来提供。过量的 HCO_3^- 由肾脏进行生理调节,使得血液中[HCO_3^-]/[H_2CO_3]的值仍能恢复正常,从而使 pH 值保持在正常范围。若通过缓冲体系和补偿机制仍不能阻止血液中的 pH 值的升高,则易引起碱中毒。

缓冲溶液的缓冲比一般在 1/10~10/1 之间,而 H_2CO_3-HCO_3^- 缓冲对的缓冲比为 20/1 时仍然有缓冲能力,这是由于血液在不停流动,可以不断地把过量的 CO_2 和 HCO_3^- 由肺和肾脏排出,缺少的 H_2CO_3 由代谢产生的 CO_2 补充,缺少的 HCO_3^- 也可由肾脏补充。正是由于肺、肾脏的生理调节作用,才使得血液的 pH 值可以保持恒定。

五、盐类的水解

酸的水溶液显酸性,碱的水溶液显碱性,由酸、碱反应生成的盐溶液却不一定是中性的。除了由强酸和强碱形成的盐的水溶液显中性外,大多数盐的水溶液都是非中性的。这是因为盐类溶于水后,盐的某些离子与水电离出的 H^+ 或 OH^- 作用生成了弱酸或弱碱,使水的电离平衡发生移动,改变了溶液中 H^+ 和 OH^- 的相对浓度,使溶液不再保持中性。这种由于盐类的离子与水作用生成弱酸或弱碱的反应称为**盐的水解**(或水解反应)。

1. 水解反应与盐溶液的酸碱性

(1) 弱酸强碱盐　以 NaAc 为例,它是由弱酸 HAc 和强碱 NaOH 作用生成的盐。NaAc 在水中完全电离成 Na^+ 和 Ac^-。而水能部分地电离出 H^+ 和 OH^-,所以溶液中同时存在如下反应与平衡:

$$NaAc \longrightarrow Na^+ + Ac^-$$
$$+$$
$$H_2O \rightleftharpoons OH^- + H^+$$
$$\Updownarrow$$
$$HAc$$

由于溶液中 H^+ 与 Ac^- 结合生成 HAc 分子,$[H^+]$ 不断减小,使 H_2O 的电离平衡向右移动,致使溶液中 $[OH^-] > [H^+]$,所以 NaAc 水溶液显碱性。

NaAc 水解的实质是

$$Ac^- + H_2O \rightleftharpoons HAc + OH^-$$

(2) 弱碱强酸盐　以 NH_4Cl 为例。NH_4Cl 是强电解质,它所电离出的 NH_4^+ 与水电离出的 OH^- 结合生成弱电解质 $NH_3 \cdot H_2O$,降低了 OH^- 的浓度,使水的电离平衡向右移动,致使溶液中 $[H^+] > [OH^-]$ 而显酸性。

$$NH_4Cl \longrightarrow NH_4^+ + Cl^-$$
$$+$$
$$H_2O \rightleftharpoons OH^- + H^+$$
$$\Updownarrow$$
$$NH_3 \cdot H_2O$$

NH_4Cl 水解的实质是

$$NH_4^+ + H_2O \rightleftharpoons NH_3 \cdot H_2O + H^+$$

(3) 弱酸弱碱盐　以 NH_4Ac 为例。强电解质 NH_4Ac 所电离出的 NH_4^+ 和 Ac^- 分别与水电离出的 OH^- 和 H^+ 结合,分别生成弱电解质 $NH_3 \cdot H_2O$ 和 HAc,即溶液中同时存在如下反应与平衡:

$$NH_4Ac \longrightarrow NH_4^+ + Ac^-$$
$$+ \qquad +$$
$$H_2O \rightleftharpoons OH^- + H^+$$
$$\Updownarrow \qquad \Updownarrow$$
$$NH_3 \cdot H_2O \qquad HAc$$

NH_4Ac 水解的实质是

$$NH_4^+ + Ac^- + H_2O \rightleftharpoons NH_3 \cdot H_2O + HAc$$

这种盐的水解反应能同时生成两种弱电解质 $NH_3 \cdot H_2O$ 和 HAc，使平衡强烈向右移动，加速水解反应进行。溶液的酸碱性将取决于水解生成的两种弱电解质的相对强弱，也就是取决于它们的电离常数的大小。在 NH_4Ac 溶液中，由于 $K_{HAc} \approx K_{NH_3 \cdot H_2O}$，所以溶液显中性，pH=7。而 NH_4CN 溶液水解，对应的弱酸是 HCN，它是比 $NH_3 \cdot H_2O$ 更弱的电解质，这时溶液中$[OH^-]>[H^+]$，溶液显碱性，pH>7。

弱酸弱碱盐在水解时，也会使水溶液 pH=7，但这与强酸强碱盐的溶液 pH=7 有本质的区别，前者是水解时由于弱酸弱碱的相对强弱一样使水解后的溶液 pH=7，而后者是根本不发生水解。

2. 水解常数和水解度

由于形成各种盐类的酸和碱的强弱不同，盐的水解程度不同，酸或碱越弱，其盐的水解程度越大。盐类的水解程度可以用水解常数来表示。例如，NaAc 的水解反应

$$Ac^- + H_2O \rightleftharpoons HAc + OH^-$$

$$K = \frac{[HAc][OH^-]}{[Ac^-][H_2O]}$$

$$K[H_2O] = \frac{[HAc][OH^-]}{[Ac^-]}$$

由于在常温下$[H_2O]$可以看成是一个常数，所以用 K_h 来代替 K 和$[H_2O]$的乘积，即 $K_h = K[H_2O]$，故

$$K_h = \frac{[HAc][OH^-]}{[Ac^-]}$$

K_h 称为**水解常数**。K_h 值可以衡量盐的水解程度的大小，K_h 越大盐的水解程度越大。

K_h 的大小与弱酸或弱碱的电离平衡常数（K_a 或 K_b）相关。例如，NaAc 的水解平衡，包括了 H_2O 和 HAc 的电离平衡。

$$K_h = \frac{[HAc][OH^-][H^+]}{[Ac^-][H^+]} = \frac{K_w}{K_{HAc}}$$

写成公式为 $\qquad K_h = \dfrac{K_w}{K_a}$ 或 $K_h = \dfrac{K_w}{K_b}$ \hfill (1-5-10)

K_w 是常数，K_a 或 K_b 越小，K_h 越大，也就是说形成盐的酸或碱越弱，水解趋势越大。

盐类的水解程度，除了可用 K_h 表示外，还可以用水解度（h）来表示：

$$h = \frac{\text{已水解的盐的浓度}}{\text{盐的原始浓度}} \times 100\%$$

多元弱酸盐的水解过程比较复杂。它们的水解过程与多元弱酸的电离过程相似,也是分步进行的。以 Na_2CO_3 为例,其水解过程如下:

第一步水解:
$$CO_3^{2-} + H_2O \rightleftharpoons HCO_3^- + OH^-$$

$$K_{h(1)} = \frac{[HCO_3^-][OH^-]}{[CO_3^{2-}]} = \frac{K_w}{K_{i(2)}}$$

第二步水解:
$$HCO_3^- + H_2O \rightleftharpoons H_2CO_3 + OH^-$$

$$K_{h(2)} = \frac{[H_2CO_3][OH^-]}{[HCO_3^-]} = \frac{K_w}{K_{i(1)}}$$

上述两式中的 $K_{i(1)}$ 和 $K_{i(2)}$ 分别代表 H_2CO_3 的一级和二级电离常数。由于 $K_{i(1)} \gg K_{i(2)}$,所以 $K_{h(1)} \gg K_{h(2)}$。因此,分步水解都是以第一步为主。

3. 影响水解的因素

盐类水解程度的大小,除与盐的本性有关外,主要受温度、浓度、酸度的影响。水解反应是中和反应的逆反应,是吸热反应,因此,加热有利于水解的进行;稀释也有利于促进水解的进行;控制溶液的酸碱度则可以抑制或促进盐类的水解。

在化工生产中,水解现象是经常发生的,有时需要防止水解的产生,有时要利用水解。

例如,在实验室配制 $SnCl_2$ 溶液时,为了防止水解反应,常用稀盐酸溶液而不用蒸馏水配制。这是因为:

$$SnCl_2 + H_2O \rightleftharpoons Sn(OH)Cl \downarrow (白) + HCl$$

加入 HCl 后由于同离子效应的影响,可使平衡向左移动,能有效抑制 $SnCl_2$ 的水解。在配制 Na_2S 溶液时,由于 Na_2S 能发生下列水解反应:

$$S^{2-} + H_2O \rightleftharpoons HS^- + OH^-$$
$$HS^- + H_2O \rightleftharpoons H_2S \uparrow + OH^-$$

而在水解过程中生成的 H_2S 逐渐挥发,使溶液失效。为防止水解发生,可加入少量的强碱,减少水解反应,延长溶液的有效期。

总之,凡是对我们不利的水解反应,都要尽量地控制和防止。常用加酸、加碱的方法进行抑制。

第二节 溶液中的沉淀溶解平衡

一、难溶电解质的溶度积

1. 溶度积常数

有些电解质的溶解度是很小的,例如 $AgCl$、$CaCO_3$、$BaSO_4$ 等,通常把这些电解质称为**难溶电解质**或**难溶强电解质**。难溶电解质在水溶液中存在着溶解和沉淀的平衡,例如 $AgCl$ 的溶解:

$$AgCl(s) \underset{沉淀}{\overset{溶解}{\rightleftharpoons}} Ag^+ + Cl^-$$

当温度一定时,上述体系达到平衡,其离子浓度的乘积为一常数,用符号 K_{sp} 表示:

$$K_{sp} = [Ag^+][Cl^-]$$

K_{sp} 称为**溶度积常数**,简称溶度积,K_{sp} 值的大小反映了难溶物质的溶解能力。对于一般反应:

$$A_nB_m(固) \rightleftharpoons nA^{m+} + mB^{n-}$$

溶度积常数可用通式表示为

$$K_{sp} = [A^{m+}]^n[B^{n-}]^m \tag{1-5-11}$$

一些常见难溶电解质的溶度积常数见附录。

2. 溶度积与溶解度的相互换算

溶度积(K_{sp})和溶解度(s)的数值大小都可用来衡量难溶电解质的溶解能力,它们之间可互相换算(不适用于发生显著水解和配合的难溶电解质),即可以从溶解度求溶度积,也可以从溶度积求溶解度。

由于溶度积表达式中,离子的浓度用物质的量浓度,而溶解度可用各种浓度表示,所以由溶解度求算溶度积时,要求先要把浓度换算成物质的量浓度。

例 1-5-8 已知 AgBr 在 25 ℃时的溶解度为 1.33×10^{-5} g(指每 100 g 水中含 AgBr 1.33×10^{-5} g),求 AgBr 的 K_{sp}。

解 先将 AgBr 的溶解度换算成物质的量浓度。因 AgBr 的饱和溶液是很稀的,其密度可近似地认为与纯水相同,即为 $1 \text{ g} \cdot \text{cm}^{-3}$。

AgBr 的相对分子质量是 187.8,所以 AgBr 的物质的量浓度为

$$\frac{1.33 \times 10^{-5}}{187.8} \times \frac{1000}{100} \text{ mol} \cdot \text{L}^{-1} = 7.08 \times 10^{-7} \text{ mol} \cdot \text{L}^{-1}$$

而溶解的 AgBr 完全电离,$[Ag^+] = [Br^-] = 7.08 \times 10^{-7}$ mol·L^{-1},由 AgBr 的溶解平衡:

$$AgBr(s) \rightleftharpoons Ag^+ + Br^-$$

可知 AgBr 的溶度积 $K_{sp} = [Ag^+][Br^-] = (7.08 \times 10^{-7})^2 = 5.01 \times 10^{-13}$

例 1-5-9 在 25 ℃时,Ag_2CrO_4 的溶解度是 0.0435 g·L^{-1}(即每升溶液中含 0.0435 g 的 Ag_2CrO_4),试计算 Ag_2CrO_4 的 K_{sp}。

解 Ag_2CrO_4 的相对分子质量是 331.8,所以 Ag_2CrO_4 的物质的量浓度为

$$\frac{0.0435}{331.8} \text{ mol} \cdot \text{L}^{-1} = 1.31 \times 10^{-4} \text{ mol} \cdot \text{L}^{-1}$$

由 Ag_2CrO_4 的溶解平衡: $Ag_2CrO_4(s) \rightleftharpoons 2Ag^+ + CrO_4^{2-}$

可知 1 mol 的 Ag_2CrO_4 溶解生成 2 mol 的 Ag^+ 和 CrO_4^{2-}。所以,

$$[CrO_4^{2-}] = 1.31 \times 10^{-4} \text{ mol} \cdot \text{L}^{-1}$$

$$[Ag^+] = 2[CrO_4^{2-}] = 2.62 \times 10^{-4} \text{ mol} \cdot \text{L}^{-1}$$

$$K_{sp} = [Ag^+]^2[CrO_4^{2-}] = (2.62 \times 10^{-4})^2 \times 1.31 \times 10^{-4} = 8.99 \times 10^{-12}$$

由上述两例还可以看出:AgCl 的溶度积虽比 Ag_2CrO_4 的大,但 AgCl 的溶解度反而

比 Ag_2CrO_4 的要小。这是由于 AgCl 与 Ag_2CrO_4 的类型不同的缘故。所以对相同类型的难溶电解质可以直接通过 K_{sp} 值来比较溶解度的大小，但对不同类型的电解质，往往不能通过直接比较它们的 K_{sp} 值的大小来判断溶解度的相对大小，而需要进行计算。

二、沉淀的生成与溶解

1. 溶度积规则

实验中发现，在 Na_2CO_3 溶液中，加入适量的 $CaCl_2$ 溶液后，有白色的 $CaCO_3$ 沉淀析出，且随着 $CaCl_2$ 加入量的增加，沉淀量也逐渐加多，其反应为

$$Ca^{2+} + CO_3^{2-} \rightleftharpoons CaCO_3(s)$$

如果在上述含有 $CaCO_3$ 沉淀的溶液中，逐滴加入盐酸，发现 $CaCO_3$ 又逐渐溶解，且有气体放出，这是因为体系中同时存在如下平衡：

$$CaCO_3(s) \rightleftharpoons Ca^{2+} + CO_3^{2-}$$
$$+$$
$$2HCl \longrightarrow 2Cl^- + 2H^+$$
$$\Updownarrow$$
$$H_2CO_3 \longrightarrow CO_2(g) + H_2O$$

根据化学平衡原理，沉淀的生成是由于溶液中 Ca^{2+} 浓度和 CO_3^{2-} 浓度的乘积大于 $CaCO_3$ 的溶度积，即 $[Ca^{2+}][CO_3^{2-}] > K_{sp}$，故平衡向生成 $CaCO_3$ 沉淀的方向移动。沉淀的溶解则是由于加入的 HCl 电离出的 H^+ 与溶液中的 CO_3^{2-} 结合生成弱电解质 H_2CO_3，而 H_2CO_3 又不稳定，分解为 CO_2 和 H_2O，致使溶液中 CO_3^{2-} 浓度降低，溶液中 Ca^{2+} 浓度和 CO_3^{2-} 浓度的乘积小于 $CaCO_3$ 的溶度积，即 $[Ca^{2+}][CO_3^{2-}] < K_{sp}$，结果就破坏了 Ca^{2+}、CO_3^{2-} 与 $CaCO_3$ 沉淀之间的平衡，使平衡向 $CaCO_3$ 溶解的方向移动。

综上所述，难溶电解质多相离子平衡移动规律归纳为

$$A_nB_m(s) \rightleftharpoons nA^{m+} + mB^{n-}$$

当溶液中相关离子浓度的乘积 $[A^{m+}]^n[B^{n-}]^m > K_{sp}$ 时，则产生沉淀；

当 $[A^{m+}]^n[B^{n-}]^m = K_{sp}$ 时，则为饱和溶液；

当 $[A^{m+}]^n[B^{n-}]^m < K_{sp}$ 时，则为不饱和溶液，无沉淀析出，若原有沉淀存在，则沉淀溶解。

根据这些关系式，可作为判断沉淀产生和溶解的准则，称为**溶度积规则**。

例 1-5-10 取 20 mL $0.02\ mol \cdot L^{-1}$ $BaCl_2$ 溶液，加入等体积 $0.002\ mol \cdot L^{-1}$ Na_2SO_4 溶液，试判断有无 $BaSO_4$ 沉淀生成。

解 混合后溶液中 $BaCl_2$ 和 Na_2SO_4 的浓度分别为

$$[BaCl_2] = 0.02 \times \frac{20}{40}\ mol \cdot L^{-1} = 0.01\ mol \cdot L^{-1}$$

$$[Na_2SO_4] = 0.002 \times \frac{20}{40}\ mol \cdot L^{-1} = 0.001\ mol \cdot L^{-1}$$

则
$$[Ba^{2+}] = 0.01 \text{ mol} \cdot L^{-1}$$
$$[SO_4^{2-}] = 0.001 \text{ mol} \cdot L^{-1}$$

查表知，$BaSO_4$ 的 $K_{sp} = 1 \times 10^{-10}$。

因为 $[Ba^{2+}][SO_4^{2-}] = 0.01 \times 0.001 = 1 \times 10^{-5} > K_{sp}$，所以有 $BaSO_4$ 沉淀生成。

2. 溶度积规则在实际中的应用

利用生成沉淀使物质分离的方法在化学研究、化工生产及医学中具有重要意义。

(1) 控制 pH 值生成难溶的金属氢氧化物　在化学试剂生产中，Fe^{3+} 的含量是衡量产品质量的重要指标之一。去除 Fe^{3+} 杂质的方法之一就是控制溶液 pH 值，使 Fe^{3+} 生成 $Fe(OH)_3$ 沉淀。

例 1-5-11　若溶液中 Fe^{3+} 的浓度为 $0.1 \text{ mol} \cdot L^{-1}$，则开始形成 $Fe(OH)_3$ 沉淀的 pH 值是多少？沉淀完全（$[Fe^{3+}] \leqslant 1.0 \times 10^{-5} \text{ mol} \cdot L^{-1}$）的 pH 值为多少？已知 $K_{sp,Fe(OH)_3} = 1.1 \times 10^{-36}$。

解　$Fe(OH)_3(s) \rightleftharpoons Fe^{3+} + 3OH^-$

由于 $K_{sp} = [Fe^{3+}][OH^-]^3$，则开始沉淀所需 $[OH^-]$ 为

$$[OH^-] = \sqrt[3]{\frac{K_{sp}}{[Fe^{3+}]}} = \sqrt[3]{\frac{1.1 \times 10^{-36}}{0.1}} \text{ mol} \cdot L^{-1} = 2.2 \times 10^{-12} \text{ mol} \cdot L^{-1}$$

$$pOH = 11.66$$
$$pH = 2.34$$

设沉淀完全后，$[Fe^{3+}] \leqslant 1.0 \times 10^{-5} \text{ mol} \cdot L^{-1}$，则

$$[OH^-] = \sqrt[3]{\frac{1.1 \times 10^{-36}}{1.0 \times 10^{-5}}} \text{ mol} \cdot L^{-1} = 4.79 \times 10^{-11} \text{ mol} \cdot L^{-1}$$

$$pOH = 11 - \lg 4.79 = 11 - 0.68 = 10.32$$
$$pH = 14 - 10.32 = 3.68$$

所以使 $0.1 \text{ mol} \cdot L^{-1}$ 的 Fe^{3+} 开始沉淀时的 pH 值是 2.34，沉淀完全时的 pH 值大于 3.68。

同理，可以计算出许多氢氧化物开始沉淀和沉淀完全时的 pH 值。

(2) 难溶金属硫化物沉淀的生成　很多金属硫化物的溶解度很小，可以利用其溶解度的差别进行沉淀分离。金属硫化物是弱酸 H_2S 的盐。溶液中能否生成硫化物沉淀，除与金属离子浓度有关外，还与 S^{2-} 浓度或溶液的 pH 值有关。控制溶液的 pH 值，可以使不同金属离子在适当的条件下沉淀出来。

例 1-5-12　已知 ZnS 的 $K_{sp} = 1.2 \times 10^{-22}$，当 $[Zn^{2+}] = 0.10 \text{ mol} \cdot L^{-1}$ 时，通入 H_2S 至溶液饱和，试计算 ZnS 开始沉淀和沉淀完全时的 pH 值各为多少。

解　(1) $ZnS(s) \rightleftharpoons Zn^{2+} + S^{2-}$

$$K_{sp} = [Zn^{2+}][S^{2-}] = 1.2 \times 10^{-22}$$

当 $[Zn^{2+}] = 0.10 \text{ mol} \cdot L^{-1}$ 时，开始生成 ZnS 沉淀的 S^{2-} 的浓度为

$$[S^{2-}] = \frac{K_{sp}}{[Zn^{2+}]} = \frac{1.2 \times 10^{-22}}{0.10} \text{ mol} \cdot L^{-1} = 1.2 \times 10^{-21} \text{ mol} \cdot L^{-1}$$

因为 $[H^+]^2[S^{2-}] = 1.0 \times 10^{-22}$，所以，当 $[S^{2-}] = 1.2 \times 10^{-21}$ mol·L^{-1}时，溶液中的 H^+浓度为

$$[H^+] = \sqrt{\frac{1 \times 10^{-22}}{1.2 \times 10^{-21}}} \text{ mol·L}^{-1} = 0.3 \text{ mol·L}^{-1}$$

$$pH = -\lg[H^+] = -\lg 0.3 = 0.52$$

即溶液中 H^+ 浓度等于 0.3 mol·L^{-1} 或 pH = 0.52 时 Zn^{2+} 开始沉淀。

(2) 欲使 ZnS 沉淀完全，即 $[Zn^{2+}] \leqslant 1.0 \times 10^{-5}$ mol·L^{-1}，这时

$$[S^{2-}] = \frac{1.2 \times 10^{-22}}{1.0 \times 10^{-5}} \text{ mol·L}^{-1} = 1.2 \times 10^{-17} \text{ mol·L}^{-1}$$

同理可求得

$$[H^+] = \sqrt{\frac{1 \times 10^{-22}}{1.2 \times 10^{-17}}} \text{ mol·L}^{-1} = 3 \times 10^{-3} \text{ mol·L}^{-1}$$

$$pH = -\lg(3 \times 10^{-3}) = 2.52$$

即溶液中 pH 值大于 2.52 时，Zn^{2+} 可沉淀完全。

(3) 溶度积规则在医学上的运用 溶度积规则在物质的分离、药物含量分析中用途较广。在分析药物含量时，先把药物配成溶液，再加入适当的试剂和被测药物中某种离子生成沉淀，分离沉淀，通过一定的方法计算，就可以知道药物的含量。其操作原理和注意事项都与溶度积有关。

又如，检查蒸馏水中氯离子允许限量。方法是取水样 50 mL，加稀硝酸 5 滴及 0.10 mol·L^{-1} AgNO$_3$ 试液 1.0 mL，放置半分钟，溶液如不发生混浊为合格。通过计算可知，蒸馏水中氯离子的允许限量为 $[Cl^-] < 7.8 \times 10^{-8}$ mol·L^{-1}。

知识拓展

钡 餐 造 影

临床上用钡盐作 X 光造影剂诊断胃肠道疾病是由于 X-射线不能透过钡原子。然而 Ba^{2+} 对人体有毒害，所以可溶性钡盐如 $BaCl_2$、$Ba(NO_3)_2$ 等不能用作造影剂。$BaCO_3$ 虽然难溶于水，但可溶解在胃酸中：$BaCO_3(s) + H^+(aq) \rightleftharpoons Ba^{2+}(aq) + HCO_3^-(aq)$。在胃酸的作用下，由于 CO_3^{2-} 与酸结合形成了 HCO_3^-，进而形成 CO_2 和 H_2O，致使 $BaCO_3$ 的溶解度增大，钡离子增多必对人体产生毒性。在钡盐中能够作为诊断胃肠道疾病的 X 光造影剂就只有 $BaSO_4$。$BaSO_4$ 既难溶于水（在水中的溶解度仅为 1.04×10^{-5} mol·L^{-1}），也难溶于酸，即使在胃酸的作用下，溶解度也不会增加，是一种较理想的 X 光造影剂。

临床上使用的钡餐是 $BaSO_4$ 造影剂，它是由 $BaSO_4$ 加适当的分散剂及矫味剂制成干的混悬剂。使用时，临时加水调制成适当浓度的悬浊液口服或灌肠。

本章小结

1. 知识系统网络

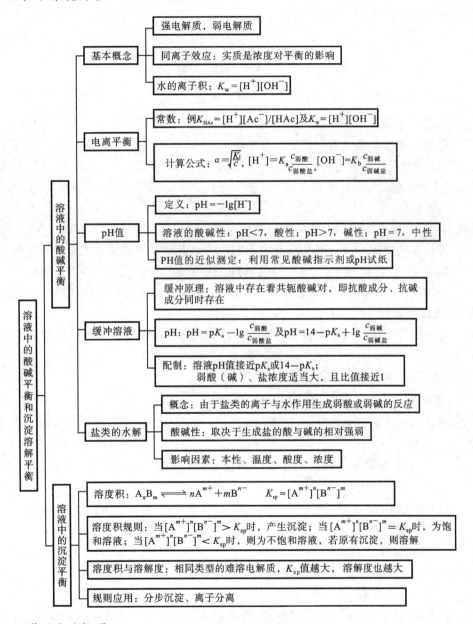

2. 学习方法概要

本章内容是化学平衡原理的具体应用,学习时应注意理论联系实际。首先明确电解质溶液、强电解质、弱电解质、同离子效应、水的离子积、溶度积等概念,在此基础上掌握弱电解质电离平衡常数与电离度,溶液的酸碱性与 pH 值,溶度积与溶解度的关系。通过学习溶液的酸碱性与pH值,缓冲溶液的选择与配制,明确其中的关系,并能将所学理论知识应用于所需溶液的配制、稀释、混合等实践操作中。在学习缓冲溶液与盐类的水解时,着重抓住浓度对弱电解质电离平衡的影响,理解其中的必然联系。在学习溶液中的酸碱平衡时,弄清产生沉淀、析出沉淀、沉淀溶解的条件,才能掌握其实际应用,进而为以后的专业学习及实际需要提供扎实的理论基础。

目标检测

一、判断题(对的打√,错的打×)

1. 凡是在水溶液中或熔融状态时能导电的物质都是电解质。(　　)
2. 电解质在水溶液中都存在着电离平衡。(　　)
3. SO_3的水溶液能导电,所以说SO_3是电解质。(　　)
4. $0.2\ mol \cdot L^{-1}$ HAc溶液中的H^+浓度是$0.1\ mol \cdot L^{-1}$ HAc溶液中的H^+浓度的2倍。(　　)
5. 25 ℃时,以水为溶剂的任何物质的稀溶液中$[H^+][OH^-]=1\times 10^{-14}$。(　　)
6. 酸性溶液中无OH^-,碱性溶液中无H^+,中性溶液中既无H^+又无OH^-。(　　)
7. 溶液中H^+浓度越大,其pH值就越高。(　　)
8. pH值等于3的等体积盐酸和醋酸溶液,各自与足量的锌反应,盐酸放出的氢气速度快,而且放出的氢气质量多。(　　)
9. 当向缓冲溶液中加入大量的酸或碱或者用大量水稀释时,pH值仍保持基本不变。(　　)
10. Al_2S_3在水溶液中不能稳定存在。(　　)

二、填空题

1. 把相同物质的量浓度的NaOH、HCl、HAc、NaAc、NaCl按酸度从大到小的次序排列是_____。
2. 若H_2CO_3、HCl、NH_3、NaOH、KCl溶液浓度均为$0.1\ mol \cdot L^{-1}$,其按pH值递增的顺序是_____。
3. (1) 在100 mL $0.1\ mol \cdot L^{-1}$ HAc溶液中,加入50 mL水,则HAc的电离度α将_____,H^+浓度将_____,而K_c_____。

(2) 在20 mL $0.2\ mol \cdot L^{-1}$ HAc溶液中,加入0.001 mol的NaOH后(假设NaOH加入后溶液体积不变),HAc的电离度α将_____,溶液中H^+浓度将_____,pH值将_____,Ac^-浓度将_____。

(3) 在20 mL $0.2\ mol \cdot L^{-1}$ HAc溶液中,加入0.001 mol的NaAc(假设NaAc加入后溶液体积不变),溶液中的H^+浓度将_____,pH值将____,Ac^-浓度将_____。(增大、减小或不变)

三、选择题(将每题一个正确答案的标号选出)

1. 下列物质属于强电解质的是(　　)。

A. HAc　　　　B. HCN　　　　C. Ba(OH)$_2$　　　　D. NH$_3 \cdot$H$_2$O

2. 依据稀释定律公式,判断在弱电解质溶液中下列结论正确的是(　　)。

A. 在某温度下,浓度 c 增大,K_i 增大,则 α 不变
B. 在某温度下,浓度 c 增大,则 α 减小,K_i 不变
C. 在某温度下,浓度 c 不变,K_i 增大,则 α 增大
D. 在某温度下,浓度 c 减小,K_i 减小,则 α 不变

3. 向 HAc 溶液中加水,使体积是原来的 1000 倍,pH 值将会(　　)。

A. 减小 1000 倍　　B. 增大 1000 倍　　C. 减小　　D. 增大

4. 一种盐溶于水后 pH=8,这种盐可能是(　　)。

A. HNO$_3$　　　　B. NH$_4$Cl　　　　C. KHSO$_4$　　　　D. NaAc

5. 下列各物质的水溶液中,[OH$^-$] 最小的是(　　)。

A. NaHSO$_4$　　B. NaHS　　C. NH$_4$Ac　　D. NaHCO$_3$

四、综合题

1. 分别计算 0.20 mol·L^{-1} HAc 和 0.20 mol·L^{-1} HCN 的电离度 α 和 [H$^+$]。根据计算结果,比较浓度相等的不同弱酸,它们的电离度和离子浓度与电离常数有何关系。

2. 将 0.10 mol·L^{-1} HF 和 0.10 mol·L^{-1} NH$_4$F 溶液等体积混合,计算溶液的 pH 值和 HF 的电离度 α。

3. 在 100 mL 0.10 mol·L^{-1} 氨水溶液中,加入 1.07 g 氯化铵,并假定加入固体后,溶液体积变化可忽略不计。问溶液的 pH 值为多少?

4. 经测定 0.010 mol·L^{-1} NaNO$_2$ 溶液的 pH=7.68,试计算:

(1) NaNO$_2$ 的水解常数 K_h。

(2) HNO$_2$ 的电离常数 K_{a,HNO_2}。

5. 某溶液中含有 Fe^{2+} 和 Fe^{3+},它们的浓度都是 0.050 mol·L^{-1},如果只要求 Fe^{3+} 沉淀,而 Fe^{2+} 不产生沉淀,溶液的 pH 值应控制在什么范围?已知 Fe(OH)$_2$ 的 $K_{sp}=1.6 \times 10^{-14}$,Fe(OH)$_3$ 的 $K_{sp}=1.1 \times 10^{-36}$。

6. 通过计算比较 CuI 和 Ag$_2$CrO$_4$ 的溶解度。已知 CuI 的 $K_{sp}=5.0 \times 10^{-12}$,Ag$_2CrO_4$ 的 $K_{sp}=9 \times 10^{-12}$。

第六章

氧化还原反应与电极电势

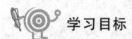
学习目标

> 1. 了解氧化数、氧化还原反应及电对等概念；
> 2. 熟悉原电池的组成表示式，知道电极电势的产生机理、测定方法和计算；
> 3. 能用 Nernst 方程计算电极电势，并以此判断氧化剂、还原剂的相对强弱，判断氧化还原反应进行的方向与程度；
> 4. 了解电势法测定溶液 pH 值的基本原理和方法。

氧化还原反应是一类重要的化学反应，反应中伴随的能量效应，不仅在工农业生产、日常活动中具有重要意义，而且与生命活动紧密相关。生命现象中包含着许多电化学问题。氧化还原与其他化学或生化反应协同作用，构成生物的生长、繁殖、新陈代谢等生命活动的物质基础。因此，学习一些氧化还原反应和电极电势的知识很有必要。

第一节 氧化还原反应与电对

一、氧化数

氧化还原反应的实质是反应物之间发生了电子转移或偏离。例如金属 Zn 与硫酸铜溶液的离子反应：

$$Zn + Cu^{2+}(aq) = Zn^{2+}(aq) + Cu$$

反应中电子从 Zn 转移到 Cu^{2+}。又如氢气在氧气中的燃烧反应：

$$2H_2 + O_2 = 2H_2O$$

由于氧的电负性大于氢,在水分子中氢氧间的共用电子对会偏向氧的一方,尽管其中的氧和氢都没有完全获得或失去电子,这种反应同样属于氧化还原反应。

为了方便地描述氧化还原反应,表明元素所处的氧化状态,1970 年国际纯粹与应用化学联合会(IUPAC)给出了氧化数的定义:**氧化数**是某元素一个原子的表观电荷数,这种电荷数是假设把每一个化学键中的电子指定给电负性较大的原子而求得。

常常根据以下规则确定物质中元素原子的氧化数。

(1) 单质中原子的氧化数为零。如在白磷(P_4)中,P 的氧化数为 0。

(2) 简单离子中原子的氧化数等于离子的电荷数。例如 K^+ 中 K 的氧化数为 +1。

(3) 氧的氧化数在大多数化合物中为 -2,但在过氧化物(如 H_2O_2、Na_2O_2)中为 -1,在超氧化物(如 KO_2)中为 -1/2。

(4) 氢的氧化数在大多数化合物中为 +1,但在金属氢化物(如 NaH、CaH_2)中为 -1。

(5) 氟在所有化合物中的氧化数均为 -1,其他卤素原子的氧化数在二元化合物中为 -1,但在卤素的二元互化物中,原子序数小的卤原子的氧化数为 -1,如 BrCl 中 Cl 的氧化数为 -1;在含氧化合物中按氧化物确定,如 ClO_2 中 Cl 的氧化数为 +4。

(6) 电中性的化合物中所有原子的氧化数的代数和为零。多原子离子中所有原子的氧化数的代数和等于离子的电荷数。

例 1-6-1 求 MnO_4^- 中 Mn 的氧化数和 Fe_3O_4 中 Fe 的氧化数。

解 设 MnO_4^- 中 Mn 的氧化数为 x,由于氧的氧化数为 -2,则
$$x+4\times(-2)=-1$$
$$x=+7$$

故 MnO_4^- 中 Mn 的氧化数为 +7。

设 Fe_3O_4 中 Fe 的氧化数为 y,由于氧的氧化数为 -2,则
$$3y+4\times(-2)=0$$
$$y=+8/3$$

故 Fe_3O_4 中 Fe 的氧化数为 +8/3。

由例 1-6-1 可见,元素的氧化数可以是整数,也可以是分数(或小数)。

二、氧化还原反应

根据氧化数的概念,可以将氧化还原反应定义为:凡元素的氧化数有变化的反应称为氧化还原反应。元素氧化数升高的过程称为**氧化**,有元素氧化数升高的物质称为**还原剂**;元素氧化数降低的过程称为**还原**,有元素氧化数降低的物质称为**氧化剂**。

例如水煤气反应: $C+H_2O(g) \Longrightarrow CO(g)+H_2(g)$

反应中,碳元素的氧化数由 0 升高到 +2,发生了氧化反应,C 是还原剂;H_2O 中氢元素的氧化数由 +1 降低到 0,发生了还原反应,H_2O 是氧化剂。

又如铁与稀盐酸反应的离子方程式为
$$Fe+2H^+(aq) \Longrightarrow Fe^{2+}(aq)+H_2(g)$$

反应中,Fe 失去了两个电子生成了 Fe^{2+},铁的氧化数由 0 升高到 +2,Fe 被氧化;两个氢

离子得到两个电子生成了 H_2,氢的氧化数从 +1 降到 0,氢离子被还原。

在氧化还原反应中还有一些特殊情况,如在反应 $2KClO_3 = 2KCl + 3O_2$ 中,氧元素的氧化数由 -2 升高到 0,发生了氧化反应;氯元素的氧化数由 +5 降低到 -1,发生了还原反应,氧化剂、还原剂均是同一种化合物 $KClO_3$。这种氧化与还原过程发生在同一种化合物中的反应称为自身氧化还原反应。而在反应 $Cl_2 + 2NaOH = NaClO + NaCl + H_2O$ 中,氯元素的氧化数由 0 变为 +1 和 -1,即氧化还原反应发生在同一物质中的同一元素上,这类自身氧化还原反应又称为歧化反应。在本情境的学习中,重点讨论在溶液中有电子转移的氧化还原反应。

三、氧化还原半反应和氧化还原电对

氧化还原反应可以根据电子的得与失,拆分为两个氧化还原半反应。例如:

$$Zn(s) + Cu^{2+}(aq) = Cu(s) + Zn^{2+}(aq)$$

反应中 Zn 失去电子,生成 Zn^{2+},这个半反应称为氧化反应。

$$Zn(s) - 2e^- \longrightarrow Zn^{2+}(aq)$$

Cu^{2+} 得到电子,生成 Cu,这个半反应称为还原反应。

$$Cu^{2+}(aq) + 2e^- \longrightarrow Cu(s)$$

电子有得必有失,因此氧化反应和还原反应一定同时存在,且在反应过程中得失电子的数目相等。氧化、还原半反应可用通式写为

$$a \text{ 氧化型} + ne^- \rightleftharpoons g \text{ 还原型}$$

或

$$a\text{Ox} + ne^- \rightleftharpoons g\text{Red}$$

式中:a、g 为半反应式中氧化型、还原型物质的计量系数;n 为半反应中转移的电子数;Ox 为氧化型物质(反应中元素氧化数相对较高者);Red 为还原型物质(反应中元素氧化数相对较低者)。

通常,把同一反应中,某元素原子的氧化型物质及其对应的还原型物质,称为**氧化还原电对**,写成氧化型/还原型(或 Ox/Red)(如 Cu^{2+}/Cu,Zn^{2+}/Zn)。

电对中氧化型物质的氧化能力越强,对应的还原型物质还原能力越弱;氧化型物质的氧化能力越弱,对应还原型物质的还原能力越强。如 MnO_4^-/Mn^{2+} 中,MnO_4^- 氧化能力强,是强氧化剂,而 Mn^{2+} 还原能力弱,是弱还原剂。又如在 Zn^{2+}/Zn 电对中,Zn 是强还原剂,Zn^{2+} 是弱氧化剂。

常见的氧化剂一般是活泼的非金属单质和一些含有高氧化数元素的化合物,如 X_2(X 代表 F、Cl、Br、I)、O_2、$(NH_4)_2S_2O_8$、KIO_3、$KMnO_4$、$K_2Cr_2O_7$、$NaBiO_3$、浓 H_2SO_4 及 Fe^{3+}、Ce^{4+} 等。常见的还原剂一般是活泼的金属单质和一些含有低氧化数元素的化合物,如 Na、Mg、CO、H_2S、X^- 及 Fe^{2+}、Sn^{2+} 等。处于中间氧化数的物质,如 H_2O_2、H_2SO_3 等,常常是既有氧化性,又有还原性。

第二节 原电池与电池反应

一、原电池的组成

氧化还原反应中电子的转移,可引起化学能的变化,这种化学能既可转化为热能,也可转化为电能。例如,若把 Zn 片置入 $CuSO_4$ 溶液中,可观察到蓝色 $CuSO_4$ 溶液逐渐变浅及铜在锌片上的沉积,并伴有溶液温度的升高。这是一个自发的氧化还原反应。

$$Zn(s)+CuSO_4(aq)\Longrightarrow Cu(s)+ZnSO_4(aq)$$

Zn 和 Cu^{2+} 之间的电子转移是在 Zn 片和 $CuSO_4$ 溶液的界面上直接进行的,化学能转化为热能。

如果采用如图 1-6-1 所示的装置:一只烧杯中盛有 $ZnSO_4$ 溶液,在溶液中插入 Zn 片;另一只烧杯盛有 $CuSO_4$ 溶液,在溶液中插入 Cu 片。将两种溶液用盐桥连接,在 Cu 片和 Zn 片间用导线串联一个电流计,可以观察到电流计的指针偏转,说明有电流通过。这种能将化学能转化成电能的装置称为**原电池**,简称电池。

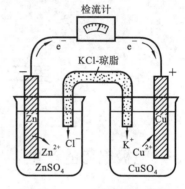

图 1-6-1 铜-锌原电池示意图

原电池由两个半电池组成,每个半电池包含一个氧化还原电对。在铜-锌原电池中两个电对分别为 Zn^{2+}/Zn、Cu^{2+}/Cu。半电池中总有一种固态物质作为导体,称为电极。有些电极既起导电作用,又参与氧化还原反应,如铜-锌原电池中的锌片、铜片。还有些固体物质只起导电作用,而不与电池系统中的物质发生反应,这种物质称为惰性电极,常用的有金属铂和石墨。如 Fe^{3+}/Fe^{2+}、Cl_2/Cl^- 等无固体电极的电对,需用惰性电极作导体。

半电池内发生的反应称为半电池反应或电极反应。在原电池中,给出电子的电极称为**负极**,发生氧化反应;接受电子的电极称为**正极**,发生还原反应。正、负极反应的加和,称为电池反应。

在铜-锌原电池中,锌极为负极,铜极为正极,电极反应和电池反应如下:

$$
\begin{aligned}
&\text{锌极}(-)\text{反应} && Zn(s)-2e^- \longrightarrow Zn^{2+}(aq) && (\text{氧化反应})\\
+\ &\text{铜极}(+)\text{反应} && Cu^{2+}(aq)+2e^- \longrightarrow Cu(s) && (\text{还原反应})\\
\hline
&\text{电池反应} && Zn(s)+Cu^{2+}(aq) \longrightarrow Zn^{2+}(aq)+Cu(s) && (\text{氧化还原反应})
\end{aligned}
$$

二、原电池的组成式

为方便科学有效地表示原电池,其装置可以用电池表示式或电池符号表示,如铜-锌原电池可表示为

$$(-) \text{Zn(s)} | \text{Zn}^{2+}(c_1) \| \text{Cu}^{2+}(c_2) | \text{Cu(s)} (+)$$

c_1、c_2 表示溶液浓度;s 表示固体,也可不注明。

书写电池表示式要注意以下几点规定。

(1) 以化学式表示电池中各物质的组成,溶液要标明浓度($mol \cdot L^{-1}$),气体物质应注明其分压(kPa)。如不写出,则气体分压为 100 kPa,溶液浓度为 1 $mol \cdot L^{-1}$。

(2) 一般把负极写在电池组成式的左边,正极写在右边。

(3) 以符号"|"表示不同物相之间的界面,用"‖"表示盐桥,同一相中的不同物质之间用","隔开。

(4) 如果半电池中无金属单质作电极极板,需外加惰性金属(如铂)或石墨作电子载体。

第三节 电 极 电 势

一、电极电势的产生

用导线连接 Cu-Zn 原电池两个电极,能检测出有电子(电流)流动,说明两电极间存在着电势差。电极电势产生的原因有多种,下面用德国化学家能斯特(Nernst)提出的双电层理论,说明金属-金属离子电极的电极电势产生机理。

1. 金属溶解与金属离子沉积

金属晶体是由金属原子、离子和自由电子组成。当把金属插入含有该金属离子的盐溶液时,存在两种倾向:一方面,金属表面的金属离子(M^{n+})受到极性水分子的作用,有脱离金属表面进入溶液而将电子留在金属上(即金属溶解)的倾向;另一方面,溶液中的金属离子又有从金属表面获得电子而沉积到金属表面的倾向。金属越活泼、溶液中金属离子浓度越小,越利于金属溶解;金属越不活泼、溶液中金属离子浓度越大,越利于金属离子沉积。当金属溶解与金属离子沉积的速率相等时,就达成了动态平衡:

$$\text{M(s)} \rightleftharpoons \text{M}^{n+}(\text{aq}) + n e^-$$

2. 双电层的形成

若金属溶解的趋势大于金属离子沉积的趋势,达到平衡时,金属极板表面上会带有过剩的负电荷,受负电荷的静电吸引,溶液中水合的金属正离子会较多地聚集在金属表面附近,形成一个正电荷层,于是在金属表面和溶液的界面处形成了带正、负电荷的双电层,其

结构如图1-6-2(a)所示。相反,如果金属离子沉积的倾向大于金属溶解的倾向,则平衡时,金属表面带正电,溶液带负电,其双电层结构如图1-6-2(b)所示。一般把金属与其盐溶液之间形成双电层所产生的电势差称为金属的平衡电极电势,简称电极电势,并用$\varphi_{Ox/Red}$表示,单位是伏特(V)。

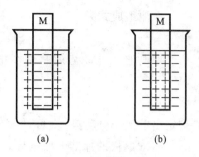

图1-6-2 双电层示意图

二、标准电极电势

电极电势的大小,反映电极的电对得失电子倾向的大小。电极电势应用很多,但遗憾的是电极电势的绝对值至今仍无法测量,实际应用中只能使用相对值,即选定某一特定电极作为参照标准,其他电极的电极电势大小通过与这个参照标准比较来确定。目前国际上选择标准氢电极(SHE)作为参照电极。

1. 标准氢电极

标准氢电极如图1-6-3所示。将铂片表面镀上一层多孔铂黑(Pt),放入氢离子浓度为 1 mol·L^{-1} 的溶液中,并不断通入分压为 100 kPa 的高纯氢气,这时溶液中的 H$^+$ 和 H$_2$ 之间建立了以下平衡:

$$2H^+(aq) + 2e^- \rightleftharpoons H_2(g)$$

在标准状态,即氢气压强为 100 kPa,H$^+$ 浓度为 1 mol·L^{-1}(活度为1)时,标准氢电极的电势值被指定为零,即

$$\varphi_{SHE} = 0.0000 \text{ V}$$

并以此作为与其他电极电势进行比较的相对标准。

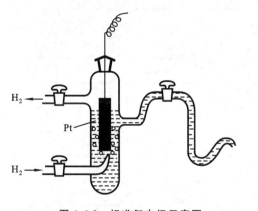

图1-6-3 标准氢电极示意图

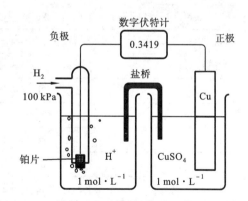

图1-6-4 标准铜电极的电极电势测定装置

2. 其他电极电势的测定

通常将温度为 298 K,组成电极的离子浓度为 1 mol·L^{-1},气体压强为 100 kPa 时的状态,称为电极的标准状态,此时的电极电势称为标准电极电势 $\varphi^{\ominus}$。电极电势或标准电极电势,可以通过实验来测定,例如铜电极的标准电极电势测定装置如图1-6-4所示。

电池组成式为

$$\text{SHE} \parallel \text{Cu}^{2+}(1\ \text{mol} \cdot \text{L}^{-1}) \mid \text{Cu}$$

原电池的电动势就是两个电极的电极电势差,电池电动势用 E 表示,单位是伏特(V)。

$$E = \varphi_{(+)} - \varphi_{(-)} \tag{1-6-1}$$

测定出电池的电动势,就可计算电极的电势。上述电池的电动势 $E^{\ominus} = 0.3419\ \text{V}$,即为 Cu^{2+}/Cu 电极的标准电极电势。

$$\begin{aligned} E^{\ominus} &= \varphi_{(+)}^{\ominus} - \varphi_{(-)}^{\ominus} \\ &= \varphi_{\text{Cu}^{2+}/\text{Cu}}^{\ominus} - \varphi_{\text{H}^+/\text{H}_2}^{\ominus} \end{aligned}$$

所以
$$\varphi_{\text{Cu}^{2+}/\text{Cu}}^{\ominus} = E^{\ominus} - \varphi_{\text{H}^+/\text{H}_2}^{\ominus} = 0.3419\ \text{V}$$

用类似的方法,可测得其他氧化还原电对的标准电极电势。例如:

298 K 时,测得电池 $\text{Zn} \mid \text{Zn}^{2+}(1\ \text{mol} \cdot \text{L}^{-1}) \parallel \text{SHE}$ 的电动势 $E^{\ominus} = 0.7618\ \text{V}$,锌电极为负极,则其标准电极电势 $\varphi_{\text{Zn}^{2+}/\text{Zn}}^{\ominus} = -0.7618\ \text{V}$。

3. 标准电极电势表

电极的标准电极电势值,可采用上述方法测定。将各种氧化还原电对的标准电极电势按一定的方式汇集,就构成标准电极电势表。一些常用电极的电极反应及标准电极电势列入表 1-6-1 中。

表 1-6-1　一些常用电极的标准电极电势(298 K)

电　极	电　极　反　应　式	$\varphi^{\ominus}/\text{V}$
Li^+/Li	$\text{Li}^+ + \text{e}^- \rightleftharpoons \text{Li}$	–3.040
K^+/K	$\text{K}^+ + \text{e}^- \rightleftharpoons \text{K}$	–2.931
Ca^{2+}/Ca	$\text{Ca}^{2+} + 2\text{e}^- \rightleftharpoons \text{Ca}$	–2.868
Na^+/Na	$\text{Na}^+ + \text{e}^- \rightleftharpoons \text{Na}$	–2.713
Mg^{2+}/Mg	$\text{Mg}^{2+} + 2\text{e}^- \rightleftharpoons \text{Mg}$	–2.372
Zn^{2+}/Zn	$\text{Zn}^{2+} + 2\text{e}^- \rightleftharpoons \text{Zn}$	–0.7618
Fe^{2+}/Fe	$\text{Fe}^{2+} + 2\text{e}^- \rightleftharpoons \text{Fe}$	–0.447
Sn^{2+}/Sn	$\text{Sn}^{2+} + 2\text{e}^- \rightleftharpoons \text{Sn}$	–0.1375
Pb^{2+}/Pb	$\text{Pb}^{2+} + 2\text{e}^- \rightleftharpoons \text{Pb}$	–0.1262
H^+/H_2	$2\text{H}^+ + 2\text{e}^- \rightleftharpoons \text{H}_2$	0.0000
$\text{Sn}^{4+}/\text{Sn}^{2+}$	$\text{Sn}^{4+} + 2\text{e}^- \rightleftharpoons \text{Sn}^{2+}$	0.151
Cu^{2+}/Cu	$\text{Cu}^{2+} + 2\text{e}^- \rightleftharpoons \text{Cu}$	0.3419
I_2/I^-	$\text{I}_2 + 2\text{e}^- \rightleftharpoons 2\text{I}^-$	0.5355
$\text{O}_2/\text{H}_2\text{O}_2$	$\text{O}_2 + 2\text{H}^+ + 2\text{e}^- \rightleftharpoons \text{H}_2\text{O}_2$	0.695
$\text{Fe}^{3+}/\text{Fe}^{2+}$	$\text{Fe}^{3+} + \text{e}^- \rightleftharpoons \text{Fe}^{2+}$	0.771

续表

电极	电极反应式	$\varphi^{\ominus}/V$
Ag^+/Ag	$Ag^+ + e^- \rightleftharpoons Ag$	0.7996
Br_2/Br^-	$Br_2 + 2e^- \rightleftharpoons 2Br^-$	1.066
O_2/H_2O	$O_2 + 4H^+ + 4e^- \rightleftharpoons 2H_2O$	1.229
MnO_2/Mn^{2+}	$MnO_2 + 4H^+ + 2e^- \rightleftharpoons Mn^{2+} + 2H_2O$	1.230
$Cr_2O_7^{2-}/Cr^{3+}$	$Cr_2O_7^{2-} + 14H^+ + 6e^- \rightleftharpoons 2Cr^{3+} + 7H_2O$	1.232
Cl_2/Cl^-	$Cl_2 + 2e^- \rightleftharpoons 2Cl^-$	1.358
MnO_4^-/Mn^{2+}	$MnO_4^- + 8H^+ + 5e^- \rightleftharpoons Mn^{2+} + 4H_2O$	1.507

使用标准电极电势表时应注意以下几点。

(1) 电极反应均以还原反应的形式给出：a 氧化型 $+ne^- \rightleftharpoons g$ 还原型。$\varphi^{\ominus}$ 值不因电极反应写法而改变。如 $Cl_2 + 2e^- \rightleftharpoons 2Cl^-$ 与 $2Cl^- - 2e^- \rightleftharpoons Cl_2$ 的 $\varphi^{\ominus}_{Cl_2/Cl^-}$ 都是 1.358 V。

(2) $\varphi^{\ominus}$ 值的大小反映的是标准状态下构成电对物质的氧化还原能力，与电极反应的计量系数无关。如 $Fe^{3+} + e^- \rightleftharpoons Fe^{2+}$ 与 $2Fe^{3+} + 2e^- \rightleftharpoons 2Fe^{2+}$ 的 $\varphi^{\ominus}_{Fe^{3+}/Fe^{2+}}$ 都是 0.771 V。

(3) 标准电极电势是电极在标准条件下的水溶液体系中的性质，不能用于非水溶液体系或高温下的固相反应。

三、影响电极电势的因素

标准电极电势是在标准状态下测定的，如果浓度或温度改变了，则电对的电极电势也会随之改变。影响电极电势的因素可用能斯特方程表示。

1. 能斯特方程

一般电极反应： $aOx + ne^- \rightleftharpoons gRed$

则非标准状态下的电极电势 $\varphi_{Ox/Red}$ 可以通过以下的能斯特方程进行计算：

$$\varphi_{Ox/Red} = \varphi^{\ominus}_{Ox/Red} + \frac{RT}{nF} \ln \frac{c^a_{Ox}}{c^g_{Red}} \quad (1\text{-}6\text{-}2a)$$

式中：$\varphi^{\ominus}_{Ox/Red}$ 为电对的标准电极电势；R 为摩尔气体常数，其值为 8.314 J·mol^{-1}·K^{-1}；F 为法拉第常数，其值为 96485 C·mol^{-1}；T 为热力学温度；n 为电极反应中转移的电子数；c_{Ox}、c_{Red} 为半反应中氧化型、还原型物质的浓度。

当温度为 298 K，将各常数代入上式，则能斯特方程可改写为

$$\varphi_{Ox/Red} = \varphi^{\ominus}_{Ox/Red} + \frac{0.05916 \text{ V}}{n} \lg \frac{c^a_{Ox}}{c^g_{Red}} \quad (1\text{-}6\text{-}2b)$$

上式表明，当温度一定时，半反应中氧化型与还原型物质的浓度发生变化，将导致电极电势的改变。同一个电极（半）反应，其氧化型物质浓度（c_{Ox}）越大，或还原型物质浓度（c_{Red}）越小，$\varphi_{Ox/Red}$ 值越大；反之，还原型物质浓度（c_{Red}）越大，或氧化型物质浓度（c_{Ox}）越

小，$\varphi_{Ox/Red}$ 值越小。应用能斯特方程时需注意以下几点。

(1) 计算前，应配平电极反应式。

(2) 组成电对的物质中若有纯固体、纯液体（包括水）则不必代入方程中；若为气体则用分压表示（气体分压代入公式时，应除以标准状态压强 100 kPa）。

(3) 若电极反应中有 H^+、OH^- 等物质参加反应，H^+ 或 OH^- 的浓度也应写在能斯特方程中。

2. 影响电极电势的因素

从能斯特方程可以看出，影响电极电势高低的主要因素是标准电极电势、温度和电极反应中各物质的浓度。不仅氧化型与还原型物质的浓度，而且溶液中的酸度、沉淀反应、配离子的形成等均可引起电极反应中相关离子浓度的改变，都有可能改变 φ 值。

例 1-6-2 已知 $MnO_4^- + 8H^+ + 5e^- \rightleftharpoons Mn^{2+} + 4H_2O$，$\varphi^{\ominus}_{MnO_4^-/Mn^{2+}} = 1.51\ V$。

试计算：(1) $c_{H^+} = 1.0 \times 10^{-1}\ mol \cdot L^{-1}$ 和 (2) $c_{H^+} = 1.0 \times 10^{-7}\ mol \cdot L^{-1}$ 时的 $\varphi_{MnO_4^-/Mn^{2+}}$ 值（设 $c_{MnO_4^-} = c_{Mn^{2+}} = 1.0\ mol \cdot L^{-1}$，$T = 298\ K$）。

解 由式(1-6-2b)得

$$\varphi_{MnO_4^-/Mn^{2+}} = \varphi^{\ominus}_{MnO_4^-/Mn^{2+}} + \frac{0.05916}{5}\lg\frac{c_{MnO_4^-} c_{H^+}^8}{c_{Mn^{2+}}}$$

(1) 当 $c_{H^+} = 1.0 \times 10^{-1}\ mol \cdot L^{-1}$ 时

$$\varphi_{MnO_4^-/Mn^{2+}} = \varphi^{\ominus}_{MnO_4^-/Mn^{2+}} + \frac{0.05916}{5}\lg\frac{c_{MnO_4^-} c_{H^+}^8}{c_{Mn^{2+}}}$$

$$= 1.51\ V + \frac{0.05916\ V}{5}\lg(1.0 \times 10^{-1})^8$$

$$= 1.51\ V - 0.095\ V$$

$$= 1.415\ V$$

(2) 当 $c_{H^+} = 1.0 \times 10^{-7}\ mol \cdot L^{-1}$ 时

$$\varphi_{MnO_4^-/Mn^{2+}} = \varphi^{\ominus}_{MnO_4^-/Mn^{2+}} + \frac{0.05916}{5}\lg\frac{c_{MnO_4^-} c_{H^+}^8}{c_{Mn^{2+}}}$$

$$= 1.51\ V + \frac{0.05916\ V}{5}\lg(1.0 \times 10^{-7})^8$$

$$= 1.51\ V - 0.66\ V$$

$$= 0.85\ V$$

由计算结果可知，$\varphi_{MnO_4^-/Mn^{2+}}$ 的值，随 c_{H^+} 的降低明显减小，MnO_4^- 的氧化能力减弱。凡有 H^+ 参加的电极反应，pH 值对其 φ 值均有较大的影响，有时还能影响氧化还原的产物。例如，Na_2SO_3 与 $KMnO_4$ 在不同介质中的反应：

$2MnO_4^- + 5SO_3^{2-} + 6H^+ \Longrightarrow 2Mn^{2+}$（肉色）$+ 5SO_4^{2-} + 3H_2O$ （强酸性介质）

$2MnO_4^- + 3SO_3^{2-} + H_2O \Longrightarrow 2MnO_2 \downarrow$（棕色）$+ 3SO_4^{2-} + 2OH^-$ （中性介质）

$2MnO_4^- + SO_3^{2-} + 2OH^- \Longrightarrow 2MnO_4^{2-}$（绿色）$+ SO_4^{2-} + H_2O$ （强碱性介质）

例 1-6-3 电极反应：

$$Cr_2O_7^{2-} + 14H^+ + 6e^- \rightleftharpoons 2Cr^{3+} + 7H_2O$$

$\varphi^{\ominus}_{Cr_2O_7^{2-}/Cr^{3+}} = 1.231$ V,若 $Cr_2O_7^{2-}$ 和 Cr^{3+} 浓度均为 1 mol·L^{-1},求 298.15 K,pH=6 时的电极电势。

解 $Cr_2O_7^{2-} + 14H^+ + 6e^- \rightleftharpoons 2Cr^{3+} + 7H_2O$

$$c_{Cr_2O_7^{2-}} = c_{Cr^{3+}} = 1 \text{ mol·L}^{-1}$$

$$pH=6, \quad c_{H^+} = 1 \times 10^{-6} \text{ mol·L}^{-1}, \quad n=6$$

所以

$$\varphi_{Cr_2O_7^{2-}/Cr^{3+}} = \varphi^{\ominus}_{Cr_2O_7^{2-}/Cr^{3+}} + \frac{0.05916 \text{ V}}{n} \lg \frac{c_{Cr_2O_7^{2-}} c_{H^+}^{14}}{c_{Cr^{3+}}^2}$$

$$= 1.231 \text{ V} + \frac{0.05916 \text{ V}}{6} \lg \frac{1 \times (1 \times 10^{-6})^{14}}{1}$$

$$= 0.404 \text{ V}$$

第四节 电极电势的应用

电极电势的数值反映了电对中氧化型和还原型物质得失电子的趋势或氧化还原能力的强弱,因此,电极电势有较广泛的应用。

一、比较氧化剂和还原剂的相对强弱

由电极电势的意义可知,电对的电极电势越高,则该电对中氧化型物质在水溶液中得电子的能力越强,是强的氧化剂,其对应的还原型物质的还原能力就越弱,是弱的还原剂;电极电势越低,电对中的还原型物质的还原能力越强,是强的还原剂,其对应的氧化型物质的氧化能力越弱,是弱的氧化剂。在标准状态下,可直接用 $\varphi^{\ominus}_{Ox/Red}$ 比较,非标准状态时,应根据能斯特方程计算后的 $\varphi_{Ox/Red}$ 值大小做出判断。

在表 1-6-1 中,最强的氧化剂是 MnO_4^-,最弱的还原剂是 Mn^{2+};最强的还原剂是 Li,最弱的氧化剂是 Li^+。

例 1-6-4 在标准状态下,下列电对所涉及的物质中哪一个是最强的氧化剂?哪一个是最强的还原剂?各物质氧化能力、还原能力的强弱顺序如何?

$$Fe^{3+}/Fe^{2+} \text{、} MnO_4^-/Mn^{2+} \text{、} I_2/I^- \text{、} Cu^{2+}/Cu$$

解 查标准电极电势表

$I_2 + 2e^- \rightleftharpoons 2I^-$ $\quad\quad\quad\quad\quad\quad\quad\quad\quad\quad \varphi^{\ominus}_{I_2/I^-} = 0.5355$ V

$Fe^{3+} + e^- \rightleftharpoons Fe^{2+}$ $\quad\quad\quad\quad\quad\quad\quad\quad\quad \varphi^{\ominus}_{Fe^{3+}/Fe^{2+}} = 0.771$ V

$MnO_4^- + 8H^+ + 5e^- \rightleftharpoons Mn^{2+} + 4H_2O$ $\quad \varphi^{\ominus}_{MnO_4^-/Mn^{2+}} = 1.507$ V

$Cl_2 + 2e^- \rightleftharpoons 2Cl^-$ $\quad\quad\quad\quad\quad\quad\quad\quad\quad \varphi^{\ominus}_{Cl_2/Cl^-} = 1.358$ V

电对 MnO_4^-/Mn^{2+} 的 $\varphi^{\ominus}$ 最大,故 MnO_4^- 是最强的氧化剂;电对 I_2/I^- 的 $\varphi^{\ominus}$ 最小,故 I^- 是最强的还原剂。

氧化能力强弱顺序：$\qquad MnO_4^- > Cl_2 > Fe^{3+} > I_2$

还原能力强弱顺序：$\qquad I^- > Fe^{2+} > Cl^- > Mn^{2+}$

二、判断氧化还原反应进行的方向

一般来说，氧化还原反应，都可用如下通式表示：

$$（氧化型）_1 + （还原型）_2 \Longleftrightarrow （还原型）_1 + （氧化型）_2$$

若将这个氧化还原反应放在原电池中，根据负极发生氧化反应，正极发生还原反应，则电对（氧化型）$_1$/（还原型）$_1$对应的电极应为正极，电对（氧化型）$_2$/（还原型）$_2$对应的电极应为负极。当 $E = \varphi_{(+)} - \varphi_{(-)} > 0$（或 $\varphi_{(+)} > \varphi_{(-)}$）时，反应正向进行；$E < 0$，反应逆向进行；$E = 0$，反应处于平衡状态。

例 1-6-5 已知 $Fe^{3+} + e^- \Longleftrightarrow Fe^{2+}$，$\varphi^{\ominus}_{Fe^{3+}/Fe^{2+}} = 0.771 \text{ V}$

$\qquad Cr_2O_7^{2-} + 14H^+ + 6e^- \Longleftrightarrow 2Cr^{3+} + 7H_2O$，$\qquad \varphi^{\ominus}_{Cr_2O_7^{2-}/Cr^{3+}} = 1.231 \text{ V}$

当 $c_{Fe^{3+}} = 1.0 \times 10^{-3} \text{ mol·L}^{-1}$，$c_{Fe^{2+}} = 1.0 \text{ mol·L}^{-1}$，$Cr_2O_7^{2-}$ 和 Cr^{3+} 浓度均为 1 mol·L^{-1}，pH=6 时，试问 $Cr_2O_7^{2-} + 6Fe^{2+} + 14H^+ \Longleftrightarrow 2Cr^{3+} + 6Fe^{3+} + 7H_2O$ 反应向哪个方向进行？并与标准状态下的反应方向进行比较。

解 （1）非标准状态下

$$\varphi_{Fe^{3+}/Fe^{2+}} = \varphi^{\ominus}_{Fe^{3+}/Fe^{2+}} + 0.05916 \lg \frac{c_{Fe^{3+}}}{c_{Fe^{2+}}}$$

$$= \left(0.771 + 0.05916 \lg \frac{1.0 \times 10^{-3}}{1.0}\right) \text{V} = 0.594 \text{ V}$$

同理可求得 $\qquad \varphi_{Cr_2O_7^{2-}/Cr^{3+}} = 0.404 \text{ V}$

$$E = \varphi_{Cr_2O_7^{2-}/Cr^{3+}} - \varphi_{Fe^{3+}/Fe^{2+}} = 0.404 \text{ V} - 0.594 \text{ V} = -0.19 \text{ V} < 0$$

所以反应逆向进行。

（2）标准状态下

$$E^{\ominus} = \varphi^{\ominus}_{Cr_2O_7^{2-}/Cr^{3+}} - \varphi^{\ominus}_{Fe^{3+}/Fe^{2+}} = 1.231 \text{ V} - 0.771 \text{ V} = 0.460 \text{ V} > 0$$

所以标准状态下反应正向进行。

一般来说，当两个电对的 $\varphi^{\ominus}$ 值相差较大时（$\Delta\varphi > 0.4$ V），可直接由标准电极电势来判断氧化还原反应的方向，一般浓度的变化不至于改变反应的方向；但若两个电对的 $\varphi^{\ominus}$ 值相差较小时，则必须根据能斯特方程计算出有关的电极电势或电池电动势，才能正确判断反应的方向。

三、判断氧化还原反应进行的程度

任意一个化学反应完成的程度可以用平衡常数来衡量。氧化还原反应的平衡常数 $K^{\ominus}$ 与原电池的标准电池电动势 $E^{\ominus}$ 的关系为

$$\lg K^{\ominus} = \frac{nFE^{\ominus}}{2.303RT} \qquad (1\text{-}6\text{-}3a)$$

将 $T=298.15\ \text{K}, R=8.314\ \text{J}\cdot\text{mol}^{-1}\cdot\text{K}^{-1}, F=96485\ \text{C}\cdot\text{mol}^{-1}$ 代入,得

$$\lg K^{\ominus} = \frac{nE^{\ominus}}{0.05916\ \text{V}} \tag{1-6-3b}$$

式中:标准电池电动势 $E^{\ominus}=\varphi^{\ominus}_{(+)}-\varphi^{\ominus}_{(-)}=\varphi^{\ominus}_{\text{氧化剂}}-\varphi^{\ominus}_{\text{还原剂}}$;$n$ 是电池反应中所转移的电子的物质的量,单位为 mol。

由式(1-6-3b)可以看出,$E^{\ominus}$ 越大,平衡常数 $K^{\ominus}$ 亦越大,反应进行得越完全。对于 $n=1$ 的反应,$E^{\ominus}>0.4\ \text{V}$;$n=2$ 的反应,$E^{\ominus}>0.2\ \text{V}$ 时,均 $K^{\ominus}>10^6$,可以认为反应已进行完全。

例 1-6-6 计算下列反应的平衡常数:

$$\text{MnO}_2+4\text{H}^+(\text{aq})+2\text{Cl}^-(\text{aq}) \Longleftrightarrow \text{Mn}^{2+}(\text{aq})+\text{Cl}_2(\text{g})+2\text{H}_2\text{O}$$

解 由反应方程式,可知

$$n=2$$
$$\varphi^{\ominus}_{(+)} = \varphi^{\ominus}_{\text{氧化剂}} = \varphi^{\ominus}_{\text{MnO}_2/\text{Mn}^{2+}} = 1.230\ \text{V}$$
$$\varphi^{\ominus}_{(-)} = \varphi^{\ominus}_{\text{还原剂}} = \varphi^{\ominus}_{\text{Cl}_2/\text{Cl}^-} = 1.358\ \text{V}$$

所以 $E^{\ominus} = \varphi^{\ominus}_{(+)} - \varphi^{\ominus}_{(-)} = 1.230\ \text{V} - 1.358\ \text{V} = -0.128\ \text{V}$

代入 $\lg K^{\ominus} = \dfrac{nE^{\ominus}}{0.05916\ \text{V}}$,可以求得

$$K^{\ominus} = 4.06 \times 10^{-5}$$

这是实验室制氯气的基本反应,反应平衡常数如此之小,故只有用 MnO_2 与浓盐酸反应,以提高[H^+]及[Cl^-],来降低 $\varphi_{\text{Cl}_2/\text{Cl}^-}$,才能制备出氯气。

四、电势法测定溶液的 pH 值

由能斯特方程可知,电极电势与组成电极的各物质的浓度有定量关系。在一定温度下,若已知物质的浓度,就可求算出电极电势;反之,如果测出了电池电动势或电极电势,也可求算出物质的浓度。原电池由两个电极组成,若其中一个电极的电极电势是稳定而且已知的,则通过测定原电池的电动势,就可求出另一个电极的电极电势及相关离子的浓度,这就是电势分析法。

电势分析法有很多应用,测定溶液 pH 值是其应用之一。测定时要求有一个电极电势已知且稳定的电极,称为参比电极;还要有一个电极电势与 H^+ 的浓度(或活度)有关的电极,即指示电极。

1. 参比电极和指示电极

电势分析法测定溶液 pH 值常用甘汞电极作参比电极,玻璃电极作指示电极。

(1) 甘汞电极 甘汞电极有多种,其中最常用的是饱和甘汞电极(SCE),结构如图 1-6-5 所示。电极由两个玻璃套管构成,内管上部为 Hg,连接电极引线,中部为 Hg-Hg_2Cl_2 的糊状物,下端用棉球塞紧,外管盛有饱和 KCl 溶液,下端用多孔陶瓷

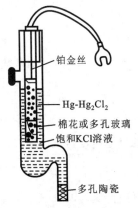

图 1-6-5 饱和甘汞电极

填塞。测定中,盛有饱和 KCl 溶液的外管还可起盐桥的作用。

甘汞电极的组成式:

$$Pt \mid Hg(l) \mid Hg_2Cl_2(s) \mid KCl(饱和)$$

电极反应式:

$$Hg_2Cl_2(s) + 2e^- \rightleftharpoons 2Hg(l) + 2Cl^-$$

298 K 时,其电极电势 $\varphi_{SCE} = 0.2412$ V。

饱和甘汞电极的优点是电极电势比较稳定,制备简单,使用方便,常作参比电极。

(2) 玻璃电极 玻璃电极是测定溶液 pH 值使用最广泛的指示电极,其构造如图 1-6-6 所示,头部的球泡是由特种玻璃制成的玻璃膜,其厚度约为 0.2 mm。泡中装有 0.1 mol·L^{-1} 盐酸溶液和一根涂有氯化银的 Ag-AgCl 电极,称内参比电极,它的电极电势是定值。如将玻璃电极浸入待测溶液中,当玻璃膜内侧与外侧溶液中的 H$^+$ 浓度不等时,在玻璃膜两侧产生电势差,这种电势差称为膜电势。由于膜内盐酸的浓度固定,膜电势的数值只取决于膜外溶液的 pH 值。玻璃电极组成式可表示为

$$Ag \mid AgCl(s) \mid H^+ (1 \text{ mol·L}^{-1}) \mid 待测溶液$$

298.15 K 时,玻璃电极的电极电势与待测溶液的 pH 值的关系为

$$\varphi_G = \varphi_G^{\ominus} + 0.05916 \lg a_{H^+} = \varphi_G^{\ominus} - 0.05916 \text{ pH}$$

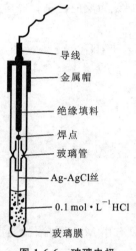

图 1-6-6 玻璃电极

(1-6-4)

式中:$\varphi_G^{\ominus}$ 从理论上讲是个常数,但由于玻璃组成常不定,致使不同的玻璃电极可能有不同的 $\varphi_G^{\ominus}$ 值,即使同一玻璃电极,在使用过程中 $\varphi_G^{\ominus}$ 也会发生变化。

2. 电势法测定溶液 pH 值的方法

电势法测定溶液 pH 值,是用玻璃电极作指示电极,饱和甘汞电极作参比电极,同时插入待测液中,组成如下工作电池:

(-) Ag|AgCl(s)|HCl(0.1 mol·L^{-1})|待测 pH 值溶液 ‖ KCl(饱和)|Hg$_2$Cl$_2$(s)|Hg(l)(+)

电池电动势 E 与溶液 pH 值的关系:

$$E = \varphi_{SCE} - \varphi_G = \varphi_{SCE} - (\varphi_G^{\ominus} - 0.05916 \text{ pH})$$

$$\text{pH} = \frac{E + \varphi_G^{\ominus} - \varphi_{SCE}}{0.05916}$$

(1-6-5)

式中:$\varphi_G^{\ominus}$、φ_{SCE} 为已知常数。

由式(1-6-5)可知,只要测定原电池电动势 E,便可计算待测溶液的 pH 值。

在实际测量过程中,一般采用两次法,以消去常数 $\varphi_G^{\ominus}$ 和 φ_{SCE} 的影响。即先测定电池

(-) 玻璃电极 | 标准缓冲溶液(pH$_s$) ‖ 甘汞电极 (+)

的电池电动势 E_s,得

$$\text{pH}_s = \frac{E_s + \varphi_G^{\ominus} - \varphi_{SCE}}{0.05916}$$

再用待测溶液(pH$_x$)代替上述标准缓冲溶液,测得电池电动势 E_x,得

$$\text{pH}_x = \frac{E_x + \varphi_G^{\ominus} - \varphi_{SCE}}{0.05916}$$

由以上两式可得

$$pH_x = pH_s + \frac{E_x - E_s}{0.05916} \tag{1-6-6}$$

式中：pH_s 为已知值；E_x、E_s 为先后两次测定值。

由式(1-6-6)可知，在 298 K 时，该电池的电动势每相差 0.05916 V，就相当于溶液中发生 1 个 pH 单位的酸度变化。

pH 计（又称酸度计）就是利用上述原理来测定待测溶液 pH 值的。方法是先将参比电极和指示电极插入确定 pH 值的标准缓冲溶液中组成原电池，测定此电池的电动势并转换成 pH 值，通过调整仪器参数，使仪器的测定值与标准缓冲溶液的 pH 值一致，这一过程称为定位（也称 pH 值校正），再用待测溶液代替标准缓冲溶液在 pH 值计上直接测量，仪表显示的 pH 值，即为待测溶液的 pH 值。

知识拓展

电化学在医学上的应用

生物体内存在的氧化还原体系，使应用电化学方法研究生命活动过程成为可能。根据膜电势变化的规律来研究生物机体活动的情况，是生物电化学研究中的活跃领域。生物细胞膜是一种特殊的半透膜，膜两侧存在多种离子组成的电解质溶液，具有一定的电势差，称为生物膜电势。当刺激神经或肌肉收缩时，细胞膜电势会发生相应的变化。心电图就是测量心肌收缩与松弛时心肌膜电势相应变化，来诊断心脏是否工作正常；脑电图、肌动电流图，对了解大脑神经活动、肌肉活动等都提供了直接有效的检测手段。

目前应用最广泛的生物电化学传感器，对分子（离子）的识别是利用特殊的膜电极进行的。根据生物材料的不同，膜电极分为酶电极、微生物电极、免疫电极和细胞电极等。

酶传感器是将对待测底物具有选择性响应的酶层，固定在离子选择电极表面上而制成的。待测底物在酶的催化作用下，可生成或消耗某些能被电极检测的催化产物。根据催化产物对电极电势的影响，可测得产物的浓度，从而计算出待测底物的含量。例如临床上血糖和尿糖的检查，测定葡萄糖用的酶传感器所基于的生物化学反应是

$$葡萄糖 + 氧气 \xrightarrow{葡萄糖氧化酶} 葡萄糖酸 + 过氧化氢$$

通过电极法测得过氧化氢的生成量或氧气的消耗量，就可计算体液中葡萄糖的含量。

21 世纪人类基因组计划将促进医学、生物学等学科的发展。化学传感器与生物活性材料、物理传感器有机结合，不仅能提供感知酶、免疫、微生物、细胞、DNA、RNA、蛋白质、嗅觉、味觉和体液组分的传感器，也可能提供有感知血气、血压、血流量、脉搏等生理量的传感器，从而在临床诊断、药物和食品分析、分子生物学、生物芯片以及环境保护等研究中发挥重要作用。

本章小结

1. **知识系统网络**

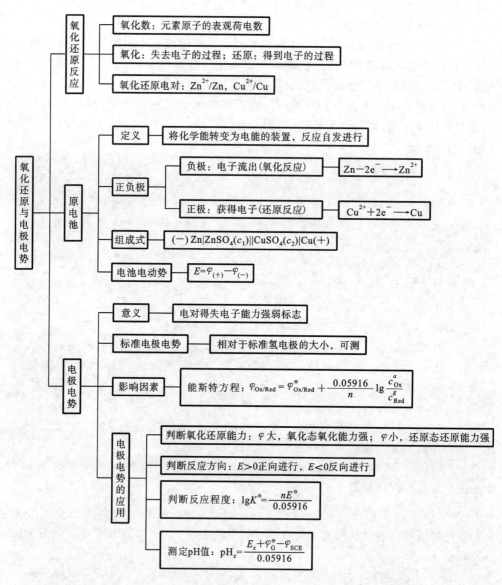

2. **学习方法概要**

本章涉及的氧化还原反应及化学能与电能间的相互转化基础知识在生产和生活中有较多应用。学习时应通过氧化数的变化理解氧化还原反应及氧化还原过程,在此基础上理解原电池的概念、组成;通过电极反应及电势(位)高低判断正极与负极;从电对得失电子难易程度理解电极电势的高低,再从标准、比较的角度理解电极电势值的大小;记忆能斯特方程,从影响电极电势的因素、电极电势的高低与电对得失电子的难易的联系中理解、掌握用电极电势判断溶液中物质的氧化、还原能力的强弱,判断氧化还原反应方向和限度;以应用为目的熟悉 pH 计的组成、原理与使用方法。

目 标 检 测

一、判断题(对的打√,错的打×)

1. $CHCl_3$ 中 C 与一个 H 和三个 Cl 形成四个共价键,因此 C 的氧化数是 4。(　　)
2. 电对的电极电势越高,其氧化能力越强。(　　)
3. 组成原电池的两个电对的电极电势相等时,电池反应处于平衡状态。(　　)
4. 溶液的 pH 值越大,则 $KMnO_4$ 的氧化能力越弱。(　　)
5. 各种甘汞电极都可作参比电极,且电极电势均稳定、已知并相同。(　　)

二、填空题

1. 氧化还原反应的实质是反应中发生了_____。_____的过程称为氧化。
2. 在 $C+CO_2(g)\Longrightarrow 2CO(g)$ 的反应中,_____得到电子,_____是氧化剂;_____失去电子,_____是还原剂。
3. 在氧化还原反应中,电极电势值越低的电对,其还原型物质_____电子的倾向越大,是越强的_____剂。
4. 在原电池中电极电势较低的电极是_____,其上发生的反应是_____。
5. Cu-Zn 原电池的电池组成式是_____,其正极反应为_____,负极反应为_____,电池反应为_____。

三、选择题(将每题一个正确答案的标号选出)

1. 在 $Cl_2+H_2O\Longrightarrow HClO+HCl$ 反应中,Cl_2(　　)。
   A. 是氧化剂　　B. 是溶剂　　C. 是还原剂
   D. 既是氧化剂又是还原剂
2. 下列关于氧化数的叙述中,不正确的是(　　)。
   A. 在多原子分子中,各元素的氧化数的代数和为 0
   B. 氧的氧化数一般为 -2
   C. 氢的氧化数只能为 +1
   D. 氧化数可以为整数、分数或 0
3. 标准状态下,在含 Cl^-、Br^-、I^- 的混合溶液中,欲使 I^- 氧化成 I_2,而 Cl^-、Br^- 不被氧化,应选择的氧化剂是(　　)。
   A. $KMnO_4$　　B. $K_2Cr_2O_7$　　C. $(NH_4)_2S_2O_8$　　D. $FeCl_3$
4. 在酸性溶液和标准状态下,下列各组离子可以共存的是(　　)。
   A. MnO_4^- 和 Cl^-　　B. Fe^{3+} 和 Sn^{2+}　　C. NO_3^- 和 Fe^{2+}　　D. I^- 和 Sn^{4+}
5. $KMnO_4$ 是常用的氧化剂,其氧化能力与溶液 pH 值的关系是(　　)。
   A. pH 值越高,氧化能力越强　　B. pH 值越高,氧化能力越弱
   C. 氧化能力与 pH 值无关　　D. 难以判断

6. 下列原电池中,电动势最大的是(   )。

   A. (−) Zn|Zn²⁺(c) ‖ Cu²⁺(c)|Cu (+)

   B. (−) Zn|Zn²⁺(0.1c) ‖ Cu²⁺(0.2c)|Cu (+)

   C. (−) Zn|Zn²⁺(c) ‖ Cu²⁺(0.1c)|Cu (+)

   D. (−) Zn|Zn²⁺(0.1c) ‖ Cu²⁺(c)|Cu (+)

7. 对于电池反应 $Cu^{2+} + Zn \Longrightarrow Cu + Zn^{2+}$,下列说法正确的是(   )。

   A. 当 $c_{Cu^{2+}} = c_{Zn^{2+}}$ 时,电池反应达到平衡

   B. 当 $\varphi^{\ominus}_{Zn^{2+}/Zn} = \varphi^{\ominus}_{Cu^{2+}/Cu}$ 时,电池反应达到平衡

   C. 当原电池的标准电动势为 0 时,电池反应达到平衡

   D. 当原电池的电动势为 0 时,电池反应达到平衡

8. 已知 $\varphi^{\ominus}_{Fe^{2+}/Fe} = -0.45$ V, $\varphi^{\ominus}_{Ag^+/Ag} = 0.80$ V, $\varphi^{\ominus}_{Fe^{3+}/Fe^{2+}} = 0.77$ V,标准状态下,上述电对中最强的氧化剂和还原剂分别是(   )。

   A. Ag^+,Fe^{2+} B. Ag^+,Fe   C. Fe^{3+},Fe^{2+} D. Fe^{2+},Ag

四、问答题

1. 在下列两组物质中,分别按 Mn、N 元素的氧化数由低到高的顺序将各物质进行排列。

   (1) MnO_2,$MnSO_4$,$KMnO_4$,$MnO(OH)$,K_2MnO_4,Mn;

   (2) N_2,NO_2,N_2O_5,N_2O,NH_3,N_2H_4。

2. 随着溶液 pH 值的升高,下列物质的氧化性有何变化?
   MnO_4^-,$Cr_2O_7^{2-}$,Hg^{2+},Cu^{2+},H_2O_2,Cl_2。

3. 应用标准电极电势数据,解释下列现象。

   (1) 为使 Fe^{2+} 溶液不被氧化,常放入铁钉。

   (2) H_2S 溶液,久置会出现混浊。

   (3) 无法在水溶液中制备 FeI_3。

   ($\varphi^{\ominus}_{Fe^{3+}/Fe^{2+}} = 0.77$ V, $\varphi^{\ominus}_{Fe^{2+}/Fe} = -0.45$ V, $\varphi^{\ominus}_{S/H_2S} = 0.14$ V, $\varphi^{\ominus}_{O_2/H_2O} = 1.23$ V, $\varphi^{\ominus}_{I_2/I^-} = 0.54$ V)

五、计算题

1. 若溶液中 MnO_4^- 和 Mn^{2+} 的浓度相等,试通过计算回答:
   pH=2.00 或 pH=7.00 时,$KMnO_4$ 能否氧化 Br^-?(设 Br_2 与 Br^- 均处于标准状态)

2. 已知 $\varphi^{\ominus}_{Cu^{2+}/Cu} = 0.340$ V, $\varphi^{\ominus}_{Ag^+/Ag} = 0.799$ V,将铜片插入 0.10 mol·L⁻¹ $CuSO_4$ 溶液中,银片插入 0.10 mol·L⁻¹ $AgNO_3$ 溶液中组成原电池。

   (1) 计算原电池的电动势。

   (2) 写出电极反应、电池反应和原电池符号。

   (3) 计算电池反应的平衡常数。

3. 电池反应为 $Zn + 2H^+(c) \Longrightarrow Zn^{2+}(1\ mol·L^{-1}) + H_2(101.3\ kPa)$,测得此电池的电动势为 +0.46 V,求氢电极中溶液的 pH 值是多少?

第七章

配位化合物

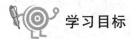
学习目标

1. 熟悉配合物的组成及结构；
2. 掌握配合物化学式的书写方法与命名；
3. 掌握配位平衡及有关计算。

配位化合物简称配合物，过去称络合物，是一类组成比较复杂、品种繁多、用途极为广泛的化合物。配合物在湿法冶金、金属腐蚀、环境保护、化学分析以及医药、印染等工业中都有着十分重要的作用。对配合物的研究，涉及无机化学、有机化学、物质结构等学科的知识。

配合物不仅在化学领域里得到广泛的应用，并且对生命现象和医学也具有重要的意义。在生命活动过程中起十分重要的作用的微量元素——铁、铜、锌、锰、钴、铬、钼等，在体内与生物配体——氨基酸、蛋白质、核苷酸等，形成配合物；在植物生长中起光合作用的叶绿素，是一种含镁的配合物；人和动物血液中起着输送氧作用的血红蛋白，是一种含有亚铁的配合物；人体内各种酶（生物催化剂）几乎都含有以配合状态存在的金属元素；有些药物本身就是配合物，维生素 B_{12} 是钴的配合物；而有些药物在体内可以形成配合物，从而起到预防或治疗疾病的作用，如二巯丙醇、酒石酸锑钾、胰岛素等。此外，在生化检验、环境监测以及药物分析等领域都要用到配合物的有关知识。

第一节　配合物的基本概念

一、配合物的定义

将过量的氨水加到 $CuSO_4$ 溶液中，再加入适量乙醇，便会析出深蓝色的结晶。再向含有这种结晶的水溶液中加入 NaOH 溶液,既无氨气产生,也无天蓝色 $Cu(OH)_2$ 沉淀生成,但加入 $BaCl_2$ 后可看到白色的 $BaSO_4$ 沉淀。这说明溶液中存在 SO_4^{2-},却检验不出游离的 Cu^{2+} 和 NH_3。经 X 射线分析,深蓝色结晶为 $[Cu(NH_3)_4]SO_4 \cdot 2H_2O$,它在水溶液中全部解离为 $[Cu(NH_3)_4]^{2+}$ 和 SO_4^{2-} 两个基本单元。常见的简单化合物(如 H_2O、NH_3、$CuSO_4$、KCl 等)都是由共价键或离子键结合而成的,符合经典的化学价理论。而在 $[Cu(NH_3)_4]SO_4$ 的形成过程中,既没有电子的得失或氧化数的变化,也没有形成共用电子对的普通共价键。这类"分子化合物"的形成是不能用经典的化合物理论来说明的。再如:

$$HgI_2 + 2KI \rightleftharpoons K_2[HgI_4]$$

$$AgCl + 2NH_3 \rightleftharpoons [Ag(NH_3)_2]Cl$$

其中的 $[Cu(NH_3)_4]^{2+}$、$[HgI_4]^{2-}$、$[Ag(NH_3)_2]^+$ 等复杂离子,既可以存在于晶体中,也可以存在于溶液中,它们在溶液中的解离度很小,又可以像一个简单离子一样参加化学反应。其共同特点是在其结构中都包含有由中心离子(或原子)和一定数目的中性分子或阴离子通过形成配位共价键,相结合而成的结构单元,此结构单元表现出新的特征。

一般,可将配合物定义如下:**配合物**是由中心离子(或原子)和一定数目的中性分子或阴离子通过形成配位共价键,相结合而形成的复杂结构单元(称配合单元)。凡是由配合单元组成的化合物称配合物。

另外还有一类有别于配合物的化合物,例如铝钾矾 $[KAl(SO_4)_2 \cdot 12H_2O]$,俗称明矾,是由硫酸钾和硫酸铝作用生成的。将其溶解于水,便可发现在水溶液中铝钾矾都解离为简单的组成离子 K^+、Al^{3+}、SO_4^{2-},就好像 K_2SO_4 和 $Al_2(SO_4)_3$ 的混合水溶液一样。这样的化合物称为复盐。氯化钙与氨水生成的 $CaCl_2 \cdot 2NH_3$,在水溶液中也是以 Ca^{2+}、Cl^-、NH_3 存在,为区别于氨配合物,称为氨化合物。还要指出,在简单化合物和配合物之间常常不可能划一明显的界限,因为即使在明矾的水溶液中也存在少量的 $[Al(SO_4)_2]^-$ 配离子。NH_4^+ 也可认为是 H^+ 与 NH_3 分子生成的配离子。

二、配合物的组成

配合物一般由内界和外界两部分组成。结合紧密且能稳定存在的配离子部分(如 $[Cu(NH_3)_4]^{2+}$、$[Cr(NH_3)_4Cl_2]^+$)称为**内界**,又称为配位个体;配合物的内界或配位个体由一个占据中心位置的金属离子或金属原子(中心原子)与一定数目的中性分子或阴离子(配位体)以配位键结合而成。配位体中与中心原子直接相连的原子称为**配位原子**。配位个体是配合物的特征部分,书写化学式时,用方括号括起来。配位个体以外的其他离子,如 $[Cu(NH_3)_4]SO_4$ 中的 SO_4^{2-},$Na_3[Fe(CN)_6]$ 中的 Na^+,它们距中心离子较远,构成配合物的**外界**,写在方括号的外面。外界与内界之间以离子键结合。也有些配位化合物只有内界,没有外界,如 $[Co(NH_3)_3Cl_3]$。现以配合物 $[Cu(NH_3)_4]SO_4$ 为例,其组成表示如下:

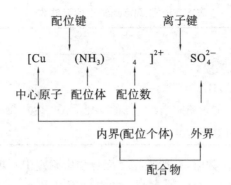

1. 中心离子(或原子)

中心离子是配合物的核心部分,它位于配合物的中心,一般为带正电荷的金属离子或原子。中心离子多为过渡元素的离子,如 Cu^{2+}、Ag^+、Zn^{2+}、Fe^{3+}、Co^{2+} 等,而一些具有高氧化态的非金属元素,如 SiF_6^{2-} 中的 Si^{4+}、PF_6^- 中的 P^{5+} 等,也是较常见的中心离子。还有少数配合物,如 $Ni(CO)_4$、$Fe(CO)_5$ 等,其"中心"或"形成体"不是离子而是中性原子。

2. 配位体和配位原子

在配合物中,与中心离子直接结合的阴离子或分子称为配位体,简称配体。配体可以是阴离子,如 X^-(卤素离子)、OH^-、SCN^-、CN^-、$RCOO^-$(羧酸根)、$C_2O_4^{2-}$、PO_4^{3-} 等,也可以是中性分子,如 NH_3、H_2O、CO、RCH_2OH(醇)、RCH_2NH_2(胺)、ROR(醚)等。配体中直接与中心离子(或原子)形成配位键的原子称为配位原子,如 F^-、NH_3、OH^-、H_2O 等配体中的 F、N、O 均是配位原子,其结构特点是外围电子层中有能提供给中心离子(或原子)的孤对电子。因此,配位原子主要是电负性较大的非金属元素,如 P、N、O、C、S 和卤素原子等。

按配体中配位原子的多少,可将配体分为单齿配体和多齿配体两类。有一个配位原子同中心离子(或原子)相结合的配体,称为**单齿配体**,如 X^-(卤素原子)、OH^-、SCN^-、CN^- 等。由单齿配体与中心离子直接配位形成的配合物,称为单齿配合物。例如,$[Cu(NH_3)_4]SO_4$、$H_2[SiF_6]$、$[Ni(CO)_4]$。有些配体中有两个或两个以上配位原子同时与中心离子(或原子)相结合的配体,称为**多齿配体**,如 $C_2O_4^{2-}$、$NH_2-CH_2-CH_2-NH_2$(en) 均为双齿配体,乙二胺四乙酸(EDTA)为六齿配体。中心离子与多齿配体形成的具有环状结构的配合物,称为**螯合物**。大多数螯合物具有五元环或六元环的稳定结构。

3. 配位数

在配合物中,直接与中心离子(或原子)形成配位键的配位原子的总数称为该中心离子(或原子)的配位数。中心原子的配位数一般为2、4、6、8,最常见的是4和6。一些常见金属离子的配位数列于表1-7-1。

表 1-7-1　常见金属离子的配位数

配位数	离　　子
2	Ag^+,Cu^{2+},Au^+
4	Zn^{2+},Cu^{2+},Hg^{2+},Ni^{2+},Co^{2+},Pt^{2+},Pd^{2+},Si^{4+},Ba^{2+}
6	Fe^{2+},Fe^{3+},Co^{2+},Co^{3+},Cr^{3+},Pt^{4+},Pd^{4+},Al^{3+},Si^{4+},Ca^{2+},Ir^{3+}
8	Mo^{4+},W^{4+},Ca^{2+},Ba^{2+},Pb^{2+}

在计算中心离子的配位数时,一般是先在配合物中确定中心离子和配体,接着找出配位原子的数目。如果配体是单齿的,配体的数目就是该中心离子的配位数。例如,$[Pt(NH_3)_4]Cl_2$和$[Pt(NH_3)_2Cl_2]$中的中心离子都是Pt^{2+},而配体前者是NH_3,后者是NH_3和Cl^-,这些配体都是单齿的,因此它们的配位数都是4。对于多齿配体,配位数的计算方法是:

$$配位数 = \sum(配体数 \times 齿数)$$

如$[CoCl_2(en)_2]^+$中的配体数是4,Cl^-为单齿配体,en为双齿配体,因此Co^{3+}的配位数是$2\times1+2\times2=6$。

大多数中心原子在不同的配合物中可以表现出不同的配位数。例如,$[Cu(CN)_2]$中Cu^{2+}的配位数是2,而$[Cu(NH_3)_4]^{2+}$中Cu^{2+}的配位数是4。

中心离子配位数的多少,一般取决于中心离子和配体的性质(它们的电荷、半径和核外电子排布等),以及形成配合物时的条件,特别是温度和浓度。一般来说,中心离子的电荷越高,吸引配体的能力就越强,配位数越多,如Pt^{2+}形成$[PtCl_4]^{2-}$,而Pt^{4+}形成$[PtCl_6]^{2-}$,Cu^+和Cu^{2+}分别形成$[Cu(NH_3)_2]^+$和$[Cu(NH_3)_4]^{2+}$。配体的负电荷增加时,一方面增加了中心离子与配体之间的引力,但另一方面又增加了配体彼此间的斥力,总的结果是配位数减小。例如,Zn^{2+}可形成配离子$[Zn(NH_3)_6]^{2+}$和$[Zn(CN)_4]^{2-}$。中心离子的半径越大,其周围可容纳的配体就越多,配位数就越大;配体的半径越小,配位数就越大。另外在形成配合物时,增大配体浓度,有利于形成高配位数的配合物;升高温度则常使配位数减小。这是因为热运动加剧时,中心离子与配体间的配位键减弱的缘故。

三、配合物的化学式及命名

1. 配合物化学式的书写

书写配合物的化学式应遵循两条原则。

(1) 含配离子的配合物,其化学式阳离子写在前,阴离子写在后。

(2) 配离子化学式的书写,先写出中心离子,再依次写出阴离子和中性配体;无机配体写在前,有机配体写在后,同类配体的次序,以配位原子元素符号的英文字母次序为准,将整个配位离子的化学式写在方括号内。

2. 配合物的命名

(1) 配离子的命名　配体数目-配体名称-"合"-中心离子(氧化数)

配体的数目用数字一、二、三…写在该种配体名称的前面。配离子中含有多种配体时,不同配体间用圆点隔开、顺序与化学式书写顺序相同,在最后一个配体名称之后缀以"合"字。中心离子的氧化数写在括号内,用罗马数字标明。如:

$[Ag(NH_3)_2]^+$ 二氨合银(Ⅰ)配离子

$[CoCl_2(NH_3)_3(H_2O)]^+$ 二氯·三氨·一水合钴(Ⅲ)配离子

(2) 配合物的命名 配合物的命名方法基本遵循一般无机化合物的命名原则,配阳离子化合物,称为某化某或某酸某;配阴离子化合物,则在配离子与外界阳离子之间用"酸"字连接。例如,

$K_3[Fe(CN)_6]$ 六氰合铁(Ⅲ)酸钾

$[PtCl(NH_3)_4(NO_2)]CO_3$ 碳酸氯·硝基·四氨合铂(Ⅳ)

$NH_4[Cr(NH_3)_2(SCN)_4]$ 四硫氰·二氨合铬(Ⅲ)酸铵

$[CoCl_2(NH_3)_3(H_2O)]Cl$ 氯化二氯·三氨·一水合钴(Ⅲ)

$H[PtCl_3(NH_3)]$ 三氯·一氨合铂(Ⅱ)酸

$Ni(CO)_4$ 四羰基镍(0)

有些常见配合物至今仍沿用习惯名称,如$[Ag(NH_3)_2]^+$称银氨配离子,$K_4[Fe(CN)_6]$叫黄血盐或亚铁氰化钾等。

四、螯合物

1. 螯合物的概念

螯合物又称内配合物,是由配合物的中心离子和多齿配体键合而成的具有环状结构的配合物。"螯合"即成环的意思,犹如螃蟹的两个螯把中心离子钳住,故称为螯合物。

如Cu^{2+}与两分子乙二胺形成两个五元环的螯合物$[Cu(en)_2]^{2+}$。

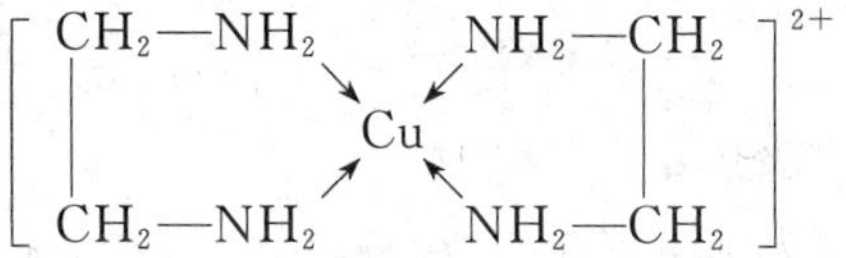

$$\begin{bmatrix} CH_2-NH_2 & NH_2-CH_2 \\ & Cu & \\ CH_2-NH_2 & NH_2-CH_2 \end{bmatrix}^{2+}$$

形成螯合物必须具备两个条件:一是螯合剂必须有两个或两个以上都能给出电子对的配位原子(主要是N、O、S等原子);二是每两个能给出电子对的配位原子,必须隔着两个或三个其他原子,因为只有这样,才可以形成稳定的五元环或六元环。例如,在氨基乙酸根离子($H_2N-CH_2-COO^-$)中,给出电子的羧氧和氨基氮之间,隔着两个碳原子,因此它可以形成稳定的具有五元环的化合物。四元环在螯合物中是不常见的,六元以上的环也是比较少的。

2. 螯合剂

常用的螯合剂是氨羧螯合剂,是一类以氨基二乙酸$[HN(CH_2COOH)_2]$为基体的螯合剂,它以N、O为螯合原子,能与很多金属离子形成稳定的、组成一定的螯合物。

氨羧螯合剂很多,其中最常用的是乙二胺四乙酸,简称为EDTA。结构为

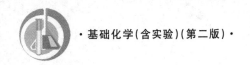

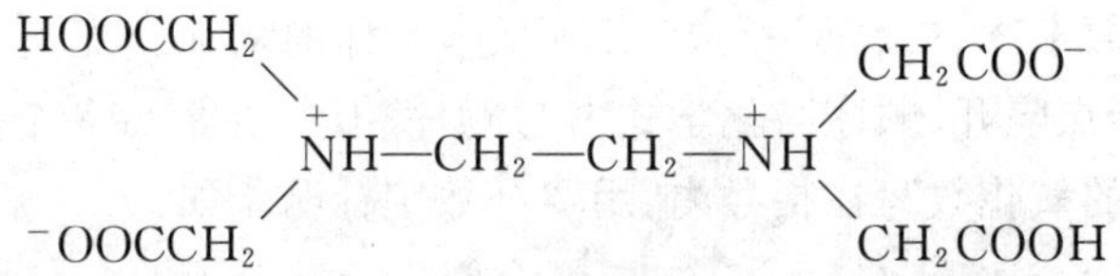

EDTA 是四元酸,如果用 Y 表示它的酸根,则可以简写成 H_4Y。

EDTA 在水中的溶解度比较小,而其二钠盐在水中的溶解度却比较大,因此在实际应用中常采用 EDTA 二钠盐,用 Na_2H_2Y 表示。除碱金属离子外,EDTA 几乎能与所有的金属离子形成稳定的金属螯合物,并且在一般情况下,不论金属离子是几价,金属离子都能与一个 EDTA 酸根(Y^{4-})形成可溶性的稳定螯合物。

3. 螯合物的稳定性

由于螯合环的存在,在相同配位数下,螯合物与单齿配体形成的配合物相比有特殊的稳定性,这种稳定性称为螯合效应。螯合物的稳定性与螯合环的大小、多少有关。在大多数螯合物中,五元环的螯合物最稳定,六元环次之。一种螯合剂与中心离子形成的螯合环越多,配位体脱离中心离子的概率就越小,螯合物越稳定。

螯合物具有特殊稳定性,已很少能反映金属离子在未螯合前的性质。金属离子形成螯合物后,在颜色、氧化还原稳定性、溶解度及晶形等性质上发生了巨大的变化。很多金属螯合物具有特征性的颜色,而且这些螯合物可以溶解于有机溶剂中。利用这些特点,可以进行沉淀、萃取分离及比色定量等分析工作。

第二节 配合物在水溶液中的状况

一、配位平衡

1. 配合物的稳定常数

配离子是中心离子与配位体之间以配位键结合的复杂离子,一般情况下,它能够稳定存在,不易解离为简单离子。例如,在 $CuSO_4$ 溶液中加入过量氨水,可生成稳定的 $[Cu(NH_3)_4]^{2+}$,在此溶液中加入少量 NaOH 溶液,并不出现天蓝色 $Cu(OH)_2$ 沉淀;但加入少量 Na_2S 溶液,有黑色的 CuS 沉淀生成。说明溶液中仍有少量的 Cu^{2+} 存在,即溶液中存在着配位体、中心离子及配离子之间的化学平衡。

$$Cu^{2+} + 4NH_3 \rightleftharpoons [Cu(NH_3)_4]^{2+}$$

根据化学平衡原理,平衡常数式可表示为

$$K_稳 = \frac{[Cu(NH_3)_4]^{2+}}{[Cu^{2+}][NH_3]^4} \qquad (1-7-1)$$

$K_稳$ 称为配合物的稳定常数。通常情况下,稳定常数的大小表示配合物生成倾向的大小,同时也表明配合物稳定性的高低。$K_稳$ 越大,配离子越容易形成,配合物越稳定。

不同的配合物,其稳定常数不同。表 1-7-2 列出一些常见配离子的稳定常数($lgK_稳$为稳定常数的对数值)。

表 1-7-2　一些常见配离子的稳定常数

配 离 子	$K_稳$	$lgK_稳$
$[Ag(NH_3)_2]^+$	$1.1×10^7$	7.05
$[Cu(NH_3)_2]^+$	$7.3×10^{10}$	10.86
$[Ag(CN)_2]^-$	$1.3×10^{21}$	21.11
$[Zn(NH_3)_4]^{2+}$	$2.87×10^9$	9.46
$[Cu(NH_3)_4]^{2+}$	$2.09×10^{13}$	13.32
$[HgI_4]^{2-}$	$6.76×10^{29}$	29.83
$[FeF_6]^{3-}$	$2.04×10^{14}$	14.31
$[Fe(CN)_6]^{3-}$	$1×10^{42}$	42
$[Co(NH_3)_6]^{3+}$	$1.58×10^{35}$	35.20

2. 配合物稳定常数的应用

1) 比较同类型配合物的稳定性

配位化合物的稳定常数是标志配离子在水溶液中稳定性强弱的参数,可直接用于比较同种类型(中心原子与配位体数目之比相同)配离子稳定性的大小。例如:由于$[FeF_6]^{3-}$和$[Fe(CN)_6]^{3-}$的$K_稳$分别为$2.04×10^{14}$和$1.0×10^{42}$,故$[FeF_6]^{3-}$不如$[Fe(CN)_6]^{3-}$稳定。但对于不同类型的配位化合物,不能简单地通过比较稳定常数的相对大小来判断稳定性的相对强弱。

2) 计算配合物溶液中有关离子浓度

例 1-7-1　将 10 mL 0.20 mol·L^{-1} $AgNO_3$溶液与 10 mL 2.00 mol·L^{-1} NH_3·H_2O溶液混合,计算溶液中$[Ag^+]$。($K_稳=1.6×10^7$)

解　两种溶液混合后,Ag^+的浓度和NH_3·H_2O的浓度分别变为原来的1/2,由于NH_3·H_2O过量,Ag^+可以定量地转化为$[Ag(NH_3)_2]^+$。

$$Ag^+ + 2NH_3 \rightleftharpoons [Ag(NH_3)_2]^+$$

起始浓度/(mol·L^{-1})　　0.10　　　　1.00　　　　　　0.00

平衡浓度/(mol·L^{-1})　　x　　　　1.00−0.20+2x　　0.10−x

　　　　　　　　　　　　　　　　　≈0.80　　　　　　≈0.10

$$K_稳 = \frac{[Ag(NH_3)_2]^+}{[Ag^+][NH_3]^2} = \frac{0.10}{x×0.80^2} = 1.6×10^7$$

所以　　$[Ag^+]=x=\dfrac{0.10}{1.6×10^7×0.80^2}$ mol·L^{-1} $=9.77×10^{-9}$ mol·L^{-1}

3) 判断配离子与沉淀之间转化的可能性

配离子与沉淀之间的转化,主要取决于配离子的稳定性和沉淀的溶解度或K_{sp}。配离子和沉淀都是向着更稳定的方向转化。

例 1-7-2 向 $[Ag(CN)_2]^-$ 和 CN^- 的平衡浓度均为 $0.10\ mol·L^{-1}$ 的溶液中加入 NaCl，能否产生 AgCl 沉淀？($K_{稳}([Ag(CN)_2]^-) = 1.3 \times 10^{21}$，$K_{sp}(AgCl) = 1.8 \times 10^{-10}$)

解 在溶液中存在下列配位平衡：

$$Ag^+ + 2CN^- \rightleftharpoons [Ag(CN)_2]^-$$

由平衡常数式得

$$[Ag^+] = \frac{[Ag(CN)_2^-]}{K_{稳}([Ag(CN)_2]^-)[CN^-]^2} = \frac{0.10}{1.3 \times 10^{21} \times 0.10^2}\ mol·L^{-1} = 7.7 \times 10^{-21}\ mol·L^{-1}$$

溶液中生成 AgCl 沉淀的条件是

$$[Ag^+][Cl^-] > K_{sp}(AgCl) = 1.8 \times 10^{-10}$$

假定加入 NaCl 后溶液体积无变化，则如能生成 AgCl 沉淀，必有

$$[Cl^-] > \frac{1.8 \times 10^{-10}}{[Ag^+]} = \frac{1.8 \times 10^{-10}}{7.7 \times 10^{-21}}\ mol·L^{-1} = 2.3 \times 10^{10}\ mol·L^{-1}$$

显然，由于受溶解度的限制，加入 NaCl(s) 无法使溶液的 $[Cl^-] > 2.3 \times 10^{10}\ mol·L^{-1}$，也就不可能产生 AgCl 沉淀。

二、配位平衡的移动

配位平衡与其他化学平衡一样，也是一种相对的、有条件的动态平衡，若改变平衡系统的条件，平衡就会移动。溶液的酸度、沉淀反应、氧化还原反应等对配位平衡均有一定的影响。

1. 溶液酸度的影响

在配合物中，很多配体均可以和溶液中的 H^+ 或 OH^- 建立起解离平衡，如 $[FeF_6]^{3-}$、$[Cu(NH_3)_4]^{2+}$ 中的 F^- 和 NH_3，改变溶液的酸度有可能使溶液中配体的浓度发生改变，从而使配位平衡发生不同程度的移动。通常酸度对配合物的稳定性的影响是比较大的。例如：在 $[Cu(NH_3)_4]^{2+}$ 配位平衡系统中，存在 NH_3、Cu^{2+} 和 $[Cu(NH_3)_4]^{2+}$ 之间的平衡，如果在铜氨配离子溶液中加入酸，则加入的 H^+ 与 NH_3 结合成比较稳定的 NH_4^+，溶液中的 NH_3 浓度变小，平衡也向 $[Cu(NH_3)_4]^{2+}$ 解离方向移动，使深蓝色的 $[Cu(NH_3)_4]^{2+}$ 发生解离，而溶液出现水合铜离子的蓝色，其反应式如下：

$$[Cu(NH_3)_4]^{2+} \rightleftharpoons Cu^{2+} + 4NH_3$$
$$+$$
$$H^+$$
$$\rightleftharpoons$$
$$NH_4^+$$

（平衡移动方向）

这种因溶液酸度增大而导致配合物稳定性降低的现象称为**酸效应**。显然，在溶液酸度一定时，配体碱性越强，其酸效应越明显。

另一方面，配合物的中心原子大多是过渡金属离子，在水中可发生不同程度的水解作

用，例如，Fe^{3+}在碱性介质中容易发生水解反应，溶液的碱性越强，水解程度越大（生成$Fe(OH)_3$沉淀）。

$$\begin{array}{ccl} [FeF_6]^{3-} & \rightleftharpoons & Fe^{3+} + 6F^- \\ & & \quad + \\ \text{平衡移动方向} \downarrow & & 3OH^- \\ & & \quad \Updownarrow \\ & & Fe(OH)_3 \downarrow \end{array}$$

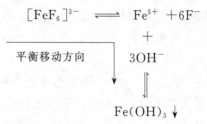

这种因金属离子与溶液中OH^-结合而导致配合物稳定性降低的现象，称为**水解效应**。

可见，酸度对配位平衡的影响，既要考虑配体的酸效应，又要考虑金属离子的水解效应。在实际工作中，一般采取在不产生水解效应的前提下提高溶液 pH 值的办法，以保证配离子的稳定性。

2. 沉淀反应的影响

在配位平衡系统中，加入能和中心原子生成沉淀的试剂，也可使配位平衡发生移动。例如，向含有氯化银沉淀的溶液中加入氨水时，沉淀即溶解，生成配合物$[Ag(NH_3)_2]^+$。

$$\begin{array}{ccl} AgCl(s) & \rightleftharpoons & Ag^+ + Cl^- \\ & & \quad + \\ \text{平衡移动方向} \downarrow & & 2NH_3 \\ & & \quad \Updownarrow \\ & & [Ag(NH_3)_2]^+ \end{array}$$

上述溶液中再加入溴化钠溶液，又有淡黄色的沉淀 AgBr 生成，平衡关系为

$$\begin{array}{ccl} [Ag(NH_3)_2]^+ & \rightleftharpoons & Ag^+ + 2NH_3 \\ & & \quad + \\ \text{平衡移动方向} \downarrow & & Br^- \\ & & \quad \Updownarrow \\ & & AgBr \downarrow \end{array}$$

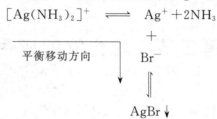

在这样的系统中，Br^-和Cl^-及NH_3都在争夺Ag^+，由于 AgBr 的溶解度小得多，所以最终产生 AgBr 沉淀。一般沉淀剂与金属离子生成沉淀的溶解度越小，越易使配离子解离而生成沉淀。

3. 氧化还原反应的影响

配合物的形成使溶液中自由的金属离子浓度减小，由能斯特方程知，离子浓度的改变必然引起相关电对电极电势的变化，进而影响氧化还原反应。

(1) 配合反应的发生可以改变金属离子的氧化能力。例如：当$PbO_2(Pb^{4+})$与盐酸反应时，其产物不是$PbCl_4$，而是$PbCl_2$和Cl_2。

$$PbO_2 + 4HCl \longrightarrow PbCl_2 + Cl_2\uparrow + 2H_2O$$

但是当它形成$[PbCl_6]^{2-}$后，Pb^{4+}则相当稳定，其氧化能力很弱。

(2) 配合反应影响氧化还原反应的方向。例如,Fe^{3+} 可以把 I^- 氧化成 I_2：

$$2Fe^{3+} + 2I^- \rightleftharpoons 2Fe^{2+} + I_2$$

当加入 F^- 后,由于生成$[FeF_6]^{3-}$,减少了 Fe^{3+} 的浓度,使上述反应的平衡向左移动,即 Fe^{3+} 在含有 F^- 的溶液中不能氧化 I^-。

4. 配位化合物的转化

在某一配位平衡系统中,加入能与该中心原子形成另一种配离子的配体,则这个系统中就涉及两个配位反应的平衡移动问题。强的配位剂能使稳定性较小的配离子转化为稳定性较大的配离子。转化趋势的大小可根据两种配离子的 $K_稳$ 的大小来判断。在配体数相同的情况下,两种配合物的稳定常数相差越大,则转化越容易。

例如,在$[Cu(NH_3)_4]^{2+}$溶液中加入 KCN,则有

$$[Cu(NH_3)_4]^{2+} \rightleftharpoons Cu^{2+} + 4NH_3$$
$$+$$
$$4CN^- \rightleftharpoons [Cu(CN)_4]^{2-}$$

总反应为

$$[Cu(NH_3)_4]^{2+} + 4CN^- \rightleftharpoons [Cu(CN)_4]^{2-} + 4NH_3$$

平衡时平衡常数 K 为

$$K = \frac{[Cu(CN)_4]^{2-}[NH_3]^4[Cu^{2+}]}{[Cu(NH_3)_4]^{2+}[CN^-]^4[Cu^{2+}]} = \frac{K_稳([Cu(CN)_4]^{2-})}{K_稳([Cu(NH_3)_4]^{2+})}$$

$$= \frac{2.0 \times 10^{27}}{2.1 \times 10^{13}} = 9.5 \times 10^{13}$$

平衡常数很大,说明$[Cu(NH_3)_4]^{2+}$ 向 $[Cu(CN)_4]^{2-}$ 转化的趋势很大,即配位平衡向生成更稳定配离子的方向移动。

第三节 配合物的应用

由于配合物的独特性质和广泛用途,现在已形成化学的一门分支学科——配位化学。它与无机化学、分析化学、有机化学、物理化学密切相关,在生物化学、农业化学、药物化学及化学工程中都有广泛用途。

1. 医学中的应用

生物体内的金属元素,特别是过渡金属元素,主要是通过形成配合物来完成生物化学功能的,这些配合物在医学上有着重要的意义。

(1) O_2 的输送与 CO 中毒　人体内输送 O_2 和 CO_2 的血红蛋白(Hb)是由亚铁血红白和 1 个球蛋白构成,它们的 5 个配位原子占据了 Fe^{2+} 的 5 个配位位置。Fe^{2+} 的第 6 个配位位置由水分子占据,它能可逆地被 O_2 置换形成氧合血红蛋白($Hb \cdot O_2$)以保证体内对氧的需要。CO 中毒患者吸入的 CO 就会迅速与血红蛋白结合成碳氧血红蛋白($Hb \cdot CO$),因其结合力要比氧与血红蛋白结合力大 200~300 倍,使下述平衡向右移动：

$$Hb \cdot O_2 + CO \rightleftharpoons Hb \cdot CO + O_2$$

因而降低了血红蛋白输送氧的功能,减少对体内细胞的氧气供应,从而造成体内缺氧,最终因机体麻痹而导致死亡。临床上为抢救 CO 中毒患者,常采用高压氧气疗法。高压的氧气可使溶于血液的氧气增多,从而促使上述可逆反应向左进行,达到治疗 CO 中毒的目的。

EDTA 对重金属中毒是一种有效的解毒剂。若人体因铅的化合物中毒可以肌内注射 EDTA 溶液解毒,它使 Pb^{2+} 以配离子的形式进入溶液而从人体内排出去。同样,由于 EDTA 能与 Hg^{2+} 等多种重金属离子形成可溶性的配合物,因而 EDTA 是汞等多种重金属中毒的解毒剂。EDTA 还可用于去除人体内的金属元素的放射性同位素,特别是钚。

(2) 铂类抗癌药物　随着人们对金属配合物药理作用的认识进一步深入,新的高效、低毒、具有抗癌活性的金属配合物不断地被合成出来。其中,包括某些有机铂类化合物、有机锡配合物、有机锗配合物、茂钛衍生物、多酸化合物等。

铂类抗癌药物在癌症化疗中有着重要地位,在目前具有的铂类药物中顺铂(CDDP)和卡铂(也称碳铂)的研究和临床应用最为广泛。铂类抗癌药物可用通式 $[Pt(II)A_2X_2]$ 表示,其中 A_2 为 2 个单齿氨(胺)配体或 1 个双齿胺配体,是药物的载体部分;X_2 为 2 个单齿阴离子或 1 个双齿阴离子配体,是反应活性基团或离去基团。在细胞中它们以 DNA 为作用靶,通过取代反应与 DNA 上鸟嘌呤的 N_7 原子形成加合物,抑制 DNA 的复制。但由于生物体内药物存在的介质环境并非单一物质,除水分子外,还含有大量的氯离子、蛋白质以及其他亲核性生物分子,所以铂(II)类抗癌药物在进攻 DNA 靶前,就有可能发生水合、取代等多种反应。目前的研究初步确定铂(II)类抗癌药物的抗癌作用机制分为 4 个步骤:跨膜运动、水合解离、靶向迁移、进攻 DNA。

20 世纪 80 年代以来,人们对有机锡及其配合物抗癌活性的研究产生了浓厚的兴趣,成为继顺铂之后又一极为活跃的热点。到 1989 年,美国国家癌症研究所对 2000 多种有机锡配合物进行了抗癌活性测定,结果表明,50% 的配合物具有抗 P388 白血病活性。现已发现许多有机锡配合物的体外抗癌活性已超过临床上使用的顺铂,一些研究结果获得了多项美国专利和欧洲专利。

2. 分析检验中的应用

配合物在分析化学中占有重要地位。它可以用作显色剂、沉淀剂、萃取剂、滴定剂、掩蔽剂等。利用配合物的溶解度、颜色及稳定性等差异可以对元素进行分离和分析。如果水溶液中含有几种金属离子,其中一种能与有机配体形成稳定配合物,并可溶于有机溶剂,这样该金属离子就可以被萃取出来。还可以利用沉淀-配位反应分离某些离子,如在 Zn^{2+}、Al^{3+} 溶液中加入氨水,Al^{3+} 生成 $Al(OH)_3$ 沉淀,而 Zn^{2+} 生成可溶性配离子 $[Zn(NH_3)_4]^{2+}$,于是可使两者分离。许多金属离子与配体的反应具有很高的灵敏性和专属性,并且生成的配合物有特征的颜色,因此常用作鉴定某种离子的特征试剂。如在 Fe^{3+} 溶液中加入 KSCN 生成血红色 $[Fe(SCN)_x]^{3-x}$,由此可鉴定 Fe^{3+};Ni^{2+} 能与丁二酮肟生成螯合物沉淀,由此可鉴定 Ni^{2+}。在定量分析中,常利用金属离子与配体定量反应来测量某些组分的含量,在分光光度法中配合物常用作显色剂。

3. 工农业中的应用

配合物在工业领域中的应用有其重要意义。在电镀工业上,常在电镀液中加入适当的配体,使其与金属离子生成较难还原的配离子,减慢金属离子结晶的速度,以便得到光滑、均匀、致密的镀层。如镀锌时常用氨三乙酸-氯化铵电镀液。冶金工业中,在 CN^- 存在下 Au 可被氧化成 $[Au(CN)_2]^-$,溶于水。利用这个反应可将 Au 从矿石中浸取出来,再用锌粉使其还原为金。此外,配合物在环境治理、硬水软化等方面都有重要作用。

在农业方面,提倡土壤中多施农家肥,就是因为农家肥中的腐殖酸可与土壤中的难溶物 $AlPO_4$、$FePO_4$ 作用,生成金属螯合物,把 PO_4^{3-} 释放出来,变为可溶性磷,供农作物吸收。在动物体内,对微量元素的摄取和运转更离不开配合物,如补充微量元素锌时常服用葡萄糖酸锌,补充铜时常服用氨基酸铜。

知识拓展

生命系统对铁元素的争夺

尽管铁元素是地壳中丰度第四的元素,但生物体很难吸收足够量的铁以满足自身的需要,如人体缺铁导致缺铁性贫血,植物缺铁导致的枯叶病会使叶子变黄。生命系统之所以会缺铁主要是与生命诞生的演进过程有关:由于在漫长的地质年代中,地球环境发生改变,早期的生命可以在海洋中得到充分的二价铁(可溶于水),然而,由于大气中的氧气含量不断上升,大量的二价铁被氧化生成了难溶于水的三价铁,存留水中的二价铁不足以支持生命系统。微生物为了适应环境的变化,分泌出一种可以和铁配位的化学物质——含铁细胞或铁载体(siderophore)。铁载体可以与三价铁生成易溶于水的配位化合物——铁色素(ferrichrome)。铁载体的六个氧原子与 Fe^{3+} 形成配位键,形成非常稳定的配合物,其 $K_{稳}$ 大约为 10^{30}。铁载体甚至可以把玻璃中的铁提取出来,也可以很容易地从铁的氧化物中把三价铁溶解出来。铁色素是电中性的,这可以使它很容易通过细胞膜进入细胞。当铁色素的稀溶液加入细胞悬浮液中,1 h 后,铁色素就完全转移至细胞内。此时,三价铁会被酶催化反应还原为二价铁,从铁色素中脱出(二价铁与铁载体形成的配合物的稳定性较低)。微生物借此可从周围的环境中获取自身所需要的铁。

人类可从食物中获取所需的铁并在小肠中吸收。转铁蛋白(transferrin)与铁结合并将其转运至人体各处组织中。一个正常成人体内大约有 4 g 的铁,其中 75% 以血红蛋白的形式存在于血液中,其余大部分被转铁蛋白携带。

在血液中的细菌同样需要获得生长和繁殖所需的铁。细菌通过分泌铁载体入血,和血液中的转铁蛋白争夺铁。转铁蛋白和铁色素的稳定常数大致相同。毫无疑问,细菌能获得的铁越多,其生长和繁殖的速度越快,危害也越大。数年前,新西兰的医院定期给新生儿补铁,结果发现补铁的婴儿与未补铁的婴儿相比,细菌感染的概率增加了 8 倍。可以想象,血浆中超出正常需要的铁使细菌得以生长和繁殖。

在美国,婴儿出生后的一年之内补铁被视为一个常规的医疗手段,这是由于母乳中几乎不含铁。但最新的研究成果表明,给新生儿补铁是不恰当的,也是不明智的。

随着细菌在血液中不断地增加,细菌必须合成新的铁载体以满足其需要。研究发现,当体温超过37 ℃时,其合成速率减慢;而当体温达到40 ℃时,合成完全停止。这就提示我们:高烧实际上是人体自身抵抗外来入侵的微生物的一种自然的反应机制。

本章小结

1. 知识系统网络

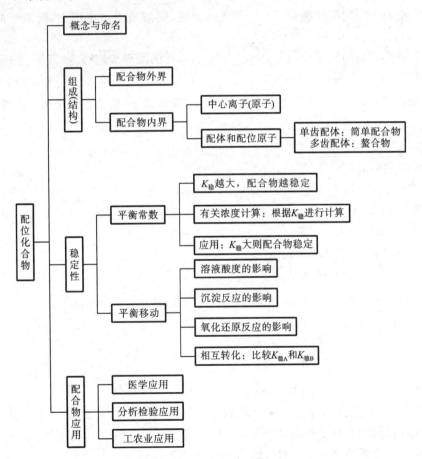

2. 学习方法概要

配位化合物虽然是一个独立单元,但与其他各章节也有密切联系。学习中首先要了解配位化合物的概念以及结构组成,进而理解其命名原则,在此基础上掌握该类化合物的特点。在学习其组成部分时,要注意区分内界和外界,其中前者更重要。弄清影响配合物稳定的因素及螯合物稳定的原因。配位化合物在溶液中的平衡是本章中的重点,其中,稳定常数的应用是关键。正确理解溶液酸度、沉淀反应以及氧化还原反应对配位平衡的影响。

目标检测

一、填空题

1. 中心离子是配合物的_____,它位于配离子的_____。常见的中心离子是_____元素的离子。

2. 配体中_____直接与_____结合的原子称为配位原子。在配离子中与中心离子直接结合的_____数目称为_____的配位数。

3. $[Ag(NH_3)_2]^+$ 在水溶液中的解离平衡式为_____。

4. 当配离子中的配体能与 H^+ 结合成弱酸时,则溶液中酸度增大,配离子的稳定性会_____。

5. 配位数相同的配离子,若 $K_稳$ 越_____,则该配离子越稳定,若 $K_{不稳}$ 值越大,表示该配离子解离程度越_____。

二、命名下列配合物,并指出中心离子、配体、配位原子、配位数和配离子的电荷数

1. $[Co(NH_3)_6]Cl_3$
2. $K_2[Co(SCN)_4]$
3. $Na_2[SiF_6]$
4. $[Co(NH_3)_5Cl]Cl_2$
5. $K_2[Zn(OH)_4]$
6. $[Pt(NH_3)_2Cl_2]$
7. $[Co(ONO)(NH_3)_3(H_2O)_2]Cl_2$

三、写出下列配合物的化学式

1. 硫酸亚硝酸根·五氨合钴(Ⅲ)
2. 四硝基·二氨合钴(Ⅲ)酸铵
3. 一氯·三氨·二水合钴(Ⅲ)配离子
4. 二氨基·四氨合钴(Ⅲ)配离子

四、判断题(对的打√,错的打×)

1. 配合物是由配离子和外层离子构成的。( )
2. 配合物的中心原子都是金属元素。( )
3. 配体数目就是中心原子的配位数。( )
4. 配离子的电荷数等于中心原子的电荷数。( )
5. 配合物在水溶液中可以全部解离为外界离子和配离子,配离子也能全部解离为中心离子和配位体。( )

6. 当配离子转化为沉淀时,难溶电解质的溶解度越小,则越易转化。（   ）

7. 一种配离子在任何情况下都可以转化为另一种配离子。（   ）

8. 五氯·一氨合铂(Ⅳ)酸钾的化学式为 $K_3[PtCl_5(NH_3)]$。（   ）

五、计算题

将 $0.2\ mol \cdot L^{-1}$ 的 $AgNO_3$ 溶液与 $0.6\ mol \cdot L^{-1}$ 的 KCN 溶液等体积混合后,加入固体 KI(忽略体积的变化),使 I^- 的浓度为 $0.1\ mol \cdot L^{-1}$,问:(1)能否产生 AgI 沉淀? (2)溶液中的 CN^- 浓度低于多少时才可能出现 AgI 沉淀? 已知 $K_{稳}([Ag(CN)_2]^-) = 1.3 \times 10^{21}$, $K_{sp}(AgI) = 9.3 \times 10^{-17}$。

第八章

元素化学选述

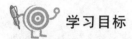
学习目标

1. 了解典型金属及非金属的结构特征;
2. 掌握重要元素与化合物的组成、结构、性质及应用;
3. 学会书写表示常见元素及化合物的性质的反应方程式。

元素化学是化学的重要组成部分,主要包括元素在自然界的存在形式、分布、制备以及它们的单质和化合物的结构、性质、用途等。根据元素的性质可以将其分为金属元素和非金属元素两大类。迄今为止,在已知的 118 种元素中,非金属元素共有 22 种(其中包括 5 种准金属),多数分布在元素周期表的右上方;金属元素共有 90 多种。本章分非金属元素和金属元素简要讨论元素周期表中,从第ⅦA 到第ⅠA 族元素,以及过渡元素中对专业学习较为重要的元素及化合物的主要性质。

第一节 单质的性质

将元素分为金属和非金属两大类的主要根据是单质的性质。单质的性质通常是指物理性质和化学性质两个方面。物理性质主要包括物质的聚集状态、颜色、熔点、沸点、溶解性、导电性、导热性等;化学性质主要体现在氧化性和还原性等方面。在这里分别讨论卤族、氧族、氮族、碳族、硼族等非金属元素,以及碱金属、碱土金属、铝和部分过渡元素的一些单质的典型性质。

一、非金属单质的性质

非金属单质有分子晶体和原子晶体之分,它们的熔、沸点差别比较大。常温时,除溴是液体外,其余非金属单质都是气体或固体;非金属单质的密度一般比较小;大多数非金属单质没有金属光泽,是热和电的不良导体,不具有延展性。

非金属元素原子的最外层上的电子有多有少,H 最外层只有一个电子,第ⅢA 族到第ⅦA 族元素原子的价电子构型为 $ns^2np^{1\sim 5}$,即有 3~7 个电子。与金属相比,非金属元素原子的价电子比较多,它们倾向于得到电子,但也能失去电子,因此,非金属单质具有氧化还原性,并且能形成多种氧化态的化合物。

1. 卤族元素

元素周期表中第ⅦA 族元素称为卤族元素,包括氟(F)、氯(Cl)、溴(Br)、碘(I) 和砹(At) 五种元素,是典型的非金属元素。

(1) 卤素单质的物理性质　卤素单质 X_2 为同核双原子分子,分子内原子之间以共价单键相互结合,分子间仅存在着微弱的分子间作用力(色散力)。按 F_2、Cl_2、Br_2、I_2 的顺序,随着 X_2 相对分子质量的增大,分子的变形性逐渐增大,分子间的色散力逐渐增强,卤素单质的密度、熔点、沸点等物理性质有规律地变化着。表 1-8-1 列出了卤素单质的部分物理性质。

表 1-8-1　卤素单质的部分物理性质

性　　质	氟(F_2)	氯(Cl_2)	溴(Br_2)	碘(I_2)
聚集状态(常温常压)	气	气	液	固
颜色	浅黄	黄绿	棕红	紫黑
密度/(kg·L^{-1})	1.108	1.57	3.21	4.93
熔点/K	53.38	172.02	265.92	386.5
沸点/K	84.86	238.95	331.76	457.35
汽化热/(kJ·mol^{-1})	6.32	20.41	30.71	46.61
溶解度/(mol·L^{-1})	与水反应	0.09	0.21	0.0013

常温下,氟和氯是气体,溴是易挥发的液体,碘为固体。氯较易液化,在常压下将氯冷却到 239 K,或在 288 K 时将氯加压到 607.8 kPa,气态氯就会转化为液态氯。碘在高温下容易升华,利用碘的这个性质可将粗碘进行精制。

卤素单质为非极性分子,在水中的溶解度都不大,但在有机溶剂中有较大的溶解度,如溴可溶于乙醇、乙醚、氯仿或二硫化碳等溶剂中。碘还可溶解于 KI 溶液,因此在实验室或药房配制碘溶液时,都要加入一定量的 KI 固体。

所有卤素都具有刺激性气味,其蒸气有毒,空气中含有 0.01% 的氯就会引起中毒,吸入过多会发生严重的中毒,甚至可以造成死亡。使用卤素单质时要特别小心,其毒性按 F_2、Cl_2、Br_2、I_2 顺序降低。

(2) 卤素单质的化学性质　卤素原子具有相同的价电子构型 ns^2np^5,它们是同周期中电负性最大、原子半径最小的元素,也是各周期中最活泼的非金属元素。卤素单质在性质上极其相似,但随着原子序数的增加,外层电子离核越来越远,核对价电子的引力也逐渐减小,因而其性质又表现出差异性。与同周期的稀有气体最外层 8 电子稳定结构相比较,卤素原子最外层只缺少 1 个电子,它们极易获得 1 个电子形成 -1 价的稳定离子。

$$\frac{1}{2}X_2 + e^- = X^-$$

其中 X 代表卤素。

卤素单质 X_2 最突出的化学性质是氧化性,Cl、Br、I 还可以形成多种氧化态的化合物。在与金属或非金属直接化合时,X_2 作为氧化剂,在反应中得到电子,本身被还原成 X^-。X_2 的氧化性按 F_2、Cl_2、Br_2、I_2 的顺序依次减弱。如:

$$H_2 + X_2 = 2HX$$
$$2M + nX_2 = 2MX_n$$
$$2P + 3X_2(适量) = 2PX_3$$
$$2P + 5X_2(过量) = 2PX_5$$

其中 X_2 代表卤素单质分子,M 代表金属。

卤素单质都能与 H_2 直接化合,但活泼性的差别明显。F_2 与 H_2 化合时,即使在较低温度或在暗处都能发生爆炸;常温下,Cl_2 与 H_2 在没有光照的条件下混合时,几乎不反应,但在光照或加热的条件下混合瞬间就能反应完全,并发生爆炸;Br_2、I_2 与 H_2 的反应只有在高温下才能进行,并且 I_2 与 H_2 的反应是可逆的。

X_2 与水的反应比较复杂。

F_2 能与 H_2O 剧烈地反应并放出 O_2。

$$F_2 + H_2O = 2H^+ + 2F^- + \frac{1}{2}O_2$$

在此反应中,F_2 体现了较强的氧化性;Cl_2 只有在光照条件下才能与水反应,缓慢地放出 O_2;Br_2 与水反应放出 O_2 的速度相当慢;I_2 则不能发生此反应。

X_2 还能与 H_2O 发生歧化反应:

$$X_2 + H_2O = HX + HXO$$

其中反应的剧烈程度按 Cl_2、Br_2、I_2 的顺序逐渐减弱。在饱和氯水中,与水发生歧化反应的 Cl_2 只占了约 1/3,Br_2 和 I_2 在纯水中几乎不发生歧化反应。干燥的氯气没有漂白作用,但湿润的氯气有漂白作用,是因为氯气和水作用产生的次氯酸有漂白作用。

X_2 在碱性溶液中也能发生歧化反应。如:

$$Cl_2 + 2OH^-(冷) = ClO^- + Cl^- + H_2O$$
$$3Cl_2 + 6OH^-(热) = ClO_3^- + 5Cl^- + 3H_2O$$
$$2Cl_2 + 2Ca(OH)_2 = Ca(ClO)_2 + CaCl_2 + 2H_2O$$

通常说的漂白粉主要成分是次氯酸钙和氯化钙,其有效成分是次氯酸钙 $Ca(ClO)_2$。漂白粉的质量是以有效氯的质量分数(%)来衡量的。市售新鲜漂白粉含有效氯 25%~35%,具有迅速、强大的杀菌作用。漂白粉的漂白作用主要是基于次氯酸的氧化性。在使用时 $Ca(ClO)_2$ 遇酸或水可转变成 HClO,发挥其漂白、消毒作用。

2. 氧族元素

元素周期表中第ⅥA族元素称为氧族元素,包括氧(O)、硫(S)、硒(Se)、碲(Te)和钋

(Po)五种元素,其中氧和硫较为重要。

(1) **氧和硫的物理性质** 氧气(O_2)是同核双原子分子,分子内原子之间以共价双键相互结合,分子间仅存在着微弱的分子间作用力(色散力)。跟氯气相比,氧气的相对分子质量小,分子的变形性和色散力较小,所以氧气的熔点和沸点都比氯气低。液态氧气和固态氧气都是淡蓝色的。氧气在水中的溶解度较小,1 mL 水中只能溶解 0.0308 mL 氧气。

臭氧(O_3)是氧气的同素异形体,臭氧是极性分子。常温下,臭氧是浅蓝色的气体,因为具有特殊的臭味而得名。臭氧在地面附近的大气层中含量极少,但在距地面 25~30 km 的高空中有一层稳定的臭氧层,能吸收一部分太阳光辐射中对地球生物有杀伤作用的紫外线,保护地球上的生物。但随着大气污染物中还原性工业废气(如卤代烃,硫、氮、碳的氧化物等)含量的增加,臭氧层正在不断遭到破坏,导致臭氧含量减少,从而对环境和生物造成严重的影响,这是非常严重的生态环境问题。

硫单质俗称硫黄,是一种淡黄色的晶体。硫的密度大约是 $2 \text{ kg} \cdot L^{-1}$,难溶于水,易溶于乙醇和二硫化碳,硫的熔点(112.8 ℃)和沸点(444.6 ℃)都比氧高。硫沸腾时变成黄色的蒸气,将硫的蒸气快速冷却,便会直接升华成很小的晶体性粉末,得到升华硫。药用硫除了升华硫,还包括沉降硫和洗涤硫。

(2) **氧和硫的化学性质** 氧族元素的价电子层构型为 $ns^2 np^4$,它们的原子都能结合两个电子形成氧化数为 -2 的阴离子,但和卤素原子相比,得电子能力较弱,非金属活泼性弱于卤素。

O_2 是我们非常熟悉的物质,其主要化学性质是氧化性,除了稀有气体元素等少数元素以外,氧几乎能与所有元素直接或间接化合,生成类型不同、数量众多的化合物。但很多反应在常温下进行得比较慢,需要在高温条件下进行。

O_3 的氧化性大于 O_2。常温下,O_3 能与许多还原剂直接作用,例如:

$$2Ag + 2O_3 \rightleftharpoons 2O_2 \uparrow + Ag_2O_2(\text{过氧化银})$$

$$PbS + 2O_3 \rightleftharpoons PbSO_4 + O_2 \uparrow$$

$$2KI + O_3 + H_2O \rightleftharpoons O_2 \uparrow + I_2 + 2KOH$$

单质硫的化学性质也非常活泼,除了稀有气体元素等少数元素外,能与绝大多数元素直接化合。单质硫的氧化数是 0,处于中间氧化态,因此,单质硫既有氧化性,又有还原性。

硫与金属、氢、碳等还原性较强的物质作用时,呈现氧化性。例如:

$$S + H_2 \xrightarrow{\triangle} H_2S$$

$$2S + C \xrightarrow{\triangle} CS_2$$

$$Hg + S \rightleftharpoons HgS$$

因此,当有毒的汞不慎散落而无法收集时,可用硫粉覆盖,便会迅速生成 HgS。

硫与具有氧化性的酸反应,呈现还原性。例如:

$$S + 2HNO_3 \xrightarrow{\triangle} H_2SO_4 + 2NO \uparrow$$

$$S + 2H_2SO_4(\text{浓}) \xrightarrow{\triangle} 2H_2O + 3SO_2 \uparrow$$

3. 氮族元素

元素周期表中第ⅤA族元素称为氮族元素,包括氮(N)、磷(P)、砷(As)、锑(Sb)、铋(Bi)五种元素,其中氮、磷、砷是典型的非金属元素。

(1) 物理性质 氮主要以单质形式存在于空气中,大气组成中氮气的体积分数为78.08%。氮是无色无味的气体,熔点(63 K)比氧略高,而沸点(77 K)比氧低。氮气在水中的溶解度比氧小,1 mL水中仅能溶解0.02 mL氮气。工业上生产大量的氮是由分馏液态空气得到的,常以15.2 MPa的压强装入黑色钢瓶中。

磷有多种同素异形体,常见的有白磷、红磷和黑磷三种。白磷是无色透明的晶体,由于遇光易变黄,故又叫黄磷。白磷剧毒,致死量为0.1 g,皮肤若经常接触单质磷也会引起吸收中毒。白磷不溶于水,易溶于二硫化碳中。红磷是一种暗红色的粉末,不溶于水、碱和二硫化碳,没有毒性。黑磷是磷的一种最稳定的变体,不溶于有机溶剂。黑磷能导电,故黑磷有"金属磷"之称。

砷、锑、铋在地壳中的含量不大,它们有时以游离状态存在于自然界中,但主要以硫化物的形式存在。砷和锑都有灰、黑、黄三种同素异形体。灰砷、灰锑和铋都有金属的外形,能传热,还能导电,但不是良导体。锑的热导率只相当于铜的1/20,电导率约为铜的1/27。

(2) 氮、磷的化学性质 氮族元素价电子层构型为 ns^2np^3,价层p轨道处于较为稳定的半充满状态,得失电子都比较困难,因此氮族元素单质化学性质不活泼。

N_2 可以与碱金属或碱土金属反应,但反应条件有差别。

在常温下,N_2能和锂直接化合生成 Li_3N:

$$6Li + N_2 = 2Li_3N$$

N_2 与ⅡA、ⅢA和ⅣA族的某些元素(如镁、钙、铝、硼、硅等),需要加热到一定的程度才能反应生成相应的氮化物。

白磷与空气接触时发生缓慢氧化作用,部分反应能量以光能的形式放出,这种现象称为磷光现象。白磷能与一些氧化剂作用:

$$P_4 + 5O_2 = P_4O_{10}$$
$$P_4 + 10Cl_2 = 4PCl_5$$

白磷被 H_2 或某些金属还原时,生成氧化数为−3的化合物。

$$P_4 + 6H_2 = 4PH_3$$
$$P_4 + 12Cu = 4Cu_3P$$

白磷和潮湿的空气接触时可发生缓慢氧化,也能产生磷光,因此在暗处可以看到白磷发光。当白磷在空气中缓慢氧化到一定的程度时,表面上积聚的热量就可能达到它的着火点(313 K)而使白磷发生自燃现象,因此要将白磷储存于水中以隔绝空气而防止白磷的自燃。

白磷具有还原性,能将金、银、铜等从它们的盐中还原出来。白磷可从铜的盐溶液中将铜还原成磷化亚铜或铜单质,如:

$$11P + 15CuSO_4(热) + 24H_2O = 5Cu_3P + 6H_3PO_4 + 15H_2SO_4$$
$$2P + 5CuSO_4(冷) + 8H_2O = 5Cu + 2H_3PO_4 + 5H_2SO_4$$

4. 碳族元素

元素周期表中第ⅣA族元素称为碳族元素，包括碳(C)、硅(Si)、锗(Ge)、锡(Sn)、铅(Pb)五种元素。其中碳是非金属元素，硅是准金属元素，锗、锡、铅则是金属元素。它们的单质在生活、生产实践中应用广泛。

(1) 单质的物理性质　碳的单质主要有金刚石和石墨两种同素异形体，表1-8-2列出了金刚石和石墨的主要物理性质。

表 1-8-2　金刚石和石墨的主要物理性质

性　　质	金　刚　石	石　　墨
外观	无色、透明固体	灰黑、不透明固体
密度/(kg·L^{-1})	3.51	2.25
熔点/K	>3823	3925
沸点/K	5100	5100
莫氏硬度	10	1
导电、导热性	导热、不导电	导电、导热

金刚石硬度大，在工业上被大量用于切削、研磨和拔丝等。形状完整的金刚石还可用于制造首饰等装饰品。石墨能导电，耐高温又易于成型和机械加工，在工业上被广泛应用。例如，石墨可用于做干电池、铅笔芯和颜料等。

活性炭是具有强吸附能力的单质碳，是由木炭经过除去空隙间的杂质和增大表面积等特殊活化处理而制得的。药用活性炭为植物活性炭，是一种吸附药，内服可治疗腹泻、胃肠胀气、食物中毒和生物碱中毒等疾病。

单质硅有两种晶型，即无定形硅和晶形硅，其中无定形硅为深灰色粉末，而晶形硅为银灰色晶体。晶形硅具有金属光泽，能导电，但电导率不如金属，而且电导率随温度的升高而增加。晶形硅具有金刚石那样的结构，莫氏硬度为7.0，比金刚石稍低，熔点高。硅是制造半导体的材料。

锗和硅一样也能导电，且导电性随温度的升高而增加。高纯硅和锗都被广泛用于电子工业。铅为暗灰色，是重而软的金属。锡有三种同素异形体，常见的是银白色而硬度居中的白锡，有较好的延展性。

(2) 碳、硅的化学性质　在一般情况下，碳单质的化学性质不是很活泼，但在高温下，特别是在气态时，碳异常活跃。碳单质能在O_2中燃烧，碳单质还能与F_2直接化合，但不能与其他卤素直接作用。在与O_2和F_2反应中，碳都体现了还原性。

$$C + O_2 \xrightarrow{\triangle} CO_2 （完全燃烧）$$

$$2C + O_2 \xrightarrow{\triangle} 2CO （不完全燃烧）$$

$$C + 2F_2 \xrightarrow{\triangle} CF_4$$

碳作为还原剂能与一些氧化物或氧化性酸反应。例如：

$$Fe_2O_3 + 3C \xrightarrow{\triangle} 3CO\uparrow + 2Fe$$

$$4HNO_3(浓) + C \xrightarrow{\triangle} CO_2\uparrow + 4NO_2\uparrow + 2H_2O$$

$$H_2O + C \xrightarrow{\triangle} CO + H_2$$

硅的化学性质不活泼，常温下只能与 F_2 直接反应，反应中硅被氧化成 SiF_4。

$$2F_2 + Si = SiF_4$$

5. 硼族元素

元素周期表中第ⅢA族元素称为硼族元素，包括硼(B)、铝(Al)、镓(Ga)、铟(In)、铊(Tl)五种元素。除硼元素外，其他都是金属元素。

单质硼属于原子晶体，硬度大，熔点和沸点都高。铝的密度小，延展性、导电性和导热性都好，而且有一定的强度，又能大规模生产，所以铝在工业上被广泛地使用。镓、铟、铊都是银白色、质软、轻而富有延展性的金属。三者都有剧毒，主要用于电子工业。

硼有晶体和无定形之分。晶体硼的化学性质不活泼，而无定形硼的化学性质比较活泼。它易在氧气中燃烧而被氧化成 B_2O_3。

$$4B + 3O_2 \xrightarrow{\triangle} 2B_2O_3$$

无定形硼在室温下能与 F_2 反应而被氧化成 BF_3，在加热的条件下还能被 Cl_2、Br_2、S 和 N_2 氧化分别生成 BCl_3、BBr_3、B_2S_3 和 BN。

无定形硼作为还原剂还能与强氧化性酸(如浓 HNO_3、浓 H_2SO_4、王水等)或强碱(如 $NaOH$ 等)反应。

$$3HNO_3(浓) + B = 3NO_2 \uparrow + H_3BO_3$$
$$6NaOH(熔融) + 2B = 3H_2 \uparrow + 2Na_3BO_3$$

二、金属单质的性质

金属与非金属的性质差别显著，与它们的原子结构、化学键及晶体结构等不同有关。金属的硬度一般都较大，常温时，除了汞是液体外，其他金属都是固体。由于金属晶体内部存在着自由电子，所以当光线投射在金属的表面时，自由电子会吸收所有频率的光，然后很快放出各种频率的光，这样使得绝大多数金属呈现出钢灰色至银白色的光泽。铜显红色，金显黄色等是因为它们较易吸收某一频率的光。

大多数金属有良好的导电性和导热性。按照导电和导热能力由大到小的顺序，将常见的几种金属排列如下：Ag、Cu、Au、Zn、Pt、Sn、Fe、Pb、Hg。金属材料的电阻通常随温度的降低而减小。1911年，人们发现汞冷却到低于 4.2 K 时，其电阻突然消失，导电性差不多无限大，这种性质称为超导电性。具有超导电性的物体称为超导体。

金属元素的原子最外层只有 3 个或 3 个以下的电子，某些金属元素(如 Sn、Pb、Sb 和 Bi 等)原子的最外层虽然有 4 个或 5 个电子，但它们有较多的电子层而使得原子半径较大，所以，金属元素原子的价电子容易失去或者偏移。因此，金属共同的化学性质是易失去最外层的电子而变成金属正离子，表现出比较强烈的还原性。

$$M \longrightarrow M^{n+} + ne^- \quad (n=1,2,3)$$

由于各种金属原子失去电子的难易程度不同，其还原性有很大的差别。例如，碱金属和碱土金属很容易失去外层电子，具有强还原性，而 Cu、Ag、Au 等的化学性质则比较稳定。

1. 碱金属

元素周期表中第ⅠA族元素（除氢元素外）称为碱金属元素，包括锂(Li)、钠(Na)、钾(K)、铷(Rb)、铯(Cs)、钫(Fr)六种元素。其中钫是放射性元素。

(1) 基本物理性质　碱金属单质都具有银白色光泽，熔点低，密度小，锂、钠、钾都比水轻。碱金属应保存在煤油中，锂的密度最小，甚至可以浮在煤油上，所以将锂浸在液状石蜡或封存在固体石蜡中。碱金属的硬度小，能用刀子切开，切开后可以看到金属表面银白色的金属光泽，但在空气中看到的碱金属由于被氧化而颜色变暗。碱金属具有良好的导电性。碱金属在光照之下，能够放出电子，尤其是铯，对光特别敏感，它是制造光电池的良好材料。锂广泛用于高能电池和高能燃料，特别是用于飞机制造行业。

(2) 主要化学性质　碱金属元素的价电子构型为ns^1，碱金属元素原子的半径在同一周期中最大，最容易失去电子，形成+1价的阳离子，因此碱金属元素是同一周期元素中金属性最强的元素；在同族中，从上到下半径越来越大，其金属性也越来越强。

碱金属单质的强还原性，表现在它们都能直接或间接地与卤素、氧、硫、氮、磷等非金属单质反应，生成相应的化合物。

碱金属还能与水反应生成相应的氢氧化物并放出H_2，其中钠、钾、铷、铯与水剧烈反应甚至燃烧爆炸，反应的剧烈程度依次增强。锂与碱土金属相近，与水反应较慢。

$$2Na+2H_2O=\!\!=\!\!=2NaOH+H_2\uparrow$$

碱金属还能与氧气反应生成氧化物、过氧化物甚至超氧化物。碱金属的氧化物及氢氧化物都是强碱。

2. 碱土金属

元素周期表中第ⅡA族元素称为碱土金属元素，包括铍(Be)、镁(Mg)、钙(Ca)、锶(Sr)、钡(Ba)、镭(Ra)六种元素。

(1) 基本物理性质　碱土金属的单质也具有银白色的金属光泽（只有铍为钢灰色），硬度和密度都比较小。碱土金属的密度、熔点和沸点比同周期中相应的碱金属要高一些。碱土金属中，除了铍和镁以外，其他单质都能用刀子切开，新切开的断面呈现金属光泽，但在空气中放置久后会逐渐变暗。

铍片易被X射线穿透，因此可用于X射线管的制造，铍是核反应堆中的反射剂和减速剂；铍因密度小和导热性好，在飞机、导弹和宇宙飞船等方面被广泛应用；铍和铜制得的合金广泛用于制造外科手术器械和弹簧等。在冶金中，镁经常和铝用于制造密度小、硬度大、韧性高的镁铝合金，镁也用于制备电子合金以及制造飞机和汽车的部件。

(2) 主要化学性质　碱土金属元素价电子构型为ns^2，有较大的原子半径，也极易失去2个电子，形成+2价的阳离子，碱土金属的金属性仅次于碱金属，碱土金属及其化合物的性质与碱金属相似。

3. 铝

铝属于周期表第ⅢA族的元素，是有银白色光泽的轻金属，有良好的导电、传热及延展性。

铝的化学性质活泼，在不同温度下能与Cl_2、Br_2、I_2、S等非金属单质反应，生成相应的铝的化合物。

$$2Al+3Cl_2 \xrightarrow{\triangle} 2AlCl_3$$

$$2Al+3S \xrightarrow{\triangle} Al_2S_3$$

铝在空气和水中比较稳定,这是由于在室温下铝的表面生成了一层致密的氧化铝薄膜,阻止了铝继续被氧化。若表面的氧化铝薄膜遭到破坏,则金属铝的化学活泼性便充分地表现出来。例如,将铝片放入汞盐溶液中,由于在铝的表面生成铝汞合金,氧化铝薄膜遭到破坏,铝与水的反应就易进行。若把汞齐化的铝片放入潮湿的空气中,则很快生成胡须状的"白毛"(氢氧化铝)。

$$2Al[Hg]+6H_2O == 2Al(OH)_3+3H_2\uparrow+2[Hg]$$

在盐类(如 NaCl)溶液中,氧化铝薄膜容易脱落,所以在盐水(如海水)中铝易被腐蚀。

铝是一种亲氧元素,在空气中加热时可生成氧化铝并放出大量的热。

$$2Al+\frac{3}{2}O_2(g) == Al_2O_3(s)+1669.7\ kJ$$

此外,铝还能从许多金属氧化物中夺取氧。例如,将铝粉和 Fe_2O_3(或 Fe_3O_4)粉末按一定比例混合,用引燃剂点燃,反应立即猛烈进行,同时放出大量的热。

$$Fe_2O_3+2Al == Al_2O_3+2Fe$$

反应放出的热量可将反应混合物的温度升高到 3000 ℃ 以上,使被还原出来的铁熔化而与 Al_2O_3 分开,此反应常用于野外焊接铁轨。这类反应称为铝热还原法,简称铝热法。利用这类反应能从镍、铬、锰、钒的氧化物中制取这些难熔金属。如果在金属表面涂上一层 Al、TiO_2 及石墨的混合物,然后在高温下煅烧,即可制取耐高温的金属陶瓷:

$$4Al+3TiO_2+3C == 2Al_2O_3+3TiC$$

生成的 Al_2O_3 和 TiC 都是耐高温材料。金属陶瓷既能保留金属的导电、传热性,又增强了金属的耐高温性能。

此外,铝是典型的两性元素,既能溶于盐酸和稀硫酸,又能溶于强碱性溶液中:

$$2Al+6HCl == 2AlCl_3+3H_2\uparrow$$

$$2Al+2NaOH+6H_2O == 2Na[Al(OH)_4]+3H_2\uparrow$$

铝不溶于冷的浓硝酸及浓硫酸中,因为它们能使铝钝化。因此可用铝制容器储存和运输浓硝酸和浓硫酸。但铝能溶解于热的浓硫酸中:

$$2Al+6H_2SO_4(浓) \xrightarrow{\triangle} Al_2(SO_4)_3+3SO_2\uparrow+6H_2O$$

若将硝酸加热,铝也能很快地被氧化。

铝在工业上有广泛的用途,可用于制造轻合金、冶炼难熔金属及在炼钢过程中作为脱氧剂使用,也广泛用于工业上的传热设备及制造炊具。铝在空气及水中稳定,用铝粉(俗称"银粉")配制成的油漆或涂料,有银白色光泽,而且比较稳定。

4. 过渡元素

周期表中 d 区及 ds 区元素通常称为过渡元素,包括第 ⅠB~ⅦB 族和Ⅷ族的元素(不包括镧以外的镧系元素和锕以外的锕系元素),过渡元素又称为过渡金属,常将其分成三个过渡系:第四周期的钪(Sc)到锌(Zn)为第一过渡系;第五周期的钇(Y)到镉(Cd)为第二过渡系;第六周期的镧(La)到汞(Hg)为第三过渡系。

过渡元素都是金属元素,其单质具有金属的一般性质,如有金属光泽,有良好的导电性、导热性,较好的延展性和机械加工性能等。此外,过渡元素的显著特点是:过渡金属(除第ⅡB族外)有较大的密度、硬度和较高的熔点、沸点,如铂系金属的密度都在 $20 \text{ g} \cdot \text{cm}^{-3}$ 以上,是密度最大的金属系列;铬的硬度仅次于金刚石和单质硼,在金属中居首位;钨的熔点高达 3410 ℃,是最难熔的金属。

过渡金属广泛应用于工程材料方面,如铁是人类生活和生产中非常重要的材料,桥梁、铁路、车辆及各种机械等都需要铁,铁合金在国民经济中占有重要的地位;钛用于制造飞机的发动机、坦克和军舰等;钒主要用于冶炼特种钢;钽可用于制造外科手术器械以及用来连接折断的骨骼及特种合金等;铬和钨被大量用于制造合金钢,可提高钢的耐高温程度、耐磨性以及耐腐蚀性;钨丝可用于制作灯泡的灯丝以及高温电炉的发热元件等。

过渡元素的化学性质,除钪分族较活泼,接近碱土金属外,其余多数元素活泼性不强。例如,铜族元素不能从盐酸和稀硫酸中置换出氢气。Cu、Ag 可溶于硝酸或热的浓硫酸中,而金只能溶于王水中。

$$Cu + 2H_2SO_4(浓) \xrightarrow{\triangle} CuSO_4 + SO_2 \uparrow + 2H_2O$$

$$3Ag + 4HNO_3(稀) \xrightarrow{\triangle} 3AgNO_3 + NO \uparrow + 2H_2O$$

再如,位于周期表第Ⅷ族的铁(Fe)、钴(Co)、镍(Ni)都是中等活泼的金属。在常温和干燥的空气中,它们与 O_2、S、Cl_2、Br_2 等非金属几乎不发生作用,但在高温下能发生剧烈反应。铁在潮湿的空气中易生锈,形成铁锈 $Fe_2O_3 \cdot xH_2O$,铁锈疏松多孔,易于剥落,它不能保护铁不被继续侵蚀。铁易溶于稀盐酸、稀硫酸和稀硝酸中,也可被浓碱所侵蚀,但冷的浓硝酸和浓硫酸可使其钝化。

第二节　重要无机化合物的性质

一、钠、钾和镁、钙、钡的重要化合物

1. 氧化物

碱金属、碱土金属与氧可生成普通氧化物、过氧化物或超氧化物。

普通氧化物 Na_2O 为白色固体,K_2O 为淡黄色固体,而 MgO、CaO、BaO 则都是白色固体。这些氧化物与水反应后均生成相应的氢氧化物,但反应的难易程度不同。Na_2O、K_2O 与水反应较剧烈。MgO 与水缓慢反应生成 $Mg(OH)_2$,但钙、钡的氧化物可迅速地与水作用并放出大量的热。实验室常利用固体 CaO 的强吸水性,来干燥乙醇和氨气。例如将 CaO 和乙醇(95%)混合后蒸馏,可制得无水乙醇。

MgO、CaO、BaO 有较高的熔点和硬度。例如 MgO 的熔点为 2800 ℃,硬度为 6.5。

工业上常用 MgO 制造耐高温材料。

过氧化钠（Na_2O_2）是淡黄色粉末，有吸潮性，能侵蚀皮肤和黏膜。过氧化钠易与水或酸反应，生成过氧化氢，同时放出大量的热，生成的过氧化氢立即分解放出 O_2：

$$Na_2O_2 + 2H_2O == 2NaOH + H_2O_2$$
$$Na_2O_2 + H_2SO_4 == Na_2SO_4 + H_2O_2$$
$$2H_2O_2 == 2H_2O + O_2 \uparrow$$

过氧化钠还能和空气中的 CO_2 反应，生成碳酸钠并放出 O_2：

$$2Na_2O_2 + 2CO_2 == 2Na_2CO_3 + O_2 \uparrow$$

因此，过氧化钠可作为氧化剂、漂白剂，在高空飞行和潜水作业时可作为供氧剂和二氧化碳的吸收剂。

2. 氢氧化物

钠、钾、镁、钙、钡的氢氧化物都是白色固体，容易吸潮和吸收 CO_2，都是强碱，它们对纤维和皮肤有强烈的腐蚀作用，所以称为苛性碱。通常把 NaOH 称为苛性钠（又称火碱或烧碱），KOH 称为苛性钾。$Ba(OH)_2$ 为可溶碱，而 $Mg(OH)_2$ 为难溶碱。

NaOH 是易溶于水的白色晶状固体，溶于水时放出大量的热，在空气中易吸收水蒸气而潮解，所以是常用的干燥剂。它能与酸或非金属及两性金属的氧化物作用生成盐和水。

$$2NaOH + SiO_2 \xrightarrow{熔融} Na_2SiO_3 + H_2O$$
$$2NaOH + Al_2O_3 == 2NaAlO_2 + H_2O$$

NaOH 易吸收空气中的 CO_2 转变为 Na_2CO_3，因此固体 NaOH 及其溶液均应保存在密闭的容器中。另外，NaOH 的溶液及其熔融物能与玻璃及陶瓷中的 SiO_2 作用而使玻璃或陶瓷腐蚀，所以实验室中最好使用塑料容器储存 NaOH 溶液。用 NaOH 熔融矿样时，要用铁、镍或银制的器皿。储存 NaOH 溶液的试剂瓶，需用橡皮塞而不能用玻璃塞，否则放置时间稍长后，玻璃塞会与瓶口粘在一起。

NaOH 还是一种重要的化工原料，它在冶金、造纸、人造纤维、洗涤剂等工业中有着广泛的用途。

3. 盐类

钠、钾、镁、钙、钡的盐大多数是离子晶体，具有较高的熔点和沸点，在熔融状态时能够导电。钠、钾盐类除少数难溶于水外，绝大多数易溶于水，并在水溶液中完全电离。镁、钙、钡的盐类微溶或难溶于水，除卤化物、硝酸盐及乙酸盐等易溶于水外，其他如氟化物、碳酸盐、硫酸盐、草酸盐和铬酸盐等都是微溶或难溶的（$MgSO_4$、$MgCrO_4$ 易溶于水）。钠、钾、镁、钙、钡的盐类一般具有较高的热稳定性。

（1）氯化物　钠、钾、镁、钙、钡的氯化物中除 $MgCl_2$ 具有一定程度的共价性外，其他都是典型的离子化合物。它们都是白色晶体，易溶于水，熔点较高。纯净的 NaCl、KCl 不吸水，而 $MgCl_2$ 和 $CaCl_2$ 易吸水潮解。

氯化钙是常用的钙盐之一。无水氯化钙具有强吸水性，是一种重要的干燥剂，它广泛用于 O_2、N_2、CO_2、HCl、H_2S 等气体及醛、酮、醚等有机试剂的干燥。但由于它能与氨、乙

醇形成加合物 $CaCl_2 \cdot 4NH_3$、$CaCl_2 \cdot 8NH_3$、$CaCl_2 \cdot 4C_2H_5OH$，因此不能用于干燥氨气和乙醇。$CaCl_2 \cdot 2H_2O$ 可用作制冷剂，用它和冰混合，可获得 $-55\ ℃$ 的低温，如果用作公路融雪剂，效果比 NaCl 更好，因为食盐和冰混合只能达到 $-21\ ℃$ 的低温。

(2) 碳酸盐　碳酸钠(Na_2CO_3)是一种白色粉末，俗称纯碱或苏打，易溶于水，水溶液呈碱性。碳酸钙($CaCO_3$)是石灰石、大理石的主要成分，它不溶于水，但在它的悬浊液中通入过量 CO_2 气体，由于生成可溶性的酸式碳酸盐而变为澄清的溶液。

$$CaCO_3 + CO_2 + H_2O \rightleftharpoons Ca(HCO_3)_2$$

上述反应是可逆的，若将所得的澄清溶液加热或减压，逸出 CO_2 气体，平衡便向左移动，重新生成难溶性的碳酸钙而使溶液变混浊。

(3) 硫酸盐　硫酸钙($CaSO_4 \cdot 2H_2O$)俗称石膏或生石膏，白色粉末，微溶于水，加热到 393 K 左右，部分脱水生成熟石膏 $CaSO_4 \cdot \frac{1}{2}H_2O$，该反应是可逆的。

$$2CaSO_4 \cdot 2H_2O \xrightleftharpoons{393\ K} 2CaSO_4 \cdot \frac{1}{2}H_2O + 3H_2O$$

粉末状熟石膏与少量水混合后，会逐渐硬化，重新变成生石膏，并发生体积膨胀。熟石膏的这种性质被用来制造模型、塑像、粉笔和医疗用的加固绷带等。如果把生石膏加热到 623 K 以上，则它失去全部结晶水而生成无水硫酸钙。

硫酸钡($BaSO_4$)俗称重晶石，是制造其他钡盐的原料。优质的 $BaSO_4$ 可作为白色涂料，称为钡白，在橡胶和造纸工业中作为填充剂。$BaSO_4$ 既不溶于水，又不溶于稀的无机酸中，是唯一无毒的钡盐，它不能被 X 射线透过，在医疗诊断中常用作肠胃的 X 射线造影剂，以检查肠、胃系统疾病。

(4) 硝酸盐　钠、钾、镁、钙、钡的硝酸盐在水中都有较大的溶解度。固体硝酸盐在加热时均表现出强的氧化性。硝酸钾(KNO_3)是无色透明的针状晶体，不吸潮，常用来制造黑火药。

二、氧、硫的化合物

1. 过氧化氢

过氧化氢(H_2O_2)俗称双氧水。纯的 H_2O_2 是无色黏稠液体，能和水以任意比例混溶。实验室常用 30% 和 3% 的 H_2O_2 作氧化剂，医疗上常用 3% 的双氧水进行伤口消毒。

高纯度的 H_2O_2 在低温下比较稳定，分解作用比较平缓。当加热到 426 K 以上时，便发生爆炸性分解：

$$2H_2O_2 \longrightarrow 2H_2O + O_2$$

此外，H_2O_2 在碱性介质中的分解速度远比在酸性介质中快。少量杂质(如 Fe^{2+}、Mn^{2+}、Cu^{2+}、Cr^{3+} 等金属离子)的存在能大大加速 H_2O_2 的分解。光照也能促使 H_2O_2 分解。因此，实验室里常把过氧化氢装在棕色试剂瓶内，并存放在阴凉处。有时加入一些稳定剂，如微量的锡酸钠、焦磷酸钠或 8-羟基喹啉等来抑制所含杂质的催化作用，使 H_2O_2 稳定。

H_2O_2 既有氧化性，又有还原性。在酸性或碱性介质中，H_2O_2 的氧化性一般要比还原性强，它主要用作氧化剂，例如：

$$2I^- + H_2O_2 + 2H^+ = I_2 + 2H_2O$$

$$2Fe^{2+} + H_2O_2 + 4OH^- = 2Fe(OH)_3 \downarrow$$

H_2O_2 的还原性较弱，只有遇到比它更强的氧化剂时才表现出来。例如：

$$2MnO_4^- + 5H_2O_2 + 6H^+ = 2Mn^{2+} + 5O_2 \uparrow + 8H_2O \quad (1)$$

$$MnO_2 + H_2O_2 + 2H^+ = Mn^{2+} + O_2 \uparrow + 2H_2O \quad (2)$$

$$Cl_2 + H_2O_2 = 2HCl + O_2 \quad (3)$$

反应(1)用来测定 H_2O_2 的含量；反应(2)用来清洗黏附有 MnO_2 污渍的器皿；反应(3)用来除去残留 Cl_2。

H_2O_2 浓溶液及其蒸气对人体都有较强的刺激作用和烧蚀性。质量分数大于 30% 的 H_2O_2 水溶液接触皮肤时，会使皮肤变白并有刺痛感。H_2O_2 蒸气对眼睛黏膜有强烈的刺激作用。人体若不慎接触到了浓的 H_2O_2，必须立即用大量的水冲洗。

2. 硫化氢和硫化物

(1) **硫化氢** 硫化氢(H_2S)是无色、有臭鸡蛋气味的气体，常温常压下，1体积水能溶解 2.6 体积的 H_2S。H_2S 有毒，是大气污染物，人吸入少量后会引起头痛、眩晕，吸入大量会造成昏迷甚至死亡。在制备和使用 H_2S 时，必须保持通风良好。

H_2S 的热稳定性较差，在 673 K 时可完全分解为 S 和 H_2。

$$H_2S \xrightarrow{\triangle} H_2 + S$$

H_2S 具有还原性。例如，它可在空气中燃烧，燃烧时火焰为淡蓝色，空气充足时生成二氧化硫和水，空气不充足时生成硫和水。

$$2H_2S + 3O_2 \xrightarrow{点燃} 2SO_2 + 2H_2O$$

$$2H_2S + O_2(不充足) \xrightarrow{点燃} 2S \downarrow + 2H_2O$$

H_2S 还可被 SO_2、卤素等氧化。例如：

$$SO_2 + 2H_2S = 3S \downarrow + 2H_2O$$

工业上利用此反应从含 H_2S 的废气中回收 S，同时也减少了大气污染。

不论是在酸性介质还是在碱性介质中，H_2S 都具有较强的还原性，H_2S 在水溶液中更易被氧化。H_2S 的水溶液称为氢硫酸，它是很弱的二元酸。

氢硫酸能与许多金属离子作用，生成金属硫化物。例如：

$$Pb(Ac)_2 + H_2S = 2HAc + PbS \downarrow$$

实验室中，常用湿润的 $Pb(Ac)_2$ 试纸检验 H_2S 气体的逸出。

(2) **硫化物** 氢硫酸为二元酸，可形成正盐(硫化物)和酸式盐(硫氢化物)。酸式盐均易溶于水，而正盐中碱金属(包括 NH_4^+)的硫化物和 BaS 易溶于水，其他碱土金属硫化物微溶于水(BeS 难溶)，除此以外，大多数金属硫化物难溶于水。

3. 硫的氧化物、含氧酸及其盐

(1) **二氧化硫、亚硫酸及亚硫酸盐** SO_2 是无色、有刺激性气味的气体，极易液化，在常压下，263 K 时，SO_2 就能液化。SO_2 是大气中一种主要的气态污染物。含有 SO_2 的空气不仅对动植物有毒害作用,还会腐蚀金属制品,损坏油漆涂料、织物和皮革等。

SO_2易溶于水,生成不稳定的亚硫酸H_2SO_3,它只存在于水溶液中。

SO_2和H_2SO_3既有氧化性,又有还原性,但以还原性为主。碱性或中性介质中,SO_3^{2-}更易被氧化,其氧化产物是SO_4^{2-}。

$$2MnO_4^- + 5SO_3^{2-} + 6H^+ =\!=\!= 2Mn^{2+} + 5SO_4^{2-} + 3H_2O$$

$$Cl_2 + SO_3^{2-} + H_2O =\!=\!= 2Cl^- + SO_4^{2-} + 2H^+$$

酸性介质中,与较强还原剂相遇时,SO_2和H_2SO_3才能表现出氧化性。例如:

$$H_2SO_3 + 2H_2S =\!=\!= 3S\downarrow + 3H_2O$$

H_2SO_3是二元弱酸,因此,可形成正盐和酸式盐。除碱金属亚硫酸正盐外,其余几乎都不溶于水。酸式亚硫酸盐则大多数能溶于水。

亚硫酸盐溶液和SO_2溶液一样具有还原性,容易被氧化成硫酸盐。例如:

$$2Na_2SO_3 + O_2 =\!=\!= 2Na_2SO_4$$

$$Na_2SO_3 + Cl_2 + H_2O =\!=\!= Na_2SO_4 + 2HCl$$

SO_2来自硫或黄铁矿(FeS_2)在空气中的燃烧。SO_2在造纸工业中用作漂白剂,在食品工业中用作漂白剂、防腐剂。亚硫酸钠在工业中用作还原剂,照相业中用作显影保护剂,制革业中用作去钙剂,纺织工业中用于漂白织物,食品工业中用作防腐剂。

(2)硫酸及硫酸盐 纯硫酸是无色透明的油状液体,凝固点为10.38 ℃。通常市售硫酸的含量为98.3%,密度为1.84~1.86 g·cm^{-3},相当于浓度为18 mol·L^{-1}。

浓硫酸具有强烈的吸水作用,吸水的同时放出大量的热,因此在工业上和实验室里常用它来作干燥剂,如干燥氯气、氢气和二氧化碳等气体。硫酸不但能吸收游离的水分,而且还能从一些有机物(如棉布、糖、油脂)中夺取与水分子组成相当的氢和氧,使这些有机物炭化。例如:

$$C_{12}H_{22}O_{11}(蔗糖) \xrightarrow{H_2SO_4(浓)} 12C + 11H_2O$$

值得注意的是,浓硫酸溶于水会产生大量的热。水倒入浓硫酸时,因局部受热而飞溅,严重时,还会引起爆炸。因此在稀释硫酸时,只能把浓硫酸在搅拌下缓慢地倒入水中,绝对不能反过来!如果在工作中不小心将浓硫酸滴落在皮肤上,应立即用软布或纸轻轻沾去,然后用大量水冲洗,再用低浓度的碱液浸润伤处,最后再用大量水冲洗,这样才不至于造成严重的灼伤。

浓硫酸是强氧化剂,加热条件下氧化性更强,几乎能氧化所有的金属和非金属。它的还原产物一般是SO_2,若与活泼金属作用,则能析出S,甚至H_2S。例如:

$$C + 2H_2SO_4(浓) =\!=\!= CO_2\uparrow + 2SO_2\uparrow + 2H_2O$$

$$3Zn + 4H_2SO_4(浓) =\!=\!= 3ZnSO_4 + S\downarrow + 4H_2O$$

$$4Zn + 5H_2SO_4(浓) =\!=\!= 4ZnSO_4 + H_2S\uparrow + 4H_2O$$

但是,冷的浓硫酸不与铁、铝等金属作用,这是因为在冷的浓硫酸中铁、铝表面生成一层致密的氧化物保护膜,使之不与硫酸继续作用,这种现象称为钝化。所以可以用铁、铝制的容器来储运浓硫酸(硫酸浓度必须在92.5%以上)。

硫酸主要用于生产化肥,同时也广泛用于无机化工、有机化工、轻工、纺织、冶金、石油、医药及国防等领域。

硫酸可形成硫酸盐(正盐)和硫酸氢盐(酸式盐)。酸式硫酸盐大多易溶于水。硫酸盐中,常见的难溶或微溶的盐有 $BaSO_4$、$CaSO_4$、$PbSO_4$、$SrSO_4$、Ag_2SO_4,其他一般易溶于水。由于 $BaSO_4$ 的溶解度很小,一般用可溶性钡盐来检验溶液中 SO_4^{2-} 的存在。

硫酸盐的热稳定性较碳酸盐和硝酸盐高,但在高温时仍有许多硫酸盐分解,其热稳定性与成盐的阳离子性质有关。活泼金属(如 K、Na、Ba、Ca、Mg)的硫酸盐热稳定性很高,在 1273 K 时仍不分解。较不活泼的金属(如 Al、Zn、Fe)的硫酸盐高温下分解为相应的金属氧化物和 SO_3。如果金属活泼性更差(如 Cu、Ag),其硫酸盐分解为金属单质、SO_3 和 O_2。例如:

$$Fe_2(SO_4)_3 \xrightarrow{\triangle} Fe_2O_3 + 3SO_3\uparrow$$

$$ZnSO_4 \xrightarrow{强热} ZnO + SO_3\uparrow$$

$$2Ag_2SO_4 \xrightarrow{强热} 4Ag + 2SO_3\uparrow + O_2\uparrow$$

三、砷、铋的几种重要化合物

砷的重要化合物有 AsH_3、As_2O_3 和 Na_3AsO_3。砷的化合物都有毒。

(1) 砷化氢(AsH_3) 砷化氢俗称胂,为无色、有大蒜气味的剧毒气体。金属的砷化物水解或用较活泼金属在酸性溶液中还原 As(Ⅲ)的化合物,可得到 AsH_3:

$$Na_3As + 3H_2O = AsH_3 + 3NaOH$$

$$As_2O_3 + 6Zn + 6H_2SO_4 = 2AsH_3 + 6ZnSO_4 + 3H_2O$$

室温下,AsH_3 在空气中能自燃:

$$2AsH_3 + 3O_2 = As_2O_3 + 3H_2O$$

在缺氧条件下,AsH_3 受热分解成单质砷和氢气:

$$2AsH_3 \xrightarrow{\triangle} 2As + 3H_2$$

法医和卫生防疫部门分析鉴定砷的马氏试砷法就是根据上述反应原理。将试样、锌和盐酸混合后,使生成的气体通过加热的玻璃管,如果试样中含有砷的化合物,则因被锌还原而生成的 AsH_3 在玻璃管的受热部位分解,得到亮黑色的"砷镜"。

(2) 三氧化二砷(As_2O_3) 三氧化二砷俗称砒霜,为白色粉末状剧毒物,微溶于水,在热水中的溶解度稍大,溶解后形成亚砷酸(H_3AsO_3)溶液。As_2O_3 是两性偏酸的氧化物,它可在碱溶液中溶解生成亚砷酸盐,该反应主要用于制造杀虫剂、除草剂和含砷药物。

$$As_2O_3 + 6NaOH = 2Na_3AsO_3 + 3H_2O$$

As_2O_3 的水合物 H_3AsO_3 是偏酸性的两性氢氧化物,仅存在于溶液中。在碱性溶液中 AsO_3^{3-} 有较强的还原性,能将 I_2 这样的弱氧化剂还原:

$$AsO_3^{3-} + I_2 + 2OH^- = AsO_4^{3-} + 2I^- + H_2O$$

(3) 铋酸钠($NaBiO_3$) $NaBiO_3$ 是黄色或褐色无定形粉末,难溶于水,是强氧化剂。以酸处理 $NaBiO_3$,得到红棕色的 Bi_2O_5,它极不稳定,很快分解为 Bi_2O_3 和 O_2。$NaBiO_3$ 在酸性介质中表现出很强的氧化性,能氧化盐酸放出 Cl_2,甚至能将 Mn^{2+} 氧化为 MnO_4^-。

在碱性介质中用强氧化剂(如 $NaClO$、Cl_2)氧化 $Bi(Ⅲ)$ 化合物,可得到铋酸盐:

$$Bi(NO_3)_3 + NaClO + 4NaOH = NaBiO_3\downarrow + 3NaNO_3 + NaCl + 2H_2O$$

四、过渡元素的化合物

1. 银、锌、汞的卤化物

(1) 卤化银(AgX)　除 AgF 易溶于水外,$AgCl$、$AgBr$、AgI 均难溶于水。它们的颜色随 $AgCl$、$AgBr$、AgI 的顺序加深,而溶解度则依此顺序减小。

$AgCl$、$AgBr$、AgI 均不溶于稀 HNO_3,但能分别与溶液中过量的 Cl^-、Br^-、I^- 形成 $[AgX_2]^-$ 配离子而使沉淀的溶解度增大。如:

$$AgCl + Cl^- \rightleftharpoons [AgCl_2]^-$$

卤化银都具有感光性,即在光的作用下,AgX 会分解。如照相底片曝光时发生如下反应:

$$2AgBr \xrightarrow{\text{光}} 2Ag + Br_2$$

再经过显影、定影,即可得到形象清晰的底片。

$$AgBr + 2Na_2S_2O_3 = Na_3[Ag(S_2O_3)_2] + NaBr$$

因此,过去大量的 AgX 用于照相底片和相纸的制造。

(2) 氯化锌($ZnCl_2$)　无水 $ZnCl_2$ 是白色固体,易潮解,在水中的溶解度很大,在酒精和其他有机溶剂中也能溶解,具有明显的共价性。无水 $ZnCl_2$ 有很强的吸水性,故在有机合成中用作脱水剂。用锌、氧化锌或碳酸锌与盐酸反应,经浓缩冷却得到的是 $ZnCl_2 \cdot H_2O$ 晶体。若将该晶体加热,得不到无水 $ZnCl_2$。

$$ZnCl_2 \cdot H_2O \xrightarrow{\triangle} Zn(OH)Cl + HCl\uparrow$$

要得到无水 $ZnCl_2$,一般要在干燥的 HCl 气体中加热 $ZnCl_2 \cdot H_2O$。

在氯化锌的浓溶液中能形成具有显著酸性的配位酸,它能溶解金属氧化物(如氧化亚铁):

$$ZnCl_2 + H_2O = H[ZnCl_2(OH)]$$
$$FeO + 2H[ZnCl_2(OH)] = Fe[ZnCl_2(OH)]_2 + H_2O$$

所以 $ZnCl_2$ 可做焊药,用于清除金属表面的氧化物,便于焊接。

(3) 氯化汞($HgCl_2$)　$HgCl_2$ 俗称升汞,是白色针状晶体,微溶于水,有剧毒,内服 0.2~0.4 g 即可使人死亡。但 $HgCl_2$ 的极稀溶液有杀菌作用,可用作外科消毒剂。$HgCl_2$ 是典型的共价分子,熔点较低,易升华,在水溶液中很少解离,但 $HgCl_2$ 可溶于氨水并形成白色沉淀:

$$HgCl_2 + 2NH_3 = Hg(NH_2)Cl\downarrow + NH_4Cl$$

$HgCl_2$ 在酸性溶液中有较强的氧化性,可与一些还原剂(如 $SnCl_2$)作用:

$$2HgCl_2 + SnCl_2 + 2HCl = Hg_2Cl_2\downarrow + H_2SnCl_6$$

当 $SnCl_2$ 过量时,Hg_2Cl_2 进一步被还原为金属 Hg,沉淀变黑:

$$Hg_2Cl_2 + SnCl_2 + 2HCl === 2Hg\downarrow + H_2SnCl_6$$

利用上述反应,在分析化学中用来检验 Hg^{2+} 或 Sn^{2+}。

(4) 氯化亚汞(Hg_2Cl_2)　Hg_2Cl_2 为白色难溶性的晶状化合物,无毒、微带甜味,俗称甘汞,在医药上用作泻剂和利尿剂,实验室中用以制甘汞电极。Hg_2Cl_2 见光会缓慢分解,使 Hg_2Cl_2 的颜色变黑,因此应保存于棕色瓶中。

$$Hg_2Cl_2 \xrightarrow{光} HgCl_2 + Hg$$

将 Hg 和 $HgCl_2$ 固体一起研磨,可制得白色的 Hg_2Cl_2。

$$HgCl_2 + Hg === Hg_2Cl_2$$

在 Hg_2Cl_2 中加入氨水,则立即变黑:

$$Hg_2Cl_2 + 2NH_3 === Hg(NH_2)Cl\downarrow + Hg\downarrow + NH_4Cl$$

此反应常用于检验 Hg_2^{2+} 的存在。

2. 铬的重要化合物

(1) 铬(Ⅲ)的化合物　铬(Ⅲ)的化合物种类较多,下面简单介绍几种。

① 氢氧化铬($Cr(OH)_3$)　在铬(Ⅲ)盐中加适量 NaOH 或氨水可得灰蓝色胶状 $Cr(OH)_3$ 沉淀:

$$Cr^{3+} + 3OH^- === Cr(OH)_3\downarrow$$

$Cr(OH)_3$ 和 $Al(OH)_3$ 相似,有明显的两性,在溶液中存在下列平衡:

$$Cr^{3+} + 3OH^- \rightleftharpoons Cr(OH)_3 \rightleftharpoons CrO_2^- + H^+ + H_2O$$
　(紫色)　　　　　　　　(灰蓝色)　　(绿色)

因此,$Cr(OH)_3$ 与酸作用生成铬(Ⅲ)盐,与碱作用生成亚铬酸盐:

$$Cr(OH)_3 + 3HCl === CrCl_3 + 3H_2O$$

$$Cr(OH)_3 + NaOH === NaCrO_2 + 2H_2O$$

② 铬(Ⅲ)盐和亚铬酸盐　重要的铬(Ⅲ)盐有铬钾矾 $KCr(SO_4)_2·12H_2O$ 和硫酸铬。硫酸铬有 $Cr_2(SO_4)_3·18H_2O$(紫色)、$Cr_2(SO_4)_3·6H_2O$(绿色)和 $Cr_2(SO_4)_3$(桃红色),它们都易溶于水。

铬(Ⅲ)盐在碱性溶液中有较强的还原性,能被 H_2O_2、Na_2O_2 氧化成铬(Ⅵ)酸盐,

$$2CrO_2^- + 3H_2O_2 + 2OH^- === 2CrO_4^{2-} + 4H_2O$$
(绿色)　　　　　　　　　　　　(黄色)

此反应常用于鉴定 Cr^{3+} 的存在。

在酸性溶液中,铬(Ⅲ)的还原性很弱,只有用过硫酸铵、高锰酸钾等很强的氧化剂才能将 Cr(Ⅲ)氧化成 Cr(Ⅵ)。

$$2Cr^{3+} + 3S_2O_8^{2-} + 7H_2O \xrightarrow{\triangle} Cr_2O_7^{2-} + 6SO_4^{2-} + 14H^+$$

$$10Cr^{3+} + 6MnO_4^- + 11H_2O \xrightarrow[\triangle]{Ag^+催化} 5Cr_2O_7^{2-} + 6Mn^{2+} + 22H^+$$

铬钾矾在鞣革、纺织等工业上有广泛的用途。工业上利用亚铬酸盐在碱性介质中的还原性从铬铁矿中生产铬酸盐。

(2) 铬(Ⅵ)的化合物　Cr(Ⅵ)的化合物都有颜色和较大毒性,例如 CrO_3 呈暗红色、

$Cr_2O_7^{2-}$ 呈橙红色、CrO_4^{2-} 呈黄色等。它们常见的化合物是含氧酸盐,如 $K_2Cr_2O_7$、$Na_2Cr_2O_7$、K_2CrO_4、Na_2CrO_4。

① 三氧化铬(CrO_3)　用浓硫酸与重铬酸钾晶体作用可生成 CrO_3。

CrO_3 为暗红色晶体,易溶于水,有毒。CrO_3 是一种强氧化剂,遇有机物质即燃烧甚至爆炸,如乙醇与 CrO_3 接触即发生猛烈反应以致着火。

CrO_3 溶于水生成铬酸 H_2CrO_4,溶液呈黄色,因此,称 CrO_3 为铬酸酐。H_2CrO_4 是强酸,酸度接近硫酸,但不稳定,只能存在于溶液中。CrO_3 也可与水反应生成重铬酸($H_2Cr_2O_7$)。

② 铬酸盐　铬酸盐中常见的有铬酸钾(K_2CrO_4)和铬酸钠(Na_2CrO_4),它们都是黄色的晶状固体。碱金属和铵的铬酸盐易溶于水,其他金属的铬酸盐大多难溶于水。例如,在含有 Ba^{2+}、Pb^{2+}、Ag^+ 的溶液中加入可溶性铬酸盐溶液时,可得不同颜色的沉淀:

$$Pb^{2+} + CrO_4^{2-} = PbCrO_4 \downarrow (黄色)$$
$$2Ag^+ + CrO_4^{2-} = Ag_2CrO_4 \downarrow (砖红色)$$

实验室常用上述反应鉴定 Ba^{2+}、Pb^{2+}、Ag^+ 及 CrO_4^{2-} 的存在。

③ 重铬酸盐　重要的重铬酸盐有 $K_2Cr_2O_7$(俗称红矾钾)和 $Na_2Cr_2O_7$(俗称红矾钠),它们都是橙红色晶体,有毒,均能溶于水中,低温下,钾盐的溶解度最小。

在酸性溶液中,$Cr_2O_7^{2-}$ 有很强的氧化性,而在碱性溶液中 $Cr_2O_7^{2-}$ 的氧化性很弱。因此,在酸性介质中,$K_2Cr_2O_7$ 能与 H_2S、HI、Fe^{2+}、SO_3^{2-} 等许多还原性物质发生反应,本身被还原成铬(Ⅲ)盐。例如:

$$Cr_2O_7^{2-} + 6Fe^{2+} + 14H^+ = 2Cr^{3+} + 6Fe^{3+} + 7H_2O$$

分析化学中常利用此反应测定铁含量。加热时,$K_2Cr_2O_7$ 与浓盐酸反应,放出 Cl_2:

$$Cr_2O_7^{2-} + 6Cl^- + 14H^+ = 2Cr^{3+} + 3Cl_2 \uparrow + 7H_2O$$

需要指出的是,重铬酸盐大都易溶于水。由于 $Cr_2O_7^{2-}$ 与 CrO_4^{2-} 在溶液中存在着如下平衡关系:

$$2CrO_4^{2-} + 2H^+ \rightleftharpoons Cr_2O_7^{2-} + H_2O$$

当向含 $Cr_2O_7^{2-}$ 的溶液中加入 Ba^{2+}、Pb^{2+}、Ag^+ 时,将生成相应的铬酸盐沉淀,而不是重铬酸盐。

$K_2Cr_2O_7$ 饱和溶液与浓硫酸的混合液称为铬酸洗液,它有很强的氧化性,在实验室中常用于洗涤玻璃器皿上附着的油污,但当溶液变为暗绿色时,洗液失效。在工业上 $K_2Cr_2O_7$ 大量用于鞣革、印染、电镀和医药等方面。

3. 锰的重要化合物

锰可形成多种氧化态,最高氧化态为 +7,还有 +6、+4、+2、+3 等,其中以氧化数为 +2、+4、+7 的化合物最重要。各种氧化态的锰在一定条件下可以相互转变。

(1) 锰(Ⅱ)的化合物　在中性或酸性溶液中,Mn(Ⅱ)的氧化还原性都很弱,能稳定存在,是锰的最稳定氧化态;而在碱性溶液中,Mn(Ⅱ)不稳定,很易被氧化为 Mn(Ⅳ)。例如,在酸性溶液中,要将 Mn^{2+} 氧化,需在加热下用 $(NH_4)_2S_2O_8$、$NaBiO_3$ 等强氧化剂才可氧化。

$$2Mn^{2+} + 5NaBiO_3 + 14H^+ = 2MnO_4^- + 5Na^+ + 5Bi^{3+} + 7H_2O$$

由于 MnO_4^- 是紫红色的,这一反应常用来检验溶液中是否存在微量的 Mn^{2+}。

向 Mn(Ⅱ)盐溶液中加入强碱,可析出白色 $Mn(OH)_2$,它在碱性介质中不稳定,与空气一接触,立即被空气中的氧氧化成棕色的 $MnO(OH)_2$。

$$Mn^{2+} + 2OH^- \Longrightarrow Mn(OH)_2 \downarrow (白色)$$

$$2Mn(OH)_2 + O_2 \Longrightarrow 2MnO(OH)_2 (棕色)$$

故 Mn(Ⅱ)在中性或酸性介质中稳定,在碱性介质中不稳定。

除 MnS、$Mn_3(PO_4)_2$、$MnCO_3$ 弱酸盐难溶于水外,多数 Mn(Ⅱ)盐如 MnX_2、$MnSO_4$、$Mn(NO_3)_2$ 等强酸盐都易溶于水。在水溶液中,Mn^{2+} 以淡红色水合离子的形式 $[Mn(H_2O)_6]^{2+}$ 存在。从溶液中析出的 Mn(Ⅱ)盐是带结晶水的粉红色晶体。例如,$MnSO_4 \cdot 7H_2O$、$MnCl_2 \cdot 4H_2O$、$Mn(NO_3)_2 \cdot 6H_2O$、$Mn(ClO_4)_2 \cdot 6H_2O$ 等。

硫酸锰是最重要的锰(Ⅱ)盐,无水 $MnSO_4$ 是白色固体,热稳定性很高,强热时也不易分解。

(2) 锰(Ⅳ)的化合物 最重要的锰(Ⅳ)的化合物是二氧化锰。MnO_2 是一种黑色粉末状物质,难溶于水,既有氧化性又有还原性,在中性溶液中较稳定。

酸性介质中,MnO_2 是一种强氧化剂,本身被还原为 Mn^{2+}。例如,MnO_2 与浓盐酸作用,有 Cl_2 放出。

$$MnO_2 + 4HCl(浓) \xrightarrow{\triangle} MnCl_2 + Cl_2 \uparrow + 2H_2O$$

实验室常用此反应制备氯气。

碱性介质中,MnO_2 可被氧化剂氧化成 Mn(Ⅵ)。例如 MnO_2 与 KOH 混合,在空气中加热熔融,或在碱性介质中与 $KClO_3$、KNO_3 等氧化剂一起加热熔融,都可以得到绿色的锰酸钾(K_2MnO_4):

$$2MnO_2 + 4KOH + O_2 \xrightarrow{熔融} 2K_2MnO_4 + 2H_2O$$

$$3MnO_2 + 6KOH + KClO_3 \xrightarrow{熔融} 3K_2MnO_4 + KCl + 3H_2O$$

MnO_2 的氧化性、还原性,特别是氧化性,使它在工业上有很重要的用途。MnO_2 是常用的氧化剂,也是制备锰(Ⅱ)盐的基本原料。MnO_2 大量用于制造干电池,在玻璃、陶瓷、火柴、油漆等工业上都有应用。

(3) 锰(Ⅶ)的化合物 锰(Ⅶ)化合物中最重要的是高锰酸钾。$KMnO_4$ 为深紫色晶体,易溶于水,水溶液为紫红色。

$KMnO_4$ 溶液不太稳定,在酸性溶液中能缓慢分解:

$$4MnO_4^- + 4H^+ \Longrightarrow 4MnO_2 \downarrow + 3O_2 \uparrow + 2H_2O$$

在中性或微碱性溶液中,这种分解较为缓慢。光对 $KMnO_4$ 的分解有催化作用,所以配制好的 $KMnO_4$ 溶液常保存在棕色瓶里。

$KMnO_4$ 固体的热稳定性较差,加热到 200 ℃ 以上即分解放出氧气,是实验室制备氧气常用的方法。

$$2KMnO_4 \xrightarrow{\triangle} K_2MnO_4 + MnO_2 + O_2 \uparrow$$

$KMnO_4$ 是常用的强氧化剂,它的还原产物因介质的酸碱性不同而不同。

在酸性溶液中，MnO_4^- 被还原为 Mn^{2+}，是很强的氧化剂，例如：
$$2MnO_4^- + 5SO_3^{2-} + 6H^+ = 2Mn^{2+} + 5SO_4^{2-} + 3H_2O$$

在中性或接近中性的溶液中，MnO_4^- 被还原成 MnO_2 沉淀，例如：
$$2MnO_4^- + 3SO_3^{2-} + H_2O = 2MnO_2\downarrow + 3SO_4^{2-} + 2OH^-$$

在强碱性溶液中，MnO_4^- 被还原成绿色的锰酸根离子 MnO_4^{2-}，例如：
$$2MnO_4^- + SO_3^{2-} + 2OH^- = 2MnO_4^{2-} + SO_4^{2-} + H_2O$$

在工业和实验室中，$KMnO_4$ 是重要和常用的氧化剂。$KMnO_4$ 与有机物或易燃物混合，易发生燃烧或爆炸。粉末状的 $KMnO_4$ 与 90% H_2SO_4 溶液反应，生成绿色油状的高锰酸酐，它在常温下就能分解而爆炸。此外，$KMnO_4$ 的稀溶液还常用作消毒剂。

知识拓展

含有害金属废水的处理

在化工、冶金、电子、电镀等生产部门排放的废水中，常常含有一些有害的金属元素（离子），如汞、镉、铬、铅等。这些金属元素能在生物体内积累，具有很大的危害性。

汞及其化合物能通过气体、饮水和食物进入人体。汞极易在中枢神经、肝脏及肾脏内蓄积。少量汞离子进入血液中，就会使肾功能遭受破坏。汞中毒的主要症状为情绪不稳、四肢麻痹、齿龈和口腔发炎、唾液增多等。

水中的镉能被水底贝类动物或植物吸收，人们吃了含镉的动物或植物后，镉就进入人体内，积累到一定量后就会导致中毒。Cd^{2+} 能代换骨骼中的 Ca^{2+}，会引起骨质疏松和骨质软化等症，使人感到骨骼疼痛，即"骨痛病"。

在铬的化合物中，Cr(Ⅲ)是一种蛋白质的凝聚剂，能造成人体血液中的蛋白质沉淀。废水中的铬通常以 Cr(Ⅵ) 化合物的形式存在。Cr(Ⅵ) 能引起贫血、肾炎、神经炎和皮肤溃疡等疾病，还被认为是致癌物质。Cr(Ⅵ) 对农作物和微生物也有很大的毒害作用。

铅和可溶性铅盐都有毒。铅可引起人体神经系统和造血系统等组织中毒，造成精神迟钝、贫血等症状，严重时可以致死。因此对有害金属含量超标的废水必须进行处理。处理含有害金属离子废水的方法通常有沉淀法、氧化还原法、离子交换法等。

1. **沉淀法** 在含有害金属离子的废水中加入沉淀剂，使有害金属离子生成难溶于水的沉淀而除去。这种方法既经济又有效，是除去水中有害金属离子的常用方法。例如，在含铅废水中加入石灰作沉淀剂，可使 Pb^{2+} 生成 $Pb(OH)_2$ 和 $PbCO_3$ 沉淀而除去。又如，当废水中仅含有 Cd^{2+} 时，可采用加碱或可溶性硫化物的方法使 Cd^{2+} 形成 $Cd(OH)_2$ 或 CdS 沉淀析出。

2. **氧化还原法** 利用氧化还原反应将废水中的有害物质转变为无毒物质、难溶物质或易于除去的物质，这是废水处理中的重要方法之一。例如，在含铬废水中加入硫酸亚铁或亚硫酸氢钠，可将 $Cr_2O_7^{2-}$ 还原为 Cr^{3+}；再加入便宜的石灰调节溶液的 pH,使 Cr^{3+} 转化为 $Cr(OH)_3$ 沉淀而除去。$Cr(OH)_3$ 也可经灼烧生成氧化物以回收。

3. **离子交换法** 离子交换法是借助于离子交换树脂进行的废水处理方法。离子交换树脂是一类人工合成的不溶于水的高分子化合物,分为阳离子交换树脂和阴离子交换树脂。两者分别含有能与溶液中阳离子和阴离子发生交换反应的离子。例如,磺酸型阳离子交换树脂 $R—SO_3^- H^+$ 能以 H^+ 与溶液中的阳离子交换;带有碱性交换基团的阴离子交换树脂 $R—NH_3^+ OH^-$ 能以 OH^- 与溶液中的阴离子交换。当含有害金属离子的废水流经离子交换树脂时,有害金属离子可被交换到树脂上,因此能达到净化的目的。含汞、镉、铅等有害金属离子的废水可以用阳离子交换树脂进行处理;含 $Cr(Ⅵ)$ 废水可以用阴离子交换树脂进行处理。

处理含有害金属离子废水的方法还有电解法、活性炭吸附法、反渗透法、电渗析法、生化法等。

本章小结

1. 知识系统网络

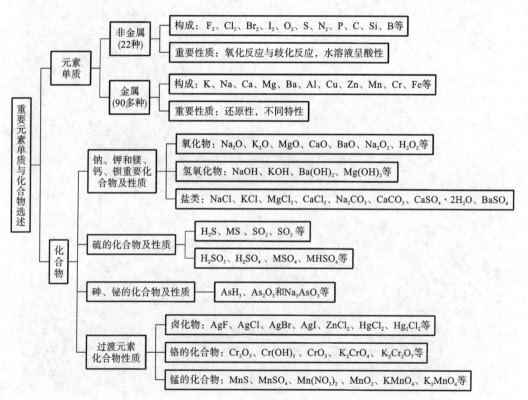

2. 学习方法概要

本章的内容是重要元素及其化合物的结构、性质、特点及应用等基础知识,内容略显烦琐、规律性不强。学习中要注意元素单质及化合物的性质与结构密切相关,要从结构中理解性质,不同物质的性质既注重差异性,又要建立关联性,对一些重要的单质及化合物的性质、反应方程式、用途等要理解地记忆,学习理论要联系实际。

目标检测

一、选择题(将每题一个正确答案的标号选出)

1. 与碱土金属相比,碱金属表现出(　　)。
   A. 较大的硬度　　B. 较高的熔点　　C. 较低的电离能　　D. 较小的离子半径

2. 常温下,不与水反应的金属是(　　)。
   A. Na　　B. Rb　　C. Ca　　D. Mg

3. 镁和铝都属于(　　)。
   A. 有色金属　　B. 贵重金属　　C. 轻金属　　D. 稀有金属

4. 配制 $SnCl_2$ 溶液时,必须加入(　　)。
   A. 足够量的水　　B. 盐酸　　C. 碱溶液　　D. 氯气

5. 室温下,锌粒不能从下列物质中置换出氢气的是(　　)。
   A. HCl 溶液　　B. NaOH 溶液　　C. 稀 H_2SO_4　　D. 水

6. 下列离子中能与 I^- 发生氧化还原反应的是(　　)。
   A. Zn^{2+}　　B. Hg^{2+}　　C. Cu^{2+}　　D. Ag^+

7. 含有下列各组离子的溶液与 Na_2S 溶液反应,不生成黑色沉淀的是(　　)。
   A. Fe^{2+}、Bi^{3+}　　B. Cd^{2+}、Zn^{2+}　　C. Al^{3+}、Cu^{2+}　　D. Mn^{2+}、Pb^{2+}

二、填空题

1. 卤素原子在反应中容易_____电子,是活泼的_____元素,但从氟到碘,原子半径_____,所以元素的非金属性_____,其中_____氧化性最强,而卤化氢中_____是最强的还原剂。

2. 长期放置的氯水,滴入 KI 淀粉溶液后,现象是_____,原因是_____。

3. 氯气是_____色气体,它的水溶液称为_____,其中含有_____,它有_____作用。

4. 下列气体 H_2S、HCl、NH_3、CO_2、O_2,可用浓 H_2SO_4 干燥的是_____。

三、是非题(对的打√,错的打×)

1. 金属阳离子在氧化还原反应中,有的既可作氧化剂,也可作还原剂。(　　)

2. 氟、氯、溴、碘都可溶于水放出氧气,都可作为氧化剂使用。(　　)

3. $KMnO_4$ 在酸性溶液中的氧化能力比其在碱性溶液中强。(　　)

4. H_2O_2 既有氧化性,又有还原性,是实验室常用的一种试剂。(　　)

四、问答题

1. 用盐酸处理 $Fe(OH)_3$、$Co(OH)_3$、$Ni(OH)_3$ 三种沉淀,分别有何现象?写出化学反应方程式。

2. 现有 $SnCl_2$、$AgNO_3$、$Hg(NO_3)_2$ 三瓶失去标签的无色溶液,不用其他试剂通过实验贴上标签。

3. 解释下列问题

(1) 商品氢氧化钠中为什么常含有 Na_2CO_3,如何检验并除去?

(2) 金属铝是活泼金属,但室温下铝在空气和水中很稳定。

(3) 在配制 $FeSO_4$ 溶液时,为什么要加 H_2SO_4 和铁钉。

(4) I_2 难溶于纯水却易溶于 KI 溶液;

4. 湿润的淀粉碘化钾试纸遇到 Cl_2 显蓝紫色,但该试纸继续与 Cl_2 接触,蓝紫色又会褪去。用相关的反应式解释上述现象。

五、完成并配平下列反应方程式

(1) $Na_2O_2 + CO_2 \longrightarrow$

(2) $Cr_2O_7^{2-} + I^- + H^+ \longrightarrow$

(3) $Cl_2 + KOH(冷) \longrightarrow$

(4) $H_2O_2 + KI + H_2SO_4 \longrightarrow$

(5) $KNO_2 + KMnO_4 + H_2SO_4 \longrightarrow$

(6) $SiO_2 + HF \longrightarrow$

六、推断题

某一化合物 A 溶于水后得一浅蓝色溶液,在 A 溶液中加入 NaOH 溶液可得到浅蓝色沉淀 B。B 能溶于 HCl 溶液,也能溶于氨水;A 溶液通入 H_2S 有黑色沉淀 C 生成;C 难溶于 HCl 溶液而易溶于热的浓 HNO_3 中。在 A 溶液中加入 $Ba(NO_3)_2$ 溶液,无沉淀生成,而加入 $AgNO_3$ 溶液时有白色沉淀 D 生成,D 也能溶于氨水。试判断 A、B、C、D 各为何物,写出有关的化学反应方程式。

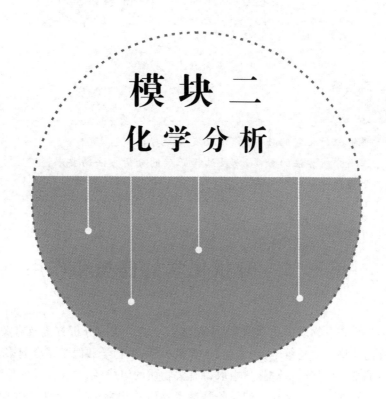

模块二
化学分析

第一章 分析化学概述

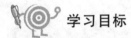 学习目标

1. 了解分析化学的任务、作用及发展趋势；
2. 掌握分析方法的分类，以及选择正确的分析方法的要求；
3. 掌握试样分析的一般程序。

第一节 分析化学的任务和作用

分析化学是获取物质的化学信息,研究物质化学组成的分析方法及有关理论的一门科学。分析化学将化学与数学、物理学、计算机科学、生物学和医学结合起来,通过各种各样的方法和手段,得到分析数据,从中取得有关物质的组成、结构和性质的信息,从而揭示物质世界构成的真相。分析化学的任务是鉴定物质的化学组成(定性分析)、测定有关组分的相对含量(定量分析),以及确定物质的分子结构(结构分析)。

分析化学是化学领域的一个重要分支,它不仅对化学各学科的发展起重要作用,而且在医药卫生、工业、农业、国防、资源开发等许多领域都起着非常重要的作用。分析化学是许多专业的一门重要的专业基础课,常要应用分析化学的理论、方法及技术来解决各门学科中的某些问题。例如,临床医学中用于诊断和治疗的临床检验,职业中毒检验,营养成分分析,药物成分含量的测定,新药的药物分析,水中三氮(NH_3、HNO_2、HNO_3)的测定,水中有毒物质(Pb、Hg、HCN 等)的测定,食品、蔬菜等中的维生素 C 的测定,农药残留量的检测,以及产品质量检测、三废处理等,都与分析化学有着密切的关系。

总之,现代分析化学已成为与很多密切相关的分支学科交织起来的一个体系,它不仅影响着人类物质文明和社会财富的创造,而且影响着解决有关人类生存(如环境生态等)

和政治决策(如资源、能源开发等)的重大社会问题。

第二节　分析方法的分类

分析化学的内容十分丰富,按照不同的分类方法,可将分析化学方法归属于不同类别。按照分析任务(或目的)分类,可分为定性分析、定量分析、结构分析;按照分析对象分类,可分为无机分析和有机分析;按照分析方法的原理分类,可分为化学分析与仪器分析;按照试样用量分类,可分为常量分析、半微量分析、微量分析、超微量分析等。

1. 定性、定量、结构分析

定性分析的任务是鉴定物质是由哪些元素、离子、基团或化合物组成的;定量分析的任务是测定试样中各组分的相对含量;结构分析的任务是确定物质的分子结构或晶体结构。

在实际工作中,首先必须了解物质的组成,然后根据测定的要求,选择恰当的定量分析方法确定该组分的相对含量。因此,定性分析与定量分析应该是统一的,相互补充的。对于新发现的化合物,还需要进行结构分析,确定物质的分子结构。对于复杂体系则需要先分离,然后进行定性分析及定量分析。

2. 无机分析与有机分析

无机分析的对象是无机物,由于组成无机物的元素多种多样,因此在无机分析中要求鉴定试样是由哪些元素、离子、原子团或化合物组成的,以及各组分的相对含量。这些内容分别属于无机定性分析和无机定量分析。

有机分析的对象是有机物,虽然组成有机物的元素并不多(主要为碳、氢、氧、氮、硫等),但化学结构却很复杂,不仅需要鉴定元素组成,更重要的是进行官能团、空间结构等的分析。

两者分析对象不同,对分析的要求和使用的方法多有不同。针对不同的分析对象,还可以进一步分类,如环境分析、药物分析、生物分析等。

3. 化学分析与仪器分析

化学分析是以物质的化学反应为基础的分析方法。它历史悠久,是分析化学的基础,故又称经典分析方法,包括重量分析(重分析)和滴定分析(容量分析)两大类。

重量分析法和滴定分析法主要用于常量组分(待测组分的质量分数在1%以上)的测定。化学分析法使用的仪器、设备简单,常量组分分析结果准确度高,但对于微量和痕量(<0.01%)组分分析,灵敏度低、准确度不高。

仪器分析是以物质的物理或物理化学性质为基础,并借助于特定仪器来确定待测物质的组成、结构及含量的分析方法。它包括光学分析法、电化学分析法及色谱分析法等。仪器分析法的特点是操作简单、快速、灵敏、准确,所需试样量少等。该分析方法适合于微量、痕量成分分析,但对常量组分准确度低。

4. 常量、半微量、微量、超微量分析

根据被分析的组分在试样中的相对含量的高低,可分为常量组分(>1%)分析、微量组分(0.01%~1%)分析、痕量组分(<0.01%)分析和超痕量组分(约0.0001%)分析等。分类如表2-1-1所示。

表 2-1-1 基于试样用量的分析方法分类

方法	试样质量/mg	试样体积/mL
常量分析	>100	>10
半微量分析	10~100	1~10
微量分析	0.1~10	0.01~1
超微量分析	<0.1	<0.01

在无机定性分析中,多采用半微量分析方法;在化学定量分析中,一般采用常量分析法。进行微量分析及超微量分析时,多需要采用仪器分析方法。

分析化学的分类方法除以上分类外,还有例行分析和仲裁分析。一般分析实验室对日常生产流程中的产品质量指标进行检查控制的分析称为例行分析。例如,药厂及化工厂化验室的日常分析工作。不同企业部门间对产品质量和分析结果有争议时,请权威的分析测试部门(如一定级别的药检所或法定检验单位)进行裁判,以仲裁原分析结果是否正确的分析方法,称为仲裁分析。

5. 分析方法的选择

分析方法很多,特点不同,适用范围也不同,在实际工作中应正确选择。一般对分析方法的选择通常应考虑以下几方面:

(1) 测定的具体要求,待测组分及其含量范围,预测组分的性质;

(2) 获取共存组分的信息并考虑共存组分对测定的影响,拟定合适的分离富集方法,以提高分析方法的选择性;

(3) 对测定准确度、灵敏度的要求与对策;

(4) 现有条件、测定成本及完成测定的时间要求等。

第三节 试样分析的一般程序

试样分析的程序主要包括:取样、试样分解、定性鉴定、除杂去干扰、含量测定、计算与报告分析结果等步骤。

1. 取样

取样要科学、真实,取出的试样要有代表性和均匀性。在实际工作中,分析的对象往往是较多量的,且不均匀,而分析时所取的试样量一般不到1g,所以取样的基本原则应该是均匀、合理,否则以下分析无论做得怎样认真、准确,所得结果也毫无意义。

对于气体样品,一般采用减压法、真空法、流入换气法等将气体试样直接导入适当的容器;也可用适当的溶剂或固体吸附剂吸附富集气体。

对于液体试样,应在不同出水点、不同深度、不同位置,多点取样,混合均匀,以得到具有代表性的试样。

对于固体试样,一般采用多点取样(不同部位,不同深度),然后将各点取得的样品粉碎并混合均匀,再用四分法取得试样。所谓四分法,是将混合均匀的试样堆成圆锥形,将顶略微压平,通过中心分四等份,把任意对角两份弃去,留下的两份继续缩分,直到达到所需量为止,如图 2-1-1 所示。

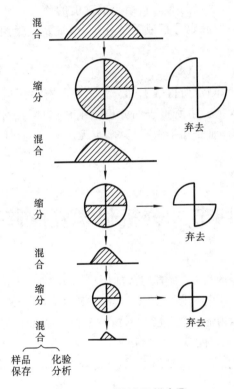

图 2-1-1 四分法取样步骤

固体取样量一般为 10～1000 g;液体样品一般是先将其混合均匀,然后从中部取样,取样量一般为 10～100 mL。

2. 试样分解

定性分析中,一般多用湿法分析,通常要求将试样转入溶液中,然后进行测定。根据试样性质的不同,采用不同的溶解方法。最简便的是水溶法,也常采用酸溶法、碱熔法或熔融法。

在试样分解的过程中,应注意以下几点:①试样分解必须完全;②分解过程中待测组分不应损失;③不能从外部引入待测组分和干扰物质;④试样分解最好与分离干扰元素相结合。

3. 定性鉴定

根据试样组成的理化性质采用化学分析法和仪器分析法确定试样中的组分。主要任务是确定分析对象的化学组成,只有确定物质的组成后,才能选择适当的分析方法进行定量分析。如果只是为了检测某种离子或元素是否存在,为分别分析;如果需要经过一系列反应去除其他干扰离子、元素或要求了解有哪些其他离子、元素存在,为系统分析。

4. 除杂去干扰

在实际测定中,所遇到的样品往往存在许多干扰组分,应设法消除。掩蔽是一种较简单的办法。若没有合适的掩蔽方法则需要进行分离。

5. 含量测定

根据分析对象的性质、含量与对分析结果准确度的要求,选用合适的测定方法。如常量组分多采用准确度较高的滴定分析或重量分析,微量及痕量组分多采用灵敏度较高的仪器分析。

6. 计算与报告分析结果

根据所取试样的质量,测定所得数据和分析过程中有关化学反应的计量关系,计算并报告试样中有关组分的含量。由所报告的分析结果,可以看出分析方法的准确性。如果这一步计算或报告不准确,前面几步做得再好,也无济于事,而且,由于不准确的计算和报告,还可能造成重大损失。

第四节　分析化学发展趋势

分析化学是一门古老的科学,有着悠久的历史,其起源可追溯到古代炼金术。当时人们依靠感官和双手进行分析与判断。到16世纪出现了第一个使用天平的试金实验室,才使分析化学开始赋有科学内涵。19世纪末,虽然分析化学由鉴定物质组成的化学定性手段与定量技术所组成,但还只能算是一门技术。

20世纪以来,由于现代科学技术的发展,相邻学科间的相互渗透,使分析化学的发展经历了三次巨大变革。

第一次变革在20世纪初,分析化学建立了溶液四大平衡理论,即酸碱平衡、氧化还原平衡、配位平衡及溶解平衡,才使分析化学由一门技术发展成为一门科学。

第二次变革在第二次世界大战后至20世纪60年代,一些简便、快速的仪器分析方法取代了烦琐费事的经典分析方法,分析化学从以化学分析法为主的经典分析化学,发展到以仪器分析法为主的现代分析化学。

第三次变革是由20世纪70年代末至20世纪末,随着生产和现代科学技术的发展,现代分析化学已不只限于测定物质的组成和含量,而是要对物质的形态(如价态、配位态、晶型等)、结构(空间分布)、微区、薄层、化学活性和生物活性等做出瞬时跟踪监测,实现无损分析、在线监测分析和过程控制等。

今后,分析化学将主要在生物、医学、药物、环境、能源、材料、安全等前沿领域,继续沿着高灵敏度(达分子级、原子级水平)、高选择(复杂体系)、准确、快速、简便、经济、分析仪器自动化、数字化、计算机化和信息化的纵深方向发展,以解决更多、更新、更复杂的课题。在不断发展变化的大千世界中,分析化学将进一步发挥着重要作用。

本章小结

1. 知识系统网络

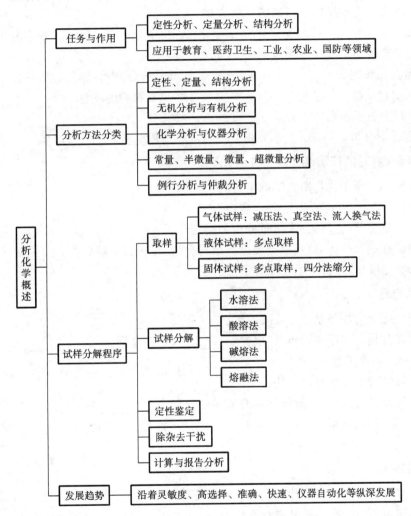

2. 学习方法概要

分析化学是化学领域的一个重要分支,主要对物质进行定性分析、定量分析及结构分析。在学习中,首先要掌握分析方法的分类,能够正确的选择合适的方法对物质进行分析;其次要掌握试样分解的一般程序,对不同状态的样品采用不同的取样方法,了解并掌握试样分解时的注意事项。

目标检测

一、选择题（将每题一个正确答案的标号选出）

1. 按被测组分含量来分,分析方法中常量组分分析指含量(　　)。
   A. <0.1%　　　B. >0.1%　　　C. <1.0%　　　D. >1.0%

2. 若被测组分含量在0.01%~1%,则对其进行分析属于(　　)。
   A. 微量分析　　　B. 微量组分分析　　　C. 痕量组分分析　　　D. 半微量分析

3. 以物质的化学反应为基础的分析方法,属于(　　)。
   A. 仪器分析　　　B. 色谱分析　　　C. 化学分析　　　D. 物理分析

4. 化学分析的三大任务不包括(　　)。
   A. 鉴定物质组成　　　　　　　　　　B. 测定试样中各组分的相对含量
   C. 确定物质的分子结构　　　　　　　D. 观察物质的颜色

5. 仪器分析不包括(　　)。
   A. 电化学分析　　　B. 光学分析　　　C. 色谱分析　　　D. 重量分析

二、判断题（对的打√,错的打×）

1. 分析化学属于化学四大基础学科之一。(　　)
2. "分析"被称为工农业生产的"眼睛"。(　　)
3. 化学定量分析又可分为重量分析和滴定分析。(　　)
4. 对试样进行分析时,一般是先进行结构分析,再进行定性分析。(　　)
5. 20世纪以来,分析化学已经历了三次巨大变革。(　　)

三、填空题

1. 分析化学的任务是_____、_____和_____。
2. 试样分析的程序主要包括:取样、_____、定性鉴别、_____、_____及计算与报告分析结果等步骤。
3. 溶解试样的方法有水溶法、_____、_____、_____。
4. 取样时,固体试样与液体试样的取样量分别为_____和_____。
5. 根据试样用量的多少,分析方法可分为常量分析、_____、微量分析和_____。

四、问答题

1. 分解试样时应注意些什么?
2. 如何对不同状态的样品进行取样?
3. 分析方法如何分类?选择分析方法时应考虑哪些方面?

五、名词解释

1. 化学分析法
2. 仪器分析法
3. 半微量分析

第二章 定性分析简介

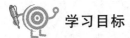
学习目标

1. 了解定性分析的任务及方法；
2. 掌握定性分析的一般步骤；
3. 熟悉几种常见离子的化学鉴别方法。

定性分析常是分析工作的起点和基础，没有定性分析或样品元素组成的信息，定量分析与结构分析是盲目的、毫无价值的。

第一节 概 述

定性分析的主要任务是确定物质所含的组分，组分常指元素、无机和有机官能团、化合物。如果只是为了检测某种离子或元素是否存在，为分别分析；如果需要经过一系列反应去除其他干扰离子、元素或要求了解有哪些其他离子、元素存在，为系统分析。

定性分析常在定量分析之前进行，它为设计或选择定量方法提供有用的信息；但并非所有的定量分析都必须事先进行定性分析，因为有时分析对象中含有哪些组分是已知的。

一、定性分析的方法

定性分析方法的分类，同分析化学总的分类方法一致。根据对象的不同，可分为无机定性分析和有机定性分析；根据分析手续的不同，可分为系统分析和分别分析；根据操作方式的不同，可分为干法分析和湿法分析；根据取样量的不同，可分为常量分析、半微量分析、微量分析和超微量分析。

1. 化学分析法

以物质的化学反应为基础的分析方法称为化学分析法。在定性分析中包括干法分析和湿法分析。

（1）干法分析　干法分析是将固体试样与固体试剂加热到高温或加以研磨进行反应，观察反应中的特殊现象以进行分析的方法。如焰色反应、熔珠试验等是根据火焰或熔珠的颜色不同，判断可能存在的离子。

干法分析一般只能鉴定少数几种元素，且方法不够完善，仅用于初步试验。

（2）湿法分析　湿法分析是指定性反应在水溶液中进行，物质间的反应是离子反应，鉴别的物质是离子，而不是化合物。

化学分析法一般采用半微量法，在离心管或点滴板上进行，有时在纸片上或玻片上进行。固体试样仅为几十毫克，液体试样为 1～2 mL。该类方法的优点是反应灵敏，快速，节省试剂，操作简单。

2. 仪器分析

仪器分析是指采用比较复杂或特殊的仪器设备，通过测量物质的某些物理或物理化学性质的参数及其变化来获取物质的化学组成、成分含量及化学结构等信息的一类方法。

仪器分析的分析对象一般是半微量（0.01～0.1 g）、微量（0.1～10 mg）、超微量（＜0.1 mg）组分的分析，灵敏度高。

20 世纪 70 年代以来，使用特殊仪器的定性分析方法发展很快，它们的优点是可以一次联测各种成分，既可用于定性分析，又可用于定量分析。

二、定性分析的基本要求

（1）试样必须要有代表性，必须注意试样来源和要求分析的项目。例如，在分析金属材料的表面镀层时，不应取基体部分作为试样。毫克量和微克量试样要用微量分析方法或微损分析方法。

（2）一个理想的定性分析方法要求操作简单、迅速，分析步骤越少越好，以免引入干扰物质。

（3）所用仪器以普通仪器为主。

（4）应根据具体要求和实验室的设备条件选择分析方法。各种方法都有优缺点，干法分析比较简单，但应用范围较窄。原子发射光谱法非常灵敏，且可以检出多种元素，但不能确定该元素以什么形态存在。点滴试验很灵敏、简便，但一些特殊的显色剂难以买到。

（5）检测各组分的同时，还须分析过程中的现象（如颜色深浅、沉淀量的多少）来估计各组分的大致含量，即它们是主量、中等量还是痕量。只说某一物料中含有铁、铝、钛、硅，这种分析的作用不大，因为这一结果无法判断这种物料究竟是含有铝、钛、硅的铁矿石，还是含有铁、钛、硅的铝合金或铝土矿，或者是含有铁、铝、硅的钛合金或钛矿石，或者是一种含铁、铝、钛的石英砂。

三、定性分析的反应

在定性分析过程中,可能进行的化学反应主要有以下三类。

(一) 鉴别反应

鉴别反应是指确定物质存在的特征化学反应,一般为离子反应。鉴别反应除了具备完全、快速和有选择性的特征外,还必须具备两个基本特点:第一,反应要有明显、可察觉和可判断的外观特点,即鉴别反应的外部效果;第二,反应必须是灵敏、迅速和比较彻底的,即鉴别反应的内部效果。其中内部效果是外部效果的基础,而外部效果是内部效果的反映,外部效果是鉴别反应的关键。

1. 鉴别反应的外观特征

鉴别反应的外观特征主要包括三个方面。

(1) 有颜色改变　即鉴别反应发生的前后反应体系的颜色发生了改变。例如,Fe^{2+}离子的鉴别反应

$$H_2O_2 + 2Fe^{2+} + 2H^+ = 2Fe^{3+} + 2H_2O$$

$$Fe^{3+} + 6SCN^- = Fe[(SCN)_6]^{3-}(血红色)$$

(2) 有沉淀生成或溶解　即鉴别反应发生时,体系产生了沉淀或者体系中原有的沉淀消失了。例如,Ag^+的鉴别反应

$$Ag^+ + Cl^- = AgCl\downarrow$$

$$AgCl + 2NH_3 = [Ag(NH_3)_2]^+ + Cl^-$$

在待检溶液加入Cl^-,根据产生了白色沉淀这一现象说明可能产生了$AgCl$、$PbCl_2$或Hg_2Cl_2,接着加入氨水,通过沉淀消失这一现象,则确定开始产生的白色沉淀是$AgCl$,因此才能检测出Ag^+的存在。

(3) 有气体生成　即鉴别反应发生时,反应体系中产生了气体,并可以根据气体的化学性质做进一步的鉴别,或借助嗅觉鉴别有特殊气味的气体。例如,NH_4^+的鉴别反应

$$NH_4^+ + OH^- = NH_3\uparrow + H_2O$$

NH_4^+遇强碱产生有刺激性气味的气体,该气体可使湿润的红色石蕊试纸变蓝。

2. 鉴别反应的条件

很多鉴别反应需要在一定的条件下进行,如果反应条件控制不到位,鉴定不明确,就可能产生错误的结论,因此控制鉴别反应的条件至关重要。鉴别反应的条件通常包括以下五个方面。

(1) 溶液中待检离子的浓度　溶液中待检离子的浓度必须足够大,这是鉴别反应具有明显外观特征的必要条件。

(2) 溶液的酸碱性　很多鉴别反应都需要特定的酸碱性环境,必须根据鉴别反应的原理,严格控制溶液的酸碱性条件。

(3) 反应温度　鉴别反应常受温度的影响,有的反应需要在常温下进行,而有的反应则需要在加热的条件下进行。因此,应根据鉴别反应的要求,严格控制鉴别反应体系的

温度。

(4) 溶剂　鉴别反应一般在水溶液中进行,但有时会遇到反应产物在水中的溶解度较大或不够稳定,此时需要加入适当的有机溶剂,使反应产物的溶解度降低或稳定性增强。例如,$CaSO_4$ 在水中的溶解度较大,如以生成 $CaSO_4$ 沉淀的形式分离或鉴定 Ca^{2+} 时,就需要向水溶液中加入乙醇以降低其溶解度。又如,若用 H_2O_2 将 $Cr_2O_7^{2-}$ 氧化成蓝色 H_2CrO_6,而 H_2CrO_6 在水溶液中很不稳定,这时可在溶液中加入戊醇,将 H_2CrO_6 萃取在戊醇中,增强其稳定性。

(5) 干扰物质的影响　某一定性反应能否成功鉴定某一离子,除上述诸因素外,还应考虑干扰物质是否存在。例如,用 H_2SO_4 沉淀 Ba^{2+},如果仅仅根据产生白色沉淀而断定有 Ba^{2+},不一定可靠,因为 Pb^{2+}、Sr^{2+}、Hg_2^{2+} 等离子也能生成类似的沉淀。以 NH_4SCN 鉴定 Fe^{3+} 时,F^- 不应存在,因 F^- 与 Fe^{3+} 生成稳定的 FeF_6^{3-},使溶液中的 Fe^{3+} 浓度大为降低,从而使鉴定反应无效。所以,鉴定前一定要除去干扰离子。

以上讨论的是反应进行的主要条件。除此之外,反应是否需要催化剂,试剂的选择或加入顺序,反应在何种器皿中进行更为灵敏等因素,都应加以注意。

(二) 掩蔽反应

在进行鉴别反应时,消除干扰物质的影响至关重要。方法之一就是加入掩蔽剂,例如,用 NH_4SCN 鉴定 Co^{2+} 时,Fe^{3+} 可与 SCN^- 生成 $[Fe(SCN)_6]^{3-}$ 红色配离子,而掩盖了 NH_4SCN 与 Co^{2+} 生成的 $[Co(SCN)_4]^{2-}$ 的天蓝色。此时如在溶液中加入 NaF,使 Fe^{3+} 生成更稳定的 FeF_6^{3-} 无色配离子而掩蔽起来,即可消除 Fe^{3+} 对 Co^{2+} 鉴定的干扰。这种能起掩蔽作用的反应,称为掩蔽反应。

(三) 分离反应

由于目前能应用的特效鉴别反应还不多,掩蔽剂的应用也很有限,因此当有多种离子共存时,为了避免彼此相互干扰,必须按一定的顺序加入试剂,将不同离子逐个分离,然后进行鉴别。例如,在含有 Ag^+、Zn^{2+}、Na^+ 的试液中加入 HCl 使 Ag^+ 生成 $AgCl$ 沉淀,然后即可将沉淀与溶液分开,实现 Ag^+ 与 Zn^{2+}、Na^+ 的分离。这样的反应,称为分离反应。

第二节　鉴定方法的灵敏性和选择性

一、鉴定方法的灵敏性

同一种离子,可能有几种鉴别反应。评价这些反应可以从不同的角度进行,而灵敏性如何是其中很重要的一项。灵敏性一般用最低浓度和检出限度来表示。

1. 最低浓度(ρ_B)

最低浓度是指在一定条件下，被检出离子能得出肯定结果的该离子的最低浓度（即低于这个浓度，就得不到肯定结果），一般用 ρ_B 或 $1:G$ 表示。ρ_B 的单位是 $\mu g \cdot mL^{-1}$，G 代表溶解 1 g 被鉴定离子的溶剂量(g)。

$$\rho_B G = 10^6$$

G 越大，ρ_B 越小，说明溶液越稀，鉴定方法或反应越灵敏。

2. 检出限量(m)

检出限量是指在一定条件下，某方法能检出该物质的最小质量 m，通常用微克(μg)表示。显然检出限量越小，鉴定方法或反应越灵敏。

3. 两种灵敏度间的关系

检出限量和最低浓度是相互联系的两个量，如果已知某方法或反应的最低浓度为 $1:G$，又知每次鉴定时所取的体积为 $V(mL)$，则检出限量 $m(\mu g)$ 可以按下式计算。

$$1:G = m \times 10^{-6} : V$$

$$m = \frac{V \times 10^6}{G} \tag{2-2-1}$$

通常表示某鉴定反应的灵敏度时，要同时指出其最低浓度和检出限量。在定性分析中，最低浓度低于 $1:1000000$ 或检出限量小于 $0.05\ \mu g$ 的鉴定反应，就是很灵敏的反应。

例 2-2-1 用 K_2CrO_4 试剂鉴定 Ag^+ 时，将 Ag^+ 含量为 1 mg/mL 的溶液稀释 25 倍仍能得出肯定的结果，如再稀释，则鉴定反应不可靠。设鉴定时每次取试液 0.05 mL，求此鉴定反应的最低浓度和检出限量。

解 （1）Ag^+ 试液的原始浓度为 $1:1000$，稀释 25 倍后即为最低浓度

$$1:G = 1:1000 \times 25 = 1:25000$$

$$\rho_B = \frac{1\ mg}{25\ mL} = 40\ \mu g \cdot mL^{-1}$$

（2）已知 $V = 0.05\ mL$，$G = 25000$，代入式(2-2-1)

得

$$m = \frac{V \times 10^6}{G} = \frac{0.05 \times 10^6}{25000}\ \mu g = 2\ \mu g$$

二、反应的选择性

大多数情况下，一种试剂往往能和多种离子起反应。例如，K_2CrO_4 不仅能和 Pb^{2+} 作用，而且能和 Ba^{2+}、Sr^{2+} 等作用，均生成黄色沉淀。因此，当 Pb^{2+}、Ba^{2+}、Sr^{2+} 同时存在时，向试液中加入 K_2CrO_4 试剂后不能确定生成的黄色沉淀一定是 $PbCrO_4$。一种试剂只与为数较少的离子作用产生相似现象的反应，称为选择性反应。一般与加入试剂起反应的离子越少，反应的选择性越高。如果某种试剂仅与数种离子中的一种离子起反应，则称为该离子的特效（专属）反应，而试剂则称为特效试剂。

但是，特效反应并不多，而且所谓的特效也并非绝对专一，只是相对一定条件而言的。例如，NaOH 和 NH_4^+ 加热放出氨气的反应一般认为是鉴定 NH_4^+ 的特效反应。从严格意

义上讲,上述鉴定 NH_4^+ 的反应对一般阳离子而言是特效的,但 CN^-、有机胺或氨基汞盐和 NaOH 共热也会放出氨气。由此可知特效是相对的,离开某特定范围,就不是特效反应了。在实际工作中常常通过控制反应条件来提高反应的选择性,而达到特效反应的效果。例如,通过控制溶液酸度、掩蔽干扰离子或分离干扰离子等,都是提高鉴定反应选择性的有效方法。

必须指出:在选择鉴定反应时,应同时考虑反应的灵敏性和选择性,若只考虑选择性,灵敏性却达不到要求,结果往往不正确;片面追求灵敏性而忽略选择性,若有干扰离子存在时,也不会得到可靠的结果。因此,鉴定反应在灵敏性满足要求的条件下,尽可能采取选择性高的反应。

三、空白试验和对照试验

对于鉴定反应,通常选择灵敏度高的反应,但过于灵敏的反应会把实验中引进的痕量杂质离子,当作试样中存在的离子鉴定出来。这种误检可通过空白试验来校正。

1. 空白试验

用配制试样溶液的纯化水代替试液,在相同条件下进行试验,称为空白试验。空白试验用于检查试剂或纯化水中是否含有被检离子。例如,在试样的 HCl 溶液中加入 NH_4SCN 试剂鉴定 Fe^{3+} 时,得到淡红色溶液表示有微量 Fe^{3+} 存在,但要确定微量的 Fe^{3+} 是否为原样所有,可取配制试剂用的纯化水加入同量的 HCl 和 NH_4SCN 试剂,如果得到同样的淡红色,说明此微量 Fe^{3+} 并非原试样所有;如所得红色更浅或无色,说明试样中确实含有微量 Fe^{3+}。

另外,在定性分析中,由于试剂变质失效,或反应条件控制不当,试样中存在某一离子未被检出,则会认为这种离子不存在。为了正确判断分析结果,常需要做对照实验。

2. 对照试验

用已知离子溶液代替试液,在相同条件下进行试验,称为对照试验。用于检查试剂是否失效或反应条件是否控制正确。当鉴定反应不够明显或有异常现象,特别是对所得否定结果表示怀疑时,往往需要做对照试验。例如,用 $SnCl_2$ 鉴定 Hg^{2+} 时,未出现灰黑色的沉淀,一般认为试样中无 Hg^{2+} 存在。但是考虑到 $SnCl_2$ 溶液易被空气中的 O_2 氧化而失效,这时可取少量已知含有 Hg^{2+} 的溶液加入 $SnCl_2$ 溶液,若也未出现灰黑色的沉淀,说明 $SnCl_2$ 溶液已失效,应重新配制。

综上所述,空白试验和对照试验对于正确判断分析结果,及时纠正错误有重要意义。

四、分别分析和系统分析

1. 分别分析

多种离子共存,不经分离,利用特效反应,直接将待检离子逐一检出的分析方法,称为分别分析。例如,NH_4^+、Mg^{2+}、Na^+ 共存,可以用不同的试剂将 NH_4^+、Mg^{2+}、Na^+ 分别鉴别出来。分别分析在进行目标明确的有限分析中(指定范围内离子的鉴定,仅需确定其中离子是否存在)比较常用。

2. 系统分析

在分析成分复杂的试样时,为了避免干扰物质的影响,可按照一定的步骤和顺序,将离子加以逐步分离,最后逐一检出全部离子的方法,称为系统分析。

在进行系统分析时,常利用某些离子的共同反应,同一种试剂将几种离子同时分离出来,这种试剂称组试剂。利用组试剂把成分复杂的混合物中的多种离子分成若干组,然后再利用特效反应或选择性高的反应,检出每组中可能存在的离子。例如,图 2-2-1 是几种已知混合阳离子的系统分析示意图。

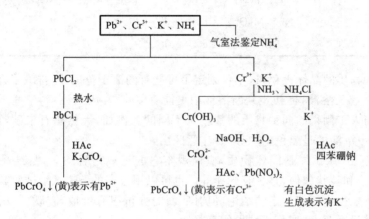

图 2-2-1 系统分析示意

第三节 定性分析的一般步骤

定性分析的主要目的是为了鉴定物质阴、阳离子的组成。由于定性分析的对象是多种多样的,分析方法也各有所异,分析过程会有不同。如果试样是简单的酸、碱、盐等,则可以依据外表观察及初步试验做初步判定,再做阳离子和阴离子的个别鉴定反应,就可得出结论。但是,如果试样是组分较多的混合物,就必须采用系统分析法,或系统分析法和分别分析法相结合的方法进行分析。定性分析的一般步骤主要包括以下五个方面。

一、试样的外表观察和准备

1. 试样的外表观察

拿到试样后的第一步工作是对试样的外表进行初步的观察和记录。这种观察虽然不能代替以后的分析工作,但准确认真的观察却能提供一些重要的参考资料,有益于后面工作的顺利进行。对于分析工作者来说,一方面要力求弄清这个试样"是什么";同样重要的,也要尽可能弄清它"不是什么"。这样,可以简化分析步骤,节省时间和精力,使必须做的工作做得更好。

试样外表观察的内容主要是颜色和性状。

(1) 颜色　物质的颜色是鉴别物质的重要性质之一,许多矿物质、氧化物、盐类等都具有特殊颜色,可以根据试样的颜色推测试样中可能含有哪些元素、离子及化合物。表 2-2-1 是常见离子在水溶液中呈现的颜色。

表 2-2-1　常见离子在水溶液中的颜色

颜色	蓝	绿	黄	橘红	紫红	肉色
离子	Co^{2+}	Fe^{2+} 淡绿 Ni^{2+},MnO_4^{2-} Cr^{3+}	Fe^{3+} CrO_4^{2-} 橙黄 $[Fe(CN)_6]^{4-}$	$Cr_2O_7^{2-}$	MnO_4^-	Mn^{2+} 淡粉红

如果一种物质的晶体无色,这不仅划定了可能有的离子范围,也排除了许多有色物质的离子。如一蓝色溶液,可初步判断溶液中可能有 Cu^{2+}。应当注意,一些天然氧化物和矿物的颜色与人工制得的同种物质的颜色是不同的。例如,天然矿石朱砂(HgS)是鲜红色,而从溶液中沉淀的是黑色,鉴定时要注意区别。

(2) 性状　如果试样是固体物质,应该观察它的组成是否均匀,是结晶形还是无定形,颗粒的大小和性状如何,是否有光泽等。也可以用湿润的 pH 试纸试验其酸碱性。这些虽然暂时不能得出任何肯定的结论,但对后面的分析很有价值,它既可以提供线索,也可以同分析结果对照,增加分析结果的可靠性。

2. 试样准备

在对试样进行外表观察后,开始着手准备用于分析的试样。用于分析的试样应具有高度的均匀性和代表性。对于固体试样要易于溶解和熔化,因而固体试样必须充分研细。液体试样浓度应均匀。

准备好的试样,分成四份:第一份用作初步试验,第二份用作阳离子分析,第三份用作阴离子分析,第四份保留备用。

二、初步试验

初步试验的方法很多,最常用的方法如下。

1. 焰色试验

有些金属或其化合物在火上灼烧,可以使无色火焰呈现特征性颜色,称为焰色反应。几种金属元素的焰色反应见表 2-2-2。焰色反应对分析单一化合物很有价值,如火焰呈紫色,可能含有 K 元素。对于复杂的物质,由于颜色相互干扰,而不能得到满意的结果。

表 2-2-2　几种金属元素的焰色反应

元素	焰色	元素	焰色
K	紫	Ba	黄绿
Na	黄	Cu	绿
Ca	砖红	Pb、Sb	淡蓝

进行焰色试验时,要求被试验的物质具有较大的挥发性。因此,除用铂丝蘸取试剂外,还要蘸取浓 HCl;或者以浓 HCl 润湿试样后,再以铂丝蘸取。这样,在灼烧时便产生挥发性较大的氯化物,焰色反应较为明显。

2. 灼烧试验

灼烧试验是取少量固体试样于硬质试管中小心进行,开始缓缓将整个试管加热,然后灼烧,观察发生的现象。其变化的情况及相应的推断见表 2-2-3。若仅根据灼烧试验的结果对试样的组成做出准确的判断是困难的,但如果把这些现象同其他试验结果联系起来,是很有参考价值的。

表 2-2-3　灼烧试验现象与可能结论

现　　象	推　　断
1. 产生气体	
(1) 生成水(试管冷端有水珠)	含结晶水的化合物
水为碱性	铵盐
水为酸性	易分解的强酸盐、酸
(2) 放出氧气(火柴余烬复燃)	硝酸盐、卤酸盐、高锰酸盐、过氧化物
2. 升华	
(1) 白色升华	$HgCl_2$、$HgBr_2$、卤化铵、As_2O_3、Sb_2O_3
(2) 黄色升华	S、As_2S_3、HgI_2(用玻璃棒摩擦时为红色)
(3) 黑色升华	I_2
3. 颜色改变	
(1) 炭化变黑,有燃物臭	有机物
(2) 热时冷时均为黄色	PbO 或某些铅盐

3. 溶剂的作用

定性分析中固体样品必须制成溶液后才能进行鉴定。固体试样在不同溶剂中的溶解情况及溶液的颜色、酸碱性等,对后面的分析有一定的指导意义。所以,研究溶剂的作用是初步试验的重要内容。

常用的溶剂及在试验中使用的顺序是:水、稀 HCl、稀 HNO_3、浓 HNO_3、王水。

如果试样全部溶于水,则记下溶液的颜色(参考表 2-2-1),然后试验溶液的酸碱性。溶液若呈酸性,可能存在游离酸,或存在强酸弱碱盐;溶液若呈碱性,则有可能存在游离碱或弱酸强碱盐;溶液若呈中性,可能存在非水解盐或同等强度的弱酸弱碱盐。这些推断,有助于后面的分析。

三、阳离子分析液的制备与分析

经过初步试验后,试样溶于哪种试剂已经清楚,阳离子分析试液的制备主要有以下三种情况。

1. 溶于水的试样

这种情况最为简单,可直接取 20～30 mg 试样,溶于 1 mL 水中,按阳离子分析方案进行分析。

有时可能遇到部分溶于水的试样,这时可以把溶于水的部分单独分析,其不溶于水的部分另行分析,然后把分别得到的结果加以综合判断,做出结论。

2. 不溶于水但溶于酸的试样

取 20~30 mg 试样,加 2 mL 酸使其溶解,将溶液蒸发近干,以除去多余的酸,冷置,加水 1~2 mL 即得。

这里所指的酸为 HCl、HNO_3 或王水,如果试样既溶于 HCl 又溶于 HNO_3,则应用 HNO_3 作溶剂较好(减少挥发),王水则是两种酸均不溶解的情况下才使用。

注意:蒸发过多的酸时,应避免灼烧,以免硝酸盐分解为难溶的氧化物。

3. 不溶于水也不溶于酸的试样

不溶于水也不溶于酸的物质,在定性分析中称为不溶物。这种试样溶液的制备,常根据不同类型的化合物,采用不同的方式。

(1) 卤化银　包括 AgCl、AgBr、AgI。AgCl 可用氨水溶解,然后以 HNO_3 酸化,如有白色沉淀生成,则表示有银。AgBr 和 AgI 可以用 Zn 粉和稀 H_2SO_4 处理:

$$2AgI + Zn + H_2SO_4 = 2Ag + ZnSO_4 + 2HI$$

然后以 HNO_3 溶解生成的 Ag,再以 Ag^+ 的特效反应鉴定。

(2) 硫酸盐　包括 $BaSO_4$、$SrSO_4$、$CaSO_4$、$PbSO_4$ 等,溶解方法也较多。其中 $PbSO_4$ 溶于浓 HAc 或 NaOH;$BaSO_4$、$SrSO_4$、$CaSO_4$ 可加浓 Na_2CO_3 多次处理,使之转化为碳酸盐,然后以稀 HNO_3 溶解。当然,所有这些硫酸盐都可用 Na_2CO_3 和 K_2CO_3 的混合物使之熔化,转化为碳酸盐,然后以稀酸溶解,制成试液。

(3) 某些氧化物　某些天然的或经过灼烧的氧化物,如 Al_2O_3、Cr_2O_3、Fe_2O_3、SnO_2、SiO_2 等是很难溶解的,对于它们一般采用熔化的方法使之转化为可溶的碳酸盐或硫酸盐。例如,Al_2O_3、Fe_2O_3 等可用酸性熔剂(如 $K_2S_2O_7$、$KHSO_4$)使其熔化;SiO_2、SnO_2 等可用碱性熔剂(如 Na_2CO_3、K_2CO_3)使其熔化;对 Cr_2O_3 则用碱性熔剂加氧化剂($NaNO_3$)使其熔化,并转化为可溶于水的铬酸盐。

(4) 硅酸盐　硅酸盐可用碱性熔剂($Na_2CO_3 + K_2CO_3$)使其熔化,并转化为硅酸钠,然后再以水溶解。

阳离子的鉴定,可根据对试样的外表观察和初步试验,或者样品离子的可能存在范围,选择系统分析法,分别分析法,或者两种方法兼用。原则上应选用使分析操作简单、结果准确可靠的方法。

四、阴离子分析试液的制备和分析

1. 阴离子分析试液的制备

阴离子分析试液的制备不能用酸溶解,因为酸能使很多阴离子分解,或彼此间发生氧化还原反应,改变原来的价态。另外,如有重金属离子存在,它们中有些离子有颜色,或者具有氧化还原性,或能与某些阴离子结合成难溶物等。因此,要制备符合要求的阴离子试液,首先应除去重金属离子,其次在保持阴离子原来价态不变的条件下,使其全部转入溶液。

一般采用 Na_2CO_3 处理试样,使除 K^+、Na^+、NH_4^+、As^{3+}、As^{5+} 以外的阳离子生成碳酸盐或生成碱式碳酸盐或氢氧化物沉淀。例如:

$$Ba(NO_3)_2 + Na_2CO_3 \Longrightarrow BaCO_3 \downarrow + 2NaNO_3$$
$$2CuSO_4 + Na_2CO_3 + H_2O \Longrightarrow (CuOH)_2CO_3 \downarrow + CO_2 \uparrow + 2Na_2SO_4$$
$$3AlCl_3 + Na_2CO_3 + H_2O \Longrightarrow 2Al(OH)_3 \downarrow + 3CO_2 \uparrow + 6NaCl$$

这样便除去了某些重金属离子的干扰。

某些难溶试样和 Na_2CO_3 作用,使阴离子转入溶液。例如:

$$BaSO_4 + Na_2CO_3 \Longrightarrow BaCO_3 + Na_2SO_4$$

上述反应发生的条件:溶液中有一定量的 CO_3^{2-},因为 $BaCO_3$ 溶解度大于 $BaSO_4$。

SO_4^{2-} 进入溶液,阴离子保持原来状态。试液制备过程如下:

取固体试样 0.1 g,加约 0.4 g 纯的无水 Na_2CO_3 置于坩埚中混合均匀,加水 5 mL,搅拌加热煮沸 5 min,并随时补充水的消耗。然后将坩埚中的试样移入离心管,离心沉降,离心液移入另一离心管中,小心地用 HAc 中和至略显碱性或中性(用 pH 试纸试验)。如有沉淀产生,再次离心分离。离心液供阴离子分析用。

2. 阴离子的分析

阴离子分析一般在阳离子分析后进行,因此分析阴离子时有可能充分利用阳离子分析中已经得出的结论,对各种阴离子存在的可能性做出推断。

例如,从已经鉴定出的阳离子以及试样的溶解性出发,可以推断出某些阴离子有无存在的可能。假设阳离子中有 Ag^+,而试样又溶于水,那么阴离子的第二组(Cl^-、Br^-、I^-)不能存在;如果这个水溶液呈酸性,则第一组的阴离子(F^-、SO_4^{2-}、SO_3^{2-}、$S_2O_3^{2-}$、CO_3^{2-}、PO_4^{3-}、SiO_3^{2-}、AsO_3^{2-})大部分也不能存在。

又如,在选择制备阳离子分析液的溶剂时,可以观察到这些试样加酸时有无气体产生,其气体的性质如何等,这些都可作为阴离子分析中的重要参考。

根据上述推断,再加上分析阳离子的初步试验,那么最后必须鉴定的,只剩下为数不多的阴离子,一般对这些阴离子进行分别分析。

五、分析结果的解释与判断

定性分析的任务是鉴定物质的组成。在进行阳离子和阴离子分析后,要做出试样"是什么"的结论。

首先,把对试样的外表观察、初步试验以及阳离子、阴离子分析得到的所有资料综合考虑,不允许所得结论与资料中任何一项有矛盾。例如,含有 S^{2-} 又含有 Sn^{4+} 的试样不可能全溶于水;含有 Cu^{2+} 的试液不可能无色;含有 CrO_4^{2-} 就不可能有 Pb^{2+} 或 Ba^{2+} 存在;对可溶于水的试样,鉴定出 Ag^+,阴离子不可能有 Cl^-、Br^-、I^-、CN^- 等存在。

由于定性分析大多数是湿法分析,可以鉴定出试样中有哪几种离子,但对原试样"是何化合物"这个问题的判断有一定的局限性。例如,分析结果有 K^+、Na^+、Cl^-、NO_3^-,可配成 KCl、KNO_3、NaCl、$NaNO_3$ 四种物质,实际仅存在两种物质,要确定是哪两种物质须借助定量分析(因为阴、阳离子物质的量存在一定的计量关系),才能确定原试样是何化合物。有时也可借助外表观察和初步试验帮助推断"是何化合物"。例如,一试样是白色固体,有潮解现象,一部分溶于水,另一部分加热时可溶于水,分析结果表示有 Pb^{2+}、Na^+、Cl^-、NO_3^-,综合所有资料,可以得出,该试样为 $PbCl_2$ 和 $NaNO_3$ 的混合物。

有时分析结果表明只有阳离子而无阴离子,则可判断该物质为金属氧化物或氢氧化物,若只有阴离子而无阳离子,则说明试样为酸性氧化物或酸。

定性分析过程中,还应该培养量的概念。例如,根据所得沉淀量的多少,颜色的深浅,或者与已知浓度的对照液相比较,由观察和比较得出结论,按大、中、小量或微量注明。这种粗略的划分在说明可能是什么化合物,有哪些主要成分,哪些次要成分,哪些少量杂质时很有意义。例如,一试样的分析结果中含有大量的 Na^+ 和 SO_3^{2-},只有少量 SO_4^{2-},这就表明原样是 Na_2SO_3,而 SO_4^{2-} 只是由 SO_3^{2-} 氧化产生的一种杂质。

第四节 常见无机离子的鉴别

常见无机离子的鉴别是化学工作者及从事与化学相关工作必须掌握的知识和技能。这些知识和技能在产品检验、药品制剂的质量控制和安全用药方面都是极其重要的。例如,对于任何作用于人体的药物(包括注射用水),在完成生产制备后,一律都要按照《中华人民共和国药典》规定的项目进行全面的质量检测,其中无机杂质的检测就是很重要的一个项目。

离子鉴别属于定性分析,就是指根据化学反应对被鉴定离子做出确定结论的操作,属于目标明确的鉴别,进行离子鉴别所发生的反应就是离子鉴别反应。

无机离子分为阳离子与阴离子两大类,鉴别一般通过特征反应或使用特效试剂进行。这里只介绍几种常见的无机阴离子及阳离子的鉴别或鉴定方法。

1. 阴离子鉴定

(1) Cl^- 的鉴定　向盛有 Cl^- 溶液的试管中,加入硝酸酸化,再加入硝酸银溶液,如果产生白色沉淀;再往试管中加入氨水,沉淀溶解,说明有 Cl^- 存在。

$$Ag^+ + Cl^- \rightleftharpoons AgCl\downarrow (白色)$$
$$AgCl\downarrow + 2NH_3 \rightleftharpoons Ag(NH_3)_2^+ + Cl^-$$

(2) Br^- 的鉴定　向盛有 Br^- 溶液的试管中,加入硝酸酸化,再加入硝酸银溶液,产生淡黄色沉淀;再往试管中加入氨水,沉淀不消失,若继续加入 $Na_2S_2O_3$ 溶液,淡黄色沉淀溶解,说明有 Br^- 存在。

$$Ag^+ + Br^- \rightleftharpoons AgBr\downarrow (淡黄色)$$
$$AgBr\downarrow + 2S_2O_3^{2-} \rightleftharpoons [Ag(S_2O_3)_2]^{3-} + Br^-$$

(3) I^- 的鉴定　向盛有 I^- 溶液的试管中,加入硝酸酸化,再加入硝酸银溶液,产生黄色沉淀;再往试管中加氨水,沉淀不消失,若继续加入 KCN 溶液,黄色沉淀溶解,说明有 I^- 存在。

$$Ag^+ + I^- \rightleftharpoons AgI\downarrow (黄色)$$
$$AgI\downarrow + 2CN^- \rightleftharpoons [Ag(CN)_2]^- + I^-$$

(4) SCN^- 的鉴定　在盛有 SCN^- 溶液的试管中,加入三氯化铁溶液,如果溶液呈现血红色,说明有 SCN^- 存在。

$$Fe^{3+} + 6CN^- = [Fe(SCN)_6]^{3-}（血红色）$$

(5) S^{2-} 的鉴定　在盛有 S^{2-} 溶液的试管中,加入盐酸溶液,并且在试管口贴一条湿润的醋酸铅试纸,如果产生有恶臭的气体,并观察到试管口的醋酸铅试纸变成黑色,说明有 S^{2-} 存在。

$$2H^+ + S^{2-} = H_2S\uparrow（臭鸡蛋气味）$$
$$H_2S + Pb(Ac)_2 = PbS\downarrow（黑色）+ 2HAc$$

(6) SO_3^{2-} 的鉴定　在一支试管中加入淀粉试液,再加入碘单质,则试管中呈现蓝色,如果再往试管中加入含有 SO_3^{2-} 的溶液,试管中由蓝色变成无色,说明有 SO_3^{2-} 存在。

$$SO_3^{2-} + I_2 = SO_4^{2-} + 2I^-$$

(7) $S_2O_3^{2-}$ 的鉴定　在盛有 $S_2O_3^{2-}$ 溶液的试管口,贴上一条硝酸亚汞试纸,在试管中加入盐酸,如果产生黄色沉淀,并且试管口的硝酸亚汞试纸变成黑色,说明有 $S_2O_3^{2-}$ 存在。

$$S_2O_3^{2-} + 2H^+ = S（黄色）+ SO_2\uparrow + H_2O$$
$$SO_2 + Hg_2^{2+} + 2H_2O = 2Hg\downarrow（黑色）+ SO_4^{2-} + 4H^+$$

(8) SO_4^{2-} 的鉴定　在盛有 SO_4^{2-} 溶液的试管中,加入硝酸酸化,再加入氯化钡溶液,如果产生白色沉淀,说明有 SO_4^{2-} 存在。

$$SO_4^{2-} + Ba^{2+} = BaSO_4\downarrow（白色）$$

(9) $Cr_2O_7^{2-}$ 的鉴定　向含有 $Cr_2O_7^{2-}$ 溶液的试管中,依次加入 H_2O_2 溶液、乙醚和稀硫酸溶液,如果在油状的乙醚层产生蓝色沉淀,说明有 $Cr_2O_7^{2-}$ 存在。

$$Cr_2O_7^{2-} + 4H_2O_2 + 2H^+ = 2CrO_5\downarrow（蓝色）+ 5H_2O$$

(10) MnO_4^- 的鉴定　在盛有 MnO_4^- 溶液的试管中,加入少量的稀硫酸酸化,再加入 H_2O_2 溶液,如果试管中溶液的紫红色褪去,并有气体生成,且该气体可使带火星的木条复燃,说明有 MnO_4^- 存在。

$$2MnO_4^- + 5H_2O_2 + 6H^+ = 5O_2\uparrow + 2Mn^{2+} + 8H_2O$$

2. 阳离子鉴定

(1) Na^+ 的鉴定　在盛有 Na^+ 溶液的试管里,加入醋酸酸化,再加入过量醋酸铀酰锌溶液,用玻璃棒摩擦试管内壁,溶液中有黄色沉淀生成,说明有 Na^+ 存在。

$$Na^+ + Zn^{2+} + 3UO_2^{2+} + 9Ac^- + 9H_2O = NaAc \cdot Zn(Ac)_2 \cdot 3UO_2(Ac)_2 \cdot 9H_2O\downarrow（黄色）$$

(2) K^+ 的鉴定　在盛有 K^+ 溶液的离心试管中,加入醋酸酸化,再加入亚硝酸钴钠试液,离心分离,观察到有橙黄色沉淀生成,说明有 K^+ 存在。

$$2K^+ + Na^+ + [Co(NO_2)_6]^{3-} = K_2Na[Co(NO_2)_6]\downarrow（橙黄色）$$

(3) Ca^{2+} 的鉴定　在盛有 Ca^{2+} 溶液的试管中,加入草酸酸化,如果产生了白色沉淀,说明有 Ca^{2+} 存在。

$$Ca^{2+} + C_2O_4^{2-} = CaC_2O_4\downarrow（白色）$$

(4) Ba^{2+} 的鉴定　在盛有 Ba^{2+} 溶液的试管中,加入醋酸酸化,再加入铬酸钾试液,如果产生黄色沉淀,再向试管中加入氢氧化钠溶液,黄色沉淀也不溶解,说明有 Ba^{2+} 存在。

$$Ba^{2+} + CrO_4^{2-} = BaCrO_4 \downarrow (黄色)$$

(5)Pb^{2+}的鉴定　在盛有Pb^{2+}离子溶液的试管中,加入碘化钾溶液,如果产生黄色丝状沉淀,再往试管中继续加入碘化钾溶液至过量,黄色沉淀溶解,说明有Pb^{2+}存在。

$$Pb^{2+} + 2I^- = PbI_2 \downarrow (黄色)$$
$$PbI_2 + I_2 = [PbI_4]^{2-}$$

(6)As^{3+}的鉴定　在盛有As^{3+}溶液的试管中,加入盐酸酸化,再通入硫化氢,如果产生黄色沉淀,说明有As^{3+}存在。

$$2As^{3+} + 3H_2S = 6H^+ + As_2S_3 \downarrow (黄色)$$

(7)Cr^{3+}的鉴定　在盛有Cr^{3+}溶液的试管中,加入过量的NaOH溶液,再加入H_2O_2溶液,如果溶液由绿色变为黄色,说明有Cr^{3+}存在。

$$Cr^{3+} + 4OH^- = CrO_2^- + 2H_2O$$
$$2CrO_2^- + 3H_2O_2 + 2OH^- = 2CrO_4^{2-}(黄色) + 4H_2O$$

(8)Fe^{2+}的鉴定　在盛有Fe^{2+}溶液的试管中,加入铁氰化钾($K_3[Fe(CN)_6]$)试液,如果产生深蓝色的沉淀,说明有Fe^{2+}存在。

$$3Fe^{2+} + 2[Fe(CN)_6]^{3-} = Fe_3[Fe(CN)_6]_2 \downarrow (深蓝色)$$

(9)Cu^{2+}的鉴定　在盛有Cu^{2+}溶液的试管中,滴加氨水,如果产生淡蓝色沉淀,而且继续加氨水过量,淡蓝色沉淀溶解,同时溶液显深蓝色,说明有Cu^{2+}存在。

$$Cu^{2+} + 2NH_3 \cdot H_2O = Cu(OH)_2 \downarrow (淡蓝色) + 2NH_4^+$$
$$Cu(OH)_2 + 4NH_3 = [Cu(NH_3)_4]^{2+}(深蓝色) + 2OH^-$$

(10)Hg_2^{2+}的鉴定　在盛有Hg_2^{2+}溶液的试管中,加入碘化钾试液,振摇,如果产生黄绿色沉淀,而且立即变为灰绿色,并逐渐转变为灰黑色,说明有Hg_2^{2+}存在。

$$Hg_2^{2+} + 2I^- = Hg_2I_2 \downarrow (黄绿色)$$
$$Hg_2I_2 + 2I^- = [HgI_4]^{2-} + Hg \downarrow (灰黑色)$$

知识拓展

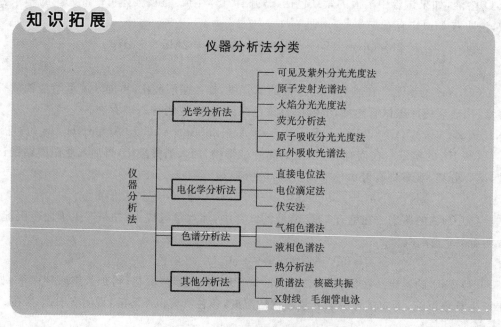

本章小结

1. 知识系统网络

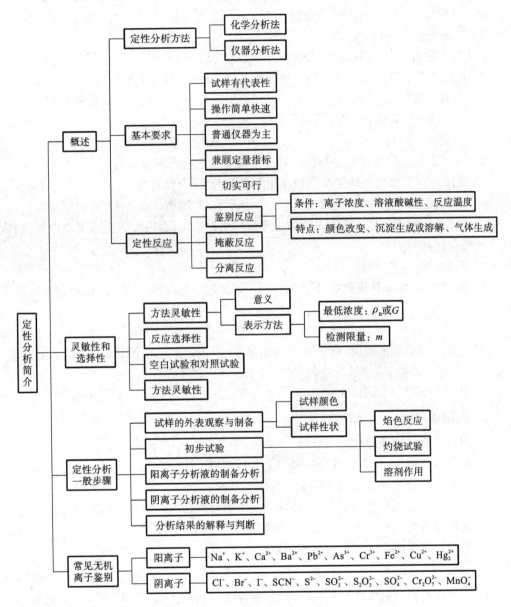

2. 学习方法概要

本章是定性分析简介,第一,要明确定性分析目标、任务及常用方法;第二,要理解三类反应的意义和应用目标;第三,要知道离子鉴别的方法途径,要记住常见无机离子的鉴别反应的试剂、现象及反应方程式。

目标检测

一、选择题（将每题一个正确答案的标号选出）

1. 确定试样中元素种类的分析,属于(　　)。
   A. 结构分析　　　B. 样品分析　　　C. 化学分析　　　D. 定性分析

2. 测量水或土壤pH值,属于(　　)。
   A. 定量分析　　　B. 定性分析　　　C. 结构分析　　　D. 仪器分析

3. 以物质的物理性质或物理化学性质为基础的分析方法,属于(　　)。
   A. 仪器分析　　　B. 色谱分析　　　C. 化学分析　　　D. 物理分析

4. 对化学分析方法,表述正确的是(　　)。
   A. 只能定性分析　　　　　　　　　B. 只能定量分析
   C. 既可定性分析又可定量分析　　　D. 只能进行常量分析

5. 通过一次试剂加入就能确定物质化学组分的反应,称为(　　)。
   A. 分离反应　　　B. 掩蔽反应　　　C. 鉴别反应　　　D. 氧化还原反应

6. 试液先用硝酸酸化,再加入硝酸银溶液产生白色沉淀,再加入氨水沉淀溶解,则试液中可能存在有(　　)。
   A. F^-　　　　B. Cl^-　　　　C. Br^-　　　　D. I^-

7. 在试液中,加入铁氰化钾($K_3[Fe(CN)_6]$)试剂,产生深蓝色沉淀,说明存在的离子是(　　)。
   A. Ag^+　　　B. Fe^{3+}　　　C. Fe^{2+}　　　D. Cu^{2+}

8. 在进行阳离子鉴定时,向试样中滴加氨水,产生淡蓝色沉淀,继续加氨水至过量,淡蓝色沉淀溶解,同时溶液显深蓝色,说明可能存在的离子是(　　)。
   A. Fe^{2+}　　　B. Hg^{2+}　　　C. Zn^{2+}　　　D. Cu^{2+}

二、判断题（对的打√,错的打×）

1. 定性分析只能使用化学分析法。(　　)
2. 现代仪器分析,有些定性分析和定量分析可以一次完成。(　　)
3. 醋酸铀酰锌溶液是鉴定钠离子的特效试剂。(　　)
4. 用已知离子溶液代替试液,在相同条件下进行试验,称为空白试验。(　　)
5. 硝酸银溶液是鉴定I^-、Br^-、Cl^-等离子的特效试剂。(　　)
6. 做任何试样的定量分析前都要做定性分析。(　　)

三、填空题

1. 定性分析的一般步骤包括:试样的外表观察与准备、_____、_____阴离子分析试液的制备分析和_____五个方面。

2. 定性反应的条件主要有:反应离子浓度、_____、溶液温度、_____及干扰物质的影响等。

3. 试样不溶于水也不溶于酸可能是卤化银、_____、_____等。

4. 初步试验一般指_____、_____和_____。

5. 常见的难溶硫酸盐有_____、_____和_____等。

6. 在进行阴离子鉴定时,试液用 H_2SO_4 酸化,再加入 KI 的淀粉溶液,若溶液变深蓝色,表示有氧化性阴离子_____、_____和_____等存在。

四、问答题

1. 作为鉴定反应应具备哪些外部特征?
2. 什么是空白试验、对照试验?
3. 何为分别分析、系统分析?
4. 用 NH_4SCN 鉴定 Co^{2+} 时,若有 Fe^{3+} 存在,可采用什么方法消除干扰?
5. 用 NH_4SCN 鉴定试样中 Fe^{3+},得到很淡的红色难以判断是试样中含有 Fe^{3+},还是纯化水中引入的 Fe^{3+},应如何处理?

第三章

滴定分析法

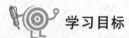
学习目标

> 1. 了解滴定分析法的基本理论、方法与分类；
> 2. 掌握酸碱滴定法的基本原理、滴定方式、操作条件和分析应用；
> 3. 掌握莫尔法、佛尔哈德法的基本原理及主要应用；
> 4. 掌握常用的氧化还原滴定法的基本原理及实际应用；
> 5. 理解影响配位解离平衡的因素；掌握配位滴定的基本原理、滴定方式、操作条件和分析应用。

滴定分析法是用于测定化学物质常量组分的一种重要方法，具有操作简便、测定快速、仪器设备简单等特点，被广泛用于环境、医药、材料、能源和生命科学等领域。滴定分析法是化学分析中重要的一类方法，在生产过程控制、原料配比、成品质量检验、三废的综合利用、实现清洁生产，土壤普查、农作物营养诊断、农药残留量分析等方面发挥着重要作用。本章介绍四种常用的滴定分析方法，即酸碱滴定法、沉淀滴定法、氧化还原滴定法和配位滴定法。

第一节 滴定分析概述

一、滴定分析的特点

滴定分析法是将一种已知准确浓度的试剂（溶液），滴加到一定量的待测物质的溶液中，到组分恰好完全反应为止，然后根据已知溶液的浓度和所消耗的体积，计算出待测组分的含量的化学分析法。

滴加到被测物质溶液中的已知准确浓度的溶液称为**标准溶液**,又称滴定剂。滴加标准溶液的操作过程称为**滴定**。滴加的标准溶液与待测组分恰好定量反应完全的这一点,称为化学计量点。一般通过指示剂颜色的变化来判断化学计量点的到达,指示剂颜色变化而停止滴定的这一点称为**滴定终点**。实际分析操作中滴定终点与理论上的化学计量点常常不能恰好吻合,它们之间往往存在很小的差别,由此引起的误差称为**终点误差**。

滴定分析法通常用于测定常量组分,即被测组分的含量一般在1%以上,相对误差在±0.2%以内。滴定分析法操作简便,测定快速,仪器设备简单,可适用于各种化学反应类型的测定,因而在生产和科研中具有重要的实用价值,是化学分析中很重要的一类方法。

二、滴定的方法与分类

1. 滴定的基本方法

(1) 直接滴定法　用标准溶液直接滴定被测物质的溶液,称为直接滴定法。例如,用 HCl 标准溶液滴定待测 NaOH 溶液浓度,用 $K_2Cr_2O_7$ 标准溶液滴定含 Fe^{2+} 的溶液浓度等。此方法简便,准确度较高,分析结果计算简便,是滴定分析中最常用和最基本的方法。

(2) 返滴定法　当反应速率较慢时,先在一定量的待测物溶液中加入过量的滴定剂,待反应完全后,再用另一种标准溶液返滴定剩余的滴定剂,这种滴定方式称为返滴定法,又称回滴定法。例如,用 EDTA 滴定剂滴定 Al^{3+} 时,因 Al^{3+} 与 EDTA 配合反应速度慢,不能用直接滴定法,可于一定量的待测溶液中先加入过量的 EDTA 标准溶液并加热促使反应加速完成,溶液冷却后再用标准 Zn^{2+} 或 Cu^{2+} 溶液滴定剩余的 EDTA;又如对固体 $CaCO_3$ 的测定,可先加入过量 HCl 标准溶液,待反应完全后,用 NaOH 标准溶液返滴定剩余的 HCl。

(3) 置换滴定法　对于被测物质和滴定剂之间不能按化学计量关系进行或伴有副反应发生时,可先加入适当的试剂与待测物反应,生成另一种可被滴定的物质,然后再用适当的滴定剂滴定"另一种物质",此法称为置换滴定法。例如,$Na_2S_2O_3$ 不能直接滴定 $K_2Cr_2O_7$ 及其他强氧化剂,因为在酸性溶液中,强氧化剂可将 $S_2O_3^{2-}$ 氧化为 $S_4O_6^{2-}$ 及 SO_4^{2-} 等混合物,使反应无确定的化学计量关系。若在 $K_2Cr_2O_7$ 酸性溶液中加过量 KI,$K_2Cr_2O_7$ 与 KI 定量反应析出 I_2 后,就可以用 $Na_2S_2O_3$ 标准溶液直接滴定 I_2,进而确定 $K_2Cr_2O_7$ 的含量。

(4) 间接滴定法　对于不能与滴定剂直接起化学反应的被测物质,可以通过间接反应使其转化为可被滴定的物质,再用滴定剂滴定所生成的物质,此法称为间接滴定法。例如,溶液中 Ca^{2+} 没有氧化还原性质,但利用它与 $C_2O_4^{2-}$ 作用形成 CaC_2O_4 沉淀,过滤后,加入 H_2SO_4 使沉淀溶解,用 $KMnO_4$ 标准溶液滴定与 Ca^{2+} 结合的 $C_2O_4^{2-}$,从而可间接测定 Ca^{2+} 的含量。

2. 滴定分析法的分类

滴定分析法是以化学反应为基础的,根据化学反应类型的不同,通常分为下列四类。

(1) 酸碱滴定法　酸碱滴定法是以质子转移反应为基础的滴定分析方法,又称中和

滴定法。它可用来测定酸、碱以及能直接或间接与酸、碱发生反应的物质含量,其反应实质可表示为

$$H^+ + B^- \Longrightarrow HB$$

(2) 沉淀滴定法　沉淀滴定法是以沉淀反应为基础的滴定分析法,常用于对 Ag^+、CN^-、SCN^- 及卤素离子等的测定。如银量法,其反应实质为

$$Ag^+ + Cl^- \Longrightarrow AgCl \downarrow$$

(3) 氧化还原滴定法　氧化还原滴定法是以氧化还原反应为基础的滴定分析法,可用于直接测定具有氧化或还原性的物质或间接测定某些不具有氧化或还原性的物质。其反应实质表示为

$$Ox_1 + ne^- \Longrightarrow Red_1$$
$$Red_2 - ne^- \Longrightarrow Ox_2$$
$$Ox_1 + Red_2 \Longrightarrow Red_1 + Ox_2$$

(4) 配位滴定法　配位滴定法是以配位反应为基础的滴定分析法,可用于测定金属离子或配位剂。其反应实质可表示为

$$M^{2+} + Y^{4-} \Longrightarrow MY^{2-}$$

式中:M^{2+} 表示二价金属离子;Y^{4-} 表示 EDTA 的阴离子。

三、滴定分析法的基本条件

适用于滴定分析法的化学反应必须具备下列条件。

(1) 反应能定量完成　即滴定反应按确定的反应方程式进行,无副反应发生,反应完成的程度达到 99.9% 以上,这是滴定分析定量计算的基础。

(2) 反应能够迅速完成　对于速率慢的反应有加快措施,可用加热或加入催化剂来加速反应的进行。

(3) 有简便、合适可靠的确定终点的方法　有合适的指示剂可供选择。

四、基准物质和标准溶液

1. 基准物质

能用于直接配制或标定标准溶液的物质,称为基准物质。基准物质必须具备下列条件。

(1) 物质必须具有足够的纯度。一般要求试剂纯度在 99.9% 以上,通常是基准试剂或优级纯物质。

(2) 物质的试剂组成和化学式完全符合。若含有结晶水,其含量也应与化学式相符。

(3) 试剂性质稳定。干燥时不分解,称量时不吸收水分和二氧化碳,不失去结晶水,不被空气所氧化等。

(4) 物质最好具有较大的摩尔质量,可减少称量时的相对误差。

在滴定分析法中常用的基准物质列于表 2-3-1 中。

表 2-3-1　常用基准物质的干燥条件和应用

基准物质 名称	基准物质 分子式	干燥后的组成	干燥温度/℃	标定对象
碳酸氢钠	$NaHCO_3$	Na_2CO_3	270~300	酸
十水合碳酸钠	$Na_2CO_3 \cdot 10H_2O$	Na_2CO_3	270~300	酸
硼砂	$Na_2B_4O_7 \cdot 10H_2O$	$Na_2B_4O_7 \cdot 10H_2O$	放在装有 NaCl 和蔗糖饱和溶液的密闭容器中	酸
二水合草酸	$H_2C_2O_4 \cdot 2H_2O$	$H_2C_2O_4 \cdot 2H_2O$	室温空气干燥	$KMnO_4$
邻苯二甲酸氢钾	$KHC_8H_4O_4$	$KHC_8H_4O_4$	105~110	碱或 $HClO_4$
重铬酸钾	$K_2Cr_2O_7$	$K_2Cr_2O_7$	140~150	还原剂
溴酸钾	$KBrO_3$	$KBrO_3$	150	还原剂
碘酸钾	KIO_3	KIO_3	105	还原剂
三氧化二砷	As_2O_3	As_2O_3	室温干燥器中保存	氧化剂
草酸钠	$Na_2C_2O_4$	$Na_2C_2O_4$	110	$KMnO_4$
碳酸钙	$CaCO_3$	$CaCO_3$	110	EDTA
金属锌	Zn	Zn	室温干燥器中保存	EDTA
氧化锌	ZnO	ZnO	900~1000	EDTA
氯化钠	NaCl	NaCl	110	$AgNO_3$
对氨基苯磺酸	$C_6H_7O_3NS$	$C_6H_7O_3NS$	120	$NaNO_2$

2. 标准溶液

所谓标准溶液,是指已知准确浓度的溶液。

1) 标准溶液的配制

配制标准溶液的方法一般有两种,即直接法和间接法。

(1) 直接法　准确称取一定量的基准物质,用蒸馏水溶解后定量转入容量瓶中定容,根据所称物质的质量和溶液的体积,计算出该标准溶液的准确浓度。直接法操作简便,一经配好即可使用。

(2) 间接法　不符合基准物质条件的试剂,如 HCl、H_2SO_4、NaOH、KOH、$KMnO_4$、$Na_2S_2O_3$ 等,不能直接配制成标准溶液。一般先将它们配制成近似所需浓度的溶液,然后再用基准物质或已知准确浓度的另一标准溶液来确定该标准溶液的准确浓度。用基准物质或已知准确浓度的溶液来确定所配制标准溶液准确浓度的操作过程称为**标定**。例如 HCl 易挥发且纯度不高,只能粗略配成近似浓度的溶液,然后以无水碳酸钠为基准物质,标定 HCl 溶液的准确浓度。

2) 标准溶液浓度的表示方法

一般用物质的量浓度或滴定度来表示标准溶液浓度。滴定度是指与每毫升标准溶液相当的待测组分的质量(g),用 $T_{滴定剂/待测物}$ 表示,滴定度的单位通常为 $g \cdot mL^{-1}$。例如,

1 mL H_2SO_4 标准溶液恰能与 0.0400 g 的 NaOH 反应完全,则 H_2SO_4 的滴定度 $T_{H_2SO_4/NaOH}=0.0400\ g\cdot mL^{-1}$。

滴定度是针对被测物质而言,将被测物质的质量与所用滴定剂的体积联系起来。使用滴定度的优点:只要将滴定时所消耗的标准溶液的体积乘以滴定度,就可以直接得到被测物质的质量。

在生产单位的例行分析中,使用滴定度比较方便,如滴定消耗标准滴定溶液的体积为 $V(mL)$,则被测物质的质量为

$$m=TV$$

第二节 酸碱滴定法

酸碱滴定法是以质子传递反应为基础的滴定分析方法。酸碱反应速度快,能按一定反应式定量进行,很多反应都能满足定量分析的要求,而且目前已有较多的方法指示滴定终点,一般的酸、碱以及能和酸、碱直接或间接发生质子传递反应的物质,几乎都可以利用酸碱滴定法进行测定。因此,酸碱滴定法已成为广泛应用的测定方法之一。

酸碱反应是酸碱滴定法的基础,关于酸碱平衡的基本理论及酸碱指示剂已在模块一第五章中介绍,因此这里着重介绍酸碱滴定法的基本原理及其应用。

一、滴定曲线与指示剂选择

运用酸碱滴定法进行滴定分析时,必须了解滴定过程中溶液 pH 值的变化规律,这样才能根据滴定突跃范围选择合适的指示剂,以准确地确定化学计量点。滴定过程中随着滴定剂不断地加入被滴定溶液中,由于发生中和反应,溶液的 pH 值不断地发生变化。若用溶液的加入量为横坐标,对应的 pH 值为纵坐标,绘制关系曲线,这种曲线称为酸碱**滴定曲线**。

1. 强碱滴定强酸(或强酸滴定强碱)

现以 $0.1000\ mol\cdot L^{-1}$ NaOH 溶液滴定 20.00 mL $0.1000\ mol\cdot L^{-1}$ HCl 溶液为例,讨论强碱滴定强酸的滴定曲线和指示剂的选择。

滴定过程可分四个阶段。

(1) 滴定开始前 滴定前溶液的 pH 值由 HCl 溶液的初始浓度决定。因 HCl 是强酸,在水溶液中全部解离,故

$$[H^+]=0.1000\ mol\cdot L^{-1},\quad pH=1.00$$

(2) 滴定开始至化学计量点前 随着 NaOH 溶液的加入,溶液中 H^+ 逐渐减少,溶液的 pH 值由剩余 HCl 溶液的浓度决定。例如:

当滴入 18.00 mL NaOH 溶液时,溶液中还剩下 2.00 mL HCl 未被中和,则

$$[H^+]=\frac{20.00-18.00}{20.00+18.00}\times 0.1000 \text{ mol}\cdot\text{L}^{-1}=5.26\times 10^{-3} \text{ mol}\cdot\text{L}^{-1}, \text{pH}=2.28$$

当滴入 19.98 mL NaOH 溶液时，溶液中只剩下 0.02 mL HCl 未被中和，则

$$[H^+]=\frac{20.00-19.98}{20.00+19.98}\times 0.1000 \text{ mol}\cdot\text{L}^{-1}=5.00\times 10^{-5} \text{ mol}\cdot\text{L}^{-1}, \text{pH}=4.30$$

（3）化学计量点时　当滴入 20.00 mL NaOH 溶液时，溶液中 HCl 恰好被完全中和，此时溶液组成为 NaCl 水溶液，故

$$[H^+]=[OH^-]=1.00\times 10^{-7} \text{ mol}\cdot\text{L}^{-1}, \quad \text{pH}=7.0$$

（4）化学计量点后　当滴入 20.02 mL NaOH 溶液时，溶液中 NaOH 标准溶液过量 0.02 mL，溶液的 pH 由过量的 NaOH 溶液的浓度决定，故

$$[OH^-]=\frac{0.02\times 0.1000}{20.00+20.02} \text{ mol}\cdot\text{L}^{-1}=5.00\times 10^{-5} \text{ mol}\cdot\text{L}^{-1}, \quad \text{pH}=9.70$$

根据上述方法计算可得到各不同滴定点的 pH 值，将其计算结果列于表 2-3-2。

表 2-3-2　0.1000 mol·L^{-1} NaOH 溶液滴定 20.00 mL 0.1000 mol·L^{-1} HCl 溶液 pH 值的变化

加入 NaOH 量		剩余 HCl 溶液的体积/mL	过量 NaOH 溶液的体积/mL	pH 值
滴定分数/(%)	体积/mL			
0.00	0.00	20.00		1.00
90.00	18.00	2.00		2.28
99.00	19.80	0.20		3.30
99.80	19.96	0.04		4.00
99.90	19.98	0.02		4.30
100.0	20.00	0.00		7.00
100.1	20.02		0.02	9.70
100.2	20.04		0.04	10.00
101.0	20.20		0.20	10.70
110.0	22.00		2.00	11.70
200.0	40.00		20.00	12.50

若以滴加的 NaOH 溶液体积(mL)为横坐标，以 pH 值为纵坐标来绘制关系曲线，可得强碱滴定强酸的滴定曲线，如图 2-3-1 所示。

从表 2-3-2 和图 2-3-1 可见，在滴定开始时 pH 值变化较小，曲线比较平坦。这是因为溶液中存在着较多的 HCl，酸度较大，因此 pH 值升高十分缓慢。随着滴定的不断进行，溶液中 HCl 量的逐渐减少，pH 值的升高逐渐增快，尤其是当滴定接近化学计量点时，溶液中剩余的 HCl 已极少，pH 值升高极快。当滴入 19.98 mL NaOH 溶液（即剩余 0.02 mL HCl 溶液）时，溶液 pH 值为 4.30，再继续滴入 1 滴（大约 0.04 mL）NaOH 溶液，即中和剩余的半滴 HCl 溶液后，NaOH 溶液仅过量 0.02 mL，而溶液的 pH 值由 4.30 迅速升高到 9.70，1 滴溶液就使溶液 pH 值增加 5 个多 pH 单位，溶液由酸性变为碱性。如再加入 NaOH 溶液，所引起的 pH 值变化又越来越小，曲线趋于平坦。在化学计量点前后 0.1%，滴定曲线上出现了一段垂直线，这称为**滴定突跃**。将化学计量点前后各 0.1% 处对应的溶液 pH 值范围称为**滴定突跃范围**。指示剂的选择主要以滴定突跃为依据，凡在

pH 4.30～9.70 范围内变色的，均能作为此类滴定的指示剂，如选用甲基橙、甲基红、酚酞、溴百里酚蓝、苯酚红等。

在上例中，若以甲基橙作为指示剂（pH 3.1～4.4），由于人眼对于红色变为橙色不易察觉，应滴定至溶液呈黄色才能确保终点误差不超过 0.1%。因此甲基橙作指示剂时，一般都用酸溶液来滴定碱，终点时溶液颜色由黄色变为黄色中略带红色。反之，若以 HCl 溶液滴定 NaOH 溶液，滴定曲线形状与图 2-3-1 相同，但位置相反，滴定突跃范围为 9.70～4.30。此时，甲基红和酚酞都可以作指示剂。

滴定突跃范围的大小还与滴定溶液的浓度有关。溶液越浓，滴定突跃范围越大；溶液越

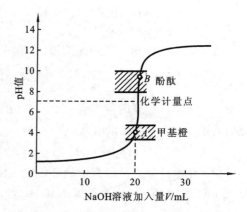

图 2-3-1 0.1000 mol·L^{-1} NaOH 溶液滴定 20.00 mL 0.1000 mol·L^{-1} HCl 溶液的滴定曲线

稀，滴定突跃范围越小。因此指示剂的选择受到浓度的限制。例如当用 0.0100 mol·L^{-1} NaOH 溶液滴定 0.0100 mol·L^{-1} HCl 溶液时，由于滴定突跃范围为 pH 5.30～8.30，甲基橙就不能作为该滴定的指示剂。

2. 强碱滴定弱酸

现以 0.1000 mol·L^{-1} NaOH 溶液滴定 20.00 mL 0.1000 mol·L^{-1} HAc 溶液为例，讨论强碱滴定弱酸的滴定曲线和指示剂的选择。

（1）滴定开始前　溶液的 pH 值根据 HAc 解离平衡来计算（已知 HAc 的解离平衡常数 pK_a=4.74）：

$$[H^+]=\sqrt{c_{HAc}K_a}=\sqrt{0.1000\times1.76\times10^{-5}}\text{ mol·L}^{-1}=1.3\times10^{-3}\text{ mol·L}^{-1}, pH=2.89$$

（2）滴定开始至化学计量点前　这一阶段的 pH 值应根据 NaOH 与 HAc 反应生成的 NaAc 和未被中和的 HAc 组成的缓冲溶液进行计算。

当滴入 19.98 mL NaOH 溶液时，生成 19.98 mL NaAc 溶液，剩余 0.02 mL HAc 溶液。此时溶液中：

$$[HAc]=\frac{0.02\times0.1000}{20.00+19.98}\text{ mol·L}^{-1}=5.0\times10^{-5}\text{ mol·L}^{-1}$$

$$[Ac^-]=\frac{19.98\times0.1000}{20.00+19.98}\text{ mol·L}^{-1}=5.0\times10^{-2}\text{ mol·L}^{-1}$$

$$[H^+]=K_a\frac{[HAc]}{[Ac^-]}=1.8\times10^{-5}\times\frac{5.0\times10^{-5}}{5.0\times10^{-2}}\text{ mol·L}^{-1}=1.83\times10^{-8}\text{ mol·L}^{-1}$$

$$pH=7.74$$

（3）化学计量点时　NaOH 与 HAc 全部中和生成 NaAc，溶液的 pH 值可由 NaAc 水解公式计算。根据共轭碱的解离平衡计算如下：

$$Ac^-+H_2O \rightleftharpoons HAc+OH^-$$

$$c_{Ac^-}=\frac{0.1000\times20.00}{20.00+20.00}\text{ mol·L}^{-1}=5.00\times10^{-2}\text{ mol·L}^{-1}$$

$$[OH^-]=\sqrt{c_{Ac^-}K_b}=\sqrt{c_{Ac^-}\frac{K_w}{K_a}}=\sqrt{5.00\times10^{-2}\times\frac{1.0\times10^{-14}}{1.76\times10^{-5}}}\ mol\cdot L^{-1}$$
$$=5.3\times10^{-6}\ mol\cdot L^{-1}$$
$$pH=8.72$$

（4）化学计量点后　此时根据过量的 NaOH 溶液计算溶液的 pH 值，设加入 20.02 mL NaOH 溶液时，溶液中 OH^- 浓度为

$$[OH^-]=\frac{0.02\times0.1000}{20.00+20.02}\ mol\cdot L^{-1}=5.0\times10^{-5}\ mol\cdot L^{-1}$$
$$pH=9.70$$

因此，滴定突跃范围在 pH 7.74～9.70，属碱性范围。

根据上述方法逐一计算滴定过程中各点的 pH 值，将计算结果列于表 2-3-3 中。

表 2-3-3 $0.1000\ mol\cdot L^{-1}$ NaOH 溶液滴定 20.00 mL $0.1000\ mol\cdot L^{-1}$ HAc 溶液 pH 值的变化

加入 NaOH 量		剩余 HAc 溶液的体积/mL	过量 NaOH 溶液的体积/mL	pH 值
滴定分数/(%)	体积/mL			
0.00	0.00	20.00		2.89
90.00	18.00	2.00		5.70
99.00	19.80	0.20		6.74
99.80	19.96	0.04		7.50
99.90	19.98	0.02		7.74
100.00	20.00	0.00		8.72
100.1	20.02		0.02	9.70
100.2	20.04		0.04	10.00
101.0	20.20		0.20	10.70
110.0	22.00		2.00	11.70
200.0	40.00		20.00	12.50

根据计算结果绘制强碱滴定弱酸的 pH 滴定曲线，如图 2-3-2 所示。图中的虚线是强碱滴定强酸曲线的前半部分。

从表 2-3-3 和图 2-3-2 可以看出，由于 HAc 是弱酸，滴定开始前溶液中的 $[H^+]$ 较小，pH 值较高。化学计量点前，由于 NaAc 的不断生成，在溶液中形成了弱酸及其共轭碱的缓冲体系，pH 值增加较慢，使这一段曲线较为平坦。当滴定接近化学计量点时，由于溶液中剩余的 HAc 已很少，溶液的缓冲能力已逐渐减弱，于是随着 NaOH 溶液的不断加入，

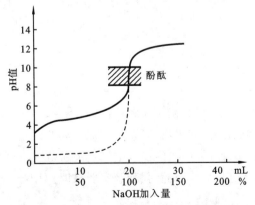

图 2-3-2　$0.1000\ mol\cdot L^{-1}$ NaOH 滴定 20.00 mL $0.1000\ mol\cdot L^{-1}$ HAc 的滴定曲线

溶液的 pH 值增加变快,达到滴定突跃的 pH 值为 7.74~9.70,处于碱性范围内。相对滴定 HCl 而言,突跃范围较小,仅 1.96 个 pH 单位。这是由于化学计量点时溶液中存在着大量的 NaAc,它是弱酸强碱盐,在水中水解,使溶液呈碱性。

强碱滴定弱酸时,滴定突跃范围较小,指示剂的选择受到限制,应该选择在弱碱性范围变色的指示剂,如酚酞、溴百里酚蓝等。而在酸性范围变色的指示剂,如甲基橙、甲基红等则不再适用,否则将引起很大的终点误差。

需要注意的是,强碱滴定弱酸时的滴定突跃大小,取决于弱酸溶液的浓度 c 和它的解离常数 K_a 两个因素。通常,当 $cK_a \geq 10^{-8}$ 时,滴定突跃可超过 0.3 个 pH 单位,此时人眼可以辨别出指示剂颜色的变化,滴定就可以进行,终点误差也在允许的 ±0.1% 以内。因此,以 $cK_a \geq 10^{-8}$ 作为弱酸被强碱溶液目视准确滴定的判据。如果浓度 c 和 K_a 太小,突跃范围太小,用指示剂变色来确定终点困难,则不能直接滴定。

3. 强酸滴定弱碱

以 HCl 溶液滴定 NH_3 溶液为例。滴定反应为

$$NH_3 + H^+ \rightleftharpoons NH_4^+$$

这类滴定与用 NaOH 溶液滴定 HAc 溶液十分相似。随着 HCl 的滴入,溶液组成经历由 NH_3 到 NH_4^+-NH_3,再到 NH_4Cl 的变化过程,pH 值亦逐渐由高到低变化。仍可采用四个阶段的思路,将具体计算结果列于表 2-3-4,其滴定曲线如图 2-3-3 所示。

表 2-3-4 0.1000 mol·L^{-1} HCl 溶液滴定 20.00 mL 0.1000 mol·L^{-1} NH_3 溶液 pH 值的变化

加入 HCl 量		溶液组成	pH 值
滴定分数/(%)	体积/mL		
0.00	0.00	NH_3	11.13
90.00	18.00	$NH_4^+ + NH_3$	8.30
99.90	19.98	$NH_4^+ + NH_3$	6.3
100.0	20.00	NH_4^+	5.28
100.1	20.02	$H^+ + NH_4^+$	4.30
110.0	22.00	$H^+ + NH_4^+$	2.32
200.0	40.00	$H^+ + NH_4^+$	1.48

由上可知,滴定突跃范围为 pH 4.30~6.30,在弱酸性范围内,可选用甲基红、甲基橙为指示剂。如果用酚酞,会造成很大的误差。强酸滴定弱碱时,当碱的浓度一定时,K_b 越大即碱性越强,滴定曲线上滴定突跃范围也越大;反之,突跃范围越小。与强碱滴定弱酸的情况相似。因此,强酸滴定弱碱时,只有当 $cK_b \geq 10^{-8}$ 时,此弱碱才能用标准酸溶液直接进行滴定。

酸碱滴定还可用于多元酸碱的滴定,其原理、方法步骤及要求可参阅分析化学等教材。

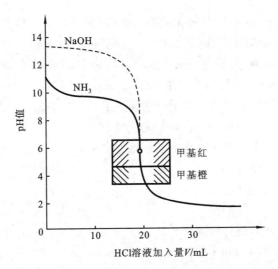

图 2-3-3 $0.1000\ mol \cdot L^{-1}$ HCl 溶液滴定 $20.00\ mL\ 0.1000\ mol \cdot L^{-1} NH_3$ 溶液的滴定曲线

二、酸碱滴定法的应用

1. 标准溶液的配制和标定

酸碱滴定中常用的标准溶液是由强酸和强碱配成的,使用最多的是 HCl 和 NaOH,浓度可在 $0.01 \sim 1\ mol \cdot L^{-1}$ 之间,最常用的浓度是 $0.1000\ mol \cdot L^{-1}$。

(1)盐酸标准溶液的配制和标定 滴定分析法中常用盐酸、硫酸溶液为滴定剂(标准溶液),应用最多的是盐酸溶液,其价格低廉,易于得到。稀盐酸溶液无氧化还原性质,不会破坏指示剂,酸性强且稳定,因此用得较多。但市售盐酸中 HCl 含量不稳定,且常含有杂质,所以用间接法配制,再用基准物质标定,确定其准确浓度。常用标定盐酸的基准物是无水碳酸钠或硼砂。

无水碳酸钠(Na_2CO_3)容易制得纯品,价格便宜,但有强吸湿性,因此使用前应在 $180 \sim 200\ ℃$ 下干燥 $2 \sim 3\ h$,保存于干燥器中。使用时称量要快,以免吸收空气中的水分而引入误差。

以无水碳酸钠为基准物质的标定反应为
$$Na_2CO_3 + 2HCl =\!=\!= 2NaCl + H_2O + CO_2 \uparrow$$

滴定时可采用甲基橙为指示剂,溶液颜色由黄色变为橙色时到达滴定终点。

硼砂($Na_2B_4O_7 \cdot 10H_2O$)也容易制得纯品,不易吸水,比较稳定,摩尔质量较大,故由于称量而造成的误差较小。但当空气中相对湿度小于 39% 时,易失去结晶水,因此应把它保存在相对湿度为 60% 的恒湿容器中。

以硼砂为基准物质的标定反应为
$$Na_2B_4O_7 + 2HCl + 5H_2O =\!=\!= 2NaCl + 4H_3BO_3$$

到达化学计量点时溶液 pH=5.27,可用甲基红为指示剂,终点时变色明显。

(2)碱标准溶液的配制和标定 碱标准溶液通常是由 NaOH、KOH 来配制。实际应用以 NaOH 为主。固体 NaOH 具有很强的吸湿性,易吸收 CO_2 和水分,生成少量Na_2CO_3而影响其纯度。另外,KOH 中还可能含有少量的硅酸盐、硫酸盐和氯化物等杂质,因而不能直接配制成标准溶液,只能用间接法配制,再以基准物质标定其浓度。

标定 NaOH 溶液的基准物质有草酸、邻苯二甲酸氢钾和苯甲酸。最常用的是邻苯二甲酸氢钾。这种基准物质容易用重结晶法制得纯品,不含结晶水,不吸潮,容易保存,摩尔质量较大,称量误差较小,因而是一种良好的基准物质。

邻苯二甲酸氢钾($KHC_8H_4O_4$)属有机弱酸盐,在水中呈酸性,因 $cK_{a2} \geqslant 10^{-8}$,故可用 NaOH 溶液滴定。标定反应如下:

$$\underset{}{\text{C}_6\text{H}_4}\!\!\begin{array}{c}\text{COOH}\\ \text{COOK}\end{array} + \text{NaOH} \rightleftharpoons \underset{}{\text{C}_6\text{H}_4}\!\!\begin{array}{c}\text{COONa}\\ \text{COOK}\end{array} + \text{H}_2\text{O}$$

设邻苯二甲酸氢钾溶液初始浓度为 $0.1000 \text{ mol} \cdot \text{L}^{-1}$,到达化学计量点时,体积增加一倍,浓度 $c=(0.1000/2) \text{ mol} \cdot \text{L}^{-1}=0.05000 \text{ mol} \cdot \text{L}^{-1}$。化学计量点时 pH 值应按下式计算:

$$[\text{OH}^-]=\sqrt{cK_{b1}}=\sqrt{\frac{cK_w}{K_{a2}}}=\sqrt{\frac{0.05\times 10^{-14}}{3.9\times 10^{-6}}} \text{ mol}\cdot\text{L}^{-1}=1.3\times 10^{-5} \text{ mol}\cdot\text{L}^{-1}$$

$$\text{pOH}=4.88, \quad \text{pH}=9.12$$

此时溶液呈碱性,可选用酚酞或百里酚蓝为指示剂。

2. 滴定法的应用示例

酸碱滴定法能测定一般的酸、碱,以及能与酸碱直接或间接发生定量反应的各种物质,因此它是滴定分析法中应用最广的方法。

(1) 总酸度和总碱度的测定 所谓总酸度,是指溶液中能与强碱反应的所有酸性物质(含强酸性物质和弱酸性物质)的浓度。所谓总碱度,是指溶液中能与强酸反应的所有碱性物质(含强碱性物质和弱碱性物质)的浓度。

总酸度的测定以酚酞为指示剂,用 NaOH 标准溶液滴定待测溶液,按下式计算溶液的总酸度:

$$\text{总酸度}(\text{mmol}\cdot\text{L}^{-1})=\frac{c_{\text{NaOH}}V_{\text{NaOH}}}{V_{\text{待}}}\times 1000$$

式中:c_{NaOH} 是 NaOH 标准溶液的浓度;V_{NaOH} 是滴定中 NaOH 标准溶液的消耗体积;$V_{\text{待}}$ 是待测溶液的体积。

总碱度的测定以甲基橙为指示剂,用 HCl 标准溶液滴定待测溶液,用与总酸度相似的计算方法求出溶液的总碱度。

(2) 混合碱的测定 工业品烧碱(NaOH)中含有 Na_2CO_3,纯碱 Na_2CO_3 中也含有 $NaHCO_3$,这两种工业品都称为混合碱。混合碱的分析常用双指示剂法。双指示剂法是利用两种指示剂进行连续滴定,根据两个终点所消耗的酸标准溶液的体积,计算各组分的含量。

① 烧碱中 NaOH 和 Na_2CO_3 含量的测定 准确称取一定量试样,溶于水后以酚酞为指示剂,用 HCl 标准溶液滴定,至溶液由红色变为无色则到第一化学计量点,消耗 HCl 的体积记为 V_1。此时 NaOH 全部被中和,而 Na_2CO_3 被中和一半。

$$NaOH + HCl = NaCl + H_2O$$
$$Na_2CO_3 + HCl = NaHCO_3 + NaCl$$

然后向溶液中加甲基橙指示剂，继续用 HCl 标准溶液滴定至溶液由黄色恰好变为橙色，到达第二化学计量点。溶液中 $NaHCO_3$ 被完全中和，所消耗的 HCl 量记为 V_2。显然，V_2 是 $NaHCO_3$ 所消耗 HCl 的体积。

$$NaHCO_3 + HCl = NaCl + CO_2 + H_2O$$

因 Na_2CO_3 先被中和生成 $NaHCO_3$，继续用 HCl 滴定使 $NaHCO_3$ 又转化为 H_2CO_3，二者所需 HCl 量相等，故 $V_1 - V_2$ 为中和 NaOH 所消耗 HCl 的体积，$2V_2$ 为滴定 Na_2CO_3 所需 HCl 的体积。分析结果计算公式为

$$w_{Na_2CO_3} = \frac{\frac{1}{2} c_{HCl} \times 2V_2 \times M_{Na_2CO_3}}{m} \times 100\%$$

$$w_{NaOH} = \frac{c_{HCl} \times (V_1 - V_2) \times M_{NaOH}}{m} \times 100\%$$

② 纯碱中 Na_2CO_3 和 $NaHCO_3$ 含量的测定 工业纯碱中常含有 $NaHCO_3$，此二组分的测定可参照上述 NaOH 和 Na_2CO_3 的测定方法。应注意，此时滴定 Na_2CO_3 所消耗的 HCl 体积为 $2V_1$，而滴定 $NaHCO_3$ 所消耗的 HCl 体积为 $V_2 - V_1$。分析结果计算式为

$$w_{Na_2CO_3} = \frac{\frac{1}{2} c_{HCl} \times 2V_1 \times M_{Na_2CO_3}}{m} \times 100\%$$

$$w_{NaHCO_3} = \frac{c_{HCl} \times (V_2 - V_1) \times M_{NaHCO_3}}{m} \times 100\%$$

(3) 铵盐中氮的测定 肥料、土壤及某些有机化合物常常需要测定其氮的含量，通常是将试样加以适当的处理，使各种含氮化合物都转换为氨态氮，然后进行测定。常用的方法有两种。

① 蒸馏法 试样用浓硫酸消煮(消化)分解(有时还需要加入催化剂)，使各种含氮化合物都转换为 NH_4^+，加浓 NaOH，将 NH_4^+ 以 NH_3 的形式蒸馏出来，用 H_3BO_3 溶液将 NH_3 吸收，以甲基红和溴甲酚绿为混合指示剂，用标准硫酸溶液滴定 $B(OH)_4^-$ 近无色透明时为终点。H_3BO_3 的酸性极弱，它可以吸收 NH_3，但不影响滴定，不必定量加入。

$$NH_3 + H_3BO_3 = NH_4^+ + H_2BO_3^-$$
$$HCl + H_2BO_3^- = H_3BO_3 + Cl^-$$

② 甲醛法 利用甲醛与铵盐作用，生成等物质的量的酸(质子化的六亚甲基四胺和 H^+)：

$$4NH_4^+ + 6HCHO = (CH_2)_6N_4H^+ + 3H^+ + 6H_2O$$

通常采用酚酞作指示剂，用 NaOH 标准溶液滴定。如果试样中含有游离酸，则需事先以甲基红为指示剂，用 NaOH 进行中和除去。

(4) 硅酸盐中 SiO_2 含量的测定 矿石、岩石、水泥、玻璃、陶瓷等都是硅酸盐，试样中 SiO_2 的含量常用重量法测定，准确度较高，但太费时。目前生产上的控制分析常采用氟硅酸钾容量法，它是一种酸碱滴定法。

硅酸盐试样一般难溶于酸,可用 KOH 或 NaOH 熔融,使之转化为可溶性硅酸盐,如 K_2SiO_3,并在钾盐存在下与 HF 作用(或在强酸性溶液中加 KF),形成微溶的氟硅酸钾 K_2SiF_6,反应式如下:

$$K_2SiO_3 + 6HF = K_2SiF_6 \downarrow + 3H_2O$$

由于沉淀的溶解度较大,利用同离子效应,常加入固体 KCl 以降低其溶解度。将沉淀物过滤,用 KCl-乙醇溶液洗涤沉淀,并以 NaOH 溶液中和游离酸,然后加入沸水,使 K_2SiF_6 水解释放出 HF:

$$K_2SiF_6 + 3H_2O = 2KF + H_2SiO_3 + 4HF$$

水解生成的 HF 可用标准碱溶液滴定,从而计算出试样中 SiO_2 的含量。

由于整个反应过程中有 HF 参与和生成,而 HF 腐蚀玻璃容器,且对人体健康有害,操作必须在塑料容器中进行,在整个分析过程中应注意安全。

例 2-3-1 称取混合碱试样 1.179 g,溶解后用酚酞作指示剂用 HCl 标准溶液滴定时,消耗 0.3000 mol·L^{-1} 的 HCl 溶液 48.16 mL。再加甲基橙作指示剂,又用 HCl 标准溶液滴定,又消耗了 HCl 标准溶液 24.04 mL。判断混合碱的组分,并计算试样中各组分的质量分数。

解 设 V_1 是以酚酞为指示剂时消耗 HCl 溶液的体积,V_2 为再加甲基橙为指示剂时消耗 HCl 溶液的体积,在同一溶液中:

只含 NaOH 时,$V_1 > 0, V_2 = 0$;
只含 $NaHCO_3$ 时,$V_1 = 0, V_2 > 0$;
只含 Na_2CO_3 时,$V_1 = V_2$;
含 NaOH 和 Na_2CO_3 时,$V_1 > V_2$;
含 Na_2CO_3 和 $NaHCO_3$ 时,$V_1 < V_2$。

现 $V_1 > V_2$,说明碱液是 NaOH 和 Na_2CO_3 的混合物,它们的质量分数可计算如下。

酚酞作指示剂时,滴定到第一化学计量点,此时发生下列反应:

$$Na_2CO_3 + HCl = NaCl + NaHCO_3$$
$$NaOH + HCl = NaCl + H_2O$$

再加甲基橙作指示剂,滴定到第二化学计量点,发生下面反应:

$$NaHCO_3 + HCl = NaCl + H_2O + CO_2 \uparrow$$

$$w_{Na_2CO_3} = \frac{\frac{1}{2}c_{HCl} \times 2V_2 \times M_{Na_2CO_3}}{m} \times 100\%$$

$$= \frac{\frac{1}{2} \times 0.3000 \times 2 \times 24.04 \times 10^{-3} \times 106}{1.179} \times 100\%$$

$$= 64.84\%$$

$$w_{NaOH} = \frac{c_{HCl} \times (V_1 - V_2) \times M_{NaOH}}{m} \times 100\%$$

$$= \frac{0.3000 \times (48.16 - 24.04) \times 10^{-3} \times 40}{1.179} \times 100\% = 24.55\%$$

第三节 沉淀滴定法

沉淀滴定法是以沉淀反应为基础的一类滴定分析方法。虽然许多化学反应能生成沉淀,但符合沉淀滴定分析要求,适用于沉淀滴定法的沉淀反应并不多。沉淀滴定法的反应必须满足以下几点要求:

(1) 生成的沉淀具有恒定的组成,而且溶解度要小;
(2) 沉淀反应具有确定的化学计量关系,并且迅速、定量地进行;
(3) 沉淀的吸附现象不影响滴定结果及终点判断;
(4) 能够用适当的指示剂或其他方法确定滴定终点。

目前应用最多的是生成难溶银盐的反应。例如:

$$Ag^+ + X^- \rightleftharpoons AgX \quad (X=Cl、Br、I)$$
$$Ag^+ + SCN^- \rightleftharpoons AgSCN$$

这种利用生成难溶银盐反应的测定方法称为银量法。银量法可以测定 Cl^-、Br^-、I^-、Ag^+、CN^-、SCN^- 等离子的含量,主要用于化学工业、环境检测、水质分析、农药检验以及冶金工业。银量法按照指示滴定终点的方法不同分为三种:莫尔法、佛尔哈德法和法扬斯法。本书主要介绍前两种方法。

一、莫尔法

莫尔法是 1856 年由莫尔创立的,是以 K_2CrO_4 作指示剂,在中性或弱碱性溶液中用 $AgNO_3$ 标准溶液直接滴定 Cl^- 或 Br^- 等离子的一种银量法。

下面以测定 Cl^- 为例来说明莫尔法的测定原理。根据分步沉淀的原理,由于 AgCl 的溶解度 (1.3×10^{-5} mol·L^{-1}) 小于 Ag_2CrO_4 的溶解度 (6.5×10^{-5} mol·L^{-1}),因此在含有 Cl^- 和 CrO_4^{2-} 的溶液中,用 $AgNO_3$ 标准溶液进行滴定,AgCl 首先沉淀出来,当滴定到化学计量点附近时,随着 $AgNO_3$ 的不断加入,溶液中 Cl^- 浓度越来越小,Ag^+ 浓度增加,当 AgCl 定量沉淀后,稍过量的 Ag^+ 与 CrO_4^{2-} 反应生成砖红色的 Ag_2CrO_4 沉淀,以此指示滴定终点。其反应为

$$Ag^+ + Cl^- \rightleftharpoons AgCl \downarrow (白色)$$
$$2Ag^+ + CrO_4^{2-} \rightleftharpoons Ag_2CrO_4 \downarrow (砖红色)$$

应用莫尔法,必须注意下列滴定条件。

(1) 要严格控制 K_2CrO_4 指示剂的用量。如果 K_2CrO_4 指示剂的浓度过高或过低,Ag_2CrO_4 沉淀析出就会提前或滞后。

已知 AgCl 和 Ag_2CrO_4 的溶度积是:

$$[Ag^+][Cl^-] = 1.56 \times 10^{-10}$$
$$[Ag^+]^2[CrO_4^{2-}] = 9.0 \times 10^{-12}$$

当滴定达到化学计量点时,Ag^+ 与 Cl^- 的物质的量恰好相等,即在 AgCl 的饱和溶液中,$[Ag^+]=[Cl^-]$,则

$$[Ag^+]=[Cl^-]=\sqrt{1.56\times10^{-10}}\ mol\cdot L^{-1}=1.25\times10^{-5}\ mol\cdot L^{-1}$$

此时,要求刚好析出 Ag_2CrO_4 沉淀以指示终点。因 $[Ag^+]^2[CrO_4^{2-}]=K_{sp}(Ag_2CrO_4)=9.0\times10^{-12}$,将 $[Ag^+]$ 代入此式,有

$$[CrO_4^{2-}]=\frac{K_{sp}(Ag_2CrO_4)}{[Ag^+]^2}=\frac{9.0\times10^{-12}}{1.56\times10^{-10}}\ mol\cdot L^{-1}=5.8\times10^{-2}\ mol\cdot L^{-1}$$

以上计算说明在滴定到达化学计量点时,刚好生成 Ag_2CrO_4 沉淀所需 K_2CrO_4 的浓度是 5.8×10^{-2} mol·L^{-1},由于 K_2CrO_4 溶液浓度较高时黄色较深,观察黄色背景下的砖红色 Ag_2CrO_4 沉淀将比较困难,影响终点判断,所以指示剂浓度还是略低一些为好,一般滴定溶液中所含指示剂 Ag_2CrO_4 浓度约为 5×10^{-3} mol·L^{-1}(相当于每 50～100 mL 溶液中加入 5% K_2CrO_4 溶液 0.5～1 mL)为宜。在此浓度下,才能从浅黄色中辨别出砖红色终点,终点误差小于 0.1%。

(2) 滴定应当在中性或弱碱性介质中进行,因为在酸性溶液中 CrO_4^{2-} 转化为 $Cr_2O_7^{2-}$,使 CrO_4^{2-} 浓度降低,影响 Ag_2CrO_4 沉淀的形成,使指示剂的灵敏度降低。

$$2H^+ + 2CrO_4^{2-} \rightleftharpoons 2HCrO_4^- \rightleftharpoons Cr_2O_7^{2-} + H_2O$$

如果溶液的碱性太强,将析出褐色的 Ag_2O 沉淀,影响终点的判断。

$$2Ag^+ + 2OH^- \rightleftharpoons 2AgOH\downarrow \rightleftharpoons Ag_2O\downarrow + H_2O$$

因此,莫尔法适合的酸性条件是 pH 6.5～10.5。若试液为强酸性或强碱性,可先用酚酞作指示剂以稀 NaOH 或稀 H_2SO_4 调节酚酞红色刚好褪去,然后再滴定。

当溶液中有铵盐存在时,pH 值较高,易形成 NH_3,使 Ag^+ 与 NH_3 形成 $[Ag(NH_3)_2]^+$ 而多消耗 $AgNO_3$ 标准溶液,滴定时,溶液酸度控制在 6.5～7.2 为宜。

(3) 在试液中若存在能与 CrO_4^{2-} 生成沉淀的阳离子(如 Ba^{2+}、Hg^{2+}、Pb^{2+} 等),能与 Ag^+ 生成沉淀的阴离子(如 PO_4^{3-}、AsO_4^{3-}、S^{2-}、CO_3^{2-}、$C_2O_4^{2-}$ 等),在中性或弱碱性溶液中能发生水解的离子(如 Fe^{3+}、Al^{3+}、Bi^{3+}、Sn^{4+} 等),都会干扰测定,应预先分离。

(4) 大量有色离子(如 Cu^{2+}、Ni^{2+}、Co^{2+} 等)存在,也会影响滴定终点的观察。

(5) 莫尔法可用于测定 Cl^- 或 Br^-,滴定中应剧烈振荡溶液,以减少 AgCl 和 AgBr 对 Cl^- 和 Br^- 的吸附,以期获得正确的滴定终点。因为 AgI、AgSCN 的吸附作用更为强烈,滴定到终点时有部分 I^- 或 SCN^- 被吸附,将引起较大的负误差,因此莫尔法不适用于 I^- 和 SCN^- 的测定。

二、佛尔哈德法

佛尔哈德法是佛尔哈德 1898 年创立的。它是以铁铵矾 $[NH_4Fe(SO_4)_2\cdot 12H_2O]$ 作为指示剂,在酸性介质中,用 KSCN 或 NH_4SCN 作为标准溶液滴定的一种银量法。根据滴定方式不同,佛尔哈德法分为直接滴定法和间接滴定法。

1. 直接滴定法

在含有 Ag^+ 的稀 HNO_3 溶液中加入铁铵矾指示剂,用 NH_4SCN 标准溶液直接滴定。

在滴定过程中,先析出白色的 AgSCN 沉淀,滴定至化学计量点时,微过量的 SCN^- 就能与 Fe^{3+} 生成红色 $[FeSCN]^{2+}$,指示滴定终点到达。其反应为

$$Ag^+ + SCN^- \rightleftharpoons AgSCN \downarrow (白色)$$

$$Fe^{3+} + SCN^- \rightleftharpoons [FeSCN]^{2+} (红色)$$

由于滴定过程中生成的 AgSCN 能吸附溶液中的 Ag^+,所以在滴定时必须剧烈振荡,避免指示剂过早显色,减小测定误差。直接滴定法的溶液中 $[H^+]$ 一般控制在 0.1～1 $mol \cdot L^{-1}$。若酸性太低,Fe^{3+} 将水解,生成棕红色的 $Fe(OH)_3$ 或者 $[Fe(H_2O)_5(OH)]^{2+}$,影响终点的观察。此法可用来直接测定 Ag^+,效果优于莫尔法。

2. 返滴定法

在含有卤素离子的硝酸溶液中,加入一定量的 $AgNO_3$,以铁铵矾为指示剂,用 NH_4SCN 标准溶液回滴过量的 $AgNO_3$。例如 Cl^- 的测定,其反应如下:

$$Ag^+ + Cl^- \rightleftharpoons AgCl \downarrow (白色)$$

$$Ag^+ + SCN^- \rightleftharpoons AgSCN \downarrow (白色)$$

$$Fe^{3+} + SCN^- \rightleftharpoons [FeSCN]^{2+} (红色)$$

当过量一滴 SCN^- 溶液时,Fe^{3+} 便与 SCN^- 反应生成红色的 $[FeSCN]^{2+}$,指示终点。由于 AgSCN 的溶解度小于 AgCl,加入过量 SCN^- 时,会将 AgCl 沉淀转化为 AgSCN 沉淀,使分析结果产生较大误差。

$$AgCl + SCN^- \rightleftharpoons AgSCN + Cl^-$$

佛尔哈德法滴定是在 HNO_3 介质中进行的,有些弱酸阴离子(如 PO_4^{3-}、AsO_4^{3-}、$C_2O_4^{2-}$ 等)不会干扰卤素离子的测定,因此佛尔哈德法选择性较高。

第四节 氧化还原与配位滴定简介

一、氧化还原滴定法

氧化还原滴定法是以氧化还原反应为基础的滴定分析法。它的应用范围很广泛,可以直接或间接测定许多无机物和有机物。根据所用的氧化剂或还原剂的不同,可以将氧化还原滴定法分为多种,主要有高锰酸钾法、重铬酸钾法、碘量法等。

1. 氧化还原滴定曲线和指示剂

(1) 氧化还原滴定曲线　在氧化还原滴定过程中,随着标准溶液的加入,溶液中氧化还原电对的电极电势数值不断发生变化。当滴定至化学计量点时,继续滴加极少量的标准溶液就会引起电极电势的急剧变化。这种电极电位改变的情况可以用与酸碱滴定法相似的滴定曲线表示。即以滴定过程中的电极电势对加入滴定剂的体积作图,即得氧化还原滴定曲线。

现以 0.1000 mol·L^{-1}Ce(SO$_4$)$_2$溶液在 1 mol·L^{-1} H$_2$SO$_4$溶液中滴定 Fe^{2+}为例,讨论有关问题。相关电对的氧化还原半反应为

$$Fe^{3+}+e^-\rightleftharpoons Fe^{2+}, \quad \varphi_{Fe^{3+}/Fe^{2+}}^{\ominus'}=0.771\ V$$

$$Ce^{4+}+e^-\rightleftharpoons Ce^{3+}, \quad \varphi_{Ce^{4+}/Ce^{3+}}^{\ominus'}=1.61\ V$$

Ce^{4+}滴定 Fe^{2+}的反应为

$$Ce^{4+}+Fe^{2+}\rightleftharpoons Fe^{3+}+Ce^{3+}$$

滴定过程中相关电对的电极电势用能斯特方程进行计算。

① 滴定开始至化学计量点前 在化学计量点前,溶液中存在着过量的 Fe^{2+},故滴定过程中电极电势可根据 Fe^{3+}/Fe^{2+}电对计算:

$$\varphi_{Fe^{3+}/Fe^{2+}}=\varphi_{Fe^{3+}/Fe^{2+}}^{\ominus}+0.05916\lg\frac{c_{Fe^{3+}}}{c_{Fe^{2+}}}$$

此时 $\varphi_{Fe^{3+}/Fe^{2+}}$ 值随溶液中 $c_{Fe^{3+}}$ 和 $c_{Fe^{2+}}$ 的改变而变化。例如,当加入 Ce(SO$_4$)$_2$标准溶液 99.9%时,Fe^{2+}剩余 0.1%,溶液电势为

$$\varphi_{Fe^{3+}/Fe^{2+}}=\left(0.771+0.05916\lg\frac{99.9}{0.1}\right)V=0.951\ V$$

在化学计量点前各滴定点的电势值均可按此法计算。

② 化学计量点时 在化学计量点时,已加入 20.00 mL 0.1000 mol·L^{-1} Ce^{4+}标准滴定溶液,此时 Ce^{4+}和 Fe^{3+}浓度均很小,不能直接求得,但两电对的电极电势相等,即

$$\varphi_{Ce^{4+}/Ce^{3+}}=\varphi_{Fe^{3+}/Fe^{2+}}=\varphi_{sp}$$

$$\varphi_{sp}=\varphi_{Ce^{4+}/Ce^{3+}}=1.61+0.05916\lg\frac{c_{Ce^{4+}}}{c_{Ce^{3+}}}$$

$$\varphi_{sp}=\varphi_{Fe^{3+}/Fe^{2+}}=0.771+0.05916\lg\frac{c_{Fe^{3+}}}{c_{Fe^{2+}}}$$

将以上两式相加,整理后得

$$2\varphi_{sp}=1.61+0.771+0.05916\lg\frac{c_{Ce^{4+}}\cdot c_{Fe^{3+}}}{c_{Ce^{3+}}\cdot c_{Fe^{2+}}}$$

当达到化学计量点时,溶液中 $c_{Fe^{3+}}=c_{Ce^{3+}}$,$c_{Ce^{4+}}=c_{Fe^{2+}}$,代入上式,得

$$\varphi_{sp}=\frac{1.61+0.771}{2}\ V=1.19\ V$$

③ 化学计量点后 此时溶液中 Ce^{4+}、Ce^{3+}浓度均容易求得,而 Fe^{3+}浓度则不易直接求得,故此时按 Ce^{4+}/Ce^{3+}电对进行计算。

当 Ce^{4+}有 0.1%过量时,则

$$\varphi_{Ce^{4+}/Ce^{3+}}=\left(1.61+0.05916\lg\frac{0.1}{100}\right)V=1.43\ V$$

同样可计算加入不同量的 Ce^{4+}溶液时的电极电势。

将滴定过程中不同滴定点的电势计算结果列于表 2-3-5 中,由此绘制的滴定曲线如图 2-3-4 所示。

表 2-3-5 用 0.1000 mol·L^{-1} Ce(SO$_4$)$_2$ 滴定 20.00 mL 0.1000 mol·L^{-1} Fe^{2+} 溶液的电势变化

加入 Ce^{4+} 溶液/mL	滴定分数/(%)	电极电势/V
1.00	5.00	0.691
2.00	10.0	0.771
4.00	20.0	0.731
8.00	40.0	0.761
10.00	50.0	0.771
12.00	60.0	0.781
18.00	90.0	0.831
19.80	99.0	0.891
19.98	99.9	0.951
20.00	100.0	1.190
20.02	100.1	1.430
22.00	110.0	1.491
30.00	150.0	1.591
40.00	200.0	1.610

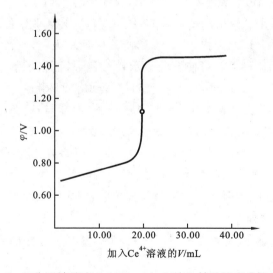

图 2-3-4 0.1000 mol·L^{-1} Ce^{4+} 滴定 0.1000 mol·L^{-1} Fe^{2+} 的滴定曲线(1 mol·L^{-1} H$_2$SO$_4$)

可以看出,从化学计量点前 Fe^{2+} 剩余 0.1% 到化学计量点后 Ce^{4+} 过量 0.1%,电势增加了 0.4 V,即滴定曲线的电势突跃是 0.4 V,这为判断氧化还原反应滴定的可能性和选择指示剂提供了依据。氧化还原滴定曲线突跃的长短和氧化剂、还原剂两电对的条件电极电势的差值有关。两电对的条件电极电势相差越大,滴定突跃就越长;反之,则越小。

(2) 氧化还原滴定指示剂 能在氧化还原滴定化学计量点附近,使溶液颜色发生改变,指示滴定终点到达的一类物质称作氧化还原滴定指示剂。一些重要的氧化还原指示剂见表 2-3-6。

氧化还原滴定指示剂分为以下三种类型。

① 氧化还原指示剂　本身具有氧化还原性而且其氧化型和还原型具有不同颜色的一类复杂有机化合物称作氧化还原指示剂。例如，用 $K_2Cr_2O_7$ 溶液滴定 Fe^{2+}，常用二苯胺磺酸钠作为指示剂。二苯胺磺酸钠的还原型为无色，氧化型为紫红色。故滴定达到化学计量点时，再滴入稍过量的 $K_2Cr_2O_7$ 溶液就能使二苯胺磺酸钠由还原型转化为氧化型，溶液显示紫红色，指示滴定终点。

表 2-3-6　一些重要的氧化还原指示剂的条件电极电势及颜色变化

指示剂	$\varphi_{In}^{\ominus'}/V$ $[H^+]=1\ mol\cdot L^{-1}$	颜色变化	
		氧化态	还原态
亚甲基蓝	0.36	蓝色	无色
二苯胺	0.76	紫色	无色
二苯胺磺酸钠	0.84	红紫色	无色
邻苯氨基苯甲酸	0.89	红紫色	无色
邻二氮杂菲-亚铁	1.06	浅蓝色	红色

② 自身指示剂　在氧化还原滴定中，有些标准溶液或被滴定物质本身有颜色，若反应后变成浅色甚至无色物质，则在滴定过程中，就不必另加指示剂，它们本身的颜色变化起着指示剂的作用，称作自身指示剂。例如，用 $KMnO_4$ 作标准溶液滴定 Fe^{2+} 溶液时，由于 MnO_4^- 本身显红色，其还原产物 Mn^{2+} 在稀溶液中近乎无色。所以当滴定达到化学计量点时，只要 MnO_4^- 稍微过量就可使溶液显示粉红色，从而指示滴定终点到达。化学计量点后 MnO_4^- 过量 $2\times10^{-6}\ mol\cdot L^{-1}$ 时，就可以看到溶液呈粉红色。

③ 专属指示剂　指示剂本身不具有氧化还原性，但能与氧化剂或还原剂反应，产生特殊颜色来确定滴定终点的指示剂叫专属指示剂。例如，可溶性淀粉遇碘生成蓝色吸附化合物（I_2 的浓度可以小至 $2\times10^{-5}\ mol\cdot L^{-1}$）。此反应非常灵敏，反应速度也较快，借助此蓝色的出现和消失来判断滴定终点的到达。又如，以 Fe^{3+} 滴定 Sn^{2+} 时，以 KSCN 为指示剂，当溶液中出现血红色，即 SCN^- 与 Fe^{3+} 配位时，即为滴定终点。

2. 常用的氧化还原滴定法

(1) 高锰酸钾法　高锰酸钾法是利用高锰酸钾（$KMnO_4$）标准溶液进行滴定的氧化还原滴定法。

由于 $KMnO_4$ 在强酸性溶液中有很强的氧化能力，同时生成无色的 Mn^{2+}，便于观察滴定终点，因此一般都在强酸性条件下使用。在强碱性条件下 $KMnO_4$ 与有机物反应速率比在酸性条件下更快，所以用高锰酸钾法测定有机物含量时，大都在强碱性溶液中进行。

高锰酸钾法的优点是 $KMnO_4$ 的氧化能力强，可以直接或间接测定多种无机物和有机物，因此应用范围广；MnO_4^- 本身有颜色，所以用它滴定无色或浅色物质的溶液时，一般不需另加指示剂，使用方便。该法的主要缺点是试剂常含有少量杂质，因而溶液不够稳定;又由于 $KMnO_4$ 的氧化能力强,可以和很多还原性物质发生作用,所以干扰也较严重,滴定的选择性差。高锰酸钾法应用示例如下。

① H_2O_2 的测定　在酸性溶液中,H_2O_2 可用 $KMnO_4$ 标准溶液直接进行滴定,其反应如下:

$$5H_2O_2 + 2MnO_4^- + 6H^+ \rightleftharpoons 2Mn^{2+} + 8H_2O + 5O_2 \uparrow$$

当溶液呈现淡粉红色并保持半分钟不褪时即为终点。

开始时滴定速度应特别慢,当第一滴 $KMnO_4$ 颜色消失后再继续滴定,随着生成的 Mn^{2+} 的催化作用,反应速度加快,这时滴定速度也可以加快。由于 H_2O_2 本身受热易分解,故反应不可以加热。工业用 H_2O_2 中常含有有机物,会与 $KMnO_4$ 反应而干扰测定,此时最好采用碘量法测定。

② 钙的测定　高锰酸钾法测定钙,是在一定条件下使 Ca^{2+} 与 $C_2O_4^{2-}$ 完全反应生成草酸钙沉淀,经过过滤洗涤后,将 CaC_2O_4 沉淀溶于热的稀硫酸溶液中,最后用 $KMnO_4$ 标准溶液滴定 $H_2C_2O_4$,根据所耗 $KMnO_4$ 的量间接求得钙的含量。其反应式如下:

$$Ca^{2+} + C_2O_4^{2-} \rightleftharpoons CaC_2O_4 \downarrow$$

$$CaC_2O_4 + 2H^+ \rightleftharpoons Ca^{2+} + H_2C_2O_4$$

$$5H_2C_2O_4 + 2MnO_4^- + 6H^+ \rightleftharpoons 2Mn^{2+} + 10CO_2 + 8H_2O$$

Ba^{2+}、Zn^{2+}、Cd^{2+}、Th^{4+} 等都能与 $C_2O_4^{2-}$ 定量地生成草酸盐沉淀,因此,都可用高锰酸钾法间接测定。

③ 有机物的测定　在强碱性溶液中,过量的 $KMnO_4$ 能定量地氧化某些有机物。例如 $KMnO_4$ 与甲酸的反应为

$$HCOO^- + 2MnO_4^- + 3OH^- \rightleftharpoons CO_3^{2-} + 2MnO_4^{2-} + 2H_2O$$

待反应完成后,将溶液酸化,用还原剂标准溶液滴定溶液中所有的高价锰,使之还原为 $Mn(Ⅱ)$,计算出消耗的还原剂的物质的量。用同样方法,测出反应前一定量碱性 $KMnO_4$ 溶液相当于还原剂的物质的量,根据二者之差即可计算出甲酸的含量。

(2) 重铬酸钾法　重铬酸钾法是利用 $K_2Cr_2O_7$ 作为标准溶液进行滴定的氧化还原滴定法。

$K_2Cr_2O_7$ 也是一种较强的氧化剂,虽然 $K_2Cr_2O_7$ 在酸性溶液中的氧化能力比 $KMnO_4$ 低,应用不及高锰酸钾法广泛。但是重铬酸钾法与高锰酸钾法相比有其独特的优点:①$K_2Cr_2O_7$ 容易提纯,在 150 ℃下烘干后可作为基准物质,能用直接法配制标准溶液;②$K_2Cr_2O_7$ 标准溶液非常稳定,可长期保存;③$K_2Cr_2O_7$ 的氧化能力没有 $KMnO_4$ 强,可在 HCl 介质中进行滴定,不受 Cl^- 还原作用影响。

(3) 碘量法　碘量法是利用 I_2 的氧化性和 I^- 的还原性测定物质含量的氧化还原滴定法。其基本反应为

$$I_2 + 2e^- \rightleftharpoons 2I^-, \quad \varphi^{\ominus} = 0.54 \text{ V}$$

I_2 是一种较弱的氧化剂,能与较强的还原剂作用;而 I^- 是一种中等强度的还原剂,能与许多氧化剂作用。故碘量法可分为直接碘量法和间接碘量法两种。

① 直接碘量法是利用 I_2 标准溶液直接滴定一些还原性较强的物质(电位小于 $+0.54$ V)的方法,如 S^{2-}、SO_3^{2-}、Sn^{2+}、$S_2O_3^{2-}$ 等。

滴定时用淀粉作指示剂,在 I⁻ 的存在下,稍过量的 I_2 能使溶液由无色变为浅蓝色,非常明显,其反应式为

$$淀粉(无色) + I_2 \longrightarrow 淀粉\text{-}I_2 吸附化合物(蓝色)$$

应该指出的是,直接碘量法只能在微酸性或中性溶液中进行,不能在碱性溶液中进行。

② 间接碘量法(又称滴定碘法)是利用 I⁻ 的还原性,使之与一些电位比 $\varphi^{\ominus}_{I_2/I^-}$ 高的氧化性物质反应,产生等量的 I_2,然后再用 $Na_2S_2O_3$ 标准溶液来滴定析出的 I_2,从而间接地测定氧化性物质的一种方法。如在酸性溶液中,$K_2Cr_2O_7$ 与过量的 KI 作用,析出 I_2,用 $Na_2S_2O_3$ 标准溶液滴定。

$$Cr_2O_7^{2-} + 6I^- + 14H^+ \Longrightarrow 2Cr^{3+} + 3I_2 + 7H_2O$$
$$I_2 + 2S_2O_3^{2-} \Longrightarrow 2I^- + S_4O_6^{2-}$$

利用这种方法可以测定很多氧化性物质,如 Cu^{2+}、H_2O_2、$Cr_2O_7^{2-}$、MnO_4^-、IO_3^- 等,因此间接碘量法的应用范围相当广泛。

间接碘量法也使用淀粉作指示剂,溶液由蓝色刚好变为无色即为滴定终点。

二、配位滴定法

配位滴定法是以形成稳定配合物的配位反应为基础进行的滴定分析方法。用于配位滴定的配位反应应具备如下条件。

(1) 反应能定量进行完全,即形成的配合物要相当稳定。
(2) 在一定的反应条件下,配位数必须有确定值(即只形成一种配位数的配合物)。
(3) 配位反应速度要快。
(4) 能用比较简便的方法确定滴定终点。

虽然能够生成配合物的配位反应很多,但能完全符合滴定条件的却并不多。目前,与金属离子的配位反应能比较好地满足上述条件的一类有机配位剂——氨羧配位剂被广泛应用于配位滴定中。

氨羧配位剂是一种含有氨基乙酸[—$N(CH_2COOH)_2$]基团的有机化合物,其分子中含有氨基氮和羧基氧两种配位能力很强的配位原子,可以和许多金属离子形成稳定的配合物。其中应用最广泛的是乙二胺四乙酸及其二钠盐,简称 EDTA,用 EDTA 标准溶液可以滴定几十种金属离子。这里主要讨论以 EDTA 为配位剂的配位滴定法。

1. 乙二胺四乙酸的性质及其配合物

乙二胺四乙酸常用 H_4Y 表示其分子式,其结构见模块一第七章。

由于乙二胺四乙酸在水中的溶解度非常小,因此通常使用它的二钠盐,即乙二胺四乙酸二钠盐,含 2 分子结晶水,简写为 $Na_2H_2Y \cdot 2H_2O$,相对分子质量为 372.24,通常配制成 $0.01 \sim 0.1 \text{ mol} \cdot L^{-1}$ 的标准溶液用于滴定分析。

EDTA 和其他多元酸类似,在水溶液中总是以 H_6Y^{2+}、H_5Y^+、H_4Y、H_3Y^-、H_2Y^{2-}、HY^{3-}、Y^{4-} 等七种形式存在,在不同的酸度下,各种形式的浓度不同,而且配位能力也不同。

EDTA 的阴离子 Y 的结构具有四个羧基(—COOH)和两个氨基(—NH_2),而

氮、氧原子又都具有孤对电子,能与金属离子形成配位键,为六基配位体。在周期表中,绝大多数金属离子均能与 EDTA 形成稳定配合物,其配位反应具有以下特点。

(1) EDTA 与金属离子配位时,形成有五个五元环的螯合物。具有这类环状结构的螯合物都很稳定,配位反应完全。螯合立体结构如图 2-3-5 所示。

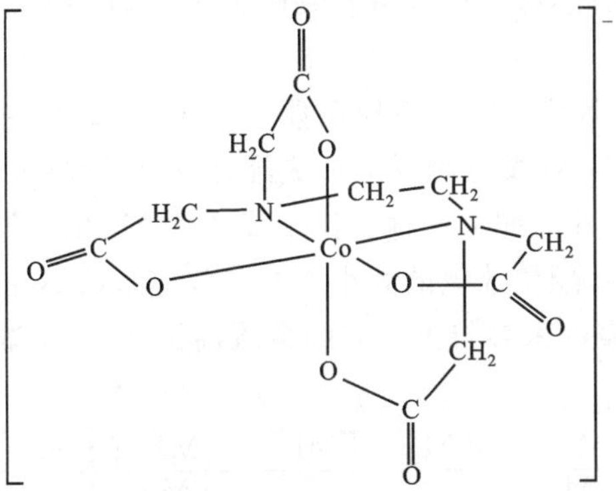

图 2-3-5　螯合立体结构

(2) EDTA 与不同价态的金属离子生成配合物时,一般情况下配位比为 1∶1,计量关系简单。

(3) 生成的配合物易溶于水,滴定反应能在水溶液中进行,而且与无色金属离子形成无色配合物,与有色金属形成颜色更深的配合物。

(4) 配位反应速度快,大多数金属离子和 EDTA 形成配合物的反应瞬间即可完成,只有极少数金属离子如 Cr^{3+}、Fe^{3+}、Al^{3+} 室温下反应较慢,但可加热促使反应迅速进行。

(5) EDTA 与金属离子的配位能力随溶液 pH 值的增大而增强。

这些特点说明 EDTA 与金属离子的配位反应能符合滴定分析的要求。

2. 影响配位解离平衡的因素

在 EDTA 滴定中,被测金属离子 M 与 EDTA 配位,生成配合物 MY 的反应称为主反应。同时反应物 M、Y 及反应产物 MY 也有可能与溶液中其他组分发生副反应,从而使 MY 配合物的稳定性受到影响,其平衡关系如下:

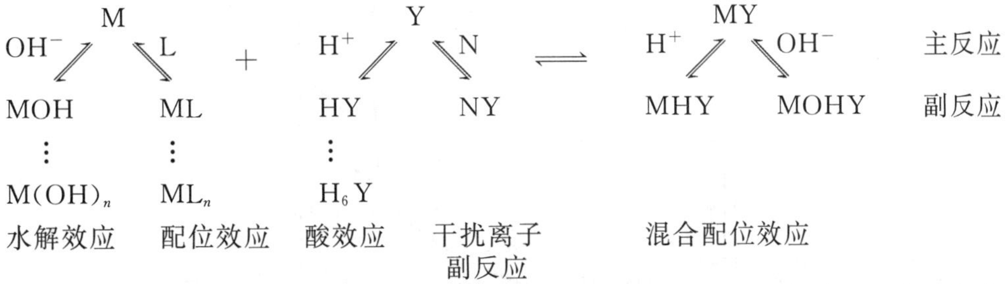

```
        M              Y                  MY
   OH⁻⇅ ⇅L     +   H⁺⇅ ⇅N     ⇌    H⁺⇅ ⇅OH⁻        主反应
   MOH    ML        HY    NY           MHY    MOHY    副反应
    ⋮      ⋮         ⋮
  M(OH)ₙ  MLₙ       H₆Y
   水解效应 配位效应  酸效应  干扰离子      混合配位效应
                            副反应
```

这些副反应的发生都将影响主反应,反应物 M 或 Y 发生副反应不利于主反应的进行,而 MY 发生副反应则有利于主反应的进行。在众多的副反应中,对配位滴定影响最大的就是溶液的酸度。

(1) EDTA 的酸效应及酸效应系数　由于 H^+ 存在,使配位体 Y 参加主反应能力降低的现象称**酸效应**。酸效应的大小用酸效应系数 $\alpha_{Y(H)}$ 来衡量。它表示未参与配位反应的 EDTA 的各种存在形式的总浓度与能参与配位反应 Y 的平衡浓度之比：

$$\alpha_{Y(H)} = \frac{[Y]_{总}}{[Y]}$$

$\alpha_{Y(H)}$ 取决于溶液的酸度，溶液酸度越大，$\alpha_{Y(H)}$ 值越大，则配体的有效浓度[Y]越小，配位剂的配位能力越弱。因此，酸效应系数是判断 EDTA 能否准确滴定某金属离子的重要参数。

（2）金属离子的配位效应及配位效应系数　当 M 与 Y 发生反应时，如滴定体系中存在其他的配位剂 L，且 L 与 M 发生副反应形成配合物，会影响金属离子 M 与 Y 之间主反应进行的程度。这种由于其他配位剂存在使金属离子 M 和配位剂 Y 进行主反应能力降低的现象，称为配位效应。配位效应的大小用配位效应系数 $\alpha_{M(L)}$ 来衡量。

配位效应系数 $\alpha_{M(L)}$ 表示未参与主反应的金属离子 M 的总浓度 $[M]_{总}$ 与游离金属离子浓度的比值，即

$$\alpha_{M(L)} = \frac{[M]_{总}}{[M]} = \frac{[M]+[ML]+[ML_2]+\cdots+[ML_n]}{[M]}$$
$$= 1 + [L]\beta_1 + [L]^2\beta_2 + [L]^3\beta_3 + \cdots + [L]^n\beta_n$$

上式表明，$\alpha_{M(L)}$ 是其他配位剂 L 平衡浓度[L]的函数，$\alpha_{M(L)}$ 越大，即金属离子 M 与其他配位剂 L 发生的副反应越严重，配位效应越强。当 $\alpha_{M(L)} = 1$ 时，表示金属离子 M 未与 L 发生配位效应。

3. 配位滴定的基本原理

（1）滴定曲线　与酸碱滴定情况相似，配位滴定时，在金属离子的溶液中，随着配位滴定剂的加入，金属离子不断发生配位反应，它的浓度也随之减小。在化学计量点附近，溶液中金属离子浓度发生突变。可将配位滴定过程中金属离子的浓度（以 pM 值表示）随滴定剂加入量不同而变化的规律绘制成滴定曲线。图 2-3-6 为 EDTA 滴定 Ca^{2+} 的滴定曲线。

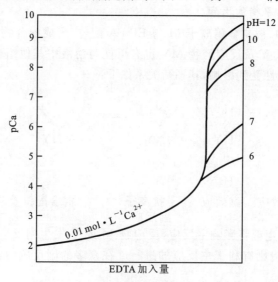

图 2-3-6　0.01 mol·L^{-1} EDTA 滴定 0.01 mol·L^{-1} Ca^{2+} 的滴定曲线

从图中可以看出，用 EDTA 滴定，在化学计量点前一段曲线的位置仅随 EDTA 的滴入，Ca^{2+} 的浓度不断减少，后一段受 EDTA 的酸效应的影响，pCa 数值随 pH 值不同而不同。如果滴定的金属离子易与其他配体配合或容易水解，则滴定曲线同时受酸效应和配位效应的影响。

配位滴定中，滴定突跃的大小主要取决于配合物的稳定常数 K_{MY} 和金属离子的起始浓度。配合物的条件稳定常数越大，滴定突跃的范围就越大；当 K_{MY} 一定时，金属离子的起始浓度越大，滴定突跃的范围就越大。

(2) 金属离子能被准确滴定的条件 一种金属离子能否被准确滴定取决于滴定时突跃范围大小，而突跃的大小取决于 K_{MY} 和金属离子的起始浓度 c_M，只有当 $c_M K_{MY}$ 足够大时，才能有明显的突跃，才能进行准确滴定。在配位滴定中，要求目测终点与化学计量点二者 pM 的差值 ΔpM 为 ± 0.2 pM 单位。实验证明，只有满足 $c_M K_{MY} \geqslant 10^6$ 时，滴定才有明显的突跃，使滴定终点误差在 $\pm 0.1\%$ 以内。因此把 $c_M K_{MY} \geqslant 10^6$ 称为金属离子能否进行准确配位滴定的条件。在配位滴定中，被测金属离子的浓度一般为 10^{-2} mol·L^{-1} 左右，即 $c_M = 0.01$ mol·L^{-1}。这时若 $K_{MY} \geqslant 10^8$，金属离子就可被准确滴定。

4. 金属指示剂

在配位滴定中，可用多种方法指示终点，使用最广泛的是金属指示剂。

(1) 金属指示剂的作用原理 配位滴定中的金属指示剂是一种可与金属离子生成配合物的有机染料。通常利用金属指示剂自身颜色与其形成的配合物具有不同的颜色，来指示配位滴定终点。

滴定前，溶液中只有被测定的金属离子，当加入指示剂(以 In 表示)后，指示剂和少量金属离子生成配合物，显示配合物的颜色，而绝大部分金属离子还处于游离状态。

$$M + In(甲色) \rightleftharpoons MIn(乙色)$$

随着滴定剂 EDTA 的加入，游离金属离子逐渐被配合而不断减少。当游离金属离子几乎完全配合后，继续滴加 EDTA 时，溶液中已无游离的金属离子与之配合。由于 $K_{MY} > K_{MIn}$，已与指示剂配位的金属离子被 EDTA 夺取出来，释放出指示剂，使指示剂游离出来，溶液呈现出指示剂自身的颜色。

$$MIn(乙色) + Y \rightleftharpoons MY + In(甲色)$$

所以终点时，溶液由指示剂与金属离子所形成的配合物的颜色，变为游离的指示剂的颜色。

(2) 金属指示剂应具备的条件 金属指示剂大多是有机染料，在配位滴定中的金属指示剂必须具备下列条件。

① 在滴定的 pH 值范围内，指示剂本身的颜色与它和金属离子形成配合物的颜色有明显的差别。

② 金属离子与指示剂形成有色配合物的显色反应要灵敏，在金属离子浓度很小时，仍能呈现明显的颜色。

③ 指示剂与金属离子生成配合物要有适当的稳定性。

此外，指示剂与金属离子形成的配合物应易溶于水，如果生成胶体溶液或沉淀，则会使变色不明显。金属指示剂应比较稳定，便于储藏和使用。

5. EDTA 标准溶液的配制和标定

（1）EDTA 标准溶液的配制　由于乙二胺四乙酸难溶于水，通常采用它的二钠盐（也称 EDTA）来配制标准溶液。乙二胺四乙酸的二钠盐经提纯后可作为基准物质，直接配制标准溶液。但提纯方法较复杂，故通常仍采用间接法配制。

（2）EDTA 标准溶液的标定　标定 EDTA 的基准物质通常有 ZnO、$CaCO_3$、$MgSO_4 \cdot 7H_2O$ 等化合物及 Zn、Cu 等纯金属，通常选用其中与被测组分相同的物质做基准物，以使滴定条件相同，减小误差。

实验室常以锌或 ZnO 为基准物标定 EDTA，先配成较大量的标准溶液，再取一定量来标定。

标定时，可以在 pH=10 的 NH_3-NH_4Cl 缓冲溶液中，以铬黑 T（EBT）为指示剂，用 EDTA 标准溶液直接滴定至溶液由红色变为蓝色，即为终点。也可以在 pH 5～6 时，以 $(CH_2)_6N_4$ 为缓冲溶液，二甲酚橙为指示剂直接滴定，终点时，溶液由紫红色变为亮黄色。由锌或氧化锌的量可知 EDTA 标准溶液的准确浓度。

6. 配位滴定方式及应用

在配位滴定中，可采用不同的滴定方式，以扩大配位滴定的应用范围，同时提高滴定的选择性。

（1）直接滴定法　这是配位滴定中最基本的方法，只要金属离子与 EDTA 的配位反应能满足滴定要求，并能有合适的指示剂，就可以用 EDTA 标准溶液直接滴定。

应用示例——水中硬度的测定

水的硬度是指水中除碱金属以外的全部金属离子的浓度的总和。由于 Ca^{2+}、Mg^{2+} 含量远比其他金属离子高，所以通常以水中 Ca^{2+}、Mg^{2+} 总量表示水的硬度。测定水的总硬度，通常是测定水中 Ca^{2+}、Mg^{2+} 的总量。水中钙盐含量用硬度表示为钙硬度，镁盐含量用硬度表示为镁硬度。

① 总硬度测定　以 NH_3-NH_4Cl 缓冲溶液控制水试样 pH 10，以铬黑 T 为指示剂，这时水中 Mg^{2+} 与指示剂生成红色配合物。

$$Mg^{2+} + HIn^{2-} \Longleftrightarrow MgIn^- + H^+$$

用 EDTA 滴定时，由于 $\lg K_{CaY} > \lg K_{MgY}$，EDTA 首先和溶液中 Ca^{2+} 配合，然后再与 Mg^{2+} 配合，到达计量点时，由于 $\lg K_{MgY} > \lg K_{MgIn}$，稍过量的 EDTA 夺取 $MgIn^-$ 中的 Mg^{2+}，使指示剂释放出来，显指示剂的纯蓝色，从而指示滴定终点。反应如下：

$$MgIn^- + H_2Y^{2-} \Longleftrightarrow MgY^{2-} + HIn^{2-} + H^+$$

测定水中 Ca^{2+}、Mg^{2+} 含量时，Mg^{2+} 与 EDTA 定量配位之前 Ca^{2+} 已先与 EDTA 定量配位完全，因此可选用对 Mg^{2+} 较灵敏的指示剂来指示终点。

② 钙硬度的测定　用 NaOH 调节水试样 pH 12.5，使 Mg^{2+} 形成 $Mg(OH)_2$ 沉淀，以钙指示剂（N·N）确定终点，用 EDTA 标准溶液滴定，终点时溶液由红色变为蓝色。

水硬度的计算公式如下。

水的总硬度（以每升水中含 $CaCO_3$ 的质量（mg）表示）：

$$\rho_{CaCO_3}(\text{mg} \cdot \text{L}^{-1}) = \frac{c_{EDTA} \cdot V_1 \cdot M_{CaCO_3}}{V_{水}} \times 1000$$

钙硬度：
$$\rho_{CaCO_3}(mg \cdot L^{-1}) = \frac{c_{EDTA} \cdot V_2 \cdot M_{CaCO_3}}{V_{水}} \times 1000$$

式中：V_1 为测定总硬度时所消耗的 EDTA 的体积，单位为 mL；V_2 为测定钙硬度时所消耗的 EDTA 的体积，单位为 mL；$V_{水}$ 为水样的体积，单位为 mL。

（2）返滴定法　如果待测离子与 EDTA 的配位速度缓慢，在滴定条件下待测离子发生副反应，采用直接滴定法时缺乏符合要求的指示剂，待测离子对指示剂有封闭作用等情况，通常采用返滴定法进行测定。

应用示例——镍盐含量的测定

Ni^{2+} 与 EDTA 的配合反应进行缓慢，不能用直接滴定法进行测定。一般先在 Ni^{2+} 溶液中加入过量的 EDTA 标准溶液，调节 pH 值，加热煮沸，使 Ni^{2+} 与 EDTA 完全配位，剩余的 EDTA 再用 $CuSO_4$ 标准溶液返滴定。

（3）置换滴定法　利用置换反应，从配合物中置换出一定物质的量的金属离子或 EDTA，然后用标准溶液进行滴定。置换滴定法的方式灵活多样，不仅能扩大配位滴定的应用范围，同时还可以提高配位滴定的选择性。

应用示例——铝盐含量的测定

Al^{3+} 与 EDTA 的配位反应进行缓慢，且对指示剂有封闭作用，不能用直接滴定法进行测定。测定时，首先调节 Al^{3+} 试液的 pH 值，加入过量的 EDTA 标准溶液，加热煮沸，使 Al^{3+} 与 EDTA 完全配位，将剩余的 EDTA 用锌标准溶液中和。然后加入一种选择性较高的配位剂（通常用 NH_4F），加热煮沸，将 AlY^- 中的 Y^{4-} 定量置换出来，再以锌标准溶液滴定置换出来的 EDTA，即可测出铝的含量。

知识拓展

仪器分析法

仪器分析是指采用比较复杂或特殊的仪器设备，通过测量物质的某些物理或物理化学性质的参数及其变化来获取物质的化学组成、成分含量及化学结构等信息的一类方法。仪器分析与化学分析是分析化学的两种分析方法。

仪器分析的特点：①灵敏度高：大多数仪器分析法适用于微量、痕量分析。②取样量少：化学分析法需用 $10^{-4} \sim 10^{-1}$ g；仪器分析试样常为 $10^{-8} \sim 10^{-2}$ g。③在低浓度下的分析准确度较高：含量在 $10^{-9}\% \sim 10^{-5}\%$ 范围内的杂质测定，相对误差低达 1%～10%。④快速：例如，发射光谱分析法在 1 min 内可同时测定水中 48 种元素。⑤可进行无损分析：有时可在不破坏试样的情况下进行测定，有时还能进行表面或微区分析，或试样回收。⑥能进行多信息或特殊功能的分析：有时可同时作定性、定量分析，有时可同时测定材料的组分比和原子的价态。⑦专一性强：例如，用单晶 X 衍射仪可专测晶体结构；用离子选择性电极可测指定离子的浓度等。⑧便于遥测、遥控、自动化：可作即时、在线分析控制生产过程、环境自动监测与控制。⑨操作较简便：省去了繁多的化学操作过程，随自动化、程序化程度的提高操作将更趋于简化。⑩仪器设备较复杂，价格较昂贵。

本章小结

1. 知识系统网络

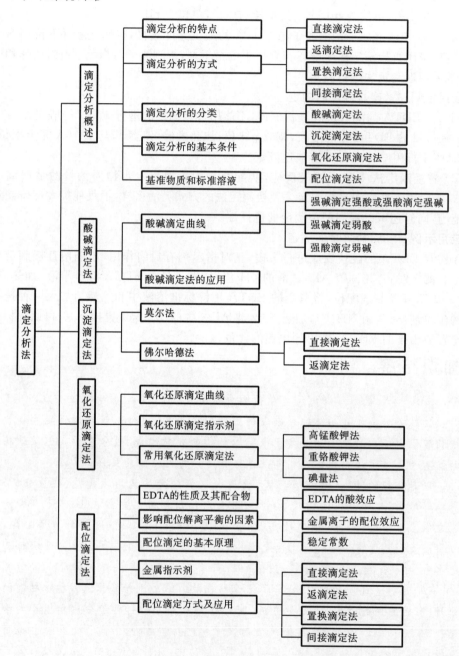

2. 学习方法概要

滴定分析法是化学检验的一种基本方法,应用广泛。学习中首先明确滴定分析的特点、方式、方法及基本要求,在此基础上掌握不同滴定方法的基本原理、操作条件和应用。

通过滴定曲线的学习,建立滴定突跃范围与指示剂选择的联系。在学习酸碱滴定时,重点学习强酸滴定强碱,掌握酸碱滴定的原理及实际应用,如混合碱含量的测定等。对于氧化还原滴定的学习,重点掌握几种常见的氧化还原滴定方法的原理、反应条件及指示剂。在沉淀滴定的学习中,掌握三种滴定方法的反应原理、所用的指示剂及其应用范围。对于配位滴定方法,弄明白为何常选择 EDTA 作配位滴定剂,并以应用为重点。

目标检测

一、选择题(将每题一个正确答案的标号选出)

1. 在纯水中加入一些碱,则溶液中$[H^+][OH^-]$会(　　)。
   A. 增大　　　　B. 减小　　　　C. 不变　　　　D. 不能确定

2. 在酸碱滴定中,选择指示剂不必考虑的因素是(　　)。
   A. pH 突跃范围　　　　　　　　B. 指示剂的变色范围
   C. 指示剂的颜色变化　　　　　　D. 指示剂的分子结构

3. 莫尔法测 Cl^-,终点时溶液的颜色为(　　)。
   A. 黄绿　　　　B. 粉红　　　　C. 砖红　　　　D. 红色

4. 佛尔哈德法测 I^- 时,指示剂必须在加入过量的 $AgNO_3$ 溶液后才能加入,这是因为(　　)。
   A. AgI 对指示剂的吸附性强　　　B. AgI 对 I^- 的吸附性强
   C. Fe^{3+} 氧化　　　　　　　　D. Fe^{3+} 水解

5. $KMnO_4$ 溶液不稳定的原因是(　　)。
   A. 诱导作用　　　　　　　　　　B. 还原性杂质的作用
   C. H_2CO_3 的作用　　　　　　　D. 空气的氧化作用

6. 重铬酸钾法常用指示剂为(　　)。
   A. $K_2Cr_2O_7$　　B. Cr^{3+}　　C. 淀粉　　D. 二苯胺磺酸钠

7. 采用碘量法标定 $Na_2S_2O_3$ 溶液浓度时,必须控制好溶液的酸度。$Na_2S_2O_3$ 与 I_2 发生反应的条件必须是(　　)。
   A. 在强碱性溶液中　　　　　　　B. 在强酸性溶液中
   C. 在中性或弱碱性溶液中　　　　D. 在中性或弱酸性溶液中

8. 金属指示剂的稳定性需满足(　　)。
   A. $\lg K'_{MY} - \lg K'_{MIn} > 2$　　　B. $\lg K'_{MY} - \lg K'_{MIn} < 2$
   C. $\lg K'_{MY} - \lg K'_{MIn} > 0$　　　D. $\lg K'_{MY} - \lg K'_{MIn} < 0$

9. 准确滴定金属离子的条件一般是(　　)。
   A. $\lg c_M K'_{MY} \geqslant 8$　　　B. $\lg c_M K_{MY} \geqslant 8$
   C. $\lg c_M K'_{MY} \geqslant 6$　　　D. $\lg c_M K_{MY} \geqslant 6$

10. 在 EDTA 配位滴定中,(　　)。
    A. 酸效应系数越大,配合物的稳定性越大
    B. 酸效应系数越小,配合物的稳定性越大

C. pH 值越大,酸效应系数越大
D. 酸效应系数越大,配位滴定曲线的 pM 突跃范围越大

二、填空题

1. 滴定分析的方法,根据反应类型的不同,分为_____法、_____法、_____法与_____法四种。
2. 先用_____标准溶液与被测组分反应,反应完全后再以另一标准溶液滴定_____,由_____用量之差求出被测组分含量的方法称作返滴定法。
3. 某弱酸指示剂的 $K_{HIn}=1.5\times 10^{-6}$,该指示剂的变色范围约为_____。
4. 用 HCl 标准溶液滴定混合碱溶液,滴定至酚酞指示剂变色,用去 V_1(mL),再继续滴定至甲基橙指示剂变色,用去 V_2(mL)。若 $V_1>V_2$,则试样中含_____;若 $V_1<V_2$,则试样中含_____;若 $V_1=V_2$,则试样中含_____。
5. 莫尔法滴定时的酸度必须适当,在酸性溶液中_____沉淀溶解,强碱性溶液中则生成沉淀。
6. 佛尔哈德法中的直接法是在含有_____的酸性溶液中,以_____为指示剂,用_____做滴定剂的分析方法。
7. 氧化还原滴定指示剂包括_____、_____和_____三种类型。
8. 碘量法使用_____作指示剂。滴定终点时直接碘量法溶液由_____色变为_____色;间接碘量法溶液由_____色变为_____色。在间接碘量法中,指示剂应在_____时加入。
9. 氨羧配位剂是指含有_____基团的有机配位剂,在氨羧配位剂中应用最广泛的是_____或它的二钠盐,简称_____。
10. 测定水中总硬度,试液 pH 值应控制在_____,控制的方法是加入_____。

三、判断题(对的打√,错的打×)

1. 标准溶液的配制方法有直接配制法和间接配制法,后者也称标定法。(   )
2. 浓度相等的酸与碱反应后,其溶液呈中性。(   )
3. 溶度积的大小取决于物质的本性和温度,与浓度无关。(   )
4. 滴定分析中的关键问题是如何正确操作。(   )
5. 用来直接配制标准溶液的物质称为基准物质,$KMnO_4$ 是基准物质。(   )
6. 酚酞和甲基橙都可用于强碱滴定弱酸的指示剂。(   )
7. 铬黑T指示剂在 pH 7~11 范围使用,其目的是减少干扰离子的影响。(   )
8. 氧化还原滴定中,溶液 pH 值越大越好。(   )
9. $K_2Cr_2O_7$ 可在 HCl 介质中测定铁矿中 Fe 的含量。(   )
10. 莫尔法可用于样品中 I^- 的测定。(   )

四、问答题

1. 什么叫滴定分析法?适合作滴定分析反应的化学反应,必须满足哪些要求?
2. 何为滴定突跃?影响滴定突跃的因素有哪些?
3. 简述莫尔法的指示剂作用原理。

4. 常用的氧化还原滴定法有哪些？各滴定法的特点是什么？

5. 什么是配位滴定法？适用于配位滴定法的配位反应应具备哪些条件？

五、计算题

1. 称取铁矿石试样 0.1562 g，试样溶解后，经预处理使铁呈 Fe^{2+} 状态，用 0.01214 mol·L^{-1} $K_2Cr_2O_7$ 标准溶液滴定，消耗 $K_2Cr_2O_7$ 标准溶液体积 20.32 mL，则试样中 Fe 的质量分数为多少？若用 Fe_2O_3 表示，其质量分数又为多少？

2. 分析不纯的碳酸钙（$CaCO_3$，其中不含干扰物质），称取试样 0.3000 g，加入浓度为 0.2500 mol·L^{-1} 的 HCl 标准溶液 25.00 mL，煮沸除去 CO_2，用 0.2012 mol·L^{-1} 的 NaOH 溶液返滴过量的 HCl 溶液，消耗 NaOH 溶液 5.84 mL，试计算试样中 $CaCO_3$ 的质量分数。

3. 称取混合碱试样 0.6800 g，以酚酞为指示剂，用 0.2000 mol·L^{-1} HCl 标准溶液滴定至终点，消耗 HCl 标准溶液 V_1＝26.80 mL，然后加入甲基橙指示剂滴定至终点，消耗 HCl 标准溶液 V_2＝23.00 mL，判断混合碱的组分，并计算试样中各组分的质量分数。

4. 称取含有 NaCl 和 NaBr 的试样 0.6000 g，溶解后用 $AgNO_3$ 溶液处理，获得干燥的 AgCl 和 AgBr 沉淀 0.4482 g；另称取相同质量的试样一份，用 0.1084 mol·L^{-1} $AgNO_3$ 标准溶液滴定至终点，用去 26.48 mL，试计算试样中 NaCl 和 NaBr 各自的质量分数。

5. 用纯 $CaCO_3$ 标定 EDTA 溶液。称取 0.105 g 纯 $CaCO_3$，溶解后用容量瓶配成 100.0 mL 溶液，吸取 25.00 mL，在 pH＝12 时，用钙指示剂指示终点，用待标定的 EDTA 溶液滴定，用去 24.50 mL。试计算：①EDTA 溶液的物质的量浓度；②该 EDTA 溶液对 ZnO 和 Fe_2O_3 的滴定度。

模块三
有机化合物

第一章

有机化学基础知识

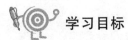学习目标

1. 了解有机化学和有机化合物的含义、分类及特征；
2. 熟悉有机化合物的结构理论、反应类型等；
3. 掌握杂化轨道基本理论和碳原子成键特征；
4. 学会烃的命名原则和方法。

有机物是人类赖以生存的重要基础物质，广泛存在于现代生活的各个方面。无论是天然化工产品，还是人工合成有机材料，都能大大改善人类的生活质量。可以毫不夸张地说，有机化学家为人类社会的发展创造了一个新的"自然界"。因此，学习有机化学对提高科学素养及专业能力都有着十分重要的意义。

第一节　有机化合物和有机化学

一、基本概念

通常将自然界的物质分为无机化合物和有机化合物两大类。长期以来，人们将从无生命的矿物中得到的物质称为无机化合物；从有生命的动植物中得到的物质称为有机化合物。错误地认为有机化合物是具有生命的物质，只能借助于有生命的动植物体生成，有机化合物可以转变为无机化合物，但无机化合物不可能转变为有机化合物，这就是所谓的"生命力学说"。直到1828年，德国科学家维勒（F. Wöhler，1800—1882）在实验室中用典型的无机化合物氰酸钾与氯化铵合成了公认的有机化合物——尿素，这一学说才开始动

摇。随后，人们又合成了醋酸、油脂以及各种结构十分复杂的有机化合物，使人们认识到有机化合物与无机化合物之间并无绝对的界限，也不存在本质上的区别。它们虽然在组成、结构和性质等方面存在差异，但却遵循着基本相同的物理和化学变化规律，在一定条件下是可以相互转化的。

随着科学的发展，人们又发现构成有机化合物的主要元素是碳，并且绝大多数有机化合物除含碳外，还含有氢，有的还含有氧、氮、硫、磷和卤素等元素。通常把碳氢化合物及其衍生物称为**有机化合物**。但一氧化碳、二氧化碳、碳酸盐及金属氰化物等含碳化合物，由于其组成和性质与无机物相似，一般归为无机化合物的范畴。

有机化学是研究有机化合物的组成、结构、性质及其应用的一门学科。有机化学就在我们身边，无论从事与化学领域有关的哪一项工作，都必须具备有机化学的基础知识。例如当今用于防病治病的大多数药物都是有机化合物。药物的结构与药效、毒性的关系，药物的合成、开发与鉴定，天然药物有效成分的提取、分离与鉴定，无不以有机化学知识为基础。只有掌握好有机化学的基础知识、基本理论和基本技能，才能为后续课程如生物化学、药物化学、药物分析和天然药物化学等课程的学习打下良好的基础。

二、有机化合物的特性

有机化合物的主要元素是碳。碳原子的特殊结构使得有机化合物与无机化合物的性质存在明显的差异。一般而言，有机化合物具有以下特点。

（1）对热不稳定，易燃烧。除少数有机化合物外，绝大多数均含有碳、氢两种元素，因此容易燃烧，如甲烷、酒精、汽油、木柴等。而大部分无机化合物则不能燃烧，这一性质的差异可初步用来区分有机化合物与无机化合物。

（2）熔、沸点低。有机化合物一般为共价化合物，通常以微弱的分子间作用力相结合，因此，常温、常压下多数以气体、液体或低熔点的固体形式存在。大多数有机化合物的熔点都较低，一般不超过 400 ℃，沸点也较低，如尿素的熔点为 132.7 ℃。而无机化合物的熔、沸点较高，如氯化钠的熔点为 801 ℃，沸点为 1413 ℃。

（3）难溶于水，易溶于有机溶剂，是非电解质。有机化合物通常以弱极性键或非极性键相结合，根据"相似相溶"原理，绝大多数有机物难溶于水，易溶于乙醚、丙酮、苯等非极性溶剂中。

有机化合物一般是非电解质，即使在熔融状态下也以分子形式存在而不导电，而多数无机化合物是电解质，在溶液中或熔融状态下以离子形式存在而具有导电性。

（4）反应速率慢，产率低，产物复杂。无机化合物间的反应往往是离子反应，反应速率较快；而有机化合物的反应主要在分子间进行，受分子结构和机制的影响，速率较慢，有些反应需要几十个小时甚至几十天才能完成。由于有机分子结构比较复杂，反应时，往往不局限于分子的某一特定部位，因此，主要反应发生的过程中伴随着一些副反应而导致产率低、产物复杂，最终得到的是混合物，常常需进一步分离、提纯。

（5）同分异构现象普遍。分子式相同而结构不同的现象称为同分异构现象。这种情况在有机化合物中非常普遍。这也是组成有机物的元素较少，但有机物种类繁多的主要原因之一。例如分子式为 C_2H_6O 的物质就有可能是乙醇和甲醚两个性质不同的化合物,它们互称同分异构体。

第二节　有机化合物的结构

"结构决定性质,性质反映结构",有机化合物的性质与其结构密切相关,相互依存。理解有机化合物的结构特点,对学习有机化学有着十分重要的意义,是学好有机化学的基础。

一、碳原子的结构

1. 碳原子的成键方式

有机化合物的基本构架由碳原子组成,因此,有机化合物的结构特点取决于碳原子的结构。

碳的核外电子排布式为 $1s^2 2s^2 2p^2$,最外层有 4 个电子。根据原子结构理论,碳与其他原子成键时,不易得失电子,而以共用电子对的形式与其他原子相结合。因此,碳原子主要是以共价键的方式与其他原子相结合,表现为 4 价。

例如,最简单的有机物——甲烷,就是由碳原子最外层的 4 个电子分别与 4 个氢原子形成 4 个共价键,其结构可表达如下:

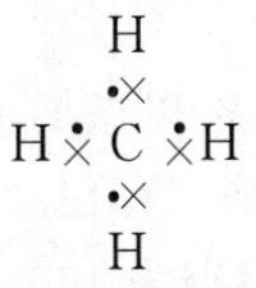

$$\begin{array}{c} H \\ \cdot \times \\ H \times C \times H \\ \cdot \times \\ H \end{array} \qquad \begin{array}{c} H \\ | \\ H-C-H \\ | \\ H \end{array}$$

电子式 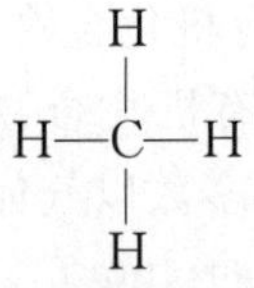　　　　　　　　　结构式

在有机化合物中,碳与氢之间、碳与碳之间均以共价键结合,且两个碳原子之间可共用一对、两对或三对电子构成单键、双键或三键,如:

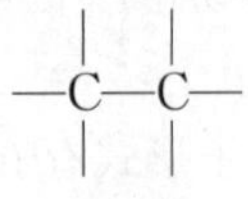

$$\begin{array}{ccc} \mathrm{|}\quad\mathrm{|} & \diagdown\quad\diagup & \\ -\mathrm{C}-\mathrm{C}- & \mathrm{C}=\mathrm{C} & -\mathrm{C}\equiv\mathrm{C}- \\ \mathrm{|}\quad\mathrm{|} & \diagup\quad\diagdown & \end{array}$$

单键 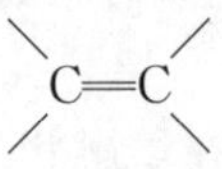　　　　　　双键 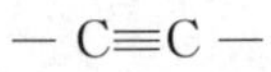　　　　　　三键

2. 杂化轨道理论

按照价键理论,只有自旋方向相反的两个电子才能相互配对成键。处于基态的碳原子最外层只有两个未成对电子,理论上只能形成两个共价键。事实上碳总是以 4 价成键,而且四个价键都是等同的。为解决这一矛盾,1931 年,鲍林(L. Pauling,1901—1994)提出了**杂化轨道理论**。

杂化轨道理论认为:碳原子在成键时通过吸收能量,其核外电子排布由基态转变为激发态,然后能量相近的原子轨道重新组合成新的轨道,这个过程称为杂化,形成的新轨道称为**杂化轨道**。杂化轨道的数目等于参与杂化的原子轨道数目。杂化可以改变电子云的形状和伸展方向,使碳原子在成键时电子云得到最大程度的重叠,同时成键电子云之间的斥力较小,形成的共价键更稳定。也就是说,由杂化轨道形成的分子更稳定。

有机化合物中碳原子的杂化方式有以下三种。

(1) sp^3 杂化 处于基态的碳原子最外层只有 2 个成单电子,经由外界吸收能量后形成激发态则有 4 个单电子。当碳与其他原子成键时,可由激发态中的 1 个 2s 轨道与 3 个 2p 轨道进行杂化,形成 4 个完全相同的新轨道,称为 sp^3 杂化轨道,这一过程称为 **sp^3 杂化**。

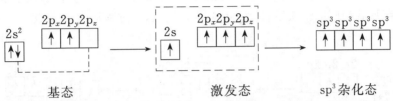

s 电子云是球形的,p 电子云是哑铃形的,两者组合后形成的 sp^3 杂化轨道的形状是一头大、一头小,更有利于重叠成键。每个 sp^3 杂化轨道中有 $\frac{1}{4}$ s 轨道和 $\frac{3}{4}$ p 轨道的成分,4 个 sp^3 杂化轨道以碳原子为中心形成正四面体,4 个轨道分别指向正四面体的 4 个顶点,杂化轨道之间的夹角为 $109°28'$(见图 3-1-1)。如烷烃分子中的碳原子都是以 sp^3 杂化后与氢原子或碳原子形成共价键的。

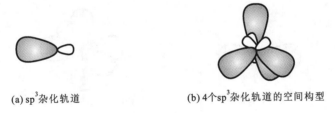

(a) sp^3 杂化轨道   (b) 4 个 sp^3 杂化轨道的空间构型

图 3-1-1 sp^3 杂化轨道及其空间构型

(2) sp^2 杂化 形成双键时,由激发态的 1 个 2s 轨道与 2 个 2p 轨道发生杂化,形成 3 个能量相等、形状相同的新轨道,称为 sp^2 杂化轨道,这一过程称为 **sp^2 杂化**。

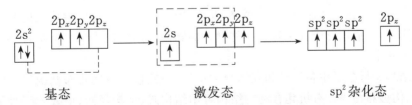

每个 sp^2 杂化轨道含有 $\frac{1}{3}$ s 轨道和 $\frac{2}{3}$ p 轨道的成分,它们对称地分布于碳原子所在的平面上,形成平面正三角形,杂化轨道之间的夹角为 $120°$,剩下的未参与杂化的 1 个 2p 轨道垂直于 sp^2 杂化轨道的平面(见图 3-1-2)。如烯烃中分子与双键相连的碳就是以 sp^2 形

(a) sp² 杂化轨道　　　　(b) sp² 杂化轨道和 p 轨道

图 3-1-2　sp² 杂化轨道及其空间构型

式杂化后与其他原子成键的。

(3) sp 杂化　形成三键时,由激发态的 1 个 2s 轨道与 1 个 2p 轨道发生杂化,形成 2 个能量相等、形状相同的新轨道,称为 sp 杂化轨道,这一过程称为 **sp 杂化**。

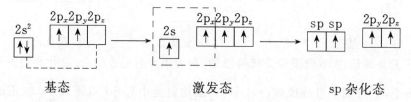

每个 sp 杂化轨道含有 $\frac{1}{2}$ s 轨道和 $\frac{1}{2}$ p 轨道的成分,两个杂化轨道的对称轴在同一直线上,之间的夹角为 180°,未参与杂化的 2 个 p 轨道则彼此正交并与杂化轨道间相互垂直(见图 3-1-3)。如炔烃分子中与三键相连的碳就是以 sp 形式杂化后与其他原子成键的。

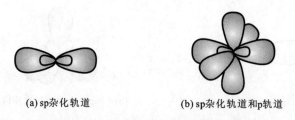

(a) sp 杂化轨道　　　　(b) sp 杂化轨道和 p 轨道

图 3-1-3　sp 杂化轨道及其空间构型

二、有机化合物结构表示方法

由于有机化合物中普遍存在同分异构现象,即同一个分子式可能代表的是几种不同的物质。因此,不能用分子式来表示一种确定的物质。用结构式来表示某种有机化合物的组成更为科学。

分子结构是指分子中各原子相互结合的次序、方式以及空间排布状况等。它包括分子的构造、构型和构象。有机化合物的结构可用结构式、结构简式、键线式三种形式来表示。**结构式**是将分子中的每一个共价键都用一根短线表示出来。**结构简式**则是在结构式的基础上简化,不再写出碳与氢或其他原子间的短线,并将同一碳原子上的相同原子或基团合并表达。**键线式**则更为简练、直观,只写出碳的骨架和其他基团。

例如,丁烷 C_4H_{10}:

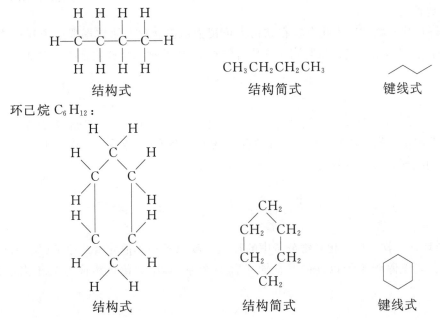

环己烷 C_6H_{12}:

第三节 有机化合物的分类与命名规则

一、有机化合物的分类

有机化合物数目众多,种类繁杂,为了便于学习和研究,将有机化合物按结构特征进行分类。一种是以碳的骨架结构不同分类,另一种是以官能团不同来分类。

1. 按碳架分类

有机化合物 $\begin{cases} \text{链状化合物} \\ \text{碳环化合物} \begin{cases} \text{脂环族化合物} \\ \text{芳香族化合物} \end{cases} \\ \text{杂环化合物} \end{cases}$

(1) 链状化合物 这类化合物中碳架可形成一条或长或短的链,有的长链上还带有支链。由于这类化合物最初是在脂肪中发现的,所以又称脂肪族化合物。根据碳原子成键方式不同,链状化合物又可以分为饱和化合物和不饱和化合物。例如:

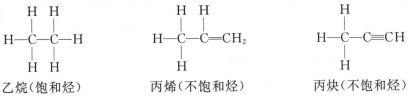

乙烷(饱和烃)　　　丙烯(不饱和烃)　　　丙炔(不饱和烃)

（2）碳环化合物　这类化合物分子中含有完全由碳原子构成的环。根据碳环的结构特点，又分为两类。

① 脂环族化合物　这类化合物在结构上可视为由链状化合物首尾碳原子互相连接而成环状的化合物，由于其性质与脂肪族化合物相似，因此称脂环族化合物。例如：

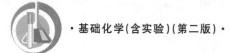

　　甲基环丙烷　　环丁烷　　环戊烷　　环己烷　　1,3-环戊二烯

② 芳香族化合物　这类化合物分子中至少含有一个苯环（芳香环），性质上与链状化合物和脂环化合物不同。例如：

　　　　苯　　　　　　　萘　　　　　　　　　蒽

（3）杂环化合物　这类化合物分子中的环是由碳原子和其他元素的原子（如 O、S、N 等）组成的。环上除碳原子以外的其他原子称为杂原子，这类化合物称为杂环化合物。例如：

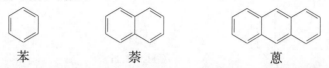

　　　　呋喃　　　　　噻吩　　　　　　吡啶

2. 按官能团分类

决定化合物主要化学性质的原子或基团称为**官能团**。官能团是有机化合物分子中较活泼的部位，官能团相同的化合物性质相似。为了便于学习和研究，常以官能团不同对有机化合物进行分类。常见官能团及分类见表 3-1-1。

表 3-1-1　常见官能团及有机化合物类别

官能团结构	名称	类别	化合物举例	
C=C	双键	烯烃	$CH_2=CH_2$	乙烯
—C≡C—	三键	炔烃	HC≡CH	乙炔
—OH	羟基	醇	CH_3OH	甲醇
		酚	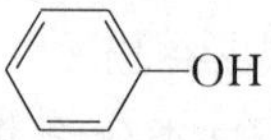  —OH	苯酚
C=O	羰基	醛	CH_3—CHO	乙醛
		酮	CH_3—CO—CH_3	丙酮
—C(=O)OH	羧基	羧酸	CH_3—COOH	乙酸

续表

官能团结构	名 称	类 别	化合物举例	
—C—O—C—	醚键	醚	CH$_3$CH$_2$—O—CH$_2$CH$_3$	乙醚
—NH$_2$	氨基	胺	CH$_3$—NH$_2$	甲胺
—NO$_2$	硝基	硝基化合物	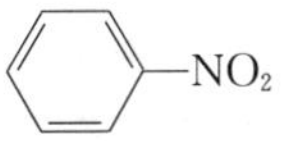 C$_6$H$_5$—NO$_2$	硝基苯
—X	卤素	卤代烃	CH$_3$Cl	一氯甲烷
—SH	巯基	硫醇	C$_2$H$_5$SH	乙硫醇
—SO$_3$H	磺酸基	磺酸	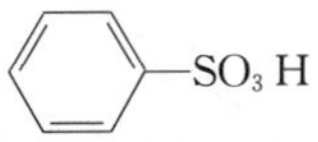 C$_6$H$_5$—SO$_3$H	苯磺酸
—C≡N	氰基	腈	CH$_3$C≡N	乙腈
—N=N—	偶氮基	偶氮化合物	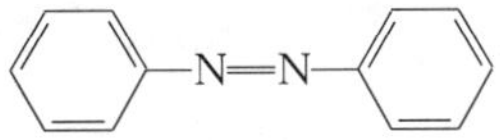 C$_6$H$_5$—N=N—C$_6$H$_5$	偶氮苯

本书主要是以官能团为分类基础来讨论各类有机化合物的。因此,掌握有机化合物的分类方法并熟记各类官能团的结构特征是系统学好有机化学的前提。

二、有机化合物的命名规则

有机化合物数目很多,且结构复杂,为了便于化学工作者交流,要求有一个合理的命名法。早期的有机化合物,常常是根据它们的来源或性质命名的。例如:乙酸最初发现于食醋中,所以叫醋酸,又因为在 16 ℃易结晶且像冰,故又称冰醋酸。

  HCOOH   CH$_3$OH   CH$_3$COOH   HOOCCOOH
  蚁酸   木醇   冰醋酸   草酸
            （16 ℃结晶像冰）

这种命名不能反映化合物的结构特征,但许多名词仍在使用,如青霉素、紫杉醇、氯仿等。

随着人们对有机化合物认识的增多,简单的命名法已经不能满足需要。为了求得命名的统一,1892 年一些化学家在瑞士的日内瓦集会,拟定了一种有机化合物的系统命名法,称作"日内瓦命名法"。此后,国际纯粹与应用化学联合会(International Union of Pure and Applied Chemistry)对其进行了多次修订,因此又称 IUPAC 命名法或**系统命名法**。该命名法目前被各个国家所采用。根据 1979 年公布的 IUPAC 命名法,结合我国文字的特点,自然科学名词审定委员会拟编了一套系统命名法,并于 1980 年颁布实施。本项目主要介绍一些简单化合物的命名。

（一）普通命名法

普通命名法主要是针对烷烃及其衍生物（包括烯烃和炔烃）所使用的一种命名方法。它的命名原则如下。

1. 根据分子中所含碳原子的数目，用天干（甲、乙、丙、丁、戊、己、庚、辛、壬、癸）和中国数字十一、十二、十三等数字命名为"某烷"或"某烯"等。一些烷烃的名称如表 3-1-2 所示。

表 3-1-2 一些烷烃的名称

烷 烃	分 子 式	烷 烃	分 子 式
甲烷	CH_4	十一烷	$C_{11}H_{24}$
乙烷	C_2H_6	十二烷	$C_{12}H_{26}$
丙烷	C_3H_8	十三烷	$C_{13}H_{28}$
丁烷	C_4H_{10}	十四烷	$C_{14}H_{30}$
戊烷	C_5H_{12}	二十烷	$C_{20}H_{42}$
己烷	C_6H_{14}	三十烷	$C_{30}H_{62}$
庚烷	C_7H_{16}	五十烷	$C_{50}H_{102}$
辛烷	C_8H_{18}	一百烷	$C_{100}H_{202}$
壬烷	C_9H_{20}	⋮	⋮
癸烷	$C_{10}H_{22}$	烷烃通式	C_nH_{2n+2}

2. 对碳链存在的异构体则用"正""异""新""伯""仲""叔""季"等冠词区分。"正"代表直链的化合物，"异"代表分子中碳链一端具有 $CH_3-CH-\underset{CH_3}{|}$ 的结构，"新"代表分子中碳链一端具有 $CH_3-\underset{\underset{CH_3}{|}}{\overset{\overset{CH_3}{|}}{C}}-$ 的结构。例如：

$CH_3-CH_2-CH_2-CH_2-CH_3$ $CH_3-\underset{\underset{}{}}{\overset{\overset{CH_3}{|}}{CH}}-CH_2-CH_3$ $CH_3-\underset{\underset{CH_3}{|}}{\overset{\overset{CH_3}{|}}{C}}-CH_3$

正戊烷   异戊烷   新戊烷

其中直接与一个碳原子相连的碳称为伯碳原子或一级碳原子，用 1° 表示；与两个碳原子直接相连的称为仲碳原子或二级碳原子，用 2° 表示；与三个碳原子直接相连的称为叔碳原子或三级碳原子，用 3° 表示；与四个碳原子相连的称为季碳原子或四级碳原子，用 4° 表示。例如：

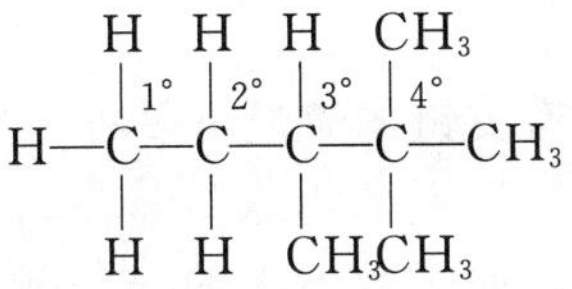

$$\text{H}-\overset{\overset{\text{H}}{|}}{\underset{\underset{\text{H}}{|}}{\text{C}}}\text{(1°)}-\overset{\overset{\text{H}}{|}}{\underset{\underset{\text{H}}{|}}{\text{C}}}\text{(2°)}-\overset{\overset{\text{H}}{|}}{\underset{\underset{\text{CH}_3}{|}}{\text{C}}}\text{(3°)}-\overset{\overset{\text{CH}_3}{|}}{\underset{\underset{\text{CH}_3}{|}}{\text{C}}}\text{(4°)}-\text{CH}_3$$

上述四种碳原子中,除了季碳原子外都连接有氢原子,分别称为伯氢原子、仲氢原子和叔氢原子。不同类型的氢原子反应活性不同。

3. 对烃的衍生物还可将碳链从与官能团相连的碳原子开始依次用 $\alpha、\beta、\gamma,\cdots,\omega$ 希腊字母来表示其相对位置。

有机化合物分子中去掉一个或几个氢原子后剩下的部分称为"基"。

常见的烷基如下:

$\text{CH}_3—$ 　　$\text{CH}_3—\text{CH}_2—$ 　　$\text{CH}_3—\text{CH}_2—\text{CH}_2—$ 　　$\text{CH}_3—\overset{\overset{\text{CH}_3}{|}}{\text{CH}}—$

甲基　　　　乙基　　　　　　正丙基　　　　　　　异丙基

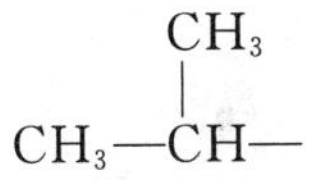

$\text{CH}_3—\text{CH}_2—\text{CH}_2—\text{CH}_2—$ 　　　　$\text{CH}_3—\text{CH}_2—\overset{\overset{\text{CH}_3}{|}}{\text{CH}}—$

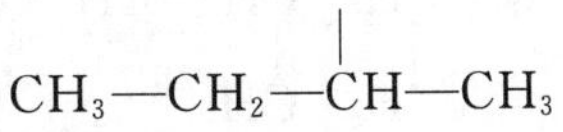

正丁基　　　　　　　　　　　　　仲丁基

$\text{CH}_3—\overset{\overset{\text{CH}_3}{|}}{\text{CH}}—\text{CH}_2—$ 　　　　$\text{CH}_3—\overset{\overset{\text{CH}_3}{|}}{\underset{\underset{\text{CH}_3}{|}}{\text{C}}}—$

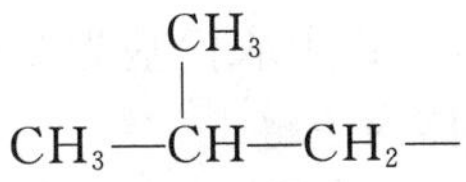

异丁基 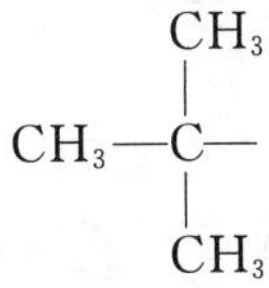　　　　　　　　　　叔丁基

常见的烯基如下:

$\text{CH}_2\text{=CH}—$ 　　$\text{CH}_3—\text{CH=CH}—$ 　　$\text{CH}_2\text{=CH}—\text{CH}_2—$ 　　$\text{CH}_3—\overset{\overset{|}{\text{C}}}{}=\text{CH}_2$

乙烯基　　　　丙烯基　　　　　　烯丙基　　　　　　异丙烯基

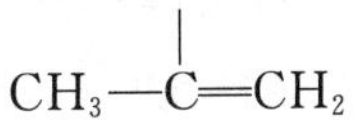

常见的芳基如下:

⌬—（写为 $\text{C}_6\text{H}_5—$ 或 $\text{Ph}—$)
苯基

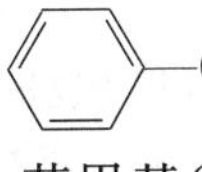

⌬—$\text{CH}_2—$ （写为 $\text{C}_6\text{H}_5\text{CH}_2—$ 或 $\text{PhCH}_2—$)
苯甲基(苄基)

(二) 系统命名法

系统命名法是有机化合物最重要的命名方法,在此简要介绍比较简单的直链烷烃、烯烃、炔烃及碳环烃等的命名,其他有机物的命名将在以后章节介绍。

1. 烷烃的命名

烷烃的命名是所有开链烃及其衍生物命名的基础,基本内容有以下几点:

(1) 直链烷烃的命名　与普通命名法相同,只是把"正"字去掉,称为"某烷"。例如:

CH₃CH₂CH₂CH₃为丁烷。

(2) 支链烷烃的命名 对于有支链的烷烃可以将其当作是直链烷烃的烷基衍生物来命名。命名步骤及原则如下。

① 选主链,定母体。选择含碳原子数最多的一条碳链作为主链,如果有几条含相同碳原子数的碳链时,应选择含取代基多的碳链为主链。例如:

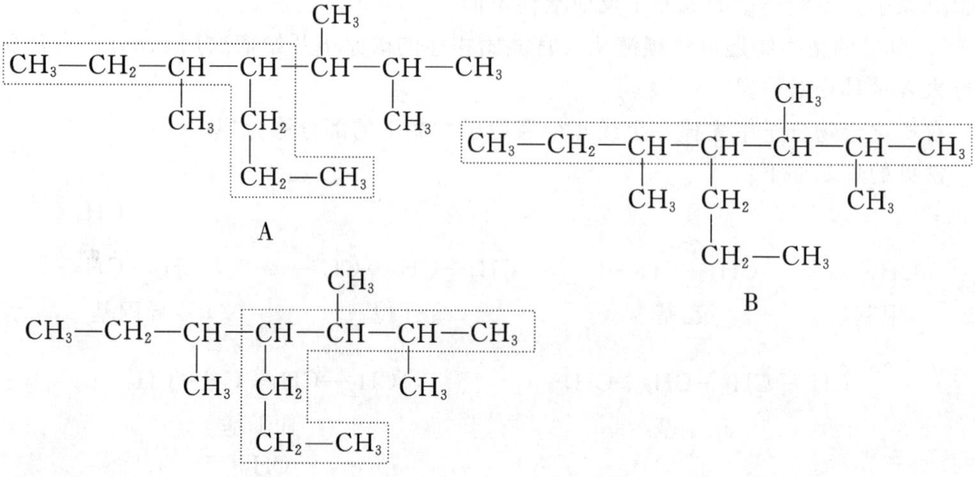

$$
\begin{array}{c}
\text{CH}_3 \\
| \\
\text{CH}_3-\text{CH}_2-\text{CH}-\text{CH}-\text{CH}-\text{CH}_3 \\
| \quad\quad | \quad\quad | \\
\text{CH}_3 \;\; \text{CH}_2 \;\; \text{CH}_3 \\
\quad\quad | \\
\quad\quad \text{CH}_2-\text{CH}_3 \\
\text{A}
\end{array}
$$

$$
\begin{array}{c}
\text{CH}_3 \\
| \\
\text{CH}_3-\text{CH}_2-\text{CH}-\text{CH}-\text{CH}-\text{CH}_3 \\
| \quad\quad | \\
\text{CH}_3 \;\; \text{CH}_3 \\
\text{B}
\end{array}
$$

(类似结构 C)

上式中最长碳链含7个碳原子,共有3条,A式中取代基为2个,B式中为4个,C式中为3个,所以上式中应选B式虚线内的碳链作为主链。

② 给主链碳原子编号。从离取代基最近的一端开始,用阿拉伯数字1,2,3,…的次序对主链碳原子编号。若有几种可能的情况,应使各取代基都有尽可能小的编号或取代基位次数之和最小。例如:

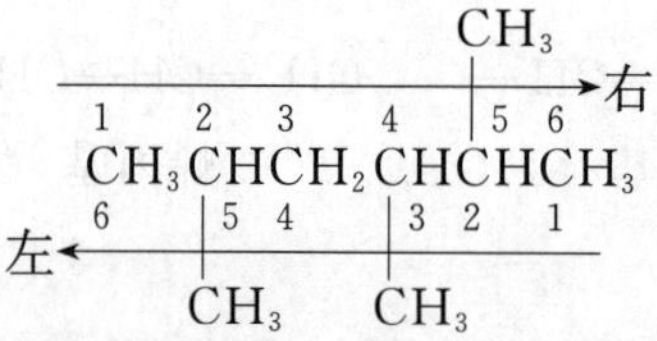

两种编号逐项比较,最先出现差别的是第二项,位次最小者为"3",所以应选择式子下方的编号系列为取代基的位次,即2,3,5。

③ 书写烷烃的名称。先写取代基,再写烷烃的名称。在取代基名称前用阿拉伯数字标明取代基的位次,多个位次间的阿拉伯数字要用逗号隔开,位次和取代基名称之间用半字线"-"隔开,相同取代基可合并,其数目用汉字一、二、三等表达。若有多个不同取代基时,命名要遵循"取小优先"的原则。基本格式如下:取代基的位次-数目及名称-某烷。例如:

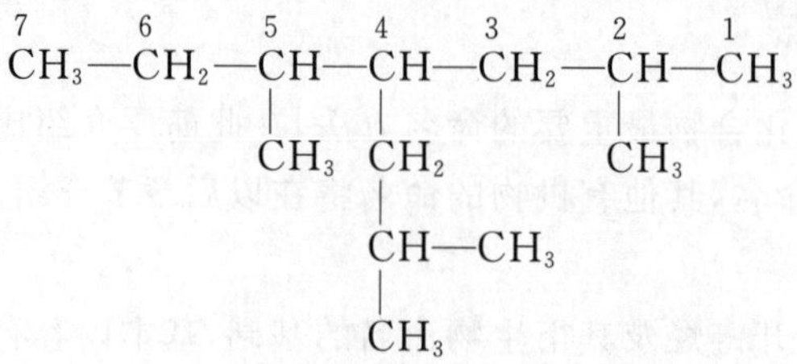

2,5-二甲基-4-异丁基庚烷(不是2,6-二甲基-4-仲丁基庚烷)

2. 烯烃的命名

烯烃的命名原则和烷烃的基本相同。首先选择包含双键的最长碳链为主链,从靠近双键的一端开始编号。命名时除了烷烃命名所遵循的原则外,还要标明双键的位置。基本格式如下:取代基的位次-数目及名称-双键位次-某烯。例如:

$$\overset{4}{C}H_3—\overset{3}{C}H_2—\overset{2}{C}H=\overset{1}{C}H_2 \qquad \overset{3}{C}H_3—\overset{2}{C}=\overset{1}{C}H_2$$
$$\qquad\qquad\qquad\qquad\qquad\qquad\qquad |$$
$$\qquad\qquad\qquad\qquad\qquad\qquad\quad CH_3$$

1-丁烯 　　　　　　　2-甲基丙烯(异丁烯)

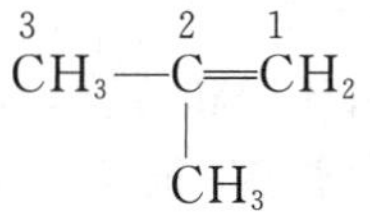

对于含有四个或四个以上碳原子的烯烃,存在碳链异构及顺反异构体,其命名有顺/反命名法和 Z/E 命名法两种方法。

对于简单的化合物既可以用顺/反命名法命名,也可以用 Z/E 命名法命名。用顺反命名法命名时,相同的原子或基团在双键碳原子同侧的为顺式,反之为反式。例如:

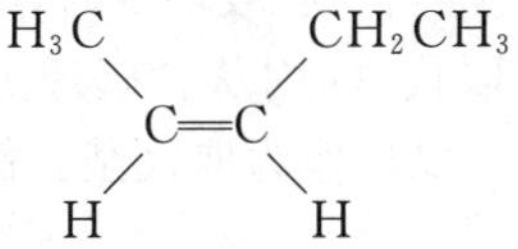

顺-2-戊烯 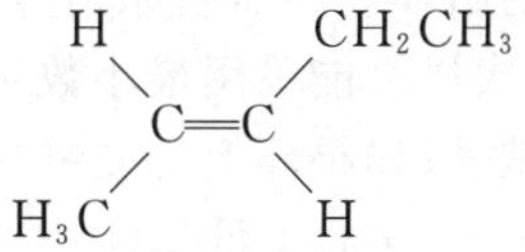 　　　　　　　反-2-戊烯

如果双键碳原子上所连四个原子或基团都不相同,则用 Z/E 命名。按照"次序规则"比较两对基团的优先顺序,两个较优基团在双键碳原子同侧的为 Z(德文 *zusammen*)型,异侧的为 E(德文 *entgegen*)型。命名时将 Z 或 E 加括号放在烯烃名称的前面,中间用"-"相连。例如:

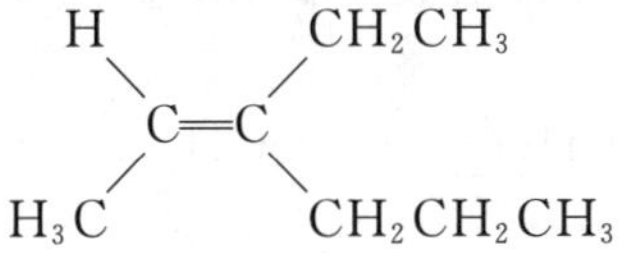

(Z)-3-乙基-2-己烯 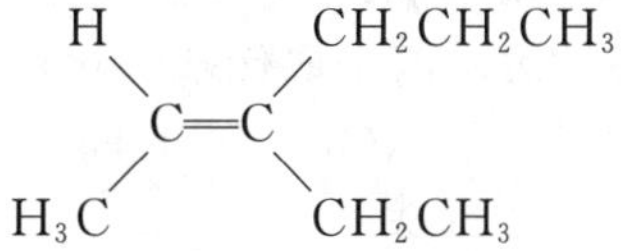 　　　　　　　(E)-3-乙基-2-己烯

必须注意:顺、反和 Z、E 是两种不同的表示方法,不存在必然的内在联系。有的化合物可以用顺反表示,也可以用 Z、E 表示,顺式的不一定是 Z 型,反式的不一定是 E 型。例如:

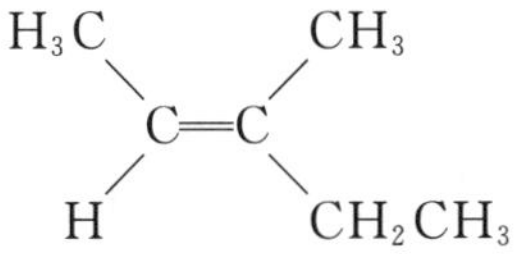

(E)-3-甲基-2-戊烯 　　　　　　　(Z)-1,2-二氯-1-溴-乙烯
顺-3-甲基-2-戊烯 　　　　　　　反-1,2-二氯-1-溴-乙烯

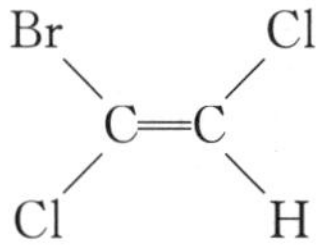

脂环化合物也存在顺反异构体,两个取代基在环平面的同侧为顺式,反之为反式。

3. 炔烃的命名

炔烃的命名原则和烯烃相同,只是把"烯"字改为"炔"字,但是炔烃不存在顺反异构。基本格式如下:取代基的位次-数目及名称-三键位次-某炔。如:

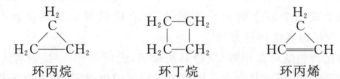

2-丁炔　　　　　　　　　　　3-甲基-1-丁炔

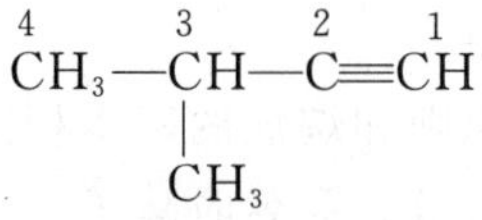

4. 碳环烃的命名

碳环烃分为脂环烃和芳香烃,命名方法不同。

(1) 脂环烃的命名　简单环的命名与相应的脂肪烃基本相同,只在名称前加上"环"即可,称为"环某烷(烯或炔)"。例如:

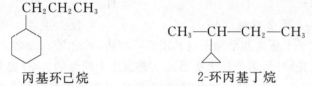

环丙烷　　　　　　　　环丁烷　　　　　　　　环丙烯

含有支链的脂环烃的命名原则为:如果环上的支链"含碳"较环少时,则支链作为取代基,取代基的位次尽可能采用最小数字标出;若多个取代基,则从含碳最少的取代基所连的碳原子开始编号;如果环上的支链"含碳"较环多时,以环作为取代基。例如:

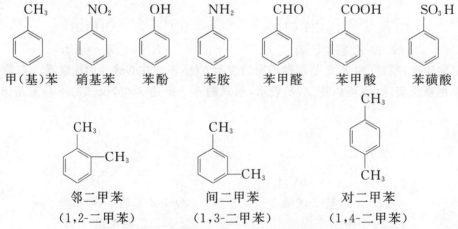

丙基环已烷　　　　　　　　　2-环丙基丁烷

(2) 芳香烃的命名　单环芳香烃通常是以苯环作为母体,对于只含一个取代基的称为"某(基)苯"或"苯某";连有多于一个取代基时,用阿拉伯数字表示取代位置,并习惯用"邻""间""对"表示两个取代基的相对位置。例如:

| CH₃ | NO₂ | OH | NH₂ | CHO | COOH | SO₃H |

甲(基)苯　硝基苯 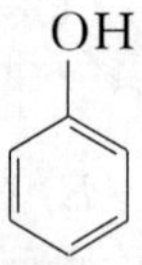　苯酚　苯胺　苯甲醛　苯甲酸　苯磺酸

邻二甲苯　　　　　　　间二甲苯　　　　　　　对二甲苯
(1,2-二甲苯)　　　　 (1,3-二甲苯)　　　　 (1,4-二甲苯)

当环上的取代基较为复杂时,要将苯环作为取代基来进行命名。例如:

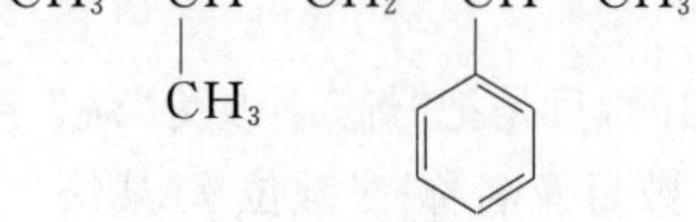

2-甲基-4-苯基戊烷

稠环芳香烃通常以萘、蒽、菲为母体进行命名。

在以后的学习中，还会遇到卤代烃、醇、醚、醛、酮、酸、胺等含官能团的化合物的命名，它们都以烃的命名为基础，并遵循基本相同的步骤与原则，即**选择主要官能团→确定主链→编号(排列取代基列出顺序)→写出化合物名称**。

基本格式如下：取代基的位次-数目及名称-官能团的位次-母体名称。具体命名方法见后面的各章节。

第四节 有机反应的类型

大多数有机化合物为共价化合物，有机反应的实质就是旧键的断裂和新键的生成。根据共价键的断裂方式或反应前后有机化合物结构的变化，有机反应又有两种分类方法。

1. 按反应历程分类

反应历程是对某个化学反应逐步变化过程的详细描述，它有助于理解复杂的有机反应。共价键的断裂有均裂和异裂两种方式，有机反应可分为游离基反应和离子型反应两大类型。

(1) 游离基反应　共价键断裂后，成键原子共用电子对由两原子各保留 1 个，这种断裂方式称为均裂。

$$A:B \xrightarrow{均裂} A\cdot + B\cdot$$
$$游离基(或自由基)$$

由均裂生成带有未成对电子的原子或基团称为游离基(或自由基)，它非常活泼，作为活性中间体，生成后迅速发生反应。通过共价键的均裂而发生的反应称为游离基反应(或自由基反应)。游离基反应通常在非极性溶剂或气相中进行，且需要光照、高温或以过氧化物为催化剂来引发反应。

(2) 离子型反应　共价键断裂后，共用电子对只归属某一原子，从而产生正、负离子，这种断裂方式称为异裂。

$$C:A \xrightarrow{异裂} C^+ + :A^- \qquad 或 \qquad C:A \xrightarrow{异裂} :C^- + A^+$$
$$碳正离子 \qquad\qquad\qquad\qquad 碳负离子$$

由异裂所产生的碳正离子或碳负离子也是活性中间体，它们的生成对反应至关重要。通过共价键的异裂而发生的反应称为离子型反应。离子型反应往往需要酸、碱作催化剂或在极性溶剂中进行。

2. 按反应形式分类

根据反应前后有机化合物的组成和结构变化，有机反应又可分为以下几类。

(1) 取代反应　取代反应是有机化合物中的原子或基团被其他原子或基团所取代的反应。例如：

$$CH_4 + Cl_2 \xrightarrow{\text{光}} CH_3Cl + HCl$$

(2) 加成反应　加成反应是含有不饱和键的化合物,与一种单质或化合物作用,一个 π 键断裂,形成两个全新的 σ 键,从而形成饱和化合物的反应。例如:

$$CH_2=CH_2 + HCl \longrightarrow CH_3CH_2Cl$$

(3) 消除反应　消除反应是从一个有机化合物分子中消去一个小分子(如 HX、H_2O 等),生成不饱和烃的反应。例如:

$$CH_3CH_2Cl \xrightarrow[C_2H_5OH]{NaOH} CH_2=CH_2 + HCl$$

(4) 聚合反应　聚合反应是在催化剂作用下,由低分子化合物相互结合,生成高分子化合物的反应。例如:

$$nCH_2=CH_2 \xrightarrow{\text{催化剂}} \text{─}[CH_2\text{─}CH_2]_n\text{─}$$

(5) 重排反应　重排反应是由于自身的稳定性较差,在常温、常压下或在其他外界因素的影响下,分子中的某些原子或基团发生转移的反应。例如:

$$CH\equiv CH + H_2O \xrightarrow[\text{稀 }H_2SO_4]{HgSO_4} \left[\underset{OH}{CH_2\text{─}C\text{─}H} \right] \rightleftharpoons CH_3\overset{O}{\overset{\|}{C}}H$$

(6) 氧化反应　在分子中加氧或去氢的反应称为氧化反应。例如:

$$CH_3\underset{OH}{\overset{}{\text{─}CH\text{─}}}CH_3 \xrightarrow{[O]} CH_3\overset{O}{\overset{\|}{C}}CH_3$$

知识拓展

有机化学与绿色化学

随着科学的发展,有机化学成为最为有用的学科之一。学科的研究成果和应用对推动人类社会生产力的进步起了决定性的作用。但随着有机化学品的大量生产和广泛应用,一些不和谐的现象如污水、烟尘、废渣等化学污染正威胁着人们的健康,给人类赖以生存的自然环境及可持续发展带来了巨大的威胁。

早期的污染基本上都是以治理为主。实践证明其效果有限且所需费用昂贵,还可能带来新的污染等问题。为了真正从技术上、经济上解决化学污染问题,1990年,化学工业非常发达的美国首次通过了一个"防止污染行动"的法令,提出了"污染预防"这一新概念,并将"污染预防"这一新概念称为"绿色化学"。

绿色化学又称环境友好化学、环境无害化学、清洁化学,是指在制造和应用化学产品时应有效利用原料,消除废物和避免使用有毒的和危险的试剂和溶剂,能够保护环境的化学技术。绿色化学的最大特点是充分利用资源和能源,采用无毒、无害的原料,在无毒、无害的条件下进行反应,以减少向环境排放废物,提高原料的利用率,实现"零排放",生产出有利于环境保护、社会安全和人体健康的环境友好型产品。可以看出,绿色化学的核心就是利用化学原理从源头上减少和消除工业生产对环境的污染,所以它根本区别于那些通过"三废"处理与利用来治理环境污染的化学方法。

本章小结

1. 知识系统网络

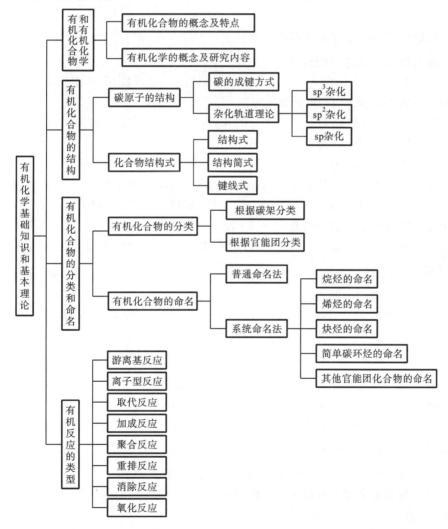

2. 学习方法概要

学习有机化学和有机化合物时,要注意其发展性和研究内容的特殊性。学习有机化学的结构理论时,要紧紧围绕碳原子的结构,弄清碳原子与其他原子的连接方式,理解碳原子的杂化类型及意义,掌握共价键的断裂方式及化学反应的类型。学习有机化合物分子中的电子效应时,弄清诱导效应与共轭效应之间的异同,掌握其本质特征及实际应用。学习有机化合物的分类及命名规则时,了解有机化合物既可以按照碳架来分类,又可以按照官能团来分类,本书主要是按照官能团进行分类来编排的。系统命名法是有机化合物命名的基本方法,记住"**选择主要官能团→确定主链→编号(排列取代基列出顺序)→写出化合物名称**"这一命名的原则步骤。各类有机化合物的具体命名方法会在以后各章中详细讨论。

目标检测

一、选择题(将每题一个正确答案的标号选出)

1. 下列化合物为无机化合物的是( )。
   A. C_2H_5OH B. CO_2 C. CH_2Cl_2 D. $CO(NH_2)_2$

2. 下列化合物中 C 原子采用 sp^3 杂化的是( )。
   A. C_2H_4 B. C_2H_6 C. C_2H_2 D. CaC

3. 下列化合物含有 2 个 π 键的是( )。
   A. 1,3-丁二烯   B. 苯   C. 乙炔   D. 乙醇

4. 下列化合物为极性分子的是( )。
   A. CCl_4 B. CH_4 C. CH_3OCH_3 D. CH_2Cl_2

5. 下列化合物含有季碳原子的是( )。
   A. 1,3-丁二烯   B. 苯   C. 乙炔   D. 新戊烷

二、填空题

1. 指出下列化合物的官能团。
   (1) CH_3COOH _____   (2) $CH_3CH_2NH_2$ _____   (3) $CH_3OCH_2CH_3$ _____
   (4) CH_3CHO _____   (5) C_2H_4 _____   (6) $H_3C-\overset{\overset{O}{\|}}{C}-CH_3$ _____

2. 有机化学这一术语最先是_____年_____国化学家_____提出的。

3. 目前通用的有机化学定义是_____年_____国化学家_____提出的。

4. 有机化合物最基础的结构理论是_____。

三、判断题(对的打√,错的打×)

1. 有机化合物与无机化合物的区别就是是否含有碳原子。( )
2. 有机化合物就是来源于有机生命体的物质。( )
3. 有机化合物中只含有共价键。( )
4. 烯烃异构体有两种命名方法,顺式的是 Z 型,反式的是 E 型。( )

四、问答题

1. 有机化合物种类繁多、数目庞大的原因是什么?

2. 键的极性是由什么引起的？

3. 什么是电子效应？电子效应有哪些类型？各有什么特点？

4. 指出下列化合物中的 1°、2°、3°、4°碳原子。

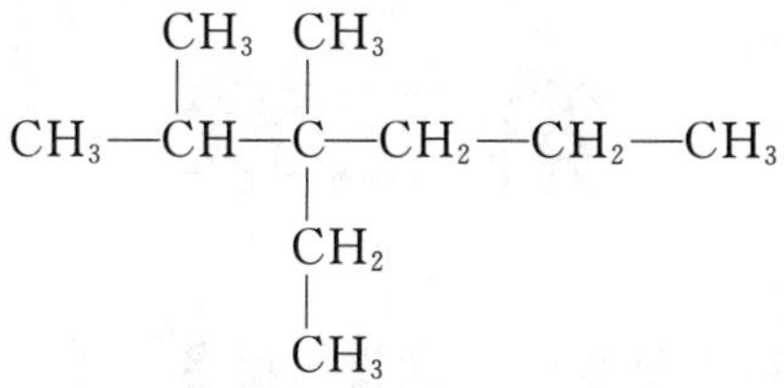

$$CH_3-CH-\underset{\underset{\underset{CH_3}{|}}{\overset{\overset{CH_2}{|}}{\overset{|}{CH_2}}}}{\overset{\overset{CH_3}{|}}{\overset{|}{C}}}-CH_2-CH_2-CH_3$$

5. 用系统命名法命名下列化合物。

(1) 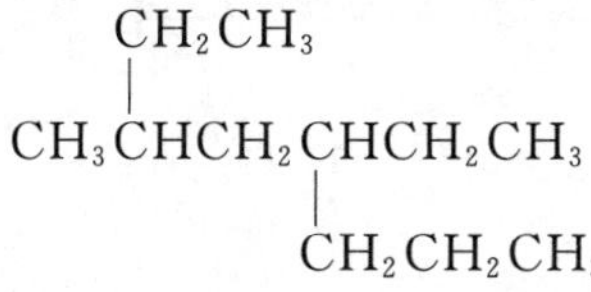 $CH_3CH_2CH_2\underset{\underset{CH_2CH_3}{|}}{\overset{\overset{CH_2CH_3}{|}}{CH}}CH_2CH_3$

(2) $CH_3\underset{\underset{CH_3}{|}}{\overset{\overset{CH_3}{|}}{CH}}-\overset{\overset{CH_3}{|}}{CH}CH_2CH_2\underset{\underset{CH_3}{|}}{\overset{\overset{CH_3}{|}}{C}}-CH_3$

(3) $(CH_3)_2CHCH_2CH=CHCH_2\underset{\underset{CH_3}{|}}{CH}CH_3$

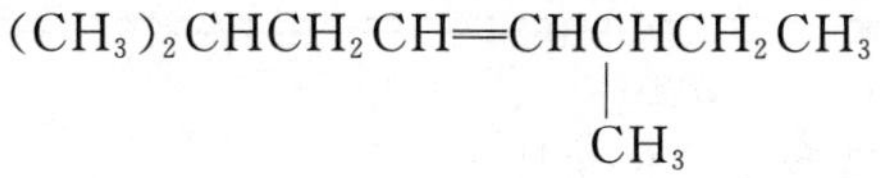

(4) $CH_3CH_2C(CH_3)_2C\equiv CH$

(5) 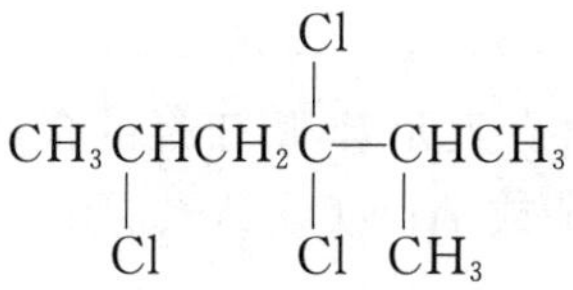 $CH_3\underset{\underset{Cl}{|}}{CH}CH_2\underset{\underset{Cl}{|}}{\overset{\overset{Cl}{|}}{C}}-\underset{\underset{CH_3}{|}}{CH}CH_3$

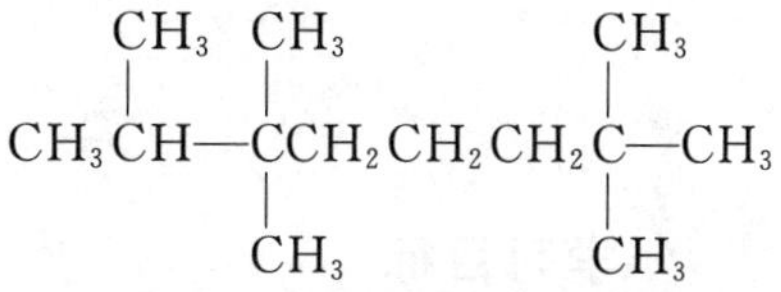

(6) 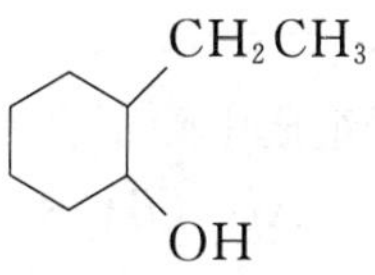 2-乙基环己醇 (structure: cyclohexane with CH₂CH₃ and OH on adjacent carbons)

6. 有机活性中间体有哪些？

第二章

醇、酚、醚

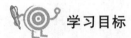
学习目标

1. 熟悉醇、酚、醚的分类；
2. 掌握醇、酚、醚的结构特点、命名和主要化学性质；
3. 了解常见醇、酚、醚在生产、生活及医学上的应用。

醇、酚、醚的分子组成中除了含有碳、氢元素外，还含有氧元素，属于烃的含氧衍生物。其通式分别为 R—OH、Ar—OH、R—O—R′（R—O—Ar 或 Ar—O—Ar′）。

第一节 醇

水分子中去掉一个氢原子所剩下的基团称为羟基（—OH）。脂肪烃、脂环烃或芳香烃侧链上的氢原子被羟基取代而生成的化合物称为**醇**。例如：

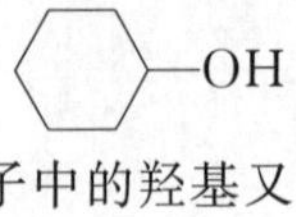

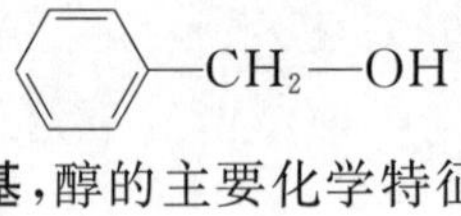

　　—OH　　　　—CH₂—OH　　　　CH₃—CH₂—OH

醇分子中的羟基又称**醇羟基**，醇的主要化学特征是由醇羟基引起的，故醇羟基是醇的官能团。

一、醇的分类和命名

1. 醇的分类

醇的分类一般有以下三种方法。

（1）根据醇羟基所连的烃基的种类不同，醇可分为脂肪醇、脂环醇和芳香醇。脂肪醇又可分为饱和醇和不饱和醇。

醇羟基与烷基相连接的醇称为**饱和醇**。例如：
$$CH_3-CH_2-CH_2-OH$$
醇羟基与不饱和烃基相连接的醇称为**不饱和醇**。例如：
$$CH_2=CH-CH_2-OH$$
醇羟基与脂环烃基相连接的醇称为**脂环醇**。例如：

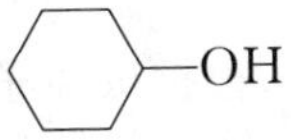

醇羟基与芳香烃侧链上的碳原子相连接的醇称为**芳香醇**。例如：

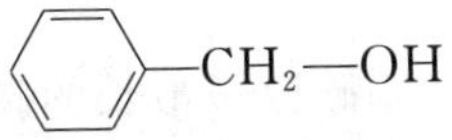

(2) 根据与醇羟基所连的碳原子类型不同，醇可分为伯醇、仲醇和叔醇。
醇羟基与伯碳原子相连接的醇称为**伯醇**。其通式为
$$R-CH_2-OH$$
醇羟基与仲碳原子相连接的醇称为**仲醇**。其通式为 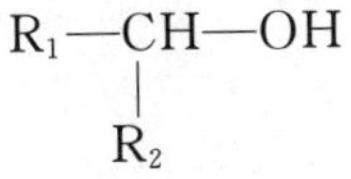
$$R_1-\underset{R_2}{CH}-OH$$
醇羟基与叔碳原子相连接的醇称为**叔醇**。其通式为
$$R_1-\underset{\underset{R_3}{|}}{\overset{\overset{R_2}{|}}{C}}-OH$$

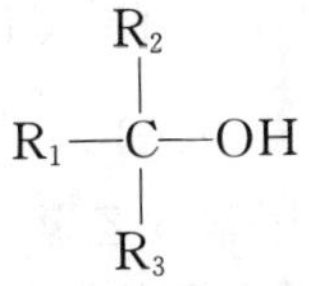

通式中 R_1、R_2、R_3 可以相同，也可以不同。
(3) 根据分子中所含醇羟基的数目，醇可分为一元醇、二元醇和多元醇。
分子中只含一个醇羟基的醇称为**一元醇**。例如：
$$CH_3-CH_2-CH_2-OH$$
分子中含有两个醇羟基的醇称为**二元醇**。例如： 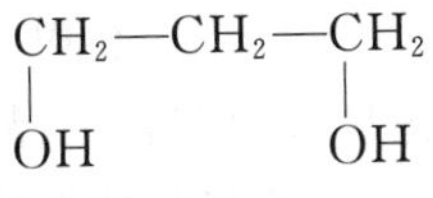
$$\underset{OH}{CH_2}-CH_2-\underset{OH}{CH_2}$$
分子中含有三个或三个以上醇羟基的醇称为**多元醇**。例如：
$$\underset{OH}{CH_2}-\underset{OH}{CH}-\underset{OH}{CH_2}$$

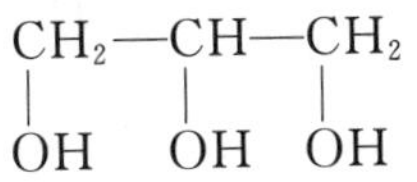

2. 醇的命名
结构简单的醇采用普通命名法。命名时可根据与羟基相连的烃基的普通名称来命名，称为"某(基)醇"，"基"字一般可以省去。例如：

CH_3-CH_2-OH　　　　　　　　　　　　$-CH_2-OH$　　　　　　$CH_3-CH_2-CH_2-OH$

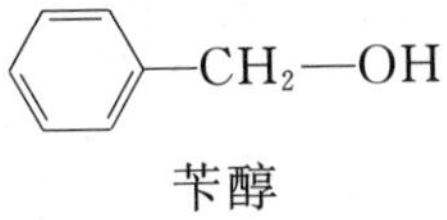

　　乙醇　　　　　　　　　　　苄醇　　　　　　　　　　正丙醇

$$CH_3-\underset{\underset{CH_3}{|}}{CH}-OH \qquad CH_3-\underset{\underset{CH_3}{|}}{\overset{\overset{CH_3}{|}}{C}}-OH \qquad CH_3-\underset{\underset{CH_3}{|}}{\overset{\overset{CH_3}{|}}{C}}-CH_2-OH$$

异丙醇　　　　　　叔丁醇　　　　　　新戊醇

结构复杂的醇采用系统命名法。

(1) 饱和一元醇　烃基为直链的醇,根据碳原子数目称为"某醇"。例如:

$$CH_3-OH \qquad\qquad CH_3-CH_2-CH_2-OH$$

甲醇　　　　　　　　丙醇

烃基带有支链的醇,选择连有羟基碳原子最长的碳链为主链,根据主链碳原子的数目称为某醇;从靠近羟基一端开始,用阿拉伯数字依次将主链碳原子编号;命名时,将羟基的位次写在某醇之前,中间用短线隔开;将取代基的位次、数目、名称写在主链名称的前面。基本格式如下:取代基的位次-数目及名称-羟基的位次-某醇。例如:

$$CH_3-\underset{\underset{CH_3}{|}}{CH}-CH_2-CH_2-OH \qquad CH_3-\underset{\underset{CH_3}{|}}{CH}-CH_2-\underset{\underset{OH}{|}}{CH}-CH_3$$

3-甲基丁醇　　　　　　　　　　4-甲基-2-戊醇

$$CH_3-\underset{\underset{CH_3}{|}}{CH}-CH_2-\underset{\underset{OH}{|}}{CH}-\underset{\underset{CH_2-CH_3}{|}}{\overset{\overset{CH_2-CH_3}{|}}{CH}}-CH_2-CH_3$$

2,6-二甲基-5-乙基-4-辛醇

(2) 不饱和一元醇　选择连有羟基和不饱和键在内的最长碳链为主链,根据主链碳原子数目称为某烯醇;从靠近羟基一端开始依次将主链碳原子编号。例如:

$$CH_3-\underset{\underset{OH}{|}}{CH}-CH=CH_2 \qquad CH_3-CH_2-\underset{\underset{OH}{|}}{CH}-\underset{\underset{CH_2-CH_3}{|}}{\overset{\overset{CH_2-CH_3}{|}}{C}}=CH-CH_3$$

3-丁烯-2-醇　　　　　　　　2-甲基-5-乙基-5-庚烯-3-醇

(3) 脂环醇　在脂环烃基的名称后加上"醇"("基"字去掉)。若有取代基,则从连接羟基的碳原子开始给环上的碳原子编号,并尽量使取代基的位次最小。例如:

环己醇　　　　　　　　3-甲基环戊醇

(4) 芳香醇　将芳香环作为取代基,按照脂肪醇的命名方法命名。例如:

苯甲醇　　　　　　　　4-苯基-2-戊醇

(5) 多元醇　选择带羟基尽可能多的最长碳链作为主链,羟基的数目写在"醇"字的前面。例如:

$$\underset{\text{丙三醇}}{\underset{|}{CH_2}-\underset{|}{CH}-\underset{|}{CH_2}} \qquad \underset{\text{2,3-二甲基-2,3-丁二醇}}{CH_3-\underset{\underset{OH}{|}}{\overset{\overset{CH_3}{|}}{C}}-\underset{\underset{OH}{|}}{\overset{\overset{CH_3}{|}}{C}}-CH_3}$$

此外,常根据醇的来源使用其俗名,如木醇、酒精、甘油等。

二、醇的性质

1. 物理性质

含 4 个碳原子以下的直链饱和一元醇,为有酒味的无色透明液体;含 5~11 个碳原子的醇为具有难闻气味的油状液体;含 12 个以上碳原子的醇在室温下为无臭无味的蜡状固体。

低级醇分子间能形成氢键使分子缔合,因而其沸点比相应的烷烃高得多。随着碳链的增长,烃基的增大,阻碍氢键的形成,其沸点与相应烷烃沸点差距越来越小。碳原子数目相同的醇,所含支链越多,沸点则越低。

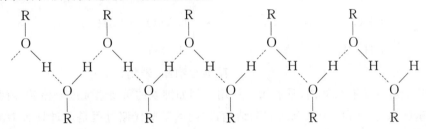

甲醇、乙醇、丙醇能与水任意混溶,从正丁醇起在水中的溶解度显著降低,到癸醇以上则几乎不溶于水。

低级醇还能和一些无机盐类如氯化钙、氯化镁等形成结晶醇,如 $CaCl_2 \cdot 4CH_3OH$、$MgCl_2 \cdot 6CH_3OH$、$CaCl_2 \cdot 4C_2H_5OH$ 等。因此,不能用无水氯化钙作为醇类物质的干燥剂。结晶醇不溶于有机溶剂而溶于水,可利用这一性质将醇与其他有机化合物分开。

2. 化学性质

醇的官能团是羟基(—OH),氧原子的电负性较大,C—O 键和 O—H 键都比较活泼,多数反应都发生在这两个部位。另外,由于诱导效应,与羟基邻近的碳原子上的氢(α-H、β-H)也参与某些反应。醇的基本反应部位如下:

$$\underset{}{\overset{\beta\quad\alpha}{\underset{\underset{H}{|}}{\overset{|}{C}}-\underset{\underset{H}{|}}{\overset{|}{C}}+\overset{}{\overset{}{O}}+H}}$$

①酸性,还原性,分子间脱水
②碱性,亲核性
③羟基被取代,脱水(分子间、分子内)
④分子内脱水
⑤氧化或脱氢

(1) 与活泼金属反应　醇与水相似,可以同某些活泼金属(Na、K、Mg、Al 等)反应,羟基中的氢原子被取代生成醇的金属化合物和氢气,并放出热量。

饱和一元醇的反应通式为

$$2R\text{—}OH + 2Na \longrightarrow 2R\text{—}ONa + H_2\uparrow$$
$$\phantom{2R\text{—OH}}\text{醇}\text{醇钠}$$

例如：
$$2CH_3CH_2OH + 2Na \longrightarrow 2CH_3CH_2ONa + H_2\uparrow$$
$$\text{乙醇}\text{乙醇钠}$$

此反应比金属钠与水反应缓和得多,放出的热也不足以使氢气燃烧。故常利用醇与钠的反应处理残余的金属钠,而不发生燃烧和爆炸。

结构不同的醇,反应活性不同。一般规律是:甲醇＞伯醇＞仲醇＞叔醇。

生成的醇钠是白色固体,能溶于醇,遇水分解生成氢氧化钠和醇。

$$R\text{—}ONa + H_2O \longrightarrow R\text{—}OH + NaOH$$

(2) 与无机含氧酸反应　醇与无机含氧酸(如亚硝酸、硝酸、磷酸等)反应,醇的碳氧键断裂,羟基被无机酸的负离子取代而生成无机酸酯。例如：

$$(CH_3)_2CHCH_2CH_2OH + HONO \longrightarrow (CH_3)_2CHCH_2CH_2ONO + H_2O$$
　　异戊醇　　　　亚硝酸　　　　　　亚硝酸异戊酯
　　　　　　　　　　　　　　　　　　（治疗心绞痛药物）

三硝酸甘油酯（硝化甘油）

磷酸酯广泛存在于有机体内,具有重要作用。例如细胞的重要组成成分核酸、磷脂和供能物质三磷酸腺苷(ATP)中都有磷酸酯结构,体内的某些代谢过程是通过具有磷酸酯结构的中间体完成的。

$$\begin{array}{ccc}
O & O & O \\
\parallel & \parallel & \parallel \\
R\text{—}O\text{—}P\text{—}OH & R\text{—}O\text{—}P\text{—}OH & R\text{—}O\text{—}P\text{—}O\text{—}R \\
| & | & | \\
OH & O\text{—}R & O\text{—}R \\
\text{磷酸一酯} & \text{磷酸二酯} & \text{磷酸三酯}
\end{array}$$

(3) 与氢卤酸的反应　醇与氢卤酸的反应,可看成是醇的羟基被卤素取代生成卤代烃的过程。

反应通式：　　$R\text{—}OH + HX \rightleftharpoons R\text{—}X + H_2O \ (X=Cl, Br, I)$

这类反应的速率与氢卤酸的种类及醇的结构均有关系。不同氢卤酸的反应活性顺序为

$$HI > HBr > HCl$$

不同结构醇的反应活性顺序为

烯丙式醇＞叔醇＞仲醇＞伯醇

HCl 的活性较弱,与醇反应必须有氯化锌存在。氯化锌和浓盐酸的混合液称为**卢卡斯试剂**。6 个碳以下的醇可溶于卢卡斯试剂,而反应生成的氯代烃不溶于卢卡斯试剂,使溶液出现混浊现象。室温下,叔醇与卢卡斯试剂反应最快,仲醇次之,伯醇最慢。所以,可由此区别 6 个碳以下的伯醇、仲醇和叔醇。

$$(CH_3)_3C-OH + HCl \xrightarrow[\text{室温}]{ZnCl_2} (CH_3)_3C-Cl + H_2O \qquad \text{立即混浊}$$

$$CH_3CH_2CHCH_3 + HCl \xrightarrow[\text{室温}]{ZnCl_2} CH_3CH_2CHCH_3 + H_2O \qquad 5\sim10\ min\ \text{混浊}$$
$$\qquad\ |\qquad\qquad\qquad\qquad\qquad\qquad\ |$$
$$\quad OH\qquad\qquad\qquad\qquad\qquad\quad Cl$$

$$CH_3CH_2CH_2CH_2OH + HCl \xrightarrow[\text{室温}]{ZnCl_2} CH_3CH_2CH_2CH_2Cl + H_2O \qquad \text{数小时无混浊}$$

(4) **氧化反应** 有机化合物分子得到氧或失去氢的反应称为**氧化反应**;反之,失去氧或得到氢的反应称为**还原反应**。由于羟基的影响,伯醇、仲醇分子中烃基 α-碳原子上的氢原子较活泼,容易发生氧化反应。

① 加氧氧化 常用的氧化剂有 $KMnO_4$、$K_2Cr_2O_7$。伯醇氧化生成醛,醛可以继续被氧化生成羧酸:

$$R-CH_2-OH \xrightarrow{[O]} R-CHO \xrightarrow{[O]} R-COOH$$
$$\qquad\text{伯醇}\qquad\qquad\text{醛}\qquad\qquad\text{羧酸}$$

例如:
$$CH_3-CH_2-OH \xrightarrow{[O]} CH_3-CHO \xrightarrow{[O]} CH_3-COOH$$
$$\qquad\text{乙醇}\qquad\qquad\text{乙醛}\qquad\qquad\text{乙酸}$$

用于检测司机是否酒后驾车的呼吸分析仪就是根据此原理设计的。在 100 mL 血液中如含有超过 80 mg 乙醇(最大允许量),呼出的气体所含的乙醇可使仪器得出正反应(橙红色重铬酸钾变为绿色硫酸铬)。

仲醇氧化生成酮,酮一般不易再被氧化:

$$R_1-\underset{\underset{OH}{|}}{CH}-R_2 \xrightarrow{[O]} R_1-\underset{\underset{O}{\|}}{C}-R_2$$
$$\qquad\text{仲醇}\qquad\qquad\text{酮}$$

例如:
$$CH_3-\underset{\underset{OH}{|}}{CH}-CH_3 \xrightarrow{[O]} CH_3-\underset{\underset{O}{\|}}{C}-CH_3$$
$$\quad\text{2-丙醇}\qquad\qquad\text{丙酮}$$

② 脱氢氧化 在催化剂(铂、镍等)的作用下,伯醇和仲醇能发生脱氢氧化反应生成醛和酮。

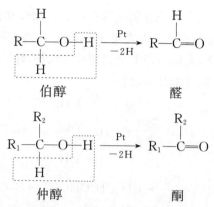

$$\underset{\text{伯醇}}{R-\overset{H}{\underset{H}{C}}-O-H} \xrightarrow[-2H]{Pt} \underset{\text{醛}}{R-\overset{H}{C}=O}$$

$$\underset{\text{仲醇}}{R_1-\overset{R_2}{\underset{H}{C}}-O-H} \xrightarrow[-2H]{Pt} \underset{\text{酮}}{R_1-\overset{R_2}{C}=O}$$

叔醇分子中连有羟基的碳原子上没有氢原子,所以在同样条件下不易被氧化。

(5) 脱水反应　醇在催化剂(如硫酸、氧化铝等)作用下受热可发生脱水反应,其脱水方式因反应温度不同而异。一般规律是:在较高温度下主要发生分子内脱水生成烯烃;在稍低温度下发生分子间脱水生成醚。分子内脱水的例子如下。

$$\underset{\text{乙醇}}{\overset{CH_2-CH_2}{\underset{H\ \ \ OH}{|\ \ \ \ \ |}}} \xrightarrow[\text{或}Al_2O_3,360℃]{H_2SO_4,170℃} \underset{\text{乙烯}}{CH_2=CH_2} + H_2O$$

醇的分子内脱水反应属于消除反应。应注意,在仲醇和叔醇中,会有两个或三个 β-碳原子,分子内脱水的方式则不止一种。实验表明,脱水后主要生成双键碳原子上烃基较多的烯烃,即**扎依采夫**(Saytzeff)**规则**。例如:

$$CH_3CH_2\underset{\underset{OH}{|}}{C}HCH_3 \xrightarrow[100℃]{60\%H_2SO_4} \underset{\text{(主要产物)}}{CH_3CH=CHCH_3} + \underset{\text{(次要产物)}}{CH_3CH_2CH=CH_2}$$

不同结构的醇发生分子内脱水反应的活性顺序为,叔醇 > 仲醇 > 伯醇。分子间脱水的例子如下。

$$CH_3CH_2-\boxed{OH + H}O-CH_2CH_3 \xrightarrow[\text{或}Al_2O_3,260℃]{H_2SO_4,140℃} \underset{\text{乙醚}}{CH_3CH_2-O-CH_2CH_3} + H_2O$$

醇分子去掉羟基上的氢原子后剩下的基团(R—O—)称为**烃氧基**。例如:

$$\underset{\text{甲氧基}}{CH_3O-} \qquad \underset{\text{乙氧基}}{CH_3CH_2O-}$$

醇的分子间脱水反应是取代反应。

从乙醇脱水反应的两种方式可以看出,在有机化学反应中,反应条件对生成的产物有很大的影响,条件不同,生成物往往不同。

三、重要的醇及应用

1. 甲醇

甲醇的结构简式为 CH_3OH，因为最初从木材干馏得到，故又称木醇或木精。甲醇为无色、透明、易燃液体，能与水以任意比例混溶，有酒的气味。甲醇对人体有剧毒，主要经过呼吸道和胃肠吸收，皮肤也可部分吸收。工业上可由 CO 和 H_2 在高温、高压下经催化反应制取。工业酒精中甲醇含量很高。甲醇不与水形成恒沸混合物。

甲醇除用作抗冻剂、溶剂外，也是重要的化工原料。以甲醇为原料可以生产 100 多种深加工产品，如甲醛、甲酸、甲酰胺、乐果、长效磺胺、维生素 B_6 等。

2. 乙醇

乙醇的结构简式为 CH_3CH_2OH，是饮用酒的主要成分，俗称酒精。乙醇是无色透明、易挥发、易燃的液体，能与水以任意比例混溶。

乙醇的用途很广，是一种重要的化工原料，大量用于合成乙醚、乙胺、氯乙烷、酯类等，也是一种优良的有机溶剂。

体积分数大于 99.5% 的乙醇称为无水酒精，主要作为化学试剂。95% 的乙醇为药用酒精，医药上主要用作配制碘酒、浸制药酒、配制消毒酒精和擦浴酒精等。75% 的乙醇溶液杀菌能力最强，称为消毒酒精，是临床上常用的消毒剂。25%～50% 的乙醇溶液称为擦浴酒精，临床上用来给高热病人擦浴，帮助病人降低体温。

3. 苯甲醇

苯甲醇的结构式为 C₆H₅—CH₂OH，是最简单的芳香醇，又称苄醇。苯甲醇为无色液体，能溶于水，易溶于乙醇、乙醚等有机溶剂。

苯甲醇多用于香料工业中，作为香料的溶剂和定香剂。由于苯甲醇有微弱的麻醉作用和防腐作用，也常作为注射剂中的镇痛、防腐剂。

含有苯甲醇的注射用水称为无痛水。目前医疗上使用的青霉素注射用水就是含 2% 苯甲醇的灭菌溶液，可减轻药物注射时产生的疼痛。

4. 丙三醇

丙三醇的结构式为 CH_2—CH—CH_2，俗称甘油，是无色黏稠状液体，稍带甜味，能与
　　　　　　　　　　　　　　 $|$　　$|$　　$|$
　　　　　　　　　　　　　　OH　OH　OH
水、乙醇以任意比例混溶，富有吸湿性。

甘油在化妆品、印刷、烟草工业和食品行业中可作为润湿剂，在药剂上可用作助溶剂、赋形剂和润滑剂。50% 的甘油溶液是治疗便秘的开塞露。较稀的甘油水溶液有护肤作用。硝化甘油具有扩张小静脉和冠状动脉的作用，临床上用于治疗心绞痛和心肌梗死。

甘油分子中由于相邻羟基的相互影响，从而显示出微弱的酸性，可与新配制的氢氧化铜反应，生成深蓝色的甘油铜溶液。

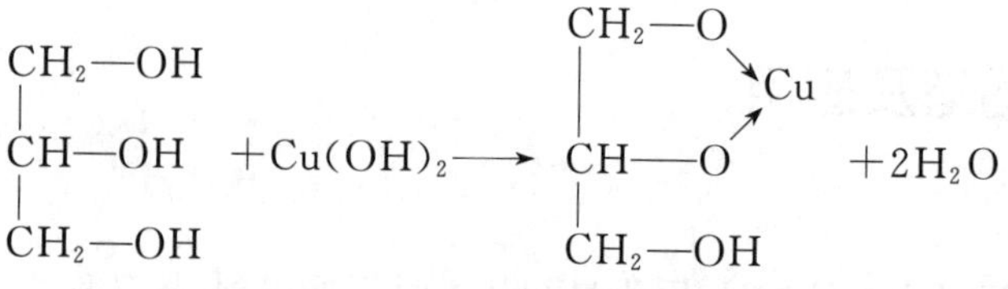

$$\begin{array}{c}CH_2-OH\\|\\CH-OH\\|\\CH_2-OH\end{array} + Cu(OH)_2 \longrightarrow \text{甘油铜(深蓝色)} + 2H_2O$$

5. 己六醇

己六醇的结构式为

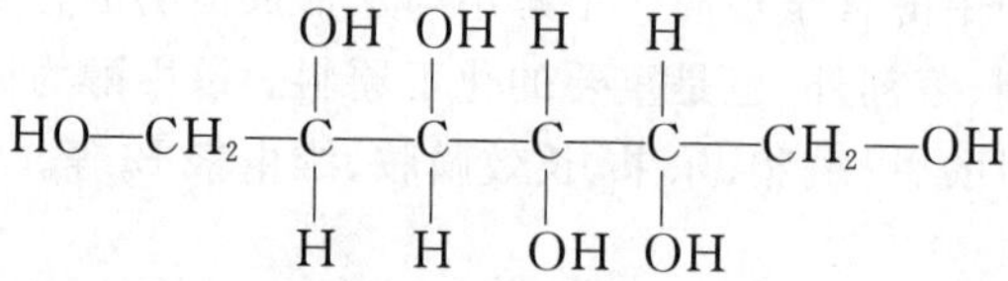

$$HO-CH_2-\underset{H}{\overset{OH}{C}}-\underset{H}{\overset{OH}{C}}-\underset{OH}{\overset{H}{C}}-\underset{OH}{\overset{H}{C}}-CH_2-OH$$

己六醇又名甘露醇，为白色结晶状粉末，有甜味，易溶于水。甘露醇临床上用作利尿药或脱水剂，可用于治疗脑水肿。

6. 环己六醇

环己六醇的结构式为

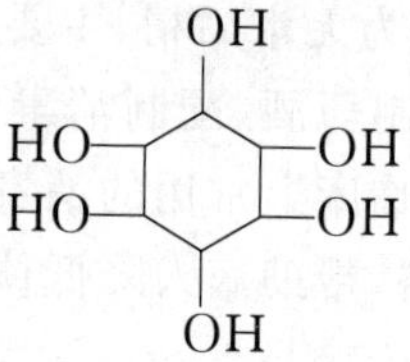

环己六醇又名肌醇，是白色结晶状粉末，无臭、味甜，易溶于水。该物质能促进肝和其他组织中的脂肪代谢，临床上用作肝脏疾病的辅助治疗剂，常用于治疗脂肪肝和动脉硬化。

肌醇的六磷酸酯广泛存在于植物中，称作植酸或植物精。植酸主要用作医药原料和食品添加剂，工业上也用作涂料、防锈剂等。

第二节 酚

芳香烃分子中苯环上的氢原子被羟基取代后生成的化合物称为**酚**。例如：

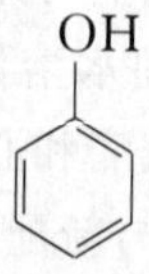

苯酚 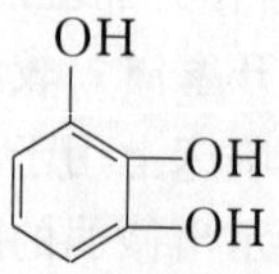　　1,2,3-苯三酚 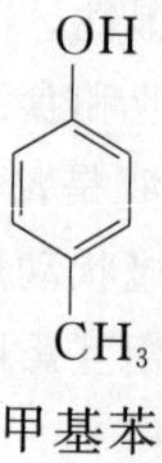　　4-甲基苯酚 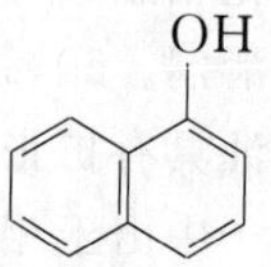　　α-萘酚

一、酚的结构、分类和命名

1. 酚的结构

酚是羟基直接与芳环相连的化合物(羟基与芳环侧链相连的化合物为芳醇)。酚的结构通式为 Ar—OH。酚的官能团也是羟基,称为酚羟基。

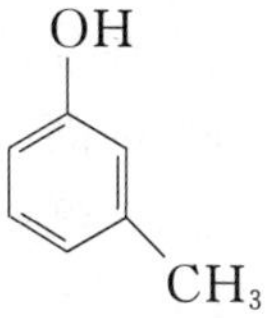

间甲苯酚 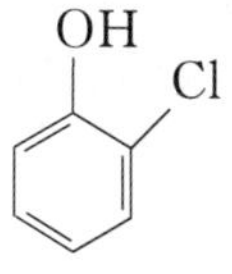　　　　邻氯苯酚 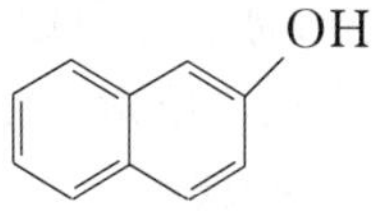　　　　β-萘酚

酚的结构中存在着 p-π 共轭体系,形成了包括 6 个碳原子和 1 个氧原子的大 π 键:

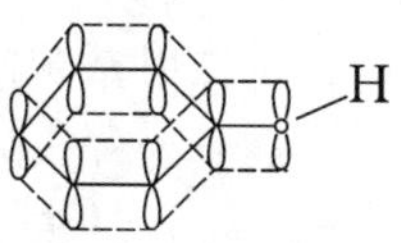

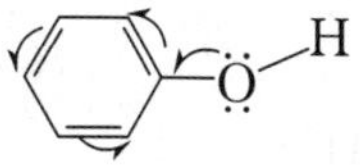

2. 酚的分类

酚的分类方法一般有如下两种。

(1) 根据分子中所含羟基的数目,可分为一元酚(只含有一个酚羟基)、二元酚(含有两个酚羟基)、多元酚(含有三个以上的酚羟基)。例如:

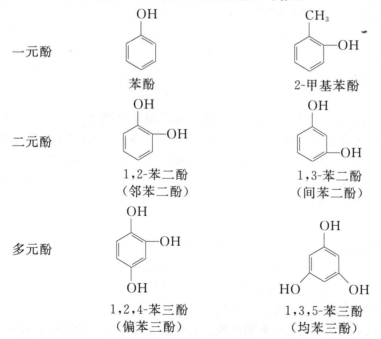

一元酚　　苯酚　　　　2-甲基苯酚

二元酚　　1,2-苯二酚（邻苯二酚）　　1,3-苯二酚（间苯二酚）

多元酚　　1,2,4-苯三酚（偏苯三酚）　　1,3,5-苯三酚（均苯三酚）

(2) 根据羟基所连芳环的不同,可分为苯酚、萘酚、蒽酚等。例如:

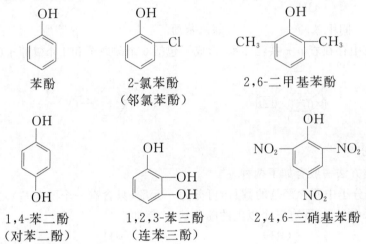

苯酚　　　　　萘酚　　　　　蒽酚

3. 酚的命名

酚的命名一般是在"酚"字前面加上芳环的名称作母体；若芳环上有取代基，则将取代基的位次、数目、名称写在母体名称前面；若有多个酚羟基，要用汉字在"酚"字前面写出酚羟基的数目并在母体名称前标出位次。位次的确定是从酚羟基所连的碳原子开始为芳环编号，并采取最小编号原则。也可用邻、间、对、连、均、偏等汉字表示。例如：

苯酚　　　　　2-氯苯酚　　　　2,6-二甲基苯酚
　　　　　　　（邻氯苯酚）

1,4-苯二酚　　　1,2,3-苯三酚　　　2,4,6-三硝基苯酚
（对苯二酚）　　（连苯三酚）

二、酚的性质

1. 物理性质

除少数烷基酚外，多数酚为固体，具有毒性。酚是无色物质，当把盛有酚类的瓶盖打开几次后会发现酚变成了有色的物质。这是因为酚在空气中易被氧化，产生杂质。例如苯酚是无色的针状结晶，但与空气接触后，就会被氧化成粉红色、红色或暗红色。

由于酚能形成分子间氢键，所以沸点高。酚能溶于乙醇、乙醚及苯等有机溶剂，在水中的溶解度不大，但随着酚中羟基的增多，水溶性增强。

2. 化学性质

由于酚羟基和苯环间存在着 p-π 共轭，使得整个分子中电子云发生平均化，氧的电子向苯环转移，增加了 O—H 键的极性，酚羟基的氢原子较醇羟基中的氢原子活泼，易于电离成氢离子，同时由于苯环上的电子云密度相对增大，特别是羟基的邻位和对位碳上增加得较多，增强了反应活性，有利于亲电取代与氧化反应。

（1）弱酸性　酚的结构决定了它具有弱酸性。酚羟基上的氢不但能被碱金属取代，还能和氢氧化钠作用生成酚的钠盐。

$$2 \underset{\text{苯酚}}{\text{C}_6\text{H}_5\text{OH}} + 2\text{Na} \longrightarrow 2 \underset{\text{苯酚钠}}{\text{C}_6\text{H}_5\text{ONa}} + \text{H}_2\uparrow$$

$$\text{C}_6\text{H}_5\text{OH} + \text{NaOH} \longrightarrow \text{C}_6\text{H}_5\text{ONa} + \text{H}_2\text{O}$$

酚不能使蓝色石蕊试纸变红色，这说明其酸性比碳酸弱。苯酚的 pK_a 为 10，碳酸的 pK_a 为 6.4。

由此可知，苯酚的酸性很弱，只能和强碱成盐，不能和 $NaHCO_3$ 作用。若在苯酚钠溶液中通入二氧化碳，则苯酚又游离出来，可利用酚的这一特性对其进行分离提纯。

$$\text{C}_6\text{H}_5\text{ONa} + \text{CO}_2 + \text{H}_2\text{O} \longrightarrow \text{C}_6\text{H}_5\text{OH} + \text{NaHCO}_3$$

当苯环上连有吸电子基（如卤原子、硝基等）时，可降低苯环上的电子云密度，使酚的酸性增强。例如 2,4,6-三硝基苯酚的酸性几乎和强酸一样，其 pK_a 为 0.80。

(2) 与三氯化铁的显色反应　多数的酚能与三氯化铁的水溶液发生显色反应。例如：

$$6\text{C}_6\text{H}_5\text{OH} + \text{FeCl}_3 \longrightarrow \underset{\text{紫色}}{\text{H}_3[\text{Fe}(\text{C}_6\text{H}_5\text{O})_6]} + 3\text{HCl}$$

结构不同的酚所显示的颜色不同（见表 3-2-1）。

表 3-2-1　酚中加三氯化铁产生的颜色

化 合 物	生成的颜色	化 合 物	生成的颜色
苯　酚	紫色	间苯二酚	紫色
邻甲苯酚	蓝色	对苯二酚	暗绿色结晶
间甲苯酚	蓝色	1,2,3-苯三酚	淡棕红色
对甲苯酚	蓝色	1,3,5-苯三酚	紫色沉淀
邻苯二酚	绿色	α-萘酚	紫色沉淀

常用这些颜色反应来鉴别酚类的存在及不同的酚。

酚之所以能与氯化铁溶液发生显色反应，是因为酚类物质中含有烯醇式结构，具有这种结构的有机物与三氯化铁作用能产生带颜色的配离子。

$$\underset{\text{烯醇式结构}}{\text{C}=\text{C}-\text{OH}}$$

(3) 芳环的亲电取代反应　由于羟基是强的邻、对位定位基，使芳环活化，所以苯酚比苯更容易发生亲电取代反应。

① 卤代反应　在苯酚饱和溶液中滴加溴水,立即有白色沉淀生成。

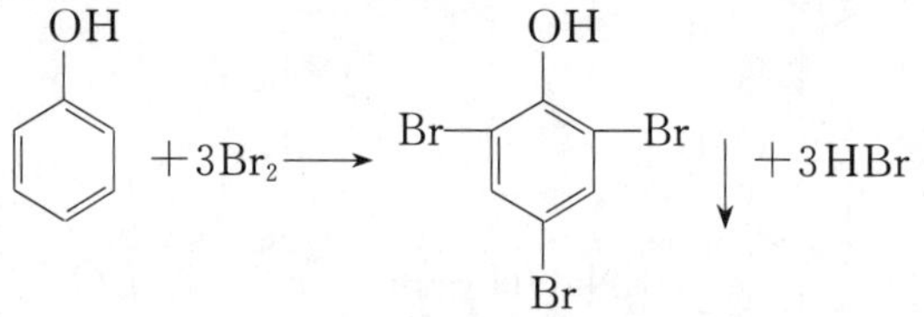

$$\text{C}_6\text{H}_5\text{OH} + 3\text{Br}_2 \longrightarrow \text{2,4,6-三溴苯酚} \downarrow + 3\text{HBr}$$

2,4,6-三溴苯酚

这一反应很灵敏,极稀的苯酚溶液就能产生明显的沉淀现象。因此,该反应可用于苯酚的鉴别或定量分析。

若要得到一溴苯酚,反应要在 CS_2 或 CCl_4 非极性的条件下进行。

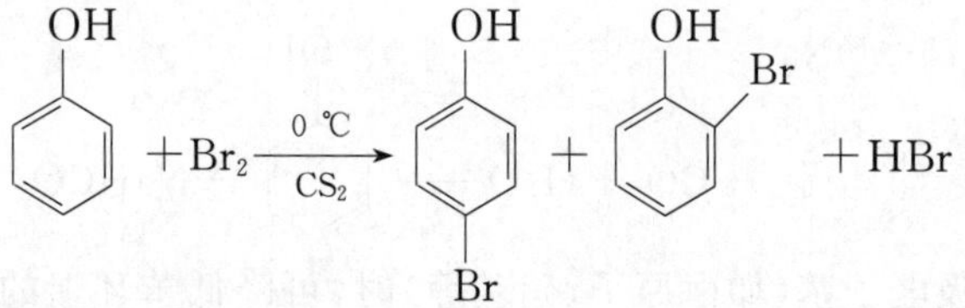

$$\text{C}_6\text{H}_5\text{OH} + \text{Br}_2 \xrightarrow[\text{CS}_2]{0\ ℃} \text{对溴苯酚} + \text{邻溴苯酚} + \text{HBr}$$

② 硝化反应　苯酚在常温下与稀硝酸即可发生硝化反应,产物是邻硝基苯酚和对硝基苯酚。

$$\text{C}_6\text{H}_5\text{OH} + \text{HNO}_3(\text{稀}) \xrightarrow{25\ ℃} \text{邻硝基苯酚} + \text{对硝基苯酚}$$

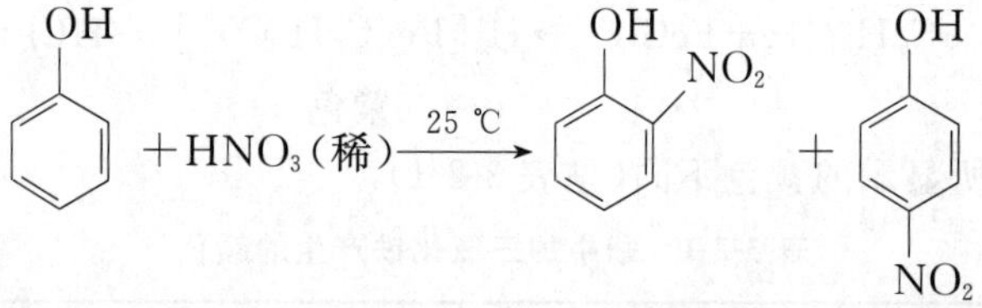

邻硝基苯酚和对硝基苯酚这两种异构体可用水蒸气蒸馏的方法分离。邻硝基苯酚能形成分子内氢键,对硝基苯酚则能形成分子间氢键。在水溶液中,前者不能与水形成氢键,后者与水可形成氢键。这种差异使得两者的沸点相差较大。当进行水蒸气蒸馏时,挥发性较大的邻硝基苯酚可随水蒸气一起蒸出,从而将两者分离。

苯酚与浓硝酸反应则生成 2,4,6-三硝基苯酚。

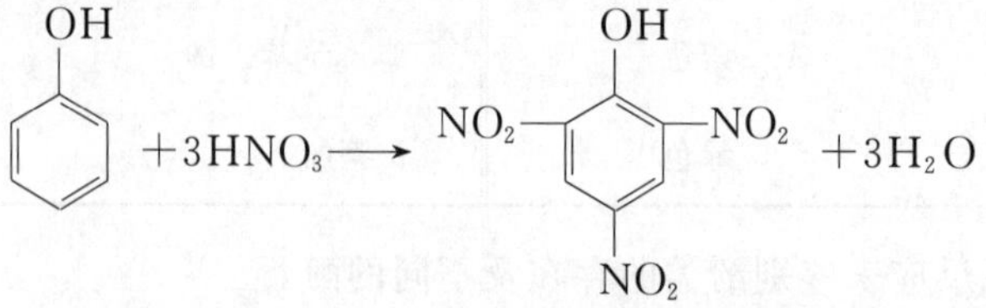

$$\text{C}_6\text{H}_5\text{OH} + 3\text{HNO}_3 \longrightarrow \text{2,4,6-三硝基苯酚} + 3\text{H}_2\text{O}$$

2,4,6-三硝基苯酚

2,4,6-三硝基苯酚俗称苦味酸。苦味酸的酸性比一般羧酸的酸性还强。苦味酸及其盐都极易爆炸,可用于制造炸药和染料。

③ 磺化反应　酚类化合物在室温下即可与浓硫酸反应,主要产物是邻羟基苯磺酸;在 100 ℃ 条件下反应时,主要产物是对羟基苯磺酸。

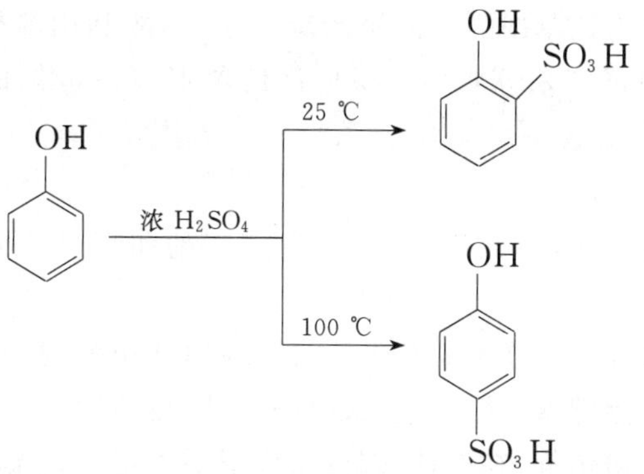

$$\text{苯酚} \xrightarrow{\text{浓}H_2SO_4} \begin{cases} \xrightarrow{25\ ℃} \text{邻羟基苯磺酸} \\ \xrightarrow{100\ ℃} \text{对羟基苯磺酸} \end{cases}$$

（4）氧化反应　酚环上的高电子密度，使其非常容易发生氧化反应。酚与强氧化剂作用时，随着反应条件的不同，产物不同，并且较复杂。苯酚在硫酸的作用下可被重铬酸钾氧化生成醌：

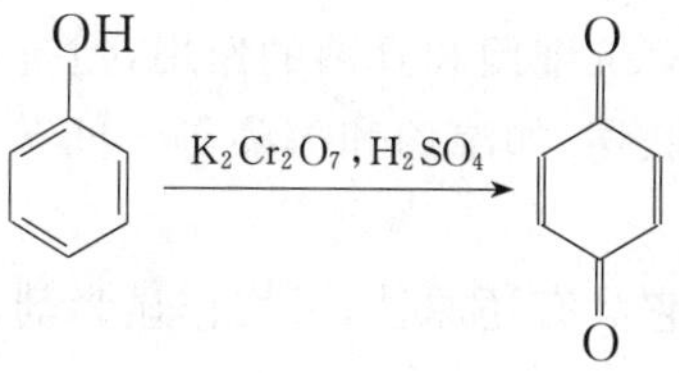

$$\text{苯酚} \xrightarrow{K_2Cr_2O_7,\ H_2SO_4} \text{对苯醌}$$

邻苯二酚在乙醚溶液中用新制备的氧化银可以将其氧化成邻苯醌：

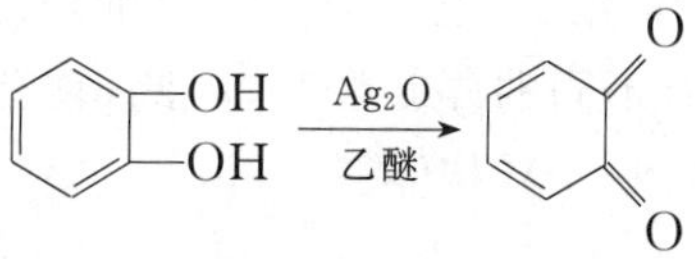

$$\text{邻苯二酚} \xrightarrow[\text{乙醚}]{Ag_2O} \text{邻苯醌}$$

由于含酚羟基的药物易被氧化，应尽量避免与空气接触。如肾上腺素极易被空气氧化而变色，应避光保存。

三、重要的酚及应用

1. 苯酚（C_6H_5OH）

苯酚是最简单的酚，最初是从煤焦油中发现的，俗称石炭酸。它是无色结晶，有特殊气味，熔点为 43 ℃，沸点为 182 ℃，微溶于水，25 ℃时 100 g 水中可溶解 6.7 g，在 68 ℃以上则可完全溶解。苯酚易溶于乙醇、乙醚、苯等有机溶剂。苯酚能凝固蛋白质，有杀菌能力，以前用作消毒剂，它的 3%～5% 溶液用于消毒手术器具，1% 溶液外用于皮肤止痒，但苯酚浓溶液对皮肤具有腐蚀性。由于苯酚有毒，可通过皮肤吸收进入人体引起中毒，现已不用作消毒剂。

苯酚还是有机合成的重要原料，用于制造塑料、药物、农药、染料等。苯酚易被氧化，故应避光存放于棕色瓶内。

2. 甲苯酚（CH_3—C_6H_4—OH）

甲苯酚简称甲酚，因来源于煤焦油，故俗称煤酚，有邻、间、对三种异构体。这三种物质的沸点接近（分别为 191 ℃、202.2 ℃、201.8 ℃），难以分离，通常使用的是它们的混合体,它们都有苯酚气味,杀菌能力比苯酚强。因甲酚难溶于水,故利用酚类的弱酸性配成肥皂水溶液。医药上常用的消毒剂来苏水(Lysol),就是含 47%～53% 的三种甲苯酚混合物的煤酚皂溶液。

3. 苯二酚($HO—C_6H_4—OH$)

苯二酚有邻、间、对三种异构体,为无色结晶体。邻苯二酚和间苯二酚易溶于水,对苯二酚在水中的溶解度较小。

邻苯二酚常以结合态存在于自然界中,最初是在干馏原儿茶酚时得到,故俗称儿茶酚。它的一个重要衍生物是肾上腺素,既有氨基又有酚羟基,显两性,既溶于酸也溶于碱,微溶于水及乙醇,难溶于乙醚、氯仿等,在中性、碱性条件下不稳定。其盐酸盐有加速心脏跳动、收缩血管、增加血压、放大瞳孔的作用;邻苯二酚还有使肝糖分解、增加血糖含量以及使支气管平滑肌松弛的作用。邻苯二酚一般用于支气管哮喘、过敏性休克及其他过敏性疾病的治疗。

间苯二酚又称雷琐辛,具有抗细菌和真菌的作用,但抗菌强度仅为苯酚的 1/3。间苯二酚刺激性小,可用于治疗皮肤病,如湿疹和癣症等。间苯二酚还可用于合成染料、酚醛树脂、胶黏剂、药物等。

对苯二酚俗称氢醌,由于它具有还原性,可用作显影剂、抗氧化剂、阻聚剂。

4. 维生素 E

维生素 E 是一种结构复杂的酚类,它具有苯并吡喃环的基本结构,在 C_1 上连一个甲基,在 C_2、C_5、C_6、C_7 上可能连有不同的复杂烃基,因此,它有多种异构体。自然界中存在着四种类型的异构体,即 α-、β-、γ-、δ-异构体。

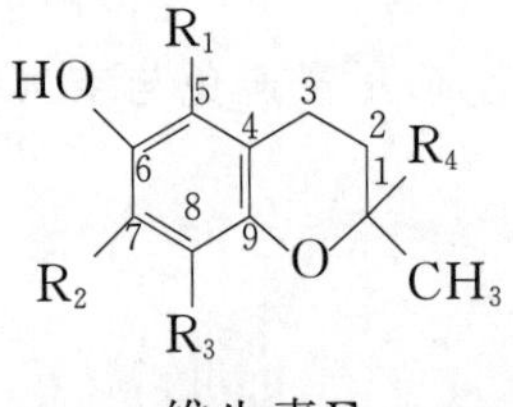

维生素E

维生素 E 的主要作用是用来治疗不育症和习惯性流产,因此,维生素 E 俗称生育酚。维生素 E 是一种脂溶性维生素,是人体所必需的营养素和不可缺少的生物活性物质之一,在保证机体健康、预防疾病方面起着重要作用。科学证明维生素 E 在抗氧化和延缓衰老方面有一定作用,常将它作为抗衰老的药物,在医药、食品及化妆品中广泛应用。

第三节　醚

水分子中的两个氢原子被烃基取代后得到的产物称为**醚**。其通式可用 R—O—R′(R—O—Ar 或 Ar—O—Ar′)表示。R 可以是饱和烃基、不饱和烃基、脂环烃基和芳香烃基。例如:

CH₃—O—CH₃　　　　CH₃CH₂—O—C₆H₅　　　　C₆H₅—O—C₆H₅
　甲醚　　　　　　　　　苯乙醚 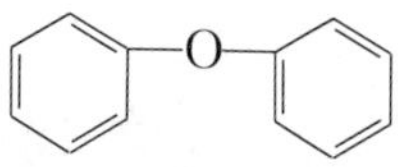　　　　　　　　　二苯醚

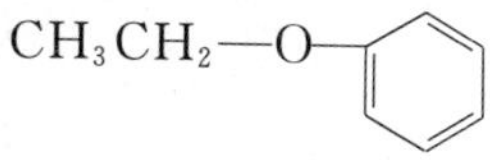

醚中的 —C—O—C— 结构称为醚键，是醚的官能团。

一、醚的分类和命名

1. 醚的分类

一般根据醚的结构中氧原子所连的两个烃基是否相同，将醚分成单醚和混醚及环醚。
单醚是两个烃基相同的醚。例如：

$$CH_3CH_2—O—CH_2CH_3$$
乙醚

混醚是两个烃基不同的醚。例如：

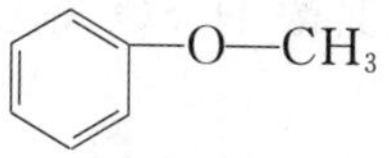

C₆H₅—O—CH₃
苯甲醚

环醚是碳链两端与氧原子连接起来形成环状结构的化合物。例如：

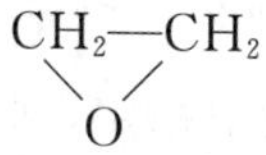

$$\underset{O}{CH_2—CH_2}$$
环氧乙烷

2. 醚的命名

结构简单的醚，根据与氧原子相连接烃基来命名。单醚的名称是在烃基的名称前加"二"字(烃基是烷基时，"二"字可省略)，并把"基"字改成"醚"字；混醚的名称是在"醚"字前面加烃基名称，较小烃基在较大烃基之前，芳香烃基在脂肪烃基之前("基"字可省略)。例如：

C₂H₅—O—C₂H₅　　　C₆H₅—O—C₆H₅　　　CH₃CH₂CH₂—O—C₆H₅
　乙醚　　　　　　　　二苯醚　　　　　　　　苯丙醚

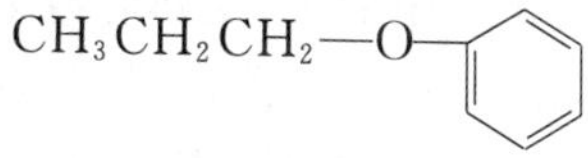

结构复杂的醚常采用系统命名法命名。将醚分子中简单的烃基和醚键组合成烃氧基作为取代基，例如：

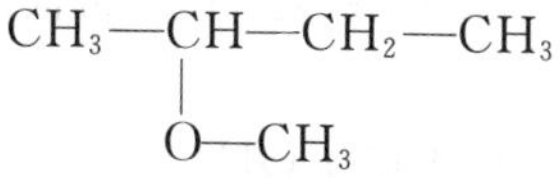

CH₃—CH—CH₂—CH₃　　　　CH₃—O—CH₂—CH₂—CH—CH₃
　　　O—CH₃　　　　　　　　　　　　　　　　　　　OH
　2-甲氧基丁烷 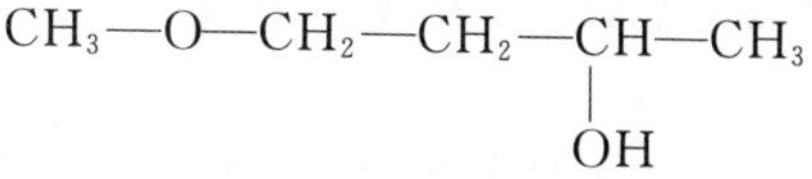　　　　　　　　　　4-甲氧基-2-丁醇

环醚一般称为环氧某烃。例如：

$$\underset{\text{环氧乙烷}}{\underset{O}{CH_2-CH_2}} \qquad \underset{\text{1,4-环氧丁烷}}{\underset{O}{\overset{CH_2-CH_2}{CH_2\quad CH_2}}}$$

二、醚的性质

1. 物理性质

除甲醚和甲乙醚是气体外,大多数醚在室温下为无色液体,有特殊气味,比水轻。由于醚分子中没有与氧原子相连的氢原子,不能形成分子间氢键,所以醚的沸点比相对分子质量相近的醇低。低级醚能与水形成氢键,因而在水中有一定的溶解度。醚易溶于有机溶剂,本身又能溶解很多有机物,是优良的有机溶剂。

2. 化学性质

(1) 生成𬭩盐　醚分子中的氧原子上带有孤对电子,能接受质子,但接受质子的能力很弱,只能与浓的强无机酸(如浓 HCl、浓 H_2SO_4 等)作用,形成类似盐结构的化合物,称为𬭩盐。

$$R_1-O-R_2 + HCl \longrightarrow \left[R_1-\overset{H}{\underset{}{O}}-R_2\right]^+ Cl^-$$

$$R_1-O-R_2 + H_2SO_4 \longrightarrow \left[R_1-\overset{H}{\underset{}{O}}-R_2\right]^+ HSO_4^-$$

醚的𬭩盐是强酸弱碱盐,仅在浓酸中稳定,遇水分解成原来的醚。利用醚的这一特性,可将醚与烷烃及卤代烃分离。

(2) 生成过氧化物　有 α-氢的醚若长期与空气接触,能被空气中的氧氧化生成过氧化物。例如:

$$CH_3-CH_2-O-CH_2-CH_3 \xrightarrow{O_2} CH_3-CH_2-O-\underset{\underset{O-O-H}{|}}{C}H-CH_3$$

过氧化物不稳定,受热时容易分解而发生爆炸。所以醚类应尽量避免露置在空气中。储存过久的醚在使用前,特别是在蒸馏以前,应当检查是否有过氧化物存在。常用的检查方法是用淀粉-碘化钾试纸,若试纸显蓝色,表明有过氧化物存在。向醚中加入硫酸亚铁或亚硫酸钠等还原剂,可除去过氧化物。

为了防止过氧化物的生成,醚类化合物常放在棕色试剂瓶中避光保存。

(3) 醚键的断裂　在浓氢卤酸且加热条件下,醚键可发生断裂,生成卤代烃和醇(或酚)。例如:

$$\underset{\text{醚}}{CH_3CH_2OCH_3} + \underset{\text{氢卤酸}}{HI} \longrightarrow \underset{\text{卤代烃}}{CH_3I} + \underset{\text{醇}}{CH_3CH_2OH}$$

$$\underset{\text{醚}}{C_6H_5-OCH_3} + \underset{\text{氢卤酸}}{HI} \longrightarrow \underset{\text{卤代烃}}{CH_3I} + \underset{\text{酚}}{C_6H_5-OH}$$

三、重要的醚及应用

1. 乙醚

乙醚（$CH_3CH_2OCH_2CH_3$）是用途最广的一种醚,室温下为无色透明液体,有特殊气味,沸点为 34.5 ℃,极易挥发,又极易着火,使用时要特别小心,注意通风,避开明火。

乙醚微溶于水,能溶解许多有机物,且本身化学性质稳定,是常用的有机溶剂。医药上常用乙醚作溶剂,提取中草药中某些脂溶性有效成分。乙醚有麻醉作用,纯净的乙醚在临床上曾长期作为吸入性全身麻醉剂。由于乙醚可引起恶心、呕吐等副作用,现已被更安全高效的新型麻醉剂所替代。

2. 安氟醚

安氟醚（$CHFClCF_2—O—CHF_2$）的药名为恩氟烷,是一种有果香味的无色液体,有挥发性,不燃不爆,性质稳定,是目前医院较为常用的吸入性麻醉剂。

3. 异氟醚

异氟醚（$CF_3CHCl—O—CHF_2$）是安氟醚的同分异构体,是一种略带刺激性醚样臭味的无色液体,性质稳定,是目前医院较为常用的吸入性麻醉剂。

4. 环氧乙烷

环氧乙烷是最简单的环醚,为无色有毒气体,沸点为 13.5 ℃,一般储存于钢瓶中。环氧乙烷能溶于水、乙醇、乙醚等溶剂。它的化学性质很活泼,可作为多种工业的原料,也是一种高效消毒剂,广泛用于物品及器械消毒。由于它易燃、易爆、有毒,故在使用时应特别注意安全。

> **知识拓展**
>
> **维生素 E ——具有延缓衰老作用的物质** 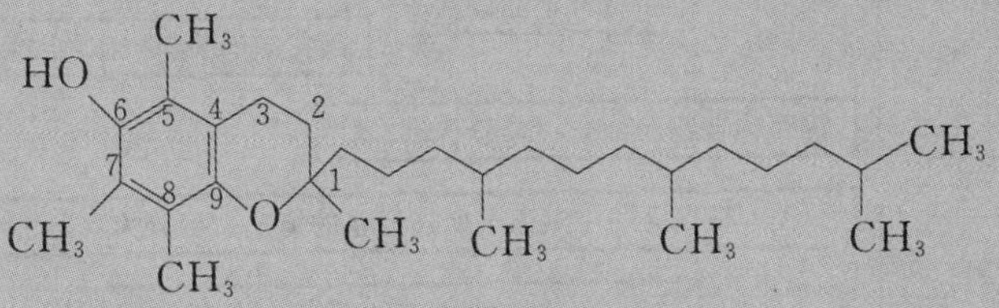
>
> 1922 年科学家发现了维生素 E,1938 年首次人工合成。维生素 E 是一组化学结构近似的酚类化合物。因其与动物的生殖功能有关,其中有四种称为生育酚,分别加上 α、β、γ、δ 来相互区别。α-生育酚维生素 E 是天然存在形式中最常见、生物活性最高的一种。
>
> 1945 年提出了第一个有关维生素 E 的抗氧化性理论。随后的研究发现维生素 E 定位于细胞膜,作为断链抗氧化剂,可以阻断细胞膜中过氧化物的生成,维持细胞膜的完整性,是体内抗氧化机制的第一道防线。也有研究证实,维生素 E 能减慢动物成熟后蛋白质分解代谢的速度,具有延缓衰老的作用。
>
> 维生素 E 含量丰富的食品有植物油、麦胚、坚果、种子类、豆类及谷类。

本章小结

1. 知识系统网络

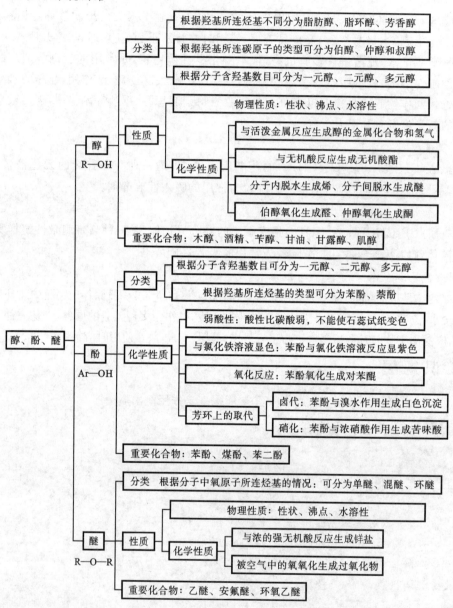

2. 学习方法概要

醇、酚、醚的学习要紧紧围绕其结构进行，首先要从结构入手，找出这三类有机化合物在结构上的相同点与差异，在此基础上明确醇、酚、醚的概念及分类。如羟基与芳香烃基侧链的碳相连的有机物为醇，羟基与芳香烃基直接相连的有机物为酚，两个烃基通过氧原子相连的有机物为醚；伯醇的羟基所连碳原子上有两个氢原子，仲醇的羟基所连碳原子上有一个氢原子,叔醇的羟基所连碳原子上没有氢原子。理解结构决定性质,学会根据有机化合物的命名原则对有机物进行命名;醇、酚、醚的化学性质应从结构上去分析、记忆,注意反应条件对产物的影响,如羟基所连碳原子上有氢原子的醇能被氧化,否则难被氧化;醇在高温下分子内脱水,低温下分子间脱水。根据醇、酚、醚的性质理解其应用。

目标检测

一、选择题(将每题一个正确答案的标号选出)

1. 下列物质不属于醇类的是(　　)。
 A. $HOCH_2CH_2OH$ B. CH_3CH_2OH
 C. $C_6H_5CH_2OH$ D. C_6H_5OH

2. 医用消毒酒精最有效的浓度为(　　)。
 A. 30%　　B. 50%　　C. 75%　　D. 95%

3. 禁止用工业酒精勾兑饮用酒,是因为其中含(　　)。
 A. CH_3OH　B. CH_3OCH_3　C. C_6H_5OH　D. $HOCH_2CH_2OH$

4. 下列物质为仲醇的是(　　)。
 A. 苯甲醇　B. 乙二醇　C. 异丙醇　D. 乙醇

5. 不与金属钠反应放出氢气的是(　　)。
 A. H_2O B. CH_3CH_2OH
 C. $CH_3CH_2OCH_2CH_3$ D. C_6H_5OH

二、填空题

1. 醇的官能团是_____,甘油属于_____类,50%的甘油溶液是治疗_____的药物。

2. 乙醇在浓硫酸的作用下,_____ ℃发生分子内脱水的产物是_____。

3. 苯酚俗称_____,其酸性比碳酸_____,与氯化铁溶液作用显_____色。

4. 甲酚有_____种同分异构体,同存于煤焦油中,其混合物总称_____,其50%的肥皂溶液俗称_____,是常用的_____。

三、用系统命名法命名下列有机物

1. 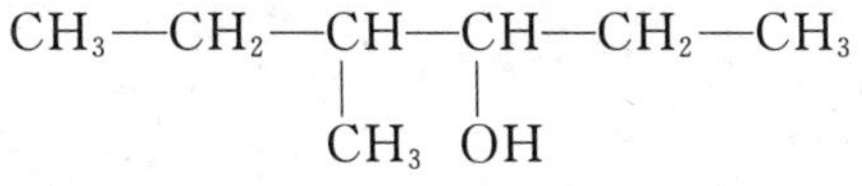 $CH_3-CH_2-\underset{\underset{CH_3}{|}}{CH}-\underset{\underset{OH}{|}}{CH}-CH_2-CH_3$

2. $CH_3-CH_2-\underset{\underset{C_6H_5}{|}}{CH}-\underset{\underset{OH}{|}}{CH}-CH_3$

3. $CH_3-\underset{\underset{OH}{|}}{CH}-\underset{\underset{OH}{|}}{\underset{\underset{CH_3}{|}}{C}}-CH_3$

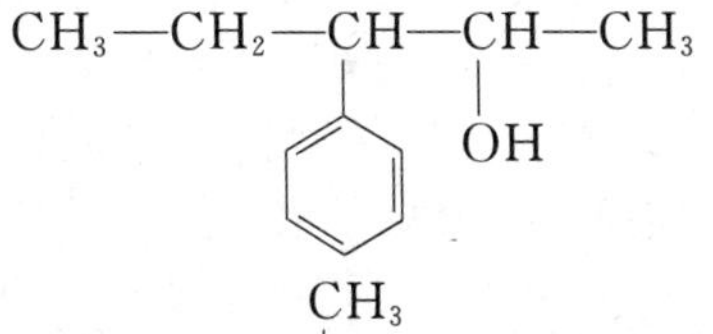

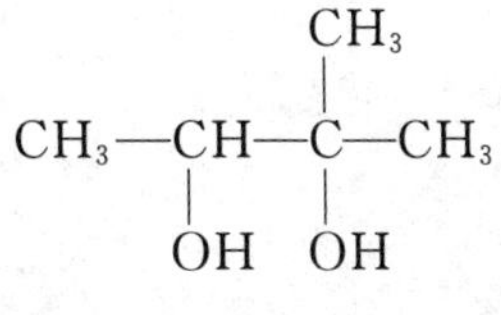

4. 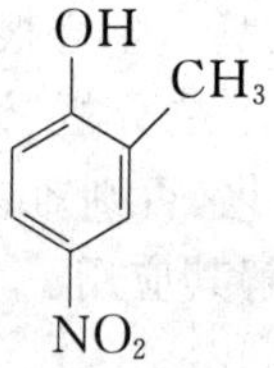 2-甲基-4-硝基苯酚（结构式：苯环上OH、CH₃、NO₂）

5. $CH_3CH_2-O-C_6H_5$

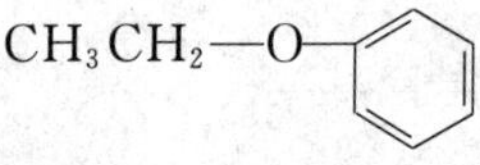

四、完成下列化学反应式

1. $CH_3-CH_2-OH + Na \longrightarrow$

2. $CH_3-CH_2-OH \xrightarrow[140\ ℃]{浓\ H_2SO_4}$

3. 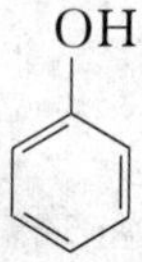 $C_6H_5OH + NaOH \longrightarrow$

4. 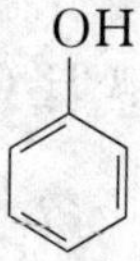 $C_6H_5OH + 3Br_2 \longrightarrow$

五、用化学方法鉴别下列各组物质

1. 乙醇与乙醚
2. 酒精与甘油
3. 苯酚与苯甲醇

第三章

醛、酮

学习目标

1. 熟悉醛、酮的结构、分类和命名；
2. 了解醛、酮的物理性质；
3. 掌握醛、酮的化学性质及其应用；
4. 学会鉴定醛、酮的方法。

醛和酮分子中都含有相同的官能团——羰基（C=O），统称为羰基化合物。羰基是碳原子和氧原子通过双键结合在一起的极性键。羰基碳原子上连有两个烃基的化合物为酮，连有一个或两个氢原子的为醛，此时则把羰基与氢原子合并称为醛基，即 —C(=O)—H（或—CHO），醛基总是位于碳链的一端。醛和酮的结构通式分别为

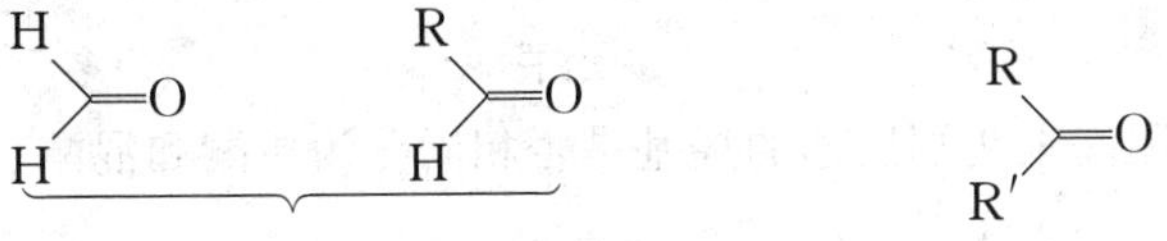

$$\underset{\text{醛}}{H-\underset{H}{\overset{O}{\|}}{C}-H \qquad R-\underset{H}{\overset{O}{\|}}{C}-H} \qquad \underset{\text{酮}}{R-\underset{R'}{\overset{O}{\|}}{C}}$$

醛和酮的结构相似，化学性质也有很多相似的地方。醛、酮是一类重要的有机化合物，许多醛、酮是重要的工业原料，如甲醛聚合成的聚甲醛，能用于国防、交通、化工、运输、纺织等行业，有些是香料或重要的药物。

第一节 醛和酮的分类和命名

一、醛、酮的分类

醛、酮的分类方法一般有以下三种。

(1) 根据羰基所连烃基的不同,醛、酮可分为脂肪族醛、酮,脂环族醛、酮和芳香族醛、酮。例如:

$$CH_3CH_2CHO \qquad CH_3-\overset{O}{\overset{\|}{C}}-CH_3 \qquad C_6H_5-CHO$$
脂肪醛　　　　　　脂肪酮　　　　　　　芳香醛

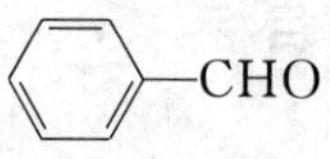

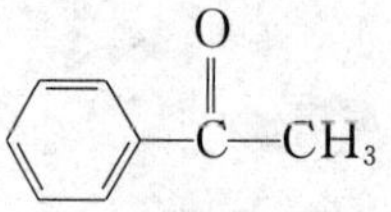

芳香酮 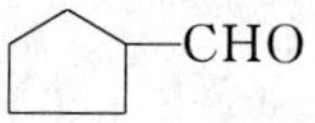　　　　　　脂环醛 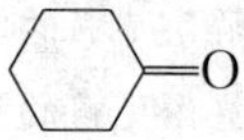　　　　　　　脂环酮

(2) 根据烃基中是否含有不饱和键,可以分为饱和醛、酮和不饱和醛、酮。例如:

$$CH_3CH_2CHO \qquad CH_3-\overset{O}{\overset{\|}{C}}-CH_2CH_3 \qquad CH_2=CHCHO \qquad CH_2=CH-\overset{O}{\overset{\|}{C}}-CH_3$$
饱和醛　　　　　　饱和酮　　　　　　　不饱和醛　　　　　　不饱和酮

(3) 根据分子中所含羰基的数目,可以分为一元醛、酮和多元醛、酮。例如:

$$HCHO \qquad CH_3-\overset{O}{\overset{\|}{C}}-CH_3 \qquad OHC-CHO \qquad CH_3-\overset{O}{\overset{\|}{C}}-\overset{O}{\overset{\|}{C}}-CH_3$$
一元醛　　一元酮　　　　多元醛　　　　　　多元酮

酮还可以根据羰基碳两端所连的烃基是否相同分为单酮和混酮。例如:

$$CH_3-\overset{O}{\overset{\|}{C}}-CH_3 \qquad CH_3-\overset{O}{\overset{\|}{C}}-CH_2CH_3$$
单酮　　　　　　　　混酮

二、醛、酮的命名

简单的醛、酮常用普通命名法。醛的普通命名与醇的相似,可在烃基的名称后面加一个醛字,称为"某醛",有异构体的用正、异、新等字来区分。酮的普通命名是在羰基所连两个烃基名称后加上"酮"字,简单烃基在前,复杂烃基放在后面,"基"字可以省略。如有芳

基,则将芳基写在前面。例如:

$$CH_3-\overset{\overset{O}{\|}}{C}-CH_2CH_3 \qquad\qquad \text{苯基-COCH}_3$$

甲乙酮　　　　　　　　　　　苯甲酮

复杂醛、酮的命名采用系统命名法。

(1) 脂肪醛、酮　选择包含羰基的最长碳链为主链,根据主链所含碳原子的数目称为"某醛"或"某酮"。主链碳原子的编号从靠近羰基的一端开始,醛基总是位于链端,编号为1,命名时不必标明它的位次。酮除丙酮、丁酮和苯乙酮外,其他酮分子中的羰基必须标明位次,取代基的位次和名称放在母体名称之前。基本格式如下:取代基的位次-数目及名称-羰基的位次(醛基不必标明)-某醛(酮)。例如:

$$\overset{4}{CH_3}\overset{3}{\underset{|}{C}H}\overset{2}{CH_2}\overset{1}{CHO} \qquad\qquad \overset{1}{CH_3}-\overset{2}{\underset{\|}{C}}-\overset{3}{CH_2}\overset{4}{\underset{|}{C}H}\overset{5}{CH_3}$$
$$\qquad\ CH_3 \qquad\qquad\qquad\qquad O\ \ CH_3$$

3-甲基丁醛　　　　　　　　　　　4-甲基-2-戊酮

碳原子的编号有时也用希腊字母 α,β,γ,… 来表示,α 是指靠近羰基的碳原子,其次是β,γ 等,若有两个 α 碳原子,可以用 α、α′ 表示。例如:

$$\overset{\gamma}{CH_3}\overset{\beta}{\underset{|}{C}H}\overset{\alpha}{CH_2}CHO \qquad\qquad \overset{\alpha'}{CH_3}-\overset{}{\underset{\|}{C}}-\overset{\alpha}{CH_2}\overset{\beta}{\underset{|}{C}H}CH_3$$

β-甲基丁醛　　　　　　　　　　　β-甲基-2-戊酮

(2) 芳香醛、酮　芳香醛、酮命名时,常以脂肪醛或脂肪酮为母体,把芳香烃基作为取代基。例如:

对甲基苯甲醛　　　　　　　　　　　1-苯基-1-丙酮

(3) 脂环醛、酮　脂环醛的命名与芳香醛的命名一致。脂环酮的命名是根据构成碳环原子的总数命名为环"某"酮。若环上有取代基,编号时使羰基位次最小。例如:

环戊基甲醛　　　　　　　　　　　2-甲基环己酮

(4) 不饱和醛、酮　选择同时含有不饱和键及羰基在内的最长碳链为主链,编号从靠近羰基的一端开始,称为"某烯醛"或"某烯酮",同时要标明不饱和键和酮羰基的位次。例如:

4-乙基-4-戊烯-2-酮　　　　　　　3-苯基-2-丙烯醛

3-甲基-6-庚烯醛　　　　　　　　4-甲基-6-庚炔-2-酮

另外,醛和酮的命名有时也可根据其来源或性质采用俗名。例如:

巴豆醛　　　　　　肉桂醛　　　　　　水杨醛
（2-丁烯醛）　　（3-苯基丙烯醛）　　（邻羟基苯甲醛）

第二节　醛、酮的性质

一、物理性质

常温下,除甲醛是气体外,分子中含 12 个碳原子以下的脂肪醛、酮均为无色液体,高级脂肪醛、脂肪酮和芳香酮多为固体。

低级醛具有刺激性臭味,而某些高级醛、酮则有香味。如香草醛具有香草气味,环十五酮有麝香的香味,可用于化妆品及食品香精等。

醛、酮分子中的羰基氧能与水分子中的氢形成分子间氢键,因此低级醛、酮易溶于水,含 5 个碳原子以上的醛、酮难溶于水,醛、酮易溶于有机溶剂。醛、酮分子间不能形成氢键,它们的沸点比相对分子质量相近的醇低。但由于羰基是极性基团,增加了分子间引力,故沸点比相应的烷烃高。

二、化学性质

醛、酮的化学性质主要是由羰基决定的。在羰基中,由于氧原子的电负性比碳大,使 π 电子云发生偏移,形成一个极性不饱和键,氧原子带部分负电荷,羰基碳原子带少量的正电荷(图 3-3-1),故羰基比较活泼。

图 3-3-1　羰基电子云分布示意图

醛、酮分子中羰基结构的共同特点，使两类化合物具有相似的化学性质，例如，都能发生亲核加成反应、还原反应、α-H 取代反应等。但由于醛的羰基碳上至少连有一个氢原子，而酮的羰基碳上连有两个烃基，因此，醛和酮的化学性质也有差异。在一般反应中，醛比酮具有更高的反应活性，某些醛能发生的反应，酮则不能发生（见图 3-3-2）。

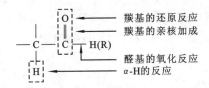

图 3-3-2　醛、酮发生化学反应的主要部位

（一）醛、酮的相似性质

1. 羰基上的加成反应

羰基上的加成反应为亲核加成反应，可用通式表示为

$$\underset{(R')H}{\overset{R}{\underset{\delta^+}{C}}}{\overset{\delta^-}{=}}O + H-Nu \rightleftharpoons (R')H-\underset{OH}{\overset{R}{C}}-Nu$$

亲核试剂

$(Nu^- : =CN^-, HSO_3^-, R^-, OR^-, NHY^-)$

不同的醛、酮进行亲核加成反应的活性不同，其活性次序如下：

$HCHO > RCHO > ArCHO > CH_3COCH_3 > CH_3COR > RCOR$

（1）与氢氰酸加成　醛、脂肪族甲基酮和分子中少于 8 个碳原子的环酮都能与氢氰酸发生加成反应，生成 α-羟基腈（或称 α-氰醇）。

$$\underset{(CH_3)H}{\overset{R}{C}}=O + HCN \rightleftharpoons (CH_3)H-\underset{OH}{\overset{R}{C}}-CN$$

（酮）或醛　　　　　　　　α-羟基腈

α-羟基腈经水解反应可以得到比原来醛、酮多一个碳原子的羟基酸。该反应在有机合成中常用来增长碳链。

$$CH_3CHO \xrightarrow{HCN} CH_3-\underset{OH}{\overset{H}{\underset{|}{C}}}-CN \xrightarrow{H_3O^+} CH_3-\underset{OH}{\overset{H}{\underset{|}{C}}}-COOH$$

丙酮与 HCN 作用生成 α-羟基腈，在硫酸存在下与甲醇作用，生成 α-甲基丙烯酸甲酯，它是合成有机玻璃的单体。反应过程如下：

$$CH_3COCH_3 \xrightarrow{HCN} CH_3-\underset{OH}{\overset{CH_3}{\underset{|}{C}}}-CN \xrightarrow[CH_3OH, \triangle]{H_2SO_4} CH_2=\underset{}{\overset{CH_3}{\underset{|}{C}}}COOCH_3$$

α-甲基丙烯酸甲酯

$$n\text{CH}_2=\underset{\text{CH}_3}{\overset{\text{CH}_3}{\text{C}}}\text{COOCH}_3 \xrightarrow{\text{聚合}} \left[\text{CH}_2-\underset{\underset{\text{COOCH}_3}{|}}{\overset{\overset{\text{CH}_3}{|}}{\text{C}}}\right]_n$$

有机玻璃

(2) 与亚硫酸氢钠加成　醛、脂肪族甲基酮和分子中少于 8 个碳原子的环酮都能与饱和亚硫酸氢钠溶液发生加成反应,生成 α-羟基磺酸钠盐。

$$\underset{(\text{CH}_3)\text{H}}{\overset{R}{>}}\text{C}=\text{O} + \text{NaHSO}_3 \rightleftharpoons (\text{CH}_3)\text{H}-\underset{\underset{\text{SO}_3\text{Na}}{|}}{\overset{\overset{R}{|}}{\text{C}}}-\text{OH}\downarrow$$

α-羟基磺酸钠

α-羟基磺酸钠不溶于亚硫酸氢钠的饱和溶液,以白色沉淀的形式析出,利用此性质可以鉴别醛、酮。α-羟基磺酸钠遇稀酸或稀碱又可以分解生成原来的醛、酮。因此,利用此性质可以从混合物中分离提纯醛或甲基酮。

$$(\text{CH}_3)\text{H}-\underset{\underset{\text{SO}_3\text{Na}}{|}}{\overset{\overset{R}{|}}{\text{C}}}-\text{OH} + \text{HCl} \longrightarrow R-\overset{\overset{O}{\|}}{\text{C}}-\text{H}(\text{CH}_3) + \text{SO}_2\uparrow + \text{NaCl} + \text{H}_2\text{O}$$

$$(\text{CH}_3)\text{H}-\underset{\underset{\text{SO}_3\text{Na}}{|}}{\overset{\overset{R}{|}}{\text{C}}}-\text{OH} + \text{Na}_2\text{CO}_3 \longrightarrow R-\overset{\overset{O}{\|}}{\text{C}}-\text{H}(\text{CH}_3) + \text{CO}_2\uparrow + \text{Na}_2\text{SO}_3 + \text{H}_2\text{O}$$

此反应加成产物与氰化钠作用可生成羟基腈,避免使用挥发性的剧毒物 HCN,是合成羟基腈的好方法。

$$\text{PhCHO} \xrightarrow[\text{H}_2\text{O}]{\text{NaHSO}_3} \text{PhCHSO}_3\text{Na} \xrightarrow[\text{H}_2\text{O}]{\text{NaCN}} \text{PhCHCN} \xrightarrow[\text{回流}]{\text{HCl}} \text{PhCHCOOH}$$

(各中间产物均带 OH)

(3) 与醇加成　在干燥 HCl 催化下,醛能与醇加成,生成半缩醛。半缩醛不稳定,很难分离出来,可以与另一分子的醇进一步缩合,生成缩醛。

$$\underset{(R'')\text{H}}{\overset{R}{>}}\text{C}=\text{O} \underset{\text{R'OH}}{\overset{\text{干 HCl}}{\rightleftharpoons}} \left[\underset{(R'')\text{H}}{\overset{R}{>}}\text{C}\underset{\text{OR'}}{\overset{\text{OH}}{<}}\right] \underset{\text{R'OH}}{\overset{\text{干 HCl}}{\rightleftharpoons}} \left[\underset{(R'')\text{H}}{\overset{R}{>}}\text{C}\underset{\text{OR'}}{\overset{\text{OR'}}{<}}\right]$$

半缩醛　　　　　缩醛

与醛相比,酮形成半缩酮和缩酮要困难些,在干燥 HCl 催化下,酮与过量的二元醇(如乙二醇)缩合,生成环状缩酮。

$$\underset{R'}{\overset{R}{>}}\text{C}=\text{O} + \underset{\text{HO}-\text{CH}_2}{\overset{\text{HO}-\text{CH}_2}{|}} \overset{\text{干 HCl}}{\rightleftharpoons} \underset{R'}{\overset{R}{>}}\text{C}\underset{\text{O}-\text{CH}_2}{\overset{\text{O}-\text{CH}_2}{<}} + \text{H}_2\text{O}$$

(4) 与格氏试剂加成　格氏试剂非常容易与醛、酮进行加成反应，加成产物不必分离经水解后生成相应的醇，是制备醇最重要的方法之一。

$$\diagdown C=O + RMgX \xrightarrow{\text{无水乙醚}} \diagdown\underset{R}{\overset{OMgX}{C}}\diagup \xrightarrow[H^+]{H_2O} \diagdown\underset{R}{\overset{OH}{C}}\diagup$$

甲醛与格氏试剂作用可得伯醇，其他醛与格氏试剂作用可得仲醇，酮与格氏试剂作用则得到叔醇。

$$HCHO + RMgX \xrightarrow{\text{无水乙醚}} RCH_2OMgX \xrightarrow[H^+]{H_2O} RCH_2OH \quad (伯醇)$$

$$R'CHO + RMgX \xrightarrow{\text{无水乙醚}} R'\underset{}{\overset{R}{C}}HOMgX \xrightarrow[H^+]{H_2O} R'\underset{}{\overset{R}{C}}HOH \quad (仲醇)$$

$$R'COR'' + RMgX \xrightarrow{\text{无水乙醚}} R'\underset{R}{\overset{R''}{C}}OMgX \xrightarrow[H^+]{H_2O} R'\underset{R}{\overset{R''}{C}}OH \quad (叔醇)$$

(5) 与氨的衍生物加成　醛、酮与氨的衍生物如伯胺、羟胺、肼、苯肼、氨基脲等发生加成反应，首先生成不稳定的加成产物，随即从分子内消去一分子水，生成相应的含碳氮双键的化合物。例如：

$$\underset{CH_3}{\overset{CH_3}{\diagdown}}C=O + H_2N-CH_3 \longrightarrow \underset{CH_3}{\overset{CH_3}{\diagdown}}\underset{\boxed{OH\ H}}{\overset{}{C}}-NCH_3 \xrightarrow{-H_2O} \underset{CH_3}{\overset{CH_3}{\diagdown}}C=N-CH_3$$

伯胺　　　　　　　　　　　　　　　　希夫碱

$$\underset{R}{\overset{R'}{\diagdown}}C=O + H_2N-OH \longrightarrow \underset{R}{\overset{R'}{\diagdown}}\underset{\boxed{OH\ H}}{\overset{}{C}}-NOH \xrightarrow{-H_2O} \underset{R}{\overset{R'}{\diagdown}}C=N-OH$$

羟胺　　　　　　　　　　　　　　　　肟

$$\underset{R}{\overset{R'}{\diagdown}}C=O + H_2N-NH-C_6H_5 \longrightarrow \underset{R}{\overset{R'}{\diagdown}}\underset{\boxed{OH\ H}}{\overset{}{C}}-N-NH-C_6H_5 \xrightarrow{-H_2O} \underset{R}{\overset{R'}{\diagdown}}C=N-NH-C_6H_5$$

苯肼　　　　　　　　　　　　　　　　苯腙

可用通式表示如下：

$$\diagdown C=O + H_2N-Y \longrightarrow \diagdown\underset{\boxed{OH\ H}}{\overset{}{C}}-NY \xrightarrow{-H_2O} \diagdown C=N-Y$$

一些常见氨的衍生物及其与醛、酮反应产物的结构及名称见表 3-3-1。

表 3-3-1 氨的衍生物与醛、酮反应的产物

氨的衍生物		与醛、酮反应的产物	
名称	结构式	名称	结构式
伯胺	H_2N-R	希夫碱	$R-\underset{H(R')}{C}=N-R$
羟胺	H_2N-OH	肟	$R-\underset{H(R')}{C}=N-OH$
肼	H_2N-NH_2	腙	$R-\underset{H(R')}{C}=N-NH_2$
苯肼	$H_2N-NH-C_6H_5$	苯腙	$R-\underset{H(R')}{C}=N-NH-C_6H_5$
2,4-二硝基苯肼	$H_2N-NH-C_6H_3(NO_2)_2$	2,4-二硝基苯腙	$R-\underset{H(R')}{C}=N-NH-C_6H_3(NO_2)_2$
氨基脲	$H_2N-NH-\underset{\underset{O}{\parallel}}{C}-NH_2$	缩氨脲	$R-\underset{H(R')}{C}=N-NH-\underset{\underset{O}{\parallel}}{C}-NH_2$

肟、苯腙及缩氨脲大多数都是白色固体,具有固定的结晶形状和熔点。测定其熔点就可以知道它是由哪一种醛或者酮生成的,因此常用来鉴别醛、酮。肟、腙等在稀酸作用下,可水解得到原来的醛、酮,可利用这些反应来分离和精制醛、酮。

2. α-H 的反应

在醛、酮分子中,α-碳原子是指与羰基碳直接相连的碳原子,在α-碳原子上连接的氢原子称为α-氢原子。受羰基吸电子诱导效应的影响,α-碳原子上 C—H 键的极性增强,反应活性增强,氢原子较易离去,容易发生反应。

(1)卤代与卤仿反应 在酸或碱催化下,醛、酮分子中的 α-H 很容易被卤素所取代,生成 α-卤代醛、酮。在酸催化下,容易控制在一元取代阶段。例如:

$$C_6H_5-\underset{\underset{O}{\parallel}}{C}-CH_3 + Br_2 \xrightarrow[0\ ^\circ C]{乙醚} C_6H_5-\underset{\underset{O}{\parallel}}{C}-CH_2Br$$

在碱的催化下,反应速率很快,若醛、酮分子中有多个 α-H,一般较难停留在一元取代阶段,常常生成 α-三卤代物。α-三卤代物在碱性溶液中不稳定,碳碳键断裂,最终产物为三卤甲烷(俗称卤仿)和羧酸盐,所以该反应又称为卤仿反应。反应通式为

$$(H)R\underset{\underset{O}{\parallel}}{C}CH_3 + 3NaOX \longrightarrow (H)R\underset{\underset{O}{\parallel}}{C}CX_3 + 3NaOH$$

$$\underset{(H)}{R}CCX_3 \xrightarrow{NaOH} \underset{(H)}{R}CONa + CHX_3$$

从反应可以看出，只有 CH_3CO- 结构才可以发生卤仿反应，而具有 $CH_3CH(OH)-$ 结构的醇能被次卤酸氧化为 CH_3CO- 结构的醛或酮，所以乙醛、α-甲基酮和具有 $CH_3CH(OH)-$ 结构的醇都能发生卤仿反应。当卤素是碘时，称为碘仿反应，反应产生的碘仿为黄色晶体，水溶性极小，且有特殊气味，该反应常常被用来鉴别有机物中是否具有 CH_3CO- 结构或 $CH_3CH(OH)-$ 结构。

$$CH_3CH_2OH \xrightarrow{NaIO} CH_3CHO \xrightarrow{3NaIO} HCOONa + CHI_3\downarrow$$

(2) 羟醛缩合反应　在稀碱作用下，两分子含 α-H 的醛相互作用，生成 β-羟基醛（醇醛），这个反应称为羟醛缩合反应。例如：

$$CH_3-\underset{H}{\overset{}{C}}=O + H-CH_2CHO \xrightarrow{稀碱} CH_3-\underset{OH}{\overset{}{C}}H-CH_2CHO$$

β-羟基丁醛

β-羟基醛在稍微受热或酸的作用下，即发生分子内脱水，生成 α,β-不饱和醛。总的结果是两个醛分子间脱去一分子水。

$$CH_3-\underset{OH}{\overset{}{C}}H-\overset{}{C}H-CHO \xrightarrow[\triangle]{-H_2O} CH_3CH=CHCHO$$

β-羟基丁醛　　　　　　2-丁烯醛

羟醛缩合反应中，必须至少有一种醛具有 α-H。当两种不同的醛都含有 α-H 进行羟醛缩合反应时，生成四种不同的 β-羟基醛的混合物，没有实际应用价值。如果只有一种醛含有 α-H 进行羟醛缩合反应，可得到收率较好的一种产物。例如：

$$\text{C}_6\text{H}_5-CHO + CH_3CHO \xrightarrow[10\ ℃]{稀碱} \text{C}_6\text{H}_5-CH=CHCHO$$

含有 α-H 的酮也能发生类似的反应，生成 β-羟基酮，脱水后生成 α,β-不饱和酮。例如：

$$CH_3-\overset{O}{\overset{\|}{C}}-CH_3 + \overset{H}{\overset{|}{C}H_2}-\overset{O}{\overset{\|}{C}}-CH_3 \rightleftharpoons CH_3-\underset{OH}{\overset{CH_3}{\overset{|}{C}}}-CH_2-\overset{O}{\overset{\|}{C}}-CH_3$$

4-甲基-4-羟基-2-戊酮

$$CH_3-\underset{OH}{\overset{CH_3}{\overset{|}{C}}}-CH_2-\overset{O}{\overset{\|}{C}}-CH_3 \xrightarrow[\triangle]{-H_2O} CH_3-\overset{CH_3}{\overset{|}{C}}=CH-\overset{O}{\overset{\|}{C}}-CH_3$$

4-甲基-3-戊烯-2-酮

酮分子中由于羰基碳原子受诱导效应和空间效应的影响，使酮缩合反应比较困难，反应只能得到少量的 β-羟基酮。

3. 还原反应

醛和酮都可以被还原,用不同的试剂进行还原可以得到不同的产物。

(1) 羰基还原成醇羟基 醛、酮在 Ni、Pt、Pd 等金属催化剂作用下,可被 H_2 还原成醇。例如:

$$RCHO + H_2 \xrightarrow{Ni} RCH_2OH$$
$$\text{醛} \qquad\qquad \text{伯醇}$$

$$R-\overset{O}{\underset{\|}{C}}-R' + H_2 \xrightarrow{Ni} R-\overset{OH}{\underset{|}{C}H}-R'$$
$$\text{酮} \qquad\qquad \text{仲醇}$$

这种催化加氢方法产率高,但催化剂价格昂贵。若醛、酮分子中含有不饱和键(碳碳双键或碳碳三键等)时,不饱和基团也同时被还原。例如:

$$CH_3CH=CHCHO + H_2 \xrightarrow{Ni} CH_3CH_2CH_2CH_2OH$$

如果用选择性高的金属氢化物,如硼氢化钠($NaBH_4$)、氢化铝锂($LiAlH_4$),则只有羰基被还原,而碳碳双键等不饱和键一般不被还原。因此,把不饱和醛、酮还原成不饱和醇时常用金属氢化物作为还原剂。例如:

$$CH_3CH=CHCHO \xrightarrow[(2)H_2O, H^+]{(1)LiAlH_4,\text{无水乙醚}} CH_3CH=CHCH_2OH$$

$$\text{C}_6\text{H}_5\text{CH=CHCH}_2-\overset{O}{\underset{\|}{C}}-CH_3 \xrightarrow[C_2H_5OH]{NaBH_4} \text{C}_6\text{H}_5\text{CH=CHCH}_2\overset{OH}{\underset{|}{C}H}CH_3$$

(2) 羰基还原成亚甲基 羰基还原成亚甲基有以下两种方法。

① 将醛或芳香酮与锌汞齐和浓盐酸一起加热回流,羰基被还原为亚甲基。这种特殊的反应称为克莱门森(Clemmensen)反应。

$$-\overset{O}{\underset{\|}{C}}- \xrightarrow[\triangle]{Zn-Hg, HCl} -CH_2-$$

$$\text{C}_6\text{H}_5-\overset{O}{\underset{\|}{C}}-CH_2CH_3 \xrightarrow[\triangle]{Zn-Hg, HCl} \text{C}_6\text{H}_5-CH_2CH_2CH_3$$

② 将饱和醛或酮与肼反应生成的腙,在强酸或碱存在的条件下羰基又被还原为亚甲基。

$$\rangle C=O \xrightarrow[\text{加成,脱水}]{NH_2NH_2} \rangle C=N-NH_2 \xrightarrow[\text{加成,加压}]{KOH \text{ 或 } C_2H_5ONa} \rangle CH_2 + N_2\uparrow$$

此反应是吉日聂耳和沃尔夫分别于 1911 年、1912 年发现的,称为吉日聂耳-沃尔夫反应。

我国化学家黄鸣龙在 1946 年对此反应进行了改进,将醛、酮与氢氧化钠、肼的水溶液在高沸点溶剂(如缩乙二醇($HOCH_2CH_2)_2O$)中一起加热,羰基先与肼作用生成腙,腙在碱性条件下加热失去氮,结果是羰基被还原为亚甲基。

$$\text{C}_6\text{H}_5\text{-CO-CH}_2\text{CH}_3 \xrightarrow[\text{(HOCH}_2\text{CH}_2)_2\text{O},\triangle]{\text{NH}_2\text{NH}_2,\text{NaOH}} \text{C}_6\text{H}_5\text{-CH}_2\text{CH}_2\text{CH}_3 + \text{N}_2\uparrow$$

此反应称为沃尔夫-凯惜纳-黄鸣龙反应。

克莱门森还原法和沃尔夫-凯惜纳-黄鸣龙还原法都是把醛、酮的羰基还原成亚甲基，是在苯环上间接引进直链烷基的较好方法。

（二）醛的特殊性

由于在醛分子中，羰基碳原子上连有氢原子，使醛表现出某些特殊的化学性质。

1. 氧化反应

（1）与托伦试剂反应　托伦试剂为硝酸银的氨溶液，有效成分为银氨络离子，它能把醛氧化成羧酸，同时银离子被还原为单质银，附着在器壁上形成光亮的银镜。这个反应称为银镜反应。

$$\text{RCHO} + 2\text{Ag(NH}_3)_2\text{OH} \longrightarrow \text{RCOONH}_4 + 3\text{NH}_3 + \text{H}_2\text{O} + 2\text{Ag}\downarrow$$

酮不发生上述反应，常利用银镜反应来鉴别醛和酮。

（2）与斐林试剂反应　斐林试剂是一种混合溶液，由硫酸铜溶液与氢氧化钠的酒石酸溶液等体积混合形成。氧化剂为铜络离子，与醛反应时，二价铜离子被还原成砖红色的氧化亚铜沉淀。甲醛则会有铜镜生成。

$$\text{RCHO} + 2\text{Cu(OH)}_2 + \text{NaOH} \longrightarrow \text{RCOONa} + 3\text{H}_2\text{O} + \text{Cu}_2\text{O}\downarrow$$

酮和芳香醛都不能发生上述反应，可用斐林试剂鉴别脂肪醛和酮、脂肪醛与芳香醛及甲醛与其他醛。

2. 歧化反应

不含 α-H 的醛，在浓碱作用下可以发生分子间的氧化还原反应，一分子醛被氧化为酸，另一分子醛被还原为醇，这种反应称为歧化反应，也称坎尼查罗反应。

$$2\text{HCHO} \xrightarrow[\triangle]{\text{浓碱}} \text{HCOONa} + \text{CH}_3\text{OH}$$

如果两种不同的醛且均不含有 α-H，则在浓碱作用下，发生分子间的氧化还原反应，生成四种不同产物的混合物，没有太大的应用价值。

如果甲醛与其他无 α-H 的醛发生歧化反应，则甲醛被氧化，而另外一种醛被还原，该反应有一定的价值。

$$\text{HCHO} + \text{C}_6\text{H}_5\text{-CHO} \xrightarrow[\triangle]{\text{浓碱}} \text{HCOONa} + \text{C}_6\text{H}_5\text{-CH}_2\text{OH}$$

3. 显色反应

在品红的水溶液中通入二氧化硫，此时溶液呈无色，这种无色溶液称为希夫试剂。醛（除甲醛外）与希夫试剂作用均生成紫红色溶液，加入硫酸后紫红色可消失。

三、重要的醛、酮及应用

1. 甲醛（HCHO）

甲醛又称蚁醛，沸点为 -21 ℃，在常温下为无色气体，具有特殊臭味，对眼、鼻和喉部的黏膜有强烈的刺激作用。甲醛易燃，易溶于水，在 100 g 水中可溶解 65 g（20 ℃）。体积分数为 40% 的甲醛水溶液俗称福尔马林，可用于外科器械、手套、污染物等的消毒，也可用于动物标本及尸体的防腐。农业上用福尔马林来拌种，以防止稻瘟病。

甲醛是结构上比较特殊的醛。羰基直接连接两个氢原子，因此它表现出特殊的化学活性。甲醛和氨作用生成一个结构复杂的化合物——六亚甲基四胺，商品名叫乌洛托品。

$$6HCHO + 4NH_3 \longrightarrow (CH_2)_6N_4 + 6H_2O$$

六亚甲基四胺是无色晶体，熔点为 263 ℃，易溶于水，有甜味，燃烧时产生炽热的火焰。乌洛托品在医药上用作利尿剂和尿道消毒剂。内服乌洛托品片剂后，在泌尿系统的酸性环境中能分解出甲醛和氨而呈现杀菌作用，临床上主要用于对于磺胺和抗生素疗效不好的尿路感染，如大肠杆菌所致的肾盂肾炎、膀胱炎、尿道炎等。乌洛托品在尿中排泄迅速，可长期服用，没有毒性，而且细菌对乌洛托品不产生抗药性。

甲醛是重要的有机合成原料，在工业上有广泛用途。甲醛大量用于制造酚醛树脂、脲醛树脂、聚甲醛塑料等。工业上甲醛由甲醇直接氧化制得。

$$2CH_3OH + O_2 \xrightarrow[600\ ℃]{Cu\ 或\ Ag} 2HCHO + 2H_2O$$

2. 乙醛（CH_3CHO）

乙醛是无色、有刺激气味的液体，沸点为 20.8 ℃，可溶于水、乙醇及乙醚中。在少量硫酸和干燥 HCl 存在下乙醛聚成环状的三聚、四聚或多聚乙醛。三聚乙醛是有香味的液体，沸点为 124 ℃，在硫酸存在下解聚成乙醛，所以使乙醛形成三聚乙醛是储存乙醛的最方便的方法。乙醛是有机合成的重要原料，可用来合成乙酸、丁醇、季戊四醇等产品。

乙醛中的三个 α-H 可被氯原子取代生成三氯乙醛（CCl_3CHO），它易与水结合生成水合三氯乙醛，简称水合氯醛。水合氯醛是无色晶体，有刺激性气味，味略苦，易溶于水、乙醚及乙醇。其 10% 的水溶液在临床上作为长效的催眠药，可用于失眠、烦躁不安及惊厥的治疗。它使用安全，不易引起蓄积中毒，但对胃有一定的刺激性。

3. 苯甲醛（C$_6$H$_5$—CHO）

苯甲醛是无色、具有苦杏仁气味的油状液体，沸点为 79.1 ℃，有毒，难溶于水，易溶于乙醇、乙醚等有机溶剂。自然界中苯甲醛以糖苷的形式存在于苦杏仁、桃、李的果核中。

苯甲醛是芳香醛的典型代表，除具有一般醛的性质外，还能发生歧化反应、安息香缩合反应。苯甲醛是合成染料和香料的原料。

苯甲醛是重要的化工原料，工业上常用甲苯氧化或由二氯甲苯水解制备。

4. 丙酮（CH_3—CO—CH_3）

丙酮在常温下是无色液体，沸点为 56.1 ℃，具有令人愉快的香味，易溶于水、乙醇、乙醚等。丙酮是一种优良的溶剂,广泛地用于油漆、合成纤维等工业。丙酮还是合成环氧树脂、有机玻璃等的原料。工业上通过异丙苯氧化法同时获得丙酮和苯酚。

患糖尿病的人,由于新陈代谢紊乱的缘故,体内常有过量丙酮产生,从尿中排出。尿中是否含有丙酮可用碘仿反应检验。临床上,常用亚硝酰铁氰化钠($Na_2Fe(CN)_5NO$)溶液的呈色反应来检验。在尿液中滴加亚硝酰铁氰化钠和碱性溶液,如果溶液显鲜红色,则说明有丙酮存在。

5. 环己酮(环己酮结构式=O)

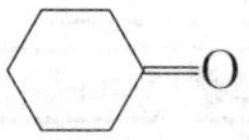

环己酮为一种无色油状液体,气味与丙酮相似,沸点为155 ℃,微溶于水,易溶于乙醇和乙醚,本身是一种常用有机溶剂。环己酮的蒸气与空气能形成具有爆炸性的混合气体,使用时要注意安全。

环己酮在催化剂存在下氧化能生成己二酸。环己酮肟在酸作用下重排生成己内酰胺。己二酸和己内酰胺分别为制尼龙66和尼龙6的原料。环己酮在工业上用作有机合成原料和溶剂,例如它可以溶解硝酸纤维素、涂料、油漆等。

6. 樟脑(樟脑结构式)

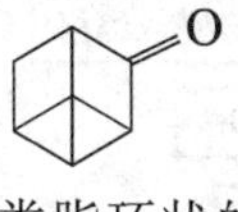

樟脑是一类脂环状的酮类化合物,学名为2-莰酮。樟脑是无色半透明晶体,具有穿透性的特异芳香,味略苦而辛,有清凉感,熔点为176～177 ℃,易升华,不溶于水,能溶于醇等。樟脑是我国特产,台湾地区的产量约占世界总产量的70%,居世界第一位,其他如福建、广东、江西等省也有出产。樟脑在医学上用途很广,如作呼吸循环兴奋药的樟脑油注射剂(10%樟脑的植物油溶液)和樟脑磺酸钠注射剂(10%樟脑磺酸钠的水溶液);用作治疗冻疮、局部炎症的樟脑醑(10%樟脑酒精溶液);成药清凉油、十滴水和消炎镇痛膏等均含有樟脑。樟脑也可用于驱虫防蛀。

知识拓展

醛和酮的应用

醛、酮在人类的生产、生活中扮演着十分重要的角色,它们是化学工业中常用的重要原料。以甲醛为原料,可以制备聚甲醛树脂、脲醛树脂、酚醛树脂等;以环己酮为原料可以合成锦纶;应用丙酮可以合成有机玻璃等。

醛、酮在医药上应用广泛。甲醛与氨合成的四氮金刚烷(乌洛托品)在医药上可用作利尿剂;40%甲醛水溶液称为"福尔马林",在医药上用作消毒剂;脂环状的酮类化合物——樟脑被用于注射,如樟脑油注射剂、樟脑磺酸钠注射剂等;此外,清凉油、消炎镇痛膏均含有樟脑。

醛、酮类物质在香料中也占有一定的地位。含7～16个碳原子的脂肪醛和一些芳香醛具有特殊的香气,可用于化妆品和食品香精。甲基壬乙醛具有橘子-琥珀香,丁二酮具有奶油香气,3-甲氧基-4-羟基苯甲醛有夹兰豆的香气,麝香酮常用作贵重香料里的定香剂,苯甲醛也常用于制备香料。

本章小结

1. 知识系统网络

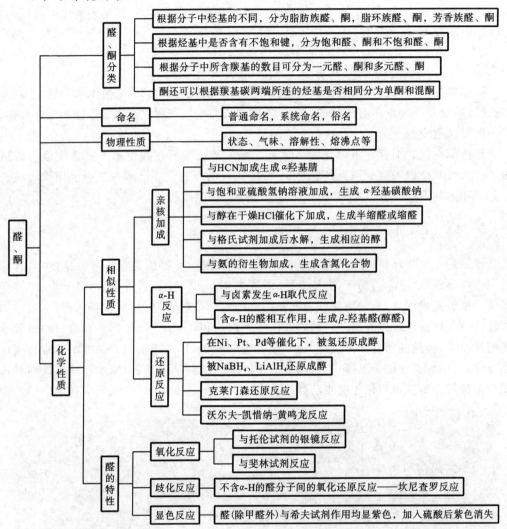

2. 学习方法概要

学习本章的醛、酮的相关知识时,首先要弄清什么是醛、酮,并能分辨出是哪一种类型的醛、酮。其次学习醛、酮的系统命名法时,要注意同烃及其衍生物之间命名的联系与区别。醛、酮的化学性质及其应用是重点,学习要紧密结合醛、酮的结构,运用结构决定性质、性质决定用途的辩证观点,深入分析醛、酮的结构,推断出醛、酮可能具有的化学性质,并根据醛、酮结构上的差别,找出醛、酮化学性质的差异及相同化学性质的不同反应活性,把醛、酮的一些应用渗透到醛、酮性质的学习过程中,既能激发学习兴趣,又能加深记忆。

目标检测

一、选择题（将每题一个正确答案的标号选出）

1. 下列化合物沸点最高的是（　　）。
   A. $CH_2=CHCH_2CHO$　　　　　　B. $CH_2=CHOCH=CH_2$
   C. $CH_2=CHCH_2CH_2OH$　　　　D. $CH_2=CHCH_2CH_3$

2. 下列化合物与HCN加成，反应活性最高的是（　　）。
   A. CH_3CH_2CHO　　B. CH_3COCH_3　　C. $PhCOCH_3$　　D. Ph_2CO

3. 下列化合物中，不能发生碘仿反应的是（　　）。
   A. C_2H_5OH　　B. CH_3CHO　　C. $PhCHO$　　D. CH_3COCH_3

4. 下列化合物在常温下为气体的是（　　）。
   A. $HCHO$　　B. CH_3CHO　　C. CH_3OH　　D. CH_3CH_2OH

5. 下列化合物可用于合成有机玻璃的是（　　）。
   A. CH_3CH_2CHO　　B. CH_3COCH_3　　C. $PhCHO$　　D. CH_3CH_2CHO

6. 下列化合物能与斐林试剂发生反应的是（　　）。
   A. CH_3CHO　　B. $PhCHO$　　C. CH_3COCH_3　　D. $CH_3COCH_2CH_3$

7. 下列化合物中，能与饱和亚硫酸氢钠溶液发生反应的是（　　）。
   A. C_2H_5OH　　　　　　　　　　B. $PhCOCH_3$
   C. $CH_3CH(OH)CH_3$　　　　　　D. $CH_3COCH_2CH_3$

8. 下列化合物中，沸点最高的是（　　）。
   A. 邻羟基苯甲醛　　　　　　　B. 间羟基苯甲醛
   C. 苯甲醛　　　　　　　　　　D. 苯乙酮

二、命名下列化合物

1. $\underset{\underset{CH_3}{|}}{CH_3CH}-\underset{\underset{CH_3}{|}}{CH}CH_2CHO$

2. $CH_3-\underset{}{\bigcirc}-CHO$

3. $\underset{\underset{CH_3}{|}}{CH_3CH}CH_2-\underset{\underset{O}{\|}}{C}-CH_2CH_3$

4. $\bigcirc-\underset{\underset{CH_3}{|}}{CH}-\underset{\underset{O}{\|}}{C}-CH_3$

5. $CH_3CH=CHCHO$

6. $CH_3-\underset{\underset{O}{\|}}{C}-CH_2CH_3$

三、写出下列化合物的结构式

1. 乙醛　　　　　　2. 苯乙酮　　　　　　3. 肉桂酸
4. 3-甲基丁醛　　　5. 2-戊酮　　　　　　6. α-甲基-3-戊酮

四、用化学方法鉴别下列化合物

1. 丙醛、丙酮　　　　　　　　2. 戊醛、2-戊酮、3-戊酮
3. 乙醛、乙醇、乙醚　　　　　4. 苯酚、苯乙酮

五、完成下列反应式

1. $CH_3CHO \xrightarrow{[O]}$

2. $CH_3\overset{O}{\underset{\|}{C}}CH_3 \xrightarrow{[H]}$

3. $2HCHO \xrightarrow{\text{浓 NaOH}}$

4. $\underset{CH_3}{\overset{CH_3}{{}}}C=O + H_2N-OH \longrightarrow$

5. $\text{Ph}-\overset{O}{\underset{\|}{C}}-CH_3 \xrightarrow[\text{浓 HCl}]{Zn-Hg}$

6. $\text{Ph}-\overset{O}{\underset{\|}{C}}-CH_3 \xrightarrow[(2)H_2O, H^+]{(1)CH_3CH_2MgBr}$

7. $Br-\!\!\!\!\bigcirc\!\!\!\!-CHO + HCN \longrightarrow$

六、推断题

有一化合物 A，分子式为 $C_5H_{10}O$，可与苯肼作用生成苯腙，不与托伦试剂反应，也不发生碘仿反应，可被还原为正戊烷，试推断其结构。

七、设计题

设计一个简便的方法，帮助某工厂分析其排出的废水中是否含有醛类，并说明其理由。

第四章

羧酸及其衍生物

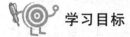学习目标

1. 了解羧酸的结构、分类,熟悉几种羧酸的应用;
2. 掌握羧酸的命名和主要化学性质;
3. 熟悉取代酸的结构及性质;
4. 掌握羧酸衍生物的种类及性质。

羧酸或有机酸是一类含有羧基(—COOH)的化合物,广泛存在于动植物体中。除甲酸外,均可看作是烃分子中的氢原子被羧基取代而生成的化合物。通式为 R(H)COOH,羧基(—COOH)是羧酸的官能团。羧酸广泛存在于自然界中,并与人类生活关系密切。例如,水果中含有柠檬酸、苹果酸,食醋是含有约 2% 的乙酸水溶液;多种草本植物中含有草酸的钙盐、钾盐;肥皂是高级脂肪酸的钠盐。

第一节 羧 酸

一、羧酸的分类和命名

1. 羧酸的分类

羧酸的分类通常有两种方法。

(1) 根据与羧基相连烃基的不同分为脂肪族羧酸、脂环族羧酸和芳香族羧酸。脂肪族羧酸又可分为饱和脂肪酸和不饱和脂肪酸。例如:

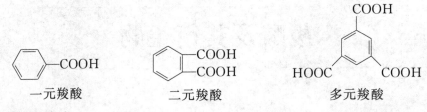

CH_3COOH　脂肪族羧酸　　脂环族羧酸　　芳香族羧酸

$CH_3—(CH_2)_{14}—COOH$　　　　$CH_3CH=CHCH_2COOH$
饱和脂肪酸　　　　　　　　　不饱和脂肪酸

(2) 根据羧基的数目不同可分为一元羧酸、二元羧酸和多元羧酸。例如：

一元羧酸　　　　二元羧酸　　　　多元羧酸

2. 羧酸的命名

(1) 饱和脂肪酸　饱和脂肪酸的命名与醛、酮的命名相似。即选择含有羧基的最长碳链为主链,从羧基开始给主链碳原子编号,然后按照取代基的位次、数目名称及母体的碳原子个数称某酸。例如：

$$\overset{6}{C}H_3—\overset{5}{C}H—\overset{4}{C}H—\overset{3}{C}H_2—\overset{2}{C}H_2—\overset{1}{C}OOH$$
$$\quad\quad\quad\;\;|\quad\;\;|$$
$$\quad\quad\quad CH_3\;CH_2CH_3$$

5-甲基-4-乙基己酸

$$\overset{6}{C}H_3—\overset{5}{C}H—\overset{4}{C}H—\overset{3}{C}H_2—\overset{2}{C}H—CH_2—CH_3$$
$$\quad\quad\;\;|\quad\;\;|\quad\quad\quad\;\;|$$
$$\quad\quad CH_3\;CH_2CH_3\quad\overset{}{C}OOH$$
$$\quad\quad\quad\quad\quad\quad\quad\quad\;\;{}_1$$

5-甲基-4-乙基-2-丙基己酸

(2) 不饱和脂肪酸　不饱和脂肪酸命名时,选择含有羧基和不饱和键在内的最长碳链为主链,称为烯酸(或炔酸),并把不饱和键的位次写在"某烯酸"之前。如果主链上碳原子数目大于10,母体称为"碳烯酸"。例如：

$H_2C=CH—COOH$　　　　　$H_3C—CH=CH—COOH$
丙烯酸　　　　　　　　　　　　2-丁烯酸

$CH_3(CH_2)_7CH=CH(CH_2)_7COOH$

9-十八碳烯酸

$$\overset{8}{C}H_3\overset{7}{C}H_2—\overset{6}{C}H—\overset{5}{C}H_2—\overset{4}{C}—\overset{3}{C}H—\overset{2}{C}H=\overset{1}{C}H—COOH$$

4,4,5,6-四甲基-2-辛烯酸

(3) 脂环族羧酸和芳香族羧酸　它们的命名与脂肪酸的命名相同,通常将脂环烃基与芳香烃基作为取代基来命名。例如：

$$\underset{\text{环己基甲酸}}{\bigcirc\!\!-\!\text{COOH}} \qquad \underset{\text{5-环戊基-3-戊烯酸}}{\bigcirc\!\!-\!\text{CH}_2\text{CH}\!=\!\text{CHCH}_2\text{COOH}}$$

$$\underset{\text{苯基乙酸}}{\text{C}_6\text{H}_5\!-\!\text{CH}_2\!-\!\text{COOH}} \qquad \underset{\text{3-苯基丙酸}}{\text{C}_6\text{H}_5\!-\!\text{CH}_2\!-\!\text{CH}_2\!-\!\text{COOH}}$$

$$\underset{\text{3-苯基丙烯酸}}{\text{C}_6\text{H}_5\!-\!\text{CH}\!=\!\text{CH}\!-\!\text{COOH}} \qquad \underset{\text{3-甲基-4-苯基-2-丁烯酸}}{\text{C}_6\text{H}_5\!-\!\text{CH}_2\!-\!\text{C}(\text{CH}_3)\!=\!\text{CH}\!-\!\text{COOH}}$$

（4）多元羧酸　选择含有两个羧基的最长碳链为主链，称为"某二酸"，其余的侧链作为取代基，写在主链名称前面。例如：

$$\underset{\text{乙二酸}}{\text{HOOC}\!-\!\text{COOH}} \quad \underset{\text{丁二酸}}{\text{HOOC}\!-\!\text{CH}_2\!-\!\text{CH}_2\!-\!\text{COOH}} \quad \underset{\text{4-甲基-1,2-苯二甲酸}}{\text{H}_3\text{C}\!-\!\text{C}_6\text{H}_3(\text{COOH})_2}$$

$$\underset{\text{反-丁烯二酸}}{\overset{\text{H}\;\;\;\;\text{COOH}}{\underset{\text{HOOC}\;\;\;\text{H}}{\text{C}\!=\!\text{C}}}} \qquad \underset{\text{3-羟基-3-羧基戊二酸}}{\text{HOOC}\!-\!\text{CH}_2\!-\!\underset{\underset{\text{OH}}{|}}{\overset{\overset{\text{COOH}}{|}}{\text{C}}}\!-\!\text{CH}_2\!-\!\text{COOH}}$$

有些羧酸还可根据来源和性质采用俗名命名。例如甲酸俗称蚁酸、乙二酸俗称草酸、3-苯丙烯酸俗称肉桂酸、3-羟基-3-羧基戊二酸俗称柠檬酸等。

二、羧酸的性质

（一）物理性质

甲酸、乙酸、丙酸是具有刺激性气味的液体，含有 4~9 个碳原子的脂肪酸是具有腐败臭味的油状液体，10 个碳原子以上的脂肪酸是蜡状固体。脂肪族二元羧酸和芳香族羧酸为结晶状固体。

羧酸分子中羧基间能形成两个氢键，相对分子质量相近的羧酸的沸点较醇的沸点高。例如甲酸与乙醇的相对分子质量相近，甲酸的沸点为 100.5 ℃，乙醇的沸点为 78.5 ℃。另外，羧基与水分子之间可形成氢键，使得低级羧酸能与水以任意比例混溶。但随着烃基增大，羧酸的溶解度明显降低，6 个碳原子以上的羧酸就难溶于水，而易溶于有机溶剂。

（二）化学性质

羧酸的官能团是羧基（—COOH），它由两部分组成，一部分是羰基（碳氧双键

C=O），另一部分是羟基（—OH），结构如下。

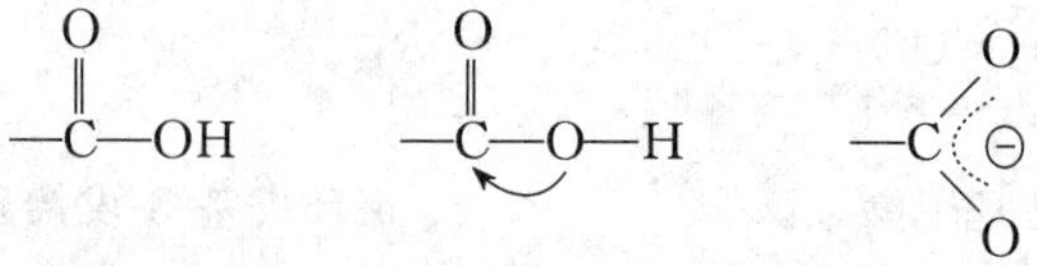

$$\text{—C(=O)—OH} \quad \text{—C(=O)—O—H} \quad \text{—C(⋯O)(O)}^{\ominus}$$

由于羧基碳原子采取 sp^2 杂化，使羟基氧的 p 电子与碳氧双键发生 p-π 共轭，使氧原子的电子密度减小，氧氢键的极性增大，易于电离出 H^+ 而呈酸性。当羧基电离出 H^+ 后，羧酸根中的 p-π 共轭更完全，两个碳氧键完全相同，形成三原子四电子的大 π 键。负电荷不再集中于一个氧原子上，而是分散于羧酸根中，即分散于两个氧原子和一个碳原子上，结构更加稳定。

羧酸分子中易发生反应的主要部位如图 3-4-1 所示。

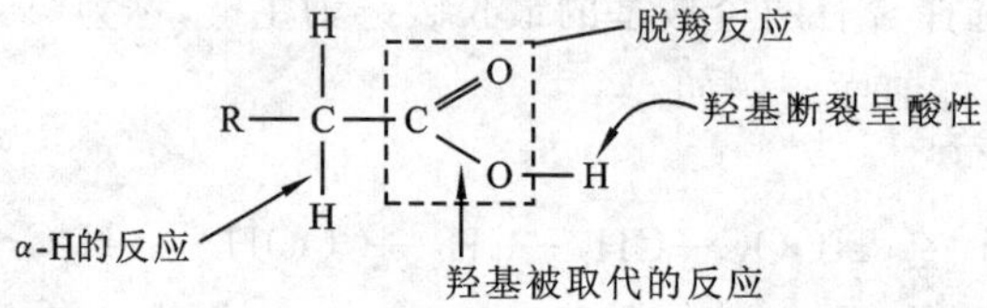

图 3-4-1 羧酸的结构与反应活性部位

1. 酸性

由于 p-π 共轭效应的影响，使氧氢键电子云更偏向氧原子，增强了氧氢键的极性，有利于羧基中氢原子的解离，故羧酸表现出明显的酸性。羧酸在水溶液中能电离出 H^+ 而呈酸性，能使蓝色石蕊试纸变红。羧酸为弱酸，但酸性比碳酸和酚强。羧酸具有酸的通性，能与碱中和生成盐和水。

$$RCOOH + NaOH \Longrightarrow RCOONa + H_2O$$
$$RCOOH + NaHCO_3 \Longrightarrow RCOONa + CO_2\uparrow + H_2O$$

物质的酸性是其在水溶液中解离出 H^+ 的体现，酸性与结构密切相关。例如，羧酸的酸性强于酚、醇等。一些物质的酸性强弱次序为：

$$RCOOH > ArOH > H_2O > ROH > HC\equiv CR > NH_3 > RH$$

另外，羧酸的酸性还受与羧基相连的烷基及烷基上取代基的性质影响，烷基不同羧酸的酸性强弱也不同。例如，

$$HCOOH > CH_3COOH > CH_3CH_2COOH > CH_3CH_2CH_2COOH$$

  甲酸   乙酸   丙酸   丁酸

烷基上有取代基时，羧酸的酸性强弱会发生变化。取代基为吸电子基时，羧酸酸性增强；取代基为供电子基时，羧酸的酸性则会减弱。例如：

$$CH_3CH_2CHClCOOH > CH_3CHClCH_2COOH > CH_2ClCH_2CH_2COOH > CH_3CH_2CH_2COOH$$

 α-氯代丁酸   β-氯代丁酸   γ-氯代丁酸   丁酸

烷基上取代基相同，但位置不同或数目不同对羧酸的酸性都会有影响。例如：

$$Cl_3CCOOH > Cl_2CHCOOH > ClCH_2COOH > CH_3COOH$$

 三氯乙酸 二氯乙酸   氯乙酸   乙酸

2. 羧基中羟基的取代反应

羧酸分子中去掉羧基中的羟基剩余的部分称为酰基($R-\overset{O}{\underset{\|}{C}}-$)。羧酸分子中羧基上的羟基在一定条件下可以被取代,生成酰卤、酯、酸酐、酰胺等衍生物。

(1) 酰氯的生成　羧酸与 PCl_3、PCl_5、$SOCl_2$ 等反应生成酰氯。但羧酸不能与 HCl 反应生成酰氯。

$$R-\underset{\|}{\overset{O}{C}}-OH + PCl_3 + 2H_2O \longrightarrow R-\underset{\|}{\overset{O}{C}}-Cl + H_3PO_3 + 2HCl$$

$$R-\underset{\|}{\overset{O}{C}}-OH + PCl_5 \longrightarrow R-\underset{\|}{\overset{O}{C}}-Cl + POCl_3 + HCl$$

$$R-\underset{\|}{\overset{O}{C}}-OH + SOCl_2 \longrightarrow R-\underset{\|}{\overset{O}{C}}-Cl + SO_2 + HCl$$

酰氯是很活泼的酰基化试剂,广泛用于药物合成中。

(2) 酯的生成　酸与醇作用生成酯的反应称为酯化反应。酯化反应是可逆反应,为了提高产率,可以增加某种反应物的浓度或及时将产物酯蒸出。反应一般较慢,需用浓硫酸等强酸为催化剂。

$$R-\underset{\|}{\overset{O}{C}}-OH + HO-R_1 \underset{\triangle}{\overset{浓 H_2SO_4}{\rightleftharpoons}} R-\underset{\|}{\overset{O}{C}}-O-R_1 + H_2O$$

$$H_3C-\underset{\|}{\overset{O}{C}}-OH + HO-CH_2CH_3 \underset{\triangle}{\overset{浓 H_2SO_4}{\rightleftharpoons}} H_3C-\underset{\|}{\overset{O}{C}}-O-CH_2CH_3 + H_2O$$

(3) 酸酐的生成　除甲酸外,两分子羧酸在 P_2O_5、乙酸酐等脱水剂作用下,羧基间脱去 1 分子 H_2O 生成酸酐。例如:

$$R-\underset{\|}{\overset{O}{C}}-OH + HO-\underset{\|}{\overset{O}{C}}-R \underset{\triangle}{\overset{P_2O_5}{\longrightarrow}} R-\underset{\|}{\overset{O}{C}}-O-\underset{\|}{\overset{O}{C}}-R + H_2O$$

二元羧酸不需要脱水剂,加热即可发生分子内脱水,一般生成五元环或六元环的酸酐。例如:

$$\begin{matrix} HC-\underset{\|}{\overset{O}{C}}-OH \\ \| \\ HC-\underset{\|}{\overset{O}{C}}-OH \end{matrix} \xrightarrow{150\ ℃} \begin{matrix} HC-\underset{\|}{\overset{O}{C}} \\ \| \quad\quad\quad O \\ HC-\underset{\|}{\overset{O}{C}} \end{matrix} + H_2O$$

(4) 酰胺的生成　羧酸与氨反应生成铵盐,铵盐加热后分子内脱水即得酰胺。例如:

$$R-\underset{\underset{O}{\parallel}}{C}-OH + NH_3 \rightleftharpoons R-\underset{\underset{O}{\parallel}}{C}-ONH_4 \xrightleftharpoons{\triangle} R-\underset{\underset{O}{\parallel}}{C}-NH_2 + H_2O$$

$$H_3C-\underset{\underset{O}{\parallel}}{C}-OH + NH_3 \rightleftharpoons H_3C-\underset{\underset{O}{\parallel}}{C}-ONH_4 \xrightleftharpoons{150\,℃} H_3C-\underset{\underset{O}{\parallel}}{C}-NH_2 + H_2O$$

酰胺是一类重要化合物,许多药物分子中含有酰胺的结构。例如,临床上最常用的青霉素与头孢菌素,以及新发展的头孢霉素类、甲砜霉素类等都属于 β-内酰胺类抗生素。

3. 脱羧反应

羧酸分子中失去羧基,放出二氧化碳的反应,称为**脱羧反应**。羧酸中的羧基较为稳定,一般情况下,不易发生脱羧反应,但在特殊情况下,脱羧反应可顺利进行。脂肪族一元羧酸不能直接加热脱羧,羧酸盐或羧酸 α-碳原子上连有强的吸电子基团时,脱羧反应较易发生。例如:

$$CH_3COONa + NaOH \xrightarrow[\triangle]{CaO} CH_4 + Na_2CO_3$$

$$CCl_3COOH \xrightarrow{100\sim150\,℃} CHCl_3 + CO_2$$

4. α-氢的取代反应

羧酸中的 α-氢也能发生卤代反应,但没有醛、酮中的 α-氢活泼,反应需要红磷为催化剂。

$$H_3C-\underset{\underset{O}{\parallel}}{C}-OH + Cl_2 \xrightarrow{P} CH_2Cl-\underset{\underset{O}{\parallel}}{C}-OH + HCl$$

5. 还原反应

羧基较难还原,只有用较强的还原剂氢化铝锂能将羧酸还原为醇。反应物中如果有双键,不受影响,氢化铝锂价格较贵,一般适合实验室使用。

$$H_3C-CH=CH-CH_2-\underset{\underset{O}{\parallel}}{C}-OH \xrightarrow{LiAlH_4} H_3C-CH=CH-CH_2-CH_2-OH$$

6. 二元羧酸的特有反应

二元羧酸能发生羧基所具有的一切反应。但某些反应取决于两个羧基间的距离。例如,二元羧酸受热后,由于两个羧基位置不同,而发生不同的作用,有的发生失水反应,有的发生脱羧反应,有的失水、脱羧反应同时进行。

(1) 乙二酸或丙二酸等低级二元羧酸受热时,脱去一个羧基,生成一元羧酸。

$$\begin{array}{c} COOH \\ | \\ COOH \end{array} \xrightarrow{\triangle} HCOOH + CO_2$$

$$\begin{array}{c} COOH \\ | \\ CH_2 \\ | \\ COOH \end{array} \xrightarrow{\triangle} CH_3COOH + CO_2$$

(2) 丁二酸或戊二酸加热至熔点以上不发生脱羧反应,而发生分子内失水生成环状

酸酐(内酐)。例如

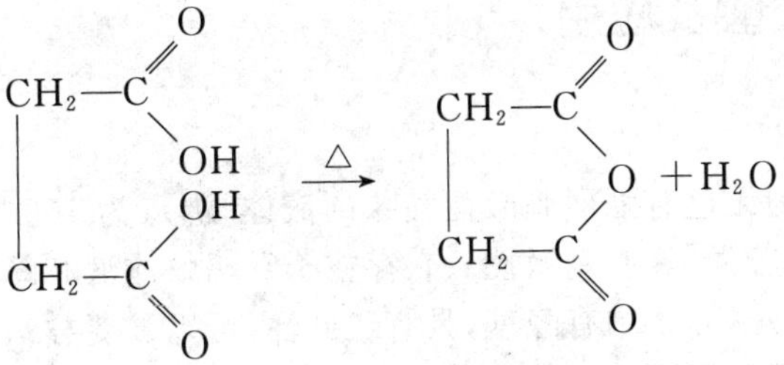

$$\begin{array}{c}CH_2-C\overset{O}{\underset{OH}{\diagdown}}\\ CH_2-C\overset{O}{\underset{OH}{\diagdown}}\end{array}\xrightarrow{\triangle}\begin{array}{c}CH_2-C\overset{O}{\diagdown}\\ O\\ CH_2-C\underset{O}{\diagdown}\end{array}+H_2O$$

丁二酸酐(琥珀酸酐)

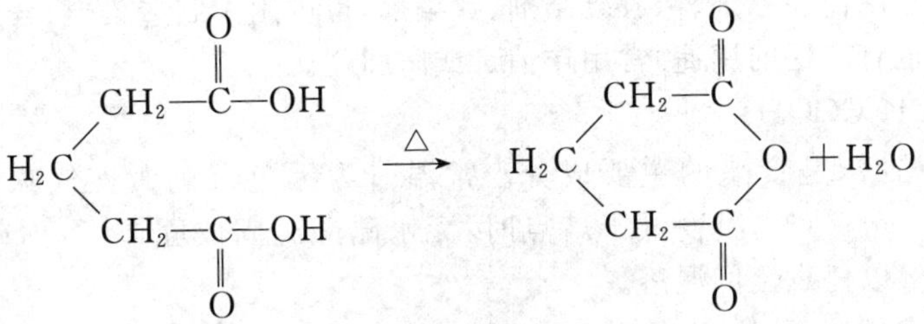

$$\begin{array}{c}CH_2-C-OH\\ \parallel\\ H_2C\\ CH_2-C-OH\\ \parallel\\ O\end{array}\xrightarrow{\triangle}\begin{array}{c}CH_2-C\overset{O}{\diagdown}\\ H_2CO\\ CH_2-C\underset{O}{\diagdown}\end{array}+H_2O$$

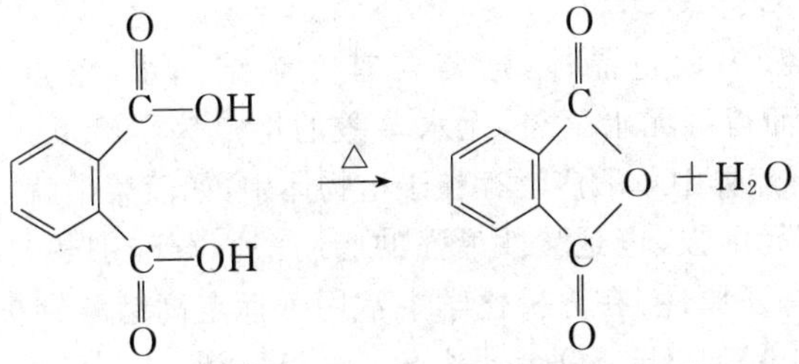

戊二酸酐

邻苯二甲酸加热时也生成环酐：

(3) 己二酸和庚二酸与氢氧化钡受热后则同时发生失水和脱羧,生成环酮。

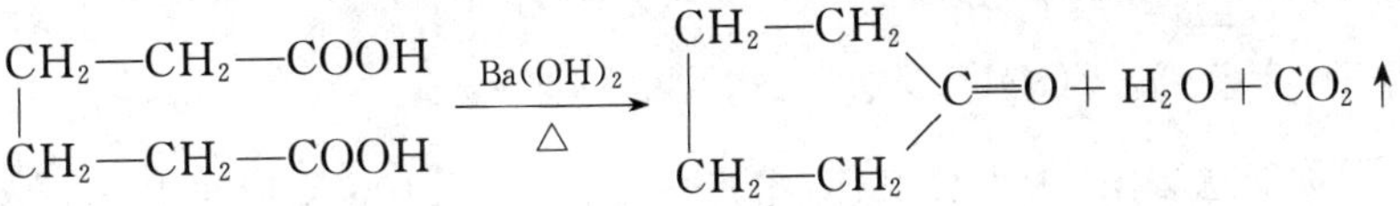

$$\begin{array}{c}CH_2-CH_2-COOH\\ \\ CH_2-CH_2-COOH\end{array}\xrightarrow[\triangle]{Ba(OH)_2}\begin{array}{c}CH_2-CH_2\\ \diagdown\\ C=O+H_2O+CO_2\uparrow\\ \diagup\\ CH_2-CH_2\end{array}$$

环戊酮

$$\begin{array}{c}CH_2-CH_2-COOH\\ CH_2\\ CH_2-CH_2-COOH\end{array}\xrightarrow[\triangle]{Ba(OH)_2}\begin{array}{c}CH_2-CH_2\\ CH_2\diagdown\\ C=O+H_2O+CO_2\uparrow\\ CH_2-CH_2\diagup\end{array}$$

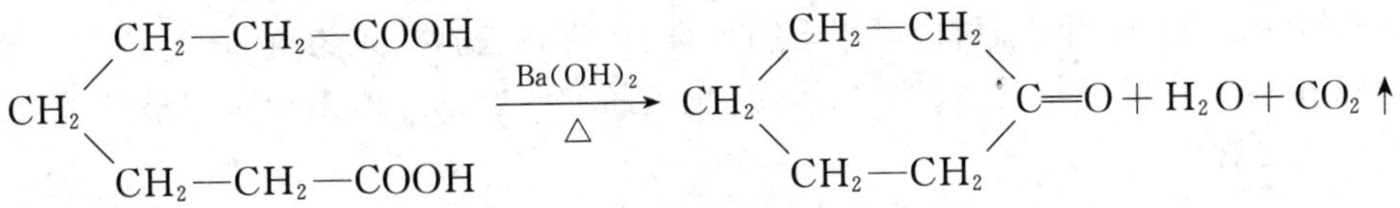

环己酮

庚二酸以上的二元羧酸,在高温时发生分子间的失水作用,不形成大于六元的环酮,而形成高分子的酸酐。

三、重要的羧酸及应用

1. 甲酸（HCOOH）

甲酸俗称蚁酸，为无色有强烈刺激性气味的液体，沸点为 100.8 ℃，能与水、乙醇、乙醚混溶。甲酸的酸性较强，具有刺激性。它存在于红蚂蚁体液和蜂毒中。

甲酸的结构较特殊，分子中有醛基，具有还原性，可以被斐林试剂、托伦试剂等弱氧化剂氧化，也可以使高锰酸钾溶液褪色。可用这些性质鉴别甲酸。

工业上甲酸用作还原剂、橡胶凝结剂、媒染剂，也可用于制造染料、合成甲酸酯。甲酸在医药工业上也有广泛的用途，常用作消毒或防腐剂。

2. 乙酸（CH_3COOH）

乙酸俗称醋酸，是食醋的主要成分。常温时为无色有刺激性气味的液体，沸点为 118 ℃，熔点为 16.6 ℃。温度低于熔点时，无水醋酸凝固成固体，俗称冰醋酸。乙酸与水、乙醇、乙醚等以任意比例混溶。

乙酸是人类最早食用的有机酸，用于调味的食醋中含乙酸 6%～8%。医药上乙酸可作为消毒、防腐剂使用，如用于烫伤或灼伤的创面洗涤，还可用于预防感冒、消肿治癣等。

3. 乙二酸（HOOC—COOH）

乙二酸俗称草酸，为无色晶体，通常含有 2 个结晶水，熔点为 101.5 ℃。加热至 100 ℃可失去结晶水而得到无水草酸，无水草酸的熔点为 198.5 ℃。草酸易溶于水和乙醇中，不溶于乙醚。自然界中草酸广泛存在于植物体中，如菠菜中就因含有草酸而呈涩味。

草酸的酸性比一元酸强，也是酸性最强的脂肪酸。草酸加热易发生脱羧反应生成二氧化碳，同时它还具有还原性，在分析化学中常用于标定高锰酸钾标准溶液的浓度。

$$5H_2C_2O_4 + 2KMnO_4 + 3H_2SO_4 =\!=\!= K_2SO_4 + 2MnSO_4 + 10CO_2 + 8H_2O$$

草酸可与多种金属离子形成可溶性的配合物，因此，草酸常用于除去铁锈，还可用于提取稀土金属。

4. 苯甲酸（ ⌬—COOH ）

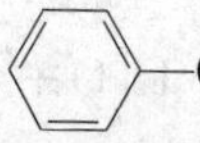

苯甲酸俗称安息香酸，为无色晶体，熔点为 122.4 ℃，100 ℃时可升华，微溶于水，溶于乙醇、乙醚、氯仿等有机溶剂中。

苯甲酸是重要的化工原料，可用于制备染料、香料、药物、媒染剂、增塑剂等。苯甲酸具有抑菌能力，广泛用作食品、饮料、医药、化妆品的防腐剂。但由于苯甲酸的溶解度低，常用苯甲酸钠。

第二节 取 代 酸

羧酸分子中烃基上的氢原子被其他原子或基团取代后的化合物称为取代羧酸，简称**取代酸**。常见的取代酸有羟基酸、羰基酸、氨基酸、卤代酸等，它们在有机合成或生物体的代谢中都具有重要的作用。本节介绍羟基酸和羰基酸。

一、羟基酸

1. 羟基酸的命名

分子中同时含有羟基(—OH)和羧基(—COOH)的化合物,称为**羟基酸**。羟基酸主要包括醇酸和酚酸两类。羟基连在烃基上的为醇酸,羟基连在芳环上的为酚酸。脂肪族羟基酸又称醇酸,根据羟基位置不同,又可分为 α-羟基酸,β-羟基酸等。羟基酸的命名与一般羧酸相同,将羧酸作为母体,羟基作为取代基。也有一些羟基酸常用俗名。例如:

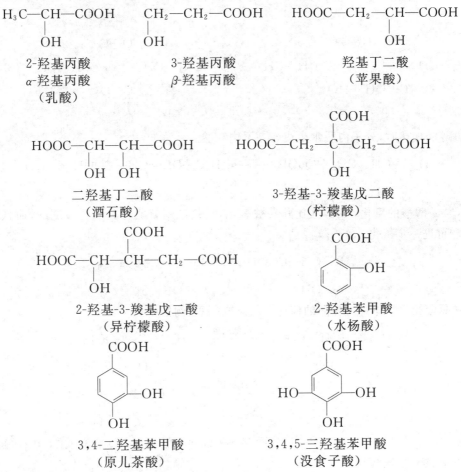

2. 羟基酸的性质

(1) 酸性　由于羟基的诱导效应,使羟基酸的酸性有所增强,但随着羟基与羧基距离增大,对酸性的影响逐渐减小。例如:

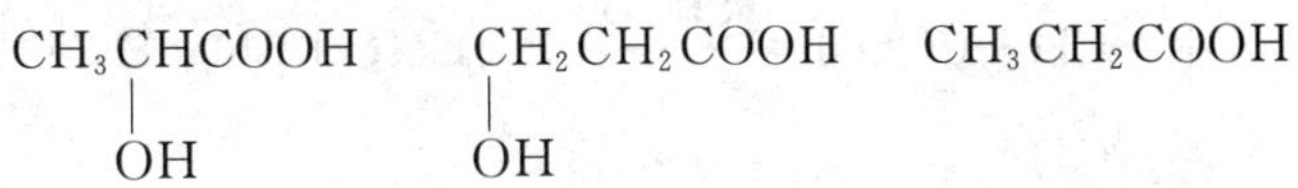

$$\underset{\text{OH}}{\text{CH}_3\text{CHCOOH}} \qquad \underset{\text{OH}}{\text{CH}_2\text{CH}_2\text{COOH}} \qquad \text{CH}_3\text{CH}_2\text{COOH}$$

pK_a　　3.87　　　　　　4.51　　　　　　4.88

在酚酸中,羟基与芳环间既存在吸电子诱导效应,又存在供电子的共轭效应,羟基与羧基相对位置不同,对酸性的影响也不同。例如:

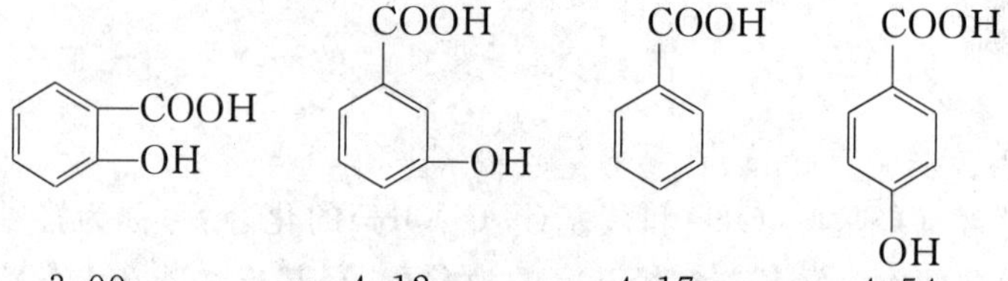

    邻羟基苯甲酸 间羟基苯甲酸 苯甲酸   对羟基苯甲酸

pK_a 3.00   4.12   4.17   4.54

(2) 脱水反应 醇酸加热发生脱水反应,随着羟基的位置不同,脱水产物不同。α-醇酸加热时,两分子间交叉脱水生成六元环的交酯。

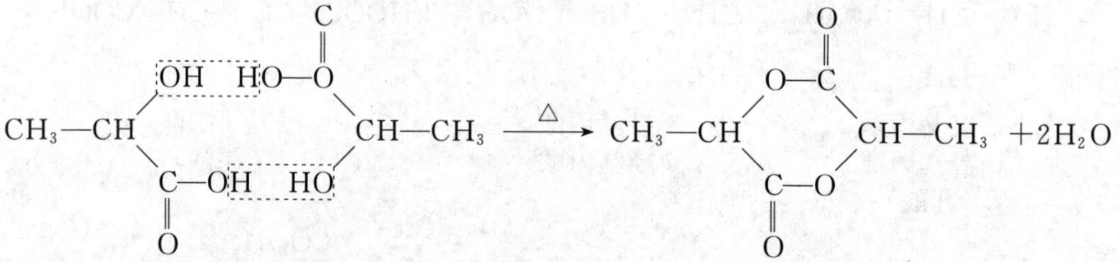

$$CH_3-CH(OH)-COOH + HOOC-CH(OH)-CH_3 \xrightarrow{\Delta} \text{六元环交酯} + 2H_2O$$

β-醇酸加热时,分子内脱水生成 α,β-不饱和酸。

$$H_3C-CH(OH)-CH_2-COOH \xrightarrow{\Delta} H_3C-CH=CH-COOH + H_2O$$

(3) α-醇酸的氧化 α-醇酸比醇易被氧化,托伦试剂就能将其氧化成酮酸,而且生成的酮酸可进一步氧化。

$$R-CH(OH)-COOH \xrightarrow{[O]} R-C(=O)-COOH$$

α-醇酸在生物体中可在酶的催化下氧化成酮酸,例如:

$$H_3C-CH(OH)-COOH \xrightarrow{\text{乳酸脱氢酶}} H_3C-C(=O)-COOH$$

$$H_3C-CH_2-CH(OH)-COOH \xrightarrow{\text{苹果酸脱氢酶}} H_3C-CH_2-C(=O)-COOH$$

(4) α-醇酸的分解 α-醇酸在浓硫酸存在下加热分解生成 CO 和醛或酮,在稀硫酸中加热分解同时生成醛与甲酸。

$$R-CH(OH)-COOH \xrightarrow{\text{稀 } H_2SO_4} R-CHO + HCOOH$$

$$R-CH(OH)-COOH \xrightarrow{\text{浓 } H_2SO_4} R-CHO + CO + H_2O$$

利用此性质可以区别 α-醇酸和其他醇酸。

酚酸不稳定,加热至熔点以上即脱羧生成酚。

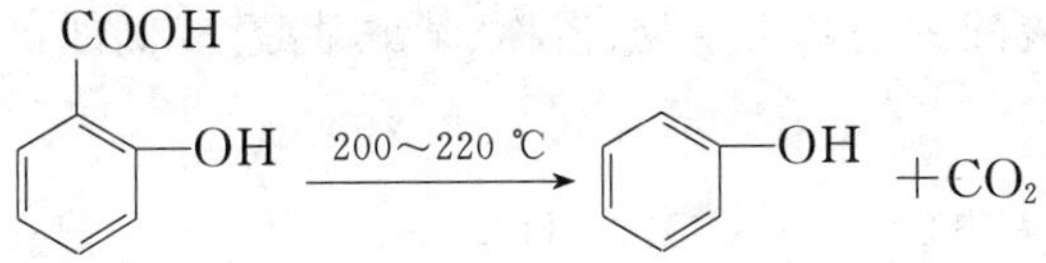

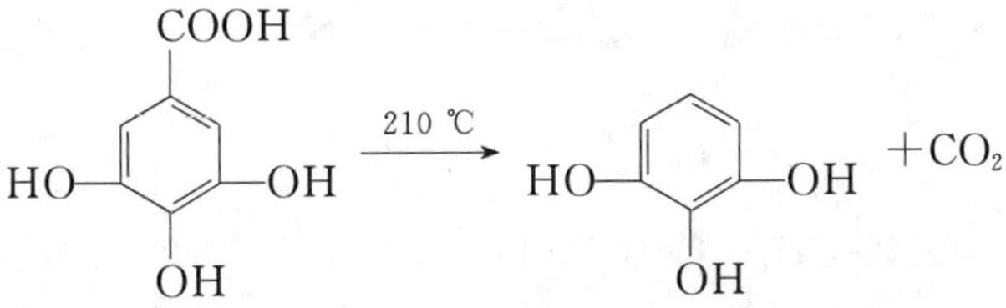

$$\underset{\text{COOH}}{\text{C}_6\text{H}_4}\text{OH} \xrightarrow{200\sim220\ ^\circ\text{C}} \text{C}_6\text{H}_5\text{OH} + \text{CO}_2$$

$$\text{(3,4,5-三羟基苯甲酸)} \xrightarrow{210\ ^\circ\text{C}} \text{(邻苯三酚)} + \text{CO}_2$$

γ-醇酸和 δ-醇酸加热时,分子内脱水生成内酯。γ-醇酸不稳定,室温时即脱水生成内酯。因此,γ-醇酸很难稳定存在,只有变成盐才是稳定的。δ-醇酸生成内酯较难,生成的内酯遇水容易水解。

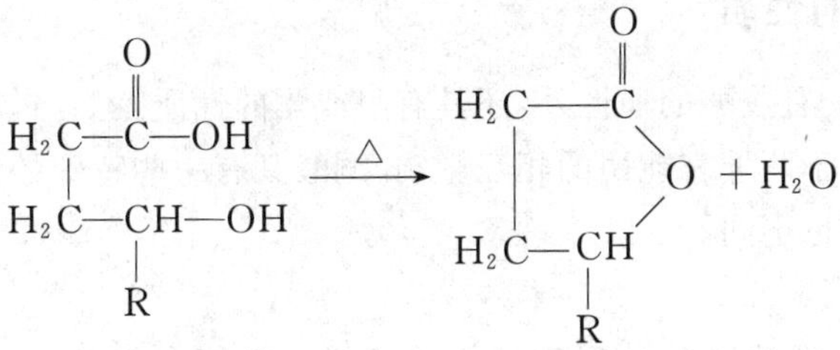

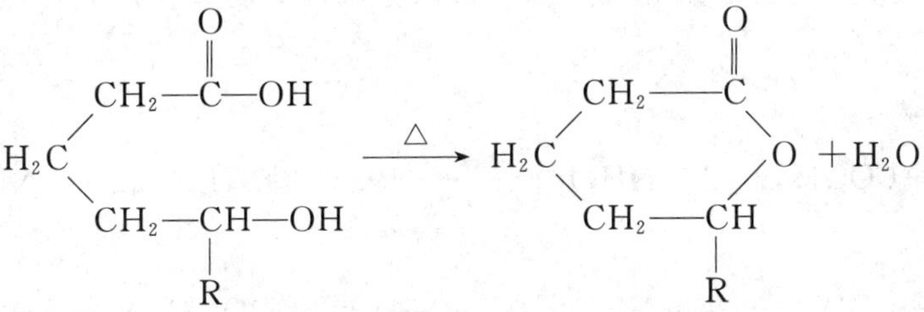

$$\begin{array}{c}\text{H}_2\text{C}-\text{COOH}\\\text{H}_2\text{C}-\text{CH}-\text{OH}\\\quad\quad\quad\ \ |\\\quad\quad\quad\ \ \text{R}\end{array} \xrightarrow{\triangle} \begin{array}{c}\text{H}_2\text{C}-\text{C}=\text{O}\\\text{H}_2\text{C}-\text{CH}-\text{O}\\\quad\quad\quad\ \ |\\\quad\quad\quad\ \ \text{R}\end{array} + \text{H}_2\text{O}$$

$$\xrightarrow{\triangle} \quad + \text{H}_2\text{O}$$

内酯具有酯的性质,在中性溶液中稳定,在酸或碱性溶液中水解。γ-羟基丁酸内酯在碱性条件下水解生成 γ-羟基丁酸钠。γ-羟基丁酸钠具有麻醉作用,它不影响基础代谢和呼吸,而且术后苏醒快,适合于呼吸道及肾功能不全者的麻醉。

内酯在天然产物及药物中广泛存在,如维生素 C 和山道年等分子中含有内酯环。这些药物中的内酯环如果水解,其药效就会降低或丧失。

二、羰基酸

分子中含有羰基的羧酸称为羰基酸,它包括酮酸和醛酸。酮酸是一类在生物体内具有重要作用的有机酸;在氨基酸新陈代谢和维持氧化还原状态的过程中起到中心作用。

(一) 羰基酸的命名

分子中含有羰基的羧酸称为羰基酸,羰基酸包括酮酸和醛酸。羰基酸命名时,选择含有羧基和羰基的最长碳链为主链,称为某酮酸或某醛酸,羰基有位置异构时要标明羰基的位置。酮酸也可看作羧酸的酰基衍生物,俗称"某酰某酸"。例如:

$$HOC-COOH \qquad HOC-CH_2-COOH \qquad H_3C-\overset{O}{\underset{\|}{C}}-COOH \qquad H_3C-CH_2-\overset{O}{\underset{\|}{C}}-COOH$$

乙醛酸 　　　丙醛酸 　　　丙酮酸 　　　2-丁酮酸
　　　　　　　　　　　　　　　　　　　　　　α-丁酮酸

$$HOOC-CH_2-CH_2-\overset{O}{\underset{\|}{C}}-COOH \qquad H_3C-\overset{O}{\underset{\|}{C}}-CH_2-COOH$$

2-酮戊二酸 　　　　　　　3-丁酮酸
α-酮戊二酸 　　　　　　　β-丁酮酸
草酰丙酸 　　　　　　　　乙酰乙酸

(二)羰基酸的性质

醛酸或酮酸除具有羧酸的通性外,还具有醛或酮的性质。如与氢或亚硫酸氢钠加成,与羟胺生成肟等,由于两种官能团的相互影响,酮酸又有一些特殊的性质。酮酸中羰基的位置不同,化学性质也不同。

1. α-酮酸的性质

(1)氧化反应　醛酸以及α-酮酸都能被托伦试剂等弱氧化剂氧化,发生银镜反应。例如:

$$R-\overset{O}{\underset{\|}{C}}-COOH + [Ag(NH_3)_2]^+ \xrightarrow{\triangle} R-COONH_4 + Ag\downarrow + NH_4HCO_3$$

$$H_3C-\overset{O}{\underset{\|}{C}}-COOH + [Ag(NH_3)_2]^+ \xrightarrow{\triangle} H_3C-COONH_4 + Ag\downarrow + NH_4HCO_3$$

(2)脱羧和脱羰反应　在α-酮酸分子中,羰基与羧基直接相连,由于二者都具有较强的吸电子能力,使羰基碳和羧基碳原子之间的电子云密度降低,碳碳键极易断裂,在一定条件下可发生脱羧和脱羰反应。例如,α-酮酸与稀硫酸或浓硫酸共热可以脱羧生成醛或脱去CO生成少一个碳原子的酸。

$$H_3C-\overset{O}{\underset{\|}{C}}-COOH \xrightarrow[\triangle]{稀 H_2SO_4} H_3C-CHO + CO_2$$

$$H_3C-\overset{O}{\underset{\|}{C}}-COOH \xrightarrow[\triangle]{浓 H_2SO_4} H_3C-COOH + CO$$

2. β-酮酸的性质

在β-酮酸分子中,由于羰基和羧基的吸电子诱导效应的影响,使α-位的亚甲基碳原子电子云密度降低,可使亚甲基与相邻两个碳原子间的键容易断裂,在不同的反应条件下,能发生酮式和酸式分解反应。

(1) 酮式分解　β-酮酸不稳定,高于室温即脱去羧基生成酮的反应,称为酮式分解。例如：

$$R-\overset{O}{\underset{\|}{C}}-CH_2-COOH \xrightarrow{\triangle} R-\overset{O}{\underset{\|}{C}}-CH_3 + CO_2$$

$$H_3C-\overset{O}{\underset{\|}{C}}-CH_2-COOH \xrightarrow{\triangle} H_3C-\overset{O}{\underset{\|}{C}}-CH_3 + CO_2$$

(2) 酸式分解　β-酮酸与浓碱溶液共热时,α、β碳原子间共价键断裂,生成两分子羧酸盐的反应,称为β-酮酸的酸式分解。例如：

$$R-\overset{O}{\underset{\|}{C}}-CH_2-COOH \xrightarrow{40\%NaOH} R-COONa + H_3C-COONa$$

三、酮式和烯醇式互变异构

1. 克莱森酯缩合反应

两分子羧酸酯在强碱的催化下,失去一分子醇而缩合为一分子β-羰基羧酸酯的反应,称为**克莱森酯缩合反应**。例如,在醇钠的催化作用下,两分子乙酸乙酯脱去一分子乙醇生成乙酰乙酸乙酯。

$$2CH_3COOC_2H_5 \xrightarrow{乙醇钠} CH_3COCH_2COOC_2H_5 + C_2H_5OH$$
　　　　　乙酸乙酯　　　　　　　乙酰乙酸乙酯

这类缩合反应,参与反应的两个酯分子不必相同,但其中一个必须在酰基的α-碳上连有至少一个氢原子。简单地说,克莱森酯缩合反应是一个酯分子的酰基对另一酯分子的酰基α-碳原子进行的酰化反应。

2. 酮式烯醇式互变异构现象

乙酰乙酸乙酯是β-酮酸-乙酰乙酸的酯,同时具有酮和羧酸酯的基本性质,能与HCN、$NaHSO_3$、羟胺及苯肼反应,以稀$NaOH$水解为乙酰乙酸和乙醇。此外,乙酰乙酸乙酯还能使溴溶液褪色,与金属钠作用放出氢气,与$FeCl_3$作用呈紫红色。这些性质表明乙酰乙酸乙酯还应具有烯醇式构造。实验表明,在室温下乙酰乙酸乙酯通常是由酮式和烯醇式两种异构体共同组成的混合物,它们之间在不断地相互转变,并以一定比例呈动态平衡。即

$$H_3C-\overset{O}{\underset{\|}{C}}-CH_2-\overset{O}{\underset{\|}{C}}-O-CH_2CH_3 \rightleftharpoons H_3C-\overset{OH}{\underset{|}{C}}=CH-\overset{O}{\underset{\|}{C}}-O-CH_2CH_3$$
　　　　　　酮式92.5%　　　　　　　　　　　　烯醇式7.5%

像这样两种异构体共处于平衡体系中,可以相互逆转的现象称为互变异构现象,两种异构体称为互变异构体。

一般有较活泼α-氢的结构会有互变异构现象,如糖类也有互变异构现象。具有互变

异构的化合物较活泼,在有机合成上有广泛的用途。如乙酰乙酸乙酯可用于合成酮、酸、二元酸、二元酮等。例如:

$$CH_3-\underset{\underset{R}{|}}{\overset{\overset{O}{\|}}{C}}-CH-COOC_2H_5 \xrightarrow[\text{②}H^+/\triangle]{\text{①稀 NaOH}} CH_3-\overset{\overset{O}{\|}}{C}-CH_2R \quad (\text{酮式分解})$$

$$CH_3-\underset{\underset{R}{|}}{\overset{\overset{O}{\|}}{C}}-CH-COOC_2H_5 \xrightarrow[\text{②}H^+/\triangle]{\text{①浓 NaOH}} CH_3COOH+RCH_2COOH \quad (\text{酸式分解})$$

$$CH_3-\underset{\underset{R}{|}}{\overset{\overset{O}{\|}}{C}}-CH-COOC_2H_5 \xrightarrow[\text{②}H^+/\triangle]{\text{①稀 NaOH}} CH_3-\overset{\overset{O}{\|}}{C}-CH_2-\overset{\overset{O}{\|}}{C}-R$$

四、重要的酮酸和羟基酸

1. 乳酸

乳酸($CH_3-\underset{\underset{OH}{|}}{CH}-COOH$)因最初来自酸牛奶而得名,为无色黏稠液体,有强的吸湿性,溶于水、乙醇、乙醚,不溶于氯仿。乳酸具有 α-醇酸的化学性质。

许多水果中含有乳酸,在人体中作为葡萄糖的氧化产物存在于血液和肌肉中。人剧烈运动时,肌肉产生大量的乳酸,会感到肌肉酸胀。经休息后乳酸可转变成糖或丙酮酸,肌肉酸胀感消失。

乳酸广泛用于食品、饮料及医药中。乳酸用作食品、饮料中的酸味剂,乳酸钙用作补钙剂,乳酸亚铁用作补铁剂,乳酸钠用作酸中毒解毒剂。

2. 苹果酸

苹果酸($HOOC-\underset{\underset{OH}{|}}{CH}-CH_2-COOH$)又名羟基丁二酸,因最初来自苹果而得名。在未成熟的果实内,如山楂、杨梅、葡萄、番茄中都含有苹果酸。自然界中的苹果酸为左旋体(L-苹果酸),针状晶体,熔点为 100 ℃,易溶于水和乙醇,微溶于乙醚。

苹果酸广泛用于食品、医药工业和日用化工中。L-苹果酸中含有天然的润肤成分,能够很容易地溶解黏结在干燥鳞片状的死细胞之间的"胶黏物",从而可以清除皮肤表面皱纹,使皮肤变得嫩白、光洁而有弹性,因此在化妆品配方中备受青睐;L-苹果酸可以配制多种香精、香料,用于多种日用化工产品,如牙膏、洗发香波等;与柠檬酸相比,L-苹果酸其酸味柔和别致,因此国外将其用于替代柠檬酸作为新型洗涤助剂,用于合成高档特种洗涤剂。

3. 柠檬酸

柠檬酸（HOOC—CH$_2$—C(OH)(COOH)—CH$_2$—COOH）又称枸橼酸，最初来源于柠檬，但柑橘等水果中含量也较多。柠檬酸为无色晶体，带有一分子结晶水的柠檬酸熔点为100 ℃，不含结晶水的柠檬酸熔点为153 ℃，易溶于水、乙醇和乙醚中，酸味较强，常用来配制汽水和酸性饮料。

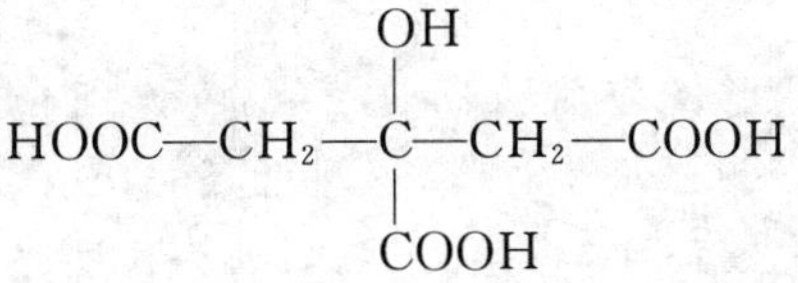

在医药上柠檬酸钠有防止血液凝固和利尿的作用，柠檬酸镁是温和的泻药，柠檬酸铁铵用于补血剂。柠檬酸具有加快角质更新的作用，常用于乳液、乳霜、洗发精、美白用品、抗老化用品等的制造中。

4. 酒石酸

酒石酸（HOOC—CH(OH)—CH(OH)—COOH）存在于多种果汁中，尤以葡萄中含量最多。自然界中的酒石酸为无色晶体，熔点为170 ℃，易溶于水。酒石酸可作为酸味剂，酒石酸锑钾用于治疗血吸虫病，酒石酸钾钠用于配制斐林试剂。酒石酸与柠檬酸类似，可用于食品工业，如制造饮料。酒石酸和单宁合用，可作为酸性染料的媒染剂。酒石酸能与多种金属离子络合，可作金属表面的清洗剂和抛光剂。

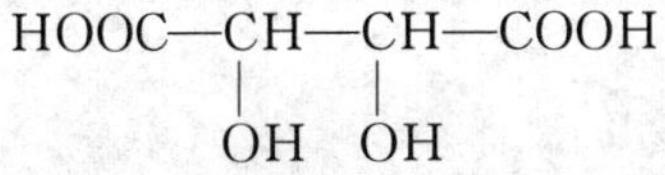

5. 水杨酸

水杨酸也称柳酸，存在于柳树及水杨树的树皮中，无色针状晶体，熔点为159 ℃，易升华，易溶于乙醇、乙醚、氯仿和沸水中，微溶于冷水。水杨酸的酸性比苯甲酸强，具有酸和酚的性质。

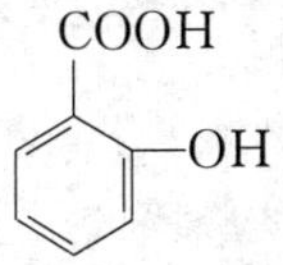

水杨酸具有杀菌防腐、解热镇痛和抗风湿作用，常用于抗风湿和真菌所致皮肤病的外用药。水杨酸钠可作防腐剂和口腔清洁剂。水杨酸的衍生物乙酰水杨酸和对氨基水杨酸是常用的药物。

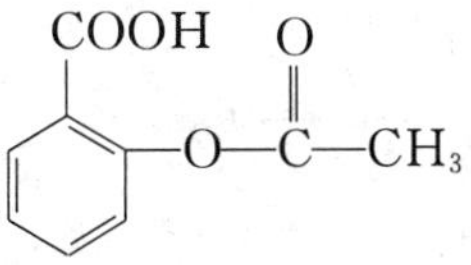

乙酰水杨酸
阿司匹林

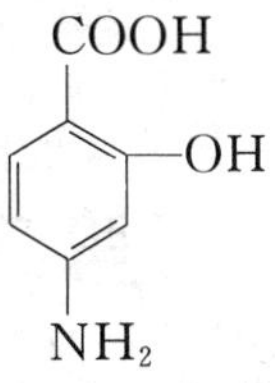

对氨基水杨酸
PAS

乙酰水杨酸具有解热、镇痛、消炎、抗风湿及抗血小板凝聚作用，是常用的解热镇痛药。对氨基水杨酸（PAS）是抗结核药物，与链霉素或异烟肼合用可增强疗效。

知识拓展

柠檬酸的应用

最初柠檬酸是从柠檬中提取而来的。除了柠檬,这种酸还广泛存在于柚子、柑橘等果实中,在动物组织和乳汁中也有。柠檬酸为固体,为半透明结晶或白色颗粒,尝起来则具有强酸味,味道柔和爽快,入口即达到最高酸感,但味道持续时间不长。

柠檬酸是世界上用量最大的酸味剂,是我国目前食品中最常用的酸味剂。但如果只使用柠檬酸(除柠檬汁外)一种酸味剂,产品口感显得比较单薄,这是由于柠檬酸的刺激性较强,酸味消失快,回味性差,所以常与其他酸味剂如苹果酸、酒石酸同用,以使产品味道浑厚丰满。

柠檬酸在食品中除作为酸味剂外,还可以改善食品的风味。柠檬酸的酸味可以掩蔽或减少某些不希望的异味,对香味有增味的效果,未加柠檬酸的糖果和果汁等食品味道平淡,加入适量的柠檬酸可使食品的风味显著改善,使产品更加适口。

柠檬酸可以调整酸味,使其达到适当的标准来稳定产品的质量。柠檬酸还可以和其他酸味剂共同使用来模拟天然水果、蔬菜的酸味。在糖果中使用柠檬酸可提高糖的水果味,提供适度的酸味,防止糖分结晶及各种成分的氧化。柠檬酸在果冻、果酱中可改善风味、防腐和促进蔗糖转化,防止蔗糖结晶析出而影响口感。

柠檬酸还能抑制细菌增殖,增强抗氧化作用,能够延缓油脂酸败。柠檬酸能保护油炸食品用油和油炸食品,防止被氧化,如在油炸花生米中或各种植物油如芥末油、菜籽油中加入一定量的柠檬酸,能有效防止变质。未经过加热杀菌的食品,加入一定量的柠檬酸,可起防腐作用而延长贮存期。

柠檬酸主要可用于制作饮料,用量占柠檬酸总耗量的 $75\%\sim80\%$。柠檬酸能使饮料产生特定的风味,并且通过刺激产生的唾液,从而加强饮料的解渴效果。而且在一般清凉饮料中添加 $0.01\%\sim0.3\%$ 的柠檬酸,细菌便难以生长,可起到防腐作用。柠檬酸的通常含量为在液体饮料中 $0.25\%\sim0.4\%$,固体饮料中 $5.0\%\sim15\%$。

柠檬酸应用在蔬菜、水果原料及罐头中,可调节酸度,使其尽可能保持原味,并且有一定防腐作用;应用在面制品中,与小苏打同时使用,降低面制品的碱度,改善口味;对焙烤食品有膨松和发酵的作用。

第三节 羧酸衍生物

一、羧酸衍生物的分类和命名

1. 羧酸衍生物的分类

羧酸分子中的羟基被其他原子或原子团取代后生成的化合物,称为**羧酸衍生物**。其分子中的羟基被卤原子、酰氧基、烷氧基、氨基取代后生成的化合物,分别称为酰卤、酸酐、酯和酰胺。羧酸衍生物通常指的就是这四类有机化合物。

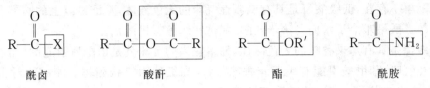

2. 羧酸衍生物的命名

(1) 酰卤和酰胺的命名　羧酸分子中去掉羟基后剩余的基团称为酰基,由某酸形成的酰基叫某酰基。酰卤和酰胺的命名根据酰基名称而来,称为某酰卤或某酰胺。例如:

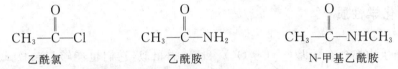

(2) 酸酐的命名　酸酐是根据相应的酸来命名,有时可将"酸"字省略。酸酐中含有两个相同或不同的酰基时,分别称为单酐或混酐。混酐的命名与醚相似。某酸所形成的酸酐叫"某酸酐"。例如:

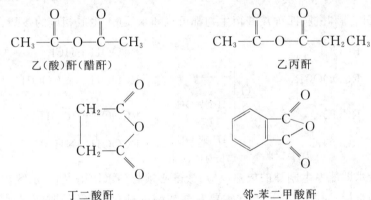

(3) 酯的命名　酯根据相应的羧酸和醇,称为"某"酸"某"酯。例如:

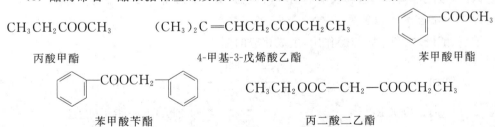

二、羧酸衍生物的性质

(一) 物理性质

甲酰氯不存在。低级酰氯是具有强烈刺激性气味的液体,高级酰氯是白色固体。酰氯的沸点低于原来的羧酸,是因为酰氯不能通过氢键缔合。酰氯不溶于水,低级酰氯遇水容易分解,如乙酰氯在空气中即与空气中的水作用而分解。

甲酸酐不存在,低级酸酐是具有刺激性气味的无色液体,壬酸酐以上的酸酐为无色无味的固体。酸酐难溶于水而易溶于乙醚、氯仿和苯等有机溶剂。

低级酯是具有水果香味的无色液体,许多花果的香味就是由酯所引起的(如乙酸异戊酯有香蕉气味,苯甲酸甲酯有茉莉花香味等)。高级酯为蜡状固体。酯的相对密度比水小,难溶于水,易溶于乙醇、乙醚等有机溶剂。

除甲酰胺、N-烷基取代酰胺是液体外,其余酰胺都是固体。低级酰胺溶于水,随着相对分子质量的增大,在水中的溶解度降低。

(二) 化学性质

羧酸衍生物都含有羰基($\diagdown$ C=O),和醛、酮相似,它们也能够与亲核试剂(如水、醇、氨等)发生反应,由一种羧酸衍生物转变为另一种羧酸衍生物,或通过水解转变为原来的羧酸。

1. 羧酸衍生物的水解反应

酰卤、酸酐、酯和酰胺四种羧酸衍生物都可以和水反应,生成相应的羧酸。

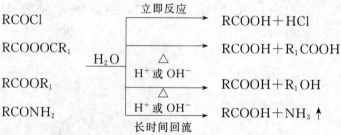

酰氯遇冷水即能发生剧烈的放热反应;酸酐必须与热水作用;酯的水解在没有催化剂存在时进行得很慢;而酰胺的水解常常要在酸或碱的催化下,经长时间的回流才得以完成。因此,羧酸衍生物的水解反应的活性次序为:**酰氯>酸酐>酯>酰胺**。

2. 羧酸衍生物的醇解反应

酰氯、酸酐、酯和酰胺与醇作用,生成相应的酯。

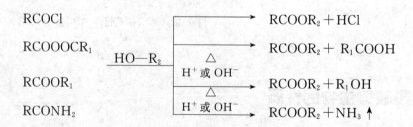

3. 羧酸衍生物的氨解反应

酰氯、酸酐和酯都能顺利地与氨作用,生成相应的酰胺。

$$\begin{array}{l}\text{RCOCl}\\ \text{RCOOOCR}_1\\ \text{RCOOR}_1\end{array} \xrightarrow{NH_3} \begin{array}{l}\text{RCONH}_2+\text{HCl}\\ \text{RCONH}_2+R_1\text{COOH}\\ \text{RCONH}_2+R_1\text{OH}\end{array}$$

4. 羧酸衍生物的还原反应

酰卤、酸酐、酯和酰胺都比羧酸容易还原,其中以酯的还原最易。酰卤、酸酐在强还原剂(如氢化铝锂)作用下,还原生成相应的伯醇。酯被还原时,可使用多种还原剂,生成两种伯醇。酰胺被还原生成相应的伯胺。

$$\begin{array}{l}\text{RCOCl}\\ \text{RCOOOCR}_1\\ \text{RCOOR}_1\\ \text{RCONH}_2\end{array} \xrightarrow[(2)H_2O,H^+]{(1)LiAlH_4} \begin{array}{l}\text{RCH}_2\text{OH}\\ \text{RCH}_2\text{OH}+R_1\text{CH}_2\text{OH}\\ \text{RCH}_2\text{OH}+R_1\text{CH}_2\text{OH}\\ \text{RCH}_2\text{NH}_2\end{array}$$

三、重要的羧酸衍生物

1. 乙酰氯(CH_3COCl)

乙酰氯为无色有刺激性气味的液体,沸点为51 ℃,在空气中因被水解生成 HCl 而冒白烟,能和苯、丙酮、三氯甲烷、乙醚、冰醋酸、石油醚等混溶。其化学性质活泼,能和很多化合物发生复分解反应。乙酰氯对皮肤和黏膜有腐蚀作用,对眼睛有较强刺激性。乙酰氯可与蛋白质中的巯基结合,因此对人体有毒。乙酰氯是重要的乙酰化试剂,其酰化能力比乙酸酐强,广泛应用于有机合成中。

2. 乙酸酐($CH_3-\overset{\overset{O}{\|}}{C}-O-\overset{\overset{O}{\|}}{C}-CH_3$)

乙酸酐又名醋(酸)酐,为无色有极强醋酸气味的液体,沸点为139.5 ℃,是良好的溶剂。它与热水作用生成乙酸。乙酸酐具有酸酐的通性,是重要的乙酰化试剂,也是重要的化工原料,工业上大量用于合成醋酸纤维、染料、医药、香料、油漆和塑料等。

3. 乙酸乙酯(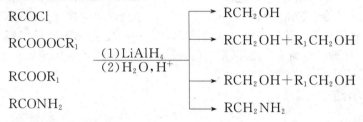 **)**

乙酸乙酯,又称醋酸乙酯,是无色黏稠状透明液体,有水果香味。陈年白酒中的香味与乙酸乙酯的含量有关。乙酸乙酯易挥发,空气中的水分即能使其缓慢分解。乙酸乙酯是一种用途广泛的精细化工产品、有机化工原料和极好的工业溶剂,具有很强的溶解性、速干性,被广泛用于生产醋酸纤维、乙基纤维、氯化橡胶、乙烯树脂、乙酸纤维树脂、合成橡胶、涂料及油漆等。

4. α-甲基丙烯酸甲酯($H_2C=\underset{CH_3}{C}-\overset{\overset{O}{\|}}{C}-OCH_3$)

α-甲基丙烯酸甲酯为无色液体,微溶于水,溶于乙醇和乙醚,易挥发,易聚合。α-甲基丙烯酸甲酯在引发剂存在的条件下,可聚合生成无色透明的聚合物,俗称“有机玻璃”。其质轻、不易破碎,溶于丙酮、乙酸乙酯等。由于它的高度透明性,多用以制造光学仪器和照明用品,如航空玻璃、仪表盘、防护罩等,着色后可制纽扣、牙刷柄、广告牌等。

5. 邻苯二甲酸酐( )

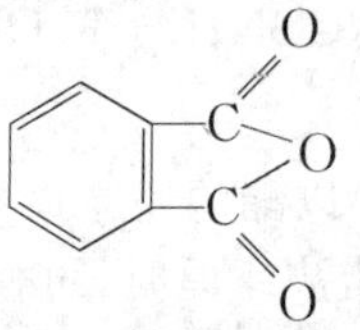

邻苯二甲酸酐俗称苯酐,为白色固体,熔点为 130.8 ℃,易升华,溶于乙醇、苯等有机溶剂,微溶于冷水,易溶于热水并水解为邻苯二甲酸。它是重要的化工原料,广泛用于制备染料、药物、塑料和涤纶等。苯酐经醇解,可制得邻苯二甲酸酯类,如常用的增塑剂邻苯二甲酸二丁酯、邻苯二甲酸二辛酯等。此外,常用的酸碱指示剂酚酞,也可由苯酐和苯酚缩合而成。

本章小结

1. 知识系统网络

- 羧酸及其衍生物
  - 羧酸
    - 分类和命名
      - 分类:按相连烃基的不同分类;羧基个数分类
      - 命名:与醛、酮命名规则基本相同
    - 性质
      - 酸性 — 具有酸的通性;α-碳连强吸电子基酸性增强
      - 羧基中羟基取代反应 — 生成酰卤、酯、酸酐、酰胺
      - 脱羧反应 — 羧酸盐或羧基连强吸电子基易脱羧
      - α-氢取代反应 — 红磷作催化剂,生成α-卤代酸
      - 还原反应 — 用$LiAlH_4$作还原剂生成醇,不影响双键
    - 重要的羧酸 — 甲酸、乙酸、乙二酸、己二酸、苯甲酸
  - 取代酸
    - 羟基酸
      - 分类命名 — 分醇酸和酚酸;把羟基作为取代基与羧酸命名相同
      - 性质 — 酸性,α-醇酸氧化、分解,醇酸脱水反应
    - 羰基酸
      - 命名 — 分醛酸和酮酸;把羰基作为取代基与羧酸命名相同
      - 性质 — 酸性,α-酮酸氧化、脱羧,β-酮酸脱羧反应
    - 重要取代酸 — 乳酸、苹果酸、酒石酸、柠檬酸、水杨酸、乙醛酸、丙酮
  - 羧酸衍生物
    - 分类 — 酰卤、酸酐、酯、酰胺四类
    - 命名 — 以原羧酸为母体,称某酰卤(胺)、某酸某酯等
    - 化学性质
      - 水解反应⟶相应的羧酸
      - 醇解反应⟶相应的酯
      - 氨解反应⟶相应的酰胺
      - 还原反应⟶相应的醇或胺
    - 重要羧酸衍生物 — 乙酰氯、乙酸酐、乙酸乙酯、α-甲基丙烯酸甲酯、邻苯二甲酸酐

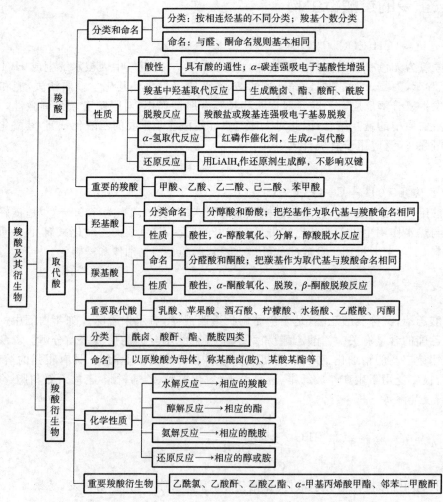

2. 学习方法概要

羧酸是烃的衍生物，因此，要在掌握烃的结构、分类及命名的基础上学习羧酸的性质、应用等知识。学习羧酸的分类、命名时要与烃及醛、酮对比进行，通过知识的迁移获得新知识。学习羧酸的性质时，应首先分析羧酸中官能团羧基的结构特点，根据结构特点总结羧酸的物理及化学性质的规律，学会化学性质。学习取代酸时，在关注羧基、羟基及羰基的性质的同时，应分析官能团之间的影响。根据官能团间的相互影响，获得取代酸的性质。在学习羧酸衍生物的结构、命名、性质时，要紧密联系母体的结构、命名及其性质与反应方程式。

目标检测

一、判断题(对的打√，错的打×)

1. 甲酸的酸性是一元饱和脂肪酸中最强的。(　　)

2. 苯甲酸的酸性比邻甲基苯甲酸的酸性强。(　　)

3. 羧酸分子间能形成氢键，因此，羧酸的沸点比相对分子质量相近的醛、酮高。(　　)

4. 羧酸的 α-碳原子是指命名时编号为“1”的碳原子。(　　)

5. 羧基中的羟基能电离出 H^+，而醇中的羟基则不能电离出 H^+，原因是羧基中存在 p-π 共轭。(　　)

6. 羧酸衍生物是重要的化工原料。(　　)

7. 可以用乙酸直接加热脱羧制取甲烷。(　　)

二、用系统命名法命名下列化合物或根据化合物名称写出结构简式

$CH_3(CH_2)_4CH{=}CHCH_2CH{=}CH(CH_2)_7COOH$

$CH_3(CH_2)_{14}COOH$

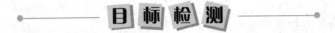

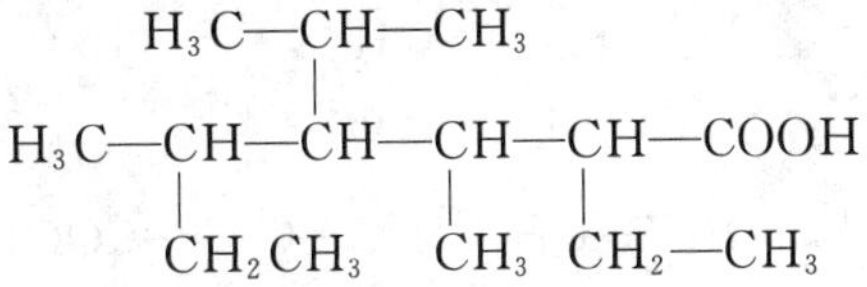

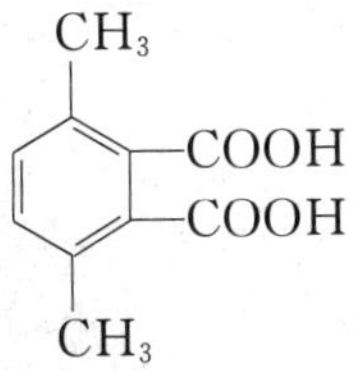

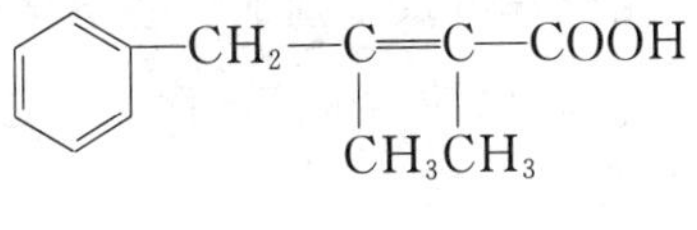

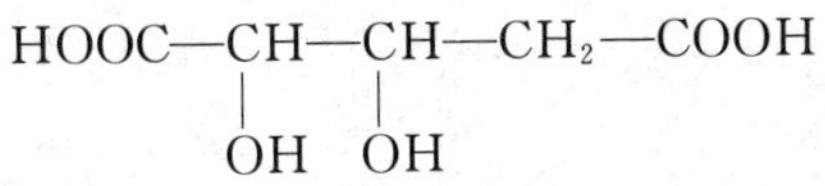

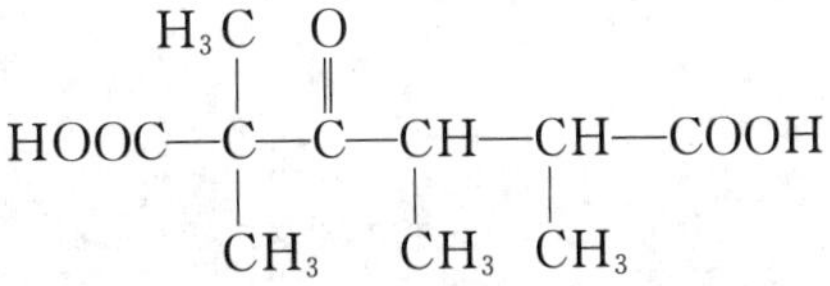

9,11,13-十八碳三烯酸　　柠檬酸　　水杨酸　　苹果酸　　邻苯二甲酸二丁酯

三、选择题(将每题一个正确答案的标号选出)

1. 硬脂酸属于(　　)。

A. 脂肪族酸　　　B.脂环族酸　　　C.芳香族酸　　　D.多元酸
2. 下列羧酸酸性最强的是(　　)。
A. 苯甲酸　　　B. 邻甲基苯甲酸　C. 间甲基苯甲酸　D. 对甲基苯甲酸
3. 酸和醇间脱去一分子水的反应属于(　　)。
A. 脱水反应　　B. 酯化反应　　C. 缩合反应　　　D. 氧化反应
4. 下列物质中分子间不能形成氢键的是(　　)。
A. 酸　　　　　B. 醇　　　　　C. 酚　　　　　　D. 醚
5. 下列化合物属于羧酸衍生物的是(　　)。
A. 2-氨基丙酸　　　　　　　　　B. 3-甲基-1,4-戊二酸
C. 2-甲基-3-乙基己酸　　　　　　D. 2,2,3,4-四甲基戊酸乙酯
6. 下列化合物水解反应活性最强的是(　　)。
A. 乙酰胺　　　B. 乙酰氯　　　C. 乙酸乙酯　　　D. 邻苯二甲酸酐
7. 不能被高锰酸钾氧化的物质是(　　)。
A. 甲酸　　　　B. 苯甲酸　　　C. 草酸　　　　　D. 乳酸

四、完成下列化学方程式

$$H_3C-CH_2-\overset{O}{\overset{\|}{C}}-OH + SOCl_2 \longrightarrow$$

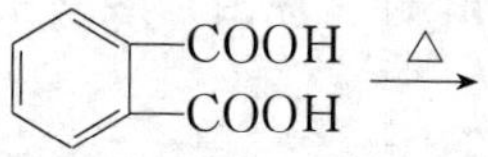

$$\underset{COOH}{\underset{COOH}{\text{⬡}}} \xrightarrow{\triangle}$$

$$HOOC-CH_2-COOH \xrightarrow{\triangle}$$

$$H_3C-CH_2-\underset{OH}{\overset{}{C}H}-COOH \xrightarrow[\triangle]{浓 H_2SO_4}$$

$$H_3C-CH_2CH_2\overset{O}{\overset{\|}{C}}-CH_2-COOH \xrightarrow{\triangle}$$

$$CH_3CH_2COOC_2H_5 + H_2O \longrightarrow$$

五、用化学方法鉴别下列各组化合物

1. 甲酸　丙酸　丙醛　丙酮　乙酸甲酯
2. 甲酸　乙酸　乙醛
3. 乙二酸　丁二酸　苯酚

第五章

旋光异构

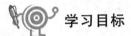 **学习目标**

1. 掌握偏振光、手性、对映异构、旋光性等基本概念；
2. 掌握费歇尔投影式的书写方法；
3. 熟悉对映异构体构型的 D/L 和 R/S 标记法；
4. 了解异构体的种类，以及旋光异构体的医学意义。

有机化合物的性质，除取决于它们的组成外，也取决于分子中原子的排列顺序和化合物的立体结构。这些具有相同分子式、不同结构的有机化合物称为**同分异构体**。具有同分异构体的现象称为同分异构现象。在有机化合物中，同分异构现象普遍存在，它是有机化合物数量繁多的重要原因之一，也是有机化合物的特点之一。

同分异构现象大致可归纳为：

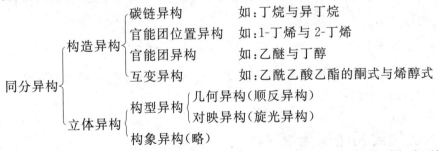

立体异构是指分子的构造相同，分子中各原子或原子团在空间的排列方式不同而引起的异构。对映异构又称为**旋光异构或光学异构**，是立体异构的一种，在化学特别是医学中具有特殊意义。本章介绍旋光异构的有关知识。

第一节　偏振光和旋光性

一、偏振光

光是一种电磁波，光波振动的方向与其前进的方向垂直。普通光（或单色光）的光波是在与其前进方向垂直的各个不同的平面内振动。若使普通光通过一个尼科尔（Nicol）棱镜（好像一个栅栏），就只有和棱镜的晶轴平行的平面内振动的光线才能通过。这种通过棱镜后只在一个平面上振动的光称为平面偏振光，简称**偏振光**，如图 3-5-1 所示。

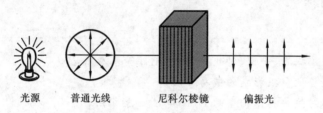

图 3-5-1　偏振光的形成

如果将偏振光通过一些物质（纯液体或溶液），有些物质（如水、酒精等）对偏振光不产生影响，即偏振光仍维持原来的振动方向。而有的物质（如葡萄糖、乳酸等）会使偏振光的振动方向发生旋转，如图 3-5-2 所示。

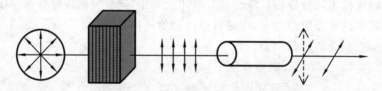

图 3-5-2　偏振光通过旋光性物质

物质使偏振光的振动方向发生旋转的性质称为物质的旋光性（或光学活性）。具有旋光性的物质称为旋光性物质（或称为光学活性物质）。

二、旋光度和比旋光度

1. 旋光度

旋光性物质的旋光度和旋光方向可用旋光仪来测定。旋光仪主要是由一个单色光源、两个尼科尔棱镜和一个盛测试液的盛液管（旋光管）所组成，如图 3-5-3 所示。

普通光通过第一个棱镜（起偏镜）后变成偏振光，然后通过盛有旋光性物质溶液的盛液管，偏振光方向发生偏转，最后由第二个棱镜（检偏镜）检验偏振光旋转的角度和方向。

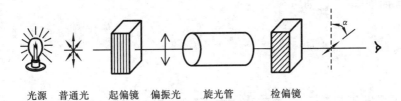

图 3-5-3　旋光仪示意图

旋光度和旋光方向可从检偏镜上连有的刻度盘上读出。

旋光性物质使偏振光的振动方向旋转的角度称为旋光度,用 α 表示。从面对光线的入射方向观察,使偏振光的振动方向顺时针旋转的物质称右旋物质,用"＋"(或"d")表示。而使偏振光的振动方向逆时针旋转的物质称左旋物质,用"－"(或"l")表示。

2. 比旋光度

旋光度的大小和旋光方向,不仅取决于旋光性物质的结构和性质,而且与测定时溶液的浓度(或纯液体的密度)、盛液管的长度、溶剂的性质、温度和光波的波长等有关。一定温度、一定波长的入射光,通过一个 1 dm 长、盛满浓度为 1 g·mL^{-1} 的旋光性物质的盛液管时所测得的旋光度称**比旋光度**,用 $[\alpha]_{\lambda}^{t}$ 表示。比旋光度可通过实验测定,并用下式求得:

$$[\alpha]_{\lambda}^{t} = \frac{\alpha_{\lambda}^{t}}{l \times c} \tag{3-5-1}$$

式中:α_{λ}^{t} 为测得的旋光度;t 为测定时的温度,常为 20 ℃ 或 25 ℃;λ 为入射光的波长,一般是钠光,波长为 589 nm;c 为旋光性物质溶液的浓度(g·mL^{-1}),纯液体时为密度;l 为盛液管长度(dm)。

比旋光度 $[\alpha]_{\lambda}^{t}$ 通常表示成 $[\alpha]_{D}^{20}$ 或 $[\alpha]_{D}^{25}$。

在一定条件下,旋光性物质的比旋光度是一个物理常数。通过测定旋光度,可计算出其比旋光度,从而可鉴定未知的旋光性物质。例如,某物质的水溶液浓度为 $\frac{5}{100}$ g·mL^{-1},在 1 dm 长的盛液管内,温度为 20 ℃,光源为钠光,用旋光仪测出旋光度为 －4.64°。按照上面的公式,此物质的比旋光度应为

$$[\alpha]_{D}^{20} = \frac{-4.64°}{1 \times \frac{5}{100}} = -92.8°$$

查有关文献可知,果糖的比旋光度为 －93°,因此该物质可能是果糖。

通过测定已知旋光性物质的旋光度,也可计算出该物质溶液的浓度,对物质进行定量分析。

例 3-5-1　某葡萄糖溶液在 20 ℃、液层厚度为 10 cm 时测得的旋光度为 ＋5.25°,从文献上查得葡萄糖溶液的比旋光度为 ＋52.5°,求此葡萄糖溶液的浓度。

解　根据比旋光度与浓度关系的计算公式(3-5-1)得

$$c = \frac{\alpha}{l \times [\alpha]_{D}^{20}} = \frac{+5.25°}{+52.5° \times 1} \text{ g·cm}^{-3} = 0.1 \text{ g·cm}^{-3}$$

如果旋光性物质是纯液体,可直接测定旋光度。但在计算比旋光度时,需将溶液浓度

变为纯液体的密度（d）。即

$$[\alpha]_\lambda^t = \frac{\alpha}{l \times d} \tag{3-5-2}$$

第二节　旋光性与物质结构的关系

一、手性碳原子

大量实验表明，有些化合物有旋光性，而有些则没有，有机化合物的旋光性也是由其结构决定的。下面以乳酸为例来说明这种现象。

$$CH_3 \overset{\alpha}{-}\underset{\underset{OH}{|}}{CH} - COOH$$

乳酸分子中的 α-碳原子分别与氢、甲基、羧基和羟基四个不相同的原子或原子团相连接，这种与四个不相同的原子或原子团相连接的碳原子称作**手性碳原子**（也叫不对称碳原子）。

乳酸分子以手性碳原子为中心，其他四个原子及原子团在空间有两种排列方式（构型），如图 3-5-4 所示。

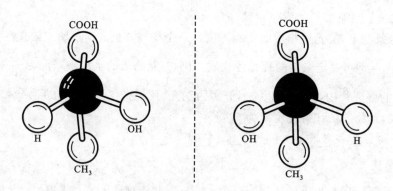

图 3-5-4　乳酸的分子模型

图 3-5-4 中两个乳酸的羧基都在上方，但其他三个原子或原子团就有两种不同的空间排列方式。如果按 OH→CH_3→H 的顺序排列，右边一种结构是按顺时针方向排列的，而左边一种则是按逆时针方向排列的。

二、旋光异构体

乳酸分子的这两种构型就如同左手与右手（或物体与镜像）的关系那样，非常相似，但无论怎样翻转都无法使它们完全重合，这说明它们是两种不同构象的乳酸分子。像这种互为实物与镜像的关系，彼此相互对映而不能完全重合的现象称为对映异构现象，它们互称为对映异构体（简称对映体）。因为对映体的旋光性不同，也可称为**旋光异构体**（或光学异构体）。旋光异构体的旋光度相同而旋光方向相反，其他的物理性质和化学性质在一般条件下都相同。

物质的分子和它的镜像不能重合的特征称为手性。这样的分子称作手性分子，手性分子一般具有旋光性。上述两种构型的乳酸，其中一种使偏振光向右旋转，叫右旋乳酸，用"（＋）-乳酸"表示；另一种使偏振光向左旋转，叫左旋乳酸，用"（－）-乳酸"表示。两者旋光的方向相反（因为互为对映体），旋光度的绝对值相等（因为分子结构相同）。

若将等量的（＋）-乳酸和（－）-乳酸混合，则旋光性互相抵消，成为外消旋乳酸，用"（±）-乳酸"表示。像这种由等量的旋光异构体所组成的物质称为**外消旋体**。

从肌肉中得到的右旋乳酸、由葡萄糖经乳酸杆菌发酵得到的左旋乳酸和由酸牛奶中得到的外消旋乳酸，它们的物理性质的异同点见表 3-5-1。

表 3-5-1 乳酸的物理性质

乳 酸	结 构 简 式	$[\alpha]_D^{20}$	熔点
（＋）-乳酸	$CH_3CHOHCOOH$	＋3.8°	28 ℃
（－）-乳酸	$CH_3CHOHCOOH$	－3.8°	28 ℃
（±）-乳酸	$CH_3CHOHCOOH$	无旋光性	18 ℃

判断一个化合物是否具有旋光性，要看该化合物分子是否是手性分子。如果是手性分子，该化合物一定有旋光性。化合物分子具有手性是产生旋光性的充分必要条件。

三、分子的对称性

从分子结构看，手性与分子的对称性有关。当分子有对称面或对称中心等对称因素时，分子是非手性分子，无旋光性。反之，分子没有这些对称因素时，则分子是手性分子，有旋光性。可以通过分子是否有对称面或对称中心等对称因素判断分子是否有手性、有旋光性。

（1）对称面　如果分子中有一个平面将分子分成两部分，这两部分互呈物体和镜像的关系，这个平面就称为分子的**对称面**。例如二氯甲烷分子中有两个对称面，如图 3-5-5 所示。

对于平面分子，分子所在的平面就是分子的对称面，这样的分子是非手性分子，无旋光性。如乙烯、苯等分子是平面分子，分子本身所在的平面就是分子的对称面，因此，它们是非手性分子，没有旋光性。

（2）对称中心　对称中心是指分子中的一点，通过此点作直线，若在直线两端等距离点上有相同的原子或基团，则这一点称为分子的对称中心。例如二氟二氯环丁烷分子中有一个对称中心（见图 3-5-6）。

具有对称中心的分子也是非手性分子，没有旋光性。有一些分子中还可以通过手性

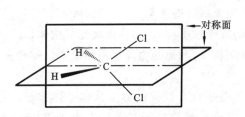
图 3-5-5 二氯甲烷分子中的对称面

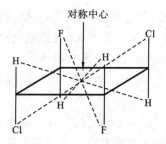
图 3-5-6 二氟二氯环丁烷分子的对称中心

碳原子来判断分子的手性。手性碳原子常用"*"号标记。含有一个手性碳原子的分子一定是手性分子,具有旋光性。下面标有"*"号的碳原子都是手性碳原子。

$$H_3C-\overset{*}{C}H-CH_2-CH_3 \qquad H_3C-\overset{*}{C}H-COOH \qquad HOOC-\overset{*}{C}H-CH_2-COOH$$
$$\quad\;\;|\qquad\qquad\qquad\qquad\;\;|\qquad\qquad\qquad\qquad\quad\;\;|$$
$$\quad\;\;Cl\qquad\qquad\qquad\qquad\;OH\qquad\qquad\qquad\qquad\quad\;OH$$

与手性碳原子相似,氮原子和磷原子如果连有四个不同的原子或基团,称为手性氮原子和手性磷原子,这样的化合物也是手性分子,也具有旋光性。

$$\qquad\qquad CH_3$$
$$\qquad\qquad\;\;|$$
$$H_3C-CH_2-\overset{*}{N}{}^+-CH_2-CH_2-CH_3$$
$$\qquad\qquad\;\;|$$
$$\qquad\qquad C_6H_5$$

含有一个手性碳原子的化合物一定是手性分子,具有旋光性。但是有多个手性碳原子的化合物不一定是手性分子,判断含多个手性碳原子的分子是否是手性分子,需要看分子中是否有对称因素。例如 2,3-二氯丁烷分子中有两个手性碳原子,但分子中有一个对称面,是非手性分子,无旋光性。

$$\qquad CH_3$$
$$\qquad\;\;|$$
$$H-\overset{*}{C}-Cl$$
$$\qquad\;\;|$$
$$H-\overset{*}{C}-Cl$$
$$\qquad\;\;|$$
$$\qquad CH_3$$

第三节　旋光异构体构型的表示方法和命名

一、旋光异构体构型的表示方法

旋光异构体的构造式相同,仅空间排布即构型不同,所以需用构型式表示旋光异构体,常用的方法有两种。

1. 透视式（也称楔形式）

透视式就是用不同的线段表示手性分子的立体结构，一般用楔形键表示原子或原子团在平面外，虚线键表示在平面内，实线键表示在平面上。例如乳酸和 2,3,4-三羟基丁醛的透视式如图 3-5-7 所示。

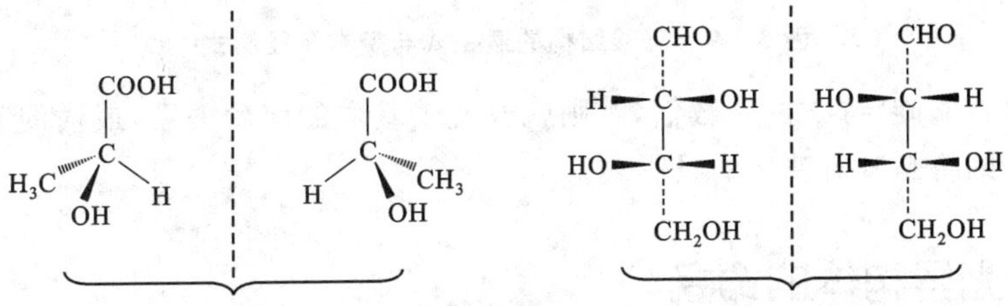

图 3-5-7 旋光异构体的透视式

2. 费歇尔（E. Fischer）投影式

透视式是立体图形，非常形象地反映了分子真实的立体结构。但在书写时，特别是在描述多原子的分子时很不方便。因此，手性分子在多数情况下都采用平面投影式，最常用的是费歇尔投影式。

该法是将与手性碳原子相连的四个不同基团（—OH、—H、—COOH、—CH₃）中的两个处于水平方向的基团（—OH、—H）朝前（朝向观察者）；两个处于垂直方向的基团（—COOH、—CH₃）朝后，然后朝纸面投影，如图 3-5-8 所示。这样，在纸面上的横线连接向前（水平方向）的基团，竖线连接向后（垂直方向）的基团。手性碳原子处于两条直线交叉点，不用写出。所以，这种投影式也可称为十字形投影式。

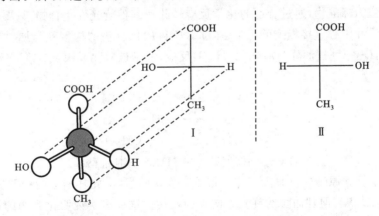

图 3-5-8 乳酸旋光异构体的费歇尔投影式

透视式和费歇尔投影式是有机化合物立体构型的二种平面表示方法，二者既有区别，又有联系，是具有手性碳原子化合物结构的简洁、科学的表达方式，见图 3-5-9。

必须注意，投影式是用平面式代表立体结构的，根据费歇尔投影式的规则，一个化合物分子可以写出多个投影式，但一般习惯将最长的碳链作为垂直线，同时把氧化态较高的基团放在上端。若要判断两个投影式是否代表同一化合物，可将其中之一进行翻转比较，比较时为保持构型不变，投影式只能在纸平面上旋转 180°或 90°的偶数次，但不能离开纸

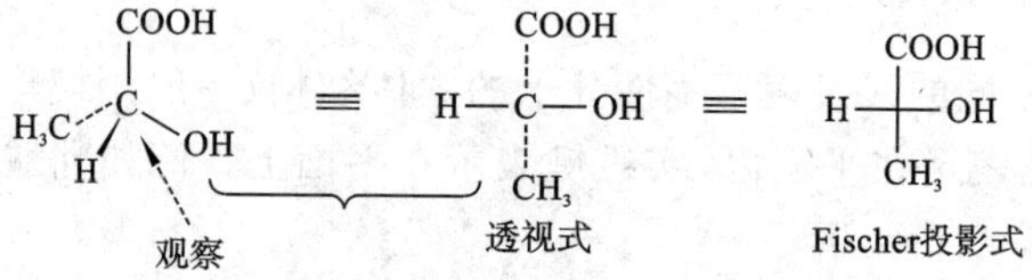

图 3-5-9 乳酸结构的透视式与费歇尔投影式

平面翻转,也不能旋转 90°的奇数倍,否则就改变了基团的前后关系,或横线变竖线、竖线变横线,得到的将是其对映体的投影式。

二、旋光异构体的命名

1. D、L 命名法

一个化合物的绝对构型是指键合在手性碳原子上的四个原子或基团在三维空间的真实排列方式。1951 年前,人们还无法确定化合物的绝对构型。费歇尔人为地选定(＋)-甘油醛为标准物,并规定其碳链处于垂直方向,醛基在碳链上端,C_2 上的羟基处于右侧的为 D 型。它的旋光异构体(－)-甘油醛为 L 型。这种由人为规定的标准物,并不是实际测得的,因此称为相对构型标记法。甘油醛的 D、L 构型如下:

$$
\begin{array}{cc}
\text{CHO} & \text{CHO} \\
\text{H}\!\!-\!\!\overset{|}{\text{C}}\!\!-\!\!\text{OH} & \text{HO}\!\!-\!\!\overset{|}{\text{C}}\!\!-\!\!\text{H} \\
\text{CH}_2\text{OH} & \text{CH}_2\text{OH} \\
\text{D-(＋)-甘油醛} & \text{L-(－)-甘油醛}
\end{array}
$$

以甘油醛为标准物,通过合适的化学反应转化成其他旋光性化合物,只要在反应过程中不断裂与手性中心直接相连的化学键,那么所得的化合物的构型就与原甘油醛的构型相同。例如,D-(＋)-甘油醛与氧化汞(HgO)反应,醛基被氧化成羧基(—COOH),生成甘油酸。

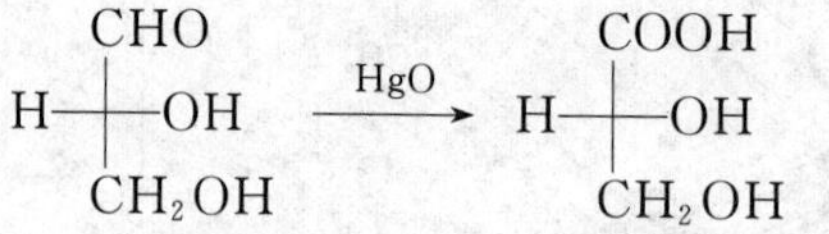

$$
\begin{array}{ccc}
\text{CHO} & & \text{COOH} \\
\text{H}\!\!-\!\!\overset{|}{\text{C}}\!\!-\!\!\text{OH} & \xrightarrow{\text{HgO}} & \text{H}\!\!-\!\!\overset{|}{\text{C}}\!\!-\!\!\text{OH} \\
\text{CH}_2\text{OH} & & \text{CH}_2\text{OH} \\
\text{D-(＋)-甘油醛} & & \text{D-(－)-甘油酸}
\end{array}
$$

由于与手性碳原子(C_2)直接相连的键没有发生断裂,因此甘油酸的构型应与 D-甘油醛相同,也是 D 型。但甘油酸的旋光方向却为左旋。这一事实说明化合物的构型与旋光方向没有直接的关系。化合物的旋光方向一定是通过旋光仪直接测定的。

1951 年,拜捷沃特(J. M. Bijvoet)用 X-衍射技术测定了(＋)-酒石酸铷钾盐的绝对构型之后,确定了原来人为规定的 D-(＋)-甘油醛的构型刚巧就是它的真实构型。当然以甘油醛为标准物确定的其他化合物的构型,自然也是绝对构型了,这在科学研究上是一个巧合。

D、L 命名法有其局限性,如在含多个手性碳原子的糖的分子中,D 或 L 仅表示编号最大的手性碳原子的构型。但由于习惯的原因,D、L 命名法目前仍较普遍地应用在糖类化合物和氨基酸的命名中。

2. R、S 命名法

R、S 标记中的 R 和 S 是拉丁文 Rectus 和 Sinister 的简写,分别表示"右"和"左"。R/S标记法的命名原则如下。

① 将连在手性碳原子上的四个基团(a、b、c、d)按次序规则排列(假设优先顺序为 a＞b＞c＞d)。

一些常见原子或基团的排列顺序为:I、—Br、—Cl、—SO_3H、—F、—OR、—NO_2、—NHR、—NH_2、—COOR、—COOH、—CHO、—CH_2OH、—CN、—C_6H_5、—CR_3、—CHR_2、—CH_2R、—CH_3。

② 将最小基团(d)远离观察者,然后观察其他三个基团的关系。若观察者的眼睛由 a→b→c 依顺时针方向行进时,此手性碳原子具有 R 型;若以逆时针方向行进时,则为 S 型,如图 3-5-10 所示。

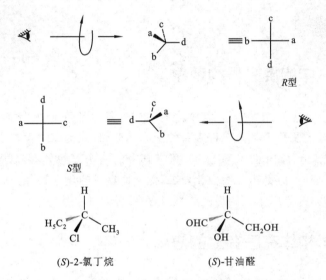

(S)-2-氯丁烷　　　　(S)-甘油醛

图 3-5-10　R、S 构型的标定

上面介绍的是用立体模型或透视式来确定构型(R 型或 S 型)的方法。当采用费歇尔投影式表示分子结构并进行构型命名时有如下规律,通常可以采用下述经验方法:

若最小基团已处于垂直方向的竖线上,可直接将其他三个基团在平面内按大小顺序确定其构型,因为此时最小基团已处于离观察者最远的位置。例如,对下列化合物的费歇尔投影式,可按此方法标出它们的构型。

$$\begin{array}{c}H\\Cl\!-\!\!\!\!-\!\!\!\!-\!CH_3\\C_2H_5\end{array} \qquad \begin{array}{c}H\\H_3C\!-\!\!\!\!-\!\!\!\!-\!Cl\\C_2H_5\end{array}$$

(S)-2-氯丁烷　　　　(R)-2-氯丁烷

若次序规则中最小的原子或基团是位于费歇尔投影式中的左边或右边(横向),这时也可以按上述方法确定排列顺序,但顺时针为 S 型,逆时针为 R 型。例如,乳酸的 R、S 构型如下:

$$\begin{array}{c} \text{COOH} \\ \text{H}\!\!-\!\!\!\overset{|}{\underset{|}{\text{C}}}\!\!-\!\!\text{OH} \\ \text{CH}_3 \end{array} \qquad \begin{array}{c} \text{COOH} \\ \text{HO}\!\!-\!\!\!\overset{|}{\underset{|}{\text{C}}}\!\!-\!\!\text{H} \\ \text{CH}_3 \end{array}$$

(R)-乳酸　　　　　　(S)-乳酸

从以上讨论可知,在用费歇尔投影式确定 R、S 构型时,应该特别注意手性碳原子所连的原子序数最小的原子或基团所处的位置。但根据费歇尔投影式的书写规则,最小的原子或基团位于费歇尔投影式中的左边或右边(横向),因此,其构型的判别有可能恰好与用立体模型或透视式来确定构型(R 型或 S 型)的结果相反。

同样 R、S 构型与其旋光方向的左、右也没有直接的关系。

第四节　旋光异构体在医药上的应用

一、生物体中的旋光异构现象

在生物体内有许多旋光异构体,其中人们熟知的是由活细胞产生的生物催化剂——酶。生物体内所有的酶分子都具有许多手性中心。例如,糜蛋白酶含有 251 个手性中心,理论上应有 2^{251} 个旋光异构体,但实际上,只有其中的一个对映体存在于给定的机体中。生命细胞中几乎每种反应都需要酶催化,被酶催化而反应的化合物称为底物,大多数底物也都是手性化合物,并且以单一的对映体形式存在。

二、旋光异构体在医药上的应用

一对对映体的构造完全相同,很多物理、化学性质均相同,但构型的差异致使其在生理活性上有着截然不同的作用。例如,微生物在生长过程中,只能利用右旋丙氨酸,人体所需要的糖类都是 D 构型,所需要的氨基酸都是 L 构型。在药物中,往往只有某一个旋光异构体具有明显的疗效。例如,左旋抗坏血酸有抗坏血病的作用,右旋抗坏血酸则没有抗坏血病的作用;左旋氯霉素有抗菌作用,而右旋氯霉素则没有抗菌作用;在升高血压方面,左旋麻黄碱的药效比右旋麻黄碱大 20 倍;左旋肾上腺素的生理活性比右旋肾上腺素大 14 倍等。

为什么对映体之间在生理活性上会有如此大的差别? 因为化学物质引起或改变细胞的反应,一般是通过细胞的专一特定部位而起作用的。在细胞上的这些特定接受部位通常称为受体靶位。受体大多为蛋白质,当然是手性物。一个特异性手性分子的立体结构只有与特定的受体的立体结构有互补关系,其活性部位才能恰好进入受体的靶位,产生应有的生理作用。通常受体蛋白质的旋光异构是一定的,因此,药物对映体中最多只有一个对映体的构型完全适合与受体靶位作用而产生生理效应,另一个则不能与受体结合。

知识拓展

手性药物

手性药物是指含单一对映体的药物。大量研究结果表明，含有手性因素的药物，其药理功能与分子的立体构型有着密切关系。许多药物的对映体常表现出不同的药理作用，往往一种构型有这样的药效，而另一种构型却有那样的药效。甚至在一对对映体中，有一种具有治病功能，而另一种却有致毒作用。例如在 1961 年，曾因人们对对映体的药理作用认识不足，孕妇服用外消旋体的镇静剂"反应停"后，出现了畸胎事件。后经研究发现，"反应停"的 S-构型体具有镇静作用，能缓解孕期妇女恶心、呕吐等妊娠反应；而 R-构型体非但没有镇静作用，反而能导致胎儿畸形。由此，人们对手性药物高度重视，并相继开发研制出大量的手性药物。目前，手性药物在合成新药中已占据主导地位。

根据药理作用的不同，可将手性药物分为三种类型。

1. 对映体的药理作用不同

有些药物的对映体具有完全不同的药理作用。例如，曲托喹酚（速喘宁）的 S-构型体是支气管扩张剂，而 R-构型体则有使血小板凝聚的作用。"反应停"也属这类药物。生产这类药物时，应严格分离并清除有毒性的构型体，以确保用药安全。

2. 对映体的药理作用相似

有些药物的对映体具有类似的药理作用。例如，异丙嗪的两个异构体都具有抗组织胺活性，均具有镇吐、抗晕动以及镇静催眠等作用，其毒副作用也相似。这类药物的对映体不必分离便可直接使用。

3. 单一对映体有药理作用

有些药物的对映体中，只有一个具有药理活性。例如，萘普生的 S-构型体具有抗炎镇痛作用，而 R-构型体则基本上没有疗效，但也无毒副作用。生产该类药物时，要尽量提高有药理活性的异构体的产量。

手性药物的制备方法主要有两种：手性合成法和手性拆分法。

手性合成法包括化学合成和生物合成两种途径。

（1）化学合成 化学合成主要是以糖类化合物作起始原料，经不对称反应，在分子的适当部位引进新的活性官能团，合成各种有生物活性的手性化合物。糖是自然界中存在最广的手性物质之一，而且各种糖的立体异构均研究得比较清楚。例如，一个六碳糖，可同时提供四个已知构型的不对称碳原子，用它作为原料，经适当的化学改造，可以合成多种有用的手性药物。

（2）生物合成 生物合成包括发酵法和生物酶法。发酵法就是利用细胞发酵法合成手性化合物。例如，生物化学工业利用细胞发酵法生产 L-氨基酸。生物酶法是通过酶促反应将具有潜手性的化合物转化为单一的对映体，可以利用氧化还原酶、裂解酶、水解酶、环氧化酶等,直接从前体合成各种复杂的手性化合物。这种方法具有收率高、副反应少、反应条件温和、无环境污染等特点,有利于工业化生产。

手性拆分法相对较简单,就是将外消旋体拆分成对映体的两个部分,是制取手性药物最省事的方法,主要有结晶拆分、动力学拆分、包结拆分、酶拆分和色谱拆分等方法。其中色谱拆分可用电脑自动控制,在手性色谱柱的一端注入外消旋体和溶剂,在另一端便可接收到已拆分开的对映体的两个组分。包结拆分是化学拆分中较新的一种方法。它是使外消旋体与手性拆分剂发生包结作用,并在分子-分子层次上进行手性匹配和选择,然后再通过结晶方法将两种对映体分离开来。例如,治疗消化道溃疡的药物奥美拉唑的 S 构型体和 R 构型体就是利用这种方法拆分开的。

随着医药学的发展,手性药物的产量也在快速增加,21世纪将成为手性药物和手性技术有突破性进展的新世纪。

本章小结

1. 知识系统网络

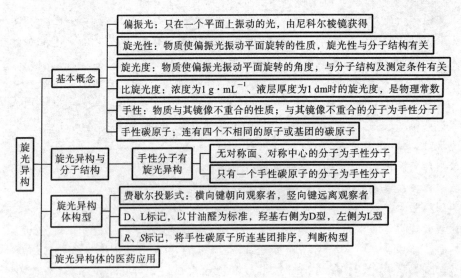

2. 学习方法概要

旋光异构是一种立体异构,具有特殊意义。在学习旋光异构时应首先掌握碳原子的四面体结构,在头脑中建立四面体的立体模型。在此基础上学习旋光异构与分子结构的关系,学会分析分子的对称因素,根据分子结构判断物质的旋光性,理解构型的 D、L 标记和 R、S 标记的意义及方法要点。

目标检测

一、判断题（对的打√，错的打×）

1. 旋光异构属于立体异构。（ ）
2. 只在一个平面上振动的光称为偏振光。（ ）
3. 各种化合物的比旋光度是旋光活性物质特有的物理常数，可用于物质的鉴别。（ ）
4. 没有对称面和对称中心的分子，一般是手性分子，是有旋光性的。（ ）
5. D 型的旋光活性物质，其旋光方向一定是右旋。（ ）
6. 含有手性碳原子的分子一定是手性分子，有旋光性。（ ）
7. 有些药物的对映体具有完全不同的药理作用。（ ）

二、用 R/S 法命名下列化合物

三、选择题（将每题一个正确答案的标号选出）

1. 化合物（＋）-和（－）-甘油醛的性质不同的是（ ）。
   A. 熔点　　　　B. 相对密度　　　　C. 折光率　　　　D. 旋光性

2. 具有旋光异构体的化合物是（ ）。
   A. $(CH_3)_2CHCOOH$　　　　B. $CH_3COCOOH$
   C. $CH_3CH(OH)COOH$　　　　D. $HOOCCH_2COOH$

3. 下列叙述正确的是（ ）。
   A. 具有手性碳原子的化合物必定有旋光性
   B. 含有一个手性碳原子且为 D 型或 L 型的化合物，其旋光方向必为右旋
   C. 分子中含有 n 个手性碳原子的化合物具有 2^n 个旋光异构体
   D. 手性分子必定具有旋光性

4. 旋光物质具有旋光性的根本原因是（ ）。
   A. 分子中具有手性碳原子　　　　B. 分子中具有对称中心
   C. 分子的不对称性　　　　　　　D. 分子中没有手性碳原子

5. 下列说法正确的是（ ）。
   A. 有机分子若有对称中心，则无手性
   B. 有机分子若没有对称面，则必有手性
   C. 手性碳原子是分子具有手性的必要条件
   D. 一个分子具有手性碳原子，则必有手性

6. 以下关于 D/L 和 R/S 的表述正确的是（ ）。
   A. D 构型一定是 R 构型

B. D构型一定是S构型

C. D构型可能是R构型,也可能是S构型

D. 二者没有关系

四、写出下列化合物的费歇尔投影式

1. (S)-2-氯戊烷　　2. (R)-2-丁醇　　3. (S)-α-溴乙苯　　4. CHClBrF(S型)

五、判断下列概念的正确与否,并解释

1. 含有手性碳原子的化合物都有旋光性。

2. 对映体的物理性质(旋光方向除外)和化学性质都相同。

3. 非对映体的物理性质和化学性质都不同。

4. 旋光性物质旋光性的测定既可进行定性分析,又可进行定量分析。

第六章 脂类和甾体化合物

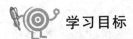 学习目标

1. 了解脂类化合物的概念和分类；
2. 掌握油脂的组成、结构和命名；
3. 熟悉油脂的化学性质(皂化、加氢、加碘、干化、酸败)；
4. 了解甾体化合物的基本骨架、立体异构及命名方法；
5. 熟悉重要的甾体化合物(甾醇、胆甾酸、甾体激素、强心苷、甾体皂苷)及其生物学功能。

脂类是生物体内能量的重要来源，也是生命运动不可缺少的物质；脂类也是脂溶性维生素 A、维生素 D、维生素 E 和维生素 K 的良好溶剂，对维生素等脂溶性物质的吸收有促进作用；分布在脏器周围的脂肪还具有保护内脏的作用。

甾体化合物是一类重要的天然产物，广泛地存在于动植物组织中，如动物体内的甾醇、胆甾酸、维生素 D、肾上腺皮质激素和性激素，植物中的强心苷和甾体生物碱等。甾体化合物对机体代谢、生长和发育有重要的调节作用。

第一节 油 脂

油脂是油和脂肪的总称，习惯上把室温下呈固态或半固态的油脂称为脂肪，在常温下呈液态的称为油。脂肪大多来源于动物体，比如猪油、牛油、羊油等；油大多来源于植物，比如豆油、花生油、菜籽油、蓖麻油等。油脂是维持生命不可缺少的物质。

一、油脂的组成、结构和命名

油脂是由1分子甘油与3分子高级脂肪酸发生酯化反应生成的酯,称为三酰甘油,医学上也称为甘油三酯。油脂的结构可用如下通式表示:

$$\begin{array}{c} \quad\quad\quad\quad O \\ \quad\quad\quad\quad \| \\ CH_2-O-C-R_1 \\ \quad\quad\quad\quad O \\ \quad\quad\quad\quad \| \\ CH-O-C-R_2 \\ \quad\quad\quad\quad O \\ \quad\quad\quad\quad \| \\ CH_2-O-C-R_3 \end{array}$$

其中,R_1、R_2、R_3可以相同,也可以不同。相同的称为单甘油酯,不同的称为混甘油酯。天然油脂大多为混甘油酯。此外,油脂中还含有少量游离脂肪酸、维生素和色素等物质,所以天然油脂是以混甘油酯为主的复杂混合物。

组成油脂的脂肪酸,已知的有50多种。油脂中脂肪酸的碳原子数一般在12～20之间,其中十六碳原子、十八碳原子的高级脂肪酸最多。脂肪酸包括饱和脂肪酸和不饱和脂肪酸两类。一般情况下,饱和脂肪酸含量较高的油脂熔点较高,常温下呈固态;不饱和脂肪酸含量较高的油脂熔点较低,常温下呈液态。常见油脂中的重要脂肪酸见表3-6-1。

表3-6-1 常见油脂所含的重要脂肪酸

	名 称	结构简式	熔点/℃
饱和脂肪酸	月桂酸(十二碳酸)	$CH_3(CH_2)_{10}COOH$	43.6
	肉豆蔻酸(十四碳酸)	$CH_3(CH_2)_{12}COOH$	58.0
	软脂酸(十六碳酸)	$CH_3(CH_2)_{14}COOH$	62.9
	硬脂酸(十八碳酸)	$CH_3(CH_2)_{16}COOH$	69.9
	花生酸(二十酸)	$CH_3(CH_2)_{18}COOH$	75.2
不饱和脂肪酸	棕榈油酸(9-十六碳烯酸)	$CH_3(CH_2)_5CH=CH(CH_2)_7COOH$	33
	油酸(9-十八碳烯酸)	$CH_3(CH_2)_7CH=CH(CH_2)_7COOH$	16.3
	亚油酸(9,12-十八碳二烯酸)	$CH_3(CH_2)_4(CH=CHCH_2)_2(CH_2)_6COOH$	−5
	亚麻酸(9,12,15-十八碳三烯酸)	$CH_3(CH_2CH=CH)_3(CH_2)_7COOH$	−11.3
	花生四烯酸(5,8,11,14-二十碳四烯酸)	$CH_3(CH_2)_4(CH=CHCH_2)_4(CH_2)_2COOH$	−49.5
	芥酸(13-二十二碳烯酸)	$CH_3(CH_2)_7CH=CH(CH_2)_{11}COOH$	33.5
	桐油酸(9,11,13-十八碳三烯酸)	$CH_3(CH_2)_3(CH=CH)_3(CH_2)_7COOH$	49

在饱和脂肪酸中,以分子中含16个碳原子的软脂酸和18个碳原子的硬脂酸分布最广,其次是月桂酸、肉豆蔻酸,含12个碳原子以下的饱和脂肪酸比较少见。常见油脂中高级脂肪酸的含量见表3-6-2。

表 3-6-2　常见油脂中高级脂肪酸的含量(质量分数)　　　　　单位:%

名　称	软脂酸	硬脂酸	油酸	亚油酸	其　他
大豆油	6～10	2～4	21～29	50～59	亚麻酸 4～8
花生油	6～9	2～6	50～70	13～26	花生酸 4～8
棉籽油	19～24	1～2	23～33	40～48	
蓖麻油	0～2	—	0～9	3～7	蓖麻油酸 80～92
桐油	—	2～6	4～16	0～1	桐油酸 74～91
亚麻油	4～7	2～5	9～38	3～43	亚麻酸 25～58
猪油	28～30	12～18	41～48	6～7	
牛油	24～32	14～32	35～48	1～2	

组成油脂的大多数脂肪酸在人体内能够合成,但亚油酸、亚麻酸、花生四烯酸等多双键不饱和脂肪酸在人体内不能合成,而营养上又不可缺少,必须由食物供给,故称其为营养必需脂肪酸。

油脂的命名与一般酯相同。命名时将脂肪酸名称放在前面,甘油的名称放在后面,称为某酸甘油酯(或某脂酰甘油),但其中的脂肪酸通常采用俗名,如三硬脂酰甘油。如果是混甘油酯,则需用 α,α' 和 β 分别标明脂肪酸的位次,如 α-亚油酸-β-油酸-α'-硬脂酰甘油。

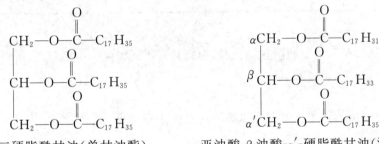

　　三硬脂酰甘油(单甘油酯)　　　　α-亚油酸-β-油酸-α'-硬脂酰甘油(混甘油酯)
　　　(三硬脂酸甘油酯)　　　　　　　(α-亚油酸-β-油酸-α'-硬脂酸甘油酯)

二、油脂的性质

1. 物理性质

纯净的油脂是无色、无味、无臭的中性化合物。天然油脂常含有某些色素和杂质,而呈现一定的颜色或具有某种气味。如植物油脂一般呈黄色或黄绿色,菜籽油带有辛辣味,芝麻油带有香味。

油脂比水轻,植物油脂的相对密度一般在 0.90～0.95 之间,而动物油脂常在 0.86 左右。油脂难溶于水,易溶于热乙醇、乙醚、石油醚、氯仿、四氯化碳和苯等有机溶剂。因此,油脂总是浮在水面上。

由于油脂是混合物,所以没有恒定的熔点和沸点,但各种油脂都有一定的熔点范围,如花生油为 28～32 ℃,牛油为 42～49 ℃,猪油为 36～46 ℃。常见油脂的理化常数见表 3-6-3。

表 3-6-3 常见油脂的理化常数

油脂名称	凝固点/℃	相对密度	皂化值/(mg(KOH)/g(油))	碘值/(g(I_2)/100 g(油))
椰子油	21.8~23	0.917~0.919 (25 ℃/15.5 ℃)	250~264	7.5~10.5
棉籽油	-5~5	0.916~0.918	189~198	99~113
花生油	-3~3	0.910~0.915	188~195	84~100
葵花子油	-18~-16	0.915~0.919	188~194	125~136
米糠油	-5~5	0.916~0.921	181~189	99~108
高芥酸菜籽油	-12~-10	0.906~0.910	170~180	97~108
大豆油	-18~-15	0.917~0.921	189~195	120~141
桐油	0 左右	0.9360~0.9396	189~195	160~175
猪油	28~48(熔点)	0.858~0.864 (99 ℃/15.5 ℃)	195~202	46~70
牛脂	40~50(熔点)	0.860~0.870 (99 ℃/15.5 ℃)	193~202	35~48

2. 化学性质

油脂的主要成分是高级脂肪酸甘油三酯,而且具有不同程度的不饱和性,所以油脂可以发生水解、加成、氧化、聚合等反应。

(1) 水解反应。

油脂在酸、碱或酶的作用下可发生水解反应。油脂在酸催化下水解生成 1 分子甘油和 3 分子高级脂肪酸,其反应是可逆的。

$$\begin{array}{c}CH_2-O-\overset{O}{\underset{\|}{C}}-C_{17}H_{31}\\CH-O-\overset{O}{\underset{\|}{C}}-C_{17}H_{33}\\CH_2-O-\overset{O}{\underset{\|}{C}}-C_{17}H_{35}\end{array}+H_2O\xrightarrow{H^+}\begin{array}{c}CH_2-OH\\CH-OH\\CH_2-OH\end{array}+\begin{array}{c}C_{17}H_{31}COOH\\C_{17}H_{33}COOH\\C_{17}H_{35}COOH\end{array}$$

α-亚油酸-β-油酸-α'-硬脂酸甘油酯　　　　甘油　　高级脂肪酸

动植物体内油脂的水解是在脂肪酶的作用下进行的。种子发芽时,种子内油脂在脂肪酶催化下水解生成甘油和高级脂肪酸,甘油和高级脂肪酸再经酶的催化而进一步转化或氧化分解,为幼苗生长提供养料和能量。

油脂在碱性条件下水解则生成甘油和高级脂肪酸盐,例如:

$$\begin{array}{c}\text{CH}_2\text{—O—CO—C}_{17}\text{H}_{31}\\|\\\text{CH—O—CO—C}_{17}\text{H}_{33}\\|\\\text{CH}_2\text{—O—CO—C}_{17}\text{H}_{35}\end{array} + \text{NaOH} \longrightarrow \begin{array}{c}\text{CH}_2\text{—OH}\\|\\\text{CH—OH}\\|\\\text{CH}_2\text{—OH}\end{array} + \begin{array}{c}\text{C}_{17}\text{H}_{31}\text{COONa}\\\\\text{C}_{17}\text{H}_{33}\text{COONa}\\\\\text{C}_{17}\text{H}_{35}\text{COONa}\end{array}$$

α-亚油酸-β-油酸-α′-硬脂酸甘油酯　　　　　　甘油　　　高级脂肪酸钠

高级脂肪酸的钠盐是肥皂的主要成分,故油脂在碱性溶液中的水解又称**皂化反应**,是工业上制肥皂和甘油的重要方法。油脂在碱性条件下的水解反应一般不可逆。

1 g 油脂完全皂化时所需的氢氧化钾的质量(mg)称为**皂化值**。根据皂化值的大小,可以判断油脂中甘油三酯的平均相对分子质量。油脂中甘油三酯的平均相对分子质量越大,则 1 g 油脂所含甘油三酯物质的量越少,皂化时所需碱的量也越少,即皂化值越小。反之,皂化值越大,表示甘油三酯的平均相对分子质量越小。

皂化值是衡量油脂质量的重要指标之一。天然油脂都有一定的皂化值范围,不纯的油脂,因含有不能被皂化的杂质,故其皂化值偏低。常见油脂的皂化值见表3-6-3。

(2) 加成反应。

含有不饱和脂肪酸成分的油脂,其分子中含有碳碳双键,因此可以和 H_2、卤素等发生加成反应。

在催化剂(Ni、Pt、Pd)的作用下,油脂中不饱和脂肪酸的碳碳双键与氢作用变成饱和键,成为饱和脂肪酸含量较高的油脂。

$$\begin{array}{c}\text{CH}_2\text{OOCC}_{17}\text{H}_{33}\\|\\\text{CHOOCC}_{17}\text{H}_{33}\\|\\\text{CH}_2\text{OOCC}_{17}\text{H}_{33}\end{array} + 3\text{H}_2 \xrightarrow[\text{加热加压}]{\text{催化剂}} \begin{array}{c}\text{CH}_2\text{OOCC}_{17}\text{H}_{35}\\|\\\text{CHOOCC}_{17}\text{H}_{35}\\|\\\text{CH}_2\text{OOCC}_{17}\text{H}_{35}\end{array}$$

油脂加氢后,原来液态的油将变为固态或半固态的脂肪,熔点升高,故油脂的催化加氢又称为油脂的硬化,氢化后得到的油脂叫氢化油,也称硬化油。硬化油容易储存、运输,还能扩大油脂的应用范围。例如,经脱色、脱臭后精制植物油加氢制得硬化油,可做人造奶油和人造黄油;不宜食用的硬化油用来制肥皂。

在油脂分析中常利用油脂中的碳碳双键与碘的加成反应来判断油脂的不饱和程度。100 g 油脂所能吸收的碘的质量(g)称为**碘值**。碘值越大,表示油脂中不饱和脂肪酸的含量越高。由于碘的加成速率较慢,常采用氯化碘或溴化碘代替碘,以提高加成速率。反应完毕,根据卤化碘的量换算成碘,即得碘值。一些常见油脂的碘值见表3-6-3。

(3) 干化。

碘值在 130 g 以上的不饱和油脂如桐油、亚麻油等,在空气中放置,能逐渐形成一层干燥而有韧性的薄膜,这种现象称为油脂的**干化**。具有这种性质的油叫干性油。干化的化学本质是复杂的,一般认为是由氧引起的聚合所致。油的干性强弱(即结膜的快慢)与油分子中所含双键的数目及其相对位置有关。含有双键数目多并有共轭双键结构体系的油脂干化快。油的干性强弱是判断它们能否作为油漆涂料的主要依据。例如:桐油中的桐油酸,含有较易发生聚合作用的共轭双键,桐油酸含量高达 74%～91% 的桐油是性能优良的油漆原料。用桐油制成的油漆,不仅干结成膜快,而且漆膜坚韧、耐光、耐冷热变化、耐潮湿、耐腐蚀。

(4) 酸败。

油脂储存不当或在空气中放置过久,逐渐发生变质,并产生一种令人不愉快的气味,这种现象称为油脂的**酸败**。油脂酸败的原因主要是受空气中的氧气、水和微生物的作用,使油脂中不饱和脂肪酸的双键被氧化,变成过氧化物,后者继续分解或进一步氧化,生成有臭味的低级醛、酮或羧酸。光、湿、热及真菌等对酸败有催化作用。

油脂的酸败降低了油脂的食用价值,酸败的油脂不仅口感差,而且有微毒,不宜食用,更不能药用。为防止或减少油脂酸败,应将其储存在干燥、避光的密闭容器中,并置于阴凉处,也可添加适量的抗氧化剂,如维生素 E、芝麻酚等。

第二节 类 脂

类脂主要是指在结构或性质上与油脂相似的天然化合物。它们在动植物界分布较广,种类也较多,主要包括蜡、磷脂、萜类和甾族化合物等。

一、磷脂

磷脂是一类含磷酸二酯键结构的高级脂肪酸酯,是构成细胞膜的主要成分,广泛存在于动物的肝、脑、脊髓和神经组织以及植物的种子和微生物中。例如蛋黄中含磷脂 9.4%,牛脑中含 6.0%,大豆中含 1.82%,细胞膜中高达 40%～50%。根据磷脂的组成和结构,可将它分为甘油磷脂和神经磷脂两类。

1. 磷脂酸

磷脂酸是一种常见的磷脂,它是由 1 分子甘油与 2 分子高级脂肪酸、1 分子磷酸通过酯键结合而成的化合物,即 3-磷酸-1,2-甘油二酯。自然界常见的是 L-α-磷脂酸。磷脂酸的结构可用通式表示为:

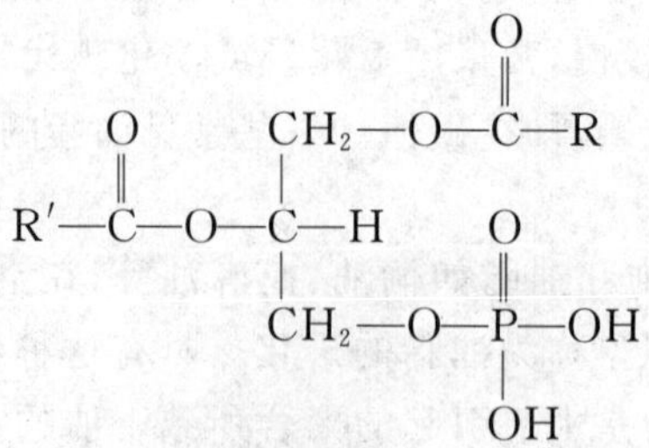

$$\begin{array}{c} \qquad\qquad\qquad\text{O} \\ \text{O} \qquad \text{CH}_2-\text{O}-\overset{\|}{\text{C}}-\text{R} \\ \text{R}'-\overset{\|}{\text{C}}-\text{O}-\overset{|}{\text{C}}\text{H} \\ \qquad\qquad \text{CH}_2-\text{O}-\overset{\|}{\text{P}}-\text{OH} \\ \qquad\qquad\qquad\quad \text{OH} \end{array}$$

磷脂酸

通常,R 为饱和脂肪基,R' 为不饱和脂肪基。磷脂酸在磷脂酸酶的作用下,水解释放出无机磷酸,而转变为甘油二酯,只需酯化即可生成甘油三酯。磷脂酸的衍生物在生物体内具有特殊的生理作用。

2. 甘油磷脂

甘油磷脂又称磷酸甘油酯,是磷脂酸的衍生物。磷脂酸中的磷酸与其他物质结合,可得到各种不同的甘油磷脂,最常见的是卵磷脂和脑磷脂。

(1)卵磷脂 卵磷脂又称为磷脂酰胆碱,存在于脑、神经组织及植物的种子中,尤以蛋黄中含量最为丰富。它能促进肝中脂肪的运输,常作为抗脂肪肝的药物,其结构式如下:

$$\begin{array}{c} \quad CH_2-O-\overset{O}{\underset{\|}{C}}-R \\ R'-\overset{O}{\underset{\|}{C}}-O-CH \\ \quad CH_2-O-\underset{\underset{OH}{|}}{P}-O-\underbrace{CH_2CH_2\overset{+}{N}(CH_3)_3}_{\text{胆碱部分}}OH^- \end{array}$$

天然的卵磷脂是一种混合物,水解后得到脂肪酸、胆碱、甘油和磷酸等物质。不同卵磷脂的主要区别是组成分子的脂肪酸不同,常见的脂肪酸为软脂酸、硬脂酸、油酸、亚油酸、亚麻酸和花生四烯酸等。

卵磷脂是一种白色蜡状固体,吸水性强,以胶体形式分散于水中。卵磷脂不溶于丙酮,易溶于乙醚、乙醇及氯仿中。新鲜卵磷脂制品为无色蜡状固体,放置在空气中,卵磷脂中的不饱和脂肪酸易被氧化而变为黄色或棕色。

(2)脑磷脂 脑磷脂又称磷脂酰胆胺,是由磷脂酸分子中的磷酸与胆胺(乙醇胺)中的羟基酯化而成的化合物。其结构(内盐形式)如下:

$$\begin{array}{c} \quad CH_2-O-\overset{O}{\underset{\|}{C}}-R \\ R'-\overset{O}{\underset{\|}{C}}-O-CH \\ \quad CH_2-O-\underset{\underset{O^-}{|}}{\overset{O}{\underset{\|}{P}}}-O-\underset{\underset{O^-}{|}}{\overset{O}{\underset{\|}{P}}}-O-\underbrace{CH_2CH_2\overset{+}{N}H_3}_{\text{胆胺部分}} \end{array}$$

脑磷脂的结构和理化性质与卵磷脂相似,在空气中放置易变棕黄色。脑磷脂易溶于乙醚,难溶于丙酮,与卵磷脂不同的是脑磷脂难溶于冷乙醚中,由此可分离卵磷脂和脑磷脂。脑磷脂通常与卵磷脂共存于脑、神经组织和许多组织器官中,在蛋黄和大豆中含量也较丰富。

3. 神经磷脂

神经磷脂简称鞘磷脂,存在于脑、神经组织和红细胞膜中,脾、肝及其他组织中含量较少。鞘磷脂不含甘油部分,它由磷酸、胆碱、脂肪酸和鞘氨醇组成。鞘磷脂分子中的脂肪酸连接在鞘氨醇的氨基上,磷酸以酯的形式与鞘氨醇及胆碱相结合。

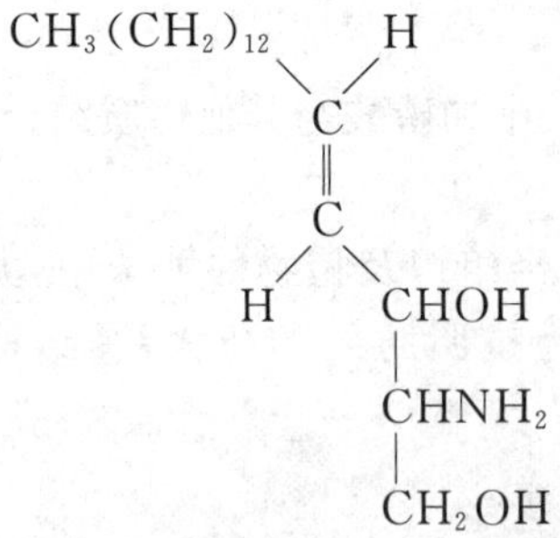

$$\underset{\text{鞘氨醇}}{\begin{array}{c}CH_3(CH_2)_{12}\quad H\\ \diagdown C\diagup\\ \diagup C\diagdown\\ H\quad CHOH\\ |\\ CHNH_2\\ |\\ CH_2OH\end{array}}\qquad \underset{\text{鞘磷脂}}{\begin{array}{c}CH_3(CH_2)_{12}\quad H\\ \diagdown C\diagup\\ \diagup C\diagdown\\ H\quad CHOH\qquad O\\ |\qquad\qquad\parallel\\ CHNH-C-(CH_2)_{22}CH_3\\ |\qquad O^-\\ CH_2-O-\overset{\parallel}{\underset{\parallel}{P}}-OCH_2N^+(CH_3)_3\\ O\end{array}}$$

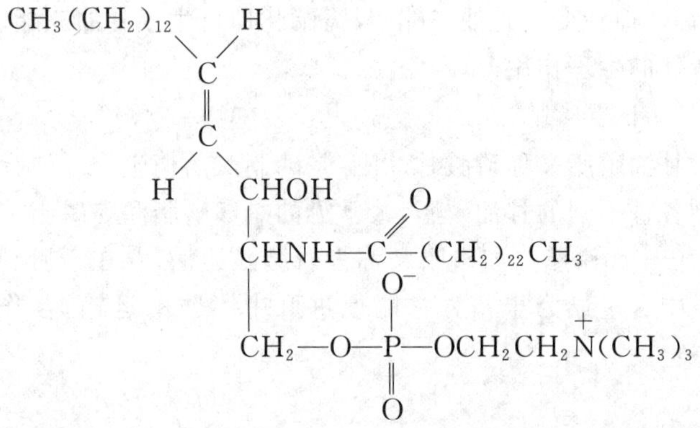

鞘磷脂是无色晶体,在光的作用下或在空气中不易被氧化,比较稳定,不溶于丙酮及乙醚,而溶于热乙醇中。

二、蜡

蜡是高级脂肪酸和高级饱和一元醇形成的酯,广泛存在于动植物体中,如蜂蜡等。蜡的生物学功能是作为生物体对外界环境的保护层,存在于皮肤、毛皮、羽毛、植物叶片、果实以及许多昆虫的外骨骼的表面。天然蜡还含有少量游离高级脂肪酸、高级醇和烷烃等。常见的酸是软脂酸和二十六酸,常见的醇是十六醇、二十六醇和三十醇。

常温下蜡是固态,能溶于乙醚、苯、氯仿等有机溶剂中,不溶于水。蜡不易发生皂化反应,也不能被解脂酶水解。

蜡可以作为化工原料,用于造纸、防水剂、光泽剂的制备。蜡是高碳脂肪酸与高碳脂肪醇的重要来源。蜡也可以用于水果涂层,以达到长期保鲜的目的。

第三节 甾体化合物

甾体化合物也称类固醇化合物,是一类广泛存在于动植物体内的天然有机化合物,包括甾醇(也称固醇)、胆酸、C_{21}甾类、甾体激素、植物强心苷、甾体皂苷、甾体生物碱、蟾酥毒素等,它们对动植物生命活动起重要作用。甾体化合物及其结构改造物在医学上可作为避孕药、抗肿瘤药物、强心药、抗炎症剂等,常涉及生理、保健、医药、农业、畜牧业等方面。

一、甾体化合物的基本结构

甾体化合物分子中都含有一个由四个环组成的环戊烷多氢菲的基本骨架,该结构是甾体化合物的母核。四个环用字母 A、B、C、D 表示,并将 17 个碳原子按特定顺序编号。

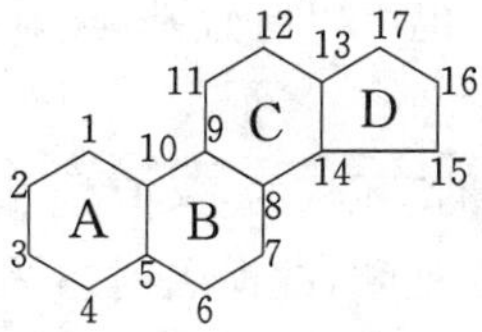

环上一般都含有三个侧链,在 C_{10} 和 C_{13} 的位置上,通常是甲基,这种甲基称为角甲基;C_{17} 的位置则连接不同碳原子数的碳链或含氧基团。各类甾体化合物虽在甾环上有些差别,但最大的差别是侧链 R 的不同。

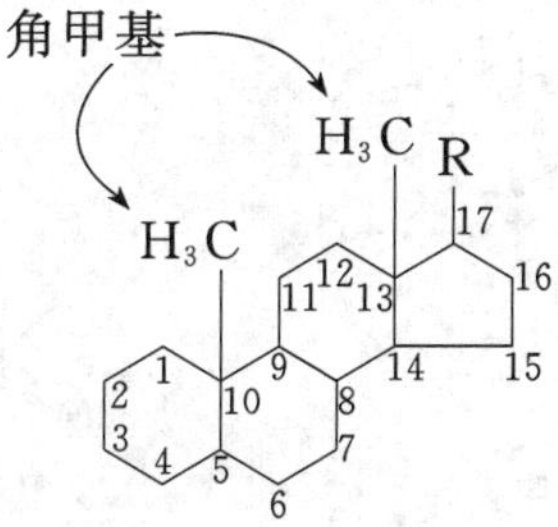

二、甾体化合物的分类与命名

1. 分类

甾体化合物结构类型及数目繁多,各类甾体化合物 C_{17} 位均有侧链,根据侧链结构的不同,又分为许多种类,它们各有其生理活性,在临床上被用于治疗某些疾病。常见天然甾体化合物的结构如表 3-6-4 所示。

表 3-6-4　天然甾体化合物的种类及结构特点

名　称	A/B	B/C	C/D	C_{17} 取代基
植物甾醇	顺、反	反	反	8~10 个碳的脂肪烃
胆汁酸	顺	反	反	戊酸
C_{21} 甾醇	反	反	顺	C_2H_5
昆虫变态激素	顺	反	反	8~10 个碳的脂肪烃
强心苷	顺、反	反	顺	不饱和内酯环
蟾毒配基	顺、反	反	反	六元不饱和内酯环
甾体皂苷	顺、反	反	反	含氧螺杂环
甾体生物碱	—	—	—	—

天然甾体化合物的 B/C 环都是反式,C/D 环多为反式,A/B 环有顺、反两种稠合方式。由此,甾体化合物可分为两种类型:A/B 环顺式稠合的称正系,即 C_5 上的氢原子和 C_{10} 上的角甲基都伸向环平面的前方,处于同一边,为 $β$ 构型,以实线表示;A/B 环反式稠合的称别系,即 C_5 上的氢原子和 C_{10} 上的角甲基不在同一边,而是伸向环平面的后方,为 $α$ 构型,以虚线表示。通常这类化合物的 C_{10}、C_{13}、C_{17} 侧链大都是 $β$ 构型,C_3 上有羟基,且多

为 β 构型。甾体母核的其他位置上也可以有羟基、羰基、双键等官能团。

2. 命名

萜类化合物种类繁多,有链状的、环状的,又有饱和程度不同的烯键以及含氧的化合物,如醇、醛、酮、酸等。由于其结构复杂,故命名时多采用俗名再接上"烷""烯""醇"等命名而成,如樟脑、薄荷醇、月桂烯、柠檬醛等。即命名时常把甾体化合物看作是有关甾体母核衍生物而加以定名,在甾体母核名称前后,加上取代基的位置、名称和构型。母核中含有碳碳烯键、羟基、羰基或羧基时,则将"烷"改成"烯""醇""酮"或"酸"等,并将其位置表示出来。取代基用 α、β 表示其构型。例如:

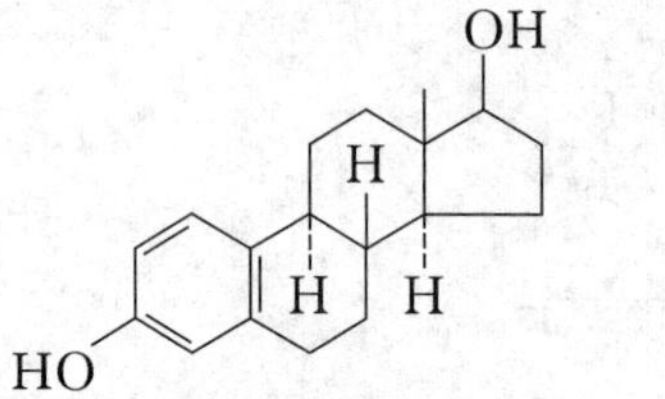

3,17β-二羟基-1,3,5(10)-雌甾三烯(β-雌二醇)

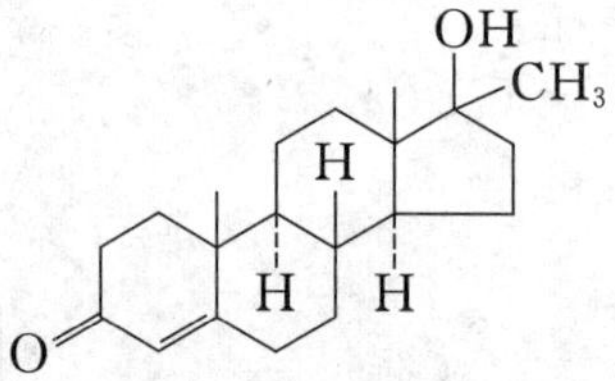

17α-甲基-17β-羟基-雄甾-4-烯-3-酮(甲睾酮)

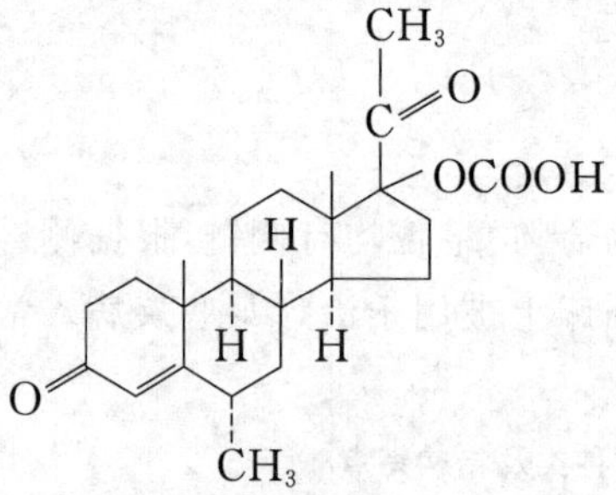

6α-甲基-17α-乙酰氧基-孕甾-4-烯-3,20-二酮(甲羟孕酮)

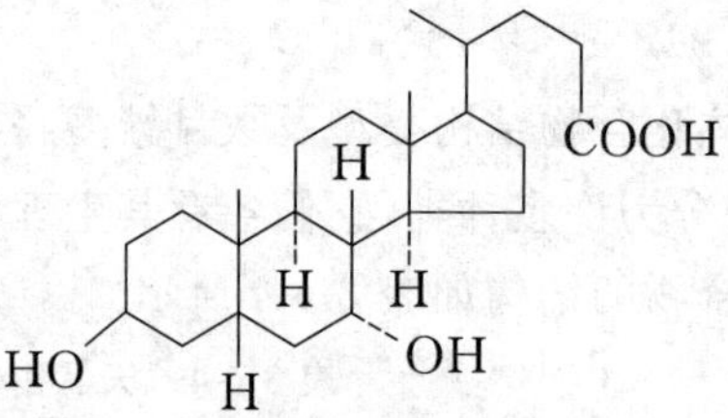

3α,7α-二羟基-5β-胆烷-24-酸(鹅去氧胆酸)

此外,也可用系统命名法,但稍显复杂。

三、重要的甾体化合物

1. 甾醇

甾醇是甾环上连有醇羟基的固态物质,故又叫固醇。根据来源不同,可分为动物甾醇和植物甾醇两类。

(1)胆甾醇 胆甾醇最早是从胆石中发现的固体状醇,所以又把胆甾醇称为胆固醇。它是动物甾体化合物中最重要的一种,存在于动物的脊髓、脑、神经组织及血液中。蛋黄中含量最多,中药牛黄、蟾蜍中也含有胆固醇。

胆固醇为无色或略带黄色的结晶,熔点为 148.5 ℃,难溶于水,易溶于乙醇、乙醚、氯仿等有机溶剂。其结构特点是:C_3 上有一个羟基,C_5 与 C_6 之间有一双键,C_{17} 上有一个八碳原子的烃基。其结构如下:

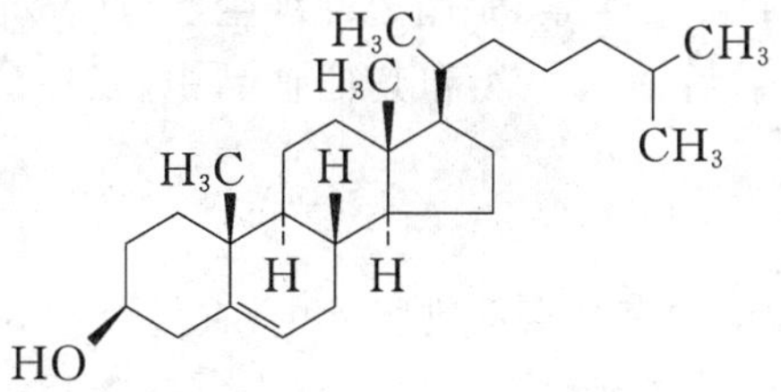

胆固醇

胆固醇在人和动物体内主要以脂肪酸酯的形式存在,是细胞生物膜的基本成分,也是多种固醇类物质的合成前体,如维生素 D、胆酸、甾体激素等。它对脂肪酸的代谢机制有调节作用,是血液中脂类物质之一。胆固醇摄入过量或代谢发生障碍时,胆固醇会从血清中沉积在动脉血管壁上,引起血管变窄,降低血液流速,造成高血压、冠心病和动脉硬化症等。在胆汁液中,若有胆固醇沉积,则形成胆结石。

(2) 7-脱氢胆甾醇　胆甾醇在酶催化下氧化成 7-脱氢胆甾醇。7-脱氢胆甾醇也是一种动物甾醇,与胆甾醇所不同的是 C_7 与 C_8 之间为双键,它存在于皮肤组织中。在日光照射下,它的 B 环打开转变为维生素 D_3。

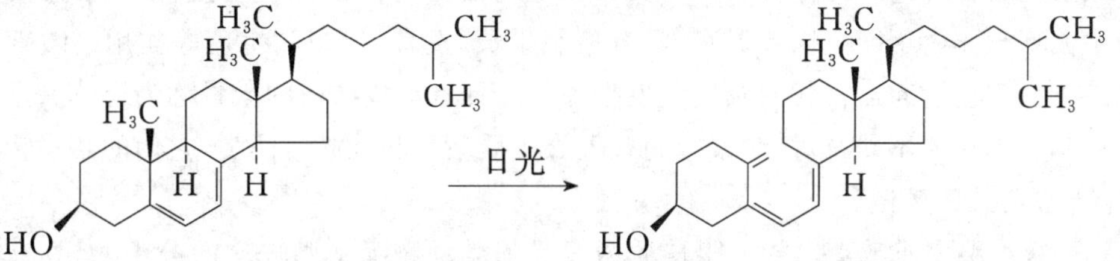

7-脱氢胆甾醇　　→(日光)　　维生素 D_3

维生素 D_3 为白色针状晶体,熔点为 84～85 ℃,不溶于水而易溶于有机溶剂,在潮湿空气中易被氧化而失效。

维生素 D_3 是从小肠中吸收 Ca^{2+} 过程中的关键化合物。体内维生素 D_3 的浓度太低,会引起 Ca^{2+} 缺乏,不足以维持骨骼的正常生成而产生软骨病。因此,多晒太阳是获得维生素 D_3 的最简单方法。

(3) 麦角甾醇　麦角甾醇存在于麦角和酵母之中,属于植物甾醇,最初是从麦角中得到的。其结构与 7-脱氢胆甾醇相似,在 C_{17} 所连的烃基上多了一个双键和一个甲基。麦角甾醇受到紫外线照射后,B 环开环而成前钙化醇,前钙化醇加热后形成维生素 D_2(即钙化醇)。

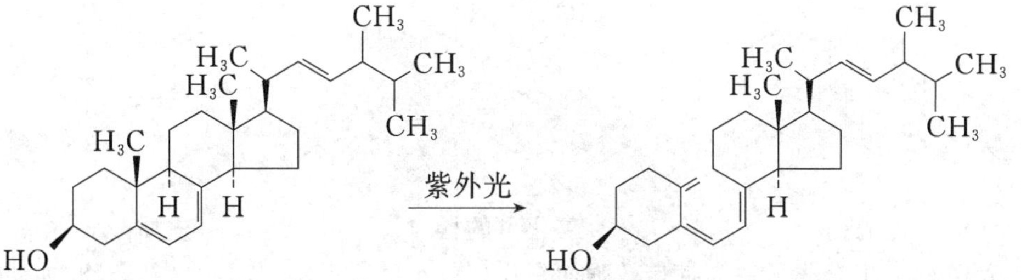

麦角甾醇　　→(紫外光)　　维生素 D_2

维生素 D_2、D_3 都属于 D 族维生素,是脂溶性维生素,具有抗佝偻病的作用。因此,可以将麦角甾醇用紫外光照射后加入牛奶和其他食品中,以保证儿童能得到足够的维生素 D。

2. 胆甾酸

胆酸、脱氧胆酸和石胆酸等存在于动物胆汁中,它们分子中都含有羧基,故总称为胆甾酸。胆甾酸在人体内可以由胆固醇直接生物合成。至今发现的胆甾酸已有 100 多种,其中人体内最重要的是胆酸。

胆甾酸在胆汁中分别与甘氨酸和牛磺酸通过酰胺键结合,分别生成甘氨胆酸和牛磺胆酸,这些结合胆甾酸总称为胆汁酸。在胆汁中,胆汁酸以钠盐或钾盐的形式存在。胆汁酸盐分子内部既有亲水性的羟基和羧基(或磺酸基),又有疏水性的甾环,是一种既亲水又亲脂的分子,具有乳化剂的作用,能使油脂在肠中乳化成细小微团,易于水解、消化和吸收。实验表明胆甾酸还有镇咳、解热、抑菌、抗炎等作用,去氢胆酸有强心作用。临床所用的利胆药——胆酸钠,就是甘氨胆酸钠和牛磺胆酸钠的混合物。

3. 甾体激素

激素是由各种内分泌腺分泌的一类具有生理活性的化合物,它们直接进入血液或淋巴液中循环至体内不同组织或器官,具有控制生长、发育、代谢和生殖等作用。激素分泌不足或过剩都会引起器官代谢及机能发生障碍。具有甾核结构的激素称为甾体激素。由于来源和生理功能不同,甾体激素分为肾上腺皮质激素和性激素两类,它们的结构特点是在 C_{17} 上没有长的碳链。

(1) 肾上腺皮质激素 肾上腺皮质激素是哺乳动物肾上腺皮质的分泌物,具有很强的生理作用,对体内水、盐、糖、蛋白质和脂肪的代谢具有重要作用。

到目前为止,用人工的方法已从肾上腺皮质中提取出 30 多种甾体化合物,其中有 7 种活性较大的激素:可的松、氢化可的松、皮质酮、11-脱氢皮质酮、17α-羟基-11-脱皮质酮、11-去氧皮质酮和甲醛皮质酮。

可的松和氢化可的松等主要能影响糖、脂肪和蛋白质的代谢,能将蛋白质分解变为肝糖以增加肝糖原,增强抵抗力,因此称为糖代谢皮质激素或促进糖皮质激素;由于它们还有抗风湿和抗炎作用,所以也称为抗炎激素。

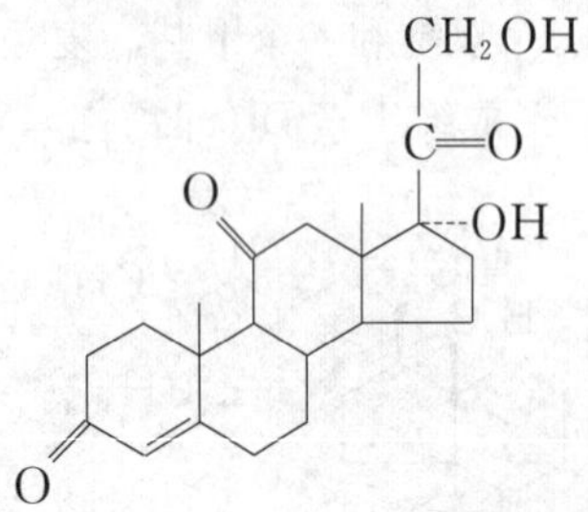

可的松 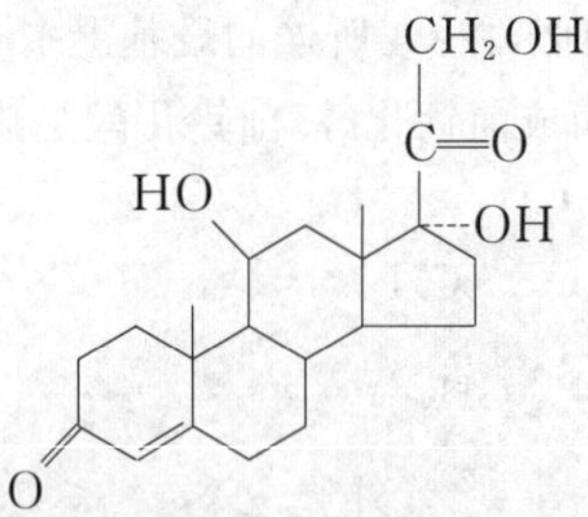　　　　　　氢化可的松 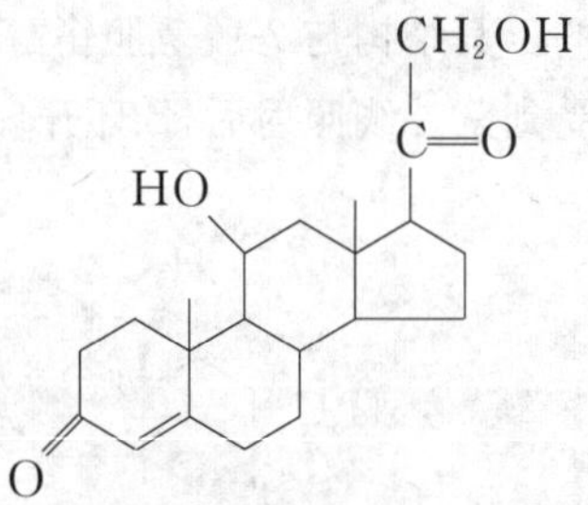　　　　　　皮质酮

近年来,人工合成了一大批疗效强而副作用较小的肾上腺皮质激素新药物,如醋酸泼尼松、醋酸泼尼松龙。它们的抗炎作用比其母体(可的松和氢化可的松)均强 4 倍左右。

氟轻松是比氢化可的松更有效的治疗皮炎的药物。而含氯的倍氯米松则是比氢化可的松更有效的治疗哮喘的药物。

(2) **性激素** 性激素是高等动物性腺的分泌物，主要由睾丸和卵巢所分泌，对生育功能及第二性征如声音、体型的改变都有决定性作用。它们的生理作用很强，少量就能产生极大的影响。性激素有雄性激素和雌性激素之分。

① **雄性激素** 雄性激素是性腺睾丸分泌的物质，具有促进雄性动物的发育、生长及维持性特征的作用。

雄性激素中活性最强的是睾丸素，由于结构中含有酮基，故又称为睾酮或睾丸酮素。睾丸素的主要功能是促进男性器官的形成及副性器官的发育。在临床上由于它在消化道中容易被破坏，故口服无效，因此多制成油剂供肌肉注射，但作用也不能持久。临床上多用它的衍生物，如甲睾酮及睾丸素酯等。甲睾酮是在睾丸素的 C_{17} 上引入一个 α-甲基，使 C_{17} 上的 β-羟基增加了空间位阻作用，因而在体内不易被氧化，性质较稳定，可供口服。睾丸素酯的油剂供肌肉注射，可延长作用时间。睾丸素和甲睾酮的结构如下：

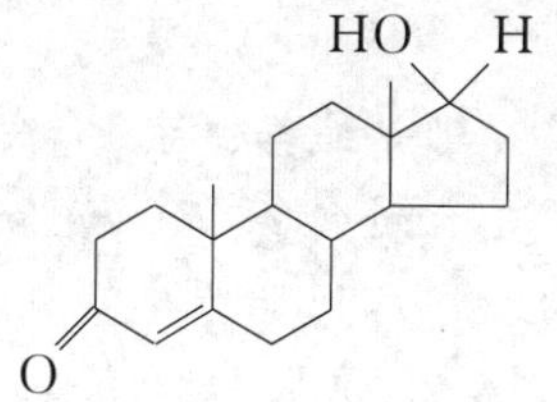

睾丸素

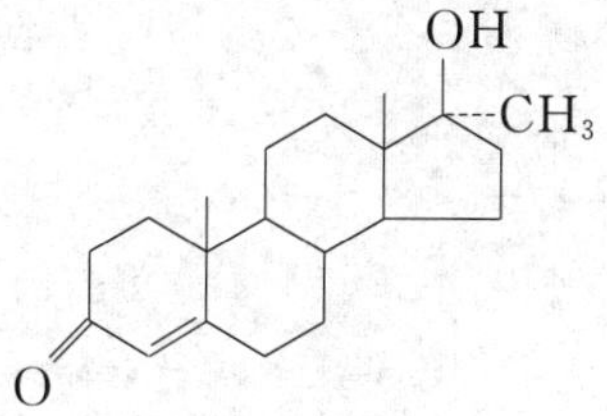

甲睾酮

② **雌性激素** 雌性激素是由性腺卵巢分泌的物质，可分为两类。一类是由成熟的卵泡产生，称为雌激素或卵泡激素，包括雌酮、雌二醇及雌三醇，具有促进雌性第二性征的发育和性器官最后形成的作用。临床上广泛使用的是 β-雌二醇。

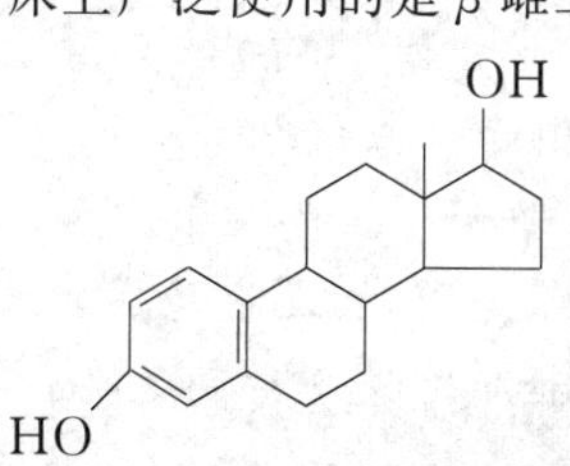

β-雌二醇

黄体酮

另一类是由卵泡排卵后形成黄体所产生,称为黄体激素或孕激素,如黄体酮等。其生理作用是抑制排卵,并使子宫内的受精卵和胎儿正常发育。

黄体酮又称为孕酮,临床上用于治疗习惯性流产、子宫功能性出血、痛经等。黄体酮也能抑制脑垂体促性腺素的分泌,使卵巢得不到促性腺素的作用,阻止了排卵,因而可用于避孕。与黄体酮具有同样避孕作用的雌性激素物质还有炔雌醇、炔诺酮、甲地孕酮,它们的作用时间比较长,效果比较好,是计划生育中常用的避孕药。

知识拓展

油脂与健康

油脂不仅使食物香美可口,促进食欲,而且是人体正常生命活动所需要的营养物质。油脂除了供给人体能量外,还能维持体温,保护内脏,并且提供人体必需的脂肪酸,促进脂溶性维生素 A、维生素 D、维生素 E 和维生素 K 的吸收,对人体生理功能的维持起着重要的作用。

随着人们生活水平的不断提高,过多的油脂消费常给人们的健康带来诸多问题,高血压、糖尿病、冠心病、癌症等慢性疾病已成为主要的公共卫生问题,膳食脂肪与健康的关系已成为目前研究的热点。

健康体质必须从健康饮食入手,控制膳食油脂的合理摄入量,选择合理的膳食用油,将有效预防心血管疾病、肥胖症等现代疾病,增进人们身体健康。

(1) 定量用油。烹调时少用荤油,如猪油,尤其是未经改良的、含饱和脂肪酸高的猪油。按照营养学家建议,日常生活中用油量应减少一半,血脂高的人减少 2/3。

(2) 搭配用油。植物油和动物油要搭配食用才更科学,平时用油还应搭配一些高端用油,如红花籽油、橄榄油、山茶籽油、核桃油等。红花籽油含有丰富的必需脂肪酸和维生素 E,是国际心脏协会极力推荐的食品油之一;核桃油中的不饱和脂肪酸含量高达 90%,含有丰富的微量营养成分维生素 E 和磷脂等,用它烹调出来的菜看更细腻滑爽,是孕妇、儿童和脑力工作者的最佳选择;山茶籽油被誉为"东方橄榄油",不饱和脂肪酸含量高达 90% 以上,是心血管疾病的天然防御者。

(3) 低温食用。高温油不但会破坏食物的营养成分,还会产生一些过氧化物和致癌物质,过氧化物会影响人体心血管功能。

本章小结

1. 知识系统网络

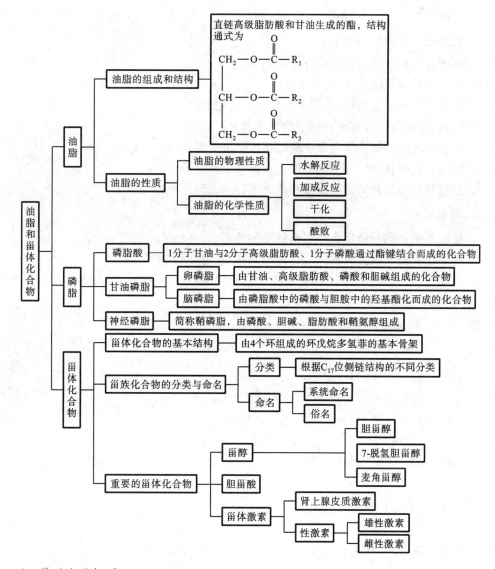

2. 学习方法概要

本章主要学习脂类(油脂和类脂)和甾体化合物的相关知识。首先要明确脂类和甾体化合物的组成和结构特征,在此基础上理解脂类和甾体化合物的分类、命名。通过对脂类组成成分的理解,完成脂类主要理化性质的学习。更要学会运用结构决定性质、性质决定用途的辩证观点,深入分析脂类的组成和结构,推断出脂类可能具有的化学性质,并记忆评价油脂品质的三个重要指标。通过对甾体化合物母核和侧链差异的学习,能根据其侧链结构的不同了解不同甾体化合物可能具有的生理活性。

目标检测

一、名词解释

1. 皂化反应 2. 碘值 3. 酸值 4. 必需脂肪酸

二、判断题（对的打√，错的打×）

1. 天然油脂的主要成分是混合甘油酯。（　）
2. 油脂具有一定的熔点、沸点。（　）
3. 类脂化合物的物理性质、化学性质与油脂相似。（　）
4. 油脂的碘值越大，其相对分子质量也越大。（　）
5. 蛇胆中的胆汁酸多以与牛磺酸结合成胆甾酸形式存在。（　）
6. 睾丸素是哺乳动物肾上腺皮质的分泌物。（　）
7. 虫蜡和蜂蜡都是高级脂肪酸和高级饱和一元醇形成的酯。（　）

三、问答题

1. 油脂的主要成分是什么？写出其结构通式。
2. 甾体化合物的结构有何特点？写出其基本结构式。
3. 已知棉籽油和桐油的碘值分别为 103～115 g、160～180 g，指出这两种油中哪种的不饱和度大。

四、完成下列反应方程式

1.
$$\begin{array}{l}CH_2-O-\overset{O}{\overset{\|}{C}}-(CH_2)_{14}CH_3\\CH-O-\overset{O}{\overset{\|}{C}}-(CH_2)_{14}CH_3\\CH_2-O-\overset{O}{\overset{\|}{C}}-(CH_2)_{14}CH_3\end{array}+3NaOH\xrightarrow{\triangle}$$

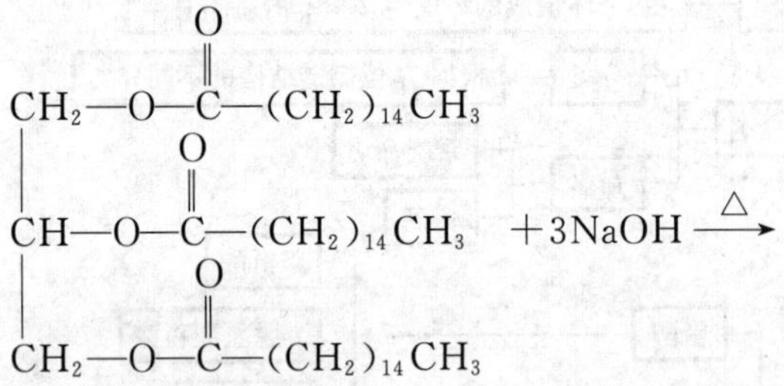

2.
$$\begin{array}{l}CH_2-O-\overset{O}{\overset{\|}{C}}-(CH_2)_{14}CH_3\\CH-O-\overset{O}{\overset{\|}{C}}-(CH_2)_{16}CH_3\\CH_2-O-\overset{O}{\overset{\|}{C}}-(CH_2)_7CH=CH(CH_2)_7CH_3\end{array}+H_2\xrightarrow{Ni}$$

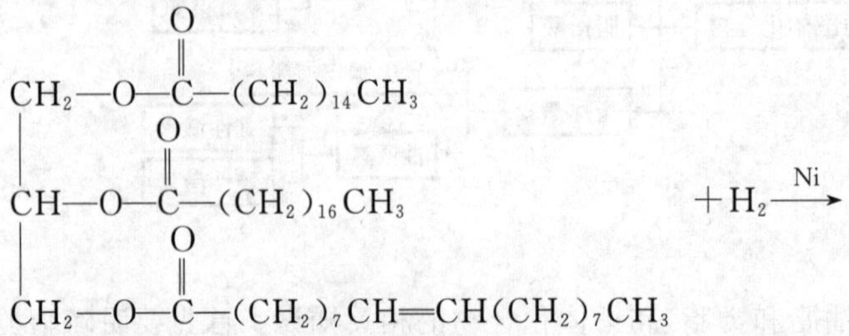

五、用化学方法鉴别下列各组化合物

1. 三硬脂酸甘油酯和三油酸甘油酯
2. 花生油和裂化汽油
3. 硬脂酸和蜡
4. 雌二酮和胆酸

第七章 糖 类

 学习目标

1. 了解糖类化合物的含义、分类;
2. 熟悉葡萄糖和果糖的开链式、氧环式和哈沃斯透视式等结构;
3. 掌握单糖的化学性质及其具体应用;
4. 熟悉蔗糖、麦芽糖和乳糖的糖苷键类型及淀粉、纤维素、糖原和右旋糖苷的组成、结构特征及其生理功能;
5. 初步具备分析糖类在生产、生活上的应用的能力。

糖类是自然界存在最多、分布最广的一类有机化合物,几乎存在于所有生物体中,在人类的生活中占据着重要地位。根据糖能否水解以及水解产物的多少,可以将其分为单糖、低聚糖和多糖三类。在结构上,糖类可看作多羟基醛或多羟基酮及它们的脱水缩合产物。葡萄糖、果糖、淀粉、纤维素等都属于糖类。由于早年发现的一些糖具有 $C_n(H_2O)_m$ 的结构通式,符合水分子氢和氧的比例,因此糖也被称为**碳水化合物**。

第一节 单 糖

单糖指不能再水解的多羟基醛或多羟基酮,多羟基醛又称为醛糖,多羟基酮又称为酮糖,是最简单的糖。按分子中所含碳原子的数目,单糖又可分为丙糖、丁糖、戊糖、己糖、庚糖等。自然界中,以戊糖和己糖多见,如核糖和阿拉伯糖属戊醛糖,但分布最广,也最重要的单糖是己醛糖中的葡萄糖和己酮糖中的果糖。

低聚糖和多糖都是由单糖构成的,因此认识单糖的结构与性质,也是了解低聚糖和多聚糖的结构与性质的基础。

```
    CHO                    CH₂OH
H—C—OH                      C=O
   CH₂OH                   CH₂OH
    甘油醛              1,3-二羟基丙酮
```

```
     H  O          H  O           H  O          CH₂OH
      \//           \//             \//            |
       C             C               C             C=O
   H—C—OH        H—C—H         H—C—OH         HO—C—H
   H—C—OH        H—C—OH        HO—C—H         H—C—OH
   H—C—OH        H—C—OH         H—C—OH         H—C—OH
      CH₂OH         CH₂OH          H—C—OH          CH₂OH
                                   CH₂OH
     核糖          脱氧核糖          葡萄糖            果糖
```

一、单糖的结构

1. 葡萄糖的结构

葡萄糖广泛存在于蜂蜜及植物的根、茎、叶、花和果实中,也是人体血液的重要组成部分,正常人的血液中,保持有 0.08%～0.11% 的葡萄糖,称为血糖。它在人体内经氧化生成二氧化碳和水的同时并放出热量,是人体进行新陈代谢不可缺少的营养物质。糖尿病人由于糖代谢功能失调,尿中常含有较多的葡萄糖。

葡萄糖也是食品、医药等工业的重要原料。工业上,葡萄糖的制取是由淀粉酸性条件下水解得到的。

$$(C_6H_{10}O_5)_n + nH_2O \xrightarrow{\text{酸性条件}} nC_6H_{12}O_6$$

(1) 开链结构　单糖的结构通常用费歇尔(Fischer)投影式表示,也就是通常所说的开链结构。最简单的单糖是含有 3 个碳原子的甘油醛,它有两种构型:D 型和 L 型。

```
      CHO                CHO
   H—│—OH           HO—│—H
      CH₂OH              CH₂OH
      D型                 L型
```

大多数单糖都有手性碳原子,存在对映异构现象。按照习惯,对于含有多个手性碳原子的单糖,将编号最大的一个手性碳原子的羟基在右侧的定为 **D 型**,在左侧的定为 **L 型**。葡萄糖分子中含 4 个手性碳原子,由 5 个羟基和 1 个醛基组成,其费歇尔投影式的 D、L 构型如下:

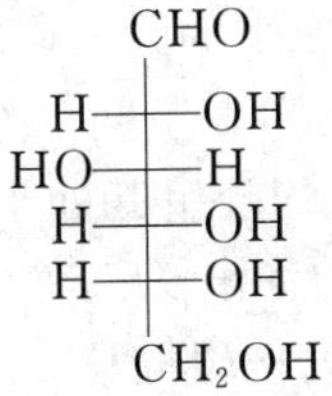

$$\begin{array}{c} \text{CHO} \\ \text{H}\!-\!\text{OH} \\ \text{HO}\!-\!\text{H} \\ \text{H}\!-\!\text{OH} \\ \text{H}\!-\!\text{OH} \\ \text{CH}_2\text{OH} \end{array}$$

D-(+)-葡萄糖

$$\begin{array}{c} \text{CHO} \\ \text{H}\!-\!\text{OH} \\ \text{HO}\!-\!\text{H} \\ \text{HO}\!-\!\text{H} \\ \text{HO}\!-\!\text{H} \\ \text{CH}_2\text{OH} \end{array}$$

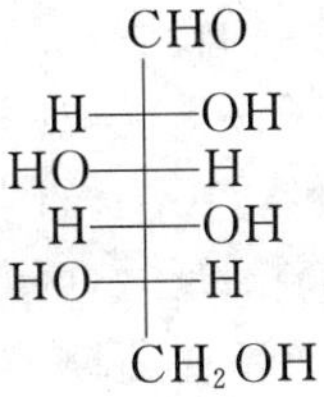

L-(−)-葡萄糖

这种构型是人为规定的,所以称为相对构型。通过一系列化学实验证明,葡萄糖以 D 型存在于自然界中。

用费歇尔投影式表示单糖的结构,书写时把醛基写在上方,碳原子的编号从醛基开始。为了书写方便,可用横线和竖线的交叉点表示手性碳原子。手性碳原子上的羟基可以用短横线表示,而氢可省略;还可以用△代表醛基,用短横线代表羟基,长横线代表羟甲基。例如,D-葡萄糖的费歇尔投影式可有以下三种表示法。

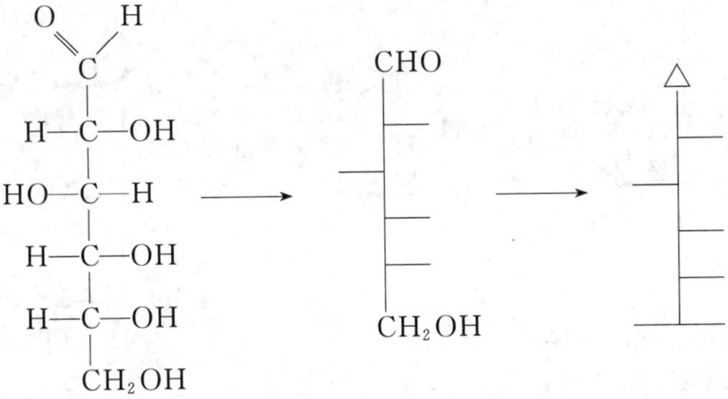

D-(+)-葡萄糖

(2) **环状结构** 从葡萄糖的链状结构来看,葡萄糖是多个羟基的醛,但在红外光谱中却找不到醛基的特征峰值。尽管开链式结构可以解释很多性质或反应,但有一些现象却不能解释,如在常温下由水溶液中结晶出来的葡萄糖,熔点为 146 ℃,比旋光度为 +112°;而在高温下重结晶得到的葡萄糖,熔点为 150 ℃,比旋光度为 +18.7°。将两种晶体溶液放置一段时间后,比旋光度会随时间的延长而改变,前者逐渐下降,而后者不断上升,最终均稳定在 +52.7°。这种比旋光度随时间而自行发生变化的现象,称为**变旋光现象**。

经物理及化学方法证明,结晶状态的葡萄糖是以氧环式结构存在的。此种结构称为**哈沃斯式(Haworth)结构**。

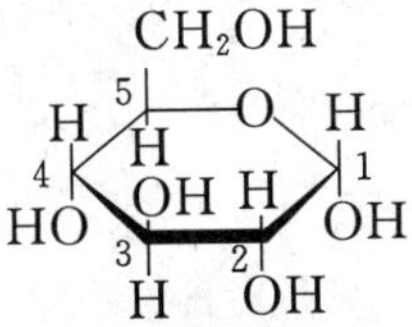

α-D-吡喃葡萄糖

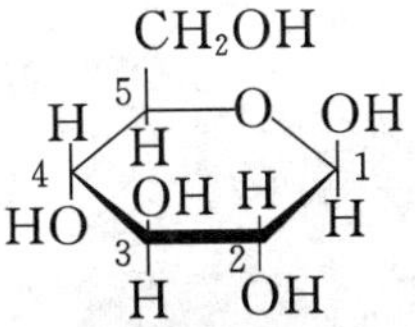

β-D-吡喃葡萄糖

环状结构的存在,是由于葡萄糖中同时含有醇羟基和羰基,可以发生分子内加成,进而生成环状半缩醛(或半缩酮)所致。如 D-葡萄糖的环状结构是开链结构中 C_5 上的羟基与 C_1 上的醛基进行加成,形成了六元环状的半缩醛。

D-葡萄糖由开链结构转变成环状半缩醛结构时,原来的醛基碳原子(C_1)由非手性碳原子转变为手性碳原子。新生成的半缩醛羟基(苷羟基)在空间上有两种取向,得到两种光学异构体,是非对映体。C_1上的半缩醛羟基与C_5上的羟甲基处于环平面同侧的称作α型,称为 **α-D-(＋)-葡萄糖**;反之,两者处于环平面异侧的称作β型,称为 **β-D-(＋)-葡萄糖**。

用哈沃斯结构式表示葡萄糖等单糖的结构时,首先把碳链写成六元氧环式,把氧原子写在右上角,使碳原子编号按顺时针方向排列。将环的平面垂直于纸平面,粗实线表示在纸平面的前方,细线表示在纸平面的后方;在葡萄糖开链式结构中位于碳链左侧的羟基和氢写在环平面的上方,位于右侧的基团写在环平面的下方。因此,在哈沃斯结构式中苷羟基写在环平面下方的为α型异构体,在环平面上方的为β型异构体。它们之间的差别,仅在于第一个手性碳原子的构型不同,其他手性碳原子的构型完全相同,彼此互为**差向异构体**。

将费歇尔投影式改写成哈沃斯式的过程如下:

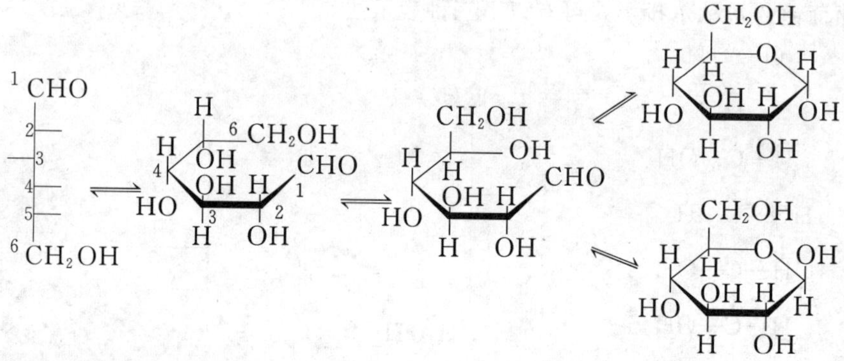

α-D-(＋)-吡喃葡萄糖

β-D-(＋)-吡喃葡萄糖

2. 果糖的结构

果糖是最重要的己酮糖,为白色晶体,是最甜的一种糖,它主要存在于蜂蜜和水果中,与葡萄糖是同分异构体。天然的果糖是 D 型左旋糖,所以称 D-(－)-果糖。与葡萄糖相似,D-果糖也主要以氧环式结构存在。当C_5上的羟基与C_2上的酮基加成时,形成五元环的半缩酮结构,该五元环和呋喃相似,称为呋喃果糖;当C_6上的羟基与C_2上的酮基加成时,形成六元环的半缩酮结构,称为吡喃果糖。由于成环后,酮基碳变成手性碳,与其相连的半缩酮羟基(苷羟基)也有两种空间构型,所以果糖的两种环状结构都拥有各自的α型和β型两种异构体。

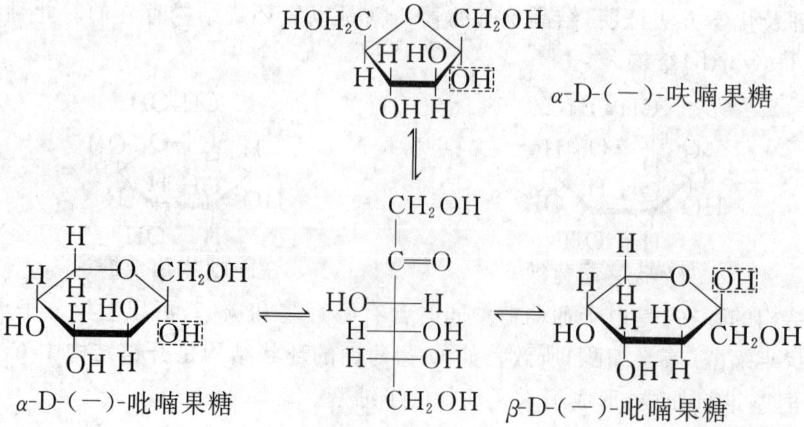

α-D-(－)-呋喃果糖

α-D-(－)-吡喃果糖

β-D-(－)-吡喃果糖

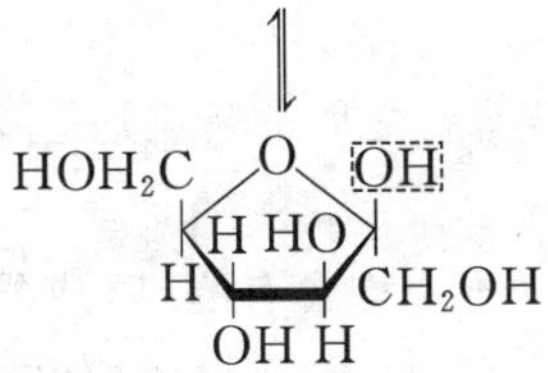

β-D-(-)-呋喃果糖

在 D-果糖的溶液中,两种异构体也通过开链结构相互转化,同时,也可由一种环状结构通过开链结构转换成另一种环状结构,形成互变平衡体系。因此,果糖也存在变旋光现象,达到平衡时,其比旋光度为 $-92°$。通常将 D-葡萄糖称为右旋体,D-果糖称为左旋体。

二、单糖的性质

单糖是具有甜味的无色结晶性物质,有吸湿性,易溶于水,但难溶于乙醇。多个羟基存在使分子中氢键缔合很强,因而单糖有很高的沸点。单糖有旋光性,其溶液有变旋光现象。

单糖的开链结构中含有羟基和羰基,能够发生这些官能团的一些特征反应,具有醇、醛、酮的一般性质,如加成反应、氧化反应以及成酯反应和成醚反应等。此外,由于羟基和羰基的相互影响,单糖又具有一些特殊性质。

1. 差向异构化

在碱性条件下,D-葡萄糖、D-果糖和 D-甘露糖三者可通过烯醇式中间体相互转化,得到下面平衡体系。

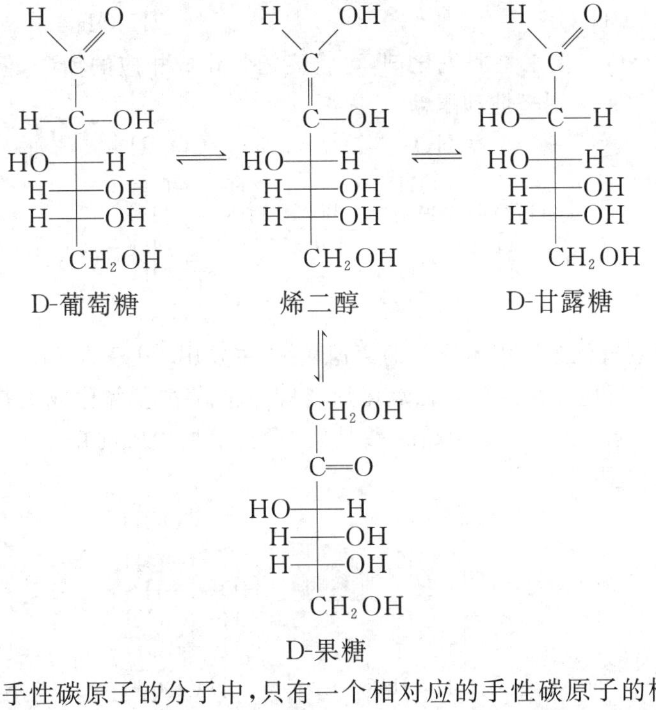

D-葡萄糖　　　烯二醇　　　D-甘露糖

D-果糖

在含有多个手性碳原子的分子中,只有一个相对应的手性碳原子的构型相反的异构体互称为**差向异构体**。差向异构体在一定条件下相互转化的反应称为差向异构化。D-葡萄糖和 D-甘露糖仅在 C_2 位构型不同,互为差向异构体,二者在碱性条件下可发生差向异构化。而 D-葡萄糖或 D-甘露糖与 D-果糖之间的转化则是醛糖与酮糖之间转化的典型代表。

2. 氧化反应

单糖无论是醛糖还是酮糖,分子中均含有醛基(或酮基)和羟基,在碱性条件下,都能被弱氧化剂托伦试剂、斐林试剂等氧化,表现出还原性。凡是具有还原性的糖称为**还原糖**,反之,称为**非还原糖**。单糖都是还原糖。

(1) 与托伦试剂、斐林试剂反应　葡萄糖等单糖可将托伦试剂中的 Ag^+ 还原为银,附着在玻璃器皿壁上形成光亮的银镜,亦称**银镜反应**。

$$\begin{array}{c}\text{CHO}\\\text{H}\!\!-\!\!\text{OH}\\\text{HO}\!\!-\!\!\text{H}\\\text{H}\!\!-\!\!\text{OH}\\\text{H}\!\!-\!\!\text{OH}\\\text{CH}_2\text{OH}\end{array}\xrightarrow[\text{水浴加热}]{[Ag(NH_3)_2]OH}\begin{array}{c}\text{COOH}\\\text{H}\!\!-\!\!\text{OH}\\\text{HO}\!\!-\!\!\text{H}\\\text{H}\!\!-\!\!\text{OH}\\\text{H}\!\!-\!\!\text{OH}\\\text{CH}_2\text{OH}\end{array}+Ag\downarrow$$

D-葡萄糖　　　　　　　　D-葡萄糖酸

葡萄糖与斐林试剂作用,可将铜配离子还原为砖红色的 Cu_2O 沉淀。在临床检验中,常用这一反应检验尿液中的葡萄糖。

$$\begin{array}{c}\text{CHO}\\\text{H}\!\!-\!\!\text{OH}\\\text{HO}\!\!-\!\!\text{H}\\\text{H}\!\!-\!\!\text{OH}\\\text{H}\!\!-\!\!\text{OH}\\\text{CH}_2\text{OH}\end{array}+Cu^{2+}(配离子)\xrightarrow[\Delta]{OH^-}\begin{array}{c}\text{COOH}\\\text{H}\!\!-\!\!\text{OH}\\\text{HO}\!\!-\!\!\text{H}\\\text{H}\!\!-\!\!\text{OH}\\\text{H}\!\!-\!\!\text{OH}\\\text{CH}_2\text{OH}\end{array}+Cu_2O\downarrow$$

(2) 与溴水反应　溴水是弱氧化剂,可将醛糖氧化成相应的糖酸,但不能氧化酮糖,因此可以利用溴水来区别醛糖和酮糖。

$$\begin{array}{c}\text{CHO}\\\text{H}\!\!-\!\!\text{OH}\\\text{HO}\!\!-\!\!\text{H}\\\text{H}\!\!-\!\!\text{OH}\\\text{H}\!\!-\!\!\text{OH}\\\text{CH}_2\text{OH}\end{array}\xrightarrow[H_2O]{Br_2}\begin{array}{c}\text{COOH}\\\text{H}\!\!-\!\!\text{OH}\\\text{HO}\!\!-\!\!\text{H}\\\text{H}\!\!-\!\!\text{OH}\\\text{H}\!\!-\!\!\text{OH}\\\text{CH}_2\text{OH}\end{array}$$

葡萄糖酸与氢氧化钙作用生成的葡萄糖酸钙,主要用于儿童补钙。

(3) 与稀硝酸反应　稀硝酸是强氧化剂,它不但能将醛基氧化成羧基,也能将羟甲基氧化成羧基,生成糖二酸。D-葡萄糖二酸是旋光的,根据生成的糖二酸是否具有旋光性可以推测单糖的构型。

$$\begin{array}{c}\text{CHO}\\\text{H}\!\!-\!\!\text{OH}\\\text{HO}\!\!-\!\!\text{H}\\\text{H}\!\!-\!\!\text{OH}\\\text{H}\!\!-\!\!\text{OH}\\\text{CH}_2\text{OH}\end{array}\xrightarrow[100\ ℃]{稀硝酸}\begin{array}{c}\text{COOH}\\\text{H}\!\!-\!\!\text{OH}\\\text{HO}\!\!-\!\!\text{H}\\\text{H}\!\!-\!\!\text{OH}\\\text{H}\!\!-\!\!\text{OH}\\\text{COOH}\end{array}$$

D-葡萄糖　　　　　D-葡萄糖二酸

稀硝酸也能氧化酮糖,导致 C_1—C_2 键断裂,生成小分子的二元酸。

(4) 与高碘酸反应　单糖被 HIO_4 氧化,碳-碳键都发生断裂,反应常是定量的。1 mol 碳-碳键要消耗 1 mol 的高碘酸,因此高碘酸氧化可用于单糖结构的测定。D-葡萄糖氧化时,消耗 5 mol 高碘酸,生成 5 mol 甲酸和 1 mol 甲醛。

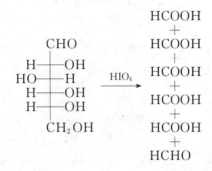

3. 成脎反应

单糖与苯肼作用,首先羰基与苯肼作用生成苯腙,当苯肼过量时,α-羟基能继续与苯肼反应,生成一种不溶于水的黄色晶体,称为糖脎。

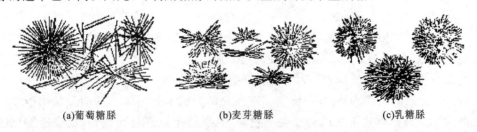

无论醛糖还是酮糖,反应都是发生在 C_1 和 C_2 上,其他碳原子一般不发生反应。因此,含碳原子数相同的 D 型单糖,如果只是 C_1 和 C_2 的羰基不同或构型不同,其他原子的构型完全相同时,与苯肼反应都生成相同的糖脎,如 D-葡萄糖、D-果糖及 D-甘露糖都生成相同的脎。

不同的糖脎晶形(图 3-7-1)和熔点不同,即使生成相同的脎,不同的糖在反应中生成糖脎的速率也不同。因此,可利用糖脎的晶形及生成时间来鉴别糖。

(a)葡萄糖脎　　　　(b)麦芽糖脎　　　　(c)乳糖脎

图 3-7-1　几种糖脎的晶形图

4. 成酯反应

单糖分子中的羟基能与酸反应生成酯。如 D-葡萄糖在一定条件下可与磷酸作用生成葡萄糖-1-磷酸酯、葡萄糖-6-磷酸酯及葡萄糖-1,6-二磷酸酯。

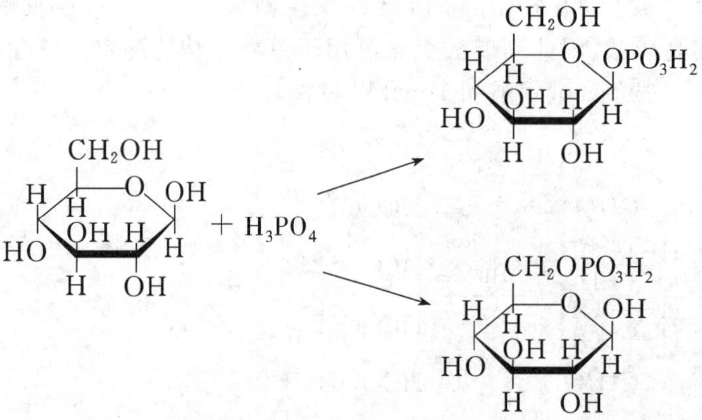

β-D-吡喃葡萄糖-1-磷酸酯

β-D-吡喃葡萄糖-6-磷酸酯

5. 成苷反应

单糖分子中的苷羟基比较活泼，容易与其他分子中的羟基、氨基失水而生成缩醛，该反应称为成苷反应。其产物称为配糖体或糖苷，简称"苷"。糖苷分子中糖的部分称为糖苷基，非糖部分称为配糖基或非糖体。糖苷基和配糖基之间的键称为苷键。例如，在 HCl 存在下，葡萄糖与热的甲醇作用生成 α-D-吡喃葡萄糖甲苷，其中葡萄糖是糖苷基，甲基是配糖基，二者通过氧苷键相连。

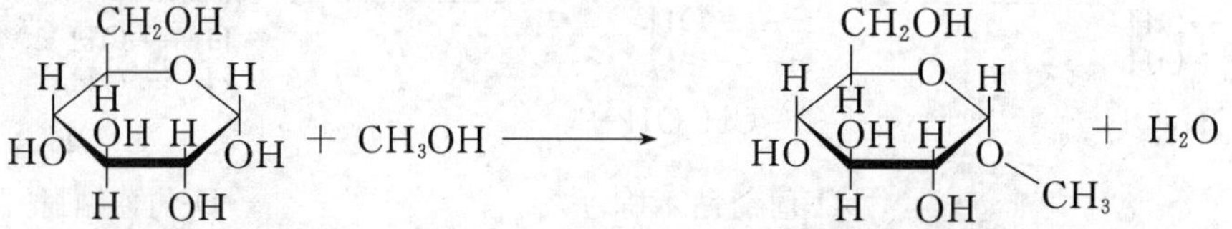

α-D-吡喃葡萄糖　　　　　　　　　　　α-D-吡喃葡萄糖甲苷

糖苷广泛分布于植物的根、茎、叶、花和果实中，如松针中的水杨苷、梨树叶中的熊果苷、白芍药中的芍药苷。

糖苷也是许多中草药的有效成分。例如苦杏仁中的苦杏仁苷有止咳作用，甘草中的甘草皂苷是甘草解毒的有效成分，洋地黄中的洋地黄毒苷有强心作用，葛根中的葛根黄素具有改善心血管功能，同时也具有抗癌、降血脂等作用。

6. 颜色反应

(1) 莫立许(Molisch)反应　在糖的水溶液中加入 α-萘酚的乙醇溶液，然后沿试管壁小心地注入浓硫酸，不要摇动试管，则在两层液面之间形成一个紫色的环，称为莫立许反应。所有糖都能发生此反应，故常用此法鉴别糖类物质。

(2) 塞利凡诺夫(Seliwanoff)反应　塞利凡诺夫试剂是间苯二酚的盐酸溶液。单糖在强酸作用下与塞利凡诺夫试剂发生显色作用，酮糖生成红色化合物，反应速度比醛糖快，常用此反应来鉴别酮糖和醛糖。

第二节 二 糖

二糖是最简单的低聚糖,是由一分子单糖的苷羟基和另一分子单糖中的羟基(醇羟基或苷羟基)之间脱水缩合的产物,按脱水方式的不同,可将其分为还原性二糖和非还原性二糖两大类。二糖的物理性质与单糖类似,能形成结晶,易溶于水,有甜味,有旋光性等。常见的二糖有蔗糖、麦芽糖、乳糖等,分子式均为 $C_{12}H_{22}O_{11}$,互为同分异构体。

一、还原性二糖

还原性二糖是由一分子单糖的苷羟基与另一分子单糖的醇羟基脱水形成的缩合产物。分子中仍保留有苷羟基,具有一般单糖的性质:有变旋光现象和还原性,并能与苯肼成脎。麦芽糖和乳糖是典型的还原性二糖。

1. 麦芽糖

麦芽糖广泛存在于发芽的种子中,特别是在麦芽中含量最多。麦芽糖是淀粉的基本结构单元,为无色片状结晶,水解后可生成两分子葡萄糖。

(1) 麦芽糖的结构 麦芽糖是由一分子 α-D-葡萄糖 C_1 上的 α-苷羟基与另一分子 D-葡萄糖 C_4 上的醇羟基脱去一分子水后,通过 α-1,4 苷键连接而成的。

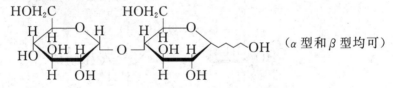

α-D-吡喃葡萄糖部分　D-吡喃葡萄糖部分

(2) 麦芽糖的性质 纯净的麦芽糖为白色晶体,熔点为 102~103 ℃,易溶于水,有甜味,甜度约为蔗糖的 70%,是饴糖的主要成分,可用作糖果及细菌的培养基。麦芽糖分子中仍有苷羟基,能与托伦试剂、费林试剂作用,也能发生成苷反应和成酯反应,其水溶液有变旋光现象,达到平衡时比旋光度为 +136°。在酸或酶的作用下,1 分子麦芽糖可水解生成 2 分子葡萄糖。

2. 乳糖

乳糖主要存在于哺乳动物的乳汁中,人乳中含 5%~8%,牛乳中含 4%~5%。乳糖常是奶酪工业的副产品。

(1) 乳糖的结构 乳糖是由一分子 β-D-半乳糖 C_1 上的苷羟基与一分子 D-葡萄糖 C_4 上的醇羟基脱去一分子水,通过糖苷键连接而成的二糖,该糖苷键是 β-1,4 苷键。其结构如下:

β-D-吡喃半乳糖部分　D-吡喃葡萄糖部分

（2）乳糖的性质　纯净的乳糖是白色粉末，甜度约为蔗糖的15％，易溶于水，无吸湿性，在医药上用作片剂、散剂的矫味剂及填充剂。化学性质与麦芽糖相似，其水溶液有变旋光现象，达到平衡时的比旋光度为+53.5°，能水解生成1分子β-半乳糖和1分子葡萄糖。

二、非还原性二糖

非还原性二糖是由两个单糖的苷羟基脱水缩合而成的，两个单糖都成为苷。由于分子中不再存在苷羟基，所以没有变旋光现象和还原性，也不与苯肼作用。

蔗糖是自然界分布最广、最重要的非还原性二糖，以甘蔗和甜菜中含量最高，故称蔗糖或甜菜糖。蔗糖是无色晶体，熔点为186 ℃，易溶于水而难溶于乙醇，溶液的比旋光度为+66.7°，甜度仅次于果糖。

（1）蔗糖的结构　蔗糖分子是由一分子α-D-吡喃葡萄糖C_1上的苷羟基与一分子β-D-呋喃果糖C_2上的苷羟基之间脱去一分子水，以α-1,2苷键连接而成的二糖。其结构如下：

α-D-吡喃葡萄糖部分　β-D-呋喃果糖部分

（2）蔗糖的性质　蔗糖分子中已无苷羟基，是非还原性二糖。其水溶液无变旋光现象，无还原性，不能与托伦试剂、斐林试剂和班氏试剂反应，也不能成脎。

第三节　多　糖

多糖是指完全水解后产生10个以上单糖分子的糖，也叫高聚糖。多糖在自然界中分布极广，是生物体的组分或养料，如淀粉、纤维素等。天然多糖是由许多单糖分子通过分子间脱水以苷键连接而成的高分子化合物。由同一种单糖组成的多糖称为均多糖，如淀粉、纤维素和糖原，完全是由葡萄糖组成的，分子式可用通式$(C_6H_{10}O_5)_n$表示。由不同的单糖及其衍生物组成的多糖称为杂多糖，如透明质酸、肝素等。

多糖与单糖及低聚糖的性质不同,一般为无定形粉末,没有甜味,无一定熔点,大多数不溶于水,少数能溶于水形成胶体溶液。多糖分子中虽然有苷羟基,但因为相对分子质量很大,所以没有还原性和变旋光现象。多糖也是糖苷,可以水解,在水解过程中,往往产生一系列的中间产物,最终完全水解得到单糖。

一、淀粉

淀粉是绿色植物光合作用的产物,是植物体内储藏的养分,也是人类的主要食物之一,广泛存在于植物的块根、块茎、种子中,如稻米中含 75%～80%,小麦中含 60%～65%,玉米约含 65%,马铃薯约含 20%。

淀粉的分子式为$(C_6H_{10}O_5)_n$,是白色的无定形粉末,不溶于一般的有机溶剂,也没有还原性。在酸或酶的作用下,淀粉可逐步水解,首先生成相对分子质量较低的糊精,继续水解得到麦芽糖和异麦芽糖,完全水解为 D-葡萄糖。

$$(C_6H_{10}O_5)_n \xrightarrow[H_2O]{H^+或酶} (C_6H_{10}O_5)_m \xrightarrow[H_2O]{H^+或酶} C_{12}H_{22}O_{11} \xrightarrow[H_2O]{H^+或酶} C_6H_{12}O_6$$

淀粉　　　　　$m<n$　　糊精　　　　　麦芽糖或异麦芽糖　　　　D-葡萄糖

按结构可将淀粉分为两种:可溶性的直链淀粉,不溶性的支链淀粉。它们的比例因植物的种类不同而异,一般天然淀粉中直链淀粉占 10%～30%,支链淀粉占 70%～90%。

1. 直链淀粉

直链淀粉是由许多 α-D-葡萄糖通过 α-1,4 苷键连接而成的链状高分子化合物。每个直链淀粉的分子结构含 200～1000 个葡萄糖单元。直链淀粉并不是直线形分子,而是借助分子内氢键的作用盘旋成螺旋状,每一螺圈约含 6 个 α-D-葡萄糖单元(图 3-7-2)。

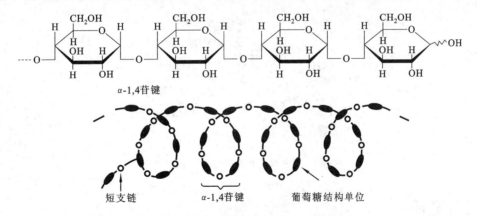

图 3-7-2　直链淀粉的螺旋状结构示意图

淀粉遇碘显色,是由于碘分子进入淀粉的螺旋状或支链的空隙中,借助范德华力,形成淀粉-碘配合物(图 3-7-3),从而改变碘原有的颜色。所显示的颜色随淀粉的组成、聚合度(链的长短)的不同而异。直链淀粉显蓝色,支链淀粉显紫红色。这个现象很明显,常用于淀粉和碘的定性鉴别。

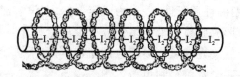

图 3-7-3 淀粉-碘配合物结构示意图

2. 支链淀粉

支链淀粉也是以 D-葡萄糖为基本单位组成的高分子化合物,相对分子质量比直链淀粉大,一般含 600～6000 个葡萄糖单元。支链淀粉分子中主链以 α-1,4 苷键连接,在分支点上则以 α-1,6 苷键连接。支链淀粉平均每隔 20～25 个 α-D-葡萄糖单元就有一个以 α-1,6 苷键连接的分支。其结构如图 3-7-4 所示。

支链淀粉不溶于水中,与热水作用则成糊状,常作为缓释剂、载体等被广泛应用于医药、香精、染料等领域。

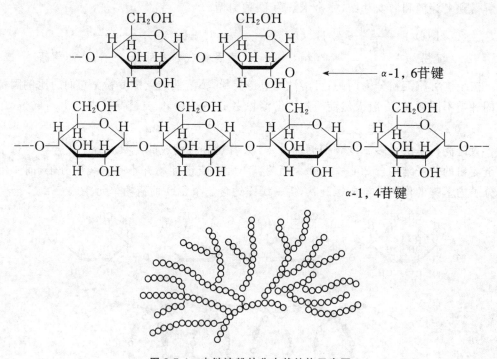

图 3-7-4 支链淀粉的分支状结构示意图

二、糖原

糖原在结构上与支链淀粉相似,D-葡萄糖之间也是以 α-1,4 苷键结合形成主链,主链和支链之间的连接点以 α-1,6 苷键结合。在糖原中,每隔 8～10 个葡萄糖单元就出现 α-1,6 苷键,分支程度比支链淀粉更高,属于高分子支链多糖。其结构如图 3-7-5 所示。

糖原是人和动物体内储存的多糖,是机体活动所需能量的重要来源,又称动物淀粉,主要存在于肝脏和肌肉中,因此有肝糖原和肌糖原之分。糖原水解的最终产物是 D-葡萄糖。

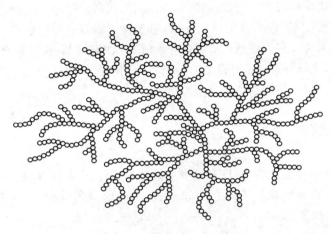

图 3-7-5　糖原的结构示意图

糖原是无色不定形粉末,溶于热水,溶解后呈胶体溶液。糖原也是由葡萄糖组成的,结构与支链淀粉相似,但分支比支链淀粉高,糖原水解的最终产物也是 D-葡萄糖。糖原溶液遇碘呈紫红色。

葡萄糖、乳酸、脂肪酸、甘油,以及某些氨基酸都可以通过适当的代谢途径转变为储存的糖原,并在体内酶的作用下合成或分解以维持血糖的正常水平。当血液中葡萄糖含量升高时,多余的葡萄糖就转变成糖原储存于肝脏中;当血液中葡萄糖含量降低时,肝糖原就分解为葡萄糖进入血液中,供给机体能量。

三、纤维素

纤维素是植物细胞壁的主要成分,在自然界中含量非常丰富。在棉花中纤维素约占 98%,亚麻中约占 80%,木材中纤维素平均含量约为 50%,蔬菜中也含有丰富的纤维素。

纤维素是无色无味的纤维状物质,不溶于水和一般的有机溶剂,无还原性和变旋光现象。纤维素是由许多 D-葡萄糖分子通过 β-1,4 苷键结合而成的天然高分子化合物。由于纤维素分子的长链能够依靠众多的氢键结合形成绳索状的结构,这种结构再定向排布便形成了纤维。纤维具有一定的机械强度和韧性,在植物体内起着支撑的作用。其结构见图 3-7-6。

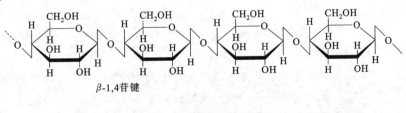

图 3-7-6　绳索状纤维素链示意图

纤维素水解比淀粉困难，一般需要高温、高压、无机酸的作用，才能水解成葡萄糖。将纤维素用纤维素酶(β-糖苷酶)水解，可生成 D-葡萄糖。食草动物的肠道中具有纤维素酶，因此能以纤维素为食。在人体消化道内只有水解 α-1,4 苷键的酶，没有水解 β-1,4 苷键的酶，所以人不能消化纤维素。但纤维素有刺激胃肠蠕动，促进排便及保持胃肠道微生物平衡的作用，能治疗便秘，预防直肠癌的发生。

四、右旋糖苷

右旋糖苷是一种人工合成的 D-葡萄糖多聚物，分子式也可用 $(C_6H_{10}O_5)_n$ 表示。在右旋糖苷分子中，D-葡萄糖单元主要以 α-1,6 苷键相连，同时还杂有 α-1,3 苷键、α-1,4 苷键连接的分支，其结构如下：

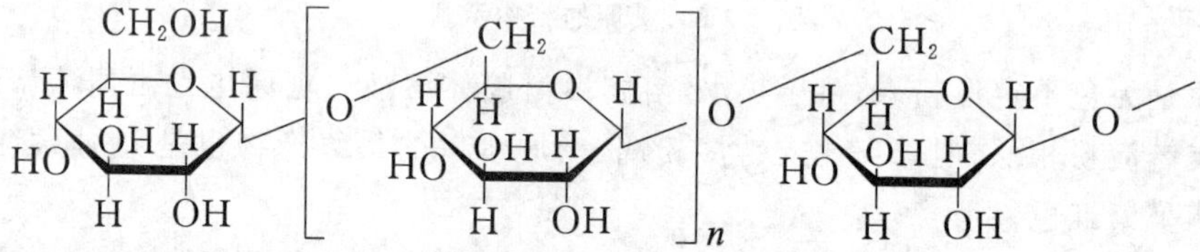

右旋糖苷

右旋糖苷常作为血浆的代用品应用于临床。相对分子质量为 40000 的右旋糖苷有降低血液黏稠度，改善微循环和抗坏血栓的作用；相对分子质量为 70000 的右旋糖苷用于大量失血后或外伤休克时补充血容量，提高血液胶体渗透压。

知识拓展

聚葡萄糖

聚葡萄糖(polydextrose)又称聚糊精，俗名水溶性膳食纤维，是由美国 Pfiezr 中心实验室的 H. H. Reunhard 博士于 1965 年发现的。它是在山梨醇、柠檬酸的存在下，由天然葡萄糖经高温低压聚合而成的，是随机交联的葡萄糖组成的多糖，为白色或类白色固体颗粒，易溶于水，无特殊味道。

聚葡萄糖具有独特的营养保健功能，近年来得到快速发展，在 50 多个国家被批准使用。它可以添加在各种食品中以取代脂肪和糖分，并增加食品的纤维素含量，改善食品的质感和口感。其进入人体消化系统后，产生特殊的生理代谢功能：①促进人体肠胃蠕动，消除便秘；②调节血脂，减少脂肪堆积，预防肥胖；③降低血胆固醇水平，减少动脉粥样硬化，也可使胆汁中胆固醇含量降低，减少胆结石病的发生；④降低血糖，预防糖尿病。

目前，国内除了将聚葡萄糖作为添加剂使用外，还有部分以聚葡萄糖为主的胶囊、冲剂以及片剂之类的产品。随着研究的深入和人们认识的加强，作为膳食纤维补充剂，聚葡萄糖在众多食品、饮料、保健食品中得到越来越广泛的应用。

本章小结

1. 知识网络系统

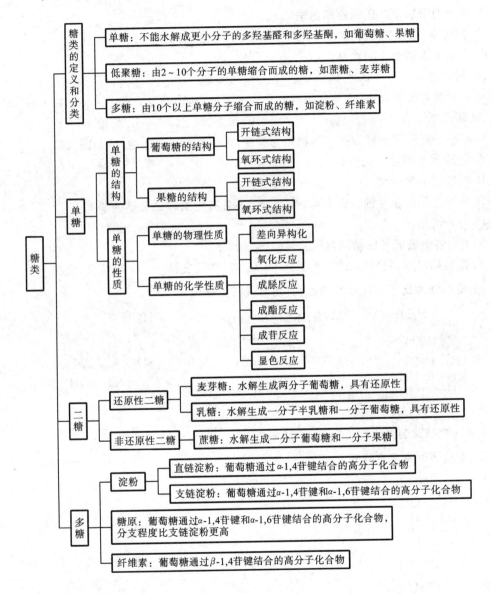

2. 学习方法概要

首先正确理解糖类的定义和分类,在此基础上熟悉单糖的构型,包括开链式结构及氧环式结构、哈沃斯结构式;从变旋光现象的角度理解葡萄糖在水溶液中的存在形式;通过单糖、二糖和多糖的结构及相互联系理解、掌握糖类的典型化学性质,并用化学方法进行不同糖类鉴别;以应用为目的熟悉多糖的组成、结构特征和性质,了解多糖的应用价值。

目标检测

一、选择题（将每题一个正确答案的标号选出）

1. 下列糖中属于非还原性糖的是（　　）。
   A. 葡萄糖　　　　B. 蔗糖　　　　C. 麦芽糖　　　　D. 果糖
2. 不能被人体消化的糖是（　　）。
   A. 葡萄糖　　　　B. 蔗糖　　　　C. 麦芽糖　　　　D. 纤维素
3. 青苹果对碘有反应，而熟苹果则能发生银镜反应，这是因为青苹果中含有（　　）。
   A. 葡萄糖　　　　B. 果糖　　　　C. 麦芽糖　　　　D. 淀粉
4. 淀粉和纤维素水解后的产物都是葡萄糖，人却不能以草为生，这是因为（　　）。
   A. 纤维素是高分子化合物
   B. 纤维素不溶于水
   C. 纤维素是以β-苷键连接而成的，人体内不含有能水解β-苷键的酶
   D. 尚不清楚
5. 下列各组糖能形成相同糖脎的是（　　）。
   A. 葡萄糖、甘露糖　B. 果糖、麦芽糖　　C. 麦芽糖、乳糖　　D. 葡萄糖、乳糖

二、命名或写出下列化合物的结构（用哈沃斯式表示）

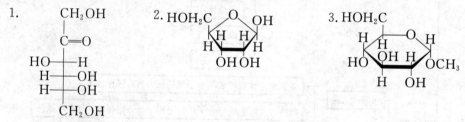

4. β-D-吡喃葡萄糖　　5. β-D-2-脱氧核糖　　6. D-半乳糖

三、完成下列反应方程式

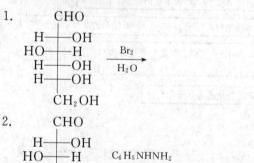

3. 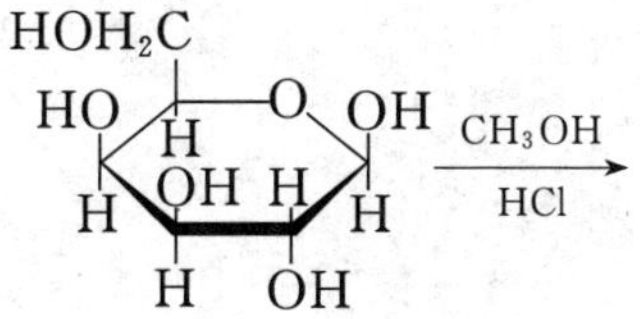 [结构式:吡喃型糖] + CH₃OH / HCl →

4. 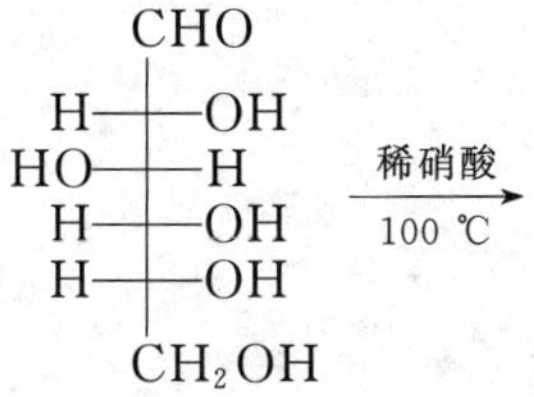 [结构式:开链醛糖] 稀硝酸/100 ℃ →

5. 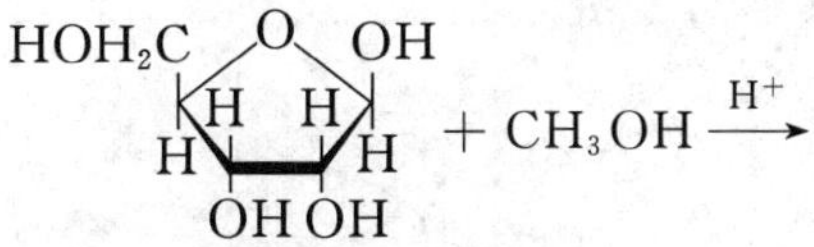 [结构式:呋喃型糖] + CH₃OH —H⁺→

四、用化学方法鉴别下列物质

1. 葡萄糖与果糖
2. 麦芽糖、蔗糖、果糖
3. 葡萄糖、果糖、蔗糖、淀粉

五、推断题

化合物 A($C_9H_{18}O_6$)无还原性,经水解生成化合物 B 和 C,B($C_6H_{12}O_6$)有还原性,可被溴水氧化,与葡萄糖生成相同的脎,C(C_3H_8O)可发生碘仿反应。请写出 A、B、C 的结构式及相关反应方程式。

第八章 含氮化合物

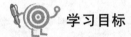
学习目标

1. 掌握胺的结构、命名及化学性质；
2. 熟悉氨基酸、蛋白质的组成、结构、分类及性质；
3. 了解含氮杂环化合物的种类及主要性质，熟悉它们的几个重要衍生物；
4. 了解生物碱的一般特征及其在医学上的应用。

含氮有机物是指分子中含有碳-氮键（C—N）的一类化合物，广泛存在于自然界中，与生命活动和人类日常生活等关系密切，多数具有重要的生理作用。蛋白质、核酸、含氮激素、抗生素、生物碱等都是含氮有机物。

第一节 胺

胺是氨（NH_3）分子中的氢原子被烃基取代而生成的一系列衍生物。烃基包括饱和或不饱和链烃基、脂环烃基、芳香烃基等。

一、胺的结构分类与命名

1. 胺的结构

胺与氨的结构相似。在胺中，氮原子为 sp^3 杂化，3 个 sp^3 杂化轨道与 3 个取代基（或氢原子）形成三个 σ 键，另一个 sp^3 杂化轨道被一对孤对电子占据，形成三角锥形的结构。

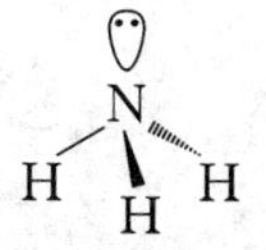

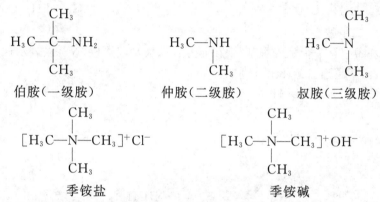

氨的结构 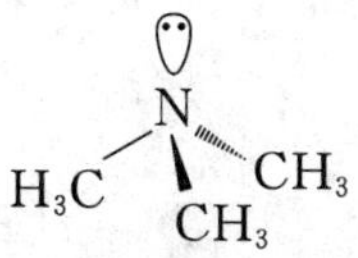　　　　　　　　三甲胺的结构

2. 胺的分类

(1) 根据胺分子中氮原子所连接的烃基种类不同，胺可分为脂肪胺和芳香胺。例如：

CH_3NH_2　　　　　　苯胺($C_6H_5NH_2$)

脂肪胺　　　　　　　　芳香胺

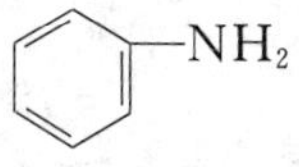

(2) 根据胺分子中与氮原子相连的烃基数目不同，可将胺分为伯、仲、叔胺和季铵盐（或季铵碱）。

伯胺（一级胺）　　　仲胺（二级胺）　　　叔胺（三级胺）

季铵盐　　　　　　　　季铵碱

胺的这种分类与卤代烃、醇不同。伯、仲、叔胺的分类是以氮原子上所连接烃基数目的多少为依据的，与烃基本身的结构无关；而卤代烃、醇的分类是以卤素或羟基所连接碳原子（或烃基）的类型确定的。

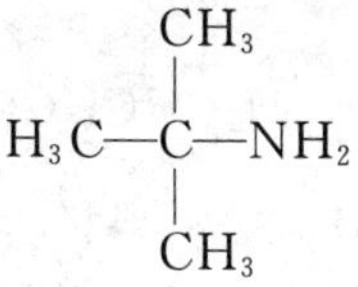

伯胺 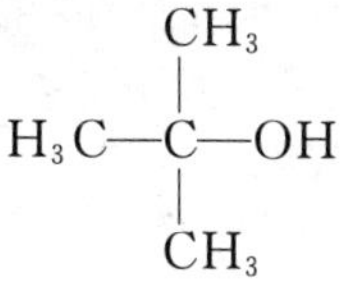　　　　　　　叔醇 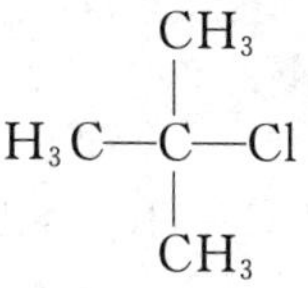　　　　　　　叔卤代烃

(3) 根据分子中氨基的数目分为一元胺、二元胺和多元胺。

一元胺　　　　$CH_3—NH_2$　　　　　　　　甲胺

二元胺　　　$NH_2—CH_2—CH_2—NH_2$　　　乙二胺

多元胺 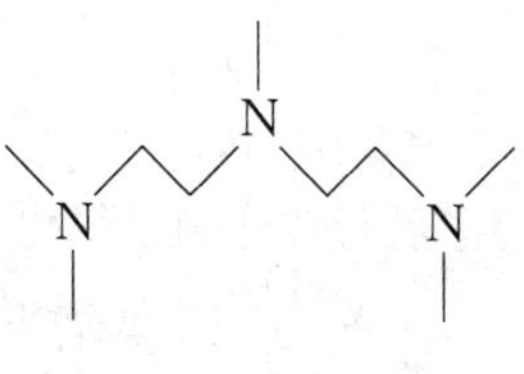　　　　　　　　　　　　　N,N,N',N',N''-五甲基二亚乙基三胺

3. 胺的命名

(1) 简单胺　简单胺的命名是以胺作为母体，烃基作为取代基。

① 伯胺 根据烃基的名称称为"某胺"。例如：

CH₃—NH₂   环己基—NH₂   NH₂—CH₂—CH₂—NH₂
  甲胺   环己基胺   乙二胺

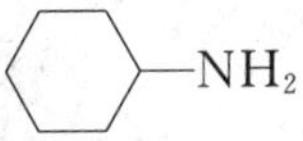

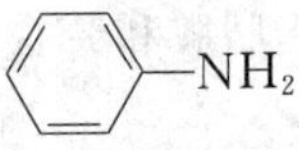

C₆H₅—NH₂   H₃C—C₆H₄—NH₂   (CH₃)₃C—NH₂
  苯胺 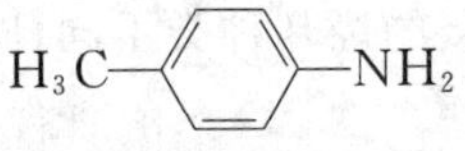   对甲苯胺 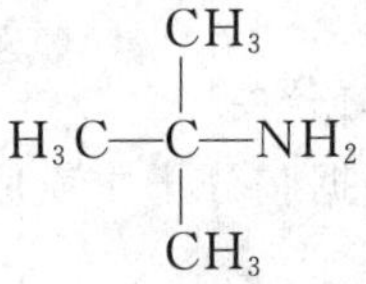   叔丁胺

② 仲胺和叔胺 如果氮原子上所连的取代基相同，需要将烃基合并表达；若所连烃基不相同，则把简单的烃基写在前面。例如：

CH₃—NH—CH₃   (C₆H₅)₂NH   CH₃—NH—C₂H₅
  二甲胺   二苯胺   甲乙胺

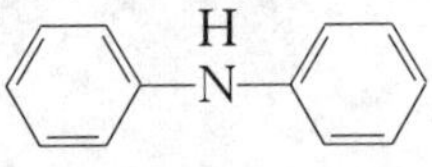

若所连基团中有一个是芳香基，则在非芳香取代基前冠以"N"，以表示这个基团是连在氮原子上，而不是连在芳环上。例如：

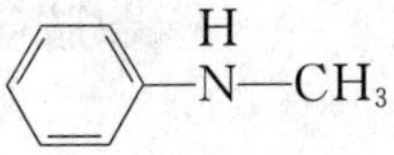

C₆H₅—N(H)—CH₃   C₆H₅—CH₂NH₂
  N-甲基苯胺 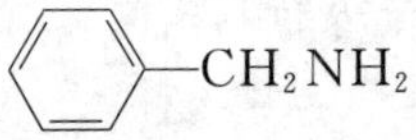   苯甲胺(苄胺)

(CH₃)₃N   (C₆H₅)₃N   C₆H₅—N(CH₃)₂   C₆H₅—N(CH₃)(C₂H₅)
 三甲胺   三苯胺 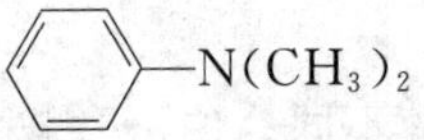   N,N-二甲基苯胺 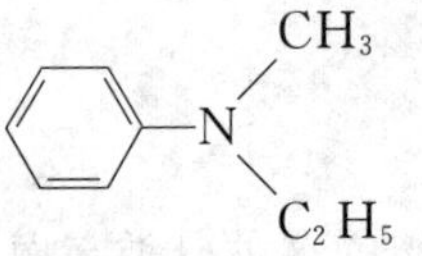   N-甲基-N-乙基苯胺

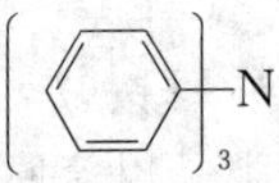

(2) 复杂胺 复杂胺的命名以氨基作为取代基，按系统命名法命名。例如：

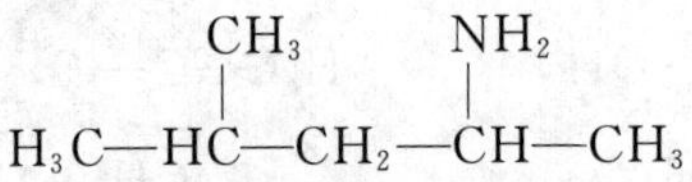

        CH₃   NH₂   CH₃   CH₃
H₃C—CH—CH₂—CH—CH₃   CH₃CHCH₂CHCHCH₃
                                         NHCH₃
   2-甲基-4-氨基戊烷 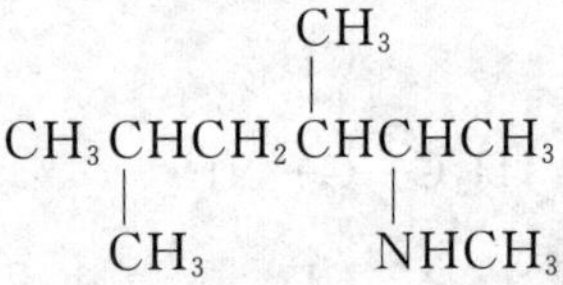   3,5-二甲基-2-甲氨基己烷

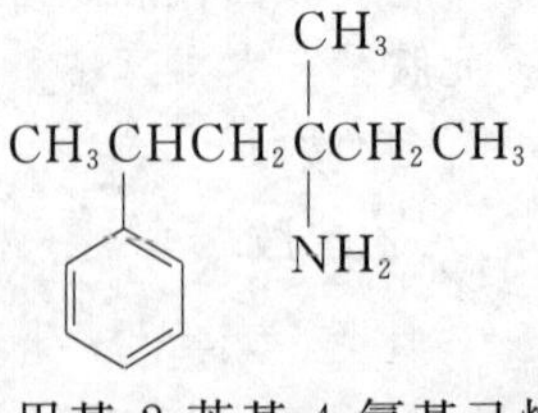

        CH₃   CH₃
C₆H₅CH₂CH—C—CH₃   CH₃CH₂CHCH—N(CH₂CH₃)₂
         NH₂   CH₃
   4-甲基-2-苯基-4-氨基己烷 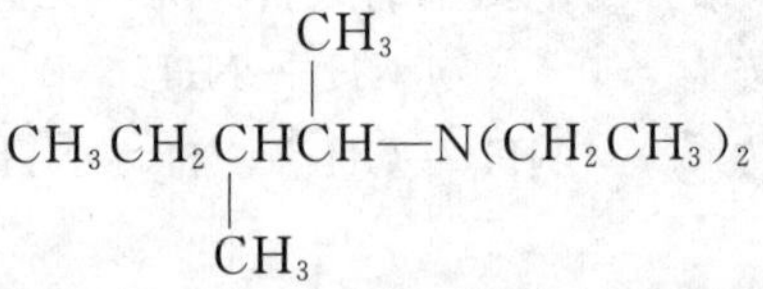   3-甲基-2-(N,N-二乙基)氨基戊烷

(3) 季铵盐和季铵碱 季铵盐和季铵碱的命名与铵盐和氢氧化铵的命名类似。例如：

(CH₃)₄N⁺OH⁻   (CH₃CH₂)₄N⁺Br⁻
 氢氧化四甲基铵   溴化四乙基铵

在有机化学中，"氨""胺""铵"三字用法不同，常容易混淆。表示取代基时叫"氨基"，如—NH_2称氨基，CH_3NH—称甲氨基；表示NH_3的烃基衍生物时叫"胺"，如$CH_3CH_2NH_2$称乙胺；氮上带有正电荷时称"铵"，如$CH_3NH_3^+Cl^-$称为氯化甲基铵，但写成$CH_3NH_2·HCl$时则称甲胺盐酸盐。

二、胺的性质

低级胺是气体或易挥发的液体，气味与氨相似，有的有鱼腥味（鱼的腥味其实就主要来自三甲胺）；高级胺为固体；芳香胺多为高沸点的液体或低熔点的固体，具有特殊的气味。胺的沸点比相对分子质量相似的非极性化合物高，比醇或羧酸的沸点低；叔胺的沸点比相对分子质量相近的伯胺和仲胺低。胺是极性化合物，低级胺易溶于水，胺还可溶于醇、醚、苯等有机溶剂。

1. 碱性

由于胺的氮原子有一孤对电子，因此胺具有碱性和亲核性，能与 Lewis 酸反应生成盐，并能与亲电试剂反应。

$$R\ddot{N}H_2 + H^+ \rightleftharpoons RNH_3^+$$

胺的碱性比醇、醚和水都强。当胺溶于水时，水作为酸提供一个质子，与胺作用，发生下列离解反应：

$$RNH_2 + H_2O \rightleftharpoons RNH_3^+ + OH^-$$

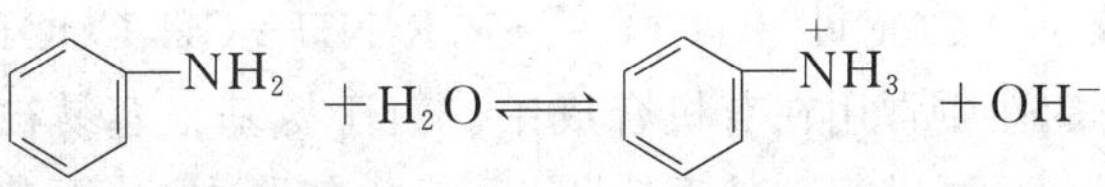

$$\text{C}_6\text{H}_5-NH_2 + H_2O \rightleftharpoons \text{C}_6\text{H}_5-NH_3^+ + OH^-$$

不同胺的碱性由电子效应与空间效应共同决定。一般氮原子上电子云密度大，接受质子能力强，相应胺的碱性就强。氮原子周围空间位阻大，结合质子就困难，胺的碱性就弱。

胺与氨的碱性强弱顺序为：脂肪胺＞氨＞芳胺。

这是因为在脂肪胺中，烷基是供电子基团，它能使氮原子上的电子云密度增大，进而接受质子能力增强，所以碱性增强。芳香胺的碱性比氨弱，这是因为氮上的孤对电子与苯环的π电子互相作用，形成一个均匀的共轭体系而变得稳定，氮上的孤对电子部分地转向苯环，因此氮原子与质子的结合能力降低，故芳胺的碱性比氨弱。芳胺不能使红色石蕊试纸变蓝，而脂肪胺能使红色石蕊试纸变蓝。

伯胺、仲胺、叔胺的碱性强弱顺序为：二甲胺＞甲胺＞三甲胺。

从诱导效应看，烷基越多，胺的碱性应越强。事实上，除诱导效应外，还应考虑空间效应、溶剂化效应等影响。从空间效应看，由于烷基数目的增加，在空间所占的位置也增大，这样给氮原子以屏蔽作用，阻碍了氮原子的未共用电子对与质子的结合，因此叔胺的碱性降低。从溶剂化效应看，胺分子中的氮原子上的氢原子越多，则与水形成氢键的机会就越大，溶剂化的程度就越大，形成的铵正离子就越稳定，碱性就越强。因此，胺的碱性强弱是诱导效应、空间效应和溶剂化效应综合影响的结果。

由于胺具有弱碱性，它可以与盐酸、硫酸、硝酸、草酸等成盐。成盐时，氨基氮上的孤对电子与氢离子结合形成一个共价键，变成铵盐正离子：

$$RNH_2 + HCl \longrightarrow RNH_3^+ Cl^-$$

有机铵盐在水中溶解度较小，易溶于乙醇。由于铵盐是弱碱形成的盐，一遇到强碱即游离出胺来，因此常常利用这些性能，将胺与其他化合物分离。如欲将胺从一个中性化合物中分离出来，可用稀盐酸处理，胺与盐酸成盐并溶于稀盐酸中，而中性化合物不溶，将二者分开后，铵盐溶液再与碱作用而得到原来的胺。

$$RNH_3^+ Cl^- + NaOH \longrightarrow RNH_2 + NaCl + H_2O$$

2. 胺的酰基化和磺酰基化反应

在氨或胺分子中引入酰基的反应，称为**酰基化反应**。常用的酰基化试剂有酰卤和酸酐，如 CH_3COCl、$(CH_3CO)_2O$ 等。

$$RNH_2 + CH_3COCl \longrightarrow RNHCOCH_3 + HCl$$

$$R_1R_2NH + CH_3COCl \longrightarrow R_1R_2NCOCH_3 + HCl$$

叔胺的氮原子上没有氢，不能发生酰基化反应。

胺的酰基衍生物多数为结晶固体，具有一定的熔点，呈中性，不与酸成盐。因此在醚溶液中，伯、仲、叔胺的混合物经乙酸酐酰化后，再加稀盐酸，则只有叔胺仍能与盐酸成盐，利用这个性质可将叔胺从混合物中分离出来。而伯、仲胺的酰化产物经水解后又得到原来的胺。反应式如下：

$$RNHCOCH_3 + H_2O \xrightarrow{H^+} RNH_2 + CH_3COOH$$

$$R_1R_2NCOCH_3 + H_2O \xrightarrow{H^+} R_1R_2NH + CH_3COOH$$

酰基可水解脱去的性质常用在有机合成中。由于氨基很容易被氧化，所以在有机合成中，经常将氨基酰化后，再进行其他反应，最后将酰基脱去，从而起到保护氨基的作用。例如，在苯胺的硝化反应中，先用乙酰基将氨基保护起来，虽然酰胺基和氨基都是邻、对位的定位基，但是酰胺基对芳环的致活作用没有氨基强，且体积较大，所以空间位阻也较大。这样既可避免氨基被硝化试剂氧化，又可降低苯环的反应活性，使反应主要生成对位取代的一硝基产物。

$$\underset{}{\bigcirc}-NH_2 \xrightarrow{(CH_3CO)_2O} \underset{}{\bigcirc}-NHCOCH_3 \xrightarrow[H_2SO_4]{HNO_3} NO_2-\underset{}{\bigcirc}-NHCOCH_3$$

$$\xrightarrow{OH^-} NO_2-\underset{}{\bigcirc}-NH_2$$

抗结核药物对氨基水杨酸不稳定，易被氧化。常将其氨基苯甲酰化，形成对苯甲酰氨基水杨酸，稳定性提高，在体内水解后又释放出对氨基水杨酸。

对苯甲酰氨基水杨酸　　　　　对氨基水杨酸

伯胺、仲胺还可以与苯磺酰氯发生磺酰化反应，氮上的氢被苯磺酰基取代而生成苯磺酰胺。磺酰化反应可以在碱性条件下进行，伯胺反应产生的磺酰胺，氮上还有一个氢，因受磺酰基的吸电子影响而呈弱酸性，可溶于碱成盐；仲胺形成的磺酰胺因氮上无氢，不溶于碱；叔胺不发生这个反应，可溶于酸。利用这些性质上的不同，可用于三类胺的分离与鉴定，这个反应称为**兴斯堡(O. Hinsberg)反应**。

$$\left[\begin{array}{c} C_6H_5-NH_2 \\ C_6H_5-NHCH_3 \\ C_6H_5-N(CH_3)_2 \end{array}\right] \xrightarrow{H_3C-C_6H_4-SO_2Cl} \left[\begin{array}{c} C_6H_5-NHSO_2-C_6H_4-CH_3 \quad 沉淀 \\ C_6H_5-N(CH_3)SO_2-C_6H_4-CH_3 \quad 沉淀 \\ 不被磺酰化 \end{array}\right] \xrightarrow{NaOH} \begin{array}{c} 溶解 \\ 不溶解 \end{array}$$

3. 与亚硝酸反应

胺与亚硝酸反应，不同类型的胺，可以有不同的产物。但亚硝酸不稳定，一般在反应过程中由亚硝酸钠与盐酸或硫酸作用得到。

（1）**伯胺与亚硝酸的反应** 脂肪族伯胺与亚硝酸作用先生成极不稳定的脂肪族重氮盐，它立即分解成氮气和一个碳正离子，然后此碳正离子可发生各种反应而生成醇、烯烃及卤代烃等化合物。由于这个反应放出的氮气是定量的，因此可用于氨基的定量测定。

$$RNH_2 + NaNO_2 + HCl \longrightarrow R-\overset{+}{N}\equiv N \ \overset{-}{X} \xrightarrow{常温下} R^+ + N_2\uparrow$$

芳香族伯胺与亚硝酸在低温及强酸水溶液中反应，生成芳基重氮盐，这个反应称为**重氮化反应**。

$$C_6H_5-NH_2 + NaNO_2 + HCl \xrightarrow{0\sim5℃} C_6H_5-\overset{+}{N_2}\overset{-}{Cl} + NaCl + H_2O$$

重氮盐不稳定。升高温度，重氮盐分解为酚和氮气。

$$C_6H_5-\overset{+}{N_2}\overset{-}{Cl} + H_2O \longrightarrow C_6H_5-OH + N_2\uparrow + HCl$$

（2）**仲胺与亚硝酸的反应** 脂肪族仲胺与亚硝酸反应生成 N-亚硝基胺，该类物质为黄色油状物，有强烈的致癌作用。

$$(CH_3CH_2)_2NH + NaNO_2 + HCl \longrightarrow (CH_3CH_2)_2N-NO$$

芳香族仲胺与亚硝酸作用也生成 N-亚硝基胺的黄色油状物。

$$C_6H_5-N(CH_3)H + HO-NO \longrightarrow C_6H_5-N(CH_3)-NO + H_2O$$

N-亚硝基-N-甲基苯胺

（3）**叔胺与亚硝酸的作用** 脂肪族叔胺由于氮原子上没有氢原子，不能亚硝基化，与亚硝酸只能形成不稳定的水溶性亚硝酸盐。

$$(CH_3CH_2)_3N + NaNO_2 + HCl \longrightarrow (CH_3CH_2)_3NH^+NO_2^-$$

芳香族叔胺与亚硝酸作用，不生成盐，可以在环上发生取代反应，生成对亚硝基芳叔胺；如果对位有其他取代基，则生成邻亚硝基芳叔胺。

$$C_6H_5-N(CH_3)_2 + NaNO_2 + HCl \longrightarrow ON-C_6H_4-N(CH_3)_2$$

对亚硝基-N,N-二甲基苯胺
（翠绿色晶体）

由于伯、仲、叔胺与亚硝酸反应的现象与产物各不相同,所以可通过与亚硝酸的反应来鉴别三种不同类型的胺。

三、重要的胺及应用

1. 苯胺

苯胺是最简单也是最重要的芳香族伯胺,广泛存在于煤焦油中,为无色油状液体。苯胺是最重要的胺类物质之一,主要用于制造染料、药物、树脂,还可以用作橡胶硫化促进剂等。它本身也可作为黑色染料使用。其衍生物甲基橙可作为指示剂。苯胺有毒,能透过皮肤或吸入蒸气使人中毒,因此接触苯胺时应特别注意。

在苯胺的水溶液中滴加溴水,会立即生成2,4,6-三溴苯胺的白色沉淀,此反应可用于苯胺的定性和定量检测。

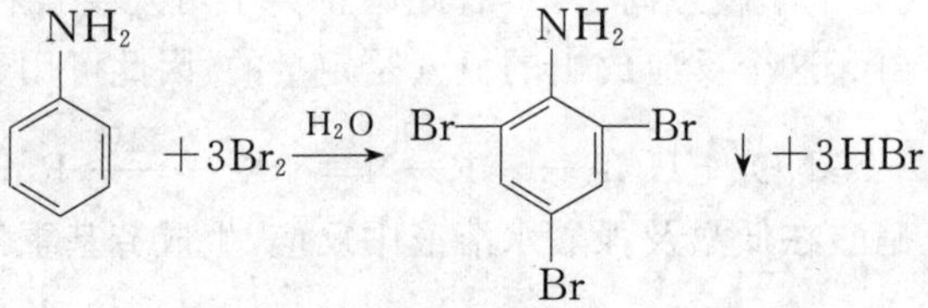

$$C_6H_5NH_2 + 3Br_2 \xrightarrow{H_2O} C_6H_2Br_3NH_2 \downarrow + 3HBr$$

2. 乙二胺

乙二胺($NH_2CH_2CH_2NH_2$)是无色黏稠状液体,沸点为118 ℃,有类似氨的气味,易溶于水,其水溶液呈碱性。乙二胺是重要的化工原料和试剂,广泛用于制造药物、乳化剂、农药、离子交换树脂等。乙二胺有腐蚀性,能刺激皮肤和黏膜引起过敏,高浓度蒸气可引起哮喘,严重时可导致致命性中毒。

3. 结晶紫

结晶紫是暗绿色粉末或颗粒,或带有金属光泽的绿色块状固体,溶于水,呈深紫蓝色,用作指示剂、细菌染色剂。它在医药上称为龙胆紫,对革兰氏阳性细菌有抑制作用,作为伤口的防腐消毒剂,可配成"紫药水"使用。

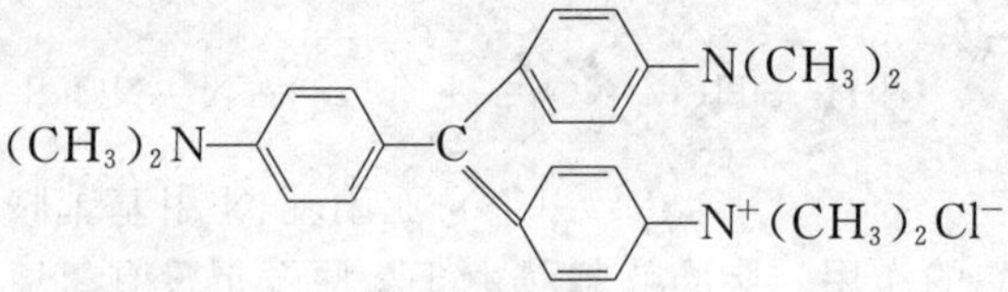

结晶紫

4. 新洁尔灭

新洁尔灭的化学名称为溴化二甲基十二烷基苄基铵,其结构式如下:

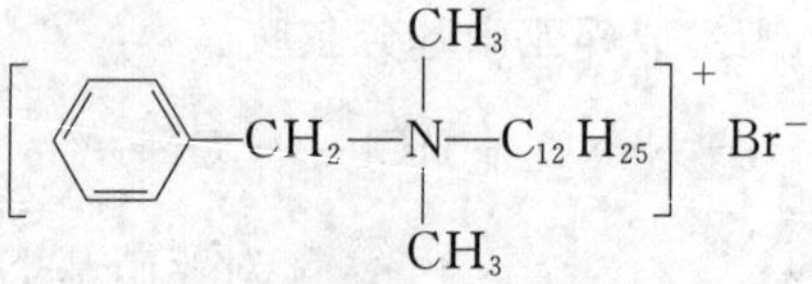

$$\left[C_6H_5-CH_2-\overset{CH_3}{\underset{CH_3}{N}}-C_{12}H_{25} \right]^+ Br^-$$

新洁尔灭

在常温下,新洁尔灭为微黄色的黏稠液,属于阳离子型表面活性剂,也是消毒剂,临床上用于皮肤、器皿及手术前的消毒。新洁尔灭的杀菌和去垢作用强而快,对金属无腐蚀作用,不污染衣服,性质稳定,易于保存,属消毒防腐药类。

5. 对氨基苯磺酰胺

对氨基苯磺酰胺简称磺胺,是白色结晶,难溶于冷水。

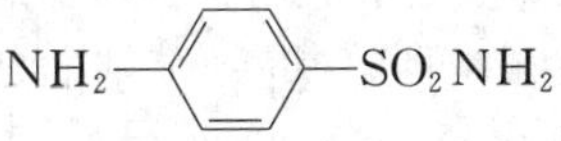

$$NH_2-\!\!\bigcirc\!\!-SO_2NH_2$$

对氨基苯磺酰胺

磺胺类药物是一类重要的抗菌药物,对链球菌和葡萄球菌有抑制作用,自 20 世纪 30 年代开始使用,至今仍为临床所应用。

6. 肾上腺素和去甲肾上腺素

肾上腺素和去甲肾上腺素是肾上腺髓质所分泌的两种激素,具有酚和胺的一般性质,日光、空气都会使它们氧化呈红色,直至棕色。因此,它们宜避光、密闭保存于阴凉处。

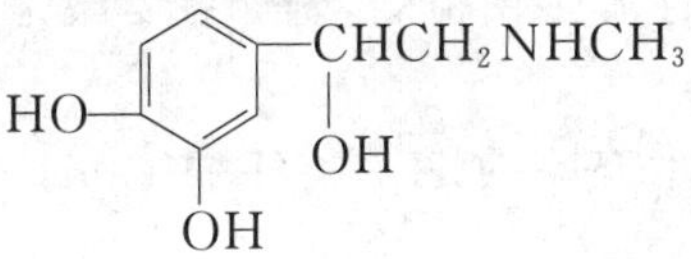

肾上腺素 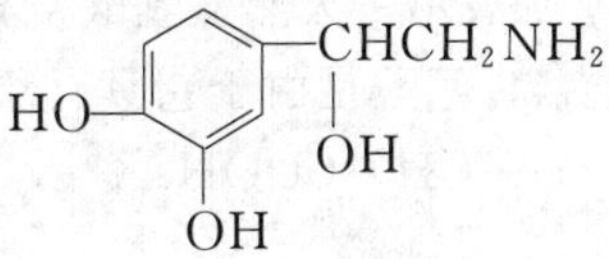　　　　　　　　去甲肾上腺素

它们的主要作用是收缩血管,升高血压,舒张支气管,加速心率,加强心肌收缩力等,临床上用作升压药、平喘药、抗心律失常药。

第二节　氨基酸和蛋白质

蛋白质是一类存在于所有动植物细胞中的有机高分子,也是动物组织的重要成分。例如,毛发、皮肤、肌肉、骨骼、角、鳞片、羽毛、神经、血液中的血红素、体内的激素、抗体以及酶,甚至病毒等都是蛋白质。绝大多数蛋白质在酸、碱或酶的作用下,都能水解成 α-氨基酸的混合物。

一、氨基酸

分子中既含有氨基($-NH_2$),又含有羧基($-COOH$)的化合物,称为氨基酸。在自然界中发现的氨基酸多达 200 多种,它们主要以多肽或蛋白质等聚合物的形式存在于动植物体内。

(一) 氨基酸的结构、分类和命名

根据烃基的不同,氨基酸分为脂肪族氨基酸、芳香族氨基酸和杂环氨基酸;根据氨基和羧基的相对位置,氨基酸又可分为 α-氨基酸、β-氨基酸、γ-氨基酸等。例如:

$$\underset{\underset{\alpha\text{-氨基酸}}{|}}{\text{RCHCOOH}} \qquad \underset{\underset{\beta\text{-氨基酸}}{|}}{\text{RCHCH}_2\text{COOH}} \qquad \underset{\underset{\gamma\text{-氨基酸}}{|}}{\text{RCHCH}_2\text{CH}_2\text{COOH}}$$

其中，α-氨基酸在自然界中存在最多，它们是构成蛋白质分子的基础。

根据分子中氨基和羧基的数目，又可分为中性氨基酸（羧基和氨基的数目相等）、酸性氨基酸（羧基数目多于氨基数目）和碱性氨基酸（氨基的数目多于羧基数目）。

蛋白质水解可以得到多种氨基酸，经过分离有 20 多种 α-氨基酸。人体所需的氨基酸，有些可以在体内由其他物质自行合成，有些则不能，必须通过食物摄取，这些氨基酸称为**必需氨基酸**。如果缺乏这些氨基酸，就会导致人体某些疾病。人们可以从不同的食物中得到必需的氨基酸，但并不能从某一种食物中获得全部必需的氨基酸，因此要注意饮食的多样化。表 3-8-1 中有 * 号的 8 种氨基酸就是必需氨基酸。

氨基酸的系统命名方法与羟基酸等相似，以羧酸为母体，氨基为取代基，氨基的位置，常用 α、β、γ 等表示。天然氨基酸常根据其来源或性质多用俗名，例如谷氨酸是因它最先来源于谷物，甘氨酸是由于它具有甜味而得名。

$$\underset{\underset{\text{甘氨酸}}{\alpha\text{-氨基乙酸}}}{\text{H}-\underset{\underset{\text{NH}_2}{|}}{\text{CH}}-\text{COOH}} \qquad \underset{\underset{\text{谷氨酸}}{\alpha\text{-氨基戊二酸}}}{\text{HOOC}-\text{CH}_2-\text{CH}_2-\underset{\underset{\text{NH}_2}{|}}{\text{CH}}-\text{COOH}}$$

除最简单的甘氨基酸外，其他 α-氨基酸都含有一个手性碳原子，而且其构型都属于 L 型。若用 R/S 标记法，绝大多数氨基酸的 α-碳原子的构型都是 S 型。

$$\underset{\text{L-甘油醛}}{\overset{\text{CHO}}{\underset{\text{CH}_2\text{OH}}{\text{HO}-\text{C}-\text{H}}}} \qquad \underset{\text{L-氨基酸}}{\overset{\text{COOH}}{\underset{\text{R}}{\text{NH}_2-\text{C}-\text{H}}}} \qquad \underset{\text{L-丝氨酸}}{\overset{\text{COOH}}{\underset{\text{CH}_2\text{OH}}{\text{NH}_2-\text{C}-\text{H}}}}$$

另外，为表示蛋白质结构的需要，氨基酸的名称常使用英文三字母缩写符号，有时也使用单字母符号。表 3-8-1 列出了蛋白质水解得到的 20 种 α-氨基酸的分类、结构、名称、三字母的缩写符号等内容。

表 3-8-1　组成蛋白质的 α-氨基酸

中英文名称	结构式	中英文缩写符号		等电点
中性氨基酸				
甘氨酸　glycine （氨基乙酸）	$\text{H}-\underset{\underset{\text{NH}_2}{|}}{\text{CH}}-\text{COOH}$	甘	Gly	5.97
丙氨酸　alanine （α-氨基丙酸）	$\text{CH}_3-\underset{\underset{\text{NH}_2}{|}}{\text{CH}}-\text{COOH}$	丙	Ala	6.00

续表

中英文名称	结构式	中英文缩写	符号	等电点
缬氨酸* valine (α-氨基-β-甲基丁酸)	$CH_3-CH-CH-COOH$ $\,CH_3\,\,\,\,NH_2$	缬	Val	5.96
异亮氨酸* isoleucine (α-氨基-β-甲基戊酸)	$CH_3-CH_2-\underset{\underset{NH_2}{\,}}{\overset{\overset{CH_3}{\,}}{CH}}-CH-COOH$	异亮	Ile	6.02
亮氨酸* leucine (α-氨基-γ-甲基戊酸)	$\underset{\,CH_3}{CH_3}-CH-CH_2-\underset{NH_2}{CH}-COOH$	亮	Leu	5.98
丝氨酸 serine (α-氨基-β-羟基丙酸)	$HO-CH_2-\underset{NH_2}{CH}-COOH$	丝	Ser	5.68
半胱氨酸 cysteine (α-氨基-β-巯基丙酸)	$HS-CH_2-\underset{NH_2}{CH}-COOH$	半胱	Cys	5.05
苯丙氨酸* phenylalanine (α-氨基-β-苯基丙酸)	$C_6H_5-CH_2-\underset{NH_2}{CH}-COOH$	苯丙	Phe	5.48
蛋氨酸* methionine (α-氨基-γ-甲硫基丁酸)	$CH_3-S-CH_2-CH_2-\underset{NH_2}{CH}-COOH$	蛋	Met	5.74
苏氨酸* threonine (α-氨基-β-羟基丁酸)	$CH_3-\underset{HO}{CH}-\underset{NH_2}{CH}-COOH$	苏	Thr	5.60
脯氨酸 proline (α-羧基四氢吡咯)	四氢吡咯-2-COOH	脯	Pro	6.30
酪氨酸 tyrosine (α-氨基-β-对羟苯基丙酸)	$HO-C_6H_4-CH_2-\underset{NH_2}{CH}-COOH$	酪	Tyr	5.66

续表

中英文名称	结构式	中英文缩写	符号	等电点
天冬酰胺 asparagine (α-氨基-4-羧基丁酰胺)	$H_2N-\overset{O}{\underset{}{C}}-CH_2-\underset{NH_2}{CH}-COOH$	天酰或 天-NH_2	Asn 或 Asp-NH_2	5.41
谷氨酰胺 glutamine (α-氨基-5-羧基戊酰胺)	$H_2N-\overset{O}{\underset{}{C}}-CH_2-CH_2-\underset{NH_2}{CH}-COOH$	谷酰或 谷-NH_2	Gln	5.65
色氨酸* tryptophan (α-氨基-β-吲哚基丙酸)	吲哚环-$CH_2-\underset{NH_2}{CH}-COOH$	色	Try (Trp)	5.89
酸性氨基酸				
天冬氨酸 aspartic acid (α-氨基丁二酸)	$H_2N-CH-COOH$ $\quad\quad\quad CH_2-COOH$	天	Asp	2.77
谷氨酸 glutamic acid (α-氨基戊二酸)	$HOOC-CH_2-CH_2-\underset{NH_2}{CH}-COOH$	谷	Glu	3.22
碱性氨基酸				
精氨酸 arginine (α-氨基-δ-胍基戊酸)	$H_2N-\underset{NH}{C}-NH-CH_2-CH_2-CH_2-\underset{NH_2}{CH}-COOH$	精	Arg	10.76
组氨酸 histidine (α-氨基-β-咪唑基丙酸)	咪唑环-$CH_2-\underset{NH_2}{CH}-COOH$	组	His	7.59
赖氨酸* lysine (α,ε-二氨基己酸)	$\underset{NH_2}{CH_2}-CH_2-CH_2-CH_2-\underset{NH_2}{CH}-COOH$	赖	Lys	9.74

(二) 氨基酸的性质

α-氨基酸为形状各异的无色晶体,熔点一般在 200 ℃以上。大多数氨基酸易溶于水,而难溶于苯、乙醚等有机溶剂。除最简单的甘氨基酸外,α-氨基酸都有旋光性。

氨基酸分子中既含有氨基,又含有羧基,因此具有羧基和氨基的典型性质。同时,由于氨基与羧基之间的相互影响及分子中 R 基团的某些特殊结构,又显示出一些特殊的性质。

1. 两性和等电点

氨基酸分子既含有碱性的氨基(—NH_2),可以和酸反应生成铵盐;又含有酸性的羧基(—COOH)，可以和碱生成羧酸盐，氨基酸是两性化合物。例如：

$$\text{R—CH—COOH} \xleftarrow{\text{HCl}} \text{R—CH—COOH} \xrightarrow{\text{NaOH}} \text{R—CH—COO}^-$$
$$\quad\ |\qquad\qquad\qquad\quad\ |\qquad\qquad\qquad\qquad\ |$$
$$\ ^+\text{NH}_3\qquad\qquad\qquad\ \text{NH}_2\qquad\qquad\qquad\quad\ \text{NH}_2$$

氨基酸分子中的羧基和氨基也能相互作用生成内盐。

$$\text{R—CH—COOH} \rightleftharpoons \text{R—CH—COO}^-$$
$$\quad\ |\qquad\qquad\qquad\qquad\ |$$
$$\ \text{NH}_2\qquad\qquad\qquad\ ^+\text{NH}_3$$

这种内盐又称偶极离子。氨基酸在固态时主要以内盐或偶极离子的形式存在，因而具有盐的性质。例如，熔点较高，难溶于有机溶剂等。在水溶液中，氨基酸的偶极离子既可作为酸与 OH^- 结合成为负离子，又可以作为碱与 H^+ 结合成为正离子，从而形成一个平衡体系。

$$\text{R—CH—COOH} \underset{H^+}{\overset{OH^-}{\rightleftharpoons}} \text{R—CH—COO}^- \underset{H^+}{\overset{OH^-}{\rightleftharpoons}} \text{R—CH—COO}^-$$
$$\quad\ |\qquad\qquad\qquad\qquad\quad\ |\qquad\qquad\qquad\qquad\quad\ |$$
$$\ ^+\text{NH}_3\qquad\qquad\qquad\quad\ ^+\text{NH}_3\qquad\qquad\qquad\quad\ \text{NH}_2$$

    正离子   偶极离子   负离子
    pH<pI   pH=pI   pH>pI

由于氨基酸中羧基的电离能力与氨基接受质子的能力并不相等，因此在上述平衡体系中正、负离子和偶极离子的存在量是不相等的。究竟哪种离子占优势，取决于溶液的 pH 值和氨基酸的类型或结构。

氨基酸在强酸性溶液中，主要以正离子的形式存在，在电场中向负极移动；在强碱性溶液中，主要以负离子的形式存在，在电场中向正极移动。当溶液的酸碱性达到某一 pH 值时，氨基酸主要以偶极离子存在，所带的正电荷数量与负电荷数量正好相等，在电场中，既不向阴极移动也不向阳极移动。此时溶液的 pH 值，称为该氨基酸的等电点，用 pI 表示。

由于结构的不同，各氨基酸的等电点也不相同，一般中性氨基酸的等电点在 5.0～6.5 之间，酸性氨基酸的等电点为 2.8～3.2，碱性氨基酸的等电点为 7.6～10.8。常见的 20 种氨基酸的等电点见表 3-8-1。

氨基酸的等电点并不是中性点。例如，中性氨基酸的氨基和羧基尽管数目相等，但由于羧基解离出质子的能力大于氨基接受质子的能力，因此在纯水溶液中，中性氨基酸呈弱酸性。在等电点时，偶极离子的浓度最大，而溶解度最小，最容易从溶液中析出。因此，可以通过调节溶液 pH 值的方法，将等电点不同的氨基酸从其混合液中分离出来。

  2. 主要化学反应

氨基酸的化学性质都是氨基、羧基和侧链中其他官能团的体现，主要有以下几类。

  (1) 与亚硝酸反应 氨基酸的氨基和亚硝酸的反应与伯胺相似，这个反应可用于氨基酸的定量分析，根据放出氮气的量，可以算出样品中氨基的含量。

$$\text{R—CH—COOH} + \text{HNO}_2 \longrightarrow \text{R—CH—COOH} + \text{N}_2\uparrow + \text{H}_2\text{O}$$
$$\quad\ |\qquad\qquad\qquad\qquad\qquad\qquad\ |$$
$$\ \text{NH}_2\qquad\qquad\qquad\qquad\qquad\ \text{OH}$$

  (2) 酰化反应 氨基酸能和酰氯、酸酐等作用(氨解)，生成酰胺。例如：

$$R'-\underset{\underset{O}{\|}}{C}-Cl + H_2N-\underset{R}{\overset{|}{C}H}-COOH \longrightarrow R'-\underset{\underset{O}{\|}}{C}-NH-\underset{R}{\overset{|}{C}H}-COOH$$

反应需在碱性溶液中进行,因为只有在碱性溶液中,氨基酸的氨基以游离状态存在。该反应可在人工合成蛋白质时,用于保护氨基。

(3) 脱羧反应　某些氨基酸在体外(Ba(OH)$_2$、加热)或体内酶的作用下,均可发生脱羧反应,生成相应的胺。脱羧反应是人体内氨基酸代谢的形式之一,例如在肠道细菌作用下,组氨酸可脱羧生成组胺。

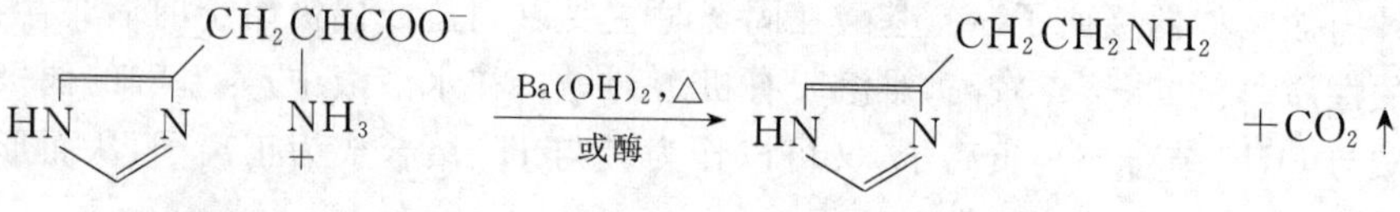

组氨酸 $\xrightarrow{Ba(OH)_2, \triangle \text{ 或酶}}$ 组胺 $+CO_2\uparrow$

脱羧反应也可在蛋白质腐败时发生。例如,在某些细菌作用下,蛋白质中的赖氨酸可变成毒性很强,且有强烈气味的尸胺(戊二胺)。

$$H_2N(CH_2)_4\underset{\underset{NH_2}{|}}{C}H-COOH \xrightarrow{-CO_2} H_2N(CH_2)_5NH_2$$

赖氨酸　　　　　　　　　尸胺

(4) 与水合茚三酮的显色反应　α-氨基酸在弱碱性溶液中,与水合茚三酮共热,生成一种蓝紫色化合物(脯氨酸或羟脯氨酸与茚三酮反应产物呈黄色)。例如:

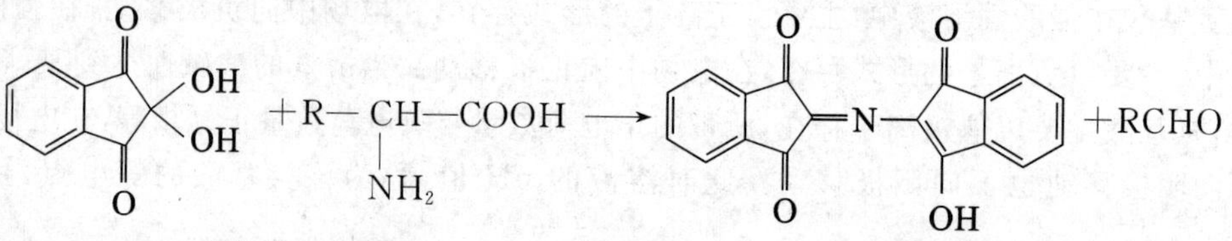

水合茚三酮(无色) + R-CH(NH$_2$)-COOH → 蓝紫色化合物 + RCHO

由于该反应生成蓝紫色物质,且非常灵敏,常用于 α-氨基酸的鉴别。此法还可以用于氨基酸的比色测定、纸上层析的显色,以及刑侦中的指纹显示。

二、多肽和蛋白质

(一) 肽与肽键

α-氨基酸分子中的氨基和另一个 α-氨基酸分子的羧基,发生分子间脱水产生的以酰胺键(—CONH$_2$—)相连接的缩合化合物,称为肽。肽分子中的酰胺键,称为肽键。例如:

$$H_2N-\underset{R}{\overset{|}{C}}-\underset{\underset{O}{\|}}{C}-OH + H-N-\underset{R'}{\overset{|}{C}}-COOH \xrightarrow[\triangle]{-H_2O} H_2N-\underset{R}{\overset{|}{C}}-\underset{\underset{O}{\|}}{C}-N-\underset{R'}{\overset{|}{C}}-COOH$$

酰胺键

缩合成肽是氨基酸的重要性质之一,氨基酸的种类越多,相互缩合的产物越复杂。由两个氨基酸缩合而成的,称为二肽;由三个氨基酸缩合而成的,称为三肽;以此类推。一般将 10 个以下的 α-氨基酸分子间脱水形成的聚酰胺称为寡肽,10 个以上 α-氨基酸分子形成的肽称为多肽,50 个以上的 α-氨基酸分子形成的多肽,称为蛋白质。

自然界中的多肽都是由多种氨基酸组成的,是生物化学中一类重要的化合物。例如,青霉素结构中含有二肽,脑啡肽为五肽等。

多肽是蛋白质部分水解的产物,蛋白质是由数十个到数百个氨基酸借助肽键相互连接起来的多肽链。有些蛋白质分子只由一条多肽链组成,多数蛋白质分子中都含有几条多肽链,肽链之间通过二硫键、氢键等结合在一起。因此,多肽的合成即为蛋白质合成的基础。

(二) 蛋白质的组成和分类

蛋白质是一类很重要的生物高分子化合物,是生物体内一切组织的基础物质,其相对分子质量一般都在 10000 以上,有的高达数百万。蛋白质种类繁多,其组成因来源不同而异。经元素分析,蛋白质除了含碳、氢、氧、氮外,还含有硫,有些含少量磷和铁。一般蛋白质组成元素质量百分数如下:

C	O	H	N	S
50%~55%	20%~23%	6%~7%	15%~17%	0.3%~2.5%

蛋白质有多种分类方法,一般常根据其溶解性及化学组成进行分类,也可按水解产物的不同来分类。

按溶解性的不同,蛋白质一般分两类:

(1) 不溶于水的纤维蛋白　其结构为线状的多肽长链分子缠绕在一起,或呈纤维状平行排列,它们是动物组织的重要组成部分。

(2) 能溶于水、酸、碱或盐溶液的球蛋白　其分子形状呈球形,它们的多肽链通过分子内某些基团间的氢键、二硫键或分子间作用力相互作用自身折叠、缠绕成特有的球形。分子中的憎水基(如烃基)分布在球形的内部,而亲水基(如—OH、—NH$_2$、—SH、—COOH 等)分布在球的表面。酶和血红蛋白都是球蛋白。球蛋白的水溶性较大,并形成胶体溶液。

(三) 蛋白质的结构

蛋白质的结构极其复杂,各种蛋白质的特殊功能和生理活性,不仅取决于多肽链中氨基酸的组成、数目和连接顺序,而且与其特定的空间构象关系密切。蛋白质的结构通常分为一级结构、二级结构、三级结构和四级结构等。

1. 一级结构

蛋白质肽链中氨基酸的排列顺序,称为蛋白质的一级结构。一级结构可由一条或多条肽链组成,是蛋白质的骨架。一级结构肽链中每个氨基酸单位,称为氨基酸残基;由多条肽链组成的蛋白质,每条肽链称为亚基。如我国科学家首先合成的具有生理活性的结晶牛胰岛素有两条亚基,共 51 个氨基酸残基构成。

蛋白质的一级结构决定了蛋白质的高级结构,并可由一级结构获得高级结构的信息。

2. 二级结构

蛋白质的二级结构是指分子中多肽链的折叠和盘绕的方式。二级结构的形成几乎全是靠碳链骨架中羰基上的氧原子和亚酰基上的氢原子之间的氢键维系。肽段之间的氢键越多,形成的二级结构越稳定。二级结构主要有 α-螺旋、β-折叠、β-转角等形式。

(1) α-螺旋　肽链的某段局部盘曲成螺旋形结构,称为 α-螺旋。在 α-螺旋中,每隔 3.6 个氨基酸残基螺旋上升一圈,螺距 0.54 nm,每个残基跨距为 0.15 nm;螺旋体中所有氨基酸残基 R 侧链都伸向外侧。如图 3-8-1 所示。

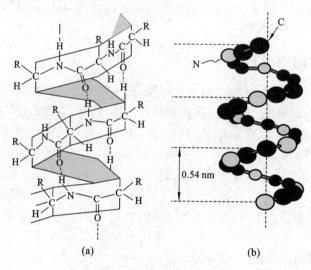

图 3-8-1　α-螺旋示意图

(2) β-折叠　β-折叠又称 β-片层,是两条肽链或一条肽链的两段平行排列,形成较为伸展的片状结构。β-折叠可分为平行式和反平行式两种类型,也是通过肽链间或肽段间的氢键维系,可以将其想象为由折叠的条状纸片侧向并排而成,每条纸片可看成是一条肽链。如图 3-8-2 所示。

3. 三级结构

多肽链在二级结构的基础上,进一步的卷曲、折叠成具有一定规律性的三维空间结构,称为蛋白质的三级结构。三级结构是在二级结构基础上的再折叠或再盘绕,类似于弹簧的扭结(图 3-8-3)。维持蛋白质三级结构的因素主要是侧链基团的相互作用,包括二硫键、氢键、离子键、分子间作用力、疏水作用等。

4. 四级结构

由两条或两条以上具有独立三级结构的多肽链通过非共价键结合,形成具有一定空间结构的聚合体,称为蛋白质的四级结构。其中每一条具有独立三级结构的多肽链称为亚基。单独的亚基不具有生物学功能,只有完整的四级结构寡聚体才有生物学功能。例如,血红蛋白(图 3-8-4)是由 2 个 α 亚基(141 个残基)和 2 个 β 亚基(146 个残基)组成,两个亚基的三级结构很相似,每个亚基都结合一个血红素,4 个亚基通过 8 个离子键相连,形成四聚体,具有运输 O_2 和 CO_2 的功能。

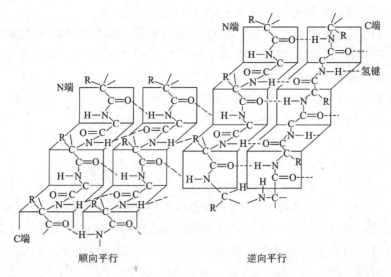

图 3-8-2 β-折叠

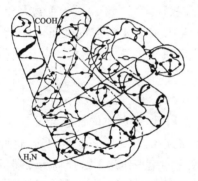

图 3-8-3 肌红蛋白三级结构示意图

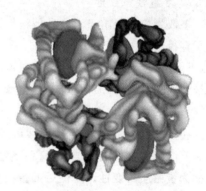

图 3-8-4 血红蛋白四级结构示意图

（四）蛋白质的性质

蛋白质是由氨基酸组成的，许多理化性质与氨基酸相似，如两性解离、等电点及紫外吸收等。但是，蛋白质是高聚物，有些性质与氨基酸不同，如溶液的胶体性质、盐析和变性等。

1. 两性电离和等电点

蛋白质与氨基酸相似，也具有两性性质。在水溶液中，蛋白质分子以正离子、负离子或偶极离子的形式存在。即蛋白质分子在溶液中存在下列解离平衡：

$$\underset{\substack{\text{负离子}\\ \text{pH}>\text{pI}}}{\text{Pr}\begin{Bmatrix}\text{NH}_2\\ \text{COO}^-\end{Bmatrix}} \underset{\text{OH}^-}{\overset{\text{H}^+}{\rightleftharpoons}} \underset{\substack{\text{偶极离子}\\ \text{等电点(pI)}}}{\text{Pr}\begin{Bmatrix}\overset{+}{\text{NH}_3}\\ \text{COO}^-\end{Bmatrix}} \underset{\text{OH}^-}{\overset{\text{H}^+}{\rightleftharpoons}} \underset{\substack{\text{正离子}\\ \text{pH}<\text{pI}}}{\text{Pr}\begin{Bmatrix}\overset{+}{\text{NH}_3}\\ \text{COOH}\end{Bmatrix}}$$

Pr 表示不包括链端氨基和链端羧基在内的蛋白质大分子。

蛋白质在溶液存在的状态或形式,取决于蛋白质的结构及溶液的 pH 值。调节溶液的 pH 值至一定数值时,蛋白质以偶极离子形式存在,在电场中既不向负极移动,也不向正极移动。此时溶液的 pH 就是该蛋白质的等电点(pI)。

不同的蛋白质有不同的等电点。例如,人和动物体内大多数蛋白质的等电点在 5 左右。由于人体液(如血液、组织液和细胞内液等)的 pH 值约为 7.4,所以体内蛋白质分子大多以负离子的形式存在,可与体液中的 K^+、Ca^{2+}、Na^+、Mg^{2+} 等正离子结合成蛋白质盐,并与蛋白质分子组成缓冲对,在体内起重要的缓冲作用。

等电点时蛋白质在水中的溶解度最小,最容易沉淀。这个性质可作为分离和提纯蛋白质的依据。在同一 pH 值的溶液中,各种蛋白质所带电荷的性质、数量不同,分子大小不同,因此在电场中移动的速率或方向也不同。利用这种性质可将不同蛋白质进行分离和分析,称为电泳分析法。电泳分析法在临床上常用于测定血清蛋白的成分,借以诊断疾病。

2. 溶解性和盐析

多数蛋白质可溶于水或其他极性溶剂,但不溶于非极性溶剂。蛋白质为生物大分子,分子直径已达 1～100 nm 的范围,所以蛋白质的水溶液具有亲水溶胶的性质,可发生电泳,不能透过半透膜,相对分子质量低的有机化合物和无机盐能透过半透膜。利用这种性质来分离、提纯蛋白质的方法,称为**渗析法**。

3. 蛋白质的变性

在热、紫外线、超声波、X 射线以及某些化学试剂作用下,蛋白质的性质会发生变化,导致其溶解度降低而凝结,且这种凝结是不可逆的,不能再恢复到原来的蛋白质,这种现象称为蛋白质的**变性**。变性后的蛋白质通常丧失了原有的生理作用。医疗场所或器械利用红外线、紫外线或高温消毒,目的是促使细菌的蛋白质变性;疫苗放在冰箱中冷藏,是为防止其高温变性。

4. 显色反应

蛋白质中含有不同的氨基酸,可与某些试剂发生特殊的颜色反应,称为蛋白质的显色反应。利用这些反应可以鉴别蛋白质。

5. 水解作用

用酸、碱或酶水解单纯蛋白质时,最后所得产物是各种 α-氨基酸的混合物。用酸、碱水解时,有一些氨基酸在水解过程中会被破坏或发生外消旋化。但用各种酶(如胃蛋白酶、胰蛋白酶等)水解则比较温和,可使蛋白质逐步水解并得到各种中间产物。即

蛋白质→多肽→二肽→α-氨基酸

研究蛋白质水解的中间产物的结构和性质,可为蛋白质的研究提供有效的参考。蛋白质水解生成各种 α-氨基酸的混合物,是工业上生产氨基酸的主要途径。

知识拓展

生 物 酶

生物酶是一种具有生物活性的蛋白质,是生物体内许多复杂化学反应的催化剂。

人类从发明酒、造醋制酱和面粉发酵时起,就对生物催化作用有了初步的了解,但当时并不知道起催化作用的物质就是生物酶。进入19世纪后期,人们开始对酶有了认识,并了解到酶来自生物细胞。到了20世纪,人们已经发现了许多种酶,并对其进行了大量研究。例如,1926年第一次成功地从刀豆中提取了脲酶的结晶,并证明这种结晶具有蛋白质的化学性质,它能催化尿素分解为NH_3和CO_2。此后,又相继分离出许多酶的结晶,如胃蛋白酶、胰蛋白酶等。现在,人们鉴定出的酶已达2000多种。

研究表明,酶的成分与蛋白质一样,也是由氨基酸长链组成。其中一部分链呈螺旋状,一部分为折叠的薄片结构,而这两部分由不折叠的氨基酸链连接起来,而使整个酶分子成为特定的三维结构。生物酶是从生物体中产生的,具有特殊的催化功能。生物催化具有以下特点。

(1) 易变性失活　生物酶具有蛋白质的一般特性,当受到高温、强酸、强碱、重金属离子、配位体或紫外线照射等因素影响时,非常容易失去催化活性。

(2) 催化反应条件温和　酶催化不像一般催化剂需要高温、高压、强酸、强碱等剧烈条件,而可在较温和的条件下进行。例如,在人体内的各种酶促反应,一般都是在体温(37 ℃)和血液的pH(约为7.4)条件下进行。

(3) 高度专一性　一种酶只能催化一类物质的化学反应,即酶是仅能催化特定化合物、特定化学键、特定化学变化的催化剂。例如,脲酶只能催化尿素分解,而对尿素衍生物和其他物质的水解不具有催化作用,也不能使尿素发生其他反应。麦芽糖酶只能催化麦芽糖水解成葡萄糖,蔗糖酶只能催化蔗糖水解成葡萄糖和果糖。

(4) 催化高效性　酶的催化效率是一般无机催化剂的$10^7 \sim 10^{13}$倍。酶能提高化学反应的速率,主要是因为其显著降低了反应的活化能,使反应更易进行。而且酶在反应前后理论上是不被消耗的,还可回收利用。

人类对于生物酶的研究已经形成了一个独立的科学体系——生物酶工程,它是以酶学和DNA重组技术为主的现代分子生物学技术相结合的产物。其研究内容包括三个方面:一是利用DNA重组技术大量地生产酶;二是对酶基因进行修饰,产生遗传修饰酶;三是设计新的酶基因,合成催化效率更高的酶。

第三节 含氮杂环化合物

由碳原子和非碳原子共同组成环状结构的一类有机化合物称为**杂环化合物**。环上除碳原子以外的其他原子称为杂原子,常见的杂原子有 O、N、S 等。杂环化合物的种类繁多、数量极为庞大,是有机化合物数量最多的一类,约占全部已知有机化合物的三分之一。

杂环化合物以天然产物的形式存在于自然界,分布非常广泛。动植物体内都含有杂环化合物,植物的叶绿素、动物的血红素、中草药的有效成分生物碱、染料等都含有杂环化合物。含氮杂环化合物还具有一定的生理活性,与动植物的生长、发育、遗传及变异等都有密切关系。如抗溃疡药甲腈咪胍和镇静剂苯巴比妥都是含氮杂环化合物,许多合成药物中的维生素、抗生素、抗肿瘤药物也多属于含氮杂环化合物。

一、杂环化合物的分类和命名

1. 杂环化合物的分类

杂环化合物的分类方法比较多,目前应用最多的是按骨架进行分类。杂环化合物按分子中含环的数目可分为单杂环和稠杂环两类,单环又可按环的大小分为五元杂环和六元杂环等。

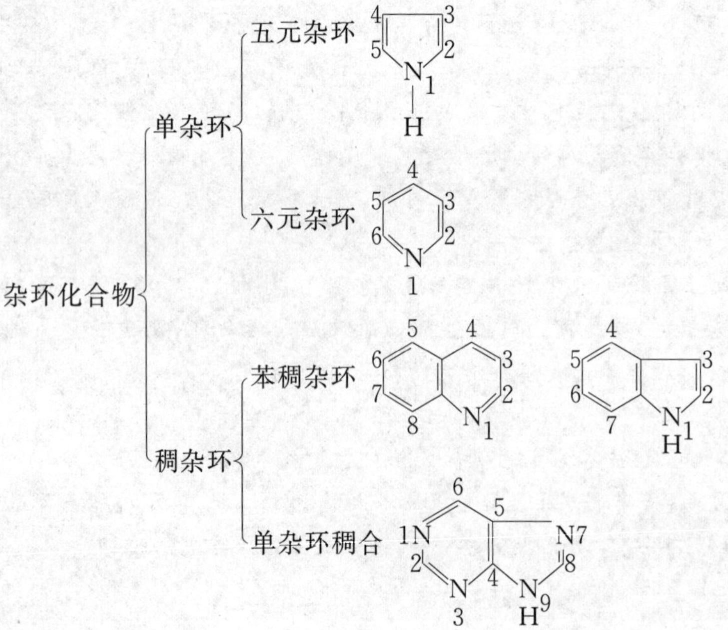

2. 杂环化合物的命名

含氮杂环化合物的命名较为复杂,不同的杂环系统都有自己的母体名称。这些母体主要有以下几类：

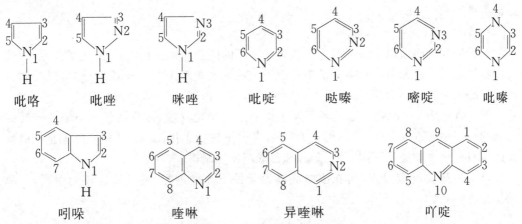

吡咯　　　吡唑　　　咪唑　　　吡啶　　　哒嗪　　　嘧啶　　　吡嗪

吲哚　　　　　喹啉　　　　异喹啉　　　　吖啶

当杂环上有取代基命名时，以杂环为母体，并在母体前标明取代基的位置与名称。将环上原子编号时，除个别稠杂环固定编号外（如异喹啉、吖啶），一般情况下，氮原子的编号总是为"1"。如果环上只有一个杂原子时，有时也用希腊字母 α、β、γ 等编号，靠近杂原子的碳原子为 α 位，依次为 β、γ 位。例如：

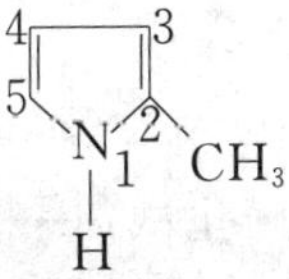

2-甲基吡咯(α-甲基吡咯) 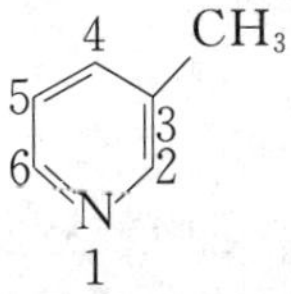　　　　3-甲基吡啶(β-甲基吡啶)

当环上有 2 个或 2 个以上相同的杂原子时，要尽可能使杂原子的编号最小。如果其中一个杂原子上连有氢，应从连有氢的杂原子开始编号。如果环中有两个或几个不同的杂原子，则按照氧、硫、氮的顺序编号。例如：

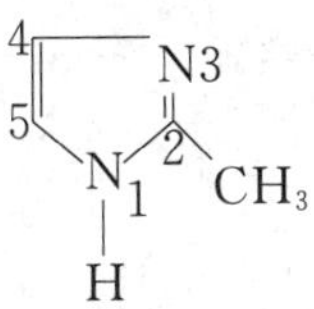

2-甲基咪唑 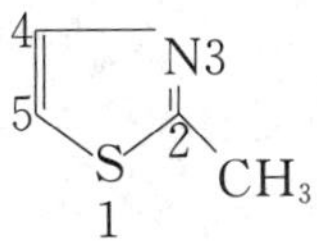　　　　2-甲基噻唑

为了命名方便，有时也将杂环作为取代基。例如：

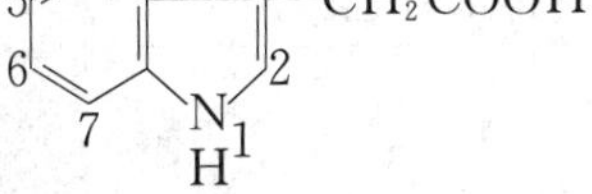

3-吲哚乙酸

二、化学性质

杂环化合物的性质与苯环相似，具有芳香性。但结构的差异导致了杂环化合物与苯

在性质上的不同。如吡咯较苯容易发生取代反应，且主要发生在α位上；而吡啶的取代反应较苯难，多发生在β位上。

1. 亲电取代反应

五元杂环吡咯氮原子的孤对电子参与了杂环的闭合共轭体系，属于富电子体系，取代反应容易进行。六元杂环吡啶分子中氮原子上的孤对电子不参与形成闭合共轭体系，且氮原子的电负性较碳大，降低了环上碳原子的电子云密度，不易发生取代反应。

（1）硝化反应 吡咯等五元环不能与混酸进行硝化反应，需要在低温与非质子性硝化试剂——硝酸乙酰酯（CH_3COONO_2）存在条件下进行硝化反应。硝酸乙酰酯是比硝酸和硫酸温和得多的硝化试剂，可由硝酸和乙酸酐反应制得。

吡啶的硝化反应较难，需在浓酸和高温条件下才能进行，并且反应较为缓慢，产率较低。

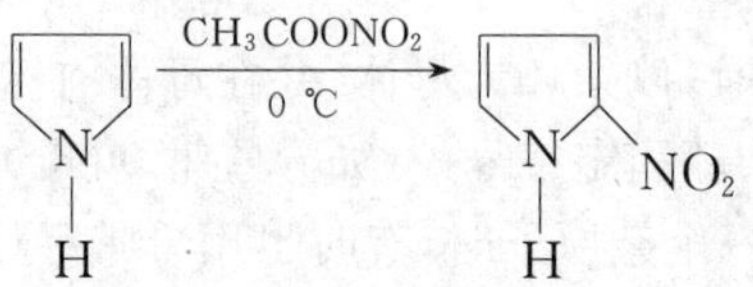

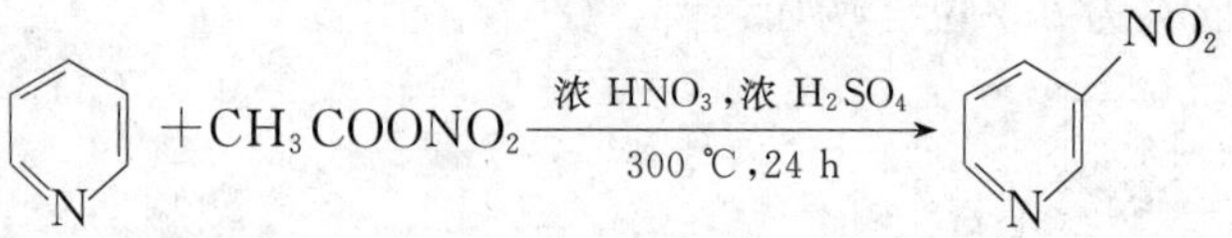

$$\text{吡咯} \xrightarrow[0\ ℃]{CH_3COONO_2} \text{2-硝基吡咯}$$

$$\text{吡啶} + CH_3COONO_2 \xrightarrow[300\ ℃, 24\ h]{浓\ HNO_3, 浓\ H_2SO_4} \text{3-硝基吡啶}$$

（2）磺化反应 吡咯较易发生磺化反应，常与温和的磺化试剂——吡啶与三氧化硫的混合物作用，生成α-吡咯磺酸；吡啶的磺化反应较为困难。

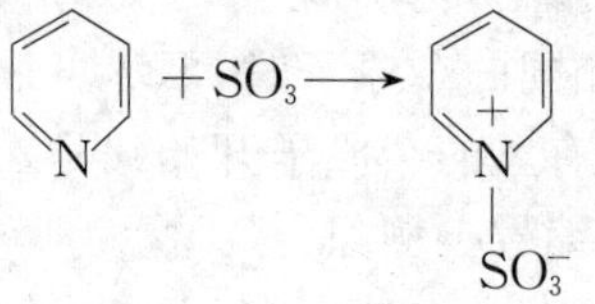

$$\text{吡啶} + SO_3 \longrightarrow \text{磺酸吡啶盐}$$

$$\text{吡咯} + \text{磺酸吡啶盐} \longrightarrow \text{吡咯-2-SO}_3^- \xrightarrow{H^+} \text{吡咯-2-SO}_3H$$

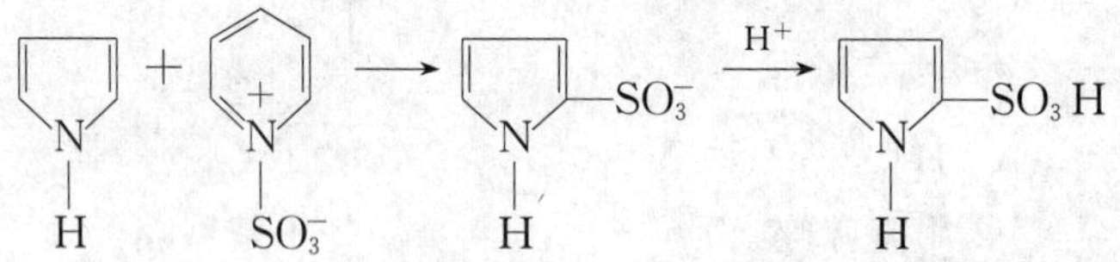

（3）卤代反应 吡咯等五元杂环很容易发生卤代反应，并常得到多卤代物。

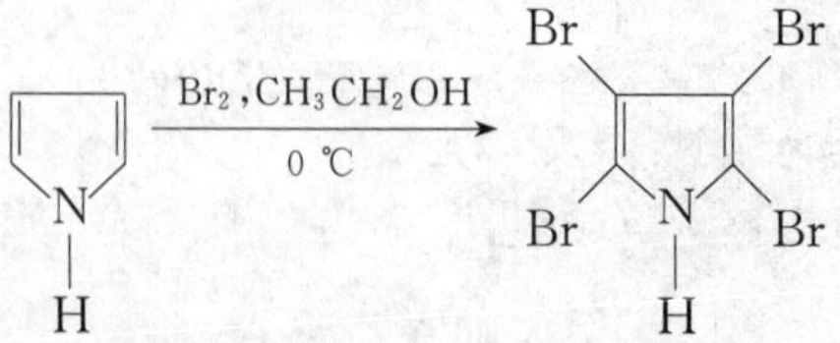

$$\text{吡咯} \xrightarrow[0\ ℃]{Br_2, CH_3CH_2OH} \text{2,3,4,5-四溴吡咯}$$

吡啶的卤代反应不但需要催化剂，而且要在较高的温度下才能进行。

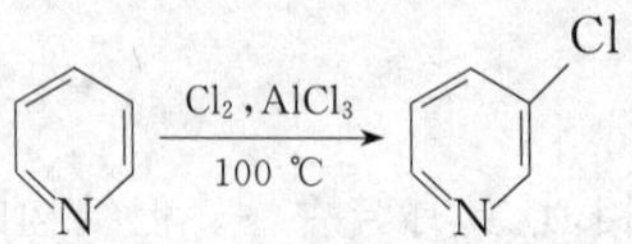

$$\text{吡啶} \xrightarrow[100\ ℃]{Cl_2, AlCl_3} \text{3-氯吡啶}$$

（4）傅-克酰基化反应 傅-克反应是一类芳香族亲电取代反应，在强路易斯酸催化条件下，酰氯等与苯环进行酰化的反应。吡咯等五元环可被乙酸酐等酰化，而吡啶则不会发生酰基化反应。

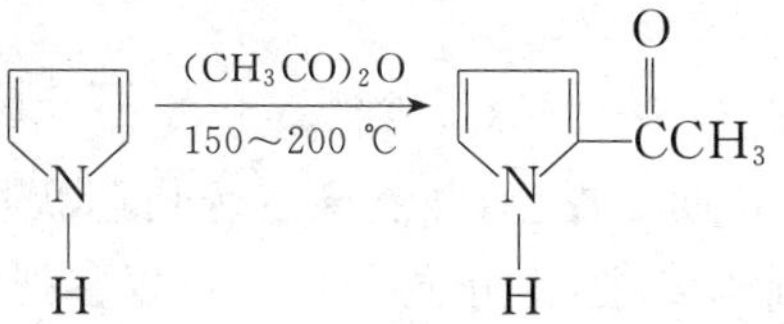

2. 还原反应

吡咯、吡啶都容易发生还原反应，如在催化剂作用下，与 H_2 反应生成饱和杂环——四氢吡咯、六氢吡啶。

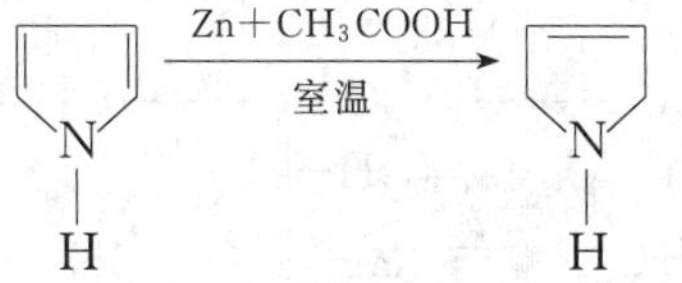

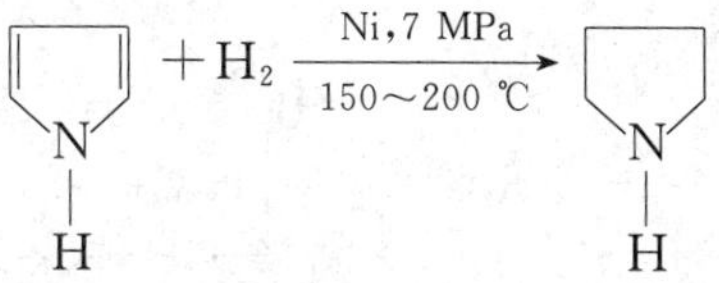

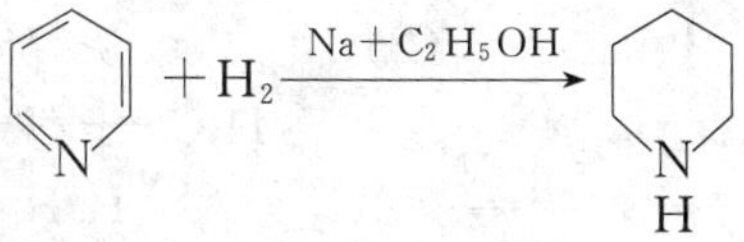

3. 酸碱性

吡咯由于其氮原子上的孤电子对参与共轭，使氮原子的电子云密度降低，接受质子能力减弱。因此，吡咯的碱性很弱，甚至于大大弱于苯胺的碱性。同时，由于吡咯中 N—H 键的极性增强，而显微弱的酸性（$pK_a=15$），因而能与氢氧化钾作用生成吡咯钾盐。吡啶显弱碱性（$pK_b=8.64$），能与各种酸形成盐。

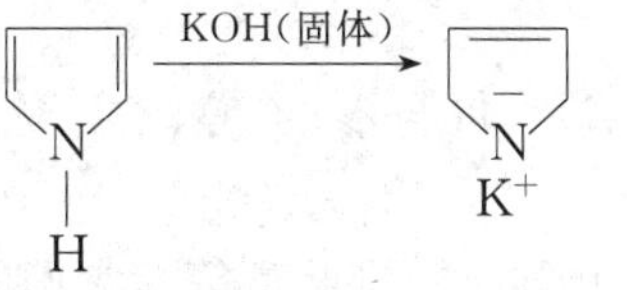

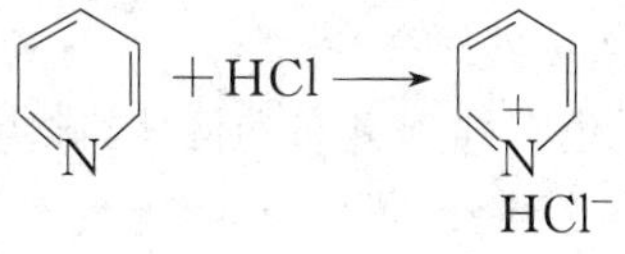

4. 氧化反应

吡咯较苯容易发生氧化反应。在酸性条件下，氧化的结果导致环的破裂或聚合物的生成。

吡啶比苯稳定，不易被氧化剂氧化。吡啶的烃基衍生物氧化时，总是侧链被氧化而芳杂环不被破坏，生成吡啶甲酸；喹啉氧化生成 α,β-吡啶二甲酸。

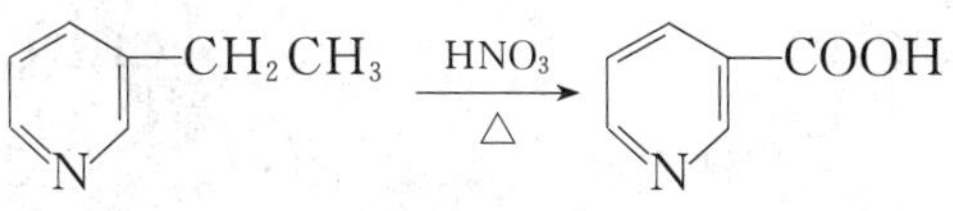

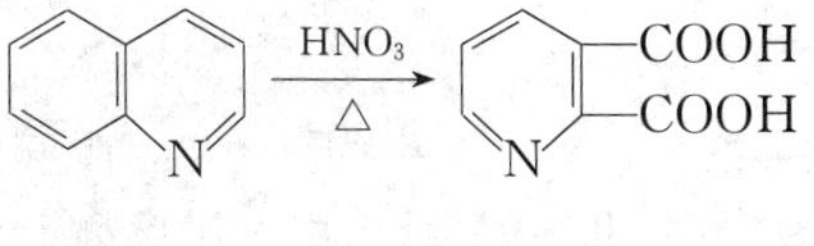

三、重要的含氮杂环化合物及其衍生物

1. 吡咯及其衍生物

吡咯是无色油状液体,沸点为131 ℃,有微弱的类似苯胺的气味,难溶于水,易溶于醇、苯和醚,它在空气中因氧化而变褐色,并逐渐变为树脂状物质。少量吡咯蒸气或其醇溶液,遇蘸有盐酸的松木片而显红色,利用这个反应可以鉴别吡咯和某些结构比较简单的吡咯衍生物。

吡咯衍生物在自然界分布较广,植物体中的叶绿素和动物体中的血红素都是吡咯衍生物。这类化合物有一个基本结构,即卟吩环。

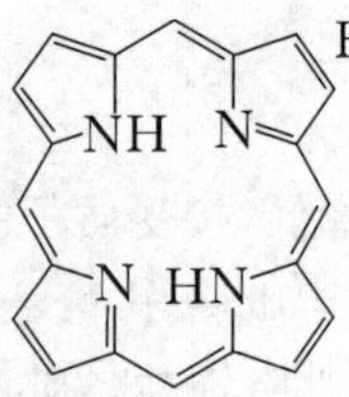

卟吩环 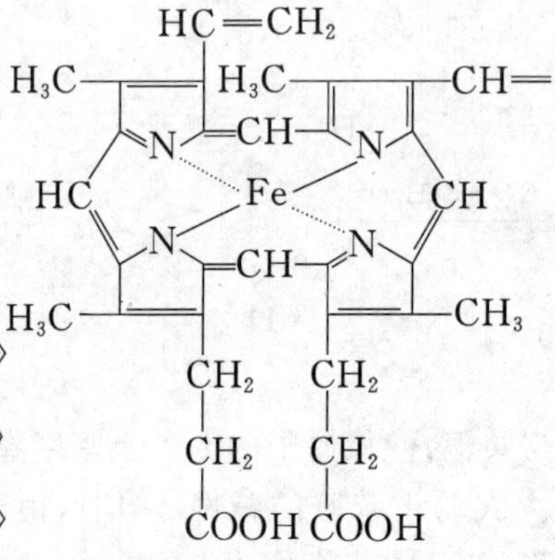　　　　血红素 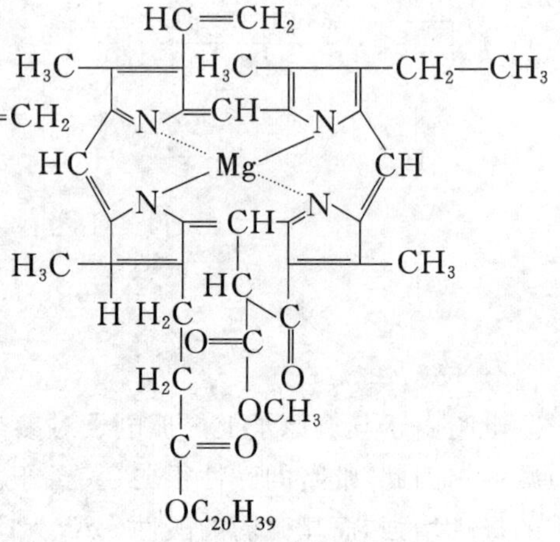　　　　叶绿素 A

2. 吡啶及其衍生物

吡啶是无色有强烈臭味的液体,沸点为115.3 ℃,可与水、乙醇、乙醚等混溶,是许多有机化合物的良溶剂。

吡啶的衍生物在自然界及药物中分布较广,如烟碱酸、吡哆素等。它们的结构如下:

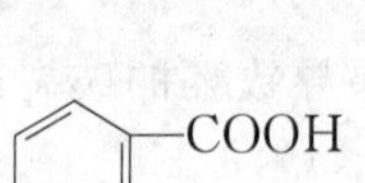

烟碱酸 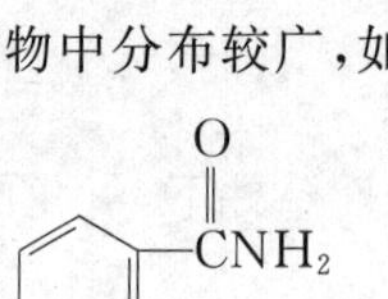　　　　烟碱酰胺 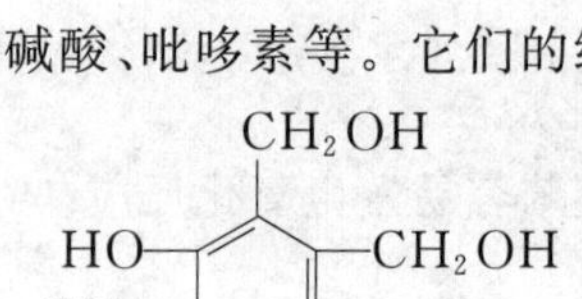　　　　吡哆醇

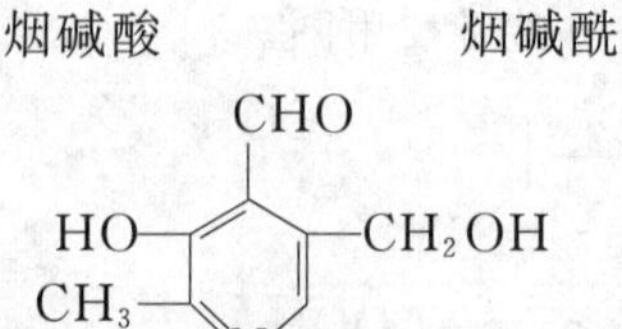

吡哆醛 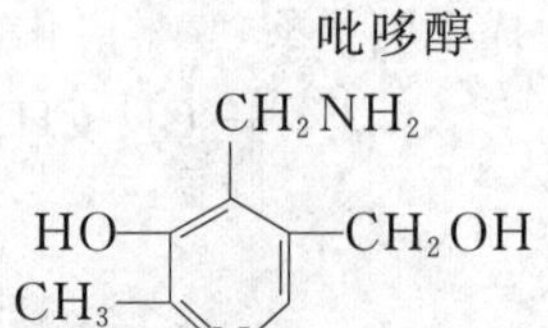　　　　吡哆胺

吡哆素常称为维生素 B_6,包括吡哆醇、吡哆醛和吡哆胺。

维生素 B_6 为无色结晶,易溶于水及酒精,耐热,在酸和碱中较稳定,但易被光所破坏。

在酵母、肉类、米糠、小麦胚内含量较多,动物体内缺乏维生素 B_6 时,蛋白质的代谢会发生障碍。

3. 吲哚及其衍生物

吲哚为白色片状结晶,熔点为 52.5 ℃,具有粪臭的气味,但纯吲哚的极稀溶液(10^{-6} 级含量)有素馨花的香味,用于制造茉莉香精。

吲哚是由苯环和吡咯环稠合而成,因而也叫苯并吡咯。吲哚的亲电取代反应发生在吡咯环的 β 位上,加成与取代均发生在吡咯环上。吲哚也能使浸有盐酸的松木片变红色。

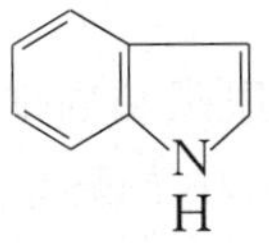

吲哚 β-吲哚乙酸

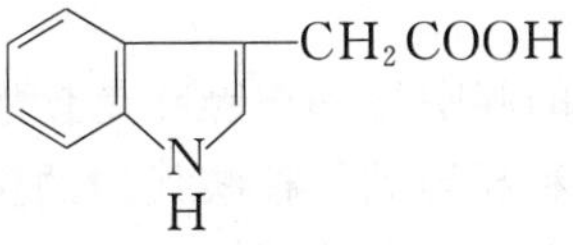

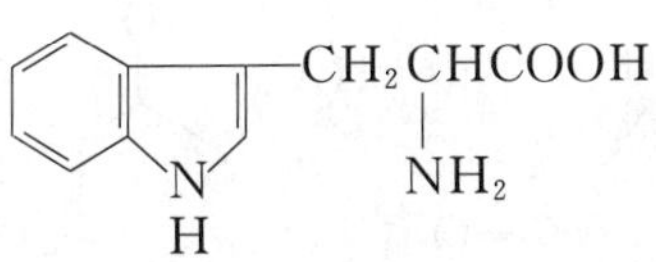

色氨酸 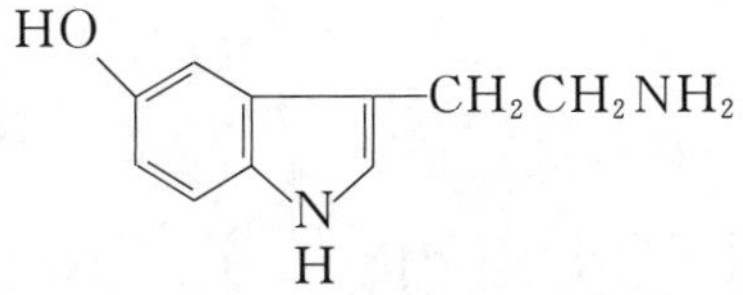   5-羟基色胺

β-吲哚乙酸为植物生产调节剂。组成蛋白质的色氨酸、哺乳动物及人脑中思维活动的重要物质 5-羟基色胺都是重要的吲哚衍生物。含吲哚的生物碱广泛存在于植物中。

具有改善睡眠、增强免疫活性与抗衰老作用的褪黑激素(N-乙酰-5-甲氧基色胺)也属于吲哚衍生物。

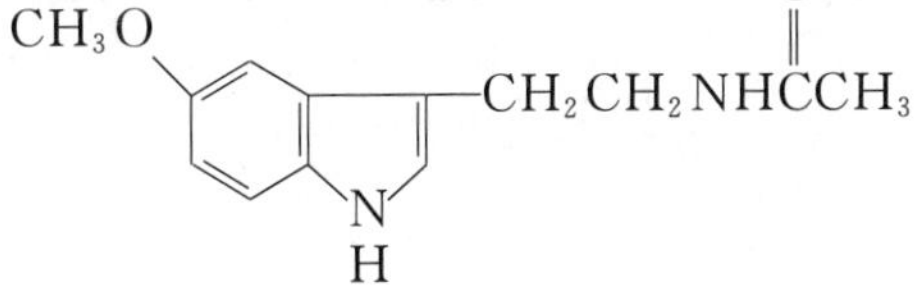

褪黑激素

4. 嘧啶及其衍生物

嘧啶是无色晶体,熔点为 22 ℃,沸点为 124 ℃,易溶于水,呈碱性。嘧啶本身在自然界中并不存在,但其衍生物广泛存在于生物体内,在生理和药物上具有重要的作用。如尿嘧啶、胞嘧啶、胸腺嘧啶是核酸的重要组成部分。维生素 B_1、磺胺嘧啶中也含有嘧啶环系,很多环被用于合成药物。

尿嘧啶、胞嘧啶、胸腺嘧啶的结构如下:

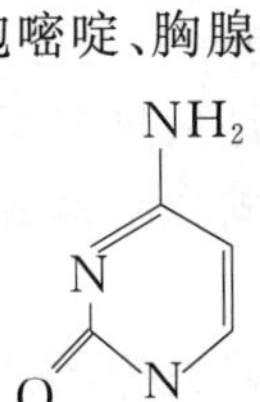

胞嘧啶(C) 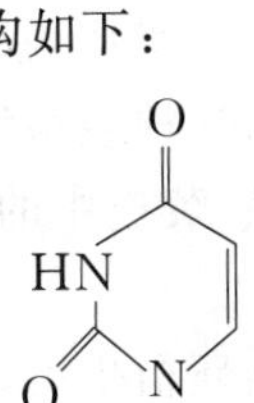   尿嘧啶(U) 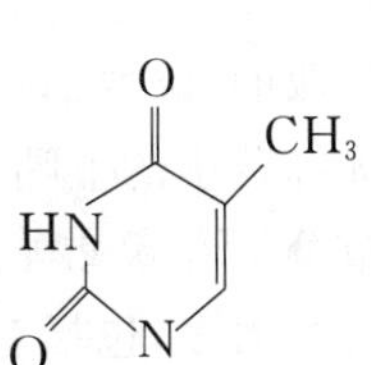   胸腺嘧啶(T)

5. 嘌呤及其衍生物

嘌呤是由嘧啶环和咪唑环稠合而成的,为无色晶体,熔点为 216~217 ℃,易溶于水,水溶液呈中性,与酸、碱反应均能成盐。其结构与编号如下:

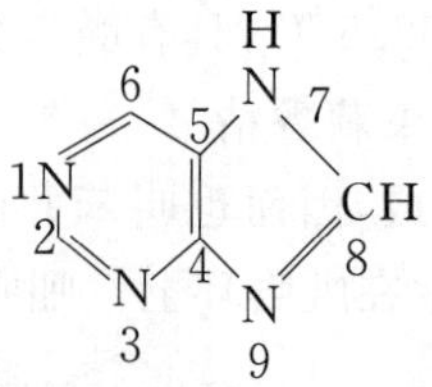

嘌呤衍生物中的腺嘌呤和鸟嘌呤是核酸的组成成分。尿碱和咖啡因也是常见的嘌呤衍生物。尿碱是人和高等动物核酸代谢的主物,存在于尿液中。茶叶和咖啡中含有咖啡因,对人体有兴奋、利尿等功能,是常用解热镇痛药 APC 的成分之一。

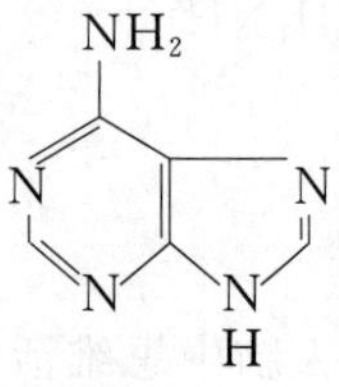

腺嘌呤(A) 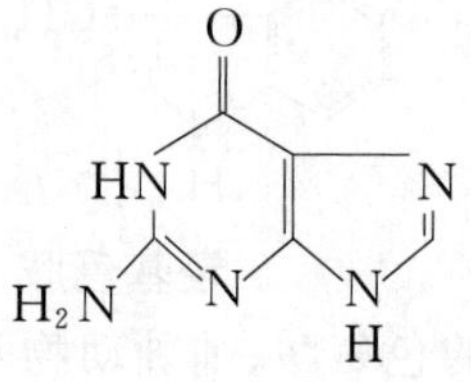　　鸟嘌呤(G) 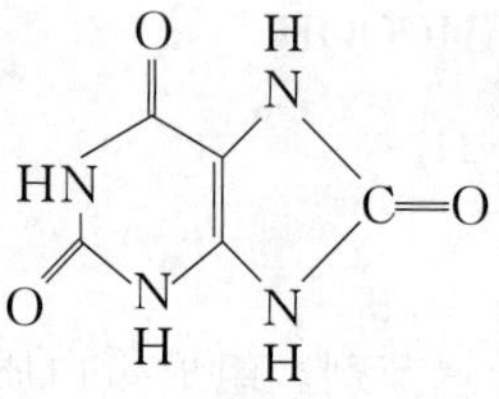　　尿酸 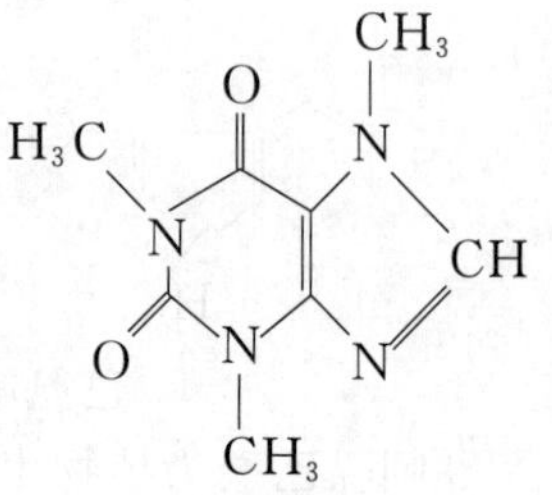　　咖啡因

第四节　生　物　碱

一、概述

生物碱是指生物体内的一类具有明显生理活性的环状含氮化合物的总称。因其最初从植物中得到,曾称为"植物碱";其水溶液呈碱性,现称为生物碱。

生物碱在植物界分布很广,是中草药中重要的有效成分。生物碱主要集中于植物的根、茎、皮、种子等部位,含量高低不同。不同植物含生物碱的差异很大,有时一种植物可含有数种结构近似的碱,例如金鸡纳树内含有 25 种以上的生物碱。临床上用到的很多药物,都是从自然界获取的生物碱,如用于治疗大肠炎的抗痉挛药——阿托品,就是从开花的植物颠茄中提取的;麻醉剂——可卡因,是神经系统刺激剂,是从热带雨林植物的古柯树中获取。再如麻黄中的平喘成分麻黄碱、黄连中的抗菌消炎成分小檗碱(黄连素)和长春花中的抗癌成分长春新碱等。

生物碱的种类繁多,包括有机胺类、杂环衍生类、甾体生物碱类等,结构比较复杂,没有系统的命名,大多根据其来源的植物命名。例如,麻黄碱是由麻黄中提取得到而得名,烟碱是由烟草中提取得到而得名。生物碱的名称又可采用国际通用名称的译音,例如烟碱又叫尼古丁(nicotine)。

二、生物碱的一般性质

大多数生物碱是无色、味苦的晶体,少数是挥发性液体(如烟碱等),能随水蒸气蒸馏而提取。生物碱一般不溶于水,易溶于乙醇、乙醚、丙酮、氯仿等有机溶剂中。生物碱呈碱性,溶于稀酸。在植物体内,生物碱通常是和有机酸结合成盐而存在。大多数生物碱都有旋光性,通常为左旋。其生理活性通常与旋光性有很大关系。

1. 碱性

生物碱由于含有氮原子而多呈碱性,大多能与有机酸或无机酸结合生成盐。生物碱盐一般易溶于水。临床上常利用此特性将生物碱类药物制成盐类使用,如硫酸阿托品、盐酸吗啡、盐酸阿托品等。

生物碱盐遇到强碱能使生物碱游离出来,可利用此办法进行生物碱的分离和提纯。例如:

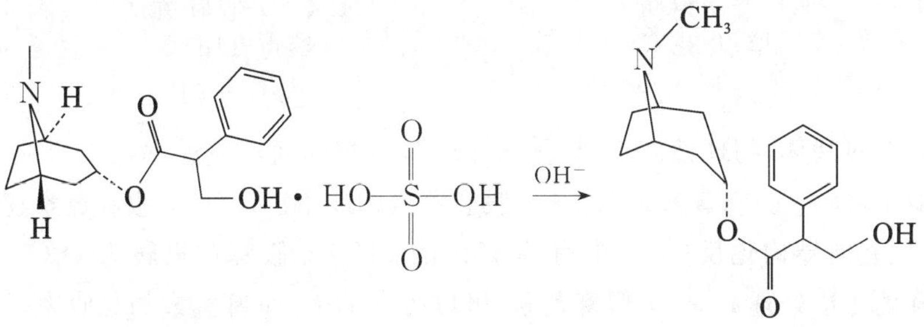

硫酸阿托品　　　　　　　　　　　　　阿托品

2. 沉淀反应

大多数生物碱或其盐溶液能与某些试剂反应生成难溶性的物质而沉淀下来。这些能与生物碱发生沉淀反应的试剂称为生物沉淀剂。生物沉淀剂多是复盐、杂多酸和某些有机酸,还有一些是氧化剂或脱水剂等。例如,氯化金、碘-碘化钾、碘化汞钾、磷钼酸、硅钨酸、氯化汞、苦味酸和鞣酸等。生物碱与不同的生物沉淀剂作用呈不同颜色,可利用此反应对生物碱进行鉴别。如生物碱遇碘化汞钾多生成白色沉淀,与氯化金多生成黄色沉淀。

3. 颜色反应

生物碱能与一些试剂发生颜色反应,利用此性质可鉴别生物碱。例如:

(1) 矾酸铵-浓硫酸溶液,又称 Mandelin 试剂,为1%矾酸铵的浓硫酸溶液。该试剂能与多数生物碱反应,呈现不同的颜色,如与阿托品、东莨菪碱显红色,与士的宁显紫色,与奎宁显淡橙色,与吗啡显棕色,与可待因显蓝色。

(2) 钼酸铵(钠)-浓硫酸溶液,也称 Frobde 试剂,为1%钼酸铵或钼酸钠的浓硫酸溶液。该试剂能与可待因显黄色,与小檗碱显棕绿色,与乌头碱显黄棕色,与阿托品及士的宁不显色。在使用时应注意,该试剂与蛋白质也能显色。

三、医学中重要的生物碱

1. 麻黄碱

麻黄碱是含于中药麻黄中的一种主要生物碱,又称麻黄素。麻黄作为一种传统中药材,至今已有数千年的应用历史,现在主要用于升血压、强心、舒展支气管、治疗哮喘等,临床上常用盐酸麻黄碱(即盐酸麻黄素)治疗哮喘等症。在麻黄的茎枝内,生物碱的含量达1.5%,于1885年分离得到,其中 D-(−)-麻黄素占80%左右,L-(+)-假麻黄素约20%(还有少量其他化合物),其结构如下:

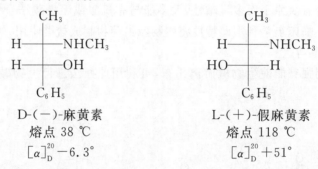

D-(−)-麻黄素　　　　　　　L-(+)-假麻黄素
熔点 38 ℃　　　　　　　　熔点 118 ℃
$[\alpha]_D^{20}$ −6.3°　　　　　　　$[\alpha]_D^{20}$ +51°

它们是非对映体,物理性质不同,化学性质基本相同而反应速率甚至反应方向不同,在生理效应上,D-(−)-麻黄素是 L-(+)-假麻黄素的 5 倍。L-(+)-假麻黄素在 25% 盐酸中加热,发生差向异构化反应,其中有约 42% 的 L-(+)-假麻黄素转为 D-(−)-麻黄素。因此用这样的方法处理 L-(+)-假麻黄素,可以提高 D-(−)-麻黄素的总收率。

2. 烟碱

烟草中含十多种生物碱。其中最重要的是烟碱和新烟碱,它们的结构如下:

烟碱　　　　　　　　　　新烟碱

它们均是微黄色的液体,生理效应也基本相同,少量有兴奋中枢神经、升高血压的作用,大量能抑制中枢神经系统,使心脏停搏致死,几毫克的烟碱就能引起头痛、呕吐、意识模糊等中毒症状,吸烟过多的人会逐渐引起慢性中毒。烟草生物碱是有效的农业杀虫剂,也可被氧化得到烟酸。烟酸常以卷烟的下脚料和废弃品为原料提取得到。

3. 小檗碱

小檗碱又叫黄连素,它属于异喹啉衍生物类生物碱,是一种季铵化合物。它存在于小檗属植物黄柏、黄连和三颗针中。黄连素为黄色结晶,味苦,易溶于水。药用的是黄连素的盐酸盐,是抑制痢疾、杆菌、链球菌及葡萄球菌的抗菌药物。我国现用全合成方法进行工业生产。

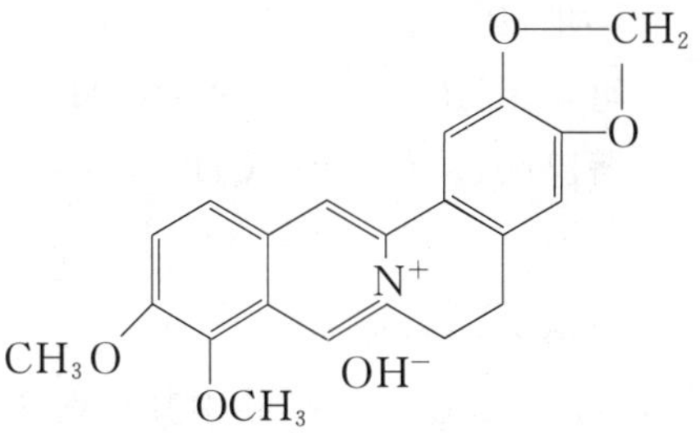

4. 咖啡因

咖啡因是一种黄嘌呤生物碱化合物，在许多植物中都能够被发现。世界上最主要的咖啡因来源是咖啡豆（咖啡树的种子），茶是咖啡因的另外一个重要来源。咖啡因是一种中枢神经兴奋剂，能够暂时驱走睡意并恢复精力，适度地使用有消除疲劳、兴奋神经的作用，因此有咖啡因成分的咖啡、茶、软饮料及能量饮料十分畅销。

咖啡因具有刺激心脏、兴奋中枢神经和利尿等作用，故可以作为中枢神经兴奋药，它也是复方阿司匹林（A.P.C）等药物的组分之一。临床上咖啡因可用于治疗神经衰弱和昏迷复苏。大剂量使用咖啡因，可导致作息不规律引发精神紊乱，还会引起肠痉挛；长期使用也有成瘾性，一旦停用会出现精神委顿、浑身困乏疲软等各种戒断症状。咖啡因不仅作用于大脑皮层，还能引起阵发性惊厥和骨骼震颤，损害肝、胃、肾等重要内脏器官，诱发呼吸道炎症、妇女乳腺瘤等疾病。因此，咖啡因也被列入受国家管制的精神药品范围。

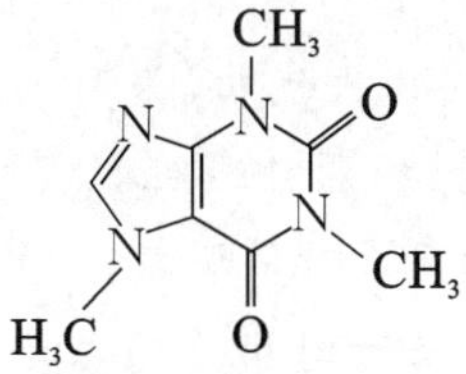

咖啡因

5. 吗啡

罂粟科植物鸦片中含有20多种生物碱，其中比较重要的有吗啡、可卡因等。这两种生物碱属于异喹啉衍生物类，可看作是由六氢吡啶环（哌啶环）与菲环相稠合而成的。吗啡存在于鸦片中，是最早（1805年）取得的一种生物碱，于1952年确定了它的结构式，并由全合成所证实：

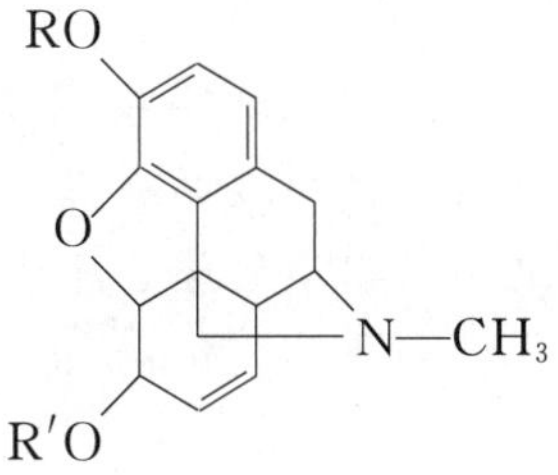

吗啡：R＝R′＝—H
可卡因：R＝—CH₃，R′＝—H
蒂巴因：R＝R′＝—CH₃

海洛因：R＝R′＝ $-\overset{O}{\underset{\|}{C}}CH_3$

吗啡有很强的止痛功能，但容易成瘾。吗啡族中其他两个重要成员为可待因及蒂巴因。可待因成瘾倾向小，被广泛用作局部麻醉剂，但它在鸦片中的含量(0.5%)比吗啡(7%～15%)低很多，因此常用氢氧化苯基三甲铵处理，甲基化吗啡制取；蒂巴因的毒性比吗啡大，其药理作用与吗啡相反，它的痉挛毒性超过麻醉作用，对于冷血动物是兴奋反射剂，但在狗体内又表现出类似吗啡的麻醉反应。

海洛因是吗啡经乙酸酐处理后生成的二乙酸酯，是毒品。海洛因镇痛作用较大，并产生欣快和幸福的虚假感觉，但毒性和成瘾性极大，过量能致死。海洛因被列为禁止制造和出售的毒品。

知识拓展

褪 黑 激 素

1958年，美国科学家首先在牛脑的松果体里分离出褪黑激素纯品———一种色泽呈淡黄色的柳叶状结晶物，并测定其化学结构为 N-乙酰-5-甲氧基色胺(色氨酸的衍生物之一)。20世纪70年代初，美国化学家发现，利用一种廉价化学原料 5-甲氧基吲哚为起始原料，经两种不同路线可以合成出与牛脑松果体中提取的褪黑激素完全相同的工业产品褪黑激素。

科学家研究发现褪黑激素是一种出色的天然安眠药物，而且对人体绝无毒副作用。据研究表明，生活在 21 世纪里的现代人的褪黑激素分泌情况与半个多世纪以前已大不相同。这是因为在我们的生活环境里有不少因素能扰乱褪黑激素的正常分泌，其中包括因跨越国际日期变更线的长途飞行所产生的"时差"、城市里随处可见的严重光污染等，这些均有可能扰乱我们松果体中褪黑激素的分泌，从而造成失眠症的普及。而对于那些长期睡眠欠佳的人来说，口服褪黑激素可以改善睡眠质量。

更令人振奋的消息是，西方研究人员陆续发现了褪黑激素有不少重要临床新用途，如：治疗苯二氮类安眠药物的成瘾作用；治疗糖尿病，尤其对 2 型糖尿病十分有效；降血脂；防止非甾体抗炎药引起的胃黏膜损伤；治疗绝经后妇女的骨质疏松症等。上述褪黑激素的全新用途引起了医学界的极大兴趣。

本章小结

1. 知识系统网络

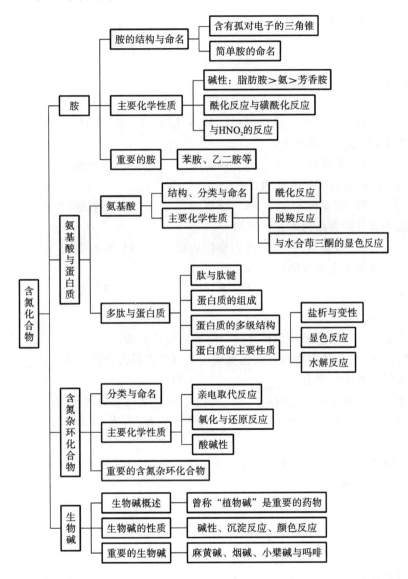

2. 学习方法概要

每一类别的有机化合物都有特定的官能团和结构。本章按照"结构→分类→命名→性质→应用"的顺序简要介绍了胺、氨基酸、蛋白质、杂环化合物和生物碱等较典型的含氮有机化合物。要掌握含氮化合物的命名和化学性质,适当的记忆是必需的,但是要切记死记硬背是不行的,一定要在弄清结构的基础上,理解记忆其典型性质与应用。

目标检测

一、选择题(将每题一个正确答案的标号选出)

1. 以下化合物中属于叔胺的是( )。
   A. $CH_3CH_2—NH_2$ B. $(CH_3)_2CH—NH_2$
   C. $(CH_3)_3C—NH_2$ D. $(CH_3)_3N$

2. 下列各胺的碱性强弱顺序错误的是( )。
   A. $CH_3NH_2 > NH_3$ B. $(CH_3)_2NH > CH_3NH_2$
   C. $(CH_3)_3N > (CH_3)_2NH$ D. $C_6H_5NH_2 > (C_6H_5)_2NH$

3. 下列氨基酸中,非必需氨基酸是( )。
   A. 苏氨酸   B. 酪氨酸   C. 赖氨酸   D. 蛋氨酸

4. 在 pH=7.0 时,氨基酸带正电荷的是( )。
   A. 谷氨酸   B. 脯氨酸   C. 组氨酸   D. 苏氨酸

5. 下列蛋白质中含有四级结构的是( )。
   A. 肌红蛋白   B. 胶原蛋白   C. 牛胰岛素   D. 血红蛋白

6. 麻黄生物碱主要集中在麻黄的( )。
   A. 根   B. 叶   C. 茎   D. 茎的髓部

二、填空题

1. 胺可以看作是氨分子中的氢原子被_____取代的衍生物。
2. 存在于生物体内,对人和动物有强烈生理效应的碱性含氮化合物称为_____。
3. 使蛋白质水解的方法通常有_____、_____和_____。
4. 氨基酸处于等电点状态时,主要以_____形式存在,此时它的溶解度_____。
5. 当氨基酸的 pH=pI 时,氨基酸以_____离子形式存在,当 pH>pI 时,氨基酸以_____离子形式存在。
6. 大多数生物碱都有旋光性,一般化学性质有_____、沉淀反应和_____。

三、判断题(对的打√,错的打×)

1. 叔丁胺是叔胺。( )
2. 叔胺的氮原子上没有氢,因此不发生酰化反应。( )
3. 吡咯的碱性比苯胺弱。( )
4. 亚硝基胺具有致癌作用。( )
5. 胺的碱性强弱是诱导效应、空间效应和溶剂化效应综合影响的结果。( )
6. 胺的酰基化可以用来保护氨基。( )
7. 酸性氨基酸的氨基数目少于羧基。( )
8. 杂环化合物环上的杂原子通常是指 O、N、S 等。( )

四、名词解释

1. α-氨基酸   2. 等电点   3. 肽键   4. 杂环化合物

五、问答题

1. 伯、仲、叔胺与伯、仲、叔醇的分类有何不同？举例说明。
2. 伯、仲、叔胺在兴斯堡反应中表现有何不同？
3. 什么叫杂环化合物？杂环化合物可分为哪几类？

六、综合题

1. 命名下列各化合物。

(1) $CH_3CH_2CH_2-NH_2$

(2)  $CH_3-\text{C}_6H_4-NH_2$

(3) 苯环-N(CH_3)-CH(CH_3)_2

(4) 苯环-CH_2NH_2

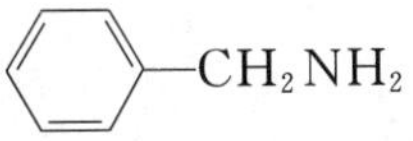

(5) 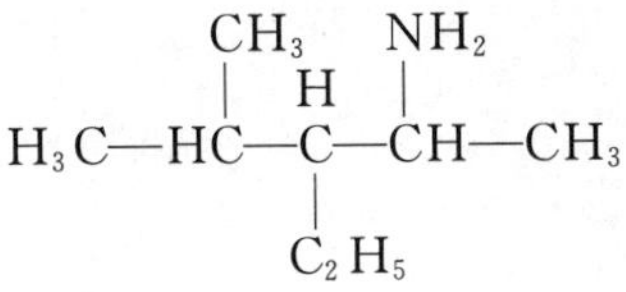 $H_3C-\underset{H}{\overset{CH_3}{C}}H-\underset{C_2H_5}{\overset{NH_2}{C}}-CH_3$

(6) 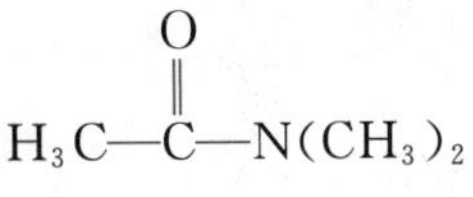 $H_3C-\overset{O}{\underset{}{C}}-N(CH_3)_2$

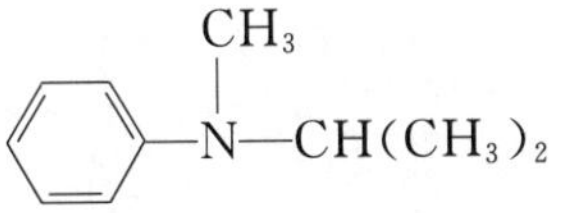

(7) 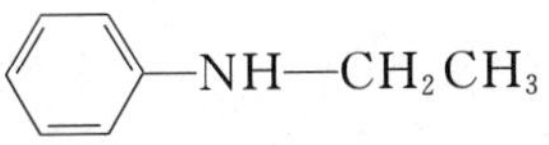 苯环-NH-CH_2CH_3

(8) 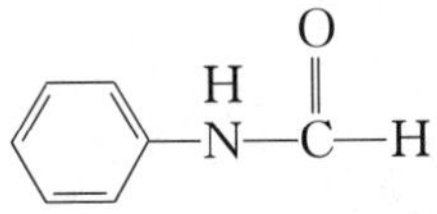 苯环-N(H)-C(=O)H

(9) 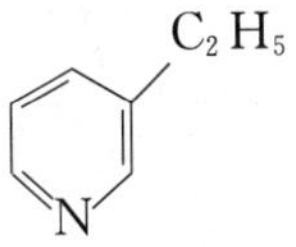 3-乙基吡啶

(10) 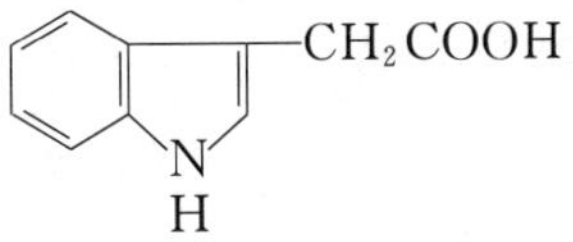 吲哚-3-CH_2COOH

2. 写出下列化合物的结构式。

(1) 丙氨酸 (2) 谷氨酸 (3) 异喹啉 (4) D-(—)-麻黄素

3. 写出下列反应的主要产物。

(1) $CH_3NH_2 + CH_3COCl \longrightarrow$

(2) 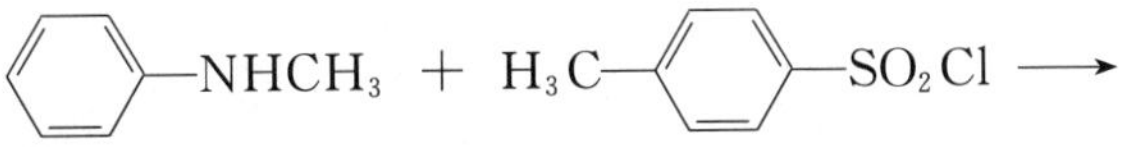 苯环-NHCH_3 + $H_3C-C_6H_4-SO_2Cl \longrightarrow$

4. 用简单的化学方法鉴别下列化合物。

对甲基苯胺，N-甲基苯胺，N,N-二甲基苯胺

模块四
化学基本实验与实训

预备知识

基础化学实验实训基本常识

一、化学实验实训的一般程序

化学实验实训的目的不仅是培养学生实验技术和巩固其化学理论知识,更重要的是要培养严谨的作风和科学的思维方法,不断调动学生的主动性和创造性,通过训练提高其独立解决问题的能力。为此,在化学实验实训中,必须完成下列基本的程序。

1. 实验实训预习

实验实训前要认真预习,明确实验实训目的,了解基本原理和操作内容,对实验实训的步骤进行统筹安排,并在预习的基础上写出预习报告,主要包括实验实训目的、步骤、实验实训现象和数据的记录等。

2. 实验实训过程中的规范操作

在实验实训过程中学生应正确操作,保持安静,遵守实验实训室安全守则,预防火灾、触电、中毒和化学伤害等事故的发生;注意保持室内整洁,随时保持实验台干净、整洁;注意节约水、电、煤气和药品,爱护仪器。

3. 观察记录

实验实训过程中学生应仔细观察、勤于思考,并将实验现象和数据及时、准确、如实地记录在实验实训报告本上,不能等到实验实训结束后再记录,也不可将原始数据随便记录在草稿本、小纸片或其他地方。应养成实事求是的态度,不得随意涂改数据或者主观臆造数据。若个别数据确有错误,必须寻找原因,如有可能,应补做该实验,记录数据,最后请指导教师签字认可。

4. 实验实训报告

每次实验实训完成后,应及时完成实验实训报告。报告要求文字表达清楚、语言简单明确。报告一般应包括:①实验实训名称、日期;②实验实训目的、要求;③简明的实验实训原理;④实验实训步骤;⑤实验实训现象、数据的原始记录;⑥实验实训数据处理和结论,包括计算公式和结果表示;⑦实验实训的心得、体会,存在问题及失败原因的分析。

5. 实验实训的交流与讨论

在实验实训过程中,往往会出现实际观察到的现象和数据与教材内容有不同程度的差别,同学之间、小组之间也有差别,甚至出现与理论上毫不吻合的情况。针对这种情况,应认真思考,反思自己是否严格按操作步骤及条件进行实验实训的,是否有操作失误;若无上述原因,则同学之间相互交流,或与指导教师一起讨论,认真分析导致异常现象或误差的原因,根据讨论结果,对实验实训的条件和方法进行改进,以取得科学的实验实训结果。

二、化学实验实训室的安全和环保知识

1. 化学实验实训室的安全规则

(1) 实验实训前一定要做好预习和准备工作,检查实验所需的药品、仪器是否齐全。若做规定以外的实验或操作,应先经教师允许。

(2) 实验实训时要集中精力、认真操作。实验实训过程中药品和仪器应存放有序、清洁整齐,以免发生意外倾倒事故。

(3) 不要用湿手、物接触电源;水、电、煤气使用完毕应立即关闭开关和电闸;点燃的火柴用后应立即熄灭,不得乱扔。

(4) 严禁在实验实训室内饮食、吸烟;实验实训完毕须洗净双手;实验实训时应穿实验工作服,不得穿拖鞋,应配备必要的防护眼镜;倾倒药剂或加热液体时,不要俯视容器,以防溅入眼睛;加热操作时,容器口不能对着自己或别人。

(5) 严禁随意混合各种化学药品;严禁试剂,特别是有毒试剂(如重铬酸钾、钡盐、铅盐、砷的化合物、汞的化合物、氰化物)入口或接触伤口。

(6) 实验实训室所有药品不得带出室外,用剩的有毒药品应交还老师。

2. 化学易燃、易爆物质及火灾、爆炸的预防

大多数常用的有机化学试剂(如烷类、醇类、醚类等),以及部分无机物(如白磷、硫黄、铝粉、钠、钾等)都具有易燃性。强氧化剂(如臭氧、过氧化物、氯酸、高氯酸盐、重氮化合物等)在受热、摩擦或与其他物质接触时会发生爆炸;可燃性的气体(如甲烷、乙炔、氢气、水煤气等)和可燃性液体(如汽油、各类液态有机物)的蒸气在一定范围内与空气混合后,遇到明火会发生爆炸。

实验实训室预防燃烧和爆炸应遵循下列原则:

(1) 各类易燃、易爆试剂在存放时要远离明火,环境应通风、阴凉;易相互发生反应的试剂应分开放置;活泼的金属钾、钠不要与水接触或暴露在空气中,应保存在煤油中;白磷应保存在水中;盛有有机试剂的试剂瓶瓶塞要塞紧。

(2) 实验实训过程中使用易燃、易爆的化学试剂时,应远离明火。加热蒸馏可燃性试剂时,应注意将水充入冷凝器;以加热方式蒸发易挥发及易燃性的有机溶剂时,应在水浴锅或封闭的电热板上缓慢地进行,严禁用电炉或火焰直接加热。

(3) 使用煤气、天然气时要严防泄漏,火源要与其他物品保持一定的距离,用后要关闭煤气阀门。

(4) 使用高压气体钢瓶时,要严格按操作规程进行,如乙炔钢瓶应存放在远离明火、通风良好的地方。

(5) 易爆物质在移动或使用时不得剧烈振荡,必要时戴好面罩进行操作。

(6) 实验室内严禁吸烟,严禁将不同的药品胡乱掺和,严禁使用不知其成分的试剂。

3. 化学有害物质及中毒的预防

氰化物、三氧化二砷、氯化汞、硫酸二甲酯等都是剧毒药品,实验过程中产生的 CO、H_2S、SO_2、NO_2、Cl_2 等气体和一些易挥发的有机试剂的蒸气,可以使人产生不同程度的中毒。实验室中预防中毒的主要原则如下:

(1) 剧毒性药品必须有严格的管理、使用制度,领用时要登记,用完后要收拾干净,并把落过毒性药品的桌子和地板擦净。

(2) 严禁试剂入口,用移液管吸取药品时不能用嘴;闻试剂气味时,应将试剂瓶远离鼻子,以手轻轻扇动,稍闻其气味即可。

(3) 对于有毒的气体和蒸气,必须在通风橱内进行操作。

(4) 严禁在实验室内饮食。

三、常见事故的处理和急救

1. 火灾

化学实验实训室如发生火灾事故,全体人员应积极而有序地参加灭火。一般采用如下措施:

(1) 使燃着的物质与空气隔绝　小器皿内(如烧杯或烧瓶内)物质着火可盖上石棉板使之隔绝空气而熄灭,若火势小,也可用数层抹布把着火的仪器包裹起来,以达到灭火的目的,但绝对不能用口吹。

(2) 防止火势蔓延　在失火初期,可以使用灭火器、砂、毛毡等灭火,同时还应立即熄灭其他火源,关闭室内总电闸,移开易燃物质等。实验室通常不能用水直接灭火,可能会引起更大火灾。常用的灭火器及其使用范围如表 4-0-1 所示。

表 4-0-1　常用的灭火器及其使用范围

灭火器类型	药液成分	适用范围
酸碱式	H_2SO_4、$NaHCO_3$	非油类和电器失火
泡沫灭火器	$Al_2(SO_4)_3$、$NaHCO_3$	油类起火
二氧化碳灭火器	液态 CO_2	电器、小范围油类和忌水的化学品失火
干粉灭火器	$NaHCO_3$ 等盐类、润滑剂、防潮剂	油类、可燃性气体、电器设备、精密仪器、图书文件和遇水易燃烧药品的初起火灾
1211 灭火器	CF_2ClBr 液化气体	特别适用于油类、有机溶剂、精密仪器、高压电气设备失火

2. 玻璃割伤

玻璃割伤是常见的事故,受伤后要仔细观察伤口有没有玻璃碎粒,若伤势不重,用消毒棉花和硼酸水(或双氧水)洗净伤口,涂上碘酒后包扎好;若伤口深,流血不止时,可在伤口上下 10 cm 之处用纱布扎紧,减慢血流并有助于凝血,随即到医务室就诊。

3. 药品的灼伤

应根据灼伤的部位及化学物质的种类采取不同的急救措施。

(1) 酸灼伤　皮肤灼伤后应立即用大量水冲洗,然后用 5% 碳酸氢钠溶液洗涤,再涂上油膏,并将伤口包扎好;眼睛灼伤后应立即用水冲洗溅在眼睛外面的酸,用清水慢慢对准眼睛冲洗,再用稀碳酸氢钠溶液洗涤,最后滴入少许蓖麻油;衣服灼烧后先用水冲洗,再用稀氨水洗,最后用水冲洗。

(2) 碱灼伤　皮肤灼伤后应立即先用水冲洗,然后用饱和硼酸溶液或 1% 醋酸溶液洗涤,再涂上油膏,并包扎好;眼睛灼伤后应立即用水冲洗溅在眼睛外面的碱,用清水慢慢对准眼睛冲洗,再用饱和硼酸溶液洗涤后,最后滴入少量蓖麻油;衣服灼烧后先用水冲洗,然后用 10% 醋酸溶液洗涤,再用氨水中和多余的醋酸,最后用水冲洗。

上述各种急救法,仅为暂时减轻疼痛的措施。若伤势较重,在急救之后,应立即送医院诊治。

实验实训一

玻璃器皿的认领、洗涤和干燥

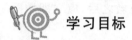
学习目标

1. 了解常用玻璃仪器的名称及用途；
2. 明确玻璃仪器的洗涤方式及要求；
3. 学会常用玻璃仪器的洗涤方法，能正确使用电热干燥设备。

一、仪器和试剂

1. 仪器

量筒、烧杯、锥形瓶、滴定管、移液管、容量瓶等。

2. 试剂

蒸馏水、去污粉、洗涤剂、洗液等。

二、基本原理

1. 玻璃仪器的种类

玻璃仪器是化学实验中使用最多的仪器，必须熟悉常用仪器的种类、规格、性能及使用要求等。

目前国内一般将化学常用的玻璃仪器，按其用途和结构特征，分为以下 8 类：

（1）烧器类 烧器类是指那些能直接或间接地进行加热的玻璃仪器，如烧杯、烧瓶、试管、锥形瓶、碘量瓶、蒸发器、曲颈甑等。

（2）量器类 量器类是指用于准确测量或粗略量取液体容积的玻璃仪器，如量杯、量筒、容量瓶、滴定管、移液管等。

（3）瓶类 瓶类是指用于存放固体或液体化学试剂、水样等的玻璃容器，如试剂瓶、广口瓶、细口瓶、称量瓶、滴瓶、洗瓶等。

（4）管、棒类　管、棒类玻璃仪器种类繁多，按其用途分有冷凝管、分馏管、离心管、比色管、虹吸管、连接管、调药棒、搅拌棒等。

（5）有关气体操作使用的仪器　有关气体操作使用的仪器是指用于气体的发生、收集、储存、处理、分析和测量等的玻璃仪器，如气体发生器、洗气瓶、气体干燥瓶、气体的收集和储存装置、气体处理装置和气体的分析、测量装置等。

（6）加液器和过滤器类　加液器和过滤器类主要包括各种漏斗及与其配套使用的过滤器具，如漏斗、分液漏斗、布氏漏斗、砂芯漏斗、抽滤瓶等。

（7）标准磨口玻璃仪器类　标准磨口玻璃仪器类是指那些具有磨口和磨塞的单元组合式玻璃仪器。上述各种玻璃仪器根据不同的应用场合，可以是标准磨口，也可以是非标准磨口。

（8）其他类　其他类是指除上述各种玻璃仪器之外的一些玻璃制器皿，如酒精灯、干燥器、结晶皿、表面皿、研钵、玻璃阀等。

2. 玻璃仪器的洗涤

化学实验室经常使用各种玻璃仪器，而这些仪器是否干净，常常影响到实验结果的准确性。"干净"两字的含义比日常生活中所说干净程度要求要高，主要是指"不含有妨碍实验准确性的杂质"。一般来说，玻璃仪器洗干净后，内壁附着的水均匀，**既不聚集成滴，也不成股流下**。

洗涤玻璃仪器的方法很多，应根据实验的要求、污物的性质和沾污的程度来选用。一般来说，附着在仪器上的污物既有可溶性物质，也有尘土和其他不溶物质，还有油污和有机物。针对不同的情况，可分别采用下列洗涤方法。

（1）直接使用自来水冲洗　用自来水冲洗对于水溶性物质以及附在仪器上的尘土及其他不溶物的除去有效，但难以除去油污及某些有机物。

（2）用去污粉、肥皂或合成洗涤剂刷洗　肥皂和合成洗涤剂的去污原理不再重述。去污粉是由碳酸钠、白土、细砂等混合而成。碳酸钠是一种碱性物质，具有较强的去污能力，而细砂的摩擦以及白土的吸附则增强了仪器清洗的效果。使用时，一般先用自来水浸泡润洗；然后加入少量去污粉，用毛刷刷洗污处，待仪器的内外器壁都仔细擦洗后，再用自来水冲去仪器内外的去污粉，要冲洗到没有细微的白色颗粒状粉末留下为止。

注意使用毛刷刷洗管状玻璃仪器（试管、量筒、滴定管等）时，应将毛刷顺着伸入仪器中，一般用左手握住仪器，右手来回轻轻抽拉毛刷进行刷洗，不可用力过大，也不要同时抓住几支毛刷一起刷洗。

（3）用洗液清洗　进行精确定量实验时，或者所使用的仪器口径小、管细、形状特殊时，应该用洗液洗涤。

实验室使用的洗液具有强酸（碱）性、强氧化性以及较强的去油污能力，对衣物、皮肤、桌面及橡皮的腐蚀性也较强，使用时应小心。具体做法是：先将仪器用自来水刷洗，倒净其中的水，再加入少量洗液，转动仪器使内壁全部被洗液所浸润，一段时间后，将洗液倒回原瓶，仪器先用自来水冲洗，再用蒸馏水冲洗 2～3 次。

使用洗液时应注意：尽量把仪器内的水倒净，以免把洗液冲稀；洗液具有较强的腐蚀性,会灼伤皮肤,破坏衣物,如不慎把洗液洒在皮肤、衣物和桌面上,应立即用水冲洗;洗液吸水性强,用完后应立即将瓶盖盖严。

(4) 用蒸馏水(或去离子水)淋洗　经过上述方法洗涤的仪器,仍然会沾附有来自自来水的钙、镁、铁、氯等离子。因此必要时应该用蒸馏水(或去离子水)淋洗 2～3 次。

洗涤仪器时,应注意按照"少量多次"的原则,尽量将仪器洗涤干净;洗涤干净的仪器,其内外壁上不应附着不溶物、油污,仪器可被水完全湿润,将仪器倒置,水即沿器壁流下,器壁上留下一层既薄又均匀的水膜,不挂水珠。

为了避免有些污迹难以洗去,要求每次实验完毕后立即将所用仪器洗涤干净,养成用完即洗净的习惯。凡是洗净的仪器,绝不能再用布或纸擦拭。否则,至少布或纸的纤维将会留在器壁上而沾污仪器。

3. 玻璃仪器的干燥

仪器干燥的方法很多,要根据具体情况,选用具体的方法。

(1) 烘箱干燥　洗净的仪器可以放在恒温箱内烘干。箱内放置仪器时,应注意使仪器口朝下(倒置后不稳定的仪器则平放),还应该在恒温箱的最下层放一搪瓷盘,承接从仪器上滴下的水珠,以免造成电炉丝碰到水珠而损坏。实验室常用的干燥箱如图 4-1-1 所示。

(2) 烘烤干燥　可直接用火加热的仪器,如烧杯、试管、蒸发皿等,烘干时一般先将其外壁擦干,再用小火烘烤。烧杯或蒸发皿可置于石棉网上烘干;试管用试管夹夹持,管口略向下倾斜,开始先加热试管底部,待底部水分赶尽后,沿着从底部到管口方向加热试管,并来回翻转试管,以便赶尽水汽。

注意:带有刻度的度量仪器,均不能用加热的方法进行干燥,因为加热会影响这些仪器的精确度。厚薄不匀的玻璃仪器也不宜用加热的方法进行干燥(特别不能烤干),因为受热时容易破裂。

(3) 热气干燥　可用电吹风或气流干燥器把小件急用的仪器快速吹干。方法是先热风吹,再冷风吹。常用的气流烘干器如图 4-1-2 所示。

图 4-1-1　干燥箱

图 4-1-2　气流烘干器

(4) 自然干燥　不急用的仪器,洗净后可倒置于干净的实验柜或仪器架上自然晾干。

(5) 有机溶剂干燥　不能加热的厚薄不匀或有精密刻度的仪器,可在仪器内加入可以和水互溶的少量易挥发的有机溶剂(无水乙醇、丙酮等),把仪器倾斜,转动仪器使溶剂浸润内壁后倒出。反复 2～3 次,待留在仪器内的乙醇挥发后,使仪器干燥。若往仪器内吹入干燥空气,也可使水分挥发得快一些。

三、实训内容与操作

1. 认识实验室通用的玻璃仪器及其他制品

对于实验室里存在的所有玻璃仪器及制品,要知道其名称、用途及使用注意事项;同时要清点本组配置的仪器的种类、数量,仔细检查仪器是否完好。

2. 玻璃仪器洗涤的方法

(1)刷洗　用水和毛刷洗涤除去器皿上的污渍和其他不溶性和可溶性杂质。

(2)用合成洗涤剂洗涤　洗涤时先将器皿(量筒、烧杯、锥形瓶等)用水湿润,再用毛刷蘸少许洗涤剂,将仪器内外洗刷一遍,然后用水边冲边刷洗,直至洗净为止。

(3)用铬酸洗液(简称洗液)洗涤　该法主要用于小口径器皿(滴定管、移液管、容量瓶等)的洗涤,洗涤前要尽量保持器皿干燥,洗液用量要少,用后将洗液倒回原装瓶内以备再用(若洗液的颜色变绿,则另做处理)。

1)容量瓶的洗涤

(1)检验容量瓶是否有漏液现象,如有,则换取一个不漏液的容量瓶;

(2)向容量瓶中倒入 10~20 mL 的铬酸洗液,旋转容量瓶同时将瓶口倾斜,直至铬酸洗液浸润全部内壁,放置几分钟;

(3)将铬酸洗液由上口倒出,同时旋转使洗液浸润容量瓶的瓶颈;

(4)将瓶塞放入管口转动洗涤,倒出洗液;

(5)用自来水将容量瓶冲洗干净,使用毛刷蘸取少量洗衣粉或洗洁精刷洗外壁,最后用蒸馏水(或去离子水)润洗容量瓶 3 次,放好备用。

2)移液管的洗涤

(1)吸取 1/3 或 1/2 移液管体积的铬酸洗液,然后将其提起后稍倾斜并轻轻地转动移液管,至管内壁全部润湿;

(2)稍后将洗液从移液管的尖端倒出;

(3)依次吸取自来水、蒸馏水进行冲洗 3 次,放好备用。

3. 玻璃仪器干燥的方法

(1)不加热法　选择部分洗净的器皿,将其倒置于干净的实验柜或容器架上自然晾干。

(2)加热法　选择部分可加热、洗净的玻璃器皿放入恒温箱内烘干,应平放或器皿口向下,打开电源,并调节好温度及时间;或者使用气流烘干器进行干燥。

四、问题讨论

(1)请将所配置的玻璃仪器按国内标准进行分类,并指出哪些不能加热。

(2)玻璃仪器洗涤时,"干净"两字的含义有哪些?

(3)使用铬酸洗液洗涤的器皿为什么要尽可能保持干燥?铬酸洗液用后能否直接倒入下水道?为什么?

实验实训二

量器的使用与溶液的配制

 学习目标

1. 练习移液管、容量瓶及台秤的正确使用方法;
2. 学会固体、液体药品的取用技能;
3. 掌握一般溶液的配制方法和基本操作。

一、仪器和试剂

1. 仪器

台秤,烧杯,量筒,移液管(25 mL),容量瓶(50 mL、250 mL),吸量管(5 mL、10 mL),洗耳球,称量瓶,试剂瓶,胶头滴管,玻璃棒等。

2. 试剂

NaOH,HCl(浓,$w_B=36.5\%$,$\rho=1.19$ kg·L^{-1}),H$_2$SO$_4$(浓,$w_B=98\%$,$\rho=1.84$ kg·L^{-1}),蒸馏水等。

其他用品:标签,称量纸等。

二、基本原理

1. 化学实验实训室常用量具

(1) 天平 天平是用于称量药品或试剂质量的量具,一般粗称时用台秤,需要精确称量时要用分析天平或电子天平。

(2) 量筒(杯)、移液管、吸量管和容量瓶 量筒(杯)是常用的量取液体体积的量具。根据不同需要有不同规格,如 5 mL、10 mL、100 mL、1000 mL 等。实验中可根据所量取液体的体积选用,一般应尽可能选用规格较小的量筒(杯)。

移液管和吸量管都是准确量取一定体积液体的仪器。二者的区别是移液管只有单刻度,只能量取整数体积的液体,常用的有 10 mL、25 mL、50 mL 等规格。而吸量管(又叫刻度吸管)是有分刻度的内径均匀的玻璃尖嘴管,有 10 mL、5 mL、2 mL、1 mL 等规格,可以量取非整数的小体积的液体。

容量瓶是一种细颈梨形的平底玻璃瓶,带有磨口塞子,是用来精确配制一定体积和浓度的溶液的量器,瓶颈上刻有标线,一般表示在 20 ℃时,溶液到标线(溶液弯月面最低点与刻线相切)时的体积。

2. 药品与试剂的取用

药品的种类繁多,其性质、作用、物质形式、储藏方式等不尽相同,有些药品甚至具有毒性和强腐蚀性,对人体产生危害。因此,在取用药品之前,最重要的是要搞清药品的性能,万不可莽撞取用,切忌人体皮肤直接接触药品、嗅药品的气味、尝药品的味道。

(1) 固体试剂的取用　取固体试剂要用洁净干燥的药匙,并且应专匙专用,用过的药匙必须洗净擦干后才能再使用。

取用试剂时应少量多次,尽量不要超过指定用量,多取的试剂不能倒回原瓶,可以放到指定的容器中供他人使用。

固体试剂的称量,可根据被称物的不同性质,采用相应的称量方法。常用的称量方法有直接称量法、固定质量称量法及减量称量法。

称量时,把固体试剂放在称量纸上称量,具有腐蚀性或易潮解的固体应放在干燥洁净的表面皿上或称量瓶中称量。例如,称取 14 g 食盐,可以按图 4-2-1 所示的操作进行。

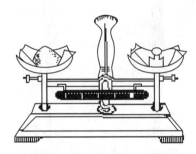

图 4-2-1　固体试剂的称量

(2) 液体试剂的取用　从细口瓶中取用液体试剂,量少时使用滴管,量多时用倾倒法。倾倒法的一般步骤为:先将瓶塞取下,反放在桌面上或用食指与中指夹住,手心握持试剂瓶贴有标签的一面,逐渐倾斜试剂瓶,让试剂沿着容器内壁流下,或者沿着玻璃棒注入烧杯或其他承接器中(见图 4-2-2)。取出试剂后,应将试剂瓶口在容器口或玻璃棒上靠一下,再逐渐竖起试剂瓶,以免遗留在瓶口的液滴流到试剂瓶的外壁。悬空倒和瓶塞底部沾桌都是错误的。

读取量筒或移液管等细管内的试剂体积时,对于浸润玻璃的透明液体(如水溶液),视线与量筒(杯)或管内液体凹液面最低点水平相切,如图 4-2-3 所示。对于有色不透明液体或不浸润玻璃的液体如水银,则要看凹液面上部或凸液面的上部。

用移液管移取溶液时,用右手的大拇指和中指拿住移液管管颈标线上方,将移液管插入待吸试剂液面下 1～2 cm 处,左手握住洗耳球,并紧密连接在移液管的上口将试剂慢慢吸入,注意容器中液面和移液管尖的位置,应使移液管尖随液面下降而下降。当管内液面上升至标线稍高位置时,迅速移去洗耳球,并用右手食指按住管口。然后将移液管向上提,使其离开液面,移液管保持垂直,微微松开食指,并用拇指和中指轻轻转动移液管,让试剂慢慢流入原试剂瓶,当移液管中试剂的弯月面与标线相切时(注意:观察时眼睛与移

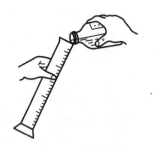

图 4-2-2　向量筒倾倒液体

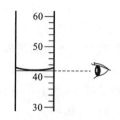

图 4-2-3　量筒内液体读数

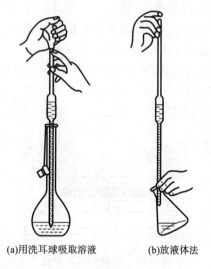

(a)用洗耳球吸取溶液　　(b)放液体法

图 4-2-4　移液管的操作

液管的标线应处在同一水平位置上），立刻用食指按住管口，使试剂不再流出。随后取出移液管，左手拿接受器并将其倾斜，移液管口放入接受器，使管尖与容器内壁紧贴成45°左右，移液管保持垂直，然后松开右手食指，使试剂自由地沿壁流下，待液面下降到管尖后，等待约 15 s 液体不再流出时，再把移液管拿开。如图 4-2-4 所示。

注意：绝不能用未经洗净的同一移液管插入不同的试剂瓶中取用试剂。

有些实验试剂用量不必十分准确，要学会估计液体量，一般滴管 20～25 滴约为 1 mL，若 10 mL 试管中试剂约占 1/5，则试剂量约为 2 mL。

3. 容量瓶的使用

容量瓶（也叫量瓶）为准确配制一定浓度溶液的精确仪器。使用时要选择与要求相符的容量瓶（容积、颜色等），检查磨口塞是否配套。使用时不可将玻璃磨口塞放在桌面上，以免沾污和搞错，操作时，可用右手的食指和中指夹住瓶塞的扁头（也可用橡皮圈或细尼龙绳将瓶塞系在瓶颈上，细绳应稍短于瓶颈）。

容量瓶使用前一定要检漏。方法是在瓶中注入自来水至标线附近，盖好瓶塞，左手食指按住瓶塞，其余手指拿住瓶颈标线以上部分，右手指尖托住瓶底边缘［见图 4-2-5(a)］，然后将瓶倒立 2 min，观察瓶塞周围是否有水渗出（可用滤纸察看），如不漏水，将瓶直立；将瓶塞旋转 180°后，重复上述操作，如不漏水，即可使用。

用容量瓶配制标准溶液或样品溶液时，最常用的方法是：将准确称取的待溶固体物质放于小烧杯中，加水或其他溶剂将其溶解，然后将溶液定量地转移至容量瓶中。在转移过程中，用一玻璃棒插入容量瓶内，玻璃棒的下端靠近瓶颈内壁，上部不要碰瓶口，烧杯嘴紧靠玻璃棒，使溶液沿玻璃棒和内壁慢慢流入。应避免溶液从瓶口溢出［见图 4-2-5(b)］，待溶液全部流完后，将烧杯沿玻璃棒稍向上提，同时使烧杯直立，以便附着在烧杯嘴的一滴溶液流回烧杯中，并将玻璃棒放回烧杯中。用洗瓶吹洗玻璃棒和烧杯内壁五次以上，洗涤液按上述方法移入容量瓶，然后加蒸馏水稀释，当加水至容量瓶的四分之三左右时，用右手将容量瓶拿起，振荡使溶液初步混匀。继续加水至距离标线约 1 cm 处，等待 1～2 min，附着在瓶颈内壁的溶液流下后，用滴管滴加蒸馏水（注意切勿使滴管接触溶液）至弯

  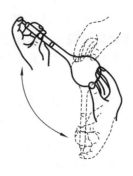

(a)容量瓶的拿法　　　(b)溶液移入容量瓶　　　(c)振荡容量瓶

图 4-2-5　容量瓶的使用

月面下缘与标线相切,盖上瓶塞。用左手食指按住瓶塞,右手指尖托住瓶底边缘[见图 4-2-5(c)]将容量瓶倒置并摇荡,再倒转过来,使气泡上升到顶部,如此反复多次,使溶液充分混匀,最后,放正容量瓶,打开瓶塞,使瓶塞壁周围的溶液流下。

使用容量瓶注意事项：

①热溶液必须冷却至室温后,再移入容量瓶中,否则会造成体积误差。

②容量瓶是量器,而不是容器,不可长期存放溶液,如溶液准备使用较长时间,应将其转移到磨口试剂瓶中(为了保证溶液浓度不变,试剂瓶应先用少量溶液润洗 2～3 遍,并贴好标签)。用后的容量瓶应立即用水冲洗干净。如长期不用,磨口处应洗净擦干,并用纸片将磨口隔开,以防下次使用时瓶塞不易打开。

③容量瓶不能放在烘箱内烘干也不能加热。如需使用干燥的容量瓶时,可将容量瓶洗净,再用乙醇等有机溶剂润洗后晾干或用电吹风的冷风吹干。

4. 溶液配制的一般步骤

(1) 根据需要及相关浓度公式,计算所需溶质或溶液的量；

(2) 称量固体质量或量取试剂体积；

(3) 溶解固体溶质或稀释浓溶液；

(4) 转移试剂及定容；

(5) 倒入洁净试剂瓶并贴好标签。

三、实训内容与操作

1. 配制 $1\ mol \cdot L^{-1}$ NaOH 溶液 100 mL

(1) 计算：由公式 $c_B = n_B/V$, $n_B = \dfrac{m_B}{M_B}$ 计算所需固体 NaOH 的质量 m_{NaOH}。

(2) 称取：在台秤上用干净的小烧杯称取 m 克 NaOH 固体。

(3) 溶解：将称量的 NaOH 倒入小烧杯中,加约 40 mL 蒸馏水,搅拌至 NaOH 完全溶解。

(4) 转移配制：将已溶解的(冷却的)溶液转移到 100 mL 量筒或容量瓶中，用蒸馏水洗涤小烧杯 2～3 次。洗涤液一并转移到 100 mL 量筒或容量瓶中，加蒸馏水至刻度线，摇匀，再将此溶液倒入试剂瓶中，贴上标签。

2. 由市售浓盐酸($w_B = 36.5\%$，$\rho = 1.19$ kg·L^{-1})配制 0.1 mol·L^{-1} 稀盐酸溶液 250 mL

(1) 计算市售浓盐酸的浓度：

$$c_B = w_B \times \rho \times V/M = (0.365 \times 1.19 \times 10^3/36.5) \text{ mol·L}^{-1} = 12 \text{ mol·L}^{-1}$$

由式 $c_浓 V_浓 = c_稀 V_稀$ 计算出浓盐酸的体积 V(mL)。

(2) 量取：用吸量管准确量取浓盐酸 V mL 至 250 mL 容量瓶中。

(3) 加水稀释：在干净的烧杯中加入约 300 mL 蒸馏水，然后用吸量管多次将蒸馏水转移至 250 mL 容量瓶中至刻度线约 1 cm 处，改用滴管逐滴滴加至凹液面与刻度线相切，摇匀；最后将此溶液倒入试剂瓶中，贴上标签。

3. 由市售浓硫酸($w_B = 98\%$，$\rho = 1.84$ kg·L^{-1})配制 3.0 mol·L^{-1} 稀硫酸溶液 100 mL

(1) 计算市售浓硫酸的浓度：

$$c_B = w_B \times \rho \times V/M = (0.98 \times 1.84 \times 10^3/98) \text{ mol·L}^{-1} = 18.4 \text{ mol·L}^{-1}$$

由式 $c_浓 V_浓 = c_稀 V_稀$ 计算出浓硫酸的体积 V(mL)。

(2) 量取稀释：用干燥的移液管吸取浓硫酸 V mL，缓慢加到事先加有约 50 mL 蒸馏水的小烧杯中，边加边搅拌，放置冷却。

(3) 转移配制：将已冷却的硫酸溶液小心倒入 100 mL 容量瓶中，然后用少量蒸馏水洗涤小烧杯 3 次，洗液一并倒入容量瓶中，加蒸馏水至刻度线约 1 cm 处，改用滴管逐滴滴加至凹液面与刻度线相切，摇匀，最后将此溶液倒入试剂瓶中，贴上标签。

四、问题讨论

(1) 称量及溶解 NaOH 固体时，应注意什么问题？

(2) 要配制准确浓度的溶液，对称量和定容过程有何要求？

(3) 用容量瓶配制溶液时，容量瓶是否需要干燥？是否要用被稀释溶液洗三遍？为什么？

(4) 怎样洗涤移液管？水洗净后的移液管在使用前还要用试剂洗涤，为什么？

(5) 用移液管量取浓硫酸时，为什么要使用干燥的移液管？

实验实训三

缓冲溶液的配制与 pH 值的测定

学习目标

> 1. 了解缓冲溶液的性质;
> 2. 掌握缓冲溶液配制的基本方法,会配制不同 pH 值的缓冲溶液;
> 3. 学会 pH 试纸及 pH 计的使用方法。

一、仪器与试剂

1. 仪器

酸度计,甘汞电极,玻璃电极,小烧杯,容量瓶,量筒(100 mL,10 mL),移液管(10 mL),试管等。

2. 试剂

HAc($0.1\ mol \cdot L^{-1}$,$1\ mol \cdot L^{-1}$),NaAc($0.1\ mol \cdot L^{-1}$,$1\ mol \cdot L^{-1}$),NaH_2PO_4($0.1\ mol \cdot L^{-1}$),Na_2HPO_4($0.1\ mol \cdot L^{-1}$),$NH_3 \cdot H_2O$($0.1\ mol \cdot L^{-1}$),NH_4Cl($0.1\ mol \cdot L^{-1}$),稀 HCl(pH=4),NaOH 溶液(pH=10,$0.1\ mol \cdot L^{-1}$),pH=4.00 标准缓冲溶液,pH=9.18 标准缓冲溶液,蒸馏水等。

其他用品:精密 pH 试纸,吸水纸等。

二、基本原理

在一定程度上能抵抗外加少量酸、碱或稀释,而保持溶液 pH 值基本不变的作用称为缓冲作用。具有缓冲作用的溶液称为缓冲溶液。

缓冲溶液一般是由共轭酸碱对组成,例如弱酸和弱酸盐,或弱碱和弱碱盐。如果缓冲溶液由弱酸和弱酸盐(例如 HAc-NaAc)组成,则

$$c_{H^+} \approx K_a \frac{c_a}{c_s} \qquad pH = pK_a - \lg \frac{c_a}{c_s}$$

因为缓冲溶液中具有抗酸成分和抗碱成分,所以加入少量强酸或强碱,其 pH 值基本上是不变的;稀释缓冲溶液时,酸和碱的浓度比值不改变,适当稀释也不影响其 pH 值。

缓冲容量是衡量缓冲溶液缓冲能力大小的尺度,缓冲容量的大小与缓冲组分浓度和缓冲组分的比值有关。缓冲组分浓度越大,缓冲容量越大;缓冲组分比值为 1∶1 时,缓冲容量最大。

测定溶液 pH 值的常用方法有 pH 试纸和酸度计法。酸度计法是以玻璃电极作指示电极,以饱和甘汞电极作参比电极,与待测溶液组成工作电池(见图 4-3-1),以测定溶液 pH 值的方法。实验中用已知 pH 值的标准缓冲溶液对酸度计进行校准(即定位),然后再把这套电极浸入待测溶液中,从而测出待测溶液的 pH 值。具体操作步骤如下:

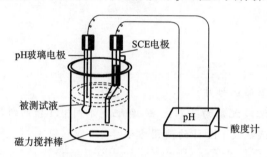

图 4-3-1 测定 pH 值的电池示意图

(1) 安装仪器,接通电源。把浸泡好的玻璃电极和甘汞电极安装在电极夹上并固定好,将玻璃电极插入电极插口,甘汞电极连接在接线柱上。接通电源,预热 30 min。

(2) 将酸度计的功能转换开关拨至 pH 挡,温度调节器拨至溶液温度值(预先用水银温度计测量溶液温度),斜率调节器左旋到头。

(3) 将两电极浸入第一种标准缓冲溶液中,调节定位调节器使仪表显示的 pH 值与该缓冲溶液的 pH 值相一致。

(4) 移开第一种标准缓冲溶液,冲洗两电极,并用滤纸吸干。再将两电极浸入第二种标准缓冲溶液中。调节斜率调节器使仪表显示的 pH 值与该缓冲溶液的 pH 值相一致。

(5) 按第(3)步重复第一种标准缓冲溶液的测定。若此时仪表显示的 pH 值与其标准值在误差允许范围内,即已完成定位;否则需再重复上述操作。

(6) 定位完成后,冲洗、吸干两电极,将其浸入待测溶液中,这时仪表显示值,即为待测溶液的 pH 值。

三、实训内容与操作

1. 酸度计的启动与定位

(1) 启动仪器 按本项目所述的正确方法安装电极,接通电源,启动仪器,调整零点。

(2) 校准仪器 按本项目所述的正确方法、步骤,用 pH=4.00 标准缓冲溶液或 pH

=9.18 标准缓冲溶液进行定位调节。

2. 缓冲溶液的配制与 pH 值的测定

（1）缓冲溶液的配制　按表 4-3-1，配制三种 pH 值不同的缓冲溶液。

（2）缓冲溶液 pH 值的测定　先用精密 pH 试纸，再用酸度计分别测定所配溶液的 pH 值。酸度计的测定方法：将玻璃电极[1]从标准缓冲溶液中取出，洗净、吸干[2]后分别浸入盛有甲、乙、丙溶液的小烧杯中[3]，这时仪表显示值即为待测溶液的 pH 值。

比较理论计算值与两种测定方法实验值是否相符。

表 4-3-1　缓冲溶液的配制与 pH 值的测定

实验号	理论 pH 值	各组分的体积/mL（总体积 50 mL）	精密 pH 试纸测定 pH 值	酸度计测定 pH 值
甲	5.0	$0.1\ mol \cdot L^{-1}\ HAc$ / $0.1\ mol \cdot L^{-1}\ NaAc$		
乙	7.0	$0.1\ mol \cdot L^{-1}\ NaH_2PO_4$ / $0.1\ mol \cdot L^{-1}\ Na_2HPO_4$		
丙	10.0	$0.1\ mol \cdot L^{-1}\ NH_3 \cdot H_2O$ / $0.1\ mol \cdot L^{-1}\ NH_4Cl$		

测定结束后，关闭电源，取出电极，冲洗干净，妥善保管。

注释：

[1]新玻璃电极用前应浸泡在蒸馏水中活化 48 h。玻璃电极的球泡壁很薄，使用时应加倍保护。

[2]每次更换待测溶液，都必须将电极洗净、吸干，以免影响测定结果的准确性。

[3]待测溶液应与标准缓冲溶液处于同一温度，否则需重新进行温度补偿和校正调节。

3. 缓冲溶液的性质

（1）取 3 支试管，依次加入蒸馏水，pH=4 的 HCl 溶液，pH=10 的 NaOH 溶液各 3 mL，用 pH 试纸测其 pH 值，然后向各管加入 5 滴 $0.1\ mol \cdot L^{-1}\ HCl$，再测其 pH 值。用相同的方法，试验 5 滴 $0.1\ mol \cdot L^{-1}\ NaOH$ 对上述三种溶液 pH 值的影响。将结果记录在表 4-3-2 中。

（2）取 3 支试管，依次加入已配制的 pH=5.0、pH=7.0、pH=10.0 的缓冲溶液各 3 mL。然后向各管加入 5 滴 $0.1\ mol \cdot L^{-1}\ HCl$，用精密 pH 试纸测其 pH 值。用相同的方法，试验 5 滴 $0.1\ mol \cdot L^{-1}\ NaOH$ 对上述三种缓冲溶液 pH 值的影响。将结果记录在表 4-3-2 中。

（3）取 4 支试管，依次加入 pH=4.0 的缓冲溶液，pH=10 的缓冲溶液，pH=4 的 HCl 溶液，pH=10 的 NaOH 溶液各 1 mL，用精密 pH 试纸测定各管中溶液的 pH 值。然后向各管中加入 10 mL 水，混匀后再用精密 pH 试纸测其 pH 值，考查稀释上述四种溶液对 pH 值的影响。将实验结果记录于表 4-3-2 中。

通过以上实验结果,说明缓冲溶液的什么性质?

表 4-3-2　缓冲溶液的性质

实验号	溶液类别(pH 值)	加 5 滴 HCl 后 pH 值	加 5 滴 NaOH 后 pH 值	加 10 mL 水后 pH 值
1	蒸馏水			
2	HCl 溶液(pH=4)			
3	NaOH 溶液(pH=10)			
4	甲缓冲溶液(pH=5.0)			
5	乙缓冲溶液(pH=7.0)			
6	丙缓冲溶液(pH=10.0)			

4. 缓冲溶液的缓冲容量

(1) 缓冲容量与缓冲组分浓度的关系　取 2 支大试管,在一试管中加入 $0.1\ mol \cdot L^{-1}$ HAc 和 $0.1\ mol \cdot L^{-1}$ NaAc 各 3 mL,另一试管中加入 $1\ mol \cdot L^{-1}$ HAc 和 $1\ mol \cdot L^{-1}$ NaAc 各 3 mL,混匀后用精密 pH 试纸测定两试管内溶液的 pH 值。(是否相同?)

在两试管中分别滴入 2 滴甲基红指示剂,溶液呈何种颜色?(甲基红在 pH<4.2 时呈红色,pH>6.3 时呈黄色)。然后向两试管中分别逐滴加入 $0.1\ mol \cdot L^{-1}$ NaOH 溶液(每加入 1 滴 NaOH 均需摇匀),直至溶液的颜色变成黄色。记录各试管所滴入 NaOH 的滴数,说明哪一试管中缓冲溶液的缓冲容量大。

(2) 缓冲容量与缓冲组分比值的关系　取两支大试管,用吸量管在一试管中加入 NaH_2PO_4($0.1\ mol \cdot L^{-1}$)和 Na_2HPO_4($0.1\ mol \cdot L^{-1}$)各 10 mL,另一试管中加入 2 mL NaH_2PO_4($0.1\ mol \cdot L^{-1}$)和 18 mL Na_2HPO_4($0.1\ mol \cdot L^{-1}$),混匀后用精密 pH 试纸分别测量两试管中溶液的 pH 值。然后在每试管中各加入 1.8 mL $0.1\ mol \cdot L^{-1}$ NaOH,混匀后再用精密 pH 试纸分别测量两试管中溶液的 pH 值。说明哪一试管中缓冲溶液的缓冲容量大。

四、问题讨论

(1) 为什么缓冲溶液具有缓冲作用?

(2) 采用定位法校准仪器时,应该用哪种标准缓冲溶液定位?为什么?

实验实训四

分析天平的称量练习

学习目标

1. 熟悉分析天平的构造,学会正确的称量方法;
2. 掌握不同称量方法的使用范围;
3. 学会各种称量方法的操作技巧。

一、仪器和试剂

1. 仪器

分析天平,台秤,表面皿,称量瓶,牛角匙,锥形瓶(或小烧杯)等。

2. 试剂

固体试剂(可用 Na_2CO_3、$KHC_8H_4O_2$ 或 $NaCl$、$K_2Cr_2O_7$)。

二、实训原理

分析天平是根据杠杆原理设计制成的用于称量的精密仪器。目前应用较普遍有电光分析天平和电子天平两大类。电光分析天平种类较多,其构造及原理基本相同。例如,TG-328B 型天平的主要部件如图 4-4-1 所示。

电子天平是天平中最新发展的一种,它集精确、稳定、多功能与自动化于一体,且称量快速、简便,还可与打印机、计算机、记录仪等联用,以获得连续可靠的打印记录,使称量分析更加现代化,可以满足一般实验室质量分析的要求。

使用电光分析天平的基本步骤如下。

(1) 检查和调零。开始称量前应检查天平秤盘和底板是否清洁,检查天平是否处于水平位置,检查天平的各个部件是否都处于正常位置,调节天平零点。

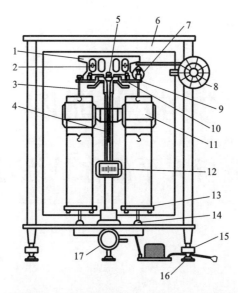

图 4-4-1 半自动电光天平(TG-328B)示意图

1.天平梁；2.天平螺丝；3.吊耳；4.指针；5.支点刀；6.框罩；7.环码；8.刻度盘；9.支柱；10.托叶；11.阻尼器；12.投影屏；13.秤盘；14.盘托；15.螺丝脚；16.垫脚；17.升降枢旋钮

调节天平零点的方法：接通天平电源，开启升降枢旋钮，微分标尺上的"0"刻度应与投影屏上的标线重合，若不重合，可拨动升降枢旋钮下面的拨杆，挪动投影屏位置，使其重合；如使用拨杆仍不能调至零点时，可调节位于天平梁上的平衡螺丝，直至微分标尺"0"刻度对准投影屏上的标线为止。

（2）试称与称量。将被称物品放入左盘并关好左边门，估计被称物品的质量，用镊子夹取稍大于被称物品质量的砝码放在右盘的中心开始试称。试称过程中为了尽快达到平衡，选取砝码应遵循"由大至小，中间截取，逐级试验"的原则，试加砝码时应半开天平试验，对于电光天平必须记住，指针总是偏向轻盘，微分标尺的投影总是向重盘方向移动，即能迅速判断左右两盘轻重。当砝码与被称物质量相差在 1 g 以下时，关闭侧门。转动加码器刻度盘外圈找出适当量，再转动加码器刻度盘内圈至砝码与被称物质量相差在 10 mg 以内，开启升降枢旋钮，观察投影屏上刻线位置，读出 10 mg 以下的质量。

（3）读数与记录。称量的数据应立即用钢笔或圆珠笔记录在原始数据记录本上。记录砝码数值应先按照砝码盒里的空位记下，然后按大小顺序依次核对秤盘上的砝码，同时将其放回砝码盒空位。

（4）恢复原状。称量结束后应取出天平内被称物品和砝码，加码器刻度盘转回零位，关好天平门，然后切断电源。将砝码盒放回天平框的顶部；用天平罩罩好天平。

称取样品常用的方法有：直接称样法、递减称样法(俗称差减法)、固定质量称样法。

三、实训内容及操作

1. 直接称样法

对某些在空气中性质较稳定的样品，可以用直接称样法称量。即用牛角匙取样品放在已知质量的清洁而干燥的表面皿或称量纸(硫酸纸)上,一次称取样品的质量。

实训操作:

(1) 在分析天平上准确称出小表面皿的质量;

(2) 在分析天平上准确称出称量瓶的质量。

称量物	编号	所加砝码质量/g	所加环码质量/mg		微分标尺读数/mg	物品质量/g
			内圈	外圈		
表面皿						
称量瓶						

2. 递减称样法(差减法)

递减称样法是最常用的称样方法。即样品的质量是由两次称量之差而求得。这种方法称出样品的质量不要求固定的数值,只需在要求的称量范围内即可。递减称样法比较简单、快速、准确,在分析化学实验中常用来称取待测样品和基准物。

操作技术:用小纸片夹住称量瓶盖柄,打开瓶盖,将稍多于需要量的样品用牛角匙加入称量瓶中,盖上瓶盖。用干净的纸条叠成约 1 cm 宽的纸带套在称量瓶上(或戴上干净的细纱手套拿取称量瓶),左手拿住纸带的尾部(见图 4-4-2),把称量瓶放到天平左盘的正中位置,选取合适的砝码放在右盘使之平衡,称出称量瓶及样品的准确质量(精确到 0.1 mg),记下砝码的数值。左手仍用纸带将称量瓶取下,拿到接受器的上方,右手用纸片夹住瓶盖柄打开瓶盖,瓶盖不要离开接受器的上方。将瓶身慢慢向下倾斜,样品逐渐流向瓶口。一面用瓶盖轻轻敲击瓶口边沿,一面转动称量瓶使样品慢慢落入容器中,接近需要量时(通常从体积上估计),一边继续用瓶盖轻敲瓶口(见图 4-4-3),一边逐渐将瓶身竖直,使沾在瓶口附近的样品落入瓶中,盖好瓶盖。再将称量瓶放回天平盘,准确称其质量。两次称量质量之差即为倒入接受器的样品质量。如此重复操作,直至倒出样品质量达到要求为止。

图 4-4-2 夹取称量瓶的方法

图 4-4-3 倒出样品的方法

称量过程中应注意以下几点:

(1) 若倒出样品不足,可重复上述操作直至倒出样品量符合要求为止(重复次数不宜超过三次);若倒出样品量大大超过所需量,则只能弃去重称。

(2) 盛有样品的称量瓶除放在表面皿上存放于干燥器中和秤盘上外,不得放在其他地方,以免沾污。

(3) 沾在瓶口上的样品应敲回瓶中,以免沾到瓶盖上或丢失。

实训操作:

(1) 将洁净的锥形瓶(或小烧杯)编上号。

(2) 在洁净、干燥的称量瓶中装入约 2 g Na_2CO_3,先在台秤上粗称其质量,再在分析天平上称其准确质量(精确至 0.1 mg),记下质量,设为 m_1。

(3) 取出称量瓶,按递减称样法进行操作,轻移样品 0.2~0.3 g 于锥形瓶中,并准确称出称量瓶和剩余样品的质量,设为 m_2,锥形瓶中样品质量为 $m_1 - m_2$。

要求称出质量分别为 0.2345 g、0.2148 g、0.2619 g 的样品各 1 份。

记录项目	次序	1#	2#	3#
称量瓶加样品质量 m_1/g				
倾出样品后称量瓶加样品质量 m_2/g				
样品质量 ($m_1 - m_2$)/g				

3. 固定质量称样法

固定质量称样法是为了称取指定质量的物质。如用直接法配制指定浓度的标准溶液时,常用固定质量称样法来称取基准物。此法只能用来称取不易吸湿的物质。

图 4-4-4 固定质量称样方法

操作技术:首先调好天平的零点,将洁净、干燥的小表面皿或扁形称量瓶放到左盘上,右盘上加入等质量的砝码使其达到平衡。再向右盘增加所需称取样品质量的砝码,然后用牛角匙逐渐加入样品,半开启天平进行试重,直到所加样品只差很小量时(此量应小于微分标尺满标度),便可开启天平,小心地以左手持盛有样品的牛角匙,伸向表面皿中心部位上方 2~3 cm 处,用拇指、中指及掌心拿稳牛角匙,以食指轻弹(最好是摩擦)牛角匙柄,使样品以非常缓慢的速度抖入表面皿中(见图 4-4-4),这时眼睛既要注意牛角匙,同时也要注意微分标尺投影屏,待微分标尺正好移动到所需要的刻度时,立即停止抖入样品。注意此时右手始终不要离开升降枢旋钮。

实训操作:

(1) 将准确称量的小表面皿放入天平的左盘中,并在右盘上加相应的砝码与之平衡。

(2) 在天平右盘上加要求质量的环码。

(3) 按正确操作,在表面皿的中央用牛角匙加入接近要求质量的样品,观察投影屏上微分标尺,用牛角匙缓慢将样品抖入表面皿中,直至样品质量达到要求。最后将样品移入指定容器中。

要求称取质量分别为 0.4084 g、0.6129 g、1.2132 g 的样品各 1 份。

次序 记录项目	1#	2#	3#
样品加表面皿质量/g			
空表面皿质量/g			
样品质量/g			

四、问题讨论

（1）什么情况下选用递减称样法称样？什么情况下选用固定质量称样法称样？

（2）固定质量称样法和递减称样法称取样品是否要调整天平的零点？为什么？

（3）称量物体质量时，若微分标尺向负向偏移，应加砝码还是应减砝码？若微分标尺向正向偏移，又应如何操作？

实验实训五

滴定分析仪器的基本操作

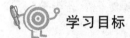 学习目标

1. 掌握滴定分析中常用玻璃仪器的洗涤方法;
2. 能正确使用滴定管、容量瓶及移液管;
3. 学会滴定的操作技能。

一、仪器和试剂

1. 仪器

滴定管,容量瓶,移液管,锥形瓶,烧杯,量筒,洗耳球等。

2. 试剂

$K_2Cr_2O_7$,浓 H_2SO_4,0.1 mol·L^{-1} HCl 溶液,0.1 mol·L^{-1} NaOH 溶液,酚酞(0.2%水溶液),甲基橙(0.2%水溶液),蒸馏水等。

二、基本原理

滴定管是用于准确测量滴定时溶液体积的量器,它是具有刻度的细长玻璃管。按容量及刻度值的不同,滴定管分为常量滴定管、半微量滴定管和微量滴定管三种;按要求不同,有"蓝带"滴定管、棕色滴定管(用于装高锰酸钾、硝酸银、碘等标准溶液);按用途不同,又分为酸式滴定管及碱式滴定管。

带有玻璃磨口旋塞以控制液滴流出的是酸式滴定管(简称酸管),用来盛放酸类或氧化性溶液,不能装碱性溶液,因为磨口旋塞会被碱腐蚀而粘住不能转动。用带玻璃珠的乳胶管控制液滴,下端再连一尖嘴玻璃管的是碱式滴定管(简称碱管),用于盛放碱性溶液和非氧化性溶液,不能装 $KMnO_4$、I_2、$AgNO_3$ 等溶液,以防将胶管氧化而变性。

1. 使用前的准备

(1) 洗涤 对于无明显油污的酸式滴定管,可用肥皂水或洗涤剂冲洗,若较脏而又不易洗净时,则用铬酸洗液浸泡洗涤。每次倒入 10～15 mL 洗液于滴定管中,两手平端滴定管,并不断转动,直至洗液浸润全管,稍后将一部分洗液从管口倒回原瓶,然后打开旋塞,将剩余的洗液从出口管放回原瓶中。洗液清洗过的滴定管先用自来水冲洗,再用蒸馏水润洗几次。洗净的滴定管内壁应完全被水均匀润湿,不挂水珠。洗涤时,应注意保护玻璃旋塞,防止碰坏。

用洗液清洗碱式滴定管时,应取下乳胶管。将碱式滴定管倒立夹在滴定管架上,管口插入装有洗液的烧杯中,用洗耳球插在另一管口上反复吸取洗液进行洗涤,然后安装好乳胶管并用自来水冲洗滴定管,再用蒸馏水润洗几次。

(2) 涂油、试漏 酸式滴定管使用前应检查旋塞转动是否灵活,与滴定管是否密合,如不合要求,则取下旋塞,用滤纸片擦净旋塞和旋塞槽,用手指蘸少量凡士林(或真空脂)在旋塞的两头涂上薄薄的一层,以免凡士林堵住旋塞孔,如图 4-5-1 所示(如果凡士林堵塞小孔,可用细铜丝轻轻将其捅出。

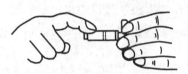

图 4-5-1 旋塞涂油操作

如果还不能除净,则用热洗液浸泡一定时间,或用有机溶剂除去)。把旋塞直接插入旋塞槽内。旋塞孔应与滴定管平行,径直插入旋塞槽,此时不要转动旋塞,避免将油脂挤到旋塞孔中。然后,沿同一方向不断旋转旋塞,直到油脂全部透明为止。最后用小乳胶圈套住玻璃旋塞,或用橡皮筋固定,以防塞子滑出而损坏。

经上述处理后,旋塞应转动灵活,油脂层没有纹路,旋塞呈均匀透明状态,可进行试漏。

检查滴定管是否漏水时,可将酸式滴定管旋塞关闭,加水至"0"刻度,把滴定管直立夹在滴定管架上静置 2 min,观察液面是否下降,滴定管下端管口及旋塞两端是否有水渗出,可用滤纸在旋塞两端察看。将旋塞转动 180°,再静置 2 min,察看是否有水渗出。若前后两次均无水渗出,旋塞转动也灵活,即可使用。如果漏水,则应该重新进行涂油操作。

碱式滴定管使用前应检查乳胶管是否老化、变质,要求乳胶管和玻璃珠大小合适,能灵活控制液滴,玻璃珠过大,则不便操作;过小,则会漏水。如不合要求,应重新装配。

(3) 装溶液与赶气泡 准备好的滴定管,即可进行装液(即标准溶液或被标定的溶液)。

一般先用溶液将滴定管润洗三次(第一次 10 mL 左右,大部分可由上口倒出,第二、第三次各 5 mL 左右,从出口管放出),以除去管内残留水分,确保操作溶液浓度不变。每次注入操作溶液后,两手平端滴定管(注意把住玻璃旋塞)慢慢转动溶液,使溶液流遍全管内壁,并打开旋塞冲洗出口管,一般要使溶液接触管壁 1～2 min,再将润洗溶液从出口管放出,并尽量把残留液放尽。最后,关好旋塞,将溶液倒入,直至"0"刻度以上,然后调节液面于"0.00 mL"处备用。

注意:溶液应直接倒入滴定管中,不得用其他容器(如烧杯、漏斗)来转移。一般左手前三指持滴定管上部无刻度处,并可稍微倾斜,右手拿住容量瓶往滴定管中倒溶液,如用小试剂瓶,可用右手握住瓶身(瓶签向手心)倾倒溶液于管中;大试剂瓶则仍放在桌上靠边处,手拿瓶颈使瓶慢慢倾斜,让溶液慢慢沿滴定管内壁流下。

装好溶液的滴定管,使用前必须注意检查滴定管的出口管是否充满溶液,旋塞附近或胶管内有无气泡。

为使溶液充满出口管并除去气泡,使用酸管时,右手拿滴定管上部无刻度处,并使滴定管倾斜约30°,左手迅速打开旋塞使溶液冲出以排出气泡(下面用烧杯承接溶液),这时出口管中应不再留有气泡。若气泡仍未排出,可重复操作。也可打开旋塞,同时抖动滴定管,使气泡排出。

使用碱管时,装满溶液后,将其垂直地夹在滴定管架上,左手拇指和食指拿住玻璃珠所在部位,并使乳胶管向上弯曲,出口管斜向上方,然后在玻璃珠部位往一旁轻轻捏挤乳胶管,使溶液从管口喷出(见图 4-5-2),气泡即随之排出。将乳胶管放直后,再松开拇指和食指,否则出口仍会有气泡。最后把管外壁擦干。

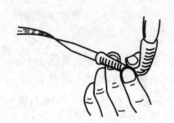

图 4-5-2　碱式滴定管排出气体

图 4-5-3　操作旋塞的姿势

2. 滴定管的操作方法

(1) 滴定管的放液操作　进行滴定时,应该将滴定管垂直地夹在滴定管架上。酸管则使用左手无名指和小指向手心弯曲,轻轻地贴着出口管,用其余三指控制旋塞的转动(见图 4-5-3),但应注意不要向外拉旋塞以免推出旋塞造成漏液,也不要过分往里扣,以免造成旋塞转动困难而不能操作自如。

碱管则使用左手无名指及小指夹住出口管,拇指与食指在玻璃珠所在部位往一旁捏挤乳胶管,使玻璃珠移至手心一侧,溶液便从空隙处流出。

(2) 滴定操作　滴定操作包括放液与摇动接液器(锥形瓶或小烧杯)两个基本动作,需要左右手密切配合。

滴定开始前用洁净的小烧杯内壁轻碰滴定管尖端,把悬在滴定管尖端的液滴除去,并记录滴定管的读数。终读数与初读数之差就是滴定消耗溶液的体积。

在锥形瓶中滴定时,用右手前三指拿住瓶颈,其余两指辅助在下侧,调节滴定管高度,使瓶底离滴定台高 2~3 cm,滴定管的下端伸入瓶口约 1 cm,左手按前述方法控制滴定管旋塞滴加溶液,右手运用腕力摇动锥形瓶,边滴加边摇动使溶液随时混合均匀,反应及时进行完全,两手操作姿势如图 4-5-4(a)所示。

若使用碘瓶等带塞锥形瓶滴定,瓶塞要夹在右手的中指与无名指之间[见图 4-5-4(b)],不要放在其他地方。

滴定操作应注意以下几点：

① 摇瓶时，应微动腕关节，使溶液向同一方向做圆周运动，但勿使瓶口接触滴定管，溶液不得溅出。

② 滴定时左手不能离开旋塞，让溶液自行流下。

③ 注意观察液滴落点周围溶液颜色的变化。开始时应边摇边滴，滴定速度可稍快（每秒 3~4 滴为宜），但不要连滴成线；接近终点时，应改为加一滴，摇几下；最后，每加半滴，即摇动锥形瓶，直至溶液出现明显的颜色变化，到达终点为止。滴定时，不要只看滴定管上部的体积而不顾锥形瓶内的变化。

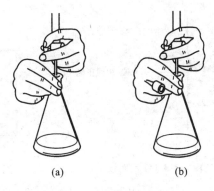

图 4-5-4　滴定操作姿势

加半滴溶液的操作方法如下：微微转动旋塞，使溶液悬挂在出口管嘴上，形成半滴（有时还可控制不到半滴），用锥形瓶内壁将其沾落，再用洗瓶以少量蒸馏水吹洗瓶壁。

用碱管滴加半滴溶液时，应先松开拇指和食指，将悬挂的半滴溶液沾在锥形瓶内壁上，以避免出口管尖端出现气泡。

④ 每次滴定最好都从滴定管的"0.00"mL 处开始（或从"0.00"mL 附近的某一固定刻度线开始），这样可固定使用滴定管的某一段，以减少体积误差。

（3）滴定管的读数　滴定管读数不准确是滴定分析误差的主要来源之一。正确读数应遵循下列原则：

① 装满或放出溶液后，必须等 1~2 min，待附着在内壁上的溶液流下后，再进行读数。每次读数前要检查管壁是否挂水珠，管尖是否有气泡，是否挂水珠。若在滴定后挂有水珠读数，是不准确的。

② 读数时应将滴定管从管架上取下，用右手大拇指和食指捏住滴定管上部无刻度处，其他手指从旁辅助，使滴定管保持垂直，然后读数。若把滴定管固定在滴定管架上读数，应保持滴定管垂直（一般不采用，因为很难确保滴定管垂直）。

③ 读数时，应读弯月面下缘实线的最低点，即视线在弯月面下缘实线最低处且与液面保持水平，如图 4-5-5 所示。对于有色溶液，其弯月面不够清晰，读数时，可读液面两侧最高点，即视线应与液面两侧最高点保持水平。例如，对 $KMnO_4$、I_2 等有色溶液的读数即是如此。注意初读数与终读数应采用同一标准。

④ 读数时，要求读到小数点后第二位，即精确到 0.01 mL，如读数为 25.33 mL，数据应立刻记录在记录本上。

⑤ 为了便于读数，可以在滴定管后衬一黑白两色的读数卡。读数时，使黑色部分在弯月面下 1 mm 左右，如图 4-5-6 所示。读此黑色弯月面下缘的最低点。但对深色溶液须读两侧最高点，可以用白色卡作为背景。

⑥ 使用"蓝带"滴定管时，液面呈三角交叉点，读取交叉点与刻度相交之点的读数，如图 4-5-7 所示。

⑦ 滴定至终点时应立即关闭旋塞，并注意不要使滴定管中的溶液流出，否则最终读

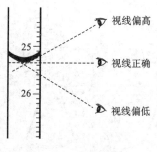
图 4-5-5 滴定管读数

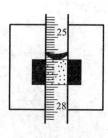
图 4-5-6 读数卡

图 4-5-7 蓝带滴定管读数

数便包括流出的半滴溶液。

滴定结束后,滴定管内剩余的溶液应弃去,不得将其倒回原试剂瓶中,以免沾污整瓶溶液。随即洗净滴定管,倒置在管架上。

三、实训内容及操作

1. 认领、清点仪器

按实验仪器单认领、清点滴定分析中所有的仪器,仔细检查仪器是否完好。

2. 配制铬酸洗液

称取研细的 $K_2Cr_2O_7$ 5 g,溶于 10 mL 水中,在搅拌下缓慢加入 82 mL 浓 H_2SO_4,冷却后装入 250 mL 试剂瓶中,贴好标签,保存备用。

3. 洗涤仪器

将仪器按正确的方法洗涤干净,壁内外不挂水珠。洗涤时要注意保管好酸式滴定管的旋塞、容量瓶磨口塞和保护移液管尖,防止损坏。

4. 基本操作练习

(1) 容量瓶的使用 按规范要求依次进行如下操作。

洗涤→试漏→装溶液(以水代替)→稀释→平摇→稀释→调液面至标线→摇匀。

(2) 移液管的使用 分别选用 25 mL、10 mL 移液管进行操作练习。

洗涤→润洗→吸液(用容量瓶中的水)→调液面→移液(移至锥形瓶中)或放液(按不同体积把溶液移入锥形瓶中)。

(3) 滴定管的准备及使用

① 按正确要求分别清洗酸式滴定管和碱式滴定管,并试漏,然后倒置在滴定管架上。

② 用 0.1 mol·L^{-1} NaOH 溶液润洗碱式滴定管 2~3 次,每次用 5~10 mL 溶液。然后将滴定剂倒入碱式滴定管中,液面调节至 0.00 刻度并固定于滴定台上。

③ 用 0.1 mol·L^{-1} HCl 溶液润洗酸式滴定管 2~3 次,每次用 5~10 mL 溶液。然后将 HCl 溶液倒入酸式滴定管中,液面调节至 0.00 刻度并固定于滴定台上。

④ 酸碱滴定管的操作:由碱式滴定管中放 NaOH 溶液 20~25 mL 于 250 mL 锥形瓶中,放出时以每分钟约 10 mL 的速度,即每秒钟滴入 3~4 滴溶液,再加 1~2 滴甲基橙指示剂,用 0.1 mol·L^{-1} HCl 溶液滴定至溶液由黄色转变为橙色,记下读数。由碱式滴定

管中再滴入少量 NaOH 溶液,此时锥瓶中溶液由橙色又转变为黄色,再由酸式滴定管中滴入 HCl 溶液,直至溶液由黄色又转变为橙色,即为终点。数据按以下表格记录。如此反复练习。用 HCl 溶液滴定 NaOH 溶液数次,直到所测 V_{HCl}/V_{NaOH} 体积的相对偏差在 $\pm 0.2\%$ 范围内。

HCl 溶液滴定 NaOH 溶液(指示剂为甲基橙)

记录项目 \ 滴定编号	Ⅰ	Ⅱ	Ⅲ	Ⅳ	Ⅴ
NaOH 溶液体积/mL					
HCl 溶液体积/mL					
V_{HCl}/V_{NaOH}					
V_{HCl}/V_{NaOH} 平均值					
单次结果相对偏差					
相对平均偏差					

四、问题讨论

(1) 滴定管是否洗涤干净的判断标准是什么?使用未洗净的滴定管对滴定有什么影响?

(2) 滴定管中存在气泡对滴定有什么影响?应怎样除去气泡?

(3) 容量瓶可否烘干、加热?

(4) 使用移液管的操作要领是什么?为何要使液体垂直流下?为何放完液体后要停一定时间?最后留于管尖的半滴液体应如何处理?为什么?

(5) 在滴定分析实验中,滴定管、移液管为何需要用操作溶液润洗几次?滴定中使用的锥形瓶是否也要用滴定剂润洗?为什么?

实验实训六

HCl 标准溶液的配制与标定

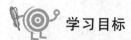
学习目标

1. 掌握递减称样法称取基准物的操作技巧；
2. 掌握用 Na_2CO_3 标定 HCl 溶液的原理；
3. 学会配制酸标准溶液，能熟练准确地进行滴定操作。

一、仪器和试剂

1. 仪器

分析天平，称量瓶，滴定管，容量瓶，移液管，锥形瓶，烧杯，量筒，洗耳球等。

2. 试剂

浓盐酸(密度 1.19 kg·L^{-1}，AR 级)，无水 Na_2CO_3(AR 级)，硼砂(AR 级)，甲基橙指示剂(0.1%)，甲基红指示剂(0.1%)，蒸馏水等。

二、基本原理

滴定分析是将一种已知准确浓度的标准溶液滴加到被测试样溶液中，直到化学反应完全为止(终点)，然后根据标准溶液的浓度和体积求得被测试样中组分含量的一种方法。在进行滴定分析时，一方面要会配制滴定剂溶液并能准确测定其浓度；另一方面要准确测量滴定过程中所消耗滴定剂的体积。

滴定分析包括酸碱滴定法、氧化还原滴定法、沉淀滴定法和配位滴定法。本实验实训主要以酸碱滴定法中，酸滴定剂标准溶液的配制、基准物质的称量以及测量滴定剂体积消耗为例，再次练习滴定分析的基本操作。

酸碱滴定中常用盐酸、硫酸、氢氧化钠溶液等作为滴定剂。由于浓盐酸易挥发，氢氧化钠易吸收空气中的水分和二氧化碳,故此滴定剂无法直接配制准确,只能先配制近似浓度的溶液,然后用基准物质标定其浓度。

标定酸时常用的基准物有 Na_2CO_3 和 $Na_2B_4O_7 \cdot 10H_2O$ 等,Na_2CO_3 与盐酸的反应如下:

$$Na_2CO_3 + HCl = NaHCO_3 + NaCl$$
$$NaHCO_3 + HCl = NaCl + H_2O + CO_2$$

以上反应的 pH 突跃范围是 3.5~5,可选用甲基橙作指示剂。
$Na_2B_4O_7 \cdot 10H_2O$ 与盐酸的反应为:

$$Na_2B_4O_7 \cdot 10H_2O + 2HCl = 4H_3BO_3 + 2NaCl + 5H_2O$$

化学计量点的 pH 值约为 5,可以选用甲基红作指示剂。

三、实训内容及操作

1. $0.1\ mol \cdot L^{-1}$ HCl 溶液的配制

计算配制 $0.1\ mol \cdot L^{-1}$ HCl 溶液 250 mL 所需浓 HCl(密度 $1.19\ kg \cdot L^{-1}$,AR 级)的体积(约 2.3 mL)→量取后用蒸馏水稀释配成 250 mL 溶液→储存于试剂瓶中→贴好标签,备用。

2. 标定 $0.1\ mol \cdot L^{-1}$ HCl 溶液的浓度

(1) 用 Na_2CO_3 标定 以递减称样法称取预先烘干的无水 Na_2CO_3(1.4~1.8 g,精确至 0.0001 g),置于 100 mL 小烧杯中,加约 50 mL 水溶解,然后将溶液定量移入 250 mL 容量瓶中,以纯水稀释至刻度,摇匀。用 25 mL 移液管准确移取 Na_2CO_3 溶液置于 250 mL 锥形瓶中,加甲基橙指示剂一滴,用欲标定的 $0.1\ mol \cdot L^{-1}$ HCl 溶液进行滴定,直至溶液由黄色转变为橙色,且 30 s 内不褪色即为终点,读数并记录。平行滴定 3 次。

根据 Na_2CO_3 的质量 m 和所消耗 HCl 溶液的体积(V)计算出 HCl 标准溶液的浓度(保留 4 位有效数字)及标定结果的精密度。

用 Na_2CO_3 标定 HCl

序号	1	2	3
V_{HCl}(最终读数)/mL			
V_{HCl}(起始读数)/mL			
V_{HCl}(消耗)/mL			
$c(HCl)/(mol \cdot L^{-1})$			
平均值			
相对平均偏差			

(2) 用硼砂标定 准确称取 0.4~0.5 g(精确至 0.0001 g)硼砂三份,分别置于三个已编号的 250 mL 锥形瓶中,分别加水 50 mL 溶解后,加甲基红指示剂一滴,用所配制的 HCl 溶液滴定至指示剂由黄色变为橙色,且 30 s 内不褪色,记录 HCl 溶液用量,按实验原

理公式求算 HCl 溶液浓度。

用硼砂($Na_2B_4O_7 \cdot 10H_2O$)标定 HCl

序号	1	2	3
称得硼砂质量/g			
V_{HCl}(最终读数)/mL			
V_{HCl}(起始读数)/mL			
V_{HCl}(消耗)/mL			
$c(HCl)/(mol \cdot L^{-1})$			
平均值			
相对平均偏差			

3. 注意事项

(1) $0.1\ mol \cdot L^{-1}$ HCl 溶液为粗略配制，故量取浓盐酸不必十分精确；

(2) 用差减法称量基准物质时要注意操作规范；

(3) 滴定所用锥形瓶要标记瓶号，以免混乱；

(4) 准确记录和保留实验数据的有效数字；

(5) 用无水 Na_2CO_3 标定盐酸时，反应产生 H_2CO_3，会使滴定突跃不明显，致使指示剂颜色变化不够敏锐。因此，在接近滴定终点以前，应剧烈摇动或将溶液加热至沸，并摇动以赶走 CO_2，冷却后再继续滴定。

四、问题讨论

(1) 为什么把 Na_2CO_3 放在称量瓶中称量？称量瓶是否要预先称准？称量时盖子是否需要盖好？

(2) 标定 $0.1\ mol \cdot L^{-1}$ HCl 溶液时，称取硼砂 $0.4\sim0.5\ g$，此称量范围是怎样计算的？若称取太多或太少有什么影响？

(3) 用 Na_2CO_3 标定盐酸是否可用酚酞作指示剂？

(4) 实验中所用的锥形瓶是否要烘干？

实验实训七

NaOH 标准溶液的配制与标定

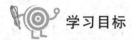 学习目标

> 1. 掌握 NaOH 标准溶液的配制、标定及保存方法;
> 2. 掌握用邻苯二甲酸氢钾标定氢氧化钠溶液的原理和方法;
> 3. 掌握天平、容量器皿(滴定管、移液管、容量瓶等)的操作技能。

一、仪器和试剂

1. 仪器

台秤,分析天平,称量瓶,滴定管,容量瓶,移液管,锥形瓶,烧杯,量筒,洗耳球,试剂瓶等。

2. 试剂

固体 NaOH,邻苯二甲酸氢钾($KHC_8H_4O_4$,AR),酚酞指示剂(0.2%),蒸馏水等。

二、基本原理

由于 NaOH 固体易吸收空气中的 CO_2 和水分,故只能选用标定法(间接法)来配制其标准溶液,即先配成近似浓度的溶液,再用基准物质或已知准确浓度的酸溶液标定其准确浓度。

标定 NaOH 常用的基准物有草酸($H_2C_2O_4 \cdot 2H_2O$)、邻苯二甲酸氢钾($KHC_8H_4O_4$),也可以用标准 HCl 溶液进行标定。

以草酸标定氢氧化钠溶液,反应为:

$$H_2C_2O_4 + 2NaOH = Na_2C_2O_4 + 2H_2O$$

滴定反应的 pH 突跃范围为 7.7~10.0,可以用酚酞作指示剂。

待标定的 NaOH 溶液的浓度(mol·L^{-1}),用下式计算。

$$c_{NaOH} = \frac{2 \times \frac{m}{M} \times 1000}{V_{NaOH}}$$

式中:m 为草酸的质量,g;M 为草酸的摩尔质量,g·mol^{-1};V_{NaOH} 为消耗的 NaOH 溶液体积,mL。

以邻苯二甲酸氢钾标定氢氧化钠溶液,反应为:

$$KHC_8H_4O_4 + NaOH = KNaC_8H_4O_4 + H_2O$$

滴定产物为 $KNaC_8H_4O_4$,溶液呈碱性,也可用酚酞作指示剂。

NaOH 溶液的浓度(mol·L^{-1}),用下式计算。

$$c_{NaOH} = \frac{\frac{m}{M} \times 1000}{V_{NaOH}}$$

式中:m 为邻苯二甲酸氢钾质量,g;M 为邻苯二甲酸氢钾的摩尔质量,g·mol^{-1};V_{NaOH} 为消耗的 NaOH 溶液体积,mL。

标准溶液的浓度要保留 4 位有效数字。

三、实训内容及操作

1. 0.1 mol·L^{-1} NaOH 溶液的配制

用台秤称取固体 NaOH 2 g,置于 250 mL 烧杯中,加入蒸馏水使之溶解,稍冷却后转入试剂瓶中,加水稀释至 500 mL,用橡皮塞塞好瓶口,充分摇匀,贴好标签。

2. $KHC_8H_4O_4$ 溶液的配制

用递减称样法称取 $KHC_8H_4O_4$ 三份,每份质量 0.4～0.6 g,精确至 0.0001 g。分别置于三个已编号的 250 mL 锥形瓶中,各加 50 mL 不含二氧化碳的热水使之溶解,冷却备用。

3. 0.1 mol·L^{-1} NaOH 溶液的标定

在上述 $KHC_8H_4O_4$ 溶液中,分别加酚酞指示剂 2～3 滴,用欲标定的 0.1 mol·L^{-1} NaOH 溶液滴定,直至溶液由无色转为红色,30 s 不褪,即为终点。

注:如果经较长时间终点微红色慢慢褪去,那是由于溶液吸收了空气中的 CO_2 生成 H_2CO_3。

4. 计算 c_{NaOH} 及标定的精密度

邻苯二甲酸氢钾($KHC_8H_4O_4$)标定 NaOH

编号	1	2	3
m(邻苯二甲酸氢钾)/g			
V_{NaOH}(最终读数)/mL			
V_{NaOH}(起始读数)/mL			

续表

编号	1	2	3
V_{NaOH}(消耗)/mL			
c_{NaOH}/(mol·L^{-1})			
平均值/(mol·L^{-1})			
相对偏差			
相对平均偏差			

四、问题讨论

（1）为什么配制 NaOH 溶液时用台秤称量，而称取 $KHC_8H_4O_4$ 时用分析天平？

（2）装基准物的锥形瓶，其内壁是否必须干燥？溶解基准物所用水的体积是否需要准确？为什么？

（3）用邻苯二甲酸氢钾标定 NaOH 溶液时，为什么用酚酞而不用甲基橙作指示剂？

（4）根据标定结果，试分析本次标定可能引入的个人操作误差。

实验实训八

EDTA标准溶液的配制、标定与水硬度的测定

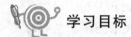
学习目标

1. 掌握配制和标定 EDTA 标准溶液的原理及操作方法;
2. 掌握用配位滴定法测定水的硬度的原理和方法;
3. 了解水硬度的表示方法,学会水硬度的计算方法。

一、仪器和试剂

1. 仪器

台秤,分析天平,滴定管,容量瓶,移液管,锥形瓶,烧杯,量筒,洗耳球等。

2. 试剂与实验用品

固体 $CaCO_3$(AR),EDTA 二钠盐(AR),盐酸(浓),盐酸(1:2),盐酸($6\ mol \cdot L^{-1}$),KOH 溶液($2\ mol \cdot L^{-1}$),NaOH 溶液($4\ mol \cdot L^{-1}$),氨水(1:1),NH_3-NH_4Cl 缓冲溶液(pH=10),铬黑T,钙指示剂(钙指示剂与固体 NaCl 以 1:100 混合),水样(自来水),蒸馏水等。

其他用品:刚果红试纸。

二、基本原理

1. EDTA 标准溶液的配制和标定

(1) 乙二胺四乙酸(简称 EDTA),难溶于水,常温下溶解度为 $0.2\ g \cdot L^{-1}$,(约0.0007 $mol \cdot L^{-1}$),在分析中通常使用其二钠盐配制标准溶液,乙二胺四乙酸二钠盐的溶解度为 $120\ g \cdot L^{-1}$,可配成 $0.3\ mol \cdot L^{-1}$ 以上的溶液,其标准溶液常采用间接法配制。

(2) 标定 EDTA 常用的基准物有 Zn、ZnO、$CaCO_3$、Bi、Cu、$MgSO_4 \cdot 7H_2O$、Pb 等,通

常选用其中与被测物组分相同的物质作基准物,这样滴定条件一致,可减小误差。因本实验要测量水的硬度,故选用碳酸钙作基准物。

(3) EDTA 为配位性较强的配位剂,几乎能跟所有的阳离子进行 1∶1 配位,其应用相当广泛。

(4) 变色原理:钙指示剂(H_3In 表示)水中存在如下平衡:

$$H_3In \Longleftrightarrow 2H^+ + HIn^{2-}$$

在 pH≥12 时,HIn^{2-} 与 Ca^{2+} 形成比较稳定的配离子,其反应式:

$$HIn^{2-} + Ca^{2+} \Longleftrightarrow CaIn^- + H^+$$
纯蓝色　　　　　　　　　　酒红色

所以,在含 Ca^{2+} 的溶液中加入钙指示剂时,溶液呈酒红色。当用 EDTA 溶液滴定时,由于 EDTA 能与 Ca^{2+} 形成比 $CaIn^-$ 更稳定的配离子,因此在滴定终点附近,$CaIn^-$ 不断转化为较稳定的 CaY^{2-},使钙指示剂游离出来,溶液变为蓝色。滴定反应为:

$$CaIn^- + H_2Y^{2-} + OH^- \Longleftrightarrow CaY^{2-} + HIn^{2-} + H_2O$$
酒红色　　　　　　　　　无色　　　纯蓝色

(5) 用此法测定钙时,若有 Mg^{2+} 共存(pH≥12 时,$Mg^{2+} \longrightarrow Mg(OH)_2\downarrow$),则 Mg^{2+} 不仅不干扰测定,而且使终点变化比 Ca^{2+} 单独存在时更敏锐(当 Ca^{2+}、Mg^{2+} 共存时,终点由酒红色到纯蓝色,当 Ca^{2+} 单独存在时,则由酒红色→紫红色,所以标定时常常加入少量 Mg^{2+})。

2. 水硬度的表示及测定

(1) 水的硬度大小是以 Ca、Mg 总量折算成 CaO 的量来衡量的,各国采用的硬度单位有所不同。我国目前常用的表示方法,以度(°)计,即 1 L 水中含有 10 mg CaO 称为 1°。有时也以质量浓度($mg \cdot L^{-1}$)表示。

硬水和软水尚无明确的界线,硬度小于 5.6°的水,一般可称为软水。生活饮用水要求硬度小于 25°;工业用水则要求为软水,否则易在容器、管道表面形成水垢,造成危害。

(2) 水硬度的测定主要用 EDTA 滴定法。在 pH≈10 的氨性缓冲溶液中,用铬黑 T 作指示剂进行滴定,溶液由酒红色变成纯蓝色即为终点。滴定时,Fe^{3+}、Al^{3+} 等干扰离子可用三乙醇胺及酒石酸钾钠掩蔽,少量 Cu^{2+}、Pb^{2+}、Zn^{2+} 等则可用 KCN、Na_2S 或巯基乙酸等掩蔽。

三、实训内容及操作

1. EDTA 标准溶液的配制和标定

(1) $0.02\ mol \cdot L^{-1}$ EDTA 标准溶液的配制　称取分析纯 $Na_2H_2Y \cdot 2H_2O$ 3.7 g,溶于 300 mL 水中,加热溶解,冷却后转移至试剂瓶中,稀释至 500 mL,充分摇匀,待标定。

(2) EDTA 标准溶液的标定　采用 $CaCO_3$ 溶液标定法。

① Ca^{2+} 标准溶液的配制　将基准物 $CaCO_3$ 在 105 ℃下烘 2 h,冷却至室温。准确称取 0.5000 g $CaCO_3$,放入 100 mL 烧杯中,盖上表面皿,加入少量水润湿,然后滴加盐酸(1∶2,控制速度防止飞溅)使 $CaCO_3$ 全部溶解。以少量水冲洗表面皿,定量转移至

250 mL 容量瓶中,用水稀释至刻度,摇匀,即得到 0.0200 mol·L^{-1}Ca^{2+}标准溶液。

② 标定 EDTA 溶液　用移液管准确移取 25.00 mL Ca^{2+} 标准溶液于 250 mL 锥形瓶中,加约 20 mL 蒸馏水,再加入少量钙指示剂,滴加 KOH 溶液(大约 20 滴)至溶液呈现稳定的紫红色,然后用待标定的 EDTA 溶液滴定至溶液由紫红色变成纯蓝色。记下所消耗的 EDTA 溶液的体积 V_{EDTA}。平行做三次。

EDTA 溶液的标定

序号	CaCO$_3$质量/g	V_{EDTA}/mL	c_{EDTA}/(mol·L^{-1})	平均值	RSD
1					
2					
3					

根据所耗 EDTA 溶液的体积和标准溶液中 CaCO$_3$ 质量,计算出 EDTA 溶液的准确浓度。EDTA 标准溶液浓度的计算式如下:

$$c_{EDTA} = \frac{m_{CaCO_3} \times \frac{25.00}{250.0}}{100.09 \times V_{EDTA}} \times 1000$$

式中:c_{EDTA} 为 EDTA 溶液的浓度,mol·L^{-1};V_{EDTA} 为消耗 EDTA 溶液的体积,mL;m_{CaCO_3} 为 CaCO$_3$ 的总质量(0.5000 g);100.09 为 CaCO$_3$ 的摩尔质量,g·mol^{-1}。

2. 水硬度的测定

(1) 总硬度的测定　用 50 mL 移液管吸取水样 50.00 mL,置于 250 mL 锥形瓶中,加入 pH=10 的 NH$_3$-NH$_4$Cl 缓冲溶液 5 mL,铬黑 T 2~3 滴,用上面已标定的 EDTA 标准溶液,滴定至溶液由酒红色变成纯蓝色为终点,记下所用 EDTA 标准溶液的体积 V_1。

(2) 钙硬度的测定　用 100 mL 移液管吸取水样 100.00 mL 置于 250 mL 锥形瓶中。加入 6 mol·L^{-1} 盐酸酸化,至刚果红试纸(pH=3~5 颜色由蓝变红)变蓝紫色为止。煮沸 2~3 min,冷却至 40~50 ℃,加入 4 mol·L^{-1}NaOH 溶液 4 mL,再加少量钙指示剂,以 EDTA 标准溶液滴定至溶液由红色变成蓝色为终点,记下所用的体积 V_2。

水总硬度的测定

序号	$V_{水样}$/mL	V_{EDTA}/mL	水的总硬度/(mg·L^{-1})	平均值	RSD
1					
2					
3					

根据所耗 EDTA 标准溶液的体积 V_1 和水样的体积 V(50.00 mL),计算出水的总硬度。计算公式如下:

$$\rho_{总}(CaCO_3)(mg \cdot L^{-1}) = \frac{c(EDTA) \times V_1 \times M(CaCO_3)}{V} \times 1000$$

$$水的总硬度(°) = \frac{c(EDTA) \times V_1 \times M(CaO)}{V \times 10} \times 1000$$

水的钙硬度的测定

序号	$V_{水样}$/mL	V_{EDTA}/mL	水的钙硬度/(mg·L^{-1})	平均值	RSD
1					
2					
3					

根据所耗 EDTA 标准溶液的体积 V_2 和水样的体积 V（100.00 mL），计算出水的钙硬度。计算公式如下：

$$\rho_{钙}(CaCO_3)(mg·L^{-1}) = \frac{c(EDTA) \times V_2 \times M(CaCO_3)}{V} \times 1000$$

式中：$c(EDTA)$ 为 EDTA 标准溶液浓度，mol·L^{-1}；V_1 为测总硬度时消耗 EDTA 标准溶液的体积，mL；V_2 为测定钙硬度时消耗 EDTA 标准溶液的体积，mL；V 为所取水样体积，mL；$M(CaCO_3)$ 为 $CaCO_3$ 的摩尔质量，g·mol^{-1}；$M(CaO)$ 为 CaO 的摩尔质量，g·mol^{-1}；$\rho_{总}(CaCO_3)$ 为以 $CaCO_3$ 的质量浓度计水的总硬度，mg·L^{-1}；$\rho_{钙}(CaCO_3)$ 为以 $CaCO_3$ 的质量浓度计水的钙硬度，mg·L^{-1}。

四、问题讨论

（1）配制 EDTA 标准溶液通常使用乙二胺四乙酸二钠，而不使用乙二胺四乙酸，为什么？

（2）称量 $Na_2H_2Y·2H_2O$ 时是否要精确到小数点后第 4 位？为什么？

（3）单独测定 Ca^{2+} 时能否用铬黑 T 为指示剂？Mg^{2+} 的存在是否干扰测定？若在铬黑 T 指示剂中加入一定量 MgY，对滴定终点有何影响？说明反应原理。

（4）水的硬度的单位有哪几种表示方法？

（5）根据本实验分析结果，评价该水样的水质。

实验实训九

果蔬中维生素C的测定

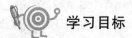
学习目标

> 1. 了解测定维生素 C 的原理与方法；
> 2. 掌握微量滴定法的操作技术,能利用微量滴定法测定水果或蔬菜中维生素 C 的含量。

一、仪器和试剂

1. 仪器

研钵(匀浆机),锥形瓶(100 mL、50 mL),天平,容量瓶(50 mL),量筒,移液管,微量滴定管,漏斗等。

2. 试剂

2%草酸溶液(草酸 2 g 溶于 100 mL 蒸馏水中),1% 草酸溶液(草酸 1 g 溶于 100 mL 蒸馏水中),2,6-二氯酚靛酚溶液,标准维生素 C 溶液,蒸馏水等。

其他用品:纱布,新鲜蔬菜或新鲜水果,滤纸等。

二、基本原理

维生素 C 是人类营养物质中重要的维生素之一,人体缺乏维生素 C 会导致坏血病,因此其又称为抗坏血酸(ascorbic acid)。它对物质代谢的调节具有重要的作用。近年来,发现维生素 C 还能增强机体对肿瘤的抵抗力,并具有化学致癌物的阻断作用。

维生素 C 是具有 L 系糖型的不饱和多羟基物,属于水溶性维生素。它分布很广,植物的绿色部分及在许多水果(如橘子、苹果、草莓、山楂等)、蔬菜(黄瓜、洋白菜、西红柿等)中的含量极为丰富。维生素 C 具有很强的还原性,可分为还原型和脱氢型。金属铜和酶

(抗坏血酸氧化酶)可以催化维生素 C 氧化为脱氢型。还原型抗坏血酸能还原染料 2,6-二氯酚靛酚(DCPIP),本身则氧化为脱氢型。在酸性溶液中,2,6-二氯酚靛酚呈红色,还原后变为无色。

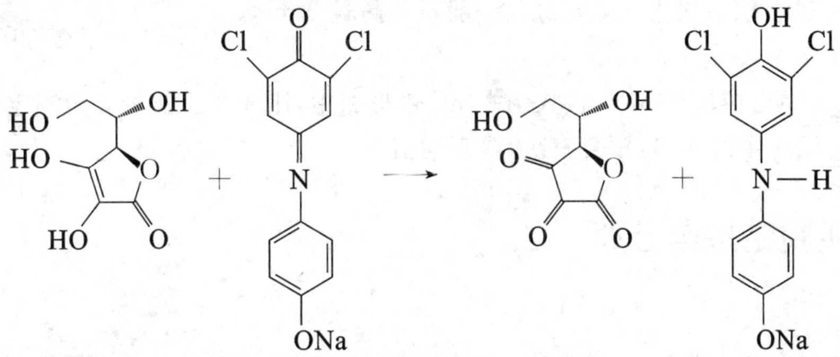

  抗坏血酸   染料(红色)   脱氢抗坏血酸   染料(无色)

因此,当用此染料滴定含有维生素 C 的酸性溶液时,维生素 C 尚未全部被氧化前,染料立即被还原成无色。一旦溶液中的维生素 C 被全部氧化,则溶液立即变成粉红色。所以,当溶液从无色变成微红色时即表示维生素 C 刚刚全部被氧化,此时即为滴定终点。在无其他杂质干扰时,可以依据标准 2,6-二氯酚靛酚的消耗量求出维生素 C 的含量。

本法用于测定还原型抗坏血酸。总抗坏血酸的量则常用 2,4-二硝基苯肼法和荧光分光光度法测定。

三、实训内容与操作

1. 标准维生素 C 溶液(0.1 mg/mL)的配制

准确称取 10.00 mg 纯抗坏血酸(应为洁白色,如变为黄色则不能用)溶于 1% 草酸溶液中,并稀释至 100 mL,保存于棕色瓶中。

2. 0.01% 2,6-二氯酚靛酚溶液的配制

称取 25 mg 2,6-二氯酚靛酚溶于 150 mL 含有 52 mg 碳酸氢钠的热水中,冷却后加水稀释至 250 mL,滤去不溶物,保存于棕色瓶中,并以标准抗坏血酸溶液标定。

3. 样品液提取

将新鲜蔬菜或水果用水洗净,用纱布或吸水纸吸去表面水分。称取新鲜样品约 10 g,置于研钵中,加入 10 mL 2% 草酸溶液研成匀浆,残渣再次研磨成浆状,四层纱布过滤,滤液备用。纱布可用少量 2% 草酸洗几次,合并滤液并转入 50 mL 容量瓶中,用 2% 草酸溶液定容,此为样品液。

4. 标准维生素 C 溶液的滴定

准确吸取标准维生素 C 溶液 1.0 mL 至 100 mL 锥形瓶中,加入 9 mL 1% 草酸溶液,立即用 2,6-二氯酚靛酚溶液滴定至溶液呈粉红色,15 s 内不褪色为终点,记录染料消耗体积,重复三次,取平均值。由所用染料的体积计算出 1 mL 染料相当于多少毫克抗坏血酸。

5. 样品液的滴定

准确吸取滤液三份,每份 15.0 mL,分别放入 3 个 100 mL 锥形瓶内,立即用 2,6-二氯酚靛酚溶液滴定至溶液呈粉红色,15 s 内不褪色为终点,记录每次所用染料液的体积(V_A),重复三次,取平均值。滴定过程一般不要超过 2 min。

6. 空白对照测试

吸取 2% 草酸溶液 15 mL,放入 100 mL 锥形瓶中,用 2,6-二氯酚靛酚滴定至终点,记录滴定液消耗的体积(V_B),重复三次,取平均值。

四、实验结果与分析

1. 数据记录

项目	平行滴定			平均值
	1	2	3	
滴定标准维生素 C 溶液所消耗的染料体积/mL				
滴定试样溶液所消耗的染料体积/mL				
滴定空白所消耗的染料体积/mL				

2. 计算试样中维生素 C 的含量

计算公式:

$$100 \text{ g 样品中维生素 C 含量(mg)} = \frac{(V_A - V_B) \times V \times T \times 100}{D \times W}$$

式中:V_A 为滴定样品液所耗用的染料的平均体积,mL;V_B 为滴定空白液所耗用的染料的平均体积,mL;T 为 1 mL 染料相当于维生素 C 的质量(由标准维生素 C 液的滴定计算),mg;W 为样品总质量,g;V 为样品提取液的总体积,mL;D 为滴定时所取的样品液的体积,mL。

3. 注意事项

(1) 某些水果、蔬菜(如橘子、西红柿)浆状物泡沫太多,可加数滴丁醇或辛醇消除。

(2) 整个操作过程要迅速,防止还原型抗坏血酸被氧化。滴定过程一般不超过 2 min。滴定所用的染料不应少于 1 mL 或多于 4 mL,如果样品含维生素 C 太高或太低时酌情增减样品液用量。

(3) 本实验必须在酸性条件下进行。在此条件下干扰物质反应进行得很慢。

(4) 2% 草酸有抑制抗坏血酸氧化酶的作用,而 1% 草酸无此作用。

五、问题讨论

(1) 维生素 C 理化性质最重要的是哪一点?

(2) 为了准确测定维生素 C 的含量,实验过程中应注意哪些操作步骤?为什么?

实验实训十

醇和酚的性质及鉴别

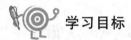 学习目标

1. 熟悉醇和酚的基本性质；
2. 学会卢卡斯试剂的配制；
3. 理解鉴别醇和酚的原理，掌握正确鉴别醇和酚的方法。

一、仪器与试剂

1. 仪器

酒精灯，试管，软木塞，玻璃棒等。

2. 试剂

苯，金属钠，浓 HCl，10% HCl，10% NaOH，5% NaOH，5% Na_2CO_3，无水 $ZnCl_2$，1% $FeCl_3$，1% KI，饱和溴水，5% $CuSO_4$，5% $K_2Cr_2O_7$，6 mol·L^{-1} H_2SO_4，酚酞溶液，乙醇，正丁醇，仲丁醇，叔丁醇，乙二醇，丙三醇，苯酚，间苯二酚，对苯二酚等。

二、基本原理

醇的官能团是羟基(—OH)，它由氢、氧两种元素组成，氧原子的电负性较大，醇分子中的 C—O 键和 O—H 键都有明显的极性，而键的极性有利于异裂反应的发生。所以，醇的 C—O 键和 O—H 键都比较活泼，多数反应都发生在这两个部位。另外，由于诱导效应，与羟基邻近的碳原子上的氢也参与某些反应，即

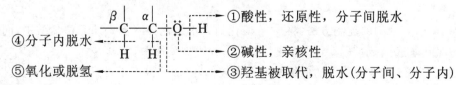

酚羟基和苯环间存在着 p-π 共轭，使得整个分子中电子云密度平均化，氧的电子向苯环转移，增加了 O—H 键的极性，酚羟基的氢原子较醇羟基中的氢原子活泼，易于电离成氢离子，同时由于苯环上的电子云密度相对增大，特别是羟基的邻位和对位碳上增加较多，增强了反应活性，有利于亲电取代与氧化反应发生。

结构不同的醇及酚由于性质上的差别，有其鉴别的特征反应。

三、实训内容与操作

1. 醇的性质及鉴别

（1）醇与金属钠作用　取 2 支干燥的试管，分别加入 1 mL 无水乙醇和正丁醇，投入 1 小粒钠（绿豆大小），观察现象。待金属钠完全消失后，向试管中加入 2 mL 水，然后滴入 1~2 滴酚酞溶液，观察现象，说明原因。

（2）卢卡斯(Lucas)试验[1]　取 3 支干燥试管，分别加入 1 mL 正丁醇、仲丁醇和叔丁醇，然后各加入 5 mL 卢卡斯试剂，用软木塞塞住试管并振荡，置于 26~27 ℃ 水浴中温热数分钟[2]，静置，观察现象，记下混合液体变混浊和出现分层所需的时间。

（3）醇的氧化　在 3 支试管中各加入 5 滴 5% $K_2Cr_2O_7$ 溶液和 2 滴 6 mol·L^{-1} H_2SO_4，然后在各试管里分别加入 5 滴正丁醇、仲丁醇和叔丁醇，振荡试管，观察溶液颜色是否改变及反应快慢。

（4）多元醇与氢氧化铜作用[3]　取 2 支试管，各加入 3 滴 5% 硫酸铜溶液和 6 滴 5% 氢氧化钠溶液，然后分别加入 5 滴 10% 乙二醇、5 滴 10% 丙三醇，振荡试管，观察现象并记录。最后再各加入 1 滴浓盐酸，观察并记录所发生的变化。

2. 酚的性质及鉴别

（1）酚的溶解性和弱酸性　将 0.3 g 苯酚放在试管中，加入 3 mL 水，振荡试管后观察是否溶解。用玻璃棒蘸取溶液，以广泛 pH 试纸检验酸碱性。加热试管，可见苯酚全部溶解。将溶液分装在 2 支试管中，冷却后 2 支试管均出现混浊。向其中一支试管加入几滴 5% 氢氧化钠溶液，观察现象；再加入 10% 盐酸，又有何变化？在另一支试管中加入 5% 碳酸氢钠溶液，观察混浊是否消失[4]。

（2）与氯化铁溶液作用　在 3 支试管中分别加入 0.5 mL 1% 苯酚、间苯二酚、对苯二酚溶液，再各加入 1~2 滴 1% 氯化铁水溶液，观察并记录各试管中显示的颜色。

（3）与溴水反应　将 2 滴苯酚饱和水溶液加入试管中，再用 2 mL 水稀释，然后逐滴滴入饱和溴水，有白色沉淀生成[5]。

如继续滴加饱和溴水至沉淀由白色变为淡黄色，再将试管内混合物煮沸 1~2 min，以除去过量的溴，静置冷却。滴加几滴 1% 碘化钾溶液和 1 mL 苯，用力振荡试管，沉淀溶于苯中，析出的碘使苯层呈紫色[6]。记录观察到的现象，并解释之。

注释：

[1] 卢卡斯试剂的配制方法：将 34 g 熔化的无水氯化锌溶于 23 mL 浓盐酸中，同时冷却以防氯化氢逸出，约得 35 mL 溶液，放冷后，存于玻璃瓶中，塞紧。

[2] 因含 3~6 个碳原子的低级醇的沸点较低，故加热温度不可过高，以免挥发。

[3]邻二醇具有较弱的酸性,尚不能用一般的指示剂检出,但能与新制的氢氧化铜生成绛蓝色的配合物,后者在碱性溶液中比较稳定,遇酸即分解为原来的醇和铜盐。

[4]苯酚可溶于氢氧化钠溶液和碳酸钠溶液,因碳酸钠水解生成氢氧化钠,后者与苯酚反应,形成可溶于水的苯酚钠:

$$Na_2CO_3 + H_2O \longrightarrow NaOH + NaHCO_3$$

苯酚不与碳酸氢钠作用,也不溶于碳酸氢钠溶液中。

[5]白色沉淀是2,4,6-三溴苯酚。

[6]2,4,6-三溴苯酚被过量的溴水氧化,生成黄色的2,4,4,6-四溴环己二烯酮,后者被氢碘酸还原为2,4,6-三溴苯酚,同时释出碘,碘又溶于苯而呈紫色。

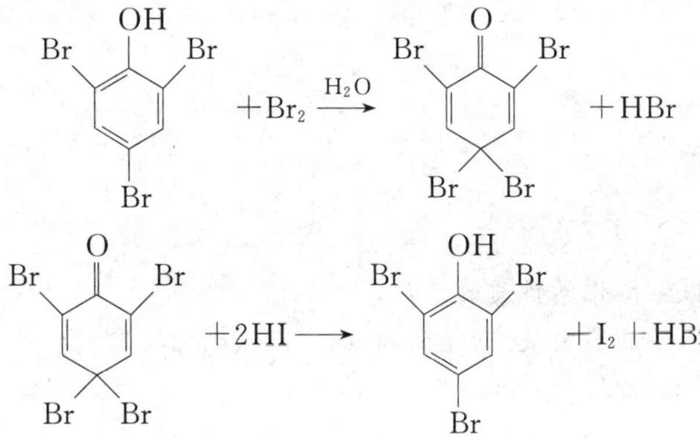

四、实验现象、结果与分析

实验项目	实验内容	实验现象	注释或结论
醇的性质及鉴别			
酚的性质及鉴别			

五、问题讨论

(1) 为什么伯醇和仲醇与卢卡斯试剂反应后,溶液先混浊后分层?

(2) 如何鉴别醇和酚?

(3) 具有什么结构的化合物能与氯化铁溶液发生显色反应?试举三例。

(4) 为什么苯酚比苯和甲苯容易进行溴代反应?

(5) 为什么苯酚溶于碳酸钠溶液而不溶于碳酸氢钠溶液?

(6) 如何鉴别1,2-丁二醇和1,3-丁二醇?

实验实训十一

醛和酮的性质及鉴别

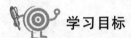 学习目标

1. 加深对醛、酮化学性质的认识；
2. 掌握醛、酮的鉴定反应，能正确地进行醛、酮的鉴定。

一、仪器与试剂

1. 仪器

酒精灯，试管，烧杯，滴管，试管夹，锥形瓶，布氏漏斗，抽滤瓶，水浴装置。

2. 试剂

正丁醛，苯甲醛，丙酮，苯乙酮，甲醛，乙醛，无水乙醇，正丁醇。2,4-二硝基苯肼，95%乙醇，浓硫酸，5%NaOH，10%NaOH，2%氨水，亚硫酸氢钠，2%$AgNO_3$，硫酸铜，酒石酸钾钠，碘-碘化钾溶液，费林溶液Ⅰ，费林溶液Ⅱ等。

其他用品：pH试纸。

二、基本原理

醛、酮中的羰基由于 π 键的极化，使得氧原子带部分负电荷，碳原子带部分正电荷。氧原子可以形成比较稳定的氧负离子，较带正电荷的碳原子稳定得多，因此反应中心是羰基中带正电荷的碳。羰基易与亲核试剂进行加成反应（亲核加成反应）；此外，受羰基的影响，与羰基直接相连的 α-碳原子上的氢原子（α-H）也较活泼，能发生一系列反应。醛、酮有比较明显的特征反应。

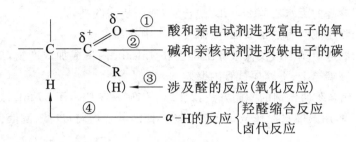

醛、酮可以与 HCN、$NaHSO_3$、R—OH、格氏试剂、氨的衍生物等发生加成反应,与卤素发生卤仿反应等。

由于醛的羰基上连有氢,而有别于酮,使得醛、酮性质上又有差别。例如,醛可被弱氧化剂托伦试剂、费林试剂氧化等,这种性质常用于醛、酮的鉴别。

三、实训内容与操作

1. 亲核加成反应

(1) 与饱和亚硫酸氢钠溶液加成　取 4 支干燥试管,各加入 2 mL 新配制的饱和亚硫酸氢钠溶液[1],然后分别滴加 8~10 滴正丁醛、苯甲醛、丙酮、苯乙酮,用力振荡,使其混合均匀,将试管置于冰水浴中冷却[2],观察有无沉淀析出[3]。记录沉淀析出所需的时间。

(2) 与 2,4-二硝基苯肼的加成反应　取 4 支试管,各加入 2 mL 2,4-二硝基苯肼试剂[4],分别滴加 2~3 滴正丁醛、苯甲醛、丙酮、苯乙酮,用力振荡,使之混合均匀,观察有无沉淀析出。如无,静置数分钟后观察;再无,可微热 30 s 后再振荡,冷却后再观察[5]。

2. α-氢原子的反应——碘仿反应

取 5 支试管,各加入 1 mL 碘-碘化钾溶液[6],并分别加入 5 滴 40% 乙醛水溶液、丙酮、乙醇、正丁醇、苯乙酮。然后一边滴加 10% 氢氧化钠溶液,一边振荡试管,直到碘的颜色接近消失,溶液呈微黄色为止[7],观察有无黄色沉淀。如无沉淀,可在 60 ℃ 水浴中温热 2~3 min,冷却后观察。比较各试管所得结果。

3. 与弱氧化剂反应

(1) 托伦(Tollens)试验(银镜反应)　在洁净的试管中,加入 4 mL 2% 硝酸银溶液和 2 滴 5% 氢氧化钠溶液,然后一边滴加 2% 氨水,一边振荡试管,直到生成的棕色氧化银沉淀刚好溶解为止[8],此即托伦试剂[9]。

将此溶液平均分置于 4 支干净试管[10]中,分别加入 3~4 滴甲醛、乙醛、丙酮、苯甲醛,振荡均匀,静置后观察。如无变化,可在 40~50 ℃ 水浴中温热[11],有银镜生成,表明是醛类化合物。

(2) 与费林(Fehling)试剂[12]反应　将费林溶液Ⅰ和费林溶液Ⅱ各 4 mL 加入大试管中,混合均匀,然后平均分装到 4 支小试管中,分别加入 10 滴甲醛、乙醛、丙酮和苯甲醛。振荡混匀,置于沸水浴中,加热 3~5 min,注意观察颜色变化及有无红色沉淀析出[13]。

注释:

[1] 必须使用新配制的饱和亚硫酸氢钠溶液,方法如下:在 100 mL 40% 亚硫酸氢钠

溶液中,加入不含醛的无水乙醇 25 mL,混合后,滤去析出的晶体。

[2]加成产物生成时有热量放出,故需在冰水中冷却。

[3]醛和脂肪族甲基酮以及低级环酮都会在 15 min 内生成加成产物,如冷却后没有晶体析出,可用玻璃棒上、下摩擦试管内壁。

[4]2,4-二硝基苯肼试剂的配制方法:2 g 2,4-二硝基苯肼溶于 15 mL 浓硫酸中,加入 150 mL 95%乙醇,用蒸馏水稀释至 500 mL,搅拌使之混合均匀,过滤,滤液保存在棕色试剂瓶中备用。

[5]某些易被氧化成醛或酮以及容易水解成醛的化合物,例如缩醛,也能与 2,4-二硝基苯肼反应。

[6]碘-碘化钾溶液的配制方法:25 g 碘化钾溶于 100 mL 蒸馏水中,再加入 12.5 g 碘,搅拌使碘溶解。碘化钾能增加碘在水中的溶解度。

[7]如氢氧化钠溶液过量,则加热时生成的碘仿会发生水解而使沉淀消失:

$$CHI_3 + 4NaOH \longrightarrow HCOONa + 3NaI + 2H_2O$$

[8]过量的氨水会降低试验方法的灵敏度。

[9]托伦试剂久置会析出黑色氮化银沉淀,它在振荡时容易分解而发生猛烈爆炸,有时甚至潮湿的氮化银也能引起爆炸,故必须现用现配。试验完毕,应向试管中加入少量硝酸,加热,洗去银镜。

[10]银镜反应所用的试管必须十分洁净,可以用热的铬酸洗液或硝酸洗涤,再用蒸馏水冲洗干净。如果试管不洁净或反应进行得太快,就不能生成银镜,而是析出黑色的银沉淀。

[11]不宜温热过久,更不能放在灯焰上加热。用苯甲醛做银镜反应时,稍多加半滴氢氧化钠溶液,将会有利于银镜生成。

[12]费林试剂的配制方法:

费林溶液Ⅰ:将 34.6 g 硫酸铜晶体($CuSO_4 \cdot 5H_2O$)溶于 500 mL 蒸馏水中,加入 0.5 mL 浓硫酸,混合均匀。

费林溶液Ⅱ:将 173 g 酒石酸钾钠晶体($KNaC_4H_4O_6 \cdot 4H_2O$)和 70 g 氢氧化钠溶于 500 mL 蒸馏水中。

将这两种溶液分别保存,使用时两溶液等体积混合便是费林试剂。它是铜离子与酒石酸盐形成的配合物的溶液,呈深蓝色。由于此配合物溶液不稳定,必须临用时配制。

[13]费林试剂只与脂肪醛反应,故可区别脂肪醛与芳香醛。甲醛被费林试剂氧化成甲酸后,仍有还原性,使氧化亚铜继续还原为金属铜,呈暗红色粉末或成铜镜析出。

四、实验现象、结果与分析

实验项目	实验内容	实验现象	注释或结论
亲核加成反应			

续表

实验项目	实验内容	实验现象	注释或结论
碘仿反应			
氧化反应			

五、问题讨论

（1）醛、酮与亚硫酸氢钠加成反应中，为什么一定要使用饱和亚硫酸氢钠溶液，而且必须新配？

（2）怎样用化学方法区别醛和酮、芳香醛与脂肪醛？

（3）什么结构的化合物能发生碘仿反应？鉴定时为什么不用溴仿和氯仿反应？

（4）配制碘溶液时为什么要加入碘化钾？

（5）银镜反应使用的试管为什么一定要洁净？如何使试管洗涤干净符合要求？

（6）如何鉴别下列化合物？

环己烷，环己烯，苯甲醛，丙酮，正丁醛，异丙醇。

实验实训十二

茶叶中咖啡因的提取与纯化

 学习目标

1. 了解咖啡因的一般性质，熟悉从茶叶中提取咖啡因的原理和方法；
2. 掌握索氏提取器的安装与操作方法，学会萃取、蒸馏、升华等基本操作。

一、仪器和试剂

1. 仪器

索氏提取器，烧瓶，冷凝管，台秤，玻璃漏斗，烧杯（250 mL），量筒（100 mL），表面皿等。

2. 试剂

生石灰粉，乙醇等。

其他用品：绿茶叶末。

二、基本原理

咖啡因（$C_8H_{10}N_4O_2$）又叫咖啡碱，是一种生物碱，存在于茶叶、咖啡、可可等植物中。例如，茶叶中含有1%~5%的咖啡因，同时还含有单宁酸、色素、纤维素等物质。咖啡因是弱碱性化合物，可溶于氯仿、丙醇、乙醇和热水，难溶于乙醚和苯（冷）。但因氯仿和苯都有一定的毒性，所以一般不用氯仿和苯作为萃取剂。咖啡因纯品熔点为235~236 ℃，含结晶水的咖啡因为无色针状晶体，在100 ℃时失去结晶水，并开始升华，120 ℃时显著升华，178 ℃时迅速升华。利用这一性质可纯化咖啡因。

咖啡因(1,3,7-三甲基-2,6-二氧嘌呤)是一种温和的兴奋剂，具有刺激心脏、兴奋中枢神经和利尿等作用，可以作为中枢神经兴奋药，它也是复方阿司匹林（APC）等药物的

组分之一。

咖啡因的结构式为：

提取咖啡因的方法有碱液提取法和索氏提取法。本实验以乙醇为溶剂，用索氏提取器提取，再经浓缩、中和、升华，得到含结晶水的咖啡因。

索氏(Soxhlet)提取装置(见图 4-12-1)分三部分：下部为圆底烧瓶，放置萃取剂；中间为提取器，放置被萃取的固体物质；上部为冷凝器。提取器上有蒸气上升管和虹吸管。

索氏提取法的基本原理是利用萃取溶剂在烧瓶中加热成蒸气，通过蒸气导管被冷凝管冷却成液体，聚集在索氏提取器(也叫脂肪提取器)中与滤纸套内固体物质接触进行萃取，当液面超过虹吸管的最高处时，与溶于其中的萃取物一起流回烧瓶。这一操作连续进行，自动地将固体中的可溶物质富集到烧瓶中，因而效率高且节约溶剂。

三、实训内容与操作

1. 咖啡因的提取

(1) 称取绿茶叶末 10 g，装入滤纸筒，轻轻压实，上口用滤纸盖好，将滤纸筒放入提取器中，在圆底烧瓶内加 100 mL 乙醇。装置如图 4-12-1 所示。

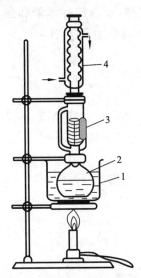

图 4-12-1　索氏提取装置
1.浴槽；2.烧瓶；3.索氏提取器；4.冷凝管

(2) 用水浴或电加热套加热烧瓶使乙醇沸腾，回流约 3 h。当提取器内溶液的颜色变得很淡时,待提取器内的溶液刚刚虹吸下去后,立即停止加热。

2. 浓缩提取液并回收溶剂

拆去水浴或电加热套,待烧瓶冷却后,关闭冷凝水,取下回流冷凝管。取出滤纸筒,再安装好回流冷凝管,水浴加热蒸馏,浓缩提取液并回收乙醇,当大部分乙醇回收后,停止加热。烧瓶中的残液即为浓缩的咖啡因。

3. 焙炒

将浓缩残液趁热倒入蒸发皿中,拌入生石灰粉 3～4 g,搅拌成浆状,在蒸汽浴上蒸干。将蒸发皿移至灯焰上焙炒片刻,除去全部水分。冷却后,擦去蒸发皿边上的粉末,以免在升华时污染产品。

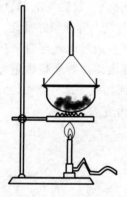

图 4-12-2　升华装置

4. 升华精制

(1) 在有粗咖啡因的蒸发皿上,放一张带有许多小孔的圆滤纸,再把玻璃漏斗盖在上面,漏斗颈部塞一小团疏松的棉花。装置如图 4-12-2 所示。

(2) 在石棉网上小心地加热蒸发皿,逐渐升高温度,使咖啡因升华(温度不能太高,否则滤纸会炭化变黑,一些有色物质也会被带出来,使产品不纯)。咖啡因通过滤纸孔到漏斗内壁,重新凝华为固体,附在漏斗内壁和滤纸上。当观察到出现大量白色针状晶体时,停止加热。

(3) 冷却蒸发皿及其漏斗到 50 ℃ 左右,揭开漏斗和滤纸,将附着在纸上及漏斗内壁上的咖啡因小心地用小刀刮下。

(4) 将蒸发皿中残渣加以搅拌,重新放好滤纸和漏斗,再加热片刻,使之完全升华。合并两次升华所收集的咖啡因,称量并计算产率。

四、问题讨论

(1) 简述索氏提取法的原理。它与一般的萃取比较有哪些优点?
(2) 进行升华操作时应注意哪些问题?
(3) 升华装置中,为什么要在蒸发皿上覆盖刺有小孔的滤纸?漏斗颈为什么塞棉花?
(4) 升华过程中,为什么必须严格控制温度?

实验实训十三

阿司匹林的制备

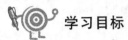
学习目标

> 1. 熟悉阿司匹林的制备原理及方法;
> 2. 掌握普通回流装置的安装与操作;
> 3. 学会重结晶、抽滤等基本操作。

一、仪器和试剂

1. 仪器

锥形瓶(150 mL),烧杯,减压过滤装置(抽滤瓶、布氏漏斗、水泵),电炉与调压器,表面皿,水浴锅,温度计,台秤等。

2. 试剂

水杨酸(C.P.),乙酸酐(C.P.),浓硫酸,盐酸(1∶2),95%乙醇,1% $FeCl_3$ 溶液,饱和碳酸氢钠溶液,冰,蒸馏水等。

二、基本原理

阿司匹林化学名称为乙酰水杨酸,是白色晶体,熔点为135 ℃,微溶于水(37 ℃时,1 g/100 g H_2O)。

早在18世纪时,人们就已从柳树中提取了水杨酸,并发现它具有解热、镇痛和消炎的作用,常用于治疗风湿病和关节炎,但其有刺激口腔及胃肠道黏膜等副作用。水杨酸是一种具有双官能团的化合物,一个是酚羟基,一个是羧基,羧基和酚羟基都可以发生酯化反应。乙酰水杨酸是在19世纪末成功合成的,作为一个有效的解热止痛、治疗感冒的药物,至今仍广泛使用。近年来,科学家还发现了它的某些新功能——具有预防心脑血管疾病的作用,因而得到高度重视。

本实验以浓硫酸为催化剂,使水杨酸与乙酸酐在 75 ℃左右发生酰化反应,制取乙酰水杨酸(阿司匹林)。

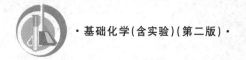

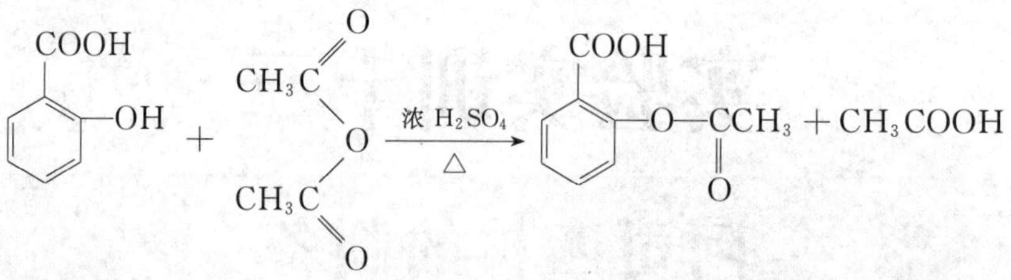

水杨酸　　　　　乙酸酐　　　　　　乙酰水杨酸(阿司匹林)　　　乙酸

水杨酸在酸性条件下受热,还可发生缩合反应,生成少量聚合物。

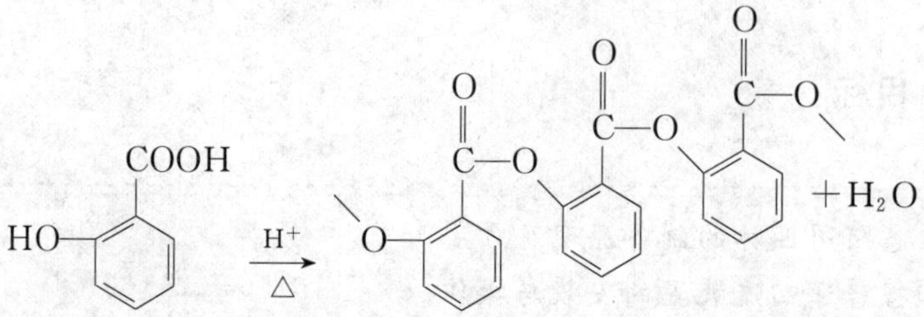

阿司匹林可与碳酸氢钠反应生成水溶性的钠盐,而作为杂质的副产物则不能与碱作用,可用碳酸氢钠溶液在进行纯化时将其分离除去。

三、实训内容与操作

1. 乙酰水杨酸的制备

在干燥的锥形瓶中加入 4 g 水杨酸和 10 mL 新蒸馏的乙酸酐,在振荡下缓慢滴加 7 滴浓硫酸,振荡反应液使水杨酸溶解。然后用水浴加热,控制水浴温度在 80～85 ℃之间,反应 20 min。反应装置如图 4-13-1 所示。

2. 结晶、抽滤

撤去水浴,趁热在锥形瓶中加入 2 mL 蒸馏水,以分解过量的乙酸酐。稍冷后,在搅拌下将反应液倒入盛有 100 mL 冷水的烧杯中,并用冰水浴冷却,放置 20 min。待晶体完全析出后用布氏漏斗抽滤(见图 4-13-2),用少量蒸馏水二次洗涤锥形瓶后,再洗涤晶体,抽干,得粗产品。

3. 初步提纯

将粗产品转移到 150 mL 烧杯中,在搅拌下慢慢加入 25 mL 饱和碳酸钠溶液,加完后继续搅拌几分钟,直到无二氧化碳气体产生为止。抽滤,副产物聚合物被滤出,用 5～10 mL 蒸馏水冲洗漏斗,合并滤液,倒入预先盛有 4～5 mL 浓盐酸和 10 mL 水的烧杯中,搅拌均匀,即有乙酰水杨酸沉淀析出。用冰水冷却,使之沉淀完全。减压过滤,用蒸馏水洗涤 2 次,抽干水分。将晶体置于表面皿上,蒸汽浴干燥(见图 4-13-3),得乙酰水杨酸粗产品,称重。

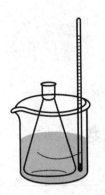

图 4-13-1 反应装置

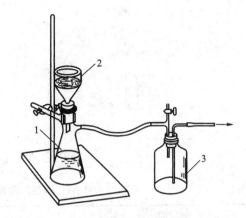

图 4-13-2 减压过滤装置
1.抽滤瓶；2.布氏漏斗；3.安全瓶

4. 重结晶

将粗产品放入 100 mL 锥形瓶中，加入 95% 乙醇和适量水（每克粗产品约需 3 mL 95% 乙醇和 5 mL 水），溶解时应在水浴上小心加热，如有不溶物出现，可用预热过的小漏斗趁热过滤。将滤液冷却至室温，即可析出晶体。如不析出晶体，可在水浴上稍加热浓缩，然后将溶液置于冰水中冷却，并用玻璃棒摩擦瓶壁。结晶后，抽滤析出的晶体，用少量蒸馏水洗涤结晶 2~3 次，抽干。

5. 计算收率

将结晶小心转移至洁净的表面皿上，蒸汽浴干燥（见图 4-13-3）或烘干后称量，并计算收率。

6. 纯度检验

取少量样品，用 95% 乙醇溶解，滴加 1% $FeCl_3$ 溶液 1~2 滴。观察颜色变化。如呈紫红色，则说明产品纯度不高。

图 4-13-3 蒸汽浴干燥法

7. 注意事项

（1）乙酸酐有毒并有较强的刺激性，取用时应注意不要与皮肤直接接触，防止吸入大量蒸气。加料时最好于通风橱内操作。

（2）反应温度不宜过高，否则将会增加副产物的生成。

（3）由于阿司匹林微溶于水，所以洗涤结晶时，用水量要少，温度要低，以减少产品损失。

（4）浓硫酸具有强腐蚀性，应避免触及皮肤或衣物。

四、问题讨论

（1）制备阿司匹林时，为什么要使用干燥的仪器？

（2）何为酰化反应？常用的酰化剂有哪些？

（3）减压过滤时应注意些什么？

附录

附录 A 酸、碱的离解常数

表 A1 弱酸的离解常数(298.15 K)

弱酸	离解常数 K_a
H_3AlO_4	$K_1=6.3\times10^{-12}$
H_3AsO_4	$K_1=6.0\times10^{-3}$; $K_2=1.0\times10^{-7}$; $K_3=3.2\times10^{-12}$
H_3AsO_3	$K_1=6.6\times10^{-10}$
H_3BO_3	$K_1=5.8\times10^{-10}$
$H_2B_4O_7$	$K_1=1.0\times10^{-4}$; $K_2=1.0\times10^{-9}$
HBrO	$K_1=2.0\times10^{-9}$
H_2CO_3	$K_1=4.4\times10^{-7}$; $K_2=4.7\times10^{-11}$
HCN	$K_1=6.2\times10^{-10}$
H_2CrO_4	$K_1=4.1$; $K_2=1.3\times10^{-4}$
HClO	$K_1=2.8\times10^{-8}$
HF	$K_1=6.6\times10^{-4}$
HIO	$K_1=2.3\times10^{-11}$
HIO_3	$K_1=0.16$
H_5IO_6	$K_1=2.8\times10^{-2}$; $K_2=5.0\times10^{-9}$
H_2MnO_4	$K_2=7.1\times10^{-11}$
HNO_2	$K_1=7.2\times10^{-4}$
H_2O_2	$K_1=2.2\times10^{-12}$
H_2O	$K_1=1.8\times10^{-16}$
H_3PO_4	$K_1=7.1\times10^{-3}$; $K_2=6.3\times10^{-8}$; $K_3=4.2\times10^{-13}$
$H_4P_2O_7$	$K_1=3.0\times10^{-2}$; $K_2=4.4\times10^{-3}$; $K_3=2.5\times10^{-7}$; $K_4=5.6\times10^{-10}$
$H_5P_3O_{10}$	$K_3=1.6\times10^{-3}$; $K_4=3.4\times10^{-7}$; $K_5=5.8\times10^{-10}$
H_3PO_3	$K_1=6.3\times10^{-2}$; $K_2=2.0\times10^{-7}$
H_2SO_4	$K_2=1.0\times10^{-2}$
H_2SO_3	$K_1=1.3\times10^{-2}$; $K_2=6.1\times10^{-3}$
$H_2S_2O_3$	$K_1=0.25$; $K_2=2.0\times10^{-2}\sim3.2\times10^{-2}$
$H_2S_2O_4$	$K_1=0.45$; $K_2=3.5\times10^{-3}$
H_2Se	$K_1=1.3\times10^{-4}$; $K_2=1.0\times10^{-11}$
H_2S	$K_1=1.32\times10^{-7}$; $K_2=7.10\times10^{-15}$
H_2SeO_4	$K_2=2.2\times10^{-2}$
H_2SeO_3	$K_1=2.3\times10^{-2}$; $K_2=5.0\times10^{-9}$

续表

弱酸	离解常数 K_a
HSCN	$K_1 = 1.41 \times 10^{-1}$
H_2SiO_3	$K_1 = 1.7 \times 10^{-10}$; $K_2 = 1.6 \times 10^{-12}$
$HSb(OH)_6$	$K_1 = 2.8 \times 10^{-3}$
H_2TeO_3	$K_1 = 3.5 \times 10^{-3}$; $K_2 = 1.9 \times 10^{-8}$
H_2Te	$K_1 = 2.3 \times 10^{-3}$; $K_2 = 1.0 \times 10^{-12} \sim 1.0 \times 10^{-11}$
H_2WO_4	$K_1 = 3.2 \times 10^{-4}$; $K_2 = 2.5 \times 10^{-5}$
NH_4^+	$K_1 = 5.8 \times 10^{-5}$
$H_2C_2O_4$(草酸)	$K_1 = 5.4 \times 10^{-2}$; $K_2 = 5.4 \times 10^{-5}$
HCOOH(甲酸)	$K_1 = 1.77 \times 10^{-4}$
CH_3COOH(乙酸)	$K_1 = 1.75 \times 10^{-5}$
$ClCH_2COOH$(氯代乙酸)	$K_1 = 1.4 \times 10^{-3}$
$CH_2CHCOOH$(丙烯酸)	$K_1 = 5.5 \times 10^{-5}$
CH_3COCH_2COOH(乙酰乙酸)	$K_1 = 2.6 \times 10^{-4}$ (316.15 K)
$H_3C_6H_5O_7$(柠檬酸)	$K_1 = 7.4 \times 10^{-4}$; $K_2 = 1.73 \times 10^{-5}$; $K_3 = 4 \times 10^{-7}$
H_4Y(乙二胺四乙酸)	$K_1 = 10^{-2}$; $K_2 = 2.1 \times 10^{-3}$; $K_3 = 6.9 \times 10^{-7}$; $K_4 = 5.9 \times 10^{-11}$

表 A2　弱碱的离解常数(298.15 K)

弱碱	离解常数 K_b
$NH_3 \cdot H_2O$	1.8×10^{-5}
NH_2NH_2(联氨)	9.8×10^{-7}
NH_2OH(羟胺)	9.1×10^{-9}
$C_6H_5NH_2$(苯胺)	4×10^{-9}
C_5H_5N(吡啶)	1.5×10^{-9}
$(CH_2)_6N_4$(六次甲基四胺)	1.4×10^{-9}

附录 B　常见难溶电解质的溶度积常数(298.15 K)

难溶电解质	K_{ap}	难溶电解质	K_{ap}
AgCl	1.76×10^{-10}	CuS	1.27×10^{-36}
AgBr	5.35×10^{-13}	$Fe(OH)_2$	4.87×10^{-17}
AgI	8.51×10^{-17}	$Fe(OH)_3$	2.64×10^{-39}
$AgBrO_3$	5.21×10^{-5}	HgS	6.44×10^{-53}
Ag_2CO_3	8.4×10^{-12}	$MgCO_3$	6.82×10^{-6}
Ag_2CrO_4	1.12×10^{-12}	$Mg(OH)_2$	5.61×10^{-12}
Ag_2SO_4	1.20×10^{-5}	$Mn(OH)_2$	2.06×10^{-13}
$BaCO_3$	2.58×10^{-9}	MnS	4.65×10^{-14}
$BaSO_4$	1.07×10^{-10}	$PbCO_3$	1.46×10^{-13}
$BaCrO_4$	1.17×10^{-10}	$PbCrO_4$	1.77×10^{-14}

续表

难溶电解质	K_{ap}	难溶电解质	K_{ap}
$CaCO_3$	4.96×10^{-9}	PbI_2	8.49×10^{-9}
$CaC_2O_4 \cdot H_2O$	2.34×10^{-9}	$PbSO_4$	1.82×10^{-8}
$Ca_3(PO_4)_2$	2.07×10^{-33}	PbS	9.04×10^{-29}
$CaSO_4$	7.10×10^{-5}	$ZnCO_3$	1.19×10^{-10}
CdS	1.40×10^{-29}	ZnS	2.93×10^{-25}

附录 C　标准电极电势

表 C1　酸性溶液中的标准电极电势(298.15 K)

	电 极 反 应	$\varphi^{\ominus}/V$
Ag	$AgBr+e^-\rightleftharpoons Ag+Br^-$	$+0.071$
	$AgCl+e^-\rightleftharpoons Ag+Cl^-$	$+0.2223$
	$Ag_2CrO_4+2e^-\rightleftharpoons 2Ag+CrO_4^{2-}$	$+0.447$
	$Ag^++e^-\rightleftharpoons Ag$	$+0.799$
Al	$Al^{3+}+3e^-\rightleftharpoons Al$	-1.662
As	$HAsO_2+3H^++3e^-\rightleftharpoons As+2H_2O$	$+0.248$
	$H_3AsO_4+2H^++2e^-\rightleftharpoons HAsO_2+2H_2O$	$+0.560$
Bi	$BiOCl+2H^++3e^-\rightleftharpoons Bi+H_2O+Cl^-$	$+0.158$
	$BiO^++2H^++3e^-\rightleftharpoons Bi+H_2O$	$+0.320$
Br	$Br_2+2e^-\rightleftharpoons 2Br^-$	$+1.066$
	$BrO_3^-+6H^++5e^-\rightleftharpoons \frac{1}{2}Br_2+3H_2O$	$+1.482$
Ca	$Ca^{2+}+2e^-\rightleftharpoons Ca$	-2.868
Cl	$ClO_4^-+2H^++2e^-\rightleftharpoons ClO_3^-+H_2O$	$+1.189$
	$Cl_2+2e^-\rightleftharpoons 2Cl^-$	$+1.358$
	$ClO_3^-+6H^++6e^-\rightleftharpoons Cl^-+3H_2O$	$+1.451$
	$ClO_3^-+6H^++5e^-\rightleftharpoons \frac{1}{2}Cl_2+3H_2O$	$+1.47$
	$HClO+H^++e^-\rightleftharpoons \frac{1}{2}Cl_2+H_2O$	$+1.611$
	$ClO_3^-+3H^++2e^-\rightleftharpoons HClO_2+H_2O$	$+1.214$
	$ClO_2+H^++e^-\rightleftharpoons HClO_2$	$+1.277$
	$HClO_2+2H^++2e^-\rightleftharpoons HClO+H_2O$	$+1.645$
Co	$Co^{3+}+e^-\rightleftharpoons Co^{2+}$	$+1.83$
Cr	$Cr_2O_7^{2-}+14H^++6e^-\rightleftharpoons 2Cr^{3+}+7H_2O$	$+1.232$

续表

	电 极 反 应	$\varphi^{\ominus}/V$
Cu	$Cu^{2+}+e^{-}\Longrightarrow Cu^{+}$	+0.153
	$Cu^{2+}+2e^{-}\Longrightarrow Cu$	+0.342
	$Cu^{+}+e^{-}\Longrightarrow Cu$	+0.522
Fe	$Fe^{2+}+2e^{-}\Longrightarrow Fe$	−0.447
	$[Fe(CN)_6]^{3-}+e^{-}\Longrightarrow [Fe(CN)_6]^{4-}$	+0.358
	$Fe^{3+}+e^{-}\Longrightarrow Fe^{2+}$	+0.771
H	$2H^{+}+2e^{-}\Longrightarrow H_2$	+0.000
Hg	$Hg_2Cl_2+2e^{-}\Longrightarrow 2Hg+2Cl^{-}$	+0.281
	$Hg^{2+}+2e^{-}\Longrightarrow Hg$	+0.851
	$2Hg^{2+}+2e^{-}\Longrightarrow Hg_2^{2+}$	+0.920
I	$I_2+2e^{-}\Longrightarrow 2I^{-}$	+0.535 5
	$I_3^{-}+2e^{-}\Longrightarrow 3I^{-}$	+0.536
	$IO_3^{-}+6H^{+}+5e^{-}\Longrightarrow \frac{1}{2}I_2+3H_2O$	+1.195
	$HIO+H^{+}+e^{-}\Longrightarrow \frac{1}{2}I_2+H_2O$	+1.493
K	$K^{+}+e^{-}\Longrightarrow K$	−2.931
Mg	$Mg^{2+}+2e^{-}\Longrightarrow Mg$	−2.372
Mn	$Mn^{2+}+2e^{-}\Longrightarrow Mn$	−1.185
	$MnO_4^{-}+e^{-}\Longrightarrow MnO_4^{2-}$	+0.558
	$MnO_2+4H^{+}+2e^{-}\Longrightarrow Mn^{2+}+2H_2O$	+1.224
	$MnO_4^{-}+8H^{+}+5e^{-}\Longrightarrow Mn^{2+}+4H_2O$	+1.507
	$MnO_4^{-}+4H^{+}+3e^{-}\Longrightarrow MnO_2+2H_2O$	+1.679
Na	$Na^{+}+e^{-}\Longrightarrow Na$	−2.71
N	$NO_3^{-}+4H^{+}+3e^{-}\Longrightarrow NO+2H_2O$	+0.957
	$2NO_3^{-}+4H^{+}+2e^{-}\Longrightarrow N_2O_4+2H_2O$	+0.803
	$HNO_2+H^{+}+e^{-}\Longrightarrow NO+H_2O$	+0.983
	$N_2O_4+4H^{+}+4e^{-}\Longrightarrow 2NO+2H_2O$	+1.035
	$NO_3^{-}+3H^{+}+2e^{-}\Longrightarrow HNO_2+H_2O$	+0.934
	$N_2O_4+2H^{+}+2e^{-}\Longrightarrow 2HNO_2$	+1.065
O	$O_2+2H^{+}+2e^{-}\Longrightarrow H_2O_2$	+0.695
	$H_2O_2+2H^{+}+2e^{-}\Longrightarrow 2H_2O$	+1.776
	$O_2+4H^{+}+4e^{-}\Longrightarrow 2H_2O$	+1.229

续表

	电 极 反 应	$\varphi^{\ominus}/V$
P	$H_3PO_4 + 2H^+ + 2e^- \rightleftharpoons H_3PO_3 + H_2O$	-0.276
Pb	$PbI_2 + 2e^- \rightleftharpoons Pb + 2I^-$	-0.365
	$PbCl_2 + 2e^- \rightleftharpoons Pb + 2Cl^-$	$-0.267\,5$
	$Pb^{2+} + 2e^- \rightleftharpoons Pb$	$-0.126\,2$
	$PbO_2 + 4H^+ + 2e^- \rightleftharpoons Pb^{2+} + 2H_2O$	$+1.455$
	$PbO_2 + SO_4^{2-} + 4H^+ + 2e^- \rightleftharpoons PbSO_4 + 2H_2O$	$+1.691\,3$
S	$H_2SO_3 + 4H^+ + 4e^- \rightleftharpoons S + 3H_2O$	$+0.449$
	$S + 2H^+ + 2e^- \rightleftharpoons H_2S$	$+0.142$
	$SO_4^{2-} + 4H^+ + 2e^- \rightleftharpoons H_2SO_3 + H_2O$	$+0.172$
	$S_4O_6^{2-} + 2e^- \rightleftharpoons 2S_2O_3^{2-}$	$+0.08$
	$S_2O_8^{2-} + 2e^- \rightleftharpoons 2SO_4^{2-}$	$+2.010$
Sb	$Sb_2O_3 + 6H^+ + 6e^- \rightleftharpoons 2Sb + 3H_2O$	$+0.152$
	$Sb_2O_5 + 6H^+ + 4e^- \rightleftharpoons 2SbO^+ + 3H_2O$	$+0.581$
Sn	$Sn^{4+} + 2e^- \rightleftharpoons Sn^{2+}$	$+0.151$
V	$[V(OH)_4]^+ + 4H^+ + 5e^- \rightleftharpoons V + 4H_2O$	-0.254
	$VO^{2+} + 2H^+ + e^- \rightleftharpoons V^{3+} + H_2O$	$+0.337$
	$[V(OH)_4]^+ + 2H^+ + e^- \rightleftharpoons VO^{2+} + 3H_2O$	$+1.00$
Zn	$Zn^{2+} + 2e^- \rightleftharpoons Zn$	-0.763

表 C2 　碱性溶液中的标准电极电势(298.15 K)

	电 极 反 应	$\varphi^{\ominus}/V$
Ag	$Ag_2S + 2e^- \rightleftharpoons 2Ag + S^{2-}$	-0.691
	$Ag_2O + H_2O + 2e^- \rightleftharpoons 2Ag + 2OH^-$	$+0.342$
Al	$H_2AlO_3^- + H_2O + 3e^- \rightleftharpoons Al + 4OH^-$	-2.33
As	$AsO_2^- + 2H_2O + 3e^- \rightleftharpoons As + 4OH^-$	-0.68
	$AsO_4^{3-} + 2H_2O + 2e^- \rightleftharpoons AsO_2^- + 4OH^-$	-0.71
Br	$BrO_3^- + 3H_2O + 6e^- \rightleftharpoons Br^- + 6OH^-$	$+0.61$
	$BrO^- + H_2O + 2e^- \rightleftharpoons Br^- + 2OH^-$	$+0.761$
Cl	$ClO_3^- + H_2O + 2e^- \rightleftharpoons ClO_2^- + 2OH^-$	$+0.33$
	$ClO_4^- + H_2O + 2e^- \rightleftharpoons ClO_3^- + 2OH^-$	$+0.17$
	$ClO_2^- + H_2O + 2e^- \rightleftharpoons ClO^- + 2OH^-$	$+0.66$

续表

	电 极 反 应	$\varphi^{\ominus}/V$
	$ClO^- + H_2O + 2e^- = Cl^- + 2OH^-$	+0.81
Co	$Co(OH)_2 + 2e^- = Co + 2OH^-$	−0.73
	$[Co(NH_3)_6]^{3+} + e^- = [Co(NH_3)_6]^{2+}$	+0.108
	$Co(OH)_3 + e^- = Co(OH)_2 + OH^-$	+0.17
Cr	$Cr(OH)_3 + 3e^- = Cr + 3OH^-$	−1.48
	$CrO_2^- + 2H_2O + 3e^- = Cr + 4OH^-$	−1.2
	$CrO_4^{2-} + 4H_2O + 3e^- = Cr(OH)_3 + 5OH^-$	−0.13
Cu	$Cu_2O + H_2O + 2e^- = 2Cu + 2OH^-$	−0.360
Fe	$Fe(OH)_3 + e^- = Fe(OH)_2 + OH^-$	−0.56
H	$2H_2O + 2e^- = H_2 + 2OH^-$	−0.8277
Hg	$HgO + H_2O + 2e^- = Hg + 2OH^-$	+0.0977
I	$IO_3^- + 3H_2O + 6e^- = I^- + 6OH^-$	+0.26
	$IO^- + H_2O + 2e^- = I^- + 2OH^-$	+0.485
Mg	$Mg(OH)_2 + 2e^- = Mg + 2OH^-$	−2.690
Mn	$Mn(OH)_2 + 2e^- = Mn + 2OH^-$	−1.56
	$MnO_4^- + 2H_2O + 3e^- = MnO_2 + 4OH^-$	+0.595
	$MnO_4^{2-} + 2H_2O + 2e^- = MnO_2 + 4OH^-$	+0.60
N	$NO_3^- + H_2O + 2e^- = NO_2^- + 2OH^-$	+0.01
O	$O_2 + 2H_2O + 4e^- = 4OH^-$	+0.501
S	$S + 2e^- = S^{2-}$	−0.47627
	$SO_4^{2-} + H_2O + 2e^- = SO_3^{2-} + 2OH^-$	−0.93
	$2SO_3^{2-} + 3H_2O + 4e^- = S_2O_3^{2-} + 6OH^-$	−0.571
	$S_4O_6^{2-} + 2e^- = 2S_2O_3^{2-}$	+0.08
Sb	$SbO_2^- + 2H_2O + 3e^- = Sb + 4OH^-$	−0.66
Sn	$[Sn(OH)_6]^{2-} + 2e^- = HSnO_2^- + H_2O + 3OH^-$	−0.93
	$HSnO_2^- + H_2O + 2e^- = Sn + 3OH^-$	−0.909

附录 D 元素

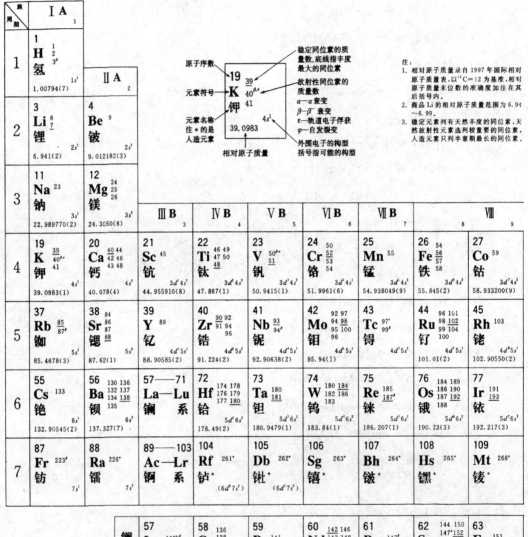

周期表

			ⅢA 13	ⅣA 14	ⅤA 15	ⅥA 16	ⅦA 17	0 18	电子层	0族电子数
								2 He 氦 4.002602(2) $1s^2$	K	2
			5 B 硼 $\frac{10}{11}$ $2s^22p^1$ 10.811(7)	6 C 碳 $\frac{12}{13}$ 14^a $2s^22p^2$ 12.0107(8)	7 N 氮 $\frac{14}{15}$ $2s^22p^3$ 14.00674(7)	8 O 氧 $\frac{16}{17}$ $\frac{18}{}$ $2s^22p^4$ 15.9994(3)	9 F 氟 19 $2s^22p^5$ 18.9984032(5)	10 Ne 氖 $\frac{20}{21}$ $\frac{22}{}$ $2s^22p^6$ 20.1797(6)	L K	8 2
ⅠB 11	ⅡB 12		13 Al 铝 27 $3s^23p^1$ 26.981538(2)	14 Si 硅 $\frac{28}{29}$ 30 $3s^23p^2$ 28.0855(3)	15 P 磷 31 $3s^23p^3$ 30.973761(2)	16 S 硫 $\frac{32}{33}$ $\frac{34}{36}$ $3s^23p^4$ 32.066(6)	17 Cl 氯 $\frac{35}{37}$ $3s^23p^5$ 35.4527(9)	18 Ar 氩 $\frac{36}{38}$ $\frac{40}{}$ $3s^23p^6$ 39.948(1)	M L K	8 8 2
28 Ni 镍 $\frac{58}{60}\frac{61}{62}$ 64 $3d^84s^2$ 58.6934(2)	29 Cu 铜 $\frac{63}{65}$ $3d^{10}4s^1$ 63.546(3)	30 Zn 锌 $\frac{64}{66}\frac{68}{67}$ $3d^{10}4s^2$ 65.39(2)	31 Ga 镓 $\frac{69}{71}$ $4s^24p^1$ 69.723(1)	32 Ge 锗 $\frac{70}{72}\frac{74}{73}$ 76 $4s^24p^2$ 72.61(2)	33 As 砷 75 $4s^24p^3$ 74.92160(2)	34 Se 硒 $\frac{74}{76}\frac{78}{77}\frac{80}{82}$ $4s^24p^4$ 78.96(3)	35 Br 溴 $\frac{79}{81}$ $4s^24p^5$ 79.904(1)	36 Kr 氪 $\frac{78}{80}\frac{83}{84}$ $\frac{82}{86}$ $4s^24p^6$ 83.80(1)	N M L K	8 18 8 2
46 Pd 钯 $\frac{102}{104}\frac{106}{108}$ $\frac{105}{110}$ $4d^{10}$ 106.42(1)	47 Ag 银 $\frac{107}{109}$ $4d^{10}5s^1$ 107.8682(2)	48 Cd 镉 $\frac{106}{108}\frac{112}{113}$ $\frac{110}{111}\frac{114}{116}$ $4d^{10}5s^2$ 112.411(8)	49 In 铟 $\frac{113}{115}$ $5s^25p^1$ 114.818(3)	50 Sn 锡 $\frac{112}{115}\frac{118}{120}$ $\frac{116}{117}\frac{122}{124}$ $5s^25p^2$ 118.710(7)	51 Sb 锑 $\frac{121}{123}$ $5s^25p^3$ 121.760(1)	52 Te 碲 $\frac{120}{122}\frac{125}{126}$ $\frac{123}{124}\frac{128}{130}$ $5s^25p^4$ 127.60(3)	53 I 碘 $\frac{127}{129^a}$ $5s^25p^5$ 126.90447(3)	54 Xe 氙 $\frac{124}{126}\frac{131}{132}$ $\frac{128}{129}\frac{136}{130}$ $5s^25p^6$ 131.29(2)	O N M L K	8 18 18 8 2
78 Pt 铂 $\frac{190^a}{192^a}\frac{195}{196}$ $\frac{194}{198}$ $5d^96s^1$ 195.078(2)	79 Au 金 197 $5d^{10}6s^1$ 196.96655(2)	80 Hg 汞 $\frac{196}{198}\frac{201}{202}$ $\frac{199}{200}\frac{204}{}$ $5d^{10}6s^2$ 200.59(2)	81 Tl 铊 $\frac{203}{205}$ $6s^26p^1$ 204.3833(2)	82 Pb 铅 $\frac{204}{206}\frac{207}{208}$ $6s^26p^2$ 207.2(1)	83 Bi 铋 209 $6s^26p^3$ 208.98038(2)	84 Po 钋 $209^{a,*}$ 210^* $6s^26p^4$	85 At 砹 $210^{a,*}$ $6s^26p^5$	86 Rn 氡 222^* $6s^26p^6$	P O N M L K	8 18 32 18 8 2
110 Uun 269^* 鐽*	111 Uuu 272^* 轮*	112 Uub 277^* 鎶*	113 Uut 278^* *	114 Fl 289^* 铁*	115 Uup 288^* *	116 Lv 289^* 粒*		118 Uuo 294^*		

64 Gd 钆 $\frac{152^a}{154}\frac{157}{158}$ $\frac{155}{156}\frac{160}{}$ $4f^75d^16s^2$ 157.25(3)	65 Tb 铽 159 $4f^96s^2$ 158.92534(2)	66 Dy 镝 $\frac{156}{158}\frac{162}{163}$ $\frac{160}{161}\frac{164}{}$ $4f^{10}6s^2$ 162.50(3)	67 Ho 钬 165 $4f^{11}6s^2$ 164.93032(2)	68 Er 铒 $\frac{162}{164}\frac{167}{168}$ $\frac{166}{170}$ $4f^{12}6s^2$ 167.26(3)	69 Tm 铥 169 $4f^{13}6s^2$ 168.93421(2)	70 Yb 镱 $\frac{168}{170}\frac{173}{174}$ $\frac{171}{172}\frac{176}{}$ $4f^{14}6s^2$ 173.04(3)	71 Lu 镥 $\frac{175}{176^a}$ $4f^{14}5d^16s^2$ 174.967(1)
96 Cm 锔* 247^a $5f^76d^17s^2$	97 Bk 锫* 247^a $5f^97s^2$	98 Cf 锎* 251^a $5f^{10}7s^2$	99 Es 锿* 252^a $5f^{11}7s^2$	100 Fm 镄* $257^{a,*}$ $5f^{12}7s^2$	101 Md 钔* 258^* $(5f^{13}7s^2)$	102 No 锘* 259^* $(5f^{14}7s^2)$	103 Lr 铹* 260^* $(5f^{14}6d^17s^2)$

443

参考文献

[1] 魏祖期.基础化学[M].7版.北京:人民卫生出版社,2008.
[2] 高琳.基础化学[M].北京:高等教育出版社,2006.
[3] 高职高专化学教材编写组.无机化学[M].3版.北京:高等教育出版社,2006.
[4] 谢吉民.医学化学[M].北京:人民卫生出版社,2006.
[5] 李炳诗,廖朝东.基础化学[M].郑州:河南科学技术出版社,2007.
[6] 韩忠霄,孙乃有.无机及分析化学[M].北京:化学工业出版社,2006.
[7] 天津大学无机化学教研室.无机化学[M].3版.北京:高等教育出版社,2005.
[8] 古国榜,李朴.无机化学[M].2版.北京:化学工业出版社,2006.
[9] 刘晶莹.无机化学[M].北京:中国医药科技出版社,2004.
[10] 侯新初.无机化学[M].北京:中国医药科技出版社,2005.
[11] 大连理工大学无机化学教研室.无机化学[M].4版.北京:高等教育出版社,2002.
[12] 李淑华.基础化学[M].北京:化学工业出版社,2008.
[13] 高职高专化学教材编写组.物理化学[M].2版.北京:高等教育出版社,2000.
[14] 邢其毅.基础有机化学[M].3版.北京:高等教育出版社,2005.
[15] 张法庆.有机化学[M].2版.北京:化学工业出版社,2008.
[16] 刘斌.有机化学[M].北京:人民卫生出版社,2003.
[17] 曾崇理.有机化学[M].北京:人民卫生出版社,2002.
[18] 吴英锦.基础化学[M].北京:高等教育出版社,2007.
[19] 张欣荣.医用化学[M].北京:中国医药科技出版社,2004.
[20] 庞茂林.医用化学[M].4版.北京:人民卫生出版社,2000.
[21] 倪沛洲.有机化学[M].4版.北京:人民教育出版社,2002.
[22] 李淑华.基础化学[M].北京:化学工业出版社,2008.
[23] 薛会君,刘德云.无机化学[M].2版.北京:科学出版社,2008.